Wolfgang Bergmann

Werkstofftechnik

Teil 1: Grundlagen

Werkstofftechnik

Grundlagen und Anwendung

Teil 1: Grundlagen

A. Struktureller Aufbau von Werkstoffen
B. Metallische Werkstoffe
C. Polymerwerkstoffe
D. Nichtmetallisch-anorganische Werkstoffe

Teil 2: Anwendung

Werkstoffherstellung
Werkstoffverarbeitung
Werkstoffanwendung

Wolfgang Bergmann

Werkstofftechnik

Teil 1: Grundlagen

3., neubearbeitete Auflage

Mit 307 Abbildungen und 4 Tabellen

HANSER

Prof. Dipl.-Ing. Wolfgang Bergmann
Institut für Werkstofftechnik, Technische Universität Berlin

Die Deutsche Bibliothek - CIP-Einheitsaufnahme

Ein Titeldatensatz für diese Publikation
ist bei Der Deutschen Bibliothek erhältlich.

ISBN 3-446-21409-7

Internet: http://www.hanser.de
Lektorat: Christine Fritzsch
Herstellung: Renate Roßbach
Satz: Dr. Wolfgang Pagel
Einbandgestaltung: MCP Agentur für Marketing, Communications Produktion, Susanne Kraus GbR, Holzkirchen
Druck und Binden: Druckerei „Thomas Müntzer" GmbH, Bad Langensalza
Printed in Germany

Vorwort

Technischer Fortschritt sichert nicht nur unseren zukünftigen Lebensstandard, sondern auch die beruflichen Aussichten unserer Ingenieure und Techniker. Es ist weithin unbestritten, daß technischer Fortschritt zu einem ganz wesentlichen Teil von der Bereitstellung und der sicheren Anwendung geeigneter Werkstoffe abhängt. Sowohl die Entwicklung neuer als auch die stete Verbesserung bereits etablierter Standardwerkstoffe hinsichtlich ihrer Gebrauchs- und Verarbeitungseigenschaften setzt zunehmend die technische Anwendung werkstoffwissenschaftlicher Grunderkenntnisse voraus. Genau hierin – nämlich in der gleichwertigen und sehr engen Verknüpfung der chemisch-physikalischen Grundlagen der Werkstoffe mit den daraus resultierenden Möglichkeiten bzw. Problemen der Werkstoffanwendung – besteht das vordringliche Anliegen einer modernen Werkstofftechnik.
Mit dem vorliegenden, in die beiden Teile „Grundlagen“ und „Anwendung“ gegliederten Lehrbuch „Werkstofftechnik“ wird der Versuch unternommen, künftige Ingenieure mit den für diese Zukunftsaufgabe notwendigen Werkstoffkenntnissen zumindest in einer Einführung hinlänglich auszustatten. Entscheidendes Ziel dabei ist, daß ein – wenn auch nur qualitatives – Grundverständnis vom Zusammenhang zwischen Werkstoffstruktur (Nano-, Mikro-, Makrostruktur) und Werkstoffeigenschaften entwickelt wird. Auf der anderen Seite muß aber auch immer wieder deutlich werden, daß das mechanische Verhalten eines Bauteiles nur bedingt von den mechanischen Eigenschaften des Werkstoffs selbst bestimmt wird, dagegen in beträchtlichem Maße auch von den – insbesondere örtlichen – Beanspruchungsbedingungen, die wiederum entscheidend von der Bauteilgeometrie abhängen.
Neben den im Vordergrund stehenden metallischen Werkstoffen werden die zunehmend wichtiger werdenden nichtmetallischen Werkstoffe in angemessener Weise mit berücksichtigt. Die Fülle des zu bearbeitenden Stoffes und die mittlerweile kaum noch überschaubare Ausweitung des sich in stürmischer Entwicklung befindenden Fachgebietes „Werkstofftechnik“ machten an vielen Stellen nicht nur eine gedrängte Darstellung, sondern auch eine gewisse Stoffauswahl erforderlich. Dennoch war der Autor – soweit möglich – um eindeutige Aussagen bemüht; die in den graphischen Darstellungen wiedergegebenen Sachverhalte wurden - soweit notwendig - auch im Text mit erläutert.
In den beiden vorangegangenen Ausgaben dieses Buches war ein Kapitel mit einer einheitlichen Beschreibung der Werkstoffeigenschaften unabhängig von deren Zugehörigkeit zu einer der Werkstoffgruppen „Metalle“, Kunststoffe“ oder „Glas/Keramik“ vorgesehen. Diese durchaus interessante Variante ist nunmehr wieder aufgegeben worden, um durch Einsparung von Überschneidungen und Wiederholungen ohne Substanzverlust Platz für die Aufnahme von Fort- und Neuentwicklungen auf dem Werkstoffgebiet zu gewinnen. Dafür ist eine deutlich erweiterte Übersicht über wichtige Werkstoffbeispiele in diesen Grundlagen-Teil aufgenommen worden, auch, um diesem Buchteil einen mehr eigenständigen, abgeschlossenen Charakter zu geben, was aus studentischer Sicht ganz sicher als Vorteil empfunden wird.

Elektrische, thermische und optische Eigenschaften als wichtige Grundeigenschaften der sog. Funktionswerkstoffe werden wie diese Werkstoffe selbst im zweiten Band „Anwendung“ behandelt. Gleiches gilt für die Verbundwerkstoffe. Dieser Stoffaufteilung liegen also mehr pragmatische Überlegungen zugrunde, sie entbehrt daher in mancher Hinsicht nicht auch einer gewissen Willkür.
Wenn auch an den wesentlichen Stellen eine genügende Ausführlichkeit angestrebt wurde, so muß für ein vertiefendes Studium bestimmter Teilprobleme doch auf das am Buchende angefügte Schrifttum verwiesen werden. Daß diese weiterführende und zum Teil den gegenwärtigen internationalen Wissensstand markierende Literatur in der heutigen Zeit überwiegend englischsprachig ausfällt, bedarf keiner besonderen Erklärung. Schließlich wird bereits in einer großen Zahl deutscher Fachzeitschriften in englischer Sprache publiziert.
Auch bei der Anfertigung dieser Ausgabe erhielt ich Hilfe und Unterstützung von vielen Seiten. Mein ganz besonderer Dank gilt Herrn Dipl.-Ing. Wolfgang Stinner, der mir bei der Überwindung von Problemen der digitalen Text-, Bild- und Graphikverarbeitung mit Rat und Tat und nie endender Geduld behilflich war. Für die großzügige Überlassung von Bildmaterial danke ich Herrn Dr.-Ing. T. Link (Institut für Metallische Werkstoffe der TU Berlin), Herrn Dr.-Ing. D. Mukherji (Hahn-Meitner-Institut Berlin), Herrn Prof. Dr. H. Schubert (Institut für Nichtmetallische Werkstoffe der TU Berlin), Frau R. Endruschat und Frau M.-L. Plagge (Metallographie des Institut für Werkstofftechnik der TU Berlin) sowie Herrn Dr.-Ing. C.-P. Bork und Herrn Dr.-Ing. J. Hünecke von der BAM Berlin. Weiterhin schulde ich wiederum meinen beiden Kollegen Herrn Prof. Dr.-Ing. D. Dengel und Herrn Prof. Dr.-Ing. J. Grosch Dank für manchen wichtigen Hinweis und vielfältige weitere Unterstützung.
Zu danken habe ich außerdem den Mitarbeitern des Carl Hanser Verlages nicht nur für eine sehr effektive, sondern auch verständnisvolle und geduldige Zusammenarbeit.

Berlin-Charlottenburg, April 2000 Wolfgang Bergmann

Inhaltsverzeichnis

A Struktureller Aufbau von Werkstoffen

B Metallische Werkstoffe

D Nichtmetallisch-anorganische Werkstoffe

A Struktureller Aufbau von Werkstoffen

1 Atomare Struktur

1.1 Atomaufbau und Periodensystem der Elemente

1.1.1 Atomare Elementarteilchen

Materie – sowohl natürlichen als auch synthetischen Ursprungs – läßt sich auf 92 verschiedene chemische Grundstoffe, die sog. Elemente, zurückführen. Jede Elementsubstanz besteht aus einer für sie typischen Atomsorte. Alle Atome setzen sich aus drei verschiedenen Elementarteilchen, den **Elektronen, Protonen** und **Neutronen** zusammen. Jede Atomsorte unterscheidet sich von einer anderen nur durch eine abweichende Zahl dieser Elementarteilchen. Die Atome der Elemente 1 bis 92 enthalten außer einer gewissen Anzahl von Neutronen jeweils 1 bis 92 Protonen und ebenso viele Elektronen. Die Protonenzahl dient als Ordnungszahl der Elemente. Als weiteres Elementarteilchen ist noch das faktisch masselose Quant des elektromagnetischen Feldes, das *Photon*, zu nennen.
Seit etwa 1930 wurden neben diesen vier klassischen Elementarteilchen nicht nur deren Antiteilchen, sondern auch eine Vielzahl weiterer, zumeist instabiler Elementarteilchen gefunden, die sich als atomare Zerfalls- bzw. Sekundärprodukte in der kosmischen Strahlung und vor allem bei kernphysikalischen Reaktionen nachweisen lassen. Entsprechend ihrer Masse werden diese Elementarteilchen in schwere *Baryonen*, mittelschwere *Mesonen* und leichte *Leptonen* unterschieden. Hierbei zählen Protonen und Neutronen als sog. *Nukleonen* zur Gruppe der Baryonen, während Elektronen den Leptonen zuzuordnen sind.
Nach heutigem Kenntnisstand wiederum bestehen die Kernbausteine Protonen und Neutronen aus nur noch sechs verschiedenen, außerordentlich kleinen Urbausteinen, den sog. *Quarks*. Der experimentelle Nachweis von Quarks ist nur auf indirektem Wege möglich und auch erst in jüngster Zeit vollständig gelungen. Ein derart komplizierter Aufbau der Materie verwundert auch nicht, wenn man bedenkt, daß Masse und Energie nur zwei unterschiedliche Erscheinungsformen des gleichen Phänomens „Materie" darstellen und chemische Reaktionen, insbesondere Kernreaktionen mit Umwandlungen von Masse in Energie verbunden sind. Für unsere Belange genügt aber das einfache, anschauliche Bild der klassischen Elementarteilchen, die sich zunächst hinsichtlich ihrer elektrischen Ladung und ihrer Masse gravierend unterscheiden.
Elektronen tragen eine negative Ladung, Protonen dagegen eine positive. Elektronen besitzen eine sehr geringe Masse, sie beträgt nur den etwa 2000sten Teil der Masse eines Protons oder eines Neutrons. Die Elementarteilchen zeigen innerhalb eines Atoms eine ungewöhnliche Anordnung. Die die eigentliche atomare Materie tragenden Protonen und Neutronen sind in einem außerordentlich dicht gepackten Kern konzentriert, der um einen Faktor 10^{-4} bis 10^{-5} kleiner als das eigentliche Atom ist. Die negativ geladenen Elektronen umgeben den Kern hüllenartig und bilden die äußere

Begrenzung des Atoms. Würden die Größenverhältnisse von Atom und Atomkern in vorstellbare Dimensionen übertragen, so entspräche einem Kerndurchmesser von 1 cm ein Atomdurchmesser von 100 bis 1000 m. Die Packungsdichte innerhalb eines Atoms ist damit geringer als in unserem Planetensystem, wenn der Atomkern mit der Sonne und die Elektronen mit den die Sonne umgebenden Planeten verglichen werden. Das von einem Atom eingenommene Volumen ist also von Materie im engeren Sinne weitgehend frei, zwischen Elektronenhülle und Atomkern bestehen jedoch energetische Wechselbeziehungen, die eine „Kompression" des Atomvolumens praktisch nicht zulassen.

Da ein Atom immer die gleiche Zahl positiver Protonen im Kern und negativer Elektronen in der Hülle enthält, erweist es sich nach außen hin elektrisch neutral und zeigt in einem elektrischen Feld keine nach außen erkennbaren Reaktionen. Verliert ein neutrales Atom ein oder mehrere Elektronen, so wird es zu einem ein- bzw. mehrwertig positiv geladenen *Ion*, nimmt es hingegen zusätzlich Elektronen auf, so entsteht ein entsprechend negativ geladenes Ion. Positive Ionen (Kationen) bewegen sich in einem elektrischen Feld zur negativen Elektrode (Kathode) hin, negative Ionen (Anionen) zur positiven Elektrode (Anode). Werden einem Atom bei einer Reaktion Elektronen genommen, so handelt es sich um eine *Oxidation*; die Aufnahme von Elektronen bedeutet dagegen eine *Reduktion*.

1.1.2 Aufbau der Elektronenhülle

Das Atom selbst stellt den letzten Baustein dar, aus dem man sich noch in anschaulicher Weise Materie aufgebaut vorstellen kann. Diese Anschaulichkeit geht bei einer Beschreibung des Verhaltens kleinerer Teilchen, also der zuvor genannten subatomaren Elementarteilchen, verloren. Für sie gewinnt nämlich das vom Photonenverhalten her bekannte *dualistische Teilchen/Welle-Prinzip* zunehmend an Bedeutung, wofür *quantentheoretische*, wenig anschauliche mathematisch formulierte Beschreibungen erforderlich werden.

Daher vermag auch die klassische Physik die Stabilität eines aus einem positiven Kern und einer negativen Hülle bestehenden atomaren Gebildes nicht zu erklären. Der nur aus positiven und neutralen Teilchen bestehende Kern müßte hiernach auseinanderplatzen, und die um den Kern rotierenden Elektronen müßten sich unter ständiger Energieabstrahlung dem Kern langsam nähern und schließlich in ihn stürzen. Die Kernstabilität beruht auf besonderen, sehr intensiven Kernkräften, die offenbar durch ein permanenten, wechselseitigen Austausch von Mesonen zwischen einzelnen Nukleonen zustande kommen. Besonders stabile Atomkerne enthalten etwa die gleiche Zahl von Protonen und Neutronen, zu höheren Atommassen und zunehmender Instabilität der Kerne hin überwiegt dann die Zahl der Neutronen. Eine Ausnahmestellung nimmt der Wasserstoff ein, dessen Kern nur aus einem einzigen Proton besteht.

Die Stabilität der Elektronenhülle resultiert aus einer recht komplizierten Feinstruktur, die darin besteht, daß den Elektronen nur ganz bestimmte **Energieniveaus** zur Verfügung stehen, in denen sie sich in einer ganz spezifischen Weise bewegen können. Energiezustände, die sich außerhalb dieser möglichen oder „erlaubten" Energieniveaus befinden, können von ihnen nicht angenommen werden. Somit existiert auch

ein niedrigstes Energieniveau, das nicht unterschritten werden kann, so daß ein „Absturz“ der negativ geladenen Elektronen in den positiv geladenen Kern unterbleibt.
Alle Elektronen in einem Atom unterscheiden sich in vier verschiedenen Quantenmerkmalen, die als *Quantenzahlen* n, l, m_l und m_s bezeichnet werden. Das bedeutet, daß in einem Atom nicht zwei Elektronen vorhanden sein können, die in ihren vier **Quantenzahlen** vollständig übereinstimmen.
Mit der Hauptquantenzahl n werden die zuvor erwähnten Energieniveaus festgelegt, die, da sie mit einem bestimmten Abstand zum Kern korrespondieren, anschaulich auch als Hauptschalen der Elektronenhülle beschrieben werden. Sie werden mit K, L, M....Q bzw. n = 1, 2, 3....7 bezeichnet. Schalen mit geringerem Durchmesser, d.h. geringerem Kernabstand stellen energieärmere, stabilere Zustände dar. Jede Schale n enthält maximal $2{\cdot}n^2$ erlaubte Elektronenplätze oder besser Elektronenzustände bereit. Grundsätzlich kommt diesen Elektronenschalen eher eine energetische als eine räumliche Bedeutung zu, daher auch besser Energieniveaus.
Innerhalb eines Energieniveaus n existieren l verschieden ausgebildete Aufenthaltsräume für Elektronen, die auch als Unterschalen oder besser als *Orbitale* bezeichnet werden. Zur Kennzeichnung von l werden statt l = 0, 1, 2, 3 die kleinen Buchstaben s, p, d, f verwendet. Die Nebenquantenzahl l, auch Drehimpulsquantenzahl genannt, kennzeichnet mit der Orbitalform den Bewegungszustand der Elektronen, der dreidimensionalen Wellensystemen gleichgesetzt werden kann. Die s-Orbitale besitzen eine kugelsymmetrische und die p-Orbitale eine hantelförmige Form (Abb. A.1-1), die d-Orbitale zeigen hingegen eine rosettenförmige Ausbildung.

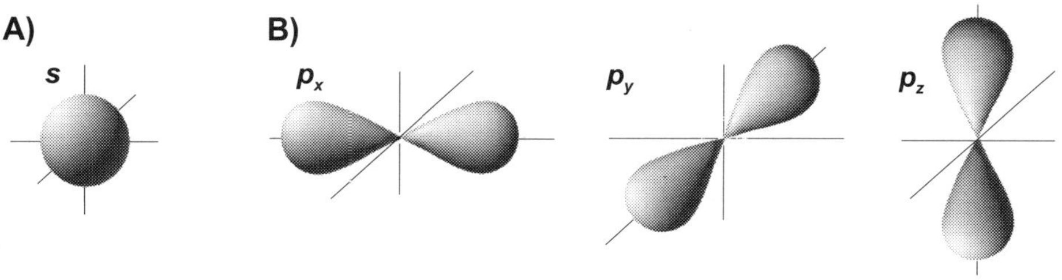

Abb. A.1-1 Ausbildungsformen von Elektronenorbitalen (nach Lit. A.2)
A) Ausbildung der s-Orbitale B) Ausbildung der drei p-Orbitale

Elektronen führen zwei unterschiedliche Bewegungen aus, die Orbital- oder Bahnbewegung und zusätzlich eine innere Eigenrotation, den sog. *Spin*. Da es sich in beiden Fällen um die Bewegung einer elektrischen Ladung handelt, werden hierdurch entsprechende magnetische Momente hervorgerufen, deren Richtungen durch Wechselwirkungen mit einem äußeren Magnetfeld erfaßt („gequantelt“) werden können.
Es zeigt sich, daß die magnetische Quantenzahl m_l Werte von +l bis -l einschließlich Null annehmen kann, die magnetische Spinquantenzahl m_s hingegen nur eine parallele ($+^1/_2$) und eine antiparallele ($-^1/_2$) Ausrichtung zur jeweiligen Orbitalachse. Da für die s-Orbitale ($l = 0$) mit ihrer Kugelsymmetrie eine spezielle Ausrichtungsmöglichkeit nicht möglich ist, kann es in einem s-Orbital auch immer nur höchstens zwei Elektronen unterschiedlicher Spinausrichtung geben. Die hantelförmigen p-Orbitale

besitzen mit l = 1 und m_l = +1, 0, -1 jeweils drei Ausrichtungsmöglichkeiten p_x, p_y, p_z (Abb. A.1-1). Da jedes dieser drei p-Orbitale von maximal 2 Elektronen unterschiedlicher Spinausrichtung besetzt werden kann, stellen die p-Orbitale insgesamt 6 Elektronenplätze zur Verfügung. Für die d-Orbitale (l = 2) ergeben sich mit m_l = +2, +1, 0, -1, -2 fünf verschiedene Orientierungsmöglichkeiten und mit je 2 Spinorientierungsmöglichkeiten maximal 10 d-Elektronenplätze.

Wie bereits erwähnt gibt es in jeder Schale (n) n^2 mögliche Orbitale, jedes Orbital kann höchstens von zwei Elektronen mit jeweils unterschiedlicher Spinausrichtung besetzt werden. Die K-Schale mit n = 1 enthält also nur das 1s-Orbital, das von höchstens zwei Elektronen belegt werden kann. In der L-Schale mit n = 2 existieren ein 2s- und drei 2p-Orbitale für insgesamt acht Elektronen, die M-Schale mit n = 3 verfügt über ein 3s-, drei p- und fünf 3d-Orbitale mit insgesamt 18 möglichen Elektronenplätzen. Für die N-Schale mit n = 4 ergeben sich ein 4s-, drei 4p-, fünf 4d- und sieben 4f-Orbitale mit je zwei Elektronenplätzen, also insgesamt 32 mögliche Elektronenplätze. Die erwähnten vier Quantenzahlen beziehen sich auf die Hauptquantenzahl n, die Orbitalformen s, p usw., deren Ausrichtung und den Elektronenspin.

Obwohl die Orbitale einer Hauptschale n einer gleichen Energiestufe angehören sollten, weichen sie bei Atomen mit mehreren Elektronen aufgrund gegenseitiger elektronischer Wechselwirkungen auch in ihrem Energiezustand ein wenig voneinander ab, wobei die s-Zustände energieärmer als die p-Zustände und diese energieärmer als die d-Zustände sind. Diese Unterschiede verlieren sich jedoch, wenn die Atome untereinander Bindungen eingehen. So beteiligen sich s- und p-Elektronen an Bindungsvorgängen in gleicher Weise. Zwischen den Hauptschalen können Überlappungen im Energieniveau auftreten, bei vielen Elementen liegen die beiden 4s- Elektronen energetisch unterhalb der 3d-Elektronen und die 5s-Zustände unter den 4d-Elektronen.

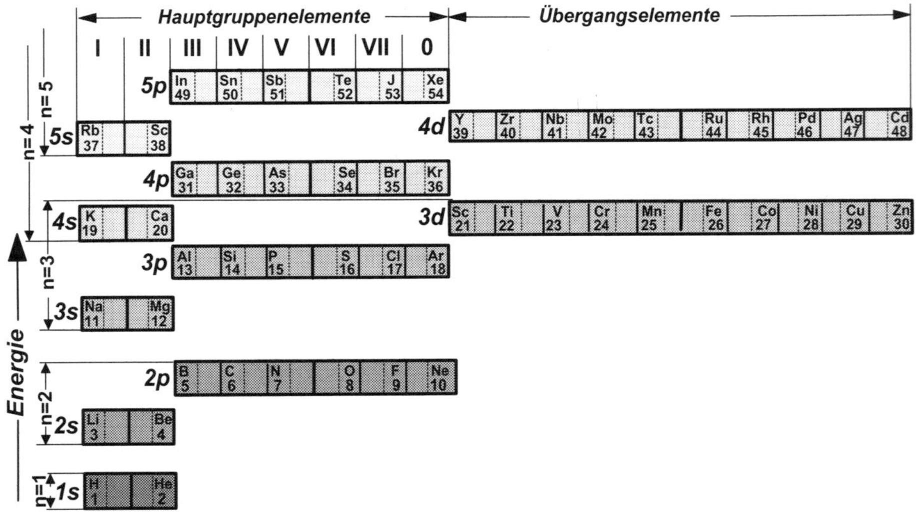

Abb. A.1-2 Aufbauprinzip der ersten 54 Elemente

Der Aufbau der Elektronenhülle der einzelnen Elemente geht nun so vonstatten, daß die erlaubten Energiezustände von „unten", d.h. mit den energieärmsten, damit stabilsten Zuständen beginnend, nacheinander besetzt werden. Hierbei werden Orbitale gleichen Energieniveaus zunächst nur mit einem Elektron gefüllt, um gegenseitige Wechselwirkungen möglichst gering zu halten. Erst wenn alle gleichartigen Orbitale einfach besetzt sind, erfolgt die Auffüllung mit zweiten Elektronen entgegengerichteten Spins. Dieses Aufbauprinzip ist für die ersten 54 Elemente in Abb. A.1-2 schematisch dargestellt. Zur Bezeichnung der Elektronenstruktur eines Elementes gibt man die besetzten Elektronenorbitale in Kurzform an, beispielsweise für das Element Li: $1s^2$, $2s^1$, für das Element Al: $1s^2$, $2s^2 2p^6$, $3s^2 3p^1$.
Werden von den Elektronen eines Atoms nur die energieärmsten Orbitale besetzt, so befindet sich das Atom bzw. seine Elektronen in einem stabilen Zustand, dem sog. *Grundzustand* E_0. Die Elektronen können unter Aufnahme thermischer oder elektromagnetischer Energie (*Absorption*) in höhere, unbesetzte Energiezustände transportiert werden und nehmen dann einen energiereicheren, weniger stabilen, sog. angeregten Zustand $E' = E_0 + \Delta E'$ ein. Angeregte Elektronen fallen unter Abgabe thermischer oder elektromagnetischer Energie (*Emission*) wieder in niedrigere Energiezustände oder in den Grundzustand zurück (Abb. A.1-3).
Da für eine Elektronenanregung nur ganz bestimmte Energiestufen zur Verfügung stehen, werden bei der Bestrahlung einer Substanz mit einem kontinuierlichen Strahlungsspektrum je nach Bau der Elektronenhülle nur Strahlen ganz bestimmter Wellenlänge absorbiert und beim Rückgang in den Grundzustand emittiert. Die für bestimmte Substanzen charakteristischen *Absorptions-* und *Emissionsspektren* bilden u.a. die Grundlage für die Anwendung spektralanalytischer Verfahren.

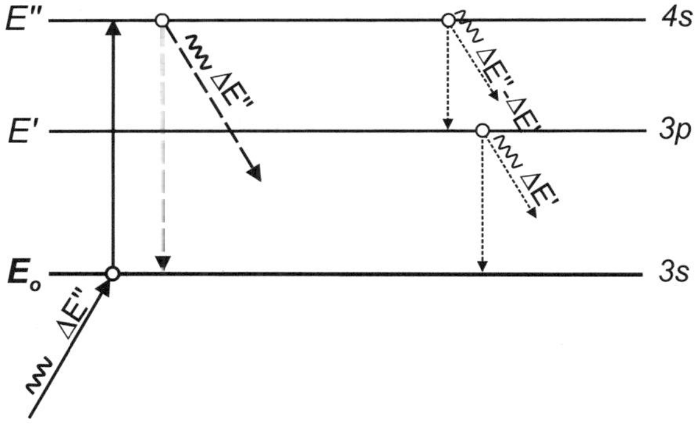

Abb. A.1-3 Energieabsorption und -emission von Elektronen im Grund- (E_0) und im Anregungszustand (E', E'')

1.1.3 Periodensystem der Elemente

Die Bindungseigenschaften und damit das gesamte Eigenschaftsbild eines Elementes hängen entscheidend vom Besetzungsgrad seiner äußeren Elektronenschale ab. Bei den Außenelektronen handelt es sich nach Abb. A.1-2 immer um s- und p-Elektronen, so daß mit Ausnahme der ersten beiden Elemente H und He ($n = 1$) die äußere Schale einen Besetzungsgrad zwischen 1 (s^1) und 8 (s^2p^6) aufweisen kann. **Sobald eine Außenschale mit acht Elektronen vollständig besetzt ist, beginnt der Aufbau der nächsten Schale**, erneut mit einer Elektronenbesetzung von 1 bis 8. Damit müssen periodisch immer wieder Elemente auftreten, die in der Außenschale die gleiche Elektronenbesetzung vorweisen und somit ähnliche Bindungseigenschaften besitzen. Die **Ordnung chemisch ähnlicher Elemente in acht sog. Hauptgruppen** ist in Abb. A.1-2 bereits angedeutet, sie wird im *Periodensystem der Elemente* (Abb. A.1-4) vervollständigt.

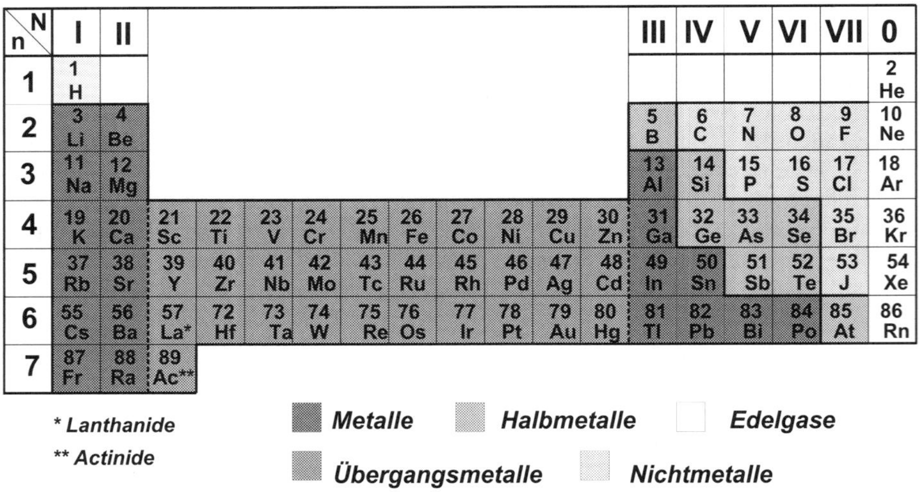

Abb. A.1-4 Periodensystem der Elemente

Als Beispiel sind die Elektronenstrukturen der Elemente in der fünften Hauptgruppe angegeben:

N	(7)	: $1s^2$, $\mathbf{2s^2p^3}$
P	(15)	: $1s^2$, $2s^2p^6$, $\mathbf{3s^23p^3}$
As	(33)	: $1s^2$, $2s^2p^6$, $3s^23p^63d^{10}$, $\mathbf{4s^24p^3}$
Sb	(51)	: $1s^2$, $2s^2p^6$, $3s^23p^63d^{10}$, $4s^24p^64d^{10}$, $\mathbf{5s^25p^3}$
Bi	(83)	: $1s^2$, $2s^2p^6$, $3s^23p^63d^{10}$, $4s^24p^64d^{10}4f^{14}$, $5s^25p^65d^{10}$, $\mathbf{6s^26p^3}$

Alle Elemente lassen sich zunächst in Metalle oder Nichtmetalle einteilen, einige Elemente, die Halbmetalle, tragen Eigenschaften beider Gruppen. Die Einteilung in

Metalle, Halb- und *Nichtmetalle* kann nach der elektrischen Leitfähigkeit vorgenommen werden. Metalle besitzen eine vergleichsweise hohe elektrische Leitfähigkeit, die mit steigender Temperatur abnimmt, Halbmetalle sind „halbleitend" mit bei steigender Temperatur zunehmender Leitfähigkeit, und Nichtmetalle sind elektrische Isolatoren. Die Metalle stehen im Periodensystem links, sie enthalten in der Außenschale nur ein bis höchstens drei Elektronen. Sie geben diese Elektronen relativ leicht ab und bilden dann positive Ionen. Dieses Verhalten, die Außenelektronen unter Kationenbildung leicht abzugeben, nennt man *elektropositiv*.

Zu den Metallen gehören auch die *Übergangselemente*, bei denen vor einem weiteren Ausbau der gerade begonnenen 4s- bzw. 5s-Außenschale mit entsprechenden 4p- bzw. 5p-Elektronen erst die zweit-äußerste Schale der 3d- bzw. 4d-Elektronen vervollständigt wird, so daß die Elemente 21 (Sc) bis 30 (Zn) bzw. 39 (Y) bis 48 (Cd) nur über zwei Außenelektronen $4s^2$ bzw. $5s^2$ verfügen. Die Energieunterschiede zwischen s- und d-Elektronen sind bei ihnen verhältnismäßig gering, so daß d-Elektronen durch Anregung leicht in den nächsten freien s-Zustand gebracht werden können oder s-Elektronen auch ein d-Orbital besetzen wie beispielsweise bei Cu ($1s^2$, $2s^22p^6$, $3s^23p^63d^{10}$, $4s^1$). Bei einer Ionisierung der Übergangsmetalle werden zunächst die s-Zustände frei. Ihre Ionen absorbieren daher durch Anregung von d-Elektronen in den nächsthöheren s-Zustand einzelne Frequenzen des sichtbaren Lichts und rufen bei nachfolgender Emission bestimmte *Farbeffekte* (farbige Metalle wie Cu, Au u.a.) hervor. Als weitere Folge eines geringen Energieunterschiedes zwischen s- und d-Elektronen ergeben sich bei vielen Übergangsmetallen verschiedene Ionisierungs- oder Oxidationsstufen. So führt ein Entzug der beiden 4s-Elektronen bei Eisen zu Fe^{2+}-Ionen, mit der zusätzlichen Abgabe eines 3d-Elektrons entstehen Fe^{3+}-Ionen. Da die zahlreichen Übergangselemente zu den Metallen zählen, überwiegen die Metalle zahlenmäßig bei weitem. Sie machen etwa 75 Prozent aller Elemente aus. Bemerkenswert ist in diesem Zusammenhang, daß von den technisch interessanten Metallen sich die meisten gerade unter den Übergangselementen befinden.

Der *metallische Charakter* der Elemente nimmt im Periodensystem innerhalb einer Periode von links nach rechts, d.h. von Gruppe zu Gruppe, ab, innerhalb einer Elementgruppe jedoch von oben nach unten, d.h. von Periode zu Periode, zu. Dies erklärt sich damit, daß die Außenelektronen mit wachsendem Durchmesser der Elektronenhülle weniger fest an den Kern gebunden sind und sich – wie für Metalle kennzeichnend – relativ leicht vom verbleibenden Atomrumpf trennen lassen. So erscheint am Ende der vierten Hauptgruppe, die mit den Elementen C und Si beginnt, das Metall Pb.

Unter den Nichtmetallen stellen die *Edelgase* eine besondere Elementgruppe dar. Bei ihnen sind alle verfügbaren Außenelektronenorbitale einer Hauptschale vollständig gefüllt, ihre Außenschalen zeigen folgende Besetzungen: He: $1s^2$, Ne: $2s^22p^6$, Ar: $3s^23p^6$, Kr: $4s^24p^6$, Xe: $5s^25p^6$, Rn: $6s^26p^6$. Diesem Besetzungszustand kommt offenbar eine große energetische Stabilität zu, hiervon zeugen einerseits eine hohe Ionisierungsenergie und andererseits die Beobachtung, daß Edelgase normalerweise Bindungen weder mit eigenen noch mit fremden Atomen eingehen.

1.2 Interatomare Bindungen

Die Einteilung der Elemente in Metalle und Nichtmetalle richtet sich nach dem *Bindungsverhalten* ihrer Atome. Metallische oder nichtmetallische Eigenschaften können nicht an einem isolierten Atom, sondern immer nur am gebundenen Atomkollektiv festgestellt werden. Mit Ausnahme der Edelgase, deren Elektronenstruktur einem sehr stabilen Zustand entspricht, gibt es bei den übrigen Elementen unter Normalbedingungen keine einatomigen Substanzen. Vielmehr sucht jedes Atom artgleiche oder fremde Partner, um mit ihnen über interatomare Wechselwirkungen ihrer Außenelektronen einen stabileren Zustand zu erlangen. **Das bei allen interatomaren Bindungsreaktionen erkennbare, gemeinsame Wechselwirkungsprinzip liegt wohl in dem Bestreben, die in den Einzelatomen vorhandene elektronische Energie so auf die Wechselwirkungspartner zu verteilen, daß die Atome dann über eine den Edelgasen ähnliche Elektronenstruktur verfügen.** Hierbei ändert sich der energetische Zustand der Elektronen, so daß die Wechselwirkungsreaktion mit einer Energieänderung (*Reaktionsenergie*) verbunden ist. Bedingt durch den bei den einzelnen Elementen andersartigen Aufbau der Außenschale realisiert jede Atomsorte dieses Streben nach einem stabilen Energiezustand auf eine eigene, individuelle Art. Dazu werden – teils gravierende – Veränderungen der Elektronenstruktur der Einzelatome erforderlich. Diese die Wechselwirkung vorbereitenden Veränderungen verlangen aber eine gewisse aktivierende Energiezufuhr (*Aktivierungsenergie*), die aus dem Energiegewinn bei der Reaktion gedeckt werden muß.

Es ist nun von entscheidender Bedeutung, daß als Folge der interatomaren, elektronischen Wechselwirkungen *anziehende* und *abstoßende Kraftwirkungen* zwischen den miteinander reagierenden Atomen auftreten. Anziehende Kraftwirkungen resultieren aus der gegenseitigen Anziehung der negativ geladenen Elektronenhüllen und der positiv geladenen Atomkerne der Partneratome.

Abstoßungskräfte ergeben sich hingegen sowohl aus der Abstoßung zwischen den gleichgeladenen Elektronenhüllen als auch aus der Abstoßung zwischen den gleichgeladenen Atomkernen der Bindungspartner. Die Abstoßungskräfte nehmen mit Verminderung des interatomaren Abstandes sehr stark zu, weil es dann zu beträchtlichen Überlappungen der Elektronenhüllen und zu starken Kernabstoßwirkungen kommt. Die Überlagerung von Anziehungs- und Abstoßungskräften führt zu einer *Bindungswirkung* zwischen den miteinander wechselwirkenden Atomen (Abb. A.1-5). Zwischen zwei gebundenen Atomen stellt sich demnach im Gleichgewicht derjenige Abstand r_0 ein, bei dem sich Abstoßungs- und Anziehungskräfte ausgleichen. Eine Verringerung des Atomabstandes r_0 hat eine rückstellende Abstoßungskraft, eine Vergrößerung von r_0 hat eine rückstellende Anziehungskraft zur Folge.

Obgleich die einzelnen Bindungen im Detail auf recht unterschiedliche Weise zustande kommen können, heben sich doch drei voneinander unterscheidbare Bindungstypen heraus, zwischen denen allerdings vielfältige Mischformen auftreten können. Die Bindung zwischen Metallatomen wird als *metallische*, die zwischen Nichtmetallatomen als *kovalente* und die zwischen Metall- und Nichtmetallatomen als *ionische Bindung* bezeichnet. Bindungen können durch thermische (z.B.Schmelzen) oder durch mechanische Energie (z.B. Bruch) gelöst werden. Die zur Bindungslösung erforderliche Energie entspricht der Bindungsenergie. Metall-, Kovalenz- und Ionenbindung

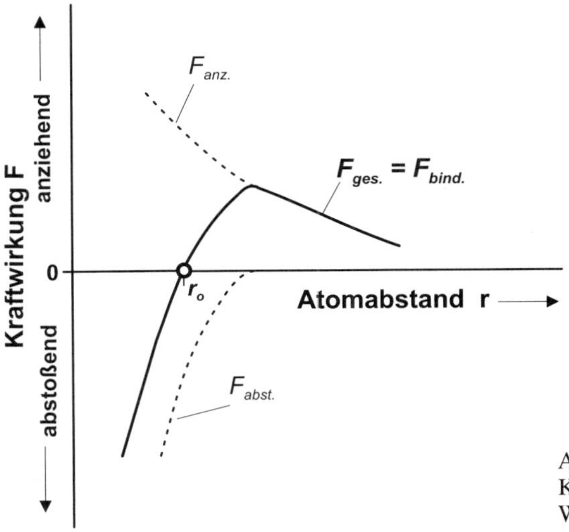

Abb. A.1-5 Anziehende und abstoßende Kraftwirkungen als Folge elektronischer Wechselwirkungen

weisen Bindungsenergien auf, die meist sehr viel mehr als 100 kJ/Mol betragen. Sie werden als *Hauptvalenz-* oder *Primärbindungen* bezeichnet.
Mit der Bildung von Primärbindungen haben die gebundenen Atome einen stabilen Zustand erreicht, in dem sie die hohe Reaktivität des bindungslosen atomaren Zustandes durch entsprechende Ladungsumverteilungen weitgehend eingebüßt haben. Die neue Ladungsverteilung bleibt jedoch immer bis zu einem gewissen Grad unvollkommen, so daß auch in primär gebundenen Atomverbänden aus je nach Bindungsart unterschiedlichen Gründen eine bestimmte Restbindungsfähigkeit zurückbleibt. Hieraus resultieren zusätzliche Bindungen, deren Bindungsenergie allerdings um eine bis drei Größenordnungen niedriger liegt. Sie werden *Nebenvalenz-* oder *Sekundär-*, teils auch *van der Waals-Bindungen* genannt. Selbst in Edelgasatomen liegt keine absolut ideale elektronische Ladungsanordnung vor, was auch bei ihnen zur Ausbildung sehr schwacher interatomarer Sekundärbindungen führt.
Eine besondere Störung der Bindungsverhältnisse tritt ein, wenn ein primärer Bindungszustand abrupt endet, wie es an den Grenz- und Oberflächen atomarer Verbände der Fall ist. Dies ruft spezielle *Grenz-* und *Oberflächenbindungskräfte* hervor.

1.2.1 Primärbindungen

1.2.1.1 Ionische Bindung

Metall- und Nichtmetallatome gehen miteinander eine Ionenbindung ein. Die Ionenbindung ist in ihrer Wirkungsweise relativ leicht zu verstehen. Die Metallatome erreichen als elektropositive Elemente den edelgasähnlichen Zustand durch Abgabe ihrer wenigen Außenelektronen und entsprechende Ionisierung. Die elektronegativen Nichtmetallatome nehmen diese Elektronen ebenfalls unter Ionenbildung auf und besetzen dabei ihre wenigen freien Außenelektronenplätze. Dieser Vorgang vollzieht sich bei der Annäherung von Metall- und Nichtmetallatomen und der Überlappung ihrer äußeren Elektronenorbitale. In Abb. A.1-6 ist der **Elektronenübergang** von einem Na-Atom auf ein Cl-Atom schematisch dargestellt, die am Na-Atom zu leistende Ionisierungsarbeit wird von der freiwerdenden Reaktionsenergie aufgebracht. Das Na^+-Ion weist eine Elektronenstruktur wie das Edelgas Neon auf, die Elektronenstruktur des Cl^--Ions entspricht der des Edelgases Argon. Aus den reaktionsfreudigen Atomen Na und Cl sind reaktionsträge Na^+- und Cl^--Ionen geworden.

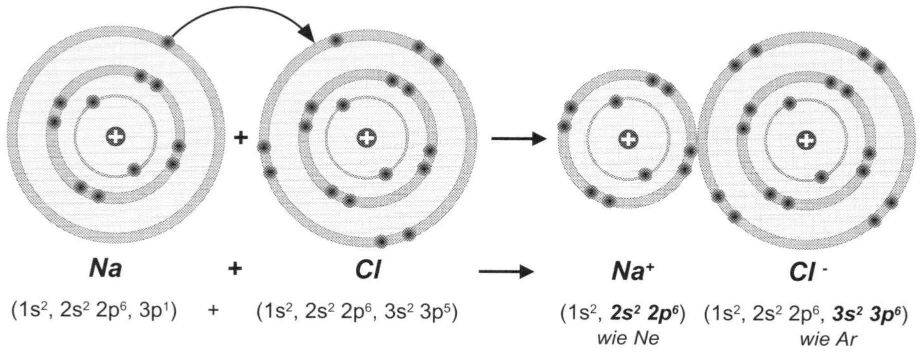

Abb. A.1-6 Ionische Bindung von Metall- und Nichtmetallatomen

Die Bindungskraft läßt sich in einfacher Weise mit der elektrostatischen Anziehungswirkung ungleich geladener Teilchen erklären. Sie beschränkt sich nicht auf die Bindung eines einzelnen Na^+-Ions mit einem bestimmten Cl^--Ion, sondern besteht gleichmäßig sowohl zwischen einem positiven Ion (Kation) und allen benachbarten negativen Ionen (Anionen) als auch zwischen einem negativen Ion und seinen positiven Nachbarionen (Abb. A.1-7). Die Ionenbindung stellt demnach eine ungerichtete Bindung dar.

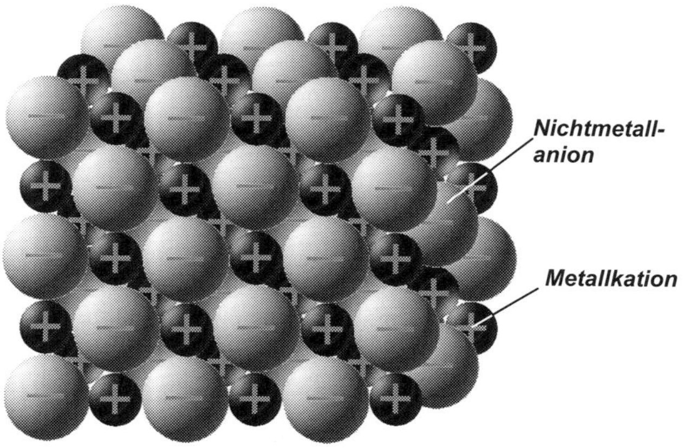

Abb. A.1-7 Anordnung ionischer Bindungspartner im festen Zustand

Der bei der Ionenbindung erfolgte vollständige Elektronenübergang läßt sich leicht nachweisen. Beim thermischen oder elektrolytischen Lösen ionischer Verbindungen entstehen elektrisch leitende Schmelzen bzw. Flüssigkeiten (*Elektrolyte*), deren Leitvermögen auf die Existenz beweglicher, geladener Teilchen (Ionen) zurückzuführen ist. Ionenbindungen bilden sich zwischen ein- bis dreiwertigen Kationen und ein- bis dreiwertigen Anionen aus. Als Beispiele seien Li^+F^-, $Mg^{2+}Cl^-_2$, $Ca^{2+}O^{2-}$, $Fe^{3+}_2O^{2-}_3$ genannt. Die im allgemeinen kleineren Kationen ziehen mit abnehmender Größe und zunehmender Ladung die große Elektronenhülle der Anionen an sich heran, der Bindungscharakter verschiebt sich dadurch in Richtung einer Kovalenzbindung. Dies verursacht u.a. eine verringerte Lösbarkeit von ionischen Substanzen in polaren Lösungsmitteln wie H_2O. Während in der Verbindung $Al^{3+}_2O^{2-}_3$ noch der ionische Bindungsanteil vorherrscht, überwiegt in der Verbindung $Si^{4+}O^{2-}_2$ bereits ein kovalenter Bindungsmechanismus.

1.2.1.2 Kovalente Bindung

Nichtmetalle bestehen aus Atomen, deren äußere Elektronenschale schon zu einem guten Teil aufgebaut ist und denen an der vollständigen Besetzung der Außenschalen nur noch wenige Elektronen fehlen. Bei ihnen ist also im Gegensatz zu den Metallen das Bestreben einer zusätzlichen Elektronenaufnahme wesentlich stärker ausgeprägt als das einer Elektronenabgabe. Sie verhalten sich elektronegativ. Zwei elektronegative Bindungspartner, die beide nicht zur Abgabe von Elektronen bereit sind, können nur dann in einen edelgasähnlichen Zustand gelangen, wenn sie bei ihrer Wechselwirkung **Elektronenpaare** bilden, die dann der Elektronenstruktur beider angehören. Jedes Elektronenpaar stellt ein neues, gemeinsames Bindungsorbital dar, zu dem sich zwei jeweils einfach besetzte Atomorbitale bei ihrer Überlappung umwandeln.

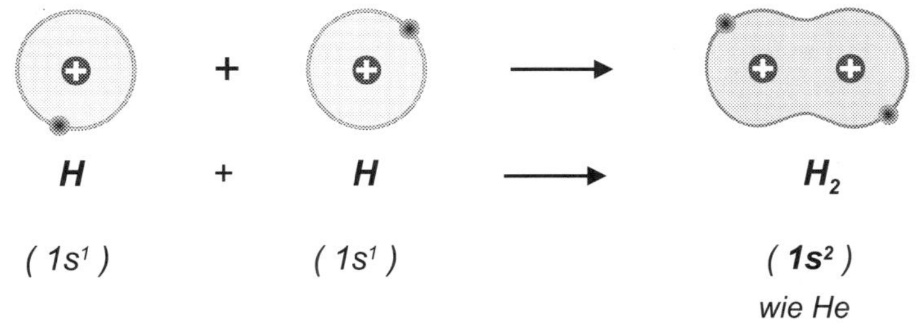

Abb. A.1-8 Kovalente Bindung zwischen Nichtmetallatomen

Abb. A.1-8 macht den Bindungsmechanismus am Beispiel „Wasserstoff" deutlich. Die Ladungsdichte der bindenden Elektronenwolke ist zwischen beiden Atomkernen am größten, so daß im Gegensatz zur Ionenbindung eine gerichtete Bindung entsteht. Kovalente Elektronenpaar-Bindungen führen wie im Fall des Wasserstoffs H_2 oft zu individuellen, eindeutig abgrenzbaren Atomverbänden, die von einer jeweils feststehenden und angebbaren Zahl von Atomen aufgebaut werden. Solche Verbände werden **Moleküle** genannt.

Besteht eine kovalente Bindung aus gleichen Bindungspartnern, so sind sie in der Nutzung der von ihnen gebildeten, gemeinsamen Elektronenpaare gleichrangig. Die Bindung weist dann eine gleichmäßige Ladungsverteilung auf, sie ist *unpolar*. Sind an einer solchen Bindung jedoch ungleiche Partner beteiligt, so ist im allgemeinen eine unterschiedliche Elektronegativität der Partner zu erwarten, die eine Verschiebung der gemeinsamen Ladungswolke in Richtung des elektronegativeren Atoms zur Folge hat. Die Bindung erhält beim elektronegativeren Atom eine negative Partialladung δ^-, beim weniger elektronegativen Atom eine entsprechend positive Teilladung δ^+. Es liegt eine *polare* Kovalenzbindung vor (Abb. A.1-9). Anhand der Differenz der *Elektronegativitäten* der Bindungspartner kann eine Abschätzung über das Ausmaß der Bindungspolarisierung vorgenommen werden. Mit zunehmender Polarisierung ändert sich der Charakter einer kovalenten Bindung über eine polare kovalente Bindung bis hin zur Ionenbindung.

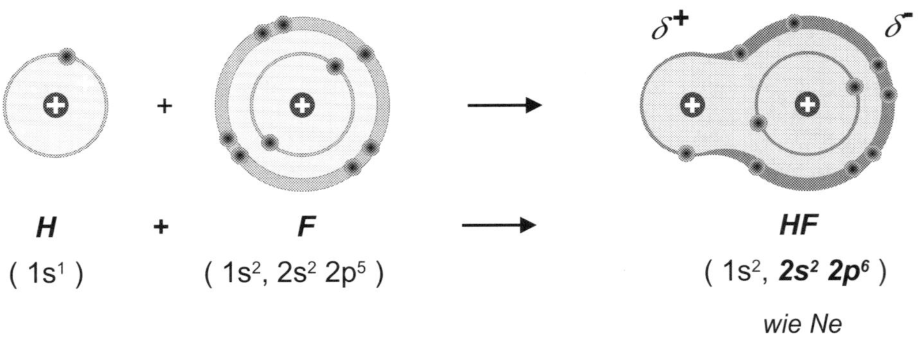

Abb. A.1-9 Polare Kovalenzbindung zwischen ungleichen Bindungspartnern

Die Polarität kovalenter Bindungen muß sich nicht zwangsläufig auf einen Molekülverband übertragen. Sind die polaren Bindungen im Molekülverband symmetrisch verteilt, so heben sich ihre polarisierenden Wirkungen auf. Im Fall einer unsymmetrischen Anordnung polarer Bindungen entsteht aber auch ein polares Molekül, das eine *Dipolwirkung* ausübt. Beispiele für polare Moleküle sind HCl, H_2O, NH_3, $C_6H_5{\cdot}OH$, während das symmetrisch gebaute CH_4-Molekül unpolar ist.
Das Bindungsverhalten der Kohlenstoffatome hat für die gesamte organische Chemie und damit auch für die Werkstoffgruppe „Kunststoffe" eine überragende Bedeutung. Es ist gleichzeitig ein Musterbeispiel dafür, welche Veränderungen sich in der Elektronenstruktur eines Atoms ereignen können, wenn es gilt, den wenig stabilen Zustand des Einzelatoms in den stabileren Zustand eines gebundenen Atoms mit edelgasähnlicher Elektronenbesetzung einzutauschen. C-Atome verfügen entsprechend ihrer Ordnungszahl über sechs Elektronen in der Schalenbesetzung $1s^2$, $2s^2 2p^2$. Die beiden p-Elektronen gehören zwei verschiedenen Orbitalen an, so daß die Elektronenbesetzung korrekter mit $1s^2$, $2s^2 2p^1_x 2p^1_y 2p^0_z$ beschrieben ist. Da nur jeweils einfach besetzte Elektronenorbitale durch Überlappung kovalente Elektronenpaare bilden können und dies beim Kohlenstoff nur für die beiden p^1_x- und p^1_y-Orbitale zutrifft,

müßte sich C in kovalenten Bindungen eigentlich zweiwertig verhalten. Tatsächlich aber tritt Kohlenstoff vierwertig auf, nur über vier gemeinsame Elektronenpaare ist ja der edelgasähnliche Zustand erreichbar. Hierzu werden die beiden $2s^2$-Elektronen voneinander gelöst und eines von ihnen unter Energieaufwand in das $2p_z$-Orbital gehoben. Es entsteht ein angeregtes C-Atom mit einer Elektronenstruktur $1s^2$, $2s^1 2p^1_x 2p^1_y 2p^1_z$ und vier bindungsfähigen Orbitalen. Obwohl die Überlappungs- und Bindungsfähigkeiten von s- und p-Orbitalen nicht gleichartig sind, existieren dennoch in einem CH_4-Molekül und entsprechenden anderen Verbindungen immer nur gleichwertige C-H-Bindungen. Vor dem Eingehen der Bindungen wandeln sich nämlich das eine s- und die drei p-Orbitale in vier neue, völlig gleichwertige Orbitale q_1, q_2, q_3 und q_4 um. Dieser Vorgang wird Hybridisierung, der vorliegende spezielle Fall eine *sp^3-Hybridisierung* genannt:

$$\mathbf{2s^1, 2p^1_x 2p^1_y 2p^1_z \rightarrow 2q^1_1 2q^1_2 2q^1_3 2q^1_4.}$$

Die vier q-Orbitale stehen etwa senkrecht zueinander und haben die Form einseitig langgestreckter p-Orbitale. Jedes q-Hybridorbital bildet im CH_4–Molekül mit dem $1s^1$-Orbital eines H-Atoms ein kovalentes Elektronenpaar, das als *σ-Bindung* bezeichnet wird. Hierbei erweist sich die Bindung von σ-Elektronen stärker als die von s- und p-Elektronen. Die Ladung einer solchen σ-Bindung ist um die Bindungsachse rotationssymmetrisch verteilt, dies läßt Drehbewegungen der Atome um ihre Bindungsachse zu. Die Abstoßungswirkung der H-Atome führt zu einer Vergrößerung des Bindungswinkels zwischen zwei σ-Bindungen, so daß die Anordnung von vier H-Atomen zum zentralen C-Atom nicht rechtwinklig, sondern mit einem Bindungswinkel von 109,5° in Form eines Tetraeders erfolgt.

Auch C-Atome binden sich untereinander durch eine σ-Bindung. Werden dabei jedoch nur drei q-Orbitale in je eine σ-Bindung umgesetzt, so findet eine sp^2-Hybridisierung statt, und es bleibt ein nicht hybridisiertes, hantelförmiges p-Orbital zurück. Mit der Bindung der C-Atome durch die σ-Bindung tauchen dann ihre nicht hybridisierten p-Orbitale ineinander, und die Kugeln der beiden hantelförmigen p-Oritale verschmelzen teils oberhalb und teils unterhalb der σ-Bindungsachse zu einem gemeinsamen, sog. *π-Orbital* (Abb. A.1-10). Die π-Elektronen verstärken die σ-Bindung beträchtlich. Es entsteht eine sog. *Kohlenstoff-Doppelbindung*, die gegenüber der einfachen σ-Bindung eine etwa 1,8fache Bindungsenergie enthält.

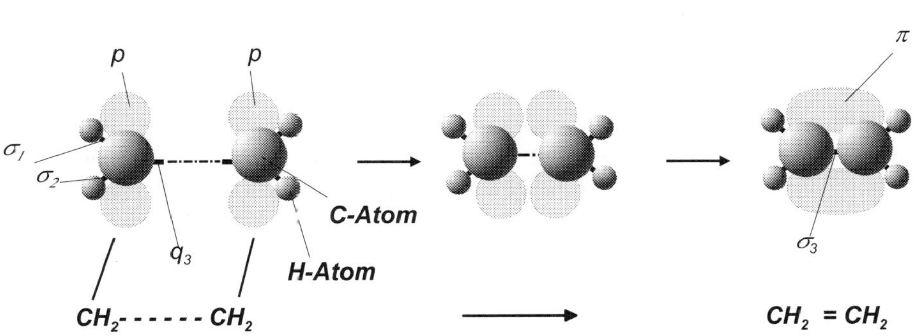

Abb. A.1-10 Entstehung einer Kohlenstoff-Doppelbindung (nach Lit. A.2)

Eine Kohlenstoff-Dreifachbindung kommt dadurch zustande, daß an jedem C-Atom nur noch zwei σ-Bindungen gebildet werden und nun je zwei p-Orbitale zu zwei um 90° gegeneinander versetzten π-Orbitalen verschmelzen. π-Elektronen sind innerhalb des bestehenden π-Orbitals, also von einem C-Atom zum anderen, verschiebbar, infolgedessen läßt sich ein Molekül mit Mehrfachbindungen auch stark polarisieren. Vier *σ-Bindungen* an einem C-Atom führen zu einer räumlichen, tetraedrischen Anordnung und einem Bindungswinkel von 109,5°, drei σ- und eine *π-Bindung* zu einer ebenen Anordnung mit einem Bindungswinkel von 120°, zwei σ- und zwei π-Bindungen zu einer gestreckten, linearen Anordnung (Abb. A.1-11). Mit dem Auftreten von π-Elektronen geht die Verdrehbarkeit der miteinander gebundenen C-Atome verloren.

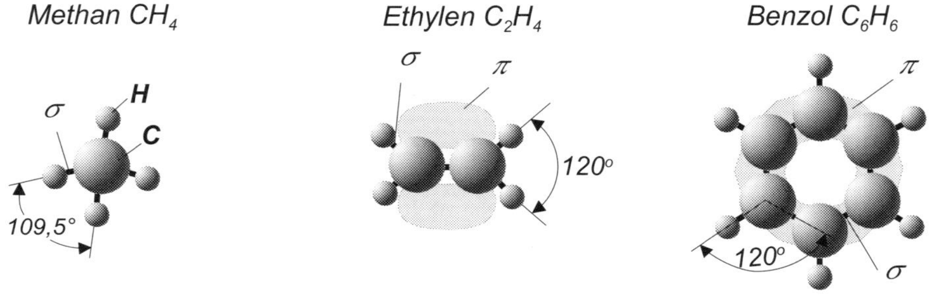

Abb. A.1-11 Bindungsverhältnisse in wichtigen Verbindungen des Kohlenstoffs (nach Lit. A.1)

Diese Bindungsverhältnisse sind auch in allen anderen C-C-Verbänden anzutreffen. Im *Diamantgitter* gehen von jedem C-Atom vier σ-Bindungen aus, die vier Nachbaratome umgeben das Bezugsatom dabei tetraedrisch (vgl. Abb. D.1-1). Sowohl im *Benzolmolekül* als auch im *Graphitgitter* besitzt jedes C-Atom nur noch drei σ-Bindungen, die in einer Ebene liegen und zueinander Winkel von 120° aufweisen (vgl. Abb. D.1-2). Die nicht hybridisierten p-Orbitale vereinigen sich beim ringförmigen Benzol zu einem oberhalb und einem unterhalb der σ-Bindungen in sich geschlossenen, ringförmigen π-Elektronenorbital. Ein solches geschlossenes, ringförmiges Bindungssystem verleiht den Bindungen eine höhere Stabilität, *ringförmige C-Doppelbindungen* erweisen sich daher als sehr viel beständiger als *lineare* Doppelbindungen, bei denen die π-Elektronen nur an zwei C-Atome gebunden sind und von diesen zugunsten einer stabileren σ-Bindung relativ leicht abgetrennt werden können.
Das Graphitgitter besteht aus unendlich ausgedehnten Schichtebenen von C-Atomen, die in Sechseckform über drei aus einer sp^2-Hybridisierung stammenden σ-Bindungen verknüpft sind. Die π-Elektronen verschmelzen auch hier zu zwei parallel liegenden Ringorbitalen, die aber ein über die gesamte Graphitschichtebene sich erstreckendes, zusammenhängendes Elektronensystem bilden, in dem die π-Elektronen beweglich sind. Die π-Elektronen sind also nicht mehr an das Atom gebunden, aus dessen p-Orbital sie einmal hervorgegangen sind. Es handelt sich um *delokalisierte* π-Elektronen. Aus der Verschiebbarkeit der π-Elektronen, die jedoch nur parallel zu den C-C-Schichten gegeben ist, resultiert die bei Graphit feststellbare richtungsabhängige elektrische Leitfähigkeit.

Die Vorstellung, daß in einer Kohlenstoffdoppelbindung eine separate σ- und eine separate π-Bindung existieren, bedarf einer Korrektur. Beide Bindungsorbitale sind nicht voneinander zu trennen, sie wirken im Gegenteil so zusammen, daß alle Bindungen im C-Sechseck des Benzolringes unter sich völlig gleich sind und formal jeweils aus einer σ-Bindung und einer halben π-Bindung bestehen. Dementsprechend liegen im Benzolring zwischen den C-Atomen auch gleiche Bindungsabstände vor. Entsprechendes gilt auch für die Bindungen im Graphitgitter, da hier jeder σ-Bindung nur eine drittel π-Bindung zuzuordnen ist, ergibt sich eine etwas schwächere Bindung mit etwas größerem Atomabstand. Die Erscheinung, daß sich die vorhandenen Bindungselektronen auf mehrere gleichwertige Bindungen auch gleichmäßig aufteilen, nennt man *Resonanz*.
Die Entkoppelung vollständig besetzter Orbitale und die Hybridisierung zu neuen und mehr Bindungselektronen zeigt sich nicht nur beim Kohlenstoff, sondern in gleicher Weise auch bei Si, P, B und anderen Elementen. Ein äußerst bedeutsamer Unterschied zwischen C und Si besteht aber darin, daß Bindungen zwischen Si-Atomen vergleichsweise unbeständig sind und leicht zugunsten von Si-O-Bindungen aufgegeben werden.

1.2.1.3 Metallische Bindung

Die Atome metallischer Elemente besitzen weniger als vier Außenelektronen. Ihre Außenelektronen sind relativ schwach an den Atomkern gebunden, was sich in den verhältnismäßig niedrigen Ionisierungsenergien für Metallatome widerspiegelt. Die Bindung von Metallatomen zu einem Metallverband vollzieht sich dadurch, daß ihre Außenelektronen zu einem gemeinsamen Elektronenorbital verschmelzen, das nicht nur einigen Atomen angehört, sondern den gesamten Verband durchzieht. Dieses Orbital besteht nicht wie bei einer kovalenten Bindung aus einem einzigen Energieniveau, sondern stellt einen zu einem *Energieband* verbreiterten Resonanzzustand dar, in dem alle im Metallverband vorhandenen Außenelektronen ein diskretes Energiesubniveau

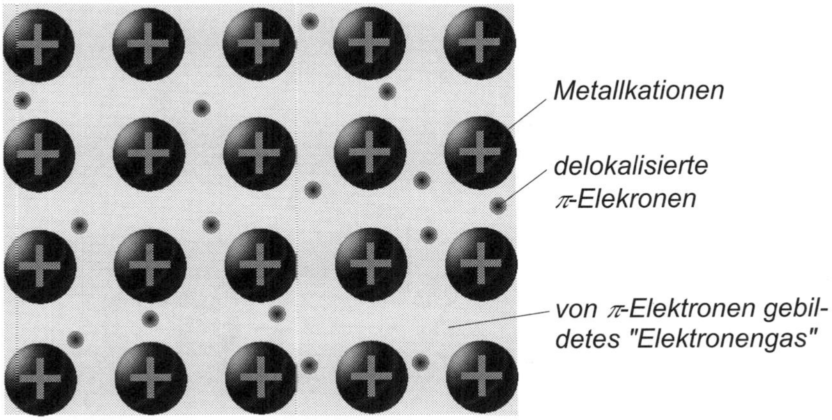

Abb. A.1-12 Metallische Bindung

besetzen können. Innerhalb der in diesem Band vorgegebenen Energieniveaus sind die Bindungselektronen, da im oberen Bandbereich stets freie Energiezustände zur Verfügung stehen, unter Energieaufnahme verschiebbar.
Die metallische Bindung kann als Sonderfall einer kovalenten Bindung aufgefaßt werden, bei der die Bindungselektronen nicht zu lokalisierten Elektronenpaaren verbunden sind, sondern den Charakter delokalisierter π-Elektronen aufweisen und das zusammenhängende π-Orbital sich über den gesamten Atomverband erstreckt. Vielfach werden diese delokalisierten Elektronen als ein zwischen den Atomrümpfen frei bewegliches **„Elektronengas“** bezeichnet (Abb. A.1-12).
Mit dem metallischen Bindungsmechanismus lassen sich die typischen metallischen Eigenschaften wie hohe elektrische und thermische Leitfähigkeit, Verformbarkeit, Undurchsichtigkeit und Glanz, ausgeprägte Legierbarkeit, aber auch Korrosionsempfindlichkeit erklären. Die Bindung zwischen Metallatomen wirkt wie eine Ionenbindung ungerichtet.

1.2.2 Sekundärbindungen

1.2.2.1 Zwischenmolekulare Bindungen

Die zwischen Molekülen wirksamen Bindungen beruhen letztlich wie bei einer Ionenbindung auf der gegenseitigen Anziehung ungleicher Ladungen. Verglichen mit einer primären Ionenbindung bestehen hier jedoch deutlich geringere Ladungsunterschiede und entsprechend schwächere Anziehungskräfte. Liegt in einem Molekül, hervorgerufen durch die unsymmetrische Anordnung ungleicher Bindungspartner, ein **permanenter Dipol** vor, so entwickelt sich eine gerichtete intermolekulare *Dipol-Bindung* zwischen den entsprechend anders geladenen Teilen von Nachbarmolekülen (Abb. A.1-13).
Mitunter übt ein polares Molekül auf andere, auch unpolare Moleküle eine polarisierende Wirkung aus und induziert in ihnen einen Dipol. Wechselwirkungen, die auf einem solchen Mechanismus beruhen, werden *Induktionsbindungen* genannt.

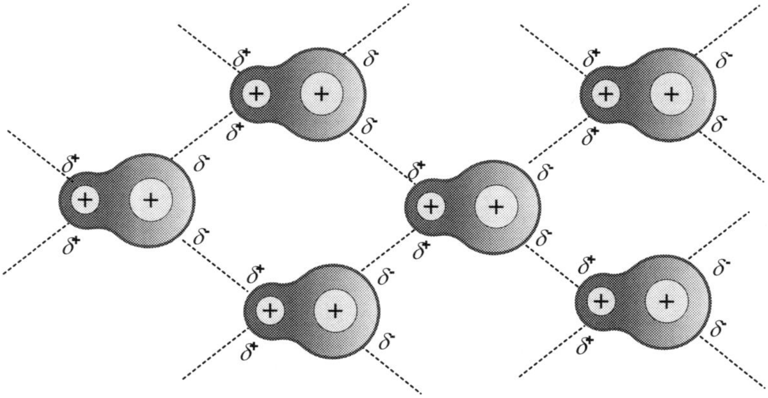

Abb. A.1-13 Zwischenmolekulare Bindungen bei Molekülen mit permanentem Dipol

Zwischen Molekülen, in denen H-Atome an stark elektronegative Atome gebunden sind, kommt eine besonders intensive Dipol-Bindung zustande. Die Stärke dieser als **Wasserstoffbrückenbindung** bezeichneten Wechselwirkung liegt etwa eine Größenordnung über der anderer Dipolbindungen. Die Bindung stellt sich zwischen dem positiv polarisierten H-Atom und einem elektronegativen Bindungspartner eines Nachbarmoleküls ein. Vor allem die elektronegativen Elemente Sauerstoff und Stickstoff rufen eine starke Bindungswirkung hervor, so daß sich typische H-Brückenbindungen zwischen solchen Molekülen ausbilden, die OH- oder NH-Gruppen enthalten, beispielsweise:

$$R_1 - OH^{\delta+} \,\ldots\ldots\ldots\ldots\, O^{\delta-} = R_2 \qquad R_1 = NH^{\delta+} \,\ldots\ldots\ldots\ldots\, O^{\delta-} = R_2$$

$$R_1 - OH^{\delta+} \,\ldots\ldots\ldots\ldots\, N^{\delta-} \equiv R_2 \qquad R_1 = NH^{\delta+} \,\ldots\ldots\ldots\ldots\, N^{\delta-} \equiv R_2$$

.... H-Brückenbindung, R = Molekülrest

H-Brückenbindungen treten in vielen chemisch und technisch wichtigen Substanzen auf, so in Alkoholen, Phenolen, Aminen, Carboxylsäuren, Zellulosen, Polyamiden und Tonmineralien. Wassermoleküle, die ebenfalls einen bemerkenswerten Dipolcharakter besitzen und zwischenmolekulare H-Brücken entwickeln, lagern sich an die in festen Stoffen wirkenden H-Brückendipole an und lockern den zwischenmolekularen Zusammenhalt. Je nach Struktur und Menge des aufgenommenen Wassers wird die feste Substanz weicher und flexibler (Holz, Polyamid) oder gar plastisch (Ton).
Die sich zwischen unpolaren Molekülen einstellenden Bindungen resultieren aus der Bewegung der Elektronenwolke um den jeweiligen Atomkern. Faßt man die Ladungswolke der Elektronen in erster Näherung als eine lokalisierte Punktladung auf, so entsteht als Folge ihrer Rotationsbewegung um den Atomkern je nach ihrem augenblicklichen Aufenthaltsort in dem Molekül eine **momentane** Unsymmetrie der Ladungsverteilung. Die hiermit verbundene **Dipolwirkung** induziert in den Nachbarmolekülen solche Elektronenbewegungen, daß dort entgegengerichtete Dipole ausgebildet werden. Zwischen derart „momentan" polarisierten Molekülen treten schwache, ungerichtete Anziehungskräfte auf, die als *Dispersionsbindungen* bezeichnet werden (Abb. A.1-14).

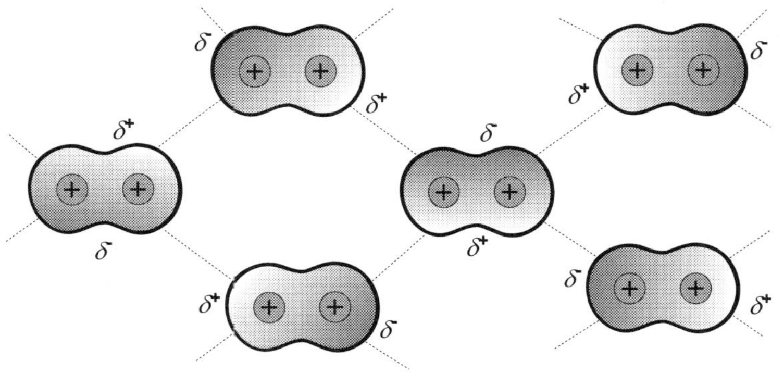

Abb. A.1-14 Zwischenmolekulare Dispersionsbindung bei unpolaren Molekülen (momentaner Dipol)

1.2.2.2 Grenzflächen- und Oberflächenbindungen

In der Grenzfläche eines atomaren oder ionischen Verbandes befinden sich die Atome bzw. Ionen im Vergleich zu den im Innern angeordneten Atomen in einem unvollständigen und damit weniger stabilen Bindungszustand. Während die inneren Bausteine nach allen Seiten hin gleichmäßig von Bindungsnachbarn umgeben sind und mit diesen durch Bindungswechselwirkungen ihren elektronischen Energiezustand „günstig" gestalten können, fehlen den in der Grenzfläche liegenden Atomen die äußeren Bindungspartner. Sie verfügen nach außen hin über noch bindungsfähige Elektronenorbitale und üben entsprechende Bindungswirkungen aus (Abb. A.1-15). Dieser ungünstige Bindungszustand von Grenzflächenatomen und ihr daraus folgendes Bindungsbestreben verursachen eine Reihe bemerkenswerter *Oberflächen-* bzw. *Grenzflächeneffekte*. Derartige Bindungsprozesse an einer Grenzfläche „fest/fest" werden **Adhäsion**, an einer Grenzfläche „fest/flüssig" **Benetzung** und an einer Grenzfläche „fest/gasförmig" **Adsorption** genannt. Entsteht beispielsweise durch einen Bruch eine frische Metalloberfläche, so trachten die aufgrund ihrer unvollkommenen Abbindung sehr reaktionsfreudigen Oberflächenatome danach, aus der Umgebung Gas- oder Wassermoleküle zu adsorbieren. Die erste Adsorptionsschicht wird durch relativ hohe Energien quasi primär gebunden, so daß man diesen Adsorptionsvorgang als *Chemisorption* bezeichnet. Darüber hinaus adsorbierte Moleküle werden mit geringerer Intensität angelagert, ihr Bindungsvorgang wird *Physiosorption* genannt. Die an einer Grenzfläche „flüssig/gasförmig" in Erscheinung tretende **Oberflächenspannung** oder die in engen Spalten an einer Grenzfläche „fest/flüssig" zu beobachtende *Kapillarwirkung* spiegeln ebenfalls die Bindungsaktivität von Grenzflächenatomen wider.

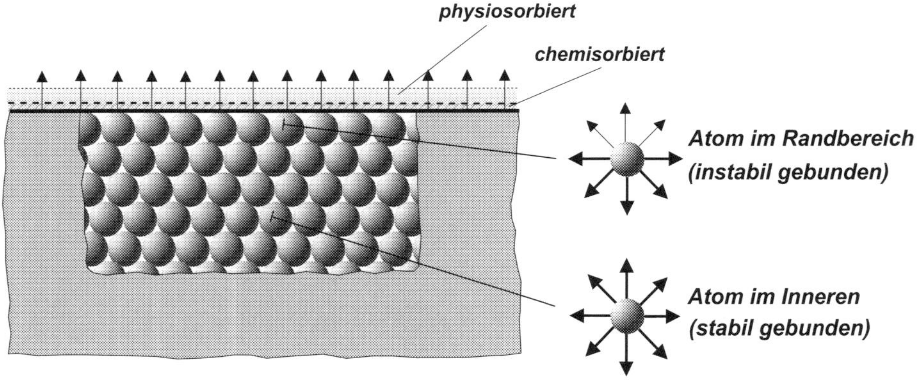

Abb. A.1-15 Bindungsaktivität einer freien Oberfläche

Zwischen einer Flüssigkeit und einem Festkörper auftretende Grenzflächenkräfte äußern sich im Benetzungsverhalten der Flüssigkeit. Bestehen zwischen beiden Substanzen intensive Grenzflächenbindungen, so bilden beide eine möglichst große gemeinsame Grenzfläche guter Benetzung aus. Liegen jedoch zwischen beiden Substanzen keine günstigen elektronischen Bindungsverträglichkeiten vor, so hat dies eine kleine gemeinsame Grenzfläche, also geringe Benetzung, zur Folge. Der Benetzungswinkel Θ dient dabei als quantitatives Maß (Abb. A.1-16), kleine Werte für Θ bedeuten gute Benetzbarkeit, große Winkel Θ eine entsprechend schlechte.

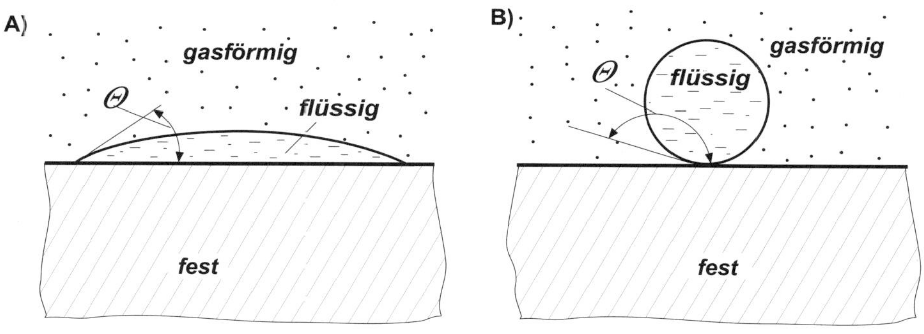

Abb. A.1-16 Benetzungsverhalten einer Flüssigkeit an unterschiedlichen Grenzflächen
A) Gute Benetzung bei intensiven Grenzflächenbindungen
B) Schlechte Benetzung bei geringen Grenzflächenbindungen

Da in dem dargestellten System neben der Grenzfläche „flüssig/fest“ noch eine zweite Grenzfläche „flüssig/gasförmig“ vorhanden ist, hängt das Benetzungsverhalten auch von der umgebenden Atmosphäre ab. Die Flüssigkeit nimmt unter den gegebenen Umständen (innere Bindung, Schwerkraft u.a.m.) die Gestalt an, mit der ein Minimum an Oberflächen- und Grenzflächenenergie erreicht werden kann.
Häufig – wie das Beispiel hoher Benetzung jedoch zeigt, keineswegs immer – wird eine minimale Grenzflächenenergie mit der bei gegebenem Volumen kleinstmöglichen Grenzfläche erreicht. In diesem Fall strebt das atomare System eine kugelförmige Gestalt an. Im flüssigen Zustand kann die Kugelform wegen der hohen Beweglichkeit der Bausteine leicht realisiert werden, im festen Zustand erfordert „die Einformung“ beispielsweise lamellenförmiger Kristalle ausreichend hohe Temperaturen und genügend lange Umordnungszeiten. Auch die bei hinreichend langer Temperatureinwirkung vielfach zu beobachtende Vergröberung von Kristallen, d.h. das Wachsen einzelner Kristalle auf Kosten anderer, ist letztlich darauf zurückzuführen, daß das atomare System die in seiner Grenzfläche gespeicherte Bindungsenergie durch Reduzierung der Grenzfläche zu minimieren sucht. Besteht der betrachtete atomare Verband aus Moleküleinheiten, so werden die Grenzflächenkräfte von nicht in „Anspruch genommenen“ Dipol- oder Dispersionsbindungen verursacht.
Es ist üblich, das Eingehen von Primärbindungen als *chemische Reaktionen* und die dabei auftretende deutlich meßbare *Wärmetönung* als deren charakteristisches Merkmal zu betrachten. Hingegen wird das Zustandekommen von Sekundärbindungen unter Hinweis auf die fehlende Reaktionswärme als *physikalischer* Prozeß bezeichnet. Da auch der sekundäre Bindungsvorgang auf einer Wechselwirkung der Elektronenzustände der sich sekundär bindenden Partner beruht und demzufolge ebenfalls mit einer meist allerdings sehr geringen Wärmetönung verbunden ist, erscheint eine grundsätzliche Unterscheidung in chemische und in physikalische Bindungsvorgänge nicht gerechtfertigt.

1.2.3 Bindung und Temperatur

Die Teilchen (Bausteine) eines festen Körpers führen Bewegungen aus, die in der Temperatur des Körpers zum Ausdruck kommen. **Der thermischen Bewegung der Teilchen stehen deren gemeinsame Bindungen entgegen, so daß die Teilchenbewegung bis zu einer bestimmten Temperaturhöhe durch die Bindungen kontrolliert wird. Übersteigt die thermische Bewegungsenergie jedoch die Bindungsenergie, so wird die Bindung aufgebrochen.** Für jede Bindung existiert also eine ihrer Intensität entsprechende Grenztemperatur, oberhalb der die Bindung gelöst wird. Beispiele solcher Grenztemperaturen sind die *Glas-, die Schmelz-, die Verdampfungs-* und die *Dissoziationstemperatur.*
In Verbänden mit Bindungen unterschiedlicher Stärke, beispielsweise in molekularen Verbänden mit kovalenten Primärbindungen im Molekül und Sekundärbindungen zwischen den Molekülen, werden zunächst die schwachen Sekundärbindungen bei einer relativ niedrigen Temperatur und erst dann die stärkeren Primärbindungen bei entsprechend höherer Temperatur durch Moleküldissoziation gelöst. Befindet sich eine molekulare Substanz bereits im gasförmigen Zustand, so erfolgt die Dissoziation der innermolekularen Primärbindungen nicht mehr bei einer einzigen Temperatur, sondern mit steigender Temperatur nimmt die Wahrscheinlichkeit für eine Dissoziation der Bindungen zu, d.h., bei einer bestimmten Temperatur liegt immer nur ein bestimmter Prozentanteil bereits dissoziierter Moleküle vor.
Für die weniger fest gebundenen Oberflächenatome eines Festkörpers (vgl. Abb. A.1-15) erfolgt die Lösung der Bindungen teilweise schon weit unterhalb der Schmelztemperatur. Es bildet sich also auch schon im festen Zustand oberhalb der Oberfläche temperaturabhängig eine Gasatmosphäre aus Atomen/Teilchen des Festkörpers aus, deren Druckwirkung als *Dampfdruck* der Substanz bezeichnet wird.

1.3 Aggregatzustände

Der in einem Teilchensystem herrschende *Dualismus* zwischen *thermisch bedingtem Bewegungszustand* und *elektronisch bedingtem Bindungszustand* führt dazu, daß Materie je nach Bindungsart der Teilchen und herrschender Temperatur bzw. Druck in drei unterschiedlichen Formen auftreten kann, nämlich als **Gas,** als **Flüssigkeit** oder als **Festkörper.** Diese Aggregatzustände stellen Übergänge zwischen zwei extremen Idealzuständen, dem idealen Gas- und dem idealen Festkörperzustand dar.
Der *ideale Gaszustand* ist dadurch gekennzeichnet, daß die Bindungen zwischen den das Gas bildenden Teilchen völlig aufgehoben sind und sich die Teilchen in unbehinderter, regelloser, thermisch verursachter Bewegung befinden. Hierbei füllen sie jedes ihnen zur Verfügung stehende Volumen aus, wodurch sich bei großem Volumen auch entsprechend große Teilchenabstände ergeben. Wegen der großen Teilchenabstände ist das physikalische Verhalten des Gases unabhängig von der Art seiner Teilchen und durch die Zustandsgleichung für *ideale Gase* beschreibbar. Durch äußere Kräfte (Druck) können die Teilchenabstände bis zur Kondensation des Gases verringert werden. Mit zunehmender Kompression stellen sich Wechselwirkungen zwischen den Teilchen und ein Abweichen vom idealen Gaszustand ein. Im *idealen Festkörperzustand* sind thermisch

bedingte, individuelle Bewegungen der Teilchen durch die vorherrschenden interatomaren Bindungen ausgeschlossen, die Einhaltung eines stabilen Bindungszustandes zwingt die Teilchen auf zueinander genau festgelegte Plätze. Sie bilden einen Verband mit maximaler Ordnung und stabiler äußerer Form.
Die realen Aggregatzustände liegen zwischen diesen beiden Extremzuständen mit mehr oder weniger guter Annäherung an den Idealzustand. Insbesondere der flüssige Zustand nimmt eine mittlere Position ein, in ihm heben sich thermisch bedingte, *ungeordnete Bewegung* und *geordneter Bindungszustand* in einem dynamischen Wechselspiel gegeneinander auf. Die interatomaren Bindungen erzwingen hier ähnlich kleine Teilchenabstände wie im festen Zustand und auch eine gegenseitige Ordnungseinstellung, die jedoch infolge der thermischen Bewegung immer nur kurzzeitig erhalten und auf kleine Bereiche beschränkt bleibt. So wie sich in Gasen bei Kompression kurzzeitig geordnete Bereiche nachweisen lassen, zeigt auch der reale Festkörper mit seiner sich in Diffusionsprozessen äußernden, begrenzten Teilchenbeweglichkeit sowie einer gewissen, auch im Gleichgewicht stabilen Fehlordnung noch typische Merkmale des Gaszustandes. Als Maßzahl für den Ordnungs- bzw. Unordnungszustand eines Teilchensystems wurde der Begriff *„Entropie"* eingeführt. Ungeordnete Systeme (Gase, Flüssigkeiten) enthalten demnach eine große, geordnete Systeme (Festkörper) eine geringe Entropie.

2 Struktur des Festkörpers

2.1 Kristalline und amorphe Strukturen

Der feste Zustand ist durch stabile Primär- oder Sekundärbindungen zwischen den Teilchen gekennzeichnet, nur dieser Bindungszustand gewährleistet die Übertragung von Zug- und Schubspannungen und erfüllt damit die Grundvoraussetzung für die Anwendung von Werkstoffen. Hinsichtlich der gegenseitigen Ordnung der Teilchen im gebundenen Zustand ist zwischen *kristallinen* und *amorphen* Festkörpern zu unterscheiden. **Im kristallinen Zustand sind die Teilchen nach einem bestimmten Muster räumlich und über größere Bereiche regelmäßig zueinander angeordnet. Diese regelmäßige Anordnung wird als Fernordnung bezeichnet.** Der Aufbau realer Kristalle weicht an vielen Stellen von einer idealen Fernordnung ab. Reale Kristalle enthalten also eine Vielzahl von *Kristallfehlern*, ohne daß der Charakter der Fernordnung dabei verlorengeht.

Amorphe Strukturen weisen die erwähnte Fernordnung nicht auf, bei ihnen besteht nur eine strukturelle Nahordnung im Bereich der nächsten Nachbaratome. In ihrer Teilchenanordnung ähneln sie Schmelzzuständen und werden daher oft als unterkühlte, in den festen Zustand eingefrorene Flüssigkeiten bezeichnet. Die unterschiedliche Teilchenanordnung kristalliner und amorpher Substanzen hat auch unterschiedliche interatomare bzw. intermolekulare Bindungsverhältnisse zur Folge. Während in kristallinen Strukturen wegen der regelmäßigen Atomabstände die Bindungen gleichmäßig ausgebildet sind und zu ihrer Lösung das Erreichen einer bestimmten, diskreten Temperatur, der **Schmelztemperatur** T_s, erforderlich ist, ergeben sich in amorphen Verbänden wegen der unterschiedlichen atomaren Abstände auch Bindungen unterschiedlicher Intensität, deren Lösung daher innerhalb eines Temperaturbereiches erfolgt. Ein derartiges, über einen Temperaturbereich ausgedehntes Erweichungsverhalten zeigen u.a. Gläser, so daß die für diesen Bereich charakteristische Temperatur **Glasübergangstemperatur** T_g genannt wird. Dieser Sachverhalt ist in Abb. A.2-1 schematisch dargestellt. Der Elastizitätsmodul stellt dabei ein Maß für den interatomaren Bindungszustand dar. Der Übergang vom flüssigen in den festen Zustand ist bei kristallinen Stoffen mit einer ausgeprägten strukturellen Änderung verbunden, bei amorphen Stoffen finden im Glasübergangsgebiet ebenfalls deutlich feststellbare atomare bzw. molekulare Umlagerungen statt, die zwar zu einer Verminderung des Leervolumens führen, nicht jedoch zu einer eigentlichen Strukturänderung.

Bei solchen Strukturumwandlungen spielt die Geschwindigkeit der Temperaturänderung eine wichtige Rolle, da bei raschen Temperaturänderungen temperaturabhängige Vorgänge behindert oder gar unterdrückt werden können. Die kristalline Struktur stellt die stabile Teilchenanordnung im festen Zustand dar, amorphe Anordnungen sind stets in- bzw. metastabil. Findet im festen Zustand nachträglich eine Strukturänderung „ungeordnet/geordnet“ statt, dann immer von amorph nach kristallin und nie umgekehrt. Während kristalline Anordnungen durch die Bezeichnung **„Gitter“** charakterisiert werden, verwendet man bei amorphen Stoffen die Begriffe **„Netzwerk“** und **„Knäuel“**.

Jedes Teilchensystem versucht also bei der Erstarrung in den geordneten, kristallinen Zustand überzugehen, amorphe Zustände können daher nur entstehen, wenn die Teilchen bei einer gegebenen Abkühlgeschwindigkeit aufgrund eingeschränkter Beweglichkeit und ungünstiger Geometrie nicht fähig sind, den erforderlichen Ordnungsvorgang zu vollziehen. Die notwendige Teilchenbeweglichkeit ist häufig dann nicht mehr gegeben, wenn bereits im Schmelzzustand einzelne Bindungen bevorzugt aufgebaut und hierdurch größere, atomare Komplexe oder gar Moleküle gebildet werden. Dies ist der Fall bei netzwerkähnlichen Strukturen (*Gläser, gummielastische* und *hartelastische Kunststoffe*) sowie bei vielen makromolekularen Substanzen (*thermoplastische Kunststoffe*).

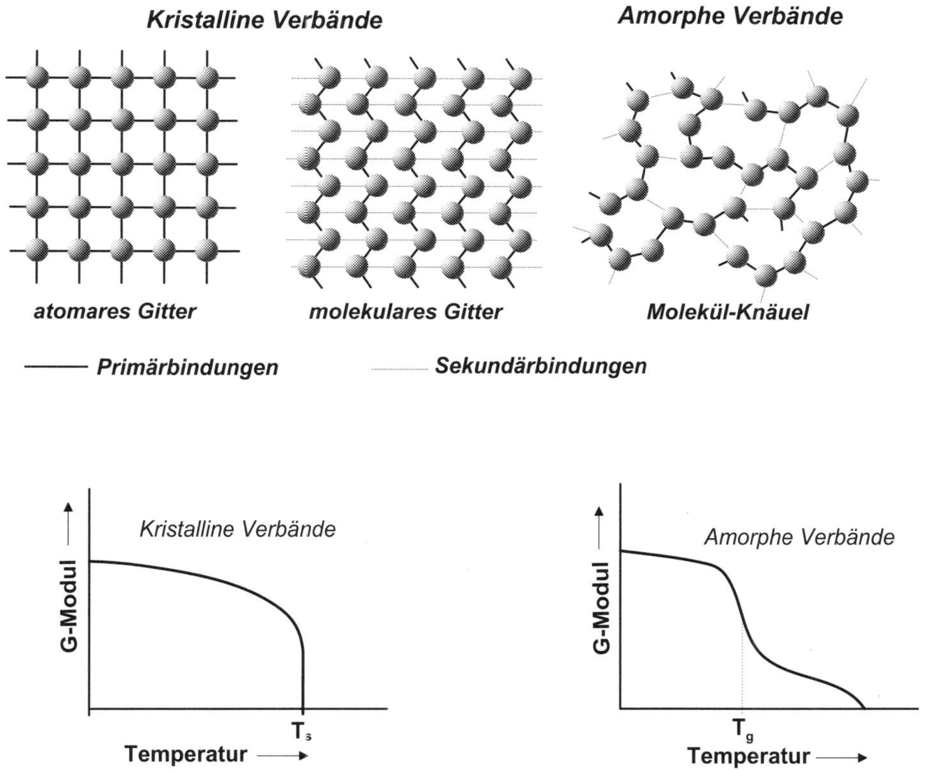

Abb. A.2-1 Erweichungsverhalten kristalliner und amorpher Festkörper

Als *Flüssigkristalle* werden Substanzen bezeichnet, die aus relativ steifen, stäbchenförmigen Molekülen bestehen. Diese Moleküle ordnen sich bereits im nicht stabil gebundenen, flüssigen Zustand parallel an und rufen durch ihre Ordnung eine für feste kristalline Stoffe kennzeichnende Richtungsabhängigkeit der Eigenschaften (*Anisotropie*) hervor (s. Abschn. A.2.4).

2.2 Ideale Kristallstruktur

2.2.1 Strukturprinzipien

Zu welcher Kristallstruktur die Atome im festen Zustand zusammenfinden, bestimmen in jeweils unterschiedlichem Maße zwei Faktoren, nämlich die Art ihrer Bindung und ihre Größenverhältnisse, also die „chemische“ (Wertigkeit, Elektronegativität) und die „geometrische“ (Größe, Form) Passungsfähigkeit der Bindungspartner. Bei Strukturen mit gerichteter Bindung (kovalent) überwiegt der **chemische Einfluß**, bei Strukturen mit ungerichteter Bindung (metallisch, ionisch) dominieren die **geometrischen Einflüsse**. Auch bei molekularen Kristallstrukturen stellt die geometrische Form des Moleküls einen wesentlichen Faktor für die Art der Gitterausbildung dar, wenn deren Bausteine ebenfalls durch ungerichtete Sekundärkräfte gebunden sind.
Wegen der noch mangelhaften Kenntnisse über Einzelfragen der interatomaren Bindungen läßt sich nicht eindeutig vorhersagen, welche strukturelle Anordnung von den Atomen bei ihrer Gitterbildung einzunehmen ist. Es lassen sich jedoch einige allgemeingültige Regeln erkennen, denen sich die Partner bei ihrer Bindung unterwerfen und deren Einhaltung offensichtlich zur energieärmsten und damit stabilsten Strukturanordnung führt. Diese Prinzipien lauten:

- *die in den festen Verband eingebrachten elektrischen Ladungen müssen ausgeglichen sein, d.h., der Verband muß elektrisch neutral sein,*
- *bei Verbänden mit kovalenter Bindung wird die atomare Anordnung durch Form und Richtung der gemeinsamen Bindungselektronen bestimmt,*
- *die Anordnung muß die zwischen gleichgeladenen Ionen auftretenden Abstoßungskräfte möglichst gering halten,*
- *soweit die vorgenannten Einschränkungen dies zulassen, was insbesondere bei Metallen der Fall ist, werden möglichst dichte atomare Packungen gebildet.*

Da in den kristallinen Verbänden selten ein einheitlicher, meist ein gemischter Bindungstyp vorliegt, gehorchen viele Gitteranordnungen mehreren dieser Regeln.

2.2.2 Atomare Nah- und Fernordnung

Versucht man, die Anordnung der Atome in einer festen Struktur zu beschreiben, so stehen hierfür verschiedene Wege offen. Zunächst kann die atomare Nahordnung beschrieben werden. Sie gibt für ein beliebiges Atom der Struktur die Zahl seiner nächsten Nachbaratome und die Art ihrer geometrischen Anordnung um dieses Bezugsatom an. Die Zahl der nächsten Nachbaratome (NN) wird als *Koordinationszahl (KZ)* bezeichnet. Verbindet man die Mittelpunkte der NN-Atome, so entsteht ein typisches Polyeder. Bei gerichtet, d.h. kovalent, gebundenen Atomen wird von einem *Bindungspolyeder*, bei ungerichtet gebundenen Atomen bzw. Ionen von einem *Koordinationspolyeder* (Abb. A.2-2) gesprochen.

$r_A : r_B$	**Koordinations-Zahl**	**Koordinations-Polyeder**	**Beispiel ($r_A : r_B$)**
0,15 - 0,22	3	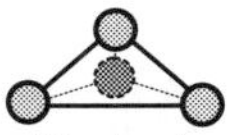 Dreieck	B_2O_3 (0,14)
0,22 - 0,41	4	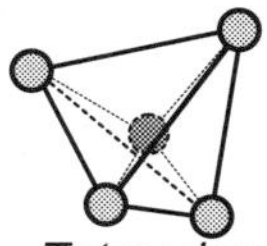 Tetraeder	SiO_2 (0,29)
0,41 - 0,73	6	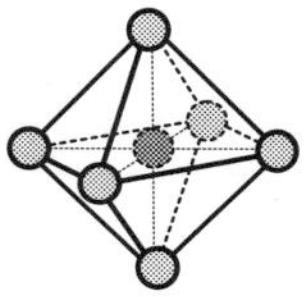 Oktaeder	NaCl (0,53)
0,73 - 1,0	8	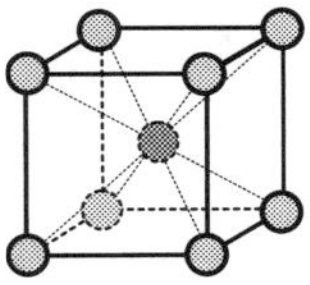 Hexaeder	CsCl (0,93) Cr (1,0)
$\geq$ 1,0	12	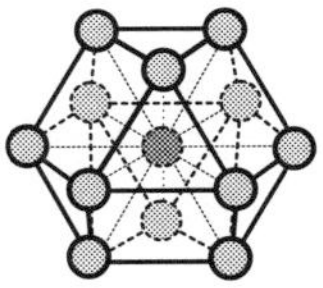 Kubooktaeder	Cu, Al (1,0)

Abb. A.2-2 Koordinationspolyeder in Abhängigkeit von der Größe der Bindungspartner
r_A = Anionenradius, r_B = Kationenradius (nach Lit. A.5)

Die Fernordnung in einer Struktur könnte nun dadurch beschrieben werden, daß angegeben wird, in welcher Weise die Polyeder beim Aufbau der räumlichen Struktur zueinander angeordnet sind. Bei regelmäßiger Anordnung ergibt sich ein kristalliner, bei unregelmäßiger Anordnung ein amorpher Verband. Von dieser Beschreibungsweise wird häufig bei ionischen und bei kovalenten Strukturen Gebrauch gemacht.
Zu einer anderen Beschreibungsart gelangt man, wenn die Kristallstruktur als ein *dreidimensionales Punktgitter* aufgefaßt wird, in dem jeder Gitterpunkt von einem Gitterbaustein (Atom, Ion, Molekül) besetzt ist und jeder Gitterbaustein identische Nachbarbausteine besitzt. Hierfür gibt es 14 verschiedene Anordnungsmöglichkeiten (sog. *Bravais-Gitter*), zu deren Beschreibung ein dreidimensionales Koordinatensystem mit den Achsen *a*, *b*, *c* und ihren gemeinsamen Winkeln α, β und γ gewählt wird. Für diese

14 Bravais-Gitter kann eine jeweils typische Baueinheit, die sog. Elementarzelle, angegeben werden (Abb. A.2-3). **Das räumliche Kristallgitter entsteht durch wiederholte Aneinanderreihung seiner Elementarzelle.**

Kristall-systeme	*Bestimmungs-größen *)*	*einfach*	*basisfläch.-zentriert*	*raum-zentriert*	*flächen-zentriert*
Triklin	$a \neq b \neq c$, $\alpha \neq \beta \neq \gamma$	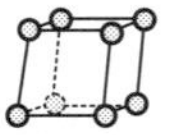			
Monoklin	$a \neq b \neq c$, $\alpha = \beta = 90°$, $\gamma \neq 90°$	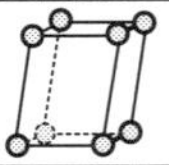	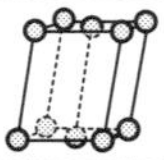		
Rhombisch (orthorhombisch)	$a \neq b = c$, $\alpha = \beta = \gamma = 90°$	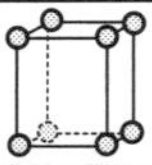	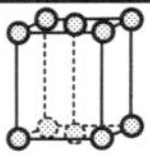	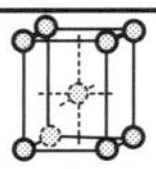	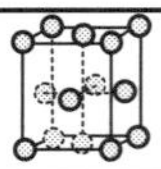
Tetragonal	$a = b \neq c$, $\alpha = \beta = \gamma = 90°$	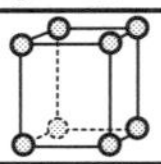		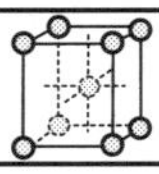	
Rhomboedrisch (trigonal)	$a = b = c$, $\alpha = \beta = \gamma \neq 90°$	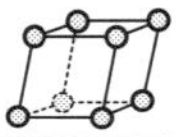			
Hexagonal	$a = b \neq c$, $\alpha = \beta = 90°$, $\gamma = 120°$		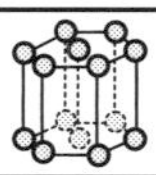		
Kubisch	$a = b = c$, $\alpha = \beta = \gamma = 90°$	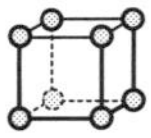		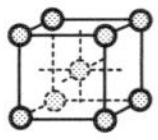	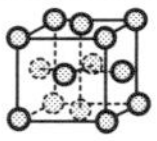

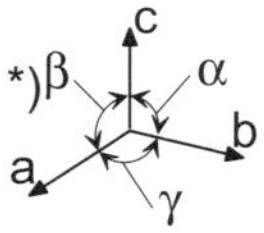

Abb. A.2-3 Elementarzellen der 14 Bravais-Gitter (nach Lit.A.8)

In einem Kristallgitter werden bestimmte Gitterebenen und Gitterrichtungen mit Hilfe sog. *Millerscher Indizes* angegeben. Die grundsätzliche Vorgehensweise bei der Bezeichnung von Gitterebenen und -richtungen wird am Beispiel eines kubischen Kristallgitters gezeigt (Abb. A.2-4). Hierzu werden die von der zu indizierenden Ebene durch Schnitt mit den Achsen *a*, *b* und *c* entstehenden Abschnitte in Atomabständen festgestellt und deren Reziprokwerte gebildet.
Die Reziprokwerte werden durch Multiplikation mit dem Hauptnenner auf ganze Zahlen gebracht und stellen dann bereits die mit „*h*, *k*, *l*" bezeichneten Millerschen Indizes dar, die für eine spezielle Schar von Ebenen in runde Klammern, für alle gleichwertigen Ebenen in geschweifte Klammern gesetzt werden. Die in Abb. A.2-4, A) schraffierte Ebene ist demnach eine (111)-Ebene, weil sie auf den Achsen *a*, *b* und *c* jeweils die Abschnitte 1, 1 und 1 erzeugt, deren Reziprokwerte ebenfalls 1, 1 und 1 betragen. In Abb. A.2-4, B) sind die Millerschen Indizes (*hkl*) für die schraffierte Ebene mit

(010) angegeben, sie schneidet die Achsen a und c beim Wert ∞ mit Reziprokwert 0, die Achse b bei 1 mit Reziprokwert 1. Negative Achsabschnitte werden durch einen Querstrich über den Millerschen Indizes erkennbar gemacht, z.B. ($\bar{0}$0). Zur Kennzeichnung von Gitterrichtungen werden die Koordinaten u, v, w eines Punktes auf der Richtungsgeraden genommen, wobei die Gerade durch Parallelverschiebung in den Koordinatenursprung verlegt wird. Die dann gegebenenfalls in ganze Zahlen zu überführenden Koordinaten erhalten eckige Klammern [uvw], alle gleichwertigen Gitterichtungen spitze Klammern <uvw>. In kubischen Gittern stehen Ebenen und Richtungen mit den gleichen Indizes senkrecht aufeinander.

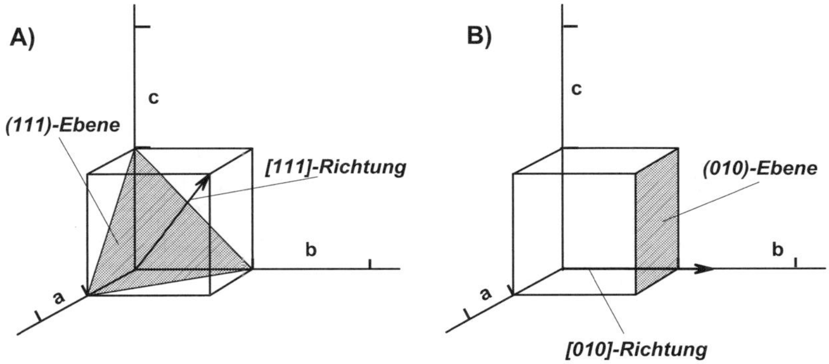

Abb. A.2-4 Millersche Indizierung von Ebenen und Richtungen in einem kubischen Gitter

Bei der Indizierung von Ebenen und Richtungen in hexagonalen Gittern wird eine vierte Koordinatenachse d verwendet (Abb. A.2-5). Die entsprechenden Millerschen Indizes lauten dann ($hkil$). Da der Index „i“ aufgrund geometrischer Beziehungen durch h und k eindeutig bestimmt ist, wird manchmal auch auf die Angabe von i verzichtet und eine Schreibweise ($hk.l$) benutzt.

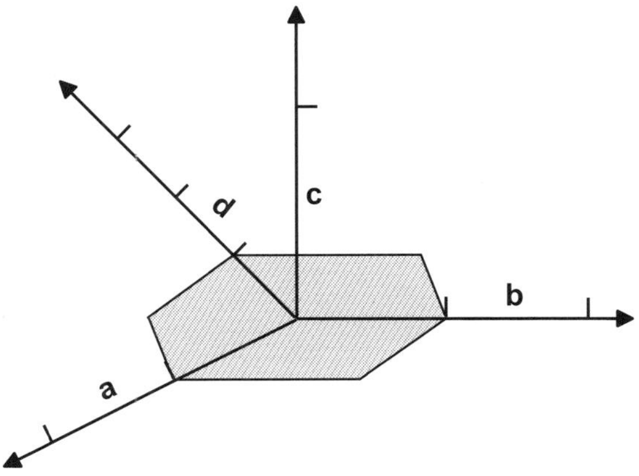

Abb. A.2-5 Zur Indizierung hexagonaler Gitter (nach Lit. A.7)

Von herausragender Bedeutung sind drei der 14 Bravais-Gitter, nämlich das mit kubisch-flächenzentrierter (kfz), das mit kubisch-raumzentrierter (krz) und das mit hexagonal-dichtgepackter (hdp) Elementarzelle, manchmal auch als A_1-(kfz), A_2-(krz) und A_3-(hdp-) Struktur bezeichnet. Sowohl in der kfz- als auch in der hdp-Struktur liegt eine Koordinationszahl von 12 vor. Faßt man die Gitterbausteine als starre Kugeln gleichen Durchmessers auf, so erreicht man dichteste Kugelanordnungen nur, wenn jede Kugel von 12 Nachbarkugeln (NN) berührt wird. Demnach stellen die Strukturen kfz und hdp die dichtesten Packungen gleich großer Atome dar.
Ein Gitter mit einfach-kubischer Elementarzelle und KZ = 6 weist eine Raumerfüllung von 52 Prozent auf, dieser Wert liegt für das kubisch-raumzentrierte Gitter mit KZ = 8 bei 68 Prozent und für das kubisch-flächenzentrierte bzw. hexagonal-dichtestgepackte Gitter mit KZ = 12 bei 74 Prozent. Der nicht von atomarer Materie erfüllte Gitterraum ist auf Gitterlücken verteilt. Während das einfach-kubische Gitter im Kubuszentrum nur eine Form von Gitterlücken besitzt, existieren in den anderen Gitterstrukturen zwei verschiedene Arten, deren Unterscheidung sehr wichtig ist. Die eine Art wird als *Oktaederlücken* bezeichnet, weil die umgebenden Atome ein Oktaeder aufspannen, die anderen heißen *Tetraederlücken*, weil die diese Lücken umgebenden Atome ein Tetraeder bilden (Abb. A.2-6). Dies führt natürlich zu unterschiedlich großen Lücken, wobei im kfz-Gitter die Oktaederlücken die größeren sind, im krz-Gitter dagegen die Tetraederlücken. Dabei ist jedoch zu beachten, daß das im krz-Gitter bestehende Lückenoktaeder von nur zwei nächsten und vier zweitnächsten Nachbaratomen gebildet wird, also eine abgeplattete Form aufweist.

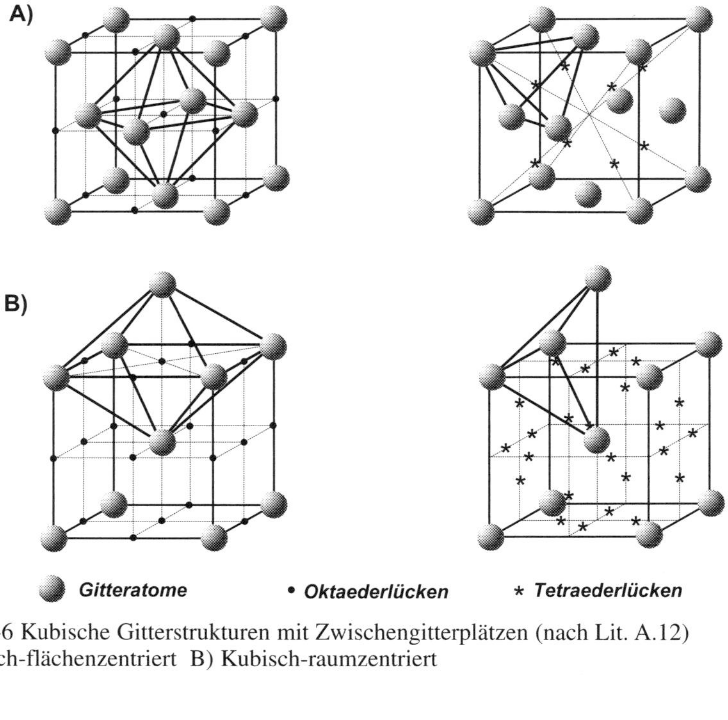

Abb. A.2-6 Kubische Gitterstrukturen mit Zwischengitterplätzen (nach Lit. A.12)
A) Kubisch-flächenzentriert B) Kubisch-raumzentriert

Dichteste Kugelpackungen entstehen, indem Schichten sich berührender Kugeln so übereinander gestapelt werden, daß eine folgende Ebene stets in die Lücken der vorangehenden Ebene „einrastet". Da jede Ebene zwei verschieden angeordnete, wenn auch gleich große Lücken zur Verfügung stellt, kann entweder die dritte oder aber erst die vierte Ebene wieder direkt über der ersten liegen. Im ersten Fall ergibt sich eine *Stapelfolge* ABABAB..., im zweiten Fall eine Stapelfolge ABCABCABC... Solche dichtest besetzten Stapelebenen stellen im hdp-Gitter die Basisebenen {0001}- und im kfz-Gitter die {111}-Ebenen dar. Abb. A.2-7 zeigt, daß eine Stapelfolge ... ABAB... zu einem hdp-Gitter und eine Stapelfolge... ABCABC... zu einem kfz-Gitter führt.

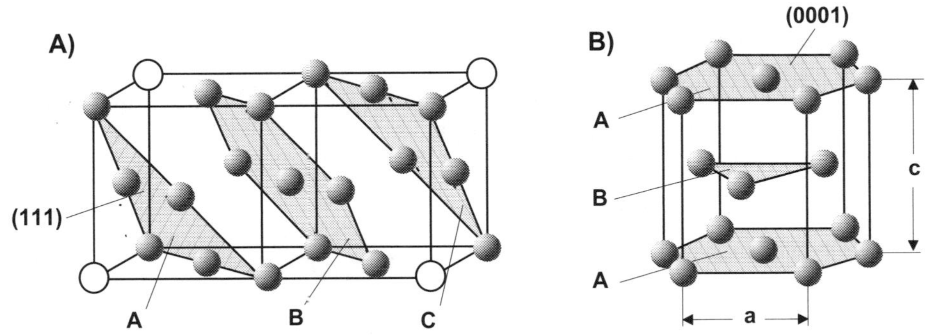

Abb. A.2-7 Stapelfolge dichtester Gitterebenen in kubischen und hexagonalen Gittern
A) Kubisch-flächenzentriert mit Stapelfolge ...ABCABC...
B) Hexagonal-dichtgepackt mit Stapelfolge ...ABAB...

Es gibt eine große Zahl kristalliner Substanzen, die ihre Kristallstrukturen in Abhängigkeit von Temperatur und Druck ändern, diese Erscheinung wird Polymorphie oder **Allotropie** genannt. Dabei begünstigen abnehmende Temperatur und zunehmender Druck im allgemeinen die Ausbildung dichterer Strukturen, also Strukturen höherer Koordination. Entsprechend bewirkt steigender Druck eine Erhöhung der Umwandlungstemperaturen. Die Umwandlung einer Struktur in eine andere mit abweichender Packungsdichte hat naturgemäß entsprechende Volumenänderungen zur Folge.

2.3 Reale Kristallstruktur

Die bislang vorgenommene Beschreibung kristalliner Strukturen berücksichtigte nicht die in Realkristallen stets vorhandene *Fehlordnung*, die in unsere Betrachtungen jedoch eingeschlossen werden muß, weil sie viele Eigenschaften, insbesondere die mechanischen Eigenschaften, kristalliner Substanzen in entscheidendem Maße mitbestimmt. Diese Fehlordnung wird von einer großen Zahl unterschiedlicher **Gitterfehler** gebildet, wobei jeder Fehler eine Störung des idealen Gitteraufbaus bedeutet und ein entsprechendes Spannungsfeld im Gitter erzeugt. Als zweckmäßig hat sich eine Einteilung der Gitterfehler nach ihrer geometrischen Ausbildung erwiesen. Dementsprechend wird unterschieden in:

– *nulldimensionale, punktförmige*
– *eindimensionale, linienförmige*
– *zweidimensionale, flächenhafte Gitterfehler.*

Zu den punktförmigen Gitterfehlern zählen nicht mit Atomen besetzte Gitterstellen, sog. *Leerstellen*, als Gegenstück zu Leerstellen *Zwischengitteratome* (überbesetzte Gitterstellen) sowie in das Gitter eingebaute *Fremdatome*. Lienienförmige Gitterfehler werden von sog. *Versetzungen* gebildet, während *Stapelfehler*, *Korn-*, *Zwillings-* und *Phasengrenzen* eine flächenhafte Ausdehnung aufweisen.

2.3.1 Nulldimensionale Gitterfehler

Die Grundformen nulldimensionaler Fehler sind in Abb. A.2-8 schematisch dargestellt. Jeder Kristall enthält eine Mindestanzahl unbesetzter Gitterstellen, die vom Bewegungszustand der Gitterbausteine, d.h. von der Gittertemperatur abhängig ist.

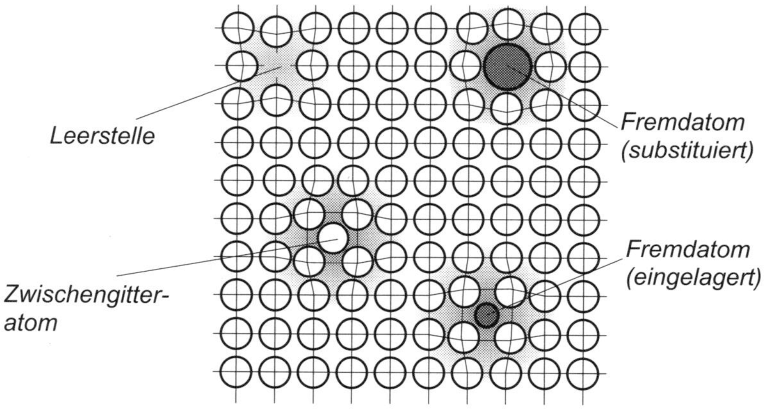

Abb. A.2-8 Nulldimensionale Gitterfehler

Da diese thermisch bedingten **Leerstellen** eine zwangsläufige Folge der Gitterbewegungen sind, kann die temperaturabhängige Mindestzahl von Leerstellen nicht unterschritten werden und bleibt auch im Gleichgewichtszustand erhalten. Die Konzentration der im Gleichgewicht existierenden thermischen Leerstellen ist bei niedrigen Temperaturen sehr gering, nimmt allerdings mit steigender Temperatur exponentiell zu. Die thermischen Leerstellen tragen mit einem bestimmten Anteil zur thermischen Ausdehnung bei. Als Quellen für die Erzeugung thermischer Leerstellen werden andere Fehlstellen, vor allem linienförmige (Versetzungen) und flächenhafte Fehler (Oberflächen, Korngrenzen) angesehen. Solche Fehlstellen können andererseits Leerstellen aufnehmen und so als Senken für im Überschuß vorhandene Leerstellen wirken. Überschuß-Leerstellen, d.h. eine Leerstellenkonzentration über die des Gleichgewichts hinaus, können vor allem durch drei Vorgänge erzeugt werden, nämlich

- *durch Abschrecken von höheren Temperaturen*
- *durch plastische Deformation und*
- *durch Bestrahlen mit energiereichen Teilchen, z.B. Neutronenbeschuß in Kernreaktoren.*

Die bei höheren Temperaturen gebildeten Leerstellen heilen bei genügend langsamer Abkühlung wieder aus, indem sie durch das Gitter wandern und an geeigneten Senken verschwinden. Bei höheren Abkühlgeschwindigkeiten wird ein Teil der Leerstellen „eingefroren“ und in einem übersättigten Zustand gehalten. In diesem Zustand bilden die Leerstellen, bevor sie ihre Senken erreicht haben, – häufig durch Kondensation – energieärmere Zustände wie *Doppel-* bzw. *Mehrfachleerstellen* oder plattenförmige Agglomerate, die einen *Versetzungsring* ergeben. Bei verschiedenen Teilvorgängen der plastischen Verformung werden sowohl Leerstellen als auch Zwischengitteratome erzeugt, allerdings liegt die zur Erzeugung von Zwischengitteratomen erforderliche Aktivierungsenergie um etwa eine Größenordnung über der für Leerstellenbildung, so daß – sofern diese Alternative besteht – vorzugsweise Leerstellen anstelle von Zwischengitteratomen gebildet werden. Die erzeugten Punktfehler können bei hinreichend hoher Temperatur durch Ausheilungsvorgänge wieder auf den Gleichgewichtswert gesenkt werden. Leerstellen sind unentbehrlich für den Ablauf von *Selbst-* und *Fremddiffusionsvorgängen* und damit für fast alle wichtigen Vorgänge in Werkstoffen von außerordentlicher Bedeutung.
Werden **Fremdatome** in einem Wirtsgitter aufgenommen, d.h. gelöst, so bildet sich um jedes Fremdatom vor allem wegen des unterschiedlichen Atomdurchmessers ein Spannungsfeld aus. Die Gitterstörung ist wie eine Leerstelle punktförmig. Das Fremdatom besetzt im allgemeinen einen Gitterplatz. Besonders kleine Atome wie die von H, C, N werden dagegen von vielen Gittern, allerdings in sehr begrenzter Menge, auf Zwischengitterplätzen „eingelagert“. Diese Art der Legierungsbildung durch Aufnahme der Legierungsatome auf Gitter- bzw. Zwischenplätze wird als Mischkristallbildung *(„feste Lösung“)* bezeichnet. Auch in diesem Fall punktförmiger Gitterstörungen sind je nach Art der Lösungspartner bestimmte Fremdatomkonzentrationen stabil, d.h. in einem Gleichgewichtszustand möglich.

2.3.2 Eindimensionale Gitterfehler

Eindimensionale Gitterfehler, die eine linienförmige Störung des Gitters darstellen, werden als Versetzungen bezeichnet. Ihre Anzahl wird durch die Gesamtlänge aller Versetzungslinien je Volumeneinheit mit der Dimension cm Versetzungslinie/cm^3 Kristallvolumen angegeben. Obwohl Versetzungen im Gegensatz zu punktförmigen Gitterstörungen nicht in einem thermodynamisch stabilen Kristall enthalten sein dürften, ist es schwierig, Kristalle mit einer Versetzungsdichte von weniger als 10^6 cm/cm^3 herzustellen.
Versetzungen sind für das Verformungsverhalten vor allem metallischer Kristalle und damit für deren mechanische Eigenschaften von fundamentaler Bedeutung. Sie verursachen bzw. ermöglichen bei Metallen die für diese charakteristische *Plastizität.* Ein versetzungsfreier bzw. ein Kristall mit unbeweglichen Versetzungen

verfügt zwar über eine hohe Festigkeit, verhält sich jedoch wegen der fehlenden Plastizität vollständig spröde. Versetzungen werden auch in nichtmetallischen Kristallen gefunden. Da sie in diesen Gittern vor allem wegen der andersartigen Bindungen weitgehend unbeweglich sind, spielen sie für deren Eigenschaften keine übermäßig wichtige Rolle.
Eine Versetzung in ihrer einfachsten Form ist als sog. *Stufenversetzung* in Abb. A.2-9 dargestellt. Zum Verständnis ihrer Geometrie könnte man sich vorstellen, daß ein perfekter Kristall teilweise – in der Abbildung beispielsweise von unten – aufgeschnitten und an diesem Einschnitt der umrandete Teil einer Gitterebene entfernt worden ist, so daß nach Zusammenfügen des Gitters eine zur Zeichenebene senkrecht verlaufende linienförmige Störzone mit dem Symbol ⊥ entsteht.

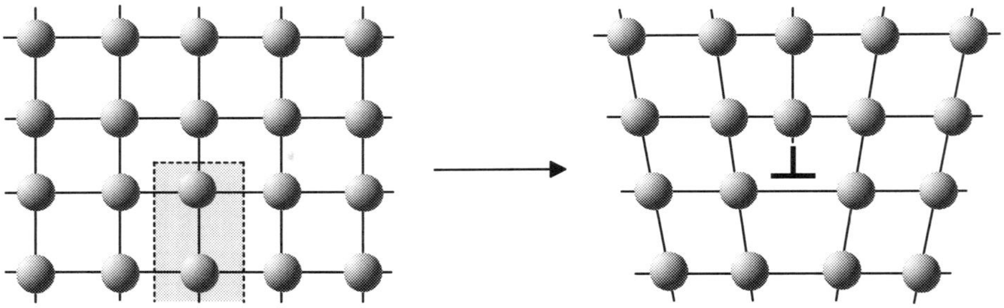

Abb. 2-9 Schematische Darstellung einer Stufenversetzung

Umgekehrt kann diese Versetzung auch durch eine Teilebene von Zwischengitteratomen entstanden sein. Realistischer ist wohl die Vorstellung, daß die Bildung eines solchen Gitterfehlers anstelle der gedachten Entfernung oder Einfügung einer Teilebene z.B. durch Ansammlung von Leerstellen in der unteren Teilebene erfolgt ist. Größe und Richtung der von einer Versetzung erzeugten Gitterverzerrung werden durch den sog. *Burgers-Vektor* angegeben, den man mit Hilfe eines Burgers-Umlaufes (Abb. A.2-10) um die Versetzung erhält.

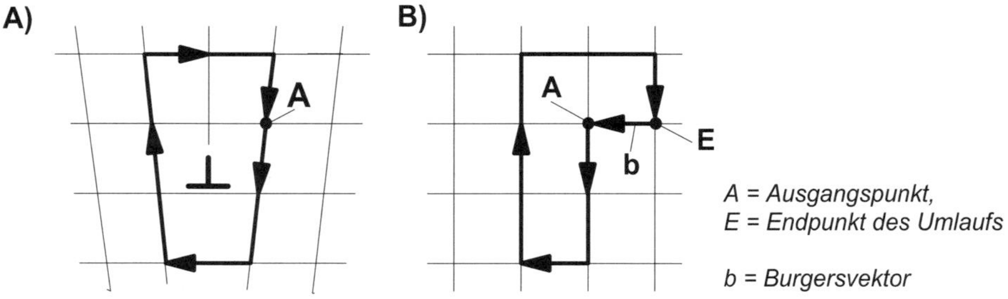

Abb. A.2-10 Zur Bestimmung des Burgersvektors b einer Stufenversetzung
A) Burgersumlauf im Gitter mit Versetzung
B) Gleicher Burgersumlauf im versetzungsfreien Gitter

Hierbei wird eine Versetzungslinie von einem beliebigen Gitterpunkt A aus einmal vollständig bis zum Ausgangspunkt A umlaufen und dabei ein bestimmter Weg zurückgelegt. Wird nun dieser Weg in einem gleichen fehlerfreien Kristall in gleicher Weise mit den gleichen Teilschritten wiederholt, so erreicht man nicht den Ausgangspunkt A, sondern einen von A verschiedenen Endpunkt E. Der nun von E nach A noch zurückzulegende Weg b ist der sog. Burgersvektor, der ein quantitatives Maß für die Gitterstörung darstellt.
Bei einer als Stufenversetzung bezeichneten Störung liegt der Burgersvektor b senkrecht zur Versetzungslinie. In Abb. A.2-11 ist dagegen ein ebenfalls linienförmiger Gitterfehler dargestellt, bei dem der Burgersvektor b parallel zur Linie maximaler Gitterverzerrung L-L liegt. Eine Versetzung mit parallelem Burgersvektor wird *Schraubenversetzung* mit dem Symbol ↻ genannt, weil die zur Versetzungslinie L-L und zum Burgersvektor b senkrecht stehenden Ebenen Schraubenflächen mit dem Gangunterschied b darstellen.

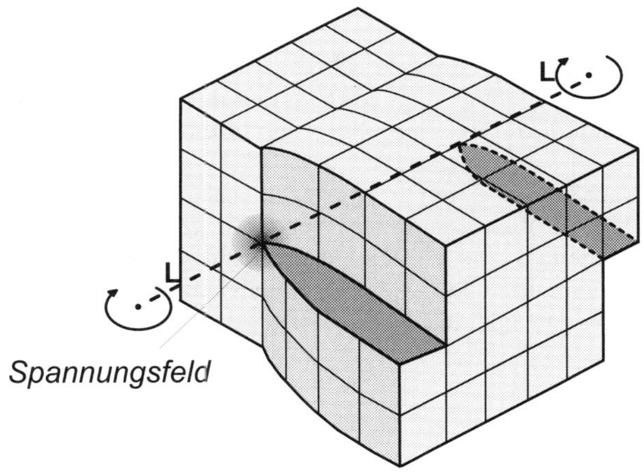

Abb. A.2-11 Schraubenversetzung

Eine Versetzung kann aufgrund geometrischer Gegebenheiten innerhalb eines Kristalls nicht einfach enden, sondern allenfalls an anderen Fehlern oder Kristallgrenzflächen auslaufen, oder sie bildet im Kristall einen in sich geschlossenen Versetzungsring. Vielfach, und bei einem Versetzungsring ohnehin, verläuft die Versetzungslinie nicht gerade, sondern hat einen gekrümmten Verlauf. Da andererseits der Burgersvektor einer Versetzung über ihre ganze Länge sowohl hinsichtlich Größe als auch Richtung konstant bleiben muß, hat ein Versetzungsring nur an jeweils zwei Stellen reinen Stufen- bzw. reinen Schraubencharakter, an allen anderen Stellen bilden Versetzungslinie und Burgersvektor miteinander von 90° bzw. von 0° verschiedene Winkel, so daß die Versetzung überwiegend eine gemischte Versetzung mit teils Stufen- und teils Schraubenkomponente ist (Abb. A.2-12).
Die Abbildung von Versetzungen geschieht in Transmissionselektronenmikroskopen (TEM) mittels Durchstrahlung extrem dünner Metallproben (Abb. A.2-13). Die

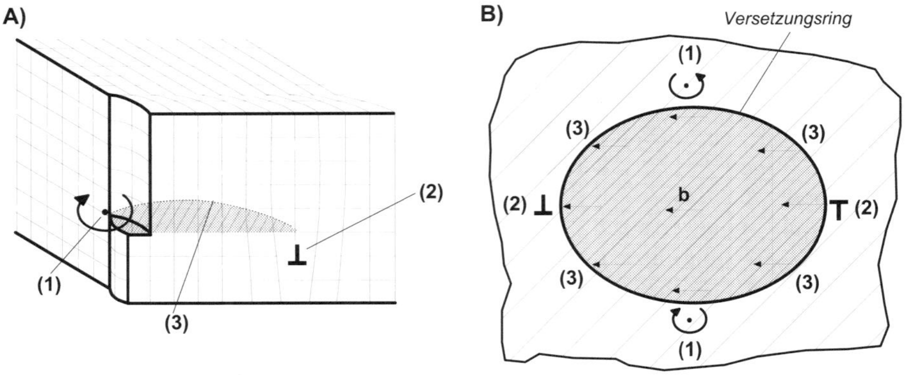

Abb. A. 2-12 Geometrie von Versetzungslinien (nach Lit. A.8)
A) Versetzungsbogen B) Versetzungsring
(1) = Schraubenversetzung, (2) = Stufenversetzung, (3) = Mischversetzung

Richtungen des Elektronenstrahls und der Gitterebenen des untersuchten Kristallbereichs werden dabei so zueinander angeordnet, daß die einfallende Strahlung der Intensität I_o durch Beugungsreflexe am Gitter eine Intensitätsschwächung auf $I(x)$ erfährt.

Die Verbiegung der Nachbarebenen um die Versetzung hat an der Stelle 2 eine Verminderung der schwächenden Reflexe, damit eine Verstärkung der durchgehenden Strahlung zur Folge, an der Stelle 3 ergeben sich entsprechend stärkere Reflexe und damit ein Minimum der transmittierten Intensität. Das Intensitätsminimum bei 3 führt im TEM-Bild zu einer dunklen Linie, die der Versetzungslinie – allerdings um ca. 1 nm nach rechts verschoben – folgt.

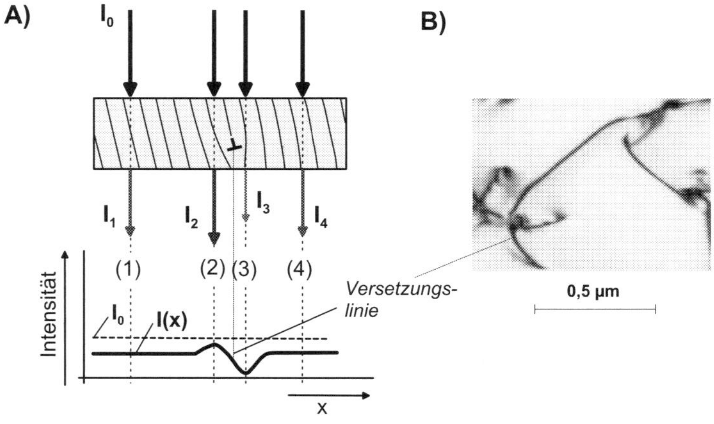

Abb. A.2-13 Abbildungsprinzip von Versetzungen im Transmissionselektronenmikroskop (TEM)
A) Verlauf der transmittierten Strahlungsintensität I(x)
B) Das Durchstrahlungsminimum bei (3) bildet die Versetzung als dunkle Linie ab

2.3.3 Zweidimensionale Gitterfehler

Zu den zweidimensionalen Gitterfehlern zählen Grenzflächen wie **Korn-, Zwillings-** und **Phasengrenzen** sowie **Stapelfehler**. Grenzflächen entstehen in einem Kristall, wenn diskontinuierliche Änderungen in der Gitterorientierung oder den Gitterabständen auftreten. Werden solche Unterschiede durch elastische Gitterverzerrungen überbrückt, ohne daß der Gitterzusammenhalt unterbrochen wird, so spricht man von *kohärenten* Grenzflächen. Mit sich vergrößerndem Unterschied zwischen den beiden Gitterbereichen werden in die Grenzfläche zunehmend Gitterfehler eingebracht, wodurch der Gitterzusammenhalt teilweise *(teilkohärent)* oder vollständig *(inkohärent)* verlorengeht. Die Rede ist hier vom geometrischen Strukturzusammenhang und nicht vom energetischen Bindungszusammenhalt, der mehr oder weniger auch über eine inkohärente Grenzfläche erhalten bleibt. Die in der Grenzfläche gestörten interatomaren Bindungen erzeugen einen Verzerrungszustand mit erhöhtem Energieinhalt, so daß für jede Grenzfläche eine bestimmte Grenzflächenenergie oder -spannung charakteristisch ist. Ein Teilchensystem ist daher immer bestrebt, diesen Zustand erhöhter Spannung durch Verkleinerung der Grenzfläche oder durch Bildung energieärmerer Grenzflächen abzubauen.
Eine zweidimensionale Grenzfläche grenzt also unterschiedlich strukturierte, bei Phasengrenzen auch chemisch unterschiedlich zusammengesetzte räumliche Bereiche gegeneinander ab. Häufig wird dann auch diese räumliche Heterogenität, z.B. in Form von Ausscheidungsteilchen, als *ein dreidimensionaler, räumlicher Gitterdefekt* angesehen. Da aber die Volumenwirkung solcher Phasenteilchen in einem Gefüge nur selten eindeutig von der Wirkung ihrer Grenzfläche zu trennen ist, wird dieser Auffassung – wie auch hier – nicht generell gefolgt.

2.3.3.1 Korngrenzen

Kristalline Werkstoffe bestehen in den allermeisten Fällen nicht aus einem einzigen Kristall, sondern aus einem Verband vieler Kristalle, die als *Kristallite* oder *Körner* bezeichnet werden, weil ihre Formen von denen regelmäßig und unbehindert gewachsener Einkristalle stark abweichen. Polykristallinität wird dadurch verursacht, daß die Kristallbildung mit einer *Keimbildung* beginnt und eine vermehrte Keimbildung z.B. bei der Erstarrung einer Schmelze normalerweise kaum vermieden werden kann. Zudem weisen polykristalline Werkstoffe gegenüber einkristallinen für die meisten Anwendungsfälle günstigere Eigenschaften auf, so daß Polykristallinität in der Regel durchaus erwünscht ist und bei der Werkstoffherstellung oder -verarbeitung durch eine Reihe zum Teil aufwendiger Maßnahmen sogar gefördert wird.
Die Kristallite entstehen durch Wachsen der Keime, wobei hier unter einem Keim ein Kristallgitter verstanden werden kann, das aus einigen tausend Atomen besteht. Das Keimwachstum erfolgt durch Einbindung von Atomen aus der Schmelze in das Kristallgitter des Keims an der Grenzfläche *Keim/Schmelze*, also durch Übergang aus dem ungeordneten, instabilen in den geordneten, stabilen Bindungszustand.
Liegt der Keimbildung keine bevorzugte Ausrichtung des Keimgitters zugrunde, so sind die Orientierungen der Keimgitter und damit die der späteren Körner statistisch verteilt (Abb. A.2-14). Mit vollständiger Kristallbildung stoßen also zufällig orientierte,

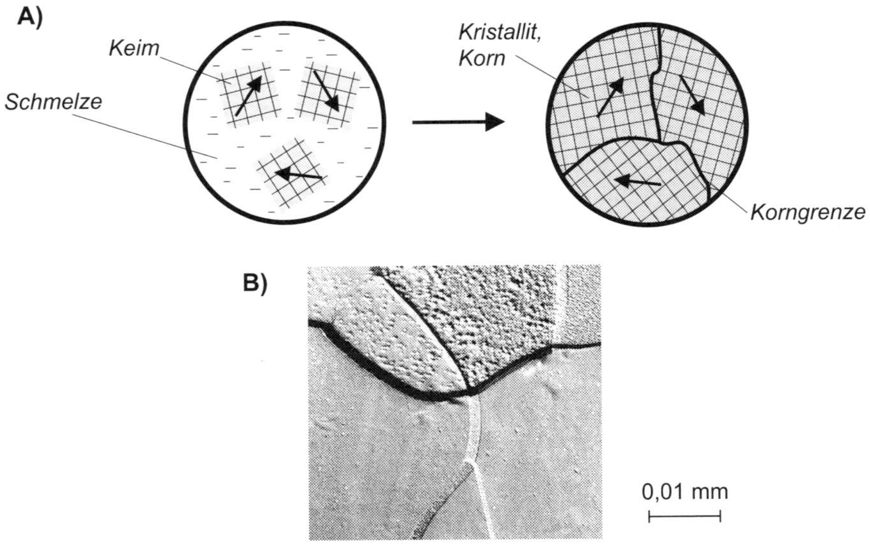

Abb. A.2-14 Entstehung eines polykristallinen Gefüges
A) Schematisch B) Real (Tantal, lichtmikroskopisch)

räumliche Kristallbereiche gegeneinander, deren Orientierungsunterschied nur durch einen ungeordneten Grenzbereich (inkohärent) mit einer Dicke von etwa 2 bis 3 Atomabständen überbrückt werden kann (Abb. A.2-15). Die Breite einer solchen *Korngrenze* ist deshalb auf einen schmalen Saum weniger Atomabstände begrenzt, weil jedes kristalline System die Zahl seiner im Grenzbereich ungünstig gebundenen Atome so gering wie möglich zu halten versucht, andererseits werden die bei einem schroffen Wechsel der Orientierung zu erwartenden sehr hohen Verzerrungsspannungen durch

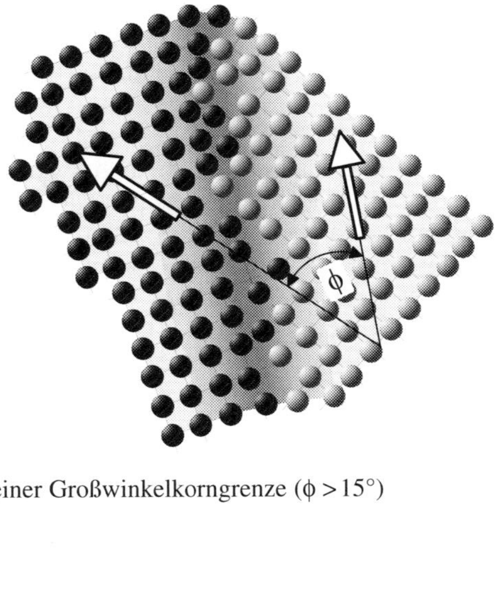

Abb. A.2-15 Struktur einer Großwinkelkorngrenze ($\phi > 15°$)

eine gewisse Breite des Überganges gemildert. Der Orientierungsunterschied übersteigt meist einen Winkel von 15°, daher wird dieser Grenzbereich als *Großwinkelkorngrenze* bezeichnet. Übliche Korngrößen liegen in den meisten Metallen zwischen 0,015 mm (*Feinkorn*) und 0,25 mm (*Grobkorn*) Durchmesser.

2.3.3.2 Grenzflächen innerhalb eines Korns

Das einzelne Korn ist selbst noch in sog. *Subkörner* unterteilt, deren Orientierungen voneinander um Winkel bis höchstens 15° abweichen. Solche relativ geringen Orientierungsunterschiede können im einfachsten Fall durch eine Reihe übereinander angeordneter Stufenversetzungen (Abb. A.2-16) ausgeglichen werden.

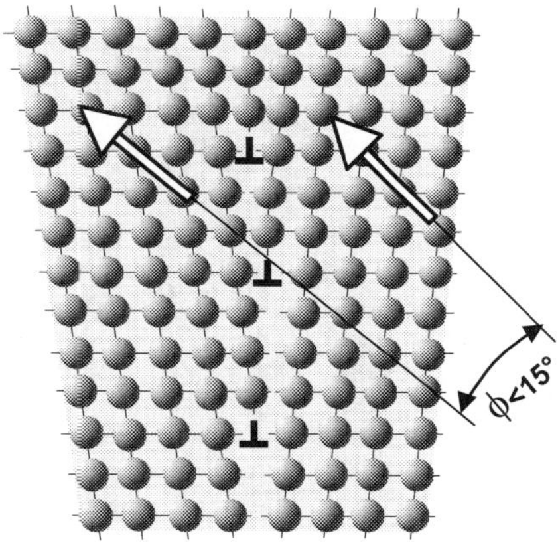

Abb. A.2-16 Struktur einer Kleinwinkelkorngrenze (Subkorngrenze)

Sind die Subkornbereiche nicht nur gegeneinander verkippt, sondern auch um kleine Winkel verdreht, so wird eine solche *Kleinwinkelkorngrenze* von Stufen- und Schraubenversetzungen bzw. gemischten Versetzungen gebildet. Da die Versetzungen in gewissen Abständen angeordnet sind, ist eine solche Subkorngrenze semi- oder teilkohärent ausgebildet.

Bei manchen Werkstoffen tritt unter bestimmten Bedingungen eine spezielle Form von Großwinkelkorngrenzen im allgemeinen innerhalb eines Korns auf. Bei diesen sogenannten *Zwillingsgrenzen* werden große Orientierungsunterschiede zwischen zwei Gitterbereichen normalerweise mit sehr geringer Verzerrung dadurch überbrückt, daß die beiden Gitterbereiche unter einem Winkel spiegelbildlich zu einer Symmetrieebene, der Zwillingsgrenze, liegen. Die Atome in der Zwillingsebene gehören beiden Bereichen an, es handelt sich dann um eine kohärente Grenzfläche. Die Grenzflächenenergie einer Zwillingsgrenze liegt etwa eine Größenordnung unter der einer normalen Großwinkelkorngrenze, weil bei Zwillingsgrenzen die Gitterfehlordnung nur zwischen den der Grenzfläche benachbarten Ebenen, also über zwei Gitterabstände, besteht.

Zwillingsgrenzen entstehen beim Wachsen von Kristallen oder infolge einer mechanischen Beanspruchung. Der Vorgang einer mechanischen Zwillingsbildung läuft mit hoher Geschwindigkeit ab, er führt zu einer irreversiblen Verschiebung von Gitterbereichen, damit zu einer plastischen Verformung von allerdings geringem Ausmaß (Abb. A.2-17).

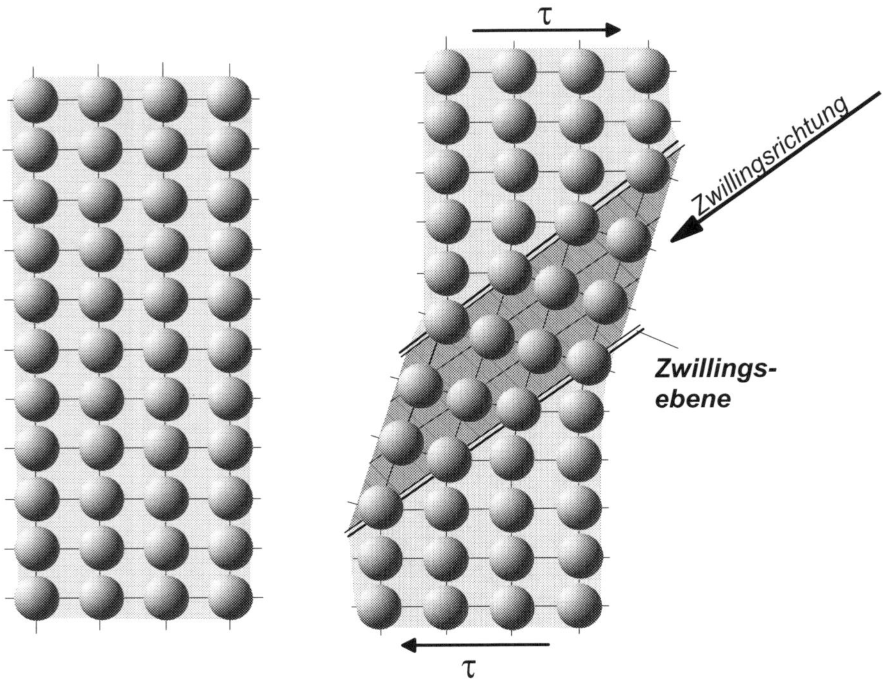

Abb. A.2-17 Gitterdeformation durch Zwillingsbildung (nach Lit. B.7)

2.3.3.3 Phasengrenzen

Unterscheiden sich die durch eine Grenzfläche getrennten Gitterbereiche in ihrer chemischen Zusammensetzung und/oder strukturellen Anordnung ihrer Atome, so handelt es sich bei den betrachteten Gitterbereichen um verschiedene Phasen. Die Art der Phasengrenze hängt von den Abweichungen in Gitterabstand und -struktur der beiden Phasenbereiche ab. Ähnliche Phasen können kohärente bzw. teilkohärente Grenzflächen (Abb. A.2-18) ausbilden, wobei ein definierter Zusammenhang zwischen den Orientierungen der beiden Gitter bestehen muß.
Bei größeren Unterschieden der beiden Phasenstrukturen kann deren Kohärenz in der Grenzfläche nicht mehr erhalten bleiben, es muß eine einer Großwinkelkorngrenze entsprechende inkohärente Phasengrenze gebildet werden. Zweitphasen entstehen häufig im festen Zustand durch Ausscheidung aus einer festen Matrixphase. Da die zur Bildung einer „gut passenden“, kohärenten Grenzfläche erforderliche Energie

vergleichsweise klein ist, treten bei Ausscheidungsvorgängen mit erschwerten Keimbildungsbedingungen häufig zunächst kohärente (z.B. sog. *Guinier-Preston-Zonen GP* oder β″) oder teilkohärente (β′) Übergangsphasen anstelle der eigentlichen inkohärenten (β) Phasenteilchen auf.

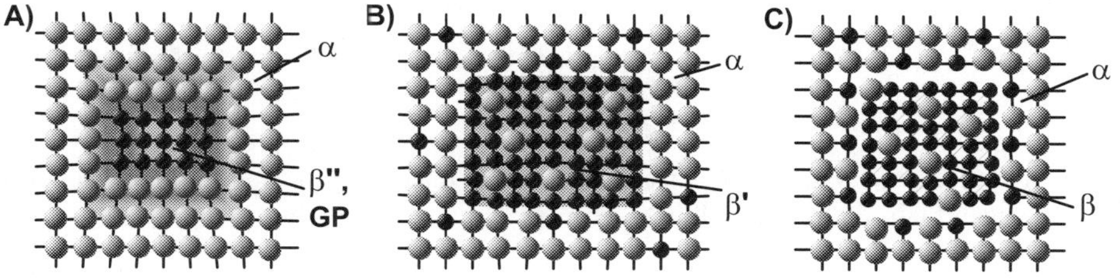

Abb. A.2-18 Phasengrenzen
A) Kohärent B) Teilkohärent C) Inkohärent

2.3.3.4 Stapelfehler

Die Kristallgitter kfz und hdp entstehen durch Aufeinanderstapelung dichtestbesetzter Gitterebenen mit der Stapelfolge ...ABCABC... für die kfz- und mit der Stapelfolge ...ABAB... für die hdp-Struktur. Für das kfz-Gitter bedeutet dies, daß nach einer Ebenenfolge AB neben den regulären Gitterplätzen C auch Gitterplätze A für eine dichteste Ebene zur Verfügung stehen, deren Besetzung in einem kfz-Gitter allerdings eine *fehlerhafte Stapelfolge* ...ABCAB**A**BC... zur Folge hätte. Ein solcher flächenhaft ausgebildeter Stapelfehler stellt zwar eine Störung des Gitters dar, doch ist die zur Bildung eines Stapelfehlers erforderliche Energie für die einzelnen Metalle sehr verschieden, und man unterscheidet Metalle mit niedriger und solcher mit hoher *Stapelfehlerenergie*.
Endet ein Stapelfehler innerhalb eines Kristalls, so bildet er am Übergang zum perfekten Gitter mit der Stapelfolge ...ABCAC... eine Versetzung mit einem Burgersvektor kleiner als ein Gitterabstand, also eine unvollständige oder Teilversetzung aus.
Bei den bislang beschriebenen Versetzungen handelte es sich um vollständige Versetzungen, ihre Burgersvektoren entsprachen dem Betrage nach einem Gitterabstand. Da die Störung eines Gitters durch eine Versetzung mit der Größe ihres Burgersvektors zunimmt, wird die Bildung von Versetzungen mit dem in einem Gitter kleinstmöglichen Burgersvektor begünstigt. So stoßen sich z.B. zwei Versetzungen mit gleichem Vorzeichen ab, weil ihre „Verschmelzung“ ja zu einer Versetzung mit doppeltem Burgersvektor, also zu einer doppelt so großen Gitteraufweitung führen würde.
In einem kfz-Gitter mit der Stapelfolge ...ABC... existieren neben regulären, großen Gitterabständen C-C noch irreguläre kürzere Gitterabstände C-A und damit die Möglichkeit zur Ausbildung von Versetzungen mit kleineren Burgersvektoren als einem regulären Gitterabstand. Es spalten daher vollständige Versetzungen leicht in zwei, sich voneinander entfernende Teilversetzungen gleichen Vorzeichens auf, wobei sie über ihre *Aufspaltungsweite* einen Stapelfehler erzeugen (Abb. A.2-19).

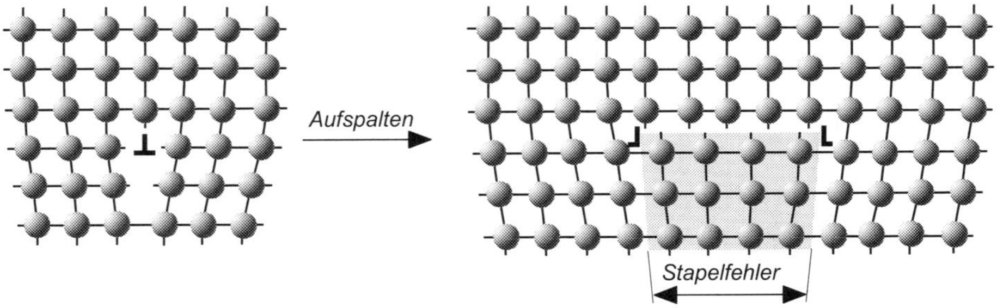

Abb. A.2-19 Aufspaltung einer vollständigen Versetzung in zwei Teilversetzungen unter Bildung eines Stapelfehlers (nach Lit. A.14)

Die Entfernung zwischen den Teilversetzungen, also ihre Aufspaltungsweite, hängt von der Stapelfehlerenergie des Gitters ab, sie stellt sich so ein, daß die Abstoßungsenergie zwischen den beiden Teilversetzungen gleich der zur Bildung des Stapelfehlers erforderlichen Energie ist. Demnach existieren in Metallen mit niedriger Stapelfehlerenergie Teilversetzungen mit großer Aufspaltung und umgekehrt. Die Aufspaltung von Schraubenversetzungen schränkt deren Bewegungsfähigkeit erheblich ein, so daß die Neigung eines Metallgitters zur Ausbildung weit aufgespaltener Versetzungen bzw. zur Ausbildung von Stapelfehlern auch mit einer starken Tendenz zur Zwillingsbildung verbunden ist. Zu Metallen mit ausgeprägt niedriger Stapelfehlerenergie gehören Ag, Au, Co, CuZn30 und korrosionsbeständiger, austenitischer CrNi-Stahl.

2.4 Anisotropie, Quasiisotropie, Textur

Kristalle weisen entsprechend ihrer Elementarzelle bestimmte kristallographisch gleichartige Ebenen und Richtungen auf, so können die in Abb. A.2-20 dargestellten Würfelkanten einer kubischen Elementarzelle [010], [100] und [001] z.B. zu miteinander identischen <100>-Würfelkanten und die Raumdiagonalen [111], [$\bar{1}\bar{1}$1] und [$\bar{1}$11] zu miteinander identischen <111>-Raumdiagonalen zusammengefaßt werden.

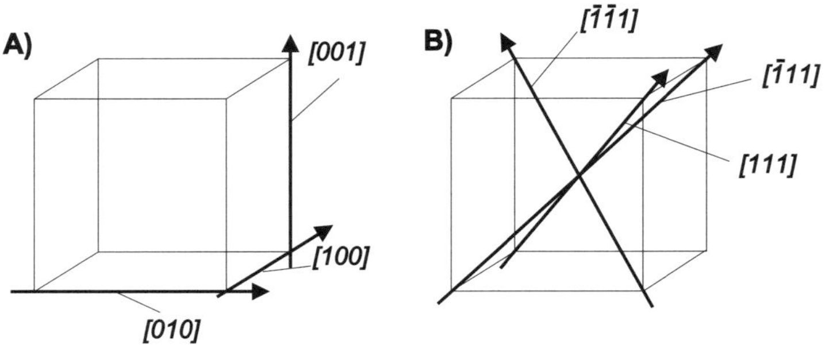

Abb. A.2-20 Kristallographisch gleichwertige Richtungen in kubischen Gittern A)<100>-Würfelkanten B)<111>-Raumdiagonalen

In identischen Gitterrichtungen liegen gleiche Bindungsverhältnisse und infolgedessen gleiche Atomabstände vor, so daß in identischen Gitterrichtungen auch gleiche Eigenschaften existieren. In kristallographisch verschiedenen Richtungen zeigen viele Eigenschaften aufgrund anderer Bindungsverhältnisse voneinander abweichende Werte. Beispielsweise beträgt für Eisen mit krz-Gitterstruktur der Widerstand gegen elastische Gitterdeformation (*E-Modul*) in allen <100>-Würfelkantenrichtungen etwa 140 000 N/mm^2, in allen <111>-Raumdiagonalrichtungen etwa 290 000 N/mm^2, in anderen Richtungen nimmt der E-Modul entsprechend veränderte Werte an. Diese Richtungsabhängigkeit von Eigenschaften, die für geordnete (kristalline) Materie charakteristisch ist, nennt man *Anisotropie*.
Ungeordnete Materie – also Gase, Flüssigkeiten und amorphe Festkörper – verfügt nicht über diese Besonderheit, sie verhält sich isotrop. Anisotropes Verhalten läßt sich zunächst nur an Einkristallen feststellen. Ein Polykristall besteht aus aneinandergekoppelten, unregelmäßig geformten Einkristallen (Körner), von denen sich jeder wie ein Einkristall anisotrop verhält. Unterliegen jedoch die Orientierungen der Kristallite im Kornverband einer statistischen Verteilung, so kommen die unterschiedlichen Gitterrichtungen in jeder makroskopischen Richtung gleich oft vor und ergeben in jeder Prüfrichtung den gleichen statistischen Eigenschaftsmittelwert. Dieses scheinbar richtungsunabhängige Verhalten wird *Quasiisotropie* genannt (Abb. A.2-21).

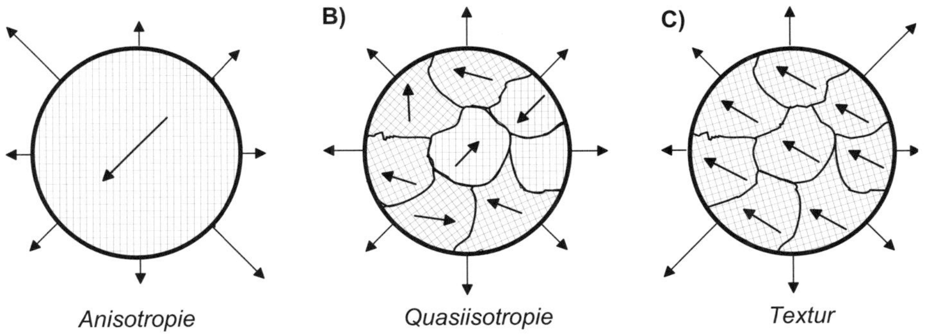

Abb. A.2-21 Anisotropes und quasiisotropes Verhalten
A) Anisotroper Einkristall B) Quasiisotroper Vielkristall C) Anisotroper Vielkristall

Im erwähnten Beispiel (krz-Eisen) erhält man im Fall eines Polykristalls mit statistischer Verteilung der Orientierungen in jeder Richtung einen quasiisotropen E-Modul von etwa 210 000 N/mm^2. Quasiisotropie ist aber nur gegeben, wenn in den Prüfvorgang genügend viele Körner einbezogen werden und diese keine *Vorzugsorientierung* aufweisen. Entfällt eine dieser beiden Quasiisotropie-Bedingungen, so stellt sich bei zu geringer Kornzahl (Grobkorn) oder bei bevorzugter Orientierung (*Textur*) auch bei Vielkristallen Anisotropie ein. Mit Hilfe einer Textur lassen sich in einzelnen Richtungen Spitzenwerte bestimmter Eigenschaften erzielen, was jedoch zu unterhalb des quasiisotropen Mittelwertes liegenden Eigenschaften in anderen Richtungen führt.

Hinsichtlich ihrer Entstehung unterscheidet man zwischen *Verformungs-* und *Wachstumstexturen*. Eine Verformungstextur entsteht, wenn die Körner als Folge einer starken plastischen Verformung auf mechanischem Wege kristallographisch „gerichtet“ werden. Hingegen führt eine kristallographisch gerichtete Keimbildung und entsprechendes Wachsen der Keime zu einer Wachstumstextur. Je nachdem, ob sich gerichtete Keimbildung oder gerichtetes Kristallwachsen bei einer Rekristallisationsglühung oder bei einer Erstarrungsreaktion einstellen, spricht man von *Glüh-* oder *Gußtexturen*. Entsprechend können Texturen als *„Ausscheidungs“-* oder *„Kondensations“-Texturen* bezeichnet werden, wenn bei einem Ausscheidungsprozeß oder bei der direkten Kondensation von Kristallen aus einer Gasphase die Keimbildung und das Kristallwachstum kristallographisch bevorzugt erfolgen. Von dieser oft auch als *Kristallanisotropie* bezeichneten Richtungsabhängigkeit der Eigenschaften ist eine sog. *Gefügeanisotropie* zu unterscheiden, die auf eine bevorzugte Ausrichtung oder Anordnung bestimmter Gefügebestandteile (z.B. Sulfidzeilen) zurückzuführen ist. Eine exakte Trennung von Kristall- und Gefügeanisotropie wird im konkreten Fall oft aber nicht möglich sein.

B Metallische Werkstoffe

1 Strukturaufbau metallischer Werkstoffe

1.1 Metallische Gitterstrukturen

In metallischen Kristallgittern sind Atome gleicher Größe ungerichtet gebunden, bei ihnen wird daher das Streben nach **möglichst dichter atomarer Packung** zum strukturbestimmenden Faktor. Etwa zwei Drittel aller Metalle kristallisieren in einem Gitter mit dichtester Kugelpackung, weisen also insbesondere eine kfz-, teils auch eine hdp-Elementarzelle auf. Bei der kfz-Elementarzelle sind die Atome an den Eckpunkten und in den Flächenzentren eines Kubus angeordnet (Abb.B.1-1).

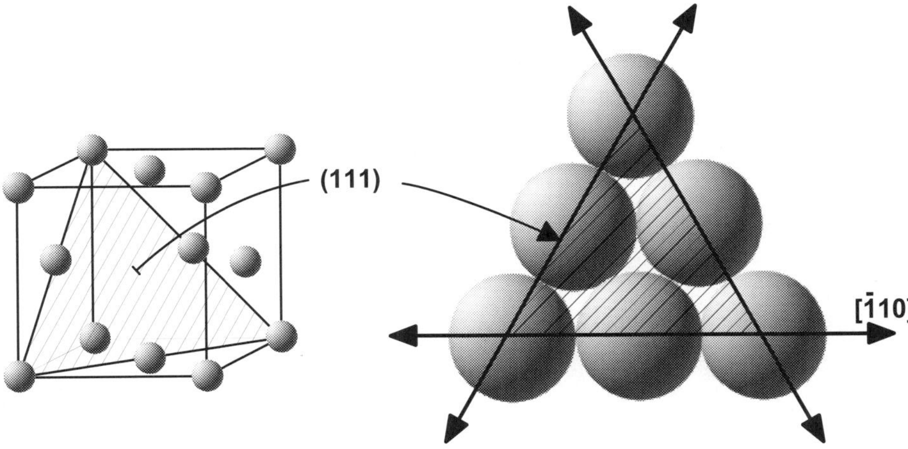

Abb. B.1-1 Elementarzelle einer kubisch-flächenzentrierten Struktur mit Ebene (1 1 1) und Richtung [$\bar{1}$ 1 0] dichtester atomarer Packung

Üblicherweise werden in den Darstellungen von Elementarzellen aus Gründen der Übersichtlichkeit nur die Atommittelpunkte angegeben und nicht die Atome in ihrer entsprechenden Größe. Dadurch entsteht oft ein falscher Eindruck von der tatsächlichen atomaren Packungsdichte. Zum Vergleich ist daher eine der dichtestgepackten Ebenen {111} des kfz-Gitters nach ihrer Drehung in die Zeichenebene mit maßstabtreuen Atomdurchmessern wiedergegeben. In diesen Ebenen liegt eine Volumenausnutzung von 91 Prozent vor, während sie für das Gesamtgitter nur 74 Prozent beträgt. Neben den dichtestgepackten {111}-Ebenen sind auch die angegebenen<110>-Richtungen als Gitterrichtungen dichtester Atombelegung von großer Bedeutung.
Daß die Atome einer kfz-Struktur von 12 NN-Atomen koordiniert werden, macht Abb.B.1-2 deutlich.

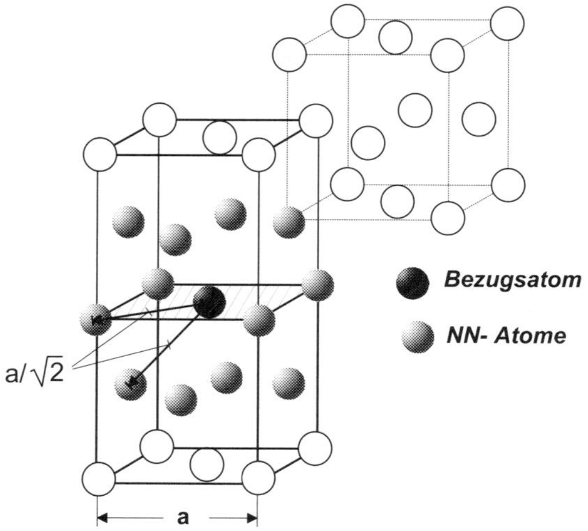

Abb. B.1-2 Koordinationsverhältnisse im kubisch-flächenzentrierten Gitter

Die Abbildung zeigt zwei benachbarte Elementarzellen. Das im Zentrum der gemeinsamen Fläche angeordnete Atom ist als Bezugsatom gewählt. Es hat dann als NN-Atome im Abstand $a/\sqrt{2}$ die vier Eckatome in der gleichen Würfelfläche sowie im gleichen Abstand die je vier flächenzentrierten Atome eine halbe Ebene tiefer bzw. höher.

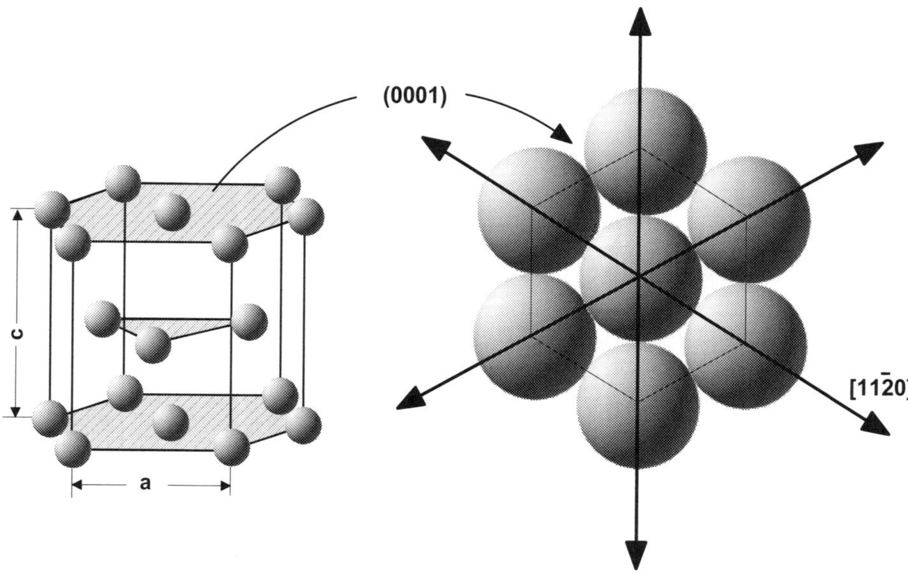

Abb. B.1-3 Elementarzelle einer hexagonal-dichtgepackten Struktur mit Ebene (0001) und Richtung [11$\bar{2}$0] dichtester atomarer Packung

Einer Elementarzelle gehören immer nur 1/8 eines Eckatoms und ½ eines Flächenzentrumatoms an, so daß eine kfz-Elementarzelle jeweils nur von 8/8 + 6/2 = 4 Atomen gebildet wird. Eine dritte, nur gestrichelt gezeichnete Elementarzelle soll andeuten, daß jedes flächenzentrierte Atom einer Elementarzelle gleichzeitig ein Eckatom einer anderen Elementarzelle darstellen kann; für Eckatome gilt Entsprechendes. Beispiele für Metalle mit kfz-Gitter sind so wichtige Metalle wie Al, Ag, Au, Cu, Ni und Pb.
Die hexagonal-dichtestgepackte Struktur besitzt ebenfalls eine Raumerfüllung von 74 Prozent, dies aus geometrischen Gründen jedoch nur bei einem idealen Achsenverhältnis c/a = 1,633 (Abb.B.1-3).
Von dieser ideal dichten Kugelpackung weichen die realen Metalle mit hexagonalem Gitter allerdings ab. Metalle mit deutlich größerem c/a-Verhältnis sind z.B. Zn (1,856) und Cd, während Ti (1.601), Zr, Be kleinere Werte aufweisen. Nur Mg und Co liegen mit c/a = 1,624 relativ dicht beim Idealwert. Das hexagonale Gitter enthält mit seinen {0001}-Ebenen nur eine Sorte dichtestgepackter Ebenen, mit seinen <1120>-Richtungen aber drei unterschiedliche, dichtestbesetzte Richtungen.
Das restliche Drittel von Metallen, das nicht in einer dichtesten Struktur kristallisiert, tritt meist mit einer krz-Struktur auf (Abb.B.1-4).

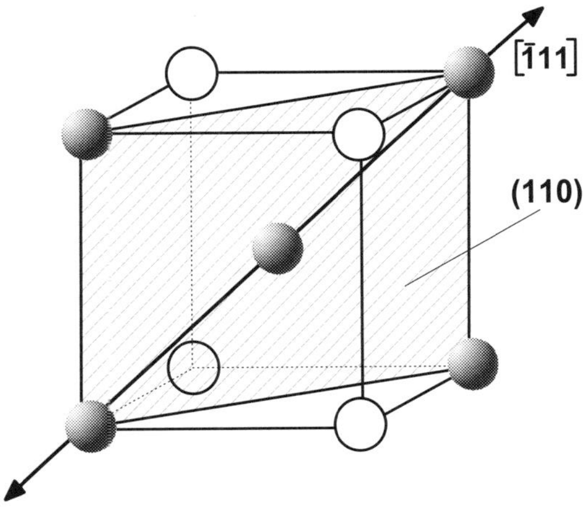

Abb. B.1-4 Elementarzelle einer kubisch-raumzentrierten Struktur mit Ebene (1 1 0) dichter und Richtung [$\bar{1}$ 1 1] dichtester atomarer Packung

An dem Atom im Würfelzentrum kann die 8-fache Koordination leicht erkannt werden. Eine krz-Elementarzelle wird von 8/8 Eckatomen + 1/1 Zentrumatom = 2 Atomen gebildet. Die in diesen Gittern dichtestbesetzten Ebenen sind die {110}-Ebenen, da sie nur eine Belegungsdichte von 83 Prozent erreichen, handelt es sich bei ihnen nicht um ideal dichteste Ebenen. Hingegen liegt in den 6 <111>-Richtungen eine maximale Atombelegung vor. Die geringere Packungsdichte von krz-Metallen wird mit einem geringen kovalenten Bindungsanteil erklärt. Ein krz-Gitter besitzen vor allem die Alkalimetalle und viele Übergangsmetalle wie V, Cr, Mo, W, Fe. Beispiele für Metalle mit allotropen Umwandlungen sind Fe, Ti, Co, Zr.

1.2 Legierungsbildung

1.2.1 Allgemeine Ziele der Legierungsbildung

Im technischen Gebrauch kommen metallische Werkstoffe vorzugsweise als Legierungen zur Anwendung. Dies liegt daran, daß die Eigenschaften reiner Metalle vielfach durch Legierungsbildung in einer für den jeweiligen Anwendungsfall wünschenswerten Richtung verändert werden können. So werden reine Metalle in der Technik nur dann angewendet, wenn die für sie typischen Eigenschaften wie hohe elektrische Leitfähigkeit, Korrosionsbeständigkeit oder plastische Verformbarkeit für den jeweiligen Einsatzfall bestimmend sind. Dagegen liegt der Herstellung von Legierungen unter anderem sehr häufig der Wunsch nach Werkstoffen höherer Festigkeit zugrunde, wobei aber die Festigkeitssteigerung generell nur mit einer mehr oder weniger starken Einschränkung der plastischen Verformbarkeit erreicht werden kann.

Als *Legierung* wird eine Substanz mit noch überwiegend metallischem Charakter bezeichnet, die mindestens aus zwei Elementen besteht, wovon mindestens eines zur Ausbildung der metallischen Eigenschaften ein Metall sein muß. Das Legierungselement kann im Metallgitter gelöst sein, in diesem Fall liegt eine *einphasige Legierung* vor, es kann bei begrenzter Löslichkeit mit dem Basismetall eine legierungsreichere Zweitphase bilden und damit eine *zweiphasige Legierung* aufbauen. **Es ist wichtig, diese grundsätzliche Unterscheidung in ein- und mehrphasige Legierungen vorzunehmen, weil einphasige Legierungen in ihrem Eigenschaftsbild und Verhalten ähnlich wie reine Metalle zu beurteilen sind, während mehrphasige Legierungen bei gegebener Legierungszusammensetzung besonders in ihren mechanischen und chemischen Eigenschaften in gravierender Weise durch den Verteilungsgrad der Phasen (Gefüge) beeinflußt werden.**

Aus verschiedenen Gründen ist es weiterhin sinnvoll, die Legierungen in **Guß- und sog. Knetlegierungen** zu unterteilen. Bei typischen Gußwerkstoffen wird die endgültige Werkstückform bis auf relativ geringe Nachbearbeitungen dadurch erreicht, daß der Werkstoff im flüssigen Zustand in eine geeignete Gießform gefüllt wird *(Formguß)*. Da auf diese Weise gerade kompliziert gestaltete Werkstücke besonders wirtschaftlich hergestellt werden können, werden von den Gußwerkstoffen in erster Linie gute Gießeigenschaften erwartet. **Der Forderung nach guten Gießeigenschaften kommen eutektisch zusammengesetzte Legierungen am besten nach.** Knetlegierungen werden ebenfalls in den allermeisten Fällen schmelzmetallurgisch hergestellt und müssen zur Überführung in den festen Zustand auch in Formen gegossen werden. Da die eigentliche Formgebung -und zwar zu Halbzeugformen wie Stangen, Profile, Bleche- durch eine anschließende Warmverformung (Kneten) vorgenommen wird, sind hier zweckmäßigerweise einfache Gießformen für Blöcke oder Stränge zu wählen *(Rohguß)*. An die Gießeigenschaften von **Knetlegierungen** sind daher keine besonderen Anforderungen zu stellen, zwar richtet sich **ihre chemische Zusammensetzung auch nach wünschenswerten Verarbeitungseigenschaften (Verformbarkeit, Schweißbarkeit u.a.), in besonderer Weise aber nach den erforderlichen Gebrauchseigenschaften (Festigkeit, Zähigkeit u.a.).** Die Warmverformung gegossener Blöcke oder Stränge z. B. durch Schmieden, Walzen, Pressen dient nicht nur der Erzielung einer für die Weiterverarbeitung z. B. durch Zerspanen geeigneten Halbzeugform,

sondern auch einer Änderung des im allgemeinen technologisch ungünstigen Gußgefüges in ein Verformungsgefüge höherer Festigkeit, Zähigkeit und Gleichmäßigkeit.
Hinsichtlich ihres „Einbaues" in das metallische Gitter gibt es zwischen den Atomen von „legierenden" Elementen und den Atomen von „verunreinigenden" Elementen keinen grundsätzlichen Unterschied. Die Atome von *Verunreinigungen* können wie die von *Legierungselementen* im Matrixgitter gelöst sein und somit zu einer Mischkristallverfestigung beitragen oder als Zusatzphase an Korngrenzen oder im Korn fein oder grob ausgeschieden oder auch gestreckt vorliegen. In ihrer Wirkungsweise sind sie wie die von Legierungselementen gebildeten Phasen zu beurteilen, der Unterschied zwischen Legierungselement und Verunreinigung besteht lediglich darin, daß erstere bei der Werkstoffherstellung bewußt zur Erzielung bestimmter Eigenschaften zugefügt werden, während Verunreinigungen mehr oder weniger unerwünschte Begleitelemente darstellen. Diese können ihren Ursprung bereits in der Erzzusammensetzung haben oder aber im Zuge der Werkstoffherstellung (Verhüttung) unbeabsichtigt eingeschleppt oder zur Herbeiführung bestimmter metallurgischer Reaktionen zugegeben worden sein, wobei ihre anschließende, vollständige Entfernung nicht mehr oder zumindest nicht auf wirtschaftliche Weise möglich war.

1.2.2 Legierungsphasen

Metallische Legierungen werden von *Mischkristall-* und/oder *Verbindungsphasen* aufgebaut. **Eine Phase ist eine hinsichtlich atomarer Zusammensetzung und atomarer Anordnung einheitliche Substanz.** Hieraus folgt, daß Bereiche der gleichen Phase auch gleiche chemische und physikalische Eigenschaften aufweisen. Bei konsequenter Anwendung dieser Definition müßten Bereiche einer Phase mit deutlich unterschiedlicher Fehlerdichte, z.B. Versetzungsdichte, bereits als unterschiedliche Phasen angesehen und der Übergang aus einem Zustand hoher Fehlerdichte in einen solchen geringer Fehlerdichte auch als Phasenumwandlung bezeichnet werden. Eine so weitgehende Interpretation des Begriffes „Phase" ist jedoch nicht allgemein üblich, es wird häufig ein Material unzulässigerweise auch dann noch als einphasig bezeichnet, wenn es von Punkt zu Punkt stetige Änderungen in der Zusammensetzung *(Seigerungen)* aufweist.
Besteht eine Phase aus Atomen verschiedener Elemente, so handelt es sich um eine **Lösungsphase**, wenn die Zusammensetzung der „Mischung" innerhalb eines bestimmten Konzentrationsbereiches liegt, also je nach Zahl der Atome eine variierende Zusammensetzung möglich ist. In einer idealen Lösung sind die Atome statistisch verteilt. Lösungsphasen im festen Zustand werden als Mischkristalle bezeichnet, obwohl dieser Begriff den strukturellen Aufbau fester Lösungen ein wenig mißverständlich wiedergibt. Ist dagegen die Phasenzusammensetzung stets auf ein bestimmtes Zahlenverhältnis der Bindungspartner festgelegt, so handelt es sich um eine **Verbindungsphase**. Zwischen den beiden Extremformen „Lösungs-" und „Verbindungsphase" gibt es bei den Metallen eine Reihe von Übergangszuständen, die in unterschiedlichem Maße Merkmale der einen oder der anderen Phasenart tragen (intermetallische Verbindungen).

Die Bildung einer neuen Phase aus Atomen verschiedener Elemente geschieht durch Wechselwirkung ihrer äußeren Elektronen (Bindung) unter Veränderung ihres Energieinhalts. Der Vorgang stellt eine Phasenreaktion dar und ist auch bei einer Lösung mit einer Reaktionsenergie verbunden. Lösungsphasen werden vorzugsweise bei zunehmendem Bewegungszustand der Atome, also mit höherer Temperatur beobachtet, während sich bei tieferen Temperaturen eher geordnete Bindungszustände mit *stöchiometrischer* Zusammensetzung einstellen. Ob sich im festen Zustand eine Lösungs-, eine Verbindungs- oder eine intermetallische Übergangsphase ausbildet, hängt abgesehen von diesem Temperatureinfluß in erster Linie von den chemischen Eigenschaften der Bindungspartner, wie Anzahl der Valenzelektronen und Elektronegativität, zusätzlich von geometrischen Bedingungen wie Atomradius und Gitterstruktur ab. Es kann sowohl bei Lösungs- als auch bei Verbindungsphasen zwischen *Substitutions-* und *Einlagerungsstrukturen* unterschieden werden. Im ersteren Fall nehmen die Fremdatome *Gitterplätze des Matrixgitters* ein, bei Einlagerungsphasen besetzen sie *Lücken des Matrixgitters*, wofür allerdings im Unterschied zur Substitution große Differenzen der Atomdurchmesser erforderlich sind.

1.2.2.1 Lösungsphasen

Durch die Lösung von Fremdatomen im metallischen Gitter werden weder die Gitterstruktur noch der überwiegend metallische Bindungscharakter entscheidend verändert. Mischkristalle ähneln daher in ihrem Eigenschaftsbild mit gewissen Einschränkungen dem ihrer Basismetalle. Bei der Behandlung dieser „festen Lösungen" sind die für den flüssigen Zustand vertrauten Begriffe wie Löslichkeit, Sättigung, Übersättigung ohne Einschränkungen auf den festen Zustand zu übertragen. Allerdings spielen im festen Zustand die Größenunterschiede der Atome für die Löslichkeit eine große Rolle. Weitere Unterschiede im Verhalten fester Lösungen gegenüber flüssigen bestehen abgesehen vom Aggregatzustand im wesentlichen in dem stark behinderten und von der Temperatur entscheidend beeinflußten Ablauf atomarer Platzwechsel *(Diffusion)*, was unter anderem zu einer Erschwerung von Lösungs- und Ausscheidungsvorgängen führt.
Die strukturelle Anordnung von Matrix- und Fremdatomen in einem **Substitutions-Mischkristall** zeigt Abb. B.1-5 in schematischer Weise. Inwieweit die Faktoren „geometrische" und „chemische" Verträglichkeit die gegenseitige Löslichkeit von Atomen bei der Bildung von Substitutions-Mischkristallen bestimmen, kommt in vier von *Hume-Rothery* formulierten Regeln zum Ausdruck. Hiernach wird die gegenseitige Löslichkeit begünstigt durch:

- *geringe Unterschiede in den Atomradien der Lösungspartner:* für eine vollständige Löslichkeit sollte dieser Unterschied 8 Prozent nicht überschreiten, während bei Differenzen von mehr als 15 Prozent die Löslichkeit im festen Zustand vernachlässigbar gering wird,
- *gleiche bzw. ähnliche Gitteranordnungen:* für eine vollständige Löslichkeit sind identische Gitterstrukturen der Lösungspartner unbedingte Voraussetzung,

- *möglichst geringe Abweichungen in der Elektronegativität:* mit zunehmendem Unterschied der Elektronegativität wird der metallische Bindungscharakter zugunsten eines ionischen abgelöst und die Lösungsfähigkeit des Gitters vermindert,
- *möglichst gleiche chemische Wertigkeit:* vollständige Löslichkeit setzt gleiche chemische Wertigkeit voraus; bei unterschiedlichen Wertigkeiten wird beobachtet, daß das Element mit der niedrigeren Wertigkeit mehr von dem mit der höheren Wertigkeit zu lösen vermag als umgekehrt.

Wenn auch in vielen Fällen eine gleichmäßige, statistische Verteilung der Fremdatome im Matrixgitter entsprechend Abb. B.1-5 angenommen werden kann, muß dies bei genauerem Hinsehen doch eine Idealisierung darstellen. Da sich Fremd- und Matrixatome in jedem Fall hinsichtlich Atomgröße und chemischer Eigenschaften mehr oder weniger unterscheiden und damit auch eine gewisse geometrische und chemische Unverträglichkeit füreinander aufweisen, werden tatsächlich je nach den Wechselwirkungen zwischen den beiden Lösungspartnern stets Abweichungen von der idealisierten, statistischen Verteilung vorliegen.

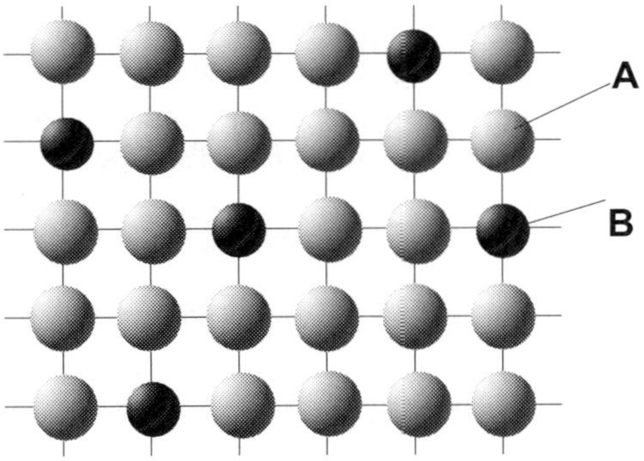

Abb. B.1-5 Gitterplätze von Fremdatomen B in einem Substitutions-Mischkristall

Sind die Wechselwirkungen zwischen gleichen Atomen stärker als zwischen ungleichen, so finden sich vorzugsweise gleiche Atome zu *Entmischungen* oder sog. *Clustern* zusammen. Weisen solche Cluster eine einheitliche Größe, Form und Zusammensetzung auf, so werden sie als *Guinier-Preston-(GP)-Zonen* bezeichnet.
Sind dagegen die Bindungskräfte zwischen ungleichen Atomen stärker ausgeprägt, so umgeben sich Fremdatome vorzugsweise mit Matrixatomen und bilden eine *Nahordnung*, die bei bestimmten Zusammensetzungen zu einer Fernordnung oder *Überstruktur* mit annähernd stöchiometrischer Zusammensetzung führen kann (Abb. B.1-6). Während die Bildung von Entmischungen bereits den Beginn einer begrenzten Löslichkeit andeutet, stellt eine Überstruktur die Vorstufe zur Verbindungsbildung dar.
Mit zunehmender thermischer Bewegung verlieren sich die zwischen den Lösungspartnern bestehenden Unterschiede, es kommt mit steigender Temperatur zu einer Auflösung der von der statistischen Verteilung abweichenden Zustände. So bildet sich im System Cu-Au bei ca. 50% Au unterhalb von 500°C eine Überstruktur aus, die oberhalb 500°C zugunsten einer statistischen Verteilung verschwindet.

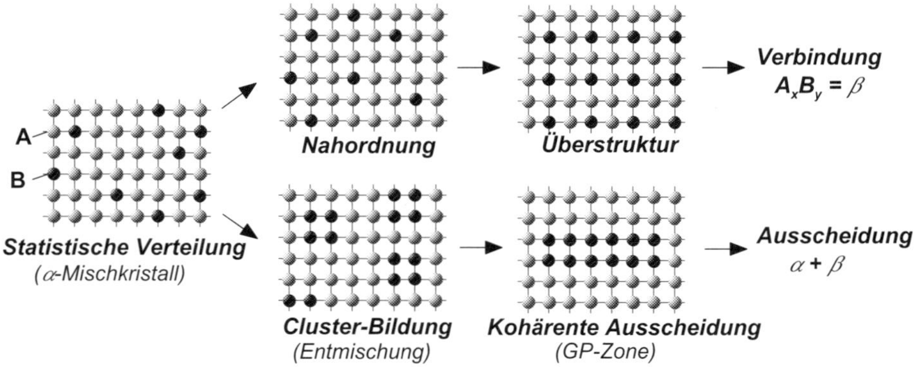

Abb. B.1-6 Verteilung von Fremdatomen B in Substitutions-Mischkristallen

Eine besondere Form der Lösung im festen Zustand stellt sich durch Einlagerung sehr kleiner Atome auf Zwischengitterplätzen (Lücken) des Matrixgitters ein. Die Einlagerungsatome werden *„interstitiell"* gelöst (Abb. B.1-7). Voraussetzung für eine im allgemeinen recht geringe Lösungsfähigkeit ist zunächst eine Differenz der Atomradien von mehr als 40% sowie die Bereitstellung ausreichend großer Zwischengitterplätze im Matrixgitter selbst. Neben diesen geometrischen Vorbedingungen spielen offensichtlich noch chemische Wechselwirkungen eine bedeutsame Rolle, da beispielsweise von den Metallen nur einige wie Fe, Ti, V, Nb, Cr derartige **Einlagerungs-Mischkristalle** mit vor allem H, N und C bilden.

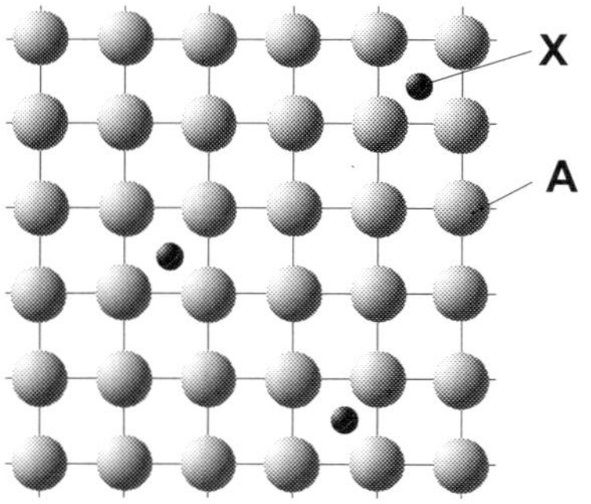

Abb. B.1-7 Anordnung von Fremdatomen X in einem Einlagerungs-Mischkristall

Im krz- und im kfz-Gitter stehen für Einlagerungen die unterschiedlich großen *oktaedrischen* und *tetraedrischen* Gitterlücken zur Verfügung. Im kfz-Gitter werden vorzugsweise die größeren *Oktaederplätze* von den einlagernden Atomen besetzt. Im krz-Gitter sind dagegen die Tetraederlücken größer, dennoch werden auch hier die abgeplatteten Oktaederlücken bevorzugt, weil ein Einlagerungsatom, das etwas größer als die Lücke selbst ist, auf dem Tetraederplatz vier Matrixatome als nächste Nachbarn hat, auf dem Oktaederplatz aber nur zwei nächste und in größerem Abstand vier zweitnächste Nachbarn. Die Einlagerung auf den kleineren Oktaederplatz verursacht dann eine geringere Verzerrung, da nur zwei Atome eine maßgebende Lageverschiebung erleiden.

Wie bereits erwähnt, weichen gelöste Fremdatome von einer statistischen Verteilung im Matrixgitter mehr oder weniger stark ab, was gegebenenfalls in Nahordnungen oder Clusterbildungen zum Ausdruck kommt. Daneben sind vielfach auch erhöhte Konzentrationen von Fremdatomen an *Gitterfehlstellen* anzutreffen. An Versetzungen werden im Bereich der Zugspannungen vorzugsweise größere Substitutionsatome oder zusätzliche Einlagerungsatome ausgeschieden, wodurch ein Abbau dieser Spannungen erreicht wird. Kleinere Substitutionsatome ordnen sich überwiegend im Druckbereich einer Versetzung an und entlasten auf diese Weise das Matrixgitter. Auch im Bereich von *Korn-* und *Subkorngrenzen* können Fremdatome in deutlich über der mittleren Mischkristallzusammensetzung liegender Konzentration angereichert sein. Sie mildern durch ihre Anwesenheit den Verzerrungszustand in diesen Grenzflächen, bewirken also eine Reduzierung der Grenzflächenenergie.

1.2.2.2 Intermetallische Verbindungen

In Phasensystemen mit beschränkter Löslichkeit im festen Zustand treten zunächst die beiden Mischkristallphasen, d.h. eine feste Lösung von B in A bzw. von A in B auf, wobei die jeweiligen Matrixgitter erhalten bleiben. Daneben existieren vielfach noch Verbindungsphasen mit im allgemeinen abweichender Gitterstruktur und *stöchiometrischer* Zusammensetzung A_xB_y. Die Bindung in derartigen Phasen ist bei intermetallischen Verbindungen teilmetallisch.
Intermetallische Verbindungen unterliegen in ihren Zusammensetzungen nicht den klassischen Valenzregeln der Chemie, die für kovalente Verbindungen Gültigkeit haben, in ihrem Gitter herrscht vielmehr eine Mischbindung, die neben kovalenten bzw. ionischen noch metallische Bindungsanteile enthält.

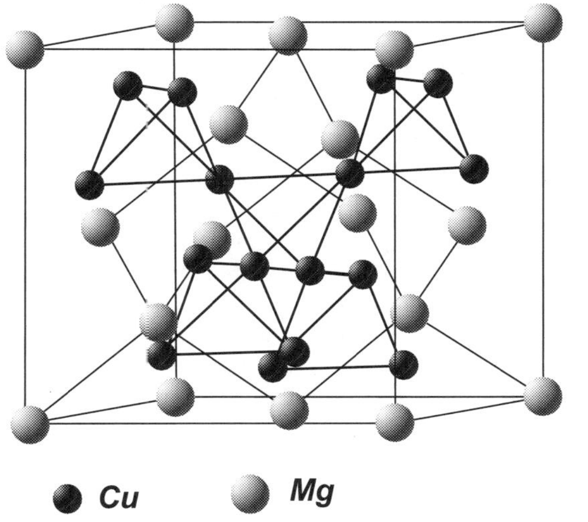

Abb. B.1-8 Gitterstruktur der intermetallischen Verbindung Cu_2Mg (nach Lit. B.41)

Um die stöchiometrisch angegebene Zusammensetzung einer binären Verbindung A_xB_y existiert vielfach ein -wenn auch schmaler- Lösungsbereich. Der im allgemeinen von den Mischkristallgittern abweichende und mitunter recht komplizierte Gitteraufbau sowie die sehr stabilen nichtmetallischen Bindungen lassen Versetzungsbewegungen kaum zu, hierdurch sind die ausgeprägte Sprödigkeit und z.T. sehr hohe Härte dieser *Sprödphasen* zu erklären (Abb. B.1-8). Dies gilt insbesondere für eine Sondergruppe intermetallischer Verbindungen, bei denen kleine Nichtmetallatome wie Kohlenstoff oder Stickstoff in großer Menge und meist in stöchiometrischem Verhältnis in die Gitter von Übergangsmetallen eingelagert werden. Die große Aufnahmefähigkeit des Matrixgitters für die eingelagerten Fremdatome ist auf eine geordnete Verteilung der Einlagerungsatome zurückzuführen, so daß eine *Einlagerungsverbindung* formal als eine Überstrukturform eines Einlagerungs-Mischkristalls angesehen werden kann.
Es ist nicht verwunderlich, daß je nach den chemischen und den geometrischen Verträglichkeiten der Bindungspartner eine Reihe unterschiedlicher Typen von intermetallischen Verbindungen gebildet werden kann. Bei einigen findet man, daß neben chemischen Grundbedingungen die geometrische Passung eine vorherrschende Rolle spielt, – hierzu gehören beispielsweise die sog. *Laves-Phasen* oder die schon angeführten Einlagerungsverbindungen –, bei anderen, z.B. den sog. *Elektronen-Phasen* oder den sog. *Valenz-Phasen*, sind für Zusammensetzung und Struktur mehr die durch den Aufbau der Elektronenhülle gegebenen Bindungsmöglichkeiten vorherrschend.
Metalle, die in ihren Atomgrößen nur wenig voneinander abweichen, aber unterschiedliche Wertigkeiten aufweisen, bilden neben ihren Mischkristallphasen mit den sog. Elektronen-Phasen einen speziellen Typ intermetallischer Verbindungen, wenn die die Elementarzelle aufbauenden Atome bezüglich der beteiligten Atome (a) und deren Valenzelektronen (e) zu ganz bestimmten Zahlenverhältnissen e/a führen. Diese Elektronen/Atom-Verhältnisse sind:

e/a = 3/2, z. B. CuZn (Cu einwertig, Zn zweiwertig), Cu_5Sn, AgCd,

e/a = 21/13, z. B. Cu_5Zn_8, Cu_9Al_4, $Cu_{31}Sn_8$,

e/a = 7/4, z. B. $CuZn_3$, $AgCd_3$, Ag_5Al_3.

Für jedes der angegebenen e/a-Verhältnisse ist eine bestimmte Gitterstruktur typisch. Die Auffindung dieser Gesetzmäßigkeiten wird Hume-Rothery und Mitarbeitern zugesprochen, daher ist die Bezeichnung Hume-Rothery-Phase ebenfalls üblich. Von allen intermetallischen Verbindungen ist bei Hume-Rothery-Phasen der metallische Charakter noch am stärksten ausgeprägt, dies äußert sich auch in einem relativ breiten Lösungsbereich um die mittlere stöchiometrische Zusammensetzung.
Neben Elektronen-Phasen stellen die sog. Laves-Phasen eine weitere, sehr verbreitete Gruppe intermetallischer Verbindungen dar. Sie entstehen bei einem Atomgrößenverhältnis der Partner A und B von etwa 1,2 und bilden typische Gitterstrukturen hoher Packungsdichte mit der allgemeinen Zusammensetzung A_2B, z. B. $MgCu_2$, $ZrCr_2$, $MnBe_2$, $MgNi_2$. Die hohe Packungsdichte ist auf das jeweils gerade günstige Verhältnis der Atomdurchmesser zurückzuführen. Ebenfalls bestimmt durch ihr passendes Verhältnis der Atomdurchmesser und durch eine typische Gitterstruktur gekennzeichnet sind Verbindungen der Zusammensetzung A_3B, z. B. Nb_3Sn, V_3Si, Mo_3Ge. Einige von ihnen, besonders Nb_3Sn sind als Supraleiter mit hoher Sprungtemperatur bekannt geworden.

Bei Einlagerungsverbindungen handelt sich im wesentlichen um die **Carbide, Nitride und Carbonitride der carbidbildenden Übergangsmetalle Fe, Cr, Mo, V, Nb, Ta, W, Ti, Zr und Hf.** In diesen Verbindungen existiert bereits ein deutlicher kovalenter Bindungsanteil. Verglichen mit den mehr ionischen Carbiden der elektropositiven Metalle (z. B. Mg_2C) und den mehr kovalenten Carbiden der Nichtmetalle (z. B. SiC) verfügen die „interstitiellen" Carbide und Nitride der Übergangsmetalle über metallähnliche Eigenschaften (Glanz, elektrische Leitfähigkeit) und können durchaus noch als intermetallische Verbindungen bezeichnet werden. Ihre Bedeutung als Bestandteile technisch wichtiger Legierungen ist groß.
Die Carbidbildner M mit großem Atomdurchmesser wie Mo, Ta, Nb, Zr, W, Ti, V und Hf stellen den Einlagerungsatomen X wie C und N in ihren Gittern große Lücken zur Verfügung, so daß die Bildung einfacher Strukturen MX, M_2X oder M_4X mit kubisch-flächenzentriertem oder hexagonalem Gitter möglich wird. Diese Verbindungen sind chemisch, mechanisch und thermisch sehr stabil. Hieraus folgen hohe Härte und hohe Schmelztemperatur. In den Gittern der Metalle mit kleinerem Atomdurchmesser wie Cr, Fe und Mn sind die Einlagerungslücken zu klein ausgebildet, um Fremdatome über die Mischkristall-Löslichkeit hinaus aufnehmen zu können. Die Carbidbildung erfolgt daher unter Aufbau einer neuen komplizierteren Gitterstruktur, allerdings geringerer mechanischer und thermischer Stabilität.
Große Unterschiede in der Elektronegativität führen zu Verbindungen mit ausgeprägt ionischem Charakter z. B. Mg_2Sn, LiAg (sog. *Zintl-Phasen*). Dagegen weisen Verbindungen von einem Metall mit einem anderen halbmetallischen Bindungspartner, der gleich weit, aber nach rechts, von der 4. Hauptgruppe entfernt ist, durch Bildung einer gemeinsamen Achterschale überwiegend kovalente Bindung auf. Derartige Verbindungen verfügen häufig über halbleitende Eigenschaften, z. B. CdSe. Zusammenfassend kann festgetellt werden:

- Die typisch metallischen Legierungsphasen sind nichtstöchiometrisch zusammengesetzte Lösungsphasen, sog. Mischkristalle, deren Bindungspartner aufgrund ihrer chemischen Eigenschaften und ihrer geometrischen Passungsfähigkeit dem Drang nach Entropie-Erhöhung, d.h. Mischung ihrer Atome weitgehend nachgeben können. Durch die Lösung von Fremdatomen in einem metallischen Gitter wird zwar der Bewegungswiderstand für Versetzungen und Leitungselektronen erhöht, es bleiben aber die für die Basis-Metalle typischen Eigenschaften wie Duktilität und Zähigkeit grundsätzlich erhalten.
- Die Bindungspartner nichtmetallischer Phasen sind infolge ihrer chemischen Eigenschaften in der Lage, energiearme, stabile und entsprechend den Regeln der klassischen Valenz-Theorie stöchiometrisch zusammengesetzte Verbindungen kovalenter oder ionischer Art zu bilden. Vereinzelt besteht auch hier zwischen chemisch und geometrisch sehr ähnlichen Komponenten die Möglichkeit zur gegenseitigen Lösung. Nichtmetallische Phasen wie Oxide oder Sulfide sind bis auf Ausnahmen (z. B. Automatenlegierungen, ODS-Legierungen) in Metallen als im festen Zustand nicht lösliche Schlacken oder Einschlüsse unerwünscht, da sie einerseits den metallischen Verband unterbrechen und je nach Form zu hohen Kerbwirkungen führen können. Hiermit ist die Gefahr eines verformungsarmen Bruches verbunden. Außerdem verursachen sie bei der Zerspanung erhöhten abrasiven Verschleiß und unsaubere Oberflächen.

– Übergänge zwischen diesen beiden Phasenzuständen stellen die sog. intermetallischen Verbindungen dar, deren nichtmetallischer Verbindungscharakter z. B. in einer etwa stöchiometrischen Zusammensetzung, in geringer plastischer Verformbarkeit, hoher Härte sowie verminderter elektrischer Leitfähigkeit zum Ausdruck kommt, während die Existenz eines Lösungsbereiches und die nicht durch die Wertigkeit bestimmte Zusammensetzung auf ein metallisches Verhalten hinweisen. Intermetallische Verbindungen sind hart und spröde, sie bewirken bei einer im allgemeinen durch Ausscheidung im festen Zustand erzielten feindispersen Verteilung eine Steigerung von Festigkeit, Härte und Verschleißwiderstand weicher Mischkristallphasen.

1.3 Thermodynamisches Phasengleichgewicht

1.3.1 Gleichgewichtsbedingungen

Werkstoffe sind Phasensysteme, jedem Phasensystem kann bei vorgegebener chemischer Zusammensetzung, vorgegebener Temperatur und vorgegebenem Druck von unter Umständen unendlich vielen möglichen Zuständen ein besonderer, einzigartiger Zustand zugeordnet werden. Ist dieser Zustand erreicht, so ändert sich das System nicht mehr oder strebt auch keine Veränderung mehr an, es ist stabil und befindet sich in einem thermodynamischen, besser thermoenergetischen *Gleichgewichtszustand.* **Im Gleichgewichtszustand befindet sich ein Werkstoff in einem eindeutig festgelegten Zustand mit eindeutig festgelegten Eigenschaften, und da es bei sonst konstanten Bedingungen (Temperatur, Druck) nicht mehrere Gleichgewichtszustände gibt, sind Änderungen der Werkstoffeigenschaften nur über vom Gleichgewicht abweichende Zustände, d.h. Ungleichgewichtszustände erreichbar.** Diese ungleichgewichtigen Werkstoffzustände mit dem gewünschten Eigenschaftsprofil werden vorwiegend durch thermische und/oder mechanische Werkstoffbehandlungen herbeigeführt.

Hat ein Phasensystem mit dem Gleichgewicht einen stabilen Zustand erreicht, so kann eine Änderung dieses Phasenzustandes nur erfolgen, wenn die Zustandsbedingungen geändert werden. Unter den geänderten Bedingungen ist dann ein anderer Phasenzustand stabil, so daß der ursprüngliche Gleichgewichtszustand nun zu einem ungleichgewichtigen Zustand geworden ist. Phasenreaktionen laufen daher stets nach dem Schema:

$$\textbf{Phasenungleichgewicht} \xrightarrow{\textit{Phasenreaktion}} \textbf{neues Phasengleichgewicht}$$

ab. Die Änderung eines wie auch immer gearteten Systems erfordert also stets ein Ungleichgewicht, das für den Ablauf der Phasenumwandlung ausreichend groß sein muß, um mitunter sehr große *Umwandlungshemmungen* zu überwinden. Da verschiedene Phasen durch unterschiedliche Eigenschaften gekennzeichnet sind, sind Phasenumwandlungen mit Eigenschaftsänderungen verbunden. **Sind die Gesetzmäßigkeiten für den Ablauf von Phasenumwandlungen bekannt, so ist es vielfach möglich, durch kontrollierte Herbeiführung solcher Reaktionen erwünschte Eigenschaftsänderungen zu erzielen oder durch deren Unterdrückung**

unerwünschte Eigenschaftsänderungen zu vermeiden. Die Kenntnis der Bedingungen, unter denen sich ein Phasensystem im Gleichgewicht oder im Ungleichgewicht befindet, ist also für die technologische Anwendung von Werkstoffen von grundlegender Bedeutung.

Bei der Frage, nach welchem allgemeinen Prinzip Phasenreaktionen ablaufen, stößt man zunächst auf die Beobachtung, daß sich eine Vielzahl von Reaktionen unter Energieabgabe *(exotherm)* vollzieht, dabei also einem Zustand mit stabileren Bindungen und erniedrigtem Energieinhalt zustrebt. Diesen Phasenreaktionen liegt demnach das Bestreben zugrunde, den Bindungszustand mit niedrigstem Energieniveau einzunehmen, der unter den gegebenen Umständen möglich ist. Beispiele für solche Phasenreaktionen sind Verbrennungs-, Korrosions-, Erstarrungs- und Ausscheidungsvorgänge. Hiernach könnte derjenige Zustand mit der niedrigsten Energie als Phasengleichgewicht gelten.

Diese Festellung trifft jedoch nur für einen Teil von Phasenreaktionen zu, denn es können ebenfalls Umwandlungsvorgänge beobachtet werden, bei denen Bindungszustände mit größerer Stabilität zugunsten solcher geringerer Stabilität aufgegeben werden. Hierzu sind beispielsweise Lösungs- oder Schmelzvorgänge zu zählen, offensichtlich werden diese Reaktionen nicht vom Prinzip der Energieminimierung beherrscht, sondern sind sogar mit einer Erhöhung des Energieinhalts verbunden. Durch Aufnahme von Wärme *(endotherm)* wird der thermische Bewegungszustand der das Phasensystem bildenden Atome unter Lockerung ihrer Bindungen so verstärkt, daß eine intensivere „Durchmischung“ der Atome stattfindet und die durch die Wirkung der Bindungskräfte zustande gekommene Ordnung zunehmend beseitigt wird. Als Maß für die thermisch bedingte Teilchendurchmischung bzw. -unordnung wird die thermodynamische Zustandsgröße *„Entropie S“* benutzt. Mit steigender Temperatur nehmen die Teilchenunordnung in einem System und damit der Entropieinhalt des Systems zu. Somit kann festgestellt werden, daß Phasenreaktionen von zwei unterschiedlichen Bestrebungen diktiert werden, zum einen wird ein

– ***Zustand intensivster Teilchenbindungen (Energieminderung),***

zum anderen ein

– ***Zustand intensivster Teilchendurchmischung (Entropieerhöhung)***

angestrebt.

In Analogie zum Lagegleichgewicht eines Körpers in der Mechanik, wonach die Position mit der niedrigsten potentiellen Energie die Gleichgewichtslage für den Körper bedeutet, ist als Kriterium für das thermodynamische Gleichgewicht eines Stoffsystems der Begriff der *freien Energie* formuliert worden. Die freie Energie F verknüpft die Energie U des Systems und die Entropie S des Systems über die Gleichung

$$F = U - T \cdot S.$$

Nun kann das thermodynamische Gleichgewicht als der Zustand angegeben werden, in dem die freie Energie F einen Minimalwert aufweist. Es läuft somit unter den gegebenen

Umständen diejenige Phasenreaktion ab, die entweder über eine Erniedrigung der Energie U oder über eine Erhöhung der Entropie S oder über beides zum Zustand niedrigster freier Energie F führt. Da Phasenumwandlungen bei Werkstoffen in der Regel bei Atmosphärendruck stattfinden, wird im allgemeinen der für konstante Druckverhältnisse vereinbarte Energiebegriff Enthalpie (H, G) verwendet, obwohl diese Unterscheidung nur für Reaktionen im Gaszustand bedeutungsvoll ist. Demnach befindet sich ein System im Gleichgewicht, wenn seine *freie Enthalpie G* einen Minimalwert erreicht hat:

$$G = H - T \cdot S = G_{min} \text{ (Gleichgewicht).}$$

Entsprechend befindet sich das System im Ungleichgewicht, wenn seine freie Enthalpie G einen erhöhten Wert aufweist:

$$G = G_{min} + \Delta G \text{ (Ungleichgewicht).}$$

Der Wert ΔG ist ein Maß für den Ungleichgewichtsgrad eines Systems und stellt insofern die *treibende Kraft* für die Reaktion zur Gleichgewichtseinstellung dar.
Die freie Enthalpie G eines jeden Phasenzustandes ist eine Funktion der Temperatur T, sie nimmt für einen bestimmten Phasenzustand mit steigender Temperatur ab, wobei der Kurvenabfall um so steiler ist, je größer die Entropie des Phasenzustandes ist (Abb. B.1-9). Am Schnittpunkt zweier Kurven existiert zwischen den beiden Phasenzuständen keine Differenz der freien Enthalpie ΔG, hier befinden sich beide Phasenzustände im Gleichgewicht.
Für den skizzierten Fall der Phasenzustände „gasförmig“, „flüssig“ und „kristallin α bzw. β“ eines Stoffes stehen am Umwandlungspunkt T_s flüssige und kristalline Struktur miteinander im Gleichgewicht, d.h. eine auf die Temperatur T_s abgekühlte Schmelze

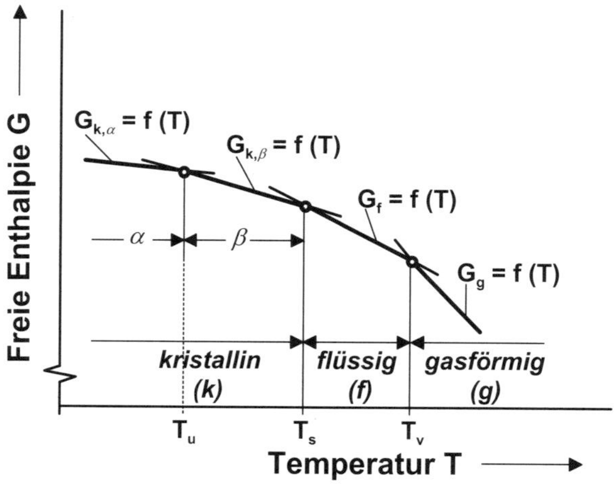

Abb. B.1-9 Freie Enthalpie G verschiedener Phasenzustände eines Einstoffsystems in Abhängigkeit von der Temperatur wird, da sie sich hier in einem stabilen Gleichgewichtszustand befindet, niemals erstarren, ein auf die Temperatur T_s erwärmter Kristall wird aus gleichen Gründen niemals aufschmelzen. Voraussetzung für den Ablauf einer Strukturumwandlung ist das Vorliegen eines ungleichgewichtigen, instabilen Zustandes, also das Vorliegen einer Differenz der freien Enthalpien von flüssiger und kristalliner Phase.

1.3.2 Diffusion

Die Einstellung eines Phasengleichgewichts ist in vielen Fällen nur über Diffusionsprozesse möglich. Unter Diffusion versteht man thermisch ermöglichte Wanderungen individueller Teilchen (Atome, Ionen oder niedermolekulare Verbände) über Entfernungen, die deutlich größer als ein Atomabstand sind. Diffusionsprozesse finden im gasförmigen, flüssigen und festen Zustand statt. Während im gasförmigen und im flüssigen Zustand auch konvektive Vorgänge zum Transport von Materie führen können, ist Diffusion als die einzige bedeutsame Art des Massetransports in festen Stoffen anzusehen. **Diffusion in Festkörpern beruht auf Platzwechselvorgängen von Teilchen (i. allg. Atomen), die durch die thermische Bewegung dieser Teilchen und ihrer Nachbarteilchen ermöglicht werden.**

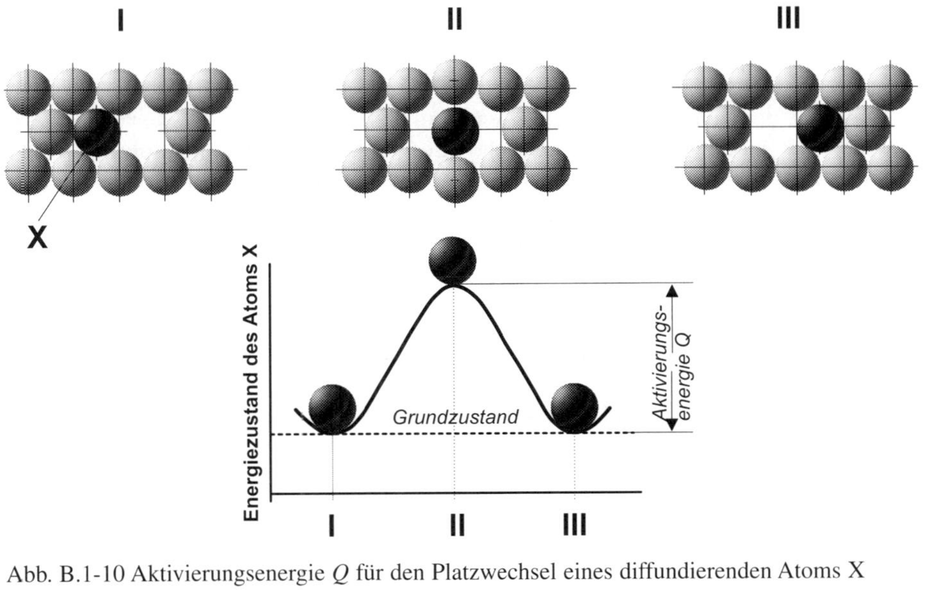

Abb. B.1-10 Aktivierungsenergie Q für den Platzwechsel eines diffundierenden Atoms X (nach Lit. B.36)

Die Zahl solcher Platzwechsel nimmt mit der Temperatur erheblich zu. Die thermische Anregung muß dabei ausreichend groß sein, damit das diffundierende Atom aus seinem Bindungszustand gelöst und über eine ungünstigere Position („Energieberg“) auf einen neuen Gitterplatz verlagert werden kann. Zur Überwindung des Energieberges ist eine für das jeweilige Gitter und die um das diffundierende Atom herrschenden Bindungsverhältnisse charakteristische *Aktivierungsenergie Q* erforderlich (Abb. B.1-10). Je nachdem, ob das diffundierende Atom ein arteigenes oder ein Fremdatom ist, unterscheidet man zwischen Selbst- und Fremddiffusion. Bei Fremddiffusion ist weiterhin von Bedeutung, ob das Fremdatom einen Gitterplatz *(„Substitution")* oder einen Zwischengitterplatz *(„Interstition")* einnimmt.

1.3.2.1 Diffusionsmechanismen

Für den elementaren Diffusionsvorgang wurde eine Reihe von Mechanismen vorgeschlagen, von denen aber nur zwei von tatsächlicher Bedeutung sind, nämlich die Diffusion über Zwischengitterplätze und die über Leerstellen. Der *Zwischengittermechanismus* hat Bedeutung für die Bewegung von interstitiell gelösten Fremdatomen wie C, H, N, O, die einerseits sehr klein sind und zum anderen vom Gitter nur in geringer Konzentration aufgenommen werden. Unter diesen Umständen stehen einem Zwischengitteratom für einen Diffusionssprung eine ganze Reihe unbesetzter Gitterlücken als Nachbarplätze zur Verfügung, so daß diese Form der Diffusion bereits bei vergleichsweise niedrigen Temperaturen und Aktivierungsenergien einsetzt.
Selbstdiffusion und die Diffusion substituierter Fremdatome *(Fremddiffusion)* setzt dagegen die Existenz von Gitterleerstellen auf Nachbarplätzen voraus. Das diffundierende Atom springt bei ausreichender thermischer (in der Regel) Aktivierung in eine Nachbarleerstelle, so daß mit dem Strom diffundierender Atome ein gleich großer entgegengerichteter Strom von Leerstellen verbunden ist. Die Zunahme des Diffusionsstromes mit der Temperatur ist einerseits auf den erhöhten Bewegungszustand der Teilchen und andererseits auf die steigende Leerstellendichte zurückzuführen.
In *ionischen Strukturen* findet Diffusion je nach Art und Gitterposition der Bausteine mit Hilfe von Leerstellen, z. T. auch von Zwischengittermechanismen statt, wobei die Forderung nach Wahrung der elektrischen Neutralität den Vorgang komplizierter als bei Metallen gestaltet.
Obwohl in *kovalenten Gittern* recht große Gitterzwischenräume bestehen, laufen Diffusionsvorgänge auch hier vorzugsweise über Leerstellen ab, weil bei gerichteten Bindungen Zwischengitterpositionen energetisch ungünstig sind. Die Aktivierungsenergie liegt höher als bei Metallen. In *makromolekularen Verbänden* können im festen Zustand nur niedermolekulare Einheiten diffundieren, wenn der Bewegungszustand der Makromoleküle und die intermolekularen Abstände dies zulassen.

1.3.2.2 Einflußfaktoren

Abb. B.1-11 veranschaulicht das Phänomen der Diffusion in Festkörpern. Werden ein Blöckchen Cu und ein Blöckchen Ni mit möglichst ebener und reiner Oberfläche aneinandergepreßt, so diffundieren bei ausreichender thermischer Aktivierung durch die gemeinsame Grenzfläche *A* (Diffusionsquerschnitt) Cu-Atome in das Ni-Gitter und Ni-Atome in das Cu-Gitter und bilden nach hinreichend langer Diffusionszeit eine homogene CuNi-Legierung.

Als Mindesttemperatur für das Einsetzen meßbarer Diffusionsströme oder allgemeiner für den Ablauf thermisch aktiver Prozesse gilt für reine Metalle etwa

$$T_{min} = (0{,}3 \text{ bis } 0{,}4) \cdot T_s \, [K],$$

wobei T_s die Schmelztemperatur des jeweiligen Metalls bedeutet. Im beschriebenen Beispiel würde abhängig von der Temperatur die Bildung einer homogenen CuNi-Legierung wegen des kleinen Diffusionsquerschnitts allerdings sehr lange dauern, der Vorgang ließe sich durch intensives Mischen von Cu- und Ni-Pulver und anschließendes Pressen beschleunigen. Hierdurch wird eine erhebliche Vergrößerung der Kontaktfläche *A* zwischen Cu und Ni erreicht. Die Geschwindigkeit von Diffusionsprozessen ist bei gegebener Temperatur abhängig vom Konzentrationsgradienten und wird nach der Formel

$$m = D \cdot A \cdot dc/dx$$

bestimmt. Hierin bedeuten:
m = Diffusionsgeschwindigkeit in Atome/s,
D = Diffusionskoeffizient in cm^2/s,
A = Diffusionsquerschnitt in cm^2,
dc/dx = Konzentrationsgradient in $Atome/cm^4$.

Diese Gleichung wird als *1. Ficksches Diffusionsgesetz* bezeichnet, es gilt für einen während des Diffusionsablaufes konstant bleibenden Konzentrationsgradienten dc/dx.

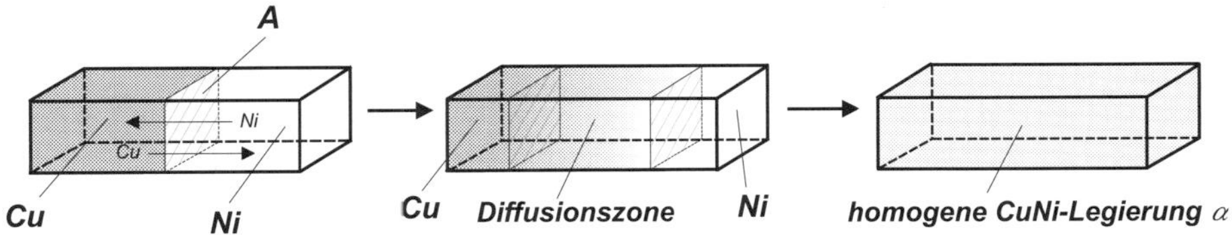

Abb. B.1-11 Schematische Darstellung der Diffusion am Beispiel CuNi

Bei zeitlich konstantem Konzentrationsgradienten und gegebenem Diffusionsquerschnitt wird die Diffusionsgeschwindigkeit also vom *Diffusionskoeffizienten D* bestimmt. Die wichtige Größe *D* setzt sich bei gegebenem Konzentrationsgradienten wie folgt zusammen:

$$D = D_0 \cdot exp(-Q/RT)$$

Hierin bedeuten:
D_0 = stoffabhängige Konstante in cm^2/s,
Q = Aktivierungsenergie, abhängig vom Gitter und seiner Fehlerdichte in J/mol,
R = Gaskonstante in J/K·mol,
T = absolute Temperatur in K.

Demnach ist bei gegebenem Diffusionsquerschnitt *A* und gegebenem Konzentrationsgradienten *dc/dx* die Diffusionsgeschwindigkeit:

$$m = f(D) = f(\textit{Werkstoff, -zustand, Temperatur}).$$

Mit anderen Worten sind Diffusionsvorgänge bei gegebenem Werkstoff, Werkstoffzustand und konstanten Konzentrationsverhältnissen abhängig von der Temperatur und der Zeit.
Da der die Diffusionsgeschwindigkeit bestimmende Diffusionskoeffizient *D* über die Größen D_0 und *Q* von der Gitterstruktur und den Gitterbindungen einschließlich der Fehlstellen beeinflußt wird, bestehen große Unterschiede zwischen den Diffusionsgeschwindigkeiten in einem weniger fehlgeordneten Korn *(Volumen-, Gitterdiffusion)* und in stark fehlgeordneten Kornbereichen wie in Grenzflächen *(Korngrenzen-, Oberflächendiffusion)* oder in Versetzungslinien. Obwohl die Diffusion in Korngrenzflächen verglichen mit der Diffusion im Korninnern bei deutlich tieferen Temperaturen einsetzt und mit erheblich höherer Geschwindigkeit abläuft, ist der Anteil der Grenzflächendiffusion an der Gesamtdiffusion wegen der geringen Breitenausdehnung dieser Bereiche (Diffusionsquerschnitt) im allgemeinen gering und erlangt allenfalls bei sehr feinkörnigen Gefügen eine gewisse Bedeutung.

1.3.3 Phasenumwandlungen

Der Ablauf einer Phasenumwandlung kann in die drei Stadien *„Keimbildung"*, *„Keimwachstum"* und *„Vergröberung"* eingeteilt werden. **Hierbei stellt die Keimbildung den wichtigsten Teilschritt einer Phasenumwandlung dar.** Unter einem Keim ist ein Phasenbereich zu verstehen, der durch thermische Atom-Fluktuationen entstanden ist und sich aufgrund dieser Zusammensetzung und Anordnung unter den herrschenden Zustandsbedingungen in einem thermodynamisch kritischen Zustand befindet. Der kritische Zustand ist dadurch gekennzeichnet, daß ein Wachsen der Keime zu einem stabileren Phasenzustand führen würde. Diesem Keimwachstum in den stabileren Zustand stehen jedoch *Umwandlungshemmungen* entgegen. Es wachsen demnach nur solche Keime, die die Umwandlungshemmungen zu überwinden vermögen, andere lösen sich wieder auf. Zur Bildung wachstumsfähiger Keime muß eine bestimmte *Keimbildungsarbeit* erbracht werden, deren Höhe von diesen Umwandlungshemmungen bestimmt wird.
Die Keimbildungsarbeit ist aus der freien Enthalpie ΔG zu leisten. Keimbildung kann nur so lange stattfinden, wie hierfür eine ausreichende Differenz der freien Enthalpien von Ungleichgewichts- und Gleichgewichtsphase zur Verfügung steht. Reicht die freie Enthalpie ΔG für die Keimbildungsarbeit nicht aus, so unterbleibt trotz des bestehenden Ungleichgewichts die Phasenumwandlung, oder es werden andere *metastabile Phasenzwischenzustände* gebildet, die eine geringere Keimbildungsarbeit erfordern. War die Bildung wachstumsfähiger Keime möglich, so vollzieht sich der weitere Ablauf der Phasenumwandlung durch Wachsen dieser Keime. Aus jedem wachsenden Keim entsteht ein Teilchen der neuen Phase, so daß die resultierende Teilchenanordnung *(Gefüge)* hinsichtlich Größe, Form und Verteilung der Phasenteilchen und

damit auch hinsichtlich ihrer Eigenschaften ganz wesentlich von den bei der Keimbildung vorliegenden Bedingungen festgelegt wird. Obwohl die Phasenumwandlung mit der Bildung der neuen Phasenteilchen eigentlich beendet ist, unterliegen die Teilchen bei hinreichender thermischer Aktivierung noch einem anschließenden Vergröberungsprozeß, dessen treibende Kraft in einem Abbau an Phasengrenzfläche besteht. Bei einem einphasigen Gefüge führt der Vergröberungsprozeß zu grobem Korn, bei einem Ausscheidungsgefüge zu groben Ausscheidungen.
Phasenumwandlungen von großer technologischer Bedeutung sind Erstarrungsvorgänge ($S \rightarrow \alpha$) sowie Umwandlungen im festen Zustand, wobei entweder die feste Phase vollständig umgewandelt (z. B. $\gamma \rightarrow \alpha+\beta$, $\gamma \rightarrow \alpha$) oder eine Zweitphase β aus einer Matrixphase α ausgeschieden wird (z.B. $\alpha \rightarrow \alpha+\beta$).

1.3.3.1 Umwandlung einer flüssigen in eine feste Phase

Eine Schmelze S sei entsprechend Abb. B.1-12 um den Betrag $\Delta T'$ unterkühlt. Dies hat eine Differenz der freien Enthalpien zwischen instabiler Schmelzphase und stabiler Kristallphase von $\Delta g'$ in Joule/Volumeneinheit zur Folge. Beim Übergang *Schmelze* $\rightarrow$ *Kristall* würde damit die freie Enthalpie des erstarrenden Systems um den Betrag $\Delta G_v = \Delta g' \cdot \mathit{Kristallvolumen}$ erniedrigt werden, bei der Bildung eines mit dem Radius r_k als kugelförmig angenommenen Keims um den Betrag $\Delta G_v = \Delta g' \cdot 4/3\pi \cdot r_k^3$. Mit der Bildung dieses Keims entsteht jedoch eine Grenzfläche Keim/Schmelze mit der Grenzflächenspannung σ, wodurch die freie Enthalpie des erstarrenden Systems um den Betrag $\Delta G_A = \sigma \cdot 4\pi \cdot r_k^2$ erhöht wird ($4\pi \cdot r_k^2$= Oberfläche des Keims).

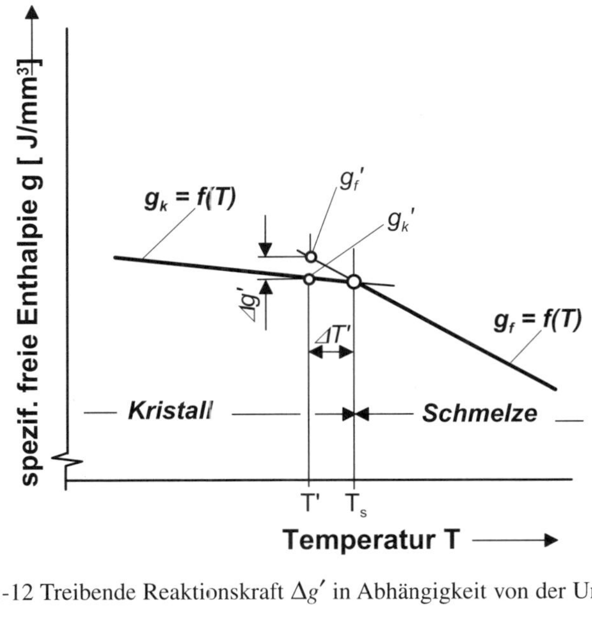

Abb. B.1-12 Treibende Reaktionskraft $\Delta g'$ in Abhängigkeit von der Unterkühlung $\Delta T'$

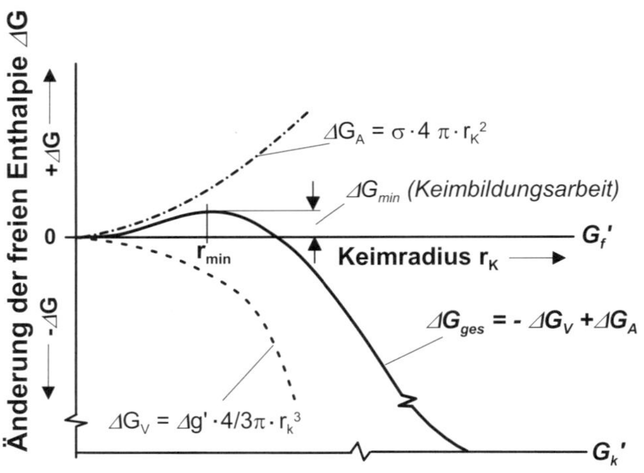

Abb. B.1-13 Änderung der freien Enthalpie G_f' bei der Erstarrung einer mit $\Delta T'$ unterkühlten Schmelze
G_f' = freie Enthalpie der Schmelze bei der Unterkühlungstemperatur T'
G_k' = freie Enthalpie der Kristallphase bei der Unterkühlungstemperatur T' (s. Abb. B.1-12)

In Abb. B.1-13 sind die Änderungen der freien Enthalpie $\Delta G = \Delta G_v + \Delta G_A$ für unterschiedliche Keimradien r_k aufgetragen, wobei Enthalpieerhöhungen als $+\Delta G$, Enthalpieverminderungen als $-\Delta G$ gerechnet werden. Für kleine Werte von r_k überwiegt die durch die Grenzflächenbildung bewirkte Enthalpieerhöhung, bei Werten von r_k oberhalb eines *kritischen Keimradius* r_{min} nimmt die freie Enthalpie G wegen der höheren Potenz des Keimradius im Volumenterm ($\Delta G_A \sim r_k^2$, $\Delta G_V \sim r_k^3$) jedoch mehr ab als zu. **Hieraus folgt, daß Keime mit $r_k < r_{min}$ nicht wachstumsfähig sind und sich unter Verminderung der freien Enthalpie (Richtung Gleichgewicht) wieder auflösen, dagegen werden Keime mit $r_k > r_{min}$ bis zur vollständigen Kristallisation weiterwachsen, weil nun ab r_{min} eine Zunahme des Keimradius (Keimwachstum) zu einer Verminderung der freien Enthalpie führt.**
Welcher Einfluß überwiegt, hängt also vom Verhältnis Keimoberfläche/Keimvolumen ab, das von einem bestimmten Keimradius an kleiner und damit für die Kristallisation günstiger wird. Die mit der Keimbildung entstehende Grenzfläche stellt in diesem Prozeß die bereits erwähnte Umwandlungshemmung dar, für deren Überwindung eine durch entsprechende Unterkühlung erzeugte Keimbildungsarbeit ΔG_{min} aufgebracht werden muß. Diese Umwandlungsbarriere kann bei einem gegebenen System, womit ja die Grenzflächenspannung σ und die Verläufe $G = f(T)$ der Phasenzustände festgelegt sind, wegen $\Delta g = f(\Delta T)$ nur durch Veränderung der Unterkühlung ΔT beeinflußt werden. Größere Unterkühlung bewirkt eine größere treibende Kraft Δg und hierdurch eine stärkere Zunahme von ΔG_V bzw. Abnahme von r_{min}. Eine Abnahme von r_{min} hat zur Folge, daß mehr Keime eine überkritische Größe $r_k > r_{min}$ erlangen und zu neuen Phasenteilchen wachsen. Da andererseits bei größeren Unterkühlungen auch die sich in der Schmelze bildenden Keime wegen der geringeren thermischen Bewegung an Größe zunehmen (Abb. B.1-14), kann die Keimdichte durch Erhöhung der Unterkühlung ganz entscheidend angehoben werden.

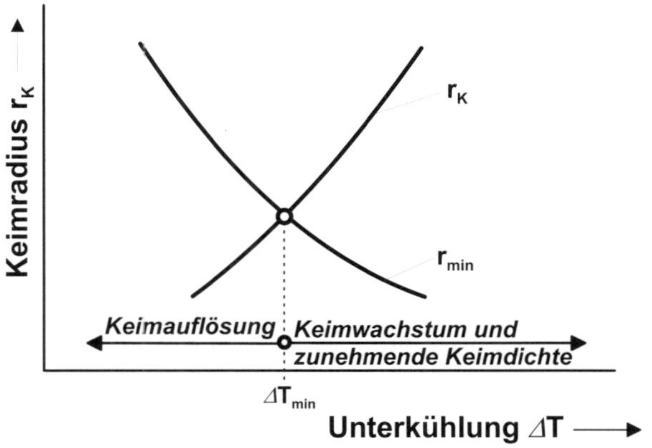

Abb. B.1-14 Einfluß der Unterkühlung auf die Bildung wachstumsfähiger Keime

Bei dem bislang beschriebenen Vorgang der Keimbildung wurde angenommen, daß die Keimbildung *homogen*, d.h. bei Vorliegen einer treibenden Umwandlungskraft allein durch die thermische Teilchenbewegung zustande kommt. **Tatsächlich wird die Keimbildung jedoch fast immer durch die Existenz fester Partikel in Form sog. Keimbildner, Kristallisatoren oder Fremdkeime erleichtert und dann als heterogen bezeichnet**. Die Wirkung solcher Keimbildner besteht in einer beträchtlichen Verminderung der zur Einleitung der Phasenumwandlung notwendigen Keimbildungsarbeit (Abb.B.1-15), indem sich die Atome an die feste Oberfläche der Fremdkeime anbinden und durch dieses Ankeimen die je Keim aufzuwendende Grenzflächenenergie niedriger wird.

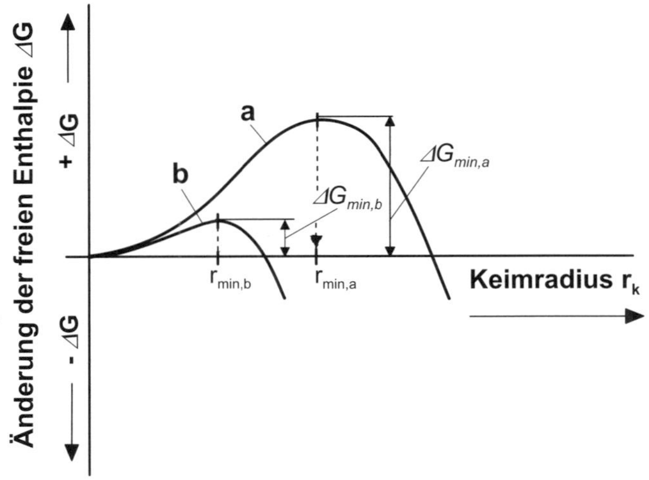

Abb. B.1-15 Kritische Keimradien r_{min} und Keimbildungsarbeiten ΔG_{min} bei homogener (a) und bei heterogener (b) Keimbildung

In welchem Ausmaß die Keimbildungsarbeit vermindert wird, hängt vor allem von den chemischen Wechselwirkungen, also der Grenzflächenenergie zwischen Keim und Keimbildner, aber auch von anderen Faktoren wie Passungsfähigkeit ihrer Gitterstrukturen oder Oberflächenausbildung des Fremdkeims ab. Keimbildner müssen keineswegs Fremdsubstanzen sein, so führt beispielsweise in eine unterkühlte Stahlschmelze eingebrachtes Eisenpulver ebenfalls zu heterogener Keimbildung. Technischen Schmelzen werden daher oft geeignete Substanzen absichtlich zugesetzt, die entweder als Fremdkeime wirken oder keimbildende Reaktionsprodukte erzeugen. Diese weitverbreitete Methode zur Herbeiführung eines feineren Gußgefüges wird *„Impfen"* genannt. Bei der Kristallisation werden Atome der Schmelze aus einem Zustand hoher thermischer Bewegung in das Kristallgitter eingebaut. Bei diesem Vorgang wird thermische Energie freigesetzt, die aus dem im festen Zustand verringerten Bewegungszustand der Atome resultiert.

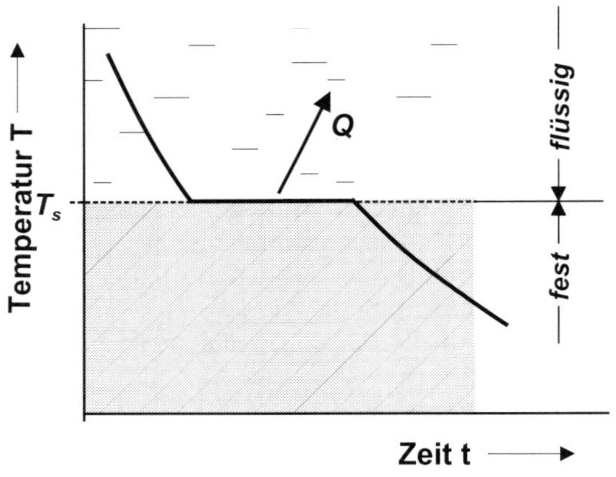

Abb. B.1-16 Auftreten eines Temperaturhaltepunktes in der Abkühlkurve einer erstarrenden Schmelze infolge freiwerdender Kristallisationswärme Q

Die *„Kristallisationswärme"* Q (Abb. B.1-16) muß dem System für den weiteren Fortgang der Kristallisation entzogen werden, da es anderenfalls zu einer Erwärmung, damit zur Beseitigung der Unterkühlung und so zum Stillstand der Kristallisation kommen würde. Bei praktischen Erstarrungsvorgängen wird die anfallende Kristallisationswärme vorwiegend über die Gießform an die Umgebung abgeleitet. Hierbei heizt sich das Formmaterial auf, seine Kühlwirkung wird gemindert. Es liegen also während der Erstarrung keine konstanten thermischen Bedingungen vor, sondern Unterkühlung und Wärmefluß unterliegen einer ständigen Veränderung. Somit bestehen im Schmelzenvolumen normalerweise keine einheitlichen Keimbildungsbedingungen und es ergeben sich infolgedessen über den Querschnitt eines Gußblockes sehr unterschiedliche Kristallitformen, die für ein Gußgefüge charakteristisch sind.

Das Kristallwachstum wird maßgeblich vom Temperaturverlauf in der Kristallisationsfront beeinflußt. Bei einem positiven Temperaturgradienten in der Grenzschicht liegt eine *stabile*, in die Schmelze *eben fortschreitende Kristallisationsfront* vor

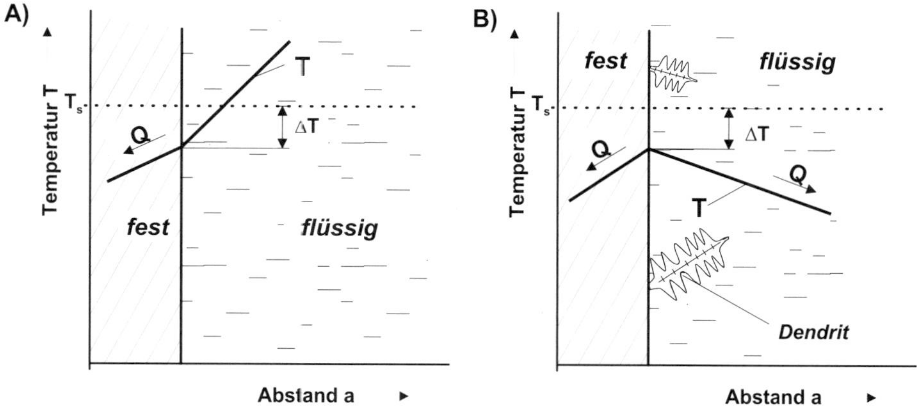

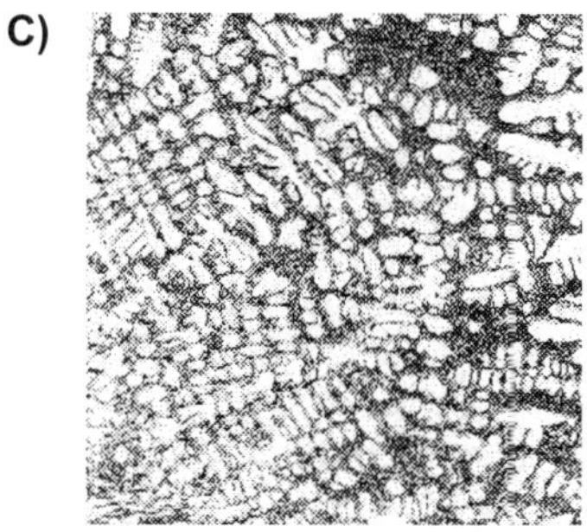

Abb. B.1-17 Stabile und instabile Kristallisationsfronten
A) Stabile Kristallisationsfront mit positivem Temperaturgradienten und ebenem Kristallwachstum
B) Instabile Kristallisationsfront mit negativem Temperaturgradienten und dendritischem Kristallwachstum
C) Dendriten, Ag-Lot

(Abb. B.1-17, A). Die Kristallisationswärme wird ausschließlich über die feste Phase abgeführt. Häufig tritt aber auch der Fall ein, daß der Temperaturgradient negativ ist (Abb. B.1-17, B).

In der Grenzfläche fest/flüssig herrscht wegen der dort entstehenden Kristallisationswärme die höchste Temperatur, dann wird ein Teil der Kristallisationswärme über die feste Phase, der andere Teil in die Schmelze abgeleitet. Unter diesen Bedingungen ist die *Wachstumsfront instabil*, jede in der Front entstehende Ausbuchtung gelangt in ein Gebiet größerer Unterkühlung und damit in ein Gebiet günstigerer Kristallisationsbedingungen. Die Unebenheit wächst spießartig in die Schmelze hinein und bildet, sofern ein Wachstum nicht behindert ist, auch seitliche Verzweigungen aus. Wegen ihres tannenbaumähnlichen Aussehens werden solche Kristallite *„Dendriten“* genannt. Die Dendritenachsen entsprechen bestimmten kristallographischen Richtungen, in kubischen Metallen z.B. den Würfelkantenrichtungen <100>. Irgendwann während der Erstarrung einer Schmelze treten oftmals Temperaturbedingungen auf, die ein dendritisches Kristallwachstum ermöglichen, so daß im allgemeinen ein im Einzelfall allerdings sehr unterschiedlicher Anteil der Schmelze dendritisch erstarrt. Bei der Erstarrung legierter Schmelzen ergeben sich vor der Kristallisationsfront beachtliche Konzentrationsverschiebungen, die eine sog. konstitutionelle Unterkühlung zur Folge haben. Dieser Effekt begünstigt außerordentlich die Ausbildung dendritischer Gefügebereiche.

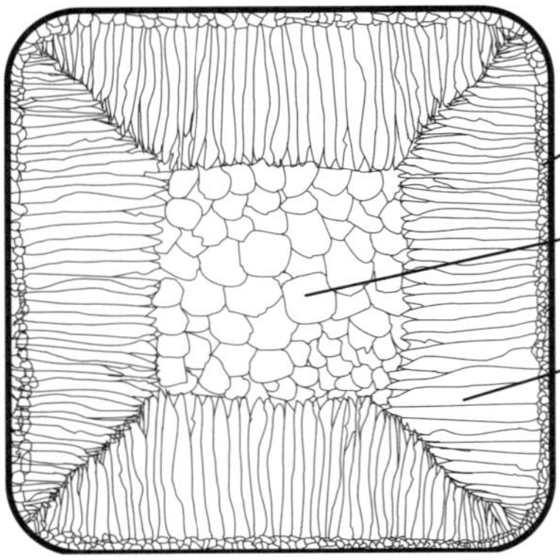

Abb. B.1-18 Gefüge eines Gußblockes

Mit dem Entstehen von dendritischen Kornformen kommt lediglich das sich im Mikrobereich generell anisotrop vollziehende Kristallwachstum auch makroskopisch zum Ausdruck. Das Gefüge von Gußblöcken nicht zu großen Querschnitts zeigt meist das in Abb. B.1-18 schematisch dargestellte Gefüge. Am Rand ist durch die anfangs starke Kühlwirkung der Gießform und durch heterogene Keimwirkung der kalten Gießformoberfläche ein feinkörniges, etwa kugeliges (globulitisches) Gefüge mit statistischer Verteilung der Kornorientierungen entstanden. Die weitere Keimbildung findet im allgemeinen vorzugsweise an dieser feinkristallinen Randzone statt. Die Keime wachsen dann entgegen dem Wärmeabfluß in die Schmelze hinein und bilden langgestreckte *„Stengel"*- oder *„Säulenkristalle"* mit kristallographischer Vorzugsrichtung. Die Ursache für das gerichtete Wachstum dieser Stengelkristalle besteht in der gerichteten Wärmeabfuhr und der gegenseitigen Behinderung gleichberechtigter Keime in ihrem seitlichen Kristallwachstum.

Aus mehreren Gründen (Festigkeit, Zähigkeit, Quasiisotropie) wird meist ein gleichmäßiges, feinkristallines Gefüge angestrebt. Dies läßt sich durch eine möglichst große Unterkühlung der Schmelze und das Einbringen vieler, gleichmäßig verteilter Fremdkeime erreichen. Will man hingegen *Einkristalle* herstellen, so darf nur ein einziger wachstumsfähiger Keim gebildet werden. Dazu darf die Schmelze nur wenig unterkühlt werden, so daß eine unkontrollierte homogene Keimbildung unterbleibt und Kristallisationsprozesse ausschließlich an einem einzigen, in die Schmelze eingebrachten einkristallinen, meist arteigenen „Fremdkeim" stattfinden. Aus der Schmelze kann dann mit einem der Kristallisationsgeschwindigkeit entsprechenden Vorschub ein Einkristall gezogen werden. Diese Einkristalle unterscheiden sich von normalen Erstarrungsgefügen nur durch die fehlenden Korngrenzen.

Einkristalle besonderer Art sind die sog. *Whisker*. Sie entstehen unter speziellen Kristallisationsbedingungen als haarförmige Einkristalle weniger µm Dicke und maximal einiger mm Länge. Gegenüber normalen Einkristallen zeichnen sie sich durch das Fehlen von Gleitversetzungen aus, woraus eine in die Nähe der theoretischen Festigkeit reichende Belastbarkeit resultiert. Whisker können z.B. durch Abscheidung aus der Dampfphase gewonnen werden. Eine technologische Nutzung z. B. als Verstärkungsmittel in Verbundwerkstoffen haben Whisker wegen ihrer aufwendigen Herstellung und Verarbeitung bislang nur wenig erfahren.

1.3.3.2 Phasenumwandlungen im festen Zustand

Phasenumwandlungen im festen Zustand unterliegen grundsätzlich den gleichen Gesetzmäßigkeiten wie Umwandlungen des flüssigen oder des gasförmigen Zustandes. **Allerdings wird die Keimbildung einer neuen Phase im festen Zustand dadurch zusätzlich erschwert, daß die unterschiedliche Dichte und Struktur der Phasen zu Verzerrungsspannungen und damit zu einer Energieerhöhung führen.** In der Energiebilanz für die treibende Kraft zur Keimbildung erscheint also neben dem Grenzflächen-Energieterm ΔG_A ein weiterer, die Umwandlung hemmender Verzerrungs-Energieterm ΔG_S:

$$\Delta G = -\Delta G_V + \Delta G_A + \Delta G_S .$$

ΔG_S ist wie ΔG_V dem Keimvolumen bzw. der dritten Potenz des Keimradius proportional. Entstehen die Umwandlungshemmungen vor allem durch den Aufbau der neuen Grenzfläche, so werden kugelförmige Keime und Teilchen gebildet, weil eine Kugel von allen geometrischen Körpern die kleinste Oberfläche bei gegebenem Volumen aufweist. Ist jedoch der Verzerrungsanteil für die Keimbildung bestimmend, so entstehen platten- oder nadelförmige Teilchen, weil bei Gebilden dieser Form die Verzerrungsenergie am geringsten ausfälllt. Wegen der im allgemeinen sehr starken Keimbildungshemmungen im festen Zustand werden hier oftmals anstelle des thermodynamischen Gleichgewichtszustandes metastabile Zwischenzustände, deren Einstellung eine geringere Aktivierungsenergie erfordert, begünstigt (Abb. B.1-19). Dabei handelt es sich häufig um kohärent ausgeschiedene, plattenförmige Zonen mit zur Matrixphase geringen Unterschieden in den Gitterabmessungen (z. B. GP-Zonen).

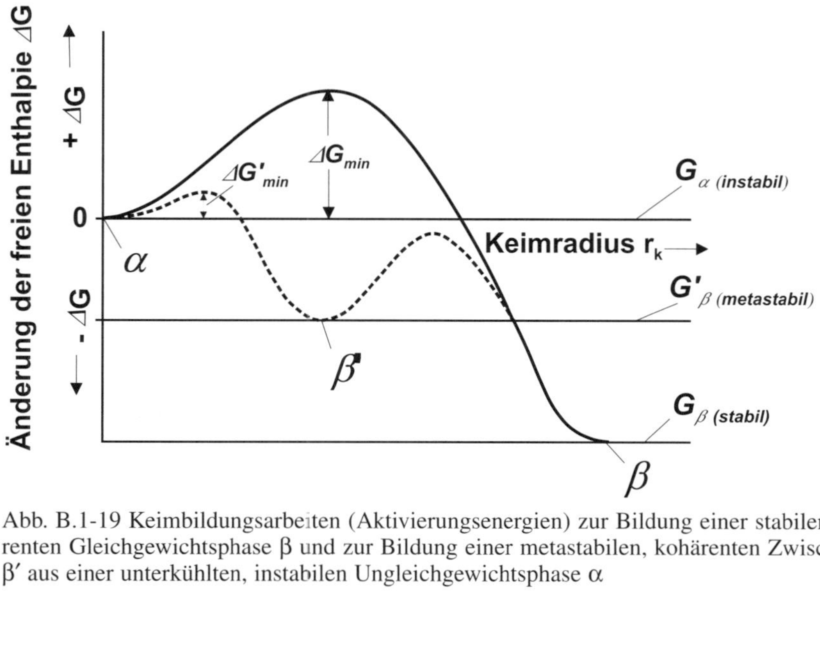

Abb. B.1-19 Keimbildungsarbeiten (Aktivierungsenergien) zur Bildung einer stabilen, inkohärenten Gleichgewichtsphase β und zur Bildung einer metastabilen, kohärenten Zwischenphase β′ aus einer unterkühlten, instabilen Ungleichgewichtsphase α

Insbesondere im festen Zustand erfolgt die Keimbildung fast ausschließlich heterogen, als Kristallisatoren wirken neben feinen Fremdteilchen vor allem Heterogenitäten des Gitteraufbaus wie Korngrenzen. Subkorngrenzen und Versetzungen. Da die Keimbildung an Korngrenzen, bevorzugt an Kornzwickeln, einerseits mit relativ geringer Aktivierungsenergie verbunden ist, andererseits aber längere Diffusionswege erfordert, findet sie vorzugsweise bei geringen Unterkühlungen und hohen Temperaturen statt. Mit zunehmender Unterkühlung und ungünstiger werdenden Diffusionsbedingungen kommt es mehr und mehr zur Keimbildung im Korninnern.
Phasenumwandlungen im festen Zustand können in zwei unterschiedliche Grundtypen eingeteilt werden, in solche, deren Keimbildung und Wachstum eine thermische Aktivierung erfordern und die mehr oder weniger mit Diffusionsvorgängen verbunden sind, und in andere, sog. *martensitische* Phasenumwandlungen, die ohne thermische Aktivierung ablaufen.

Phasenumwandlungen im festen Zustand mit thermischer Aktivierung

Das entscheidende Kennzeichen dieser Vorgänge ist, daß sie unterkühlbar sind, d. h. ihr Ablauf kann unterdrückt werden, wenn die umzuwandelnde Phase mit einer Mindestgeschwindigkeit v_{crit} auf eine Einfriertemperatur T_E abgekühlt wird, bei der die Teilchenbeweglichkeit für die Phasenumwandlung zu gering geworden ist. Die graphische Darstellung des Ablaufs thermisch aktivierter Phasenumwandlungen wird mit Hilfe *von Zeit-Temperatur-Umwandlungs-(ZTU-)Schaubildern* vorgenommen (Abb. B.1-20).

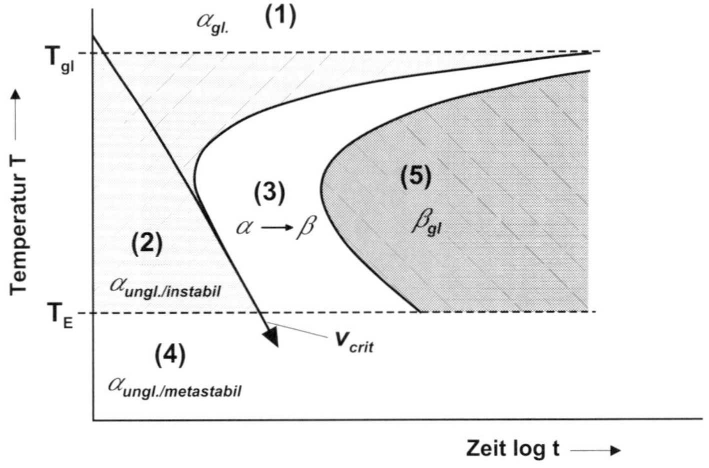

Abb. B.1-20 Zeit-Temperatur-Umwandlungsdiagramm (ZTU-) für eine thermisch aktivierte Phasenumwandlung ($\alpha \rightarrow \beta$)
(1): Phase α im Gleichgewicht
(2): Phase α unterkühlt, instabiles Ungleichgewicht
(3): thermisch aktivierte Umwandlung Ungleichgewicht $\alpha \rightarrow$ Gleichgewicht β
(4): Phase α unterkühlt auf $T < T_E$, metastabiles Ungleichgewicht
(5): Phase β im Gleichgewicht

Die zur Unterkühlung der Phasenumwandlung erforderliche Mindestabkühlgeschwindigkeit v_{crit} und die zu unterschreitende Einfriertemperatur T_E hängen von der Beweglichkeit der Teilchen ab. Während v_{crit} über mehrere Größenordnungen variieren kann, liegt T_E für diffundierende Einlagerungsatome je nach ihrer Größe bei bzw. unter $0{,}2 \cdot T_s$, für diffundierende Substitutionsatome (z. B. Ni in Cu) bei etwa $0{,}3 \cdot T_s$ und für die Umordnung makromolekülähnlicher Verbände bei etwa $0{,}6 \cdot T_s$.
Bei einer Reihe von thermisch aktivierten Umwandlungen finden nur Änderungen der atomaren Anordnung, nicht aber der chemischen Zusammensetzung statt. Als Beispiele seien allotrope bzw. polymorphe Umwandlungen von Elementen bzw. Verbindungen oder Ordnungseinstellungen wie „amorph → kristallin" oder „statistische → geordnete Atomverteilung" genannt. Je nach dem Umfang der atomaren Umordnungen und den von den Atomen dabei zurückzulegenden Wegen spielen Diffusionsprozesse bei diesen Umwandlungen eine größere oder geringere Rolle.
Viele, auch technologisch besonders wichtige Vorgänge sind jedoch mit Änderungen der chemischen Zusammensetzung verbunden, hierzu gehören vor allem Lösungs- und Ausscheidungsvorgänge sowie eutektoide Reaktionen. Ihr Zustandekommen hängt ganz entscheidend von den Diffusionsmöglichkeiten der Atome ab. Keimbildung und -wachstum sind bei diesen Umwandlungen schwerer zu realisieren als beispielsweise bei einer allotropen Umwandlung, so daß sie in vielen Fällen relativ leicht unterkühlt werden können. Findet die Ausscheidung einer B-reichen Phase β aus einer unterkühlten und damit übersättigten A-reichen Matrixphase α statt, so hängen Ort, Zahl und Größe der β-Ausscheidungen von der Unterkühlung der übersättigten Lösung α und der Existenz von Gitterdefekten, die die Keimbildung im festen Zustand nachhaltig erleichtern, ab. **Je höhere Unterkühlungen bei der Keimbildung vorliegen, desto größere Keimdichten und feinere Verteilungen der β-Ausscheidungen werden erzielt**.

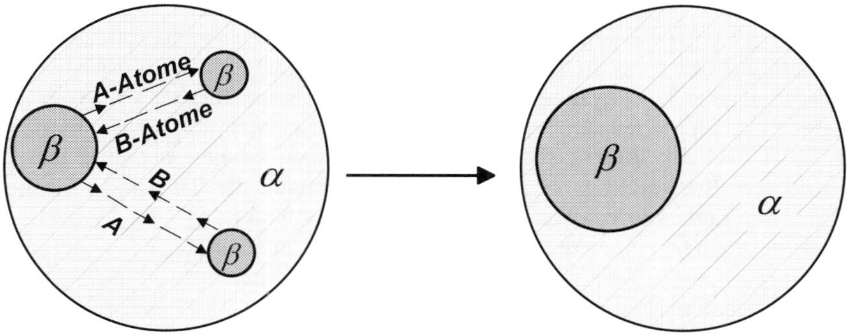

Abb. B.1-21 Vergröberungsprozeß (Koagulation) fein ausgeschiedener Teilchen

Allerdings setzt im Fall sehr fein verteilter Ausscheidungen bei weiterer thermischer Aktivierung ebenfalls ein *Teilchenvergröberungsprozeß* ein, der auch hier eine Verminderung der zwischen den beiden Phasen α und β existierenden Grenzfläche zum Ziel hat. Obwohl diese Gefügeveränderung nur durch wachsende β-Teilchen zu erkennen ist, wird die Minimierung der gemeinsamen Grenzfläche von beiden Phasen betrieben. Da der eigentliche Ausscheidungsvorgang mit beginnender Vergröberung als beendet

angenommen kann, bleibt der Mengenanteil der Ausscheidungsphase nunmehr konstant, so daß gleichzeitig eine Abnahme der Teilchenanzahl eintritt. Tatsächlich wachsen größere β -Teilchen auf Kosten kleinerer. Dieser Vorgang ist in Abb. B.1-21 schematisch dargestellt.
An der Grenzfläche eines wachsenden β-Teilchens werden gelöste B-Atome aus der Matrix in die Grenzfläche aufgenommen und überschüssige A-Atome aus den Teilchen in die Matrix abgegeben. Da die Matrix α ihre Zusammensetzung insgesamt nicht ändert, findet eine entsprechende, umgekehrte Reaktion Abgabe von B-Atomen, Aufnahme von A-Atomen an den Grenzflächen sich auflösender ß-Teilchen statt. Dieser Vorgang der Vergröberung feinverteilter Teilchen einer zweiten Phase wird auch als *Ostwald-Reifung* oder *Koagulationsprozeß* bezeichnet. Er führt in Werkstoffsystemen, die durch feindisperse Teilchen gehärtet sind, als sog. *Überalterung* zu einem erheblichen Festigkeitsabfall.

Phasenumwandlungen im festen Zustand ohne thermische Aktivierung

Es handelt sich um *diffusionslose Umwandlungen* der Gitterstruktur, wobei die Atome ihre neue Gitterposition durch zueinander *kooperativ* ablaufende Bewegungen einnehmen und ihre jeweiligen Nachbaratome im wesentlichen beibehalten. Diese Bewegungen laufen annähernd mit Schallgeschwindigkeit ab. Da die Gitterumwandlung durch einen äußerst bewegungsarmen Vorgang zustande kommt, werden bei der Umwandlung eines Gitterbereiches gegenüber der noch nicht umgewandelten Umgebung erhebliche Spannungen aufgebaut. Die Spannungen haben zur Folge, daß sich die kooperative Umwandlung jeweils nur in schmalen, plattenförmigen Zonen vollzieht und diese Platten bei der Umwandlung eine plastische Verformung durch Versetzungsprozesse oder Zwillingsbildung erleiden. Die entstehenden *Umwandlungsspannungen* hemmen die weitere Umwandlung, so daß bei einer bestimmten Unterkühlung auch immer nur eine ganz bestimmte Menge umgewandelt wird und der Umwandlungsfortgang nur durch eine Erhöhung der treibenden Kraft, d. h. durch weitere Unterkühlung erzwungen werden kann. Die diffusionslosen Umwandlungen werden nach dem beim **Härten von Stahl** diffusionslos gebildeten Martensitgefüge auch als martensitische Umwandlungen bezeichnet. **Charakteristisch für martensitische Umwandlungen ist neben der hohen Umwandlungsgeschwindigkeit vor allem die Tatsache, daß die Umwandlungsmenge nicht von der Zeit, sondern von der Unterkühlung ΔT abhängig ist** (Abb. B.1-22), und daß die Wahrscheinlichkeit für den Eintritt der Umwandlung mit abnehmender Temperatur immer größer wird, während der Ablauf einer diffusionsabhängigen Umwandlung unterhalb der Einfriertemperatur mit weiterer Unterkühlung immer unwahrscheinlicher wird. Die Temperatur, bei der eine martensitische Umwandlung startet bzw. beendet ist, wird M_s- bzw. M_f-*Temperatur* genannt. Die Umwandlungsmenge ist im übrigen auch nicht von der Abkühlungsgeschwindigkeit abhängig, sofern mindestens die kritische Abkühlungsgeschwindigkeit erreicht wird, die zur Unterdrükkung einer sonst möglichen diffusionsgesteuerten Umwandlung erforderlich ist.
Die wegen der Umwandlungsspannungen zusätzlich zu leistende Keimbildungsarbeit kann durch eine von außen aufgeprägte, plastische Verformung des Gitters erheblich vermindert und die Martensitbildung erleichtert werden. Dies äußert sich in deutlich höher liegenden Martensitbildungstemperaturen M_s und M_f.

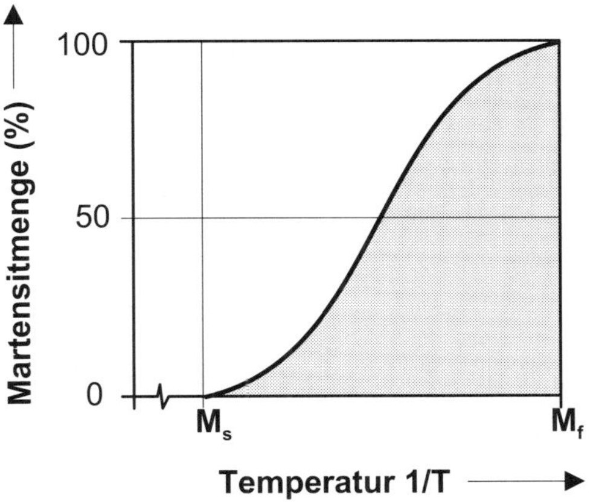

Abb. B.1-22 Einfluß der Unterkühlungstemperatur auf die martensitisch gebildete Gefügemenge
M_s = Temperatur, bei der die Martensitumwandlung beginnt
M_f = Temperatur, bei der die Martensitumwandlung beendet ist

Martensitische Umwandlungen treten bei allotropen Gitteränderungen mit relativ einfachen und ähnlichen Strukturen auf, wenn die Umwandlungstemperatur verhältnismäßig niedrig liegt oder eine normalerweise bei hoher Temperatur mit Hilfe von Diffusionsvorgängen ablaufende allotrope Umwandlung ausreichend schnell auf eine hinreichend tiefe Temperatur unterkühlt wird. In diesem Fall sind diffusionsabhängige und martensitische Phasenumwandlung miteinander konkurrierende Vorgänge. Kristallographisch komplizierte Umwandlungen können nur thermisch aktiviert, nicht aber martensitisch ablaufen. Die diffusionsgesteuerten Umwandlungen, denen ein thermisch aktiviertes Wachsen von Keimen zugrunde liegt, werden häufig im Gegensatz zu martensitischen Umwandlungen „Keimbildungs- und Wachstumsreaktionen" genannt. Diese Bezeichnung ist nicht ganz zutreffend, da auch martensitische Umwandlungen durch die Bildung von Keimen und deren Wachsen – wenn auch mit sehr hoher Geschwindigkeit – gekennzeichnet sind. Neben diffusionsgesteuerten und diffusionslosen Umwandlungen gibt es einige Übergangsformen, die Merkmale sowohl des einen als auch des anderen Umwandlungstyps tragen (z. B. Bainitbildung).

1.3.4 Phasengleichgewichtsdiagramme

In Phasengleichgewichtsdiagrammen werden die **Existenzbereiche von Phasenzuständen** in Abhängigkeit von den Zustandsgrößen Druck und Temperatur für ein System bestimmter chemischer Zusammensetzung dargestellt. Für die Phasenzustände wird die Einstellung des thermodynamischen Gleichgewichts vorausgesetzt. Um solchen Zustandsdiagrammen exakte Angaben über den Existenzbereich einer Phase im Gleichgewicht entnehmen zu können, kann die Darstellung nur zweidimensional erfolgen. Für ein *Einstoffsystem*, d. h. ein System mit konstanter chemischer Zusammensetzung, können die Phasenbereiche in Abhängigkeit von Temperatur und Druck dargestellt werden.

Bei einem *Zweistoffsystem*, in dem also die Zusammensetzung eines Stoffs *(Komponente)* durch Zugabe einer zweiten Komponente variiert wird, muß für eine ebene Darstellung bereits eine der Zustandsgrößen Temperatur oder Druck konstant gehalten werden. Da deutlich unterschiedliche Drücke relativ selten auftreten und der Einfluß des Drucks auf feste Phasenzustände ohnehin relativ gering ist, gelten die Zwei- und Mehrstoffsysteme im allgemeinen für atmosphärische Druckverhältnisse von etwa 10^5 Pa.

1.3.4.1 Einstoffsysteme

Es werden für einen Stoff unveränderter chemischer Zusammensetzung die Bereiche der stabilen Phasenzustände „gasförmig", „flüssig" und „fest" einschließlich etwaiger polymorpher Umwandlungen in Abhängigkeit von Temperatur und Druck angegeben. Als Beispiele mögen hier die Zustandsdiagramme von Wasser und von Kupfer dienen (Abb. B.1-23).

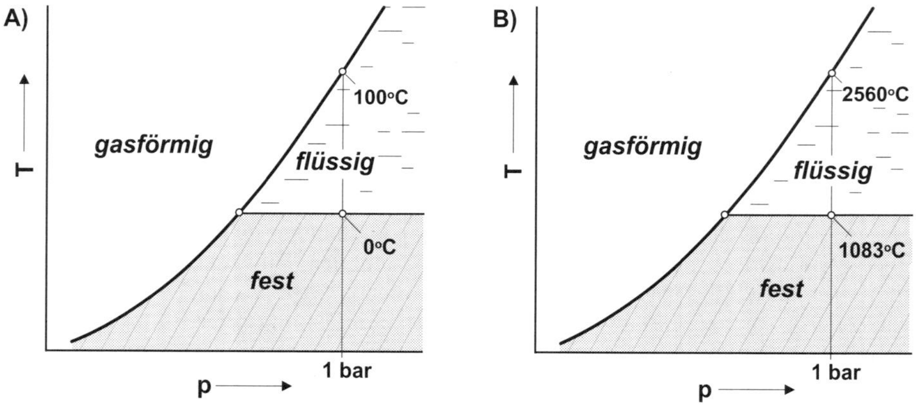

Abb. B.1-23 Gleichgewichtszustände von Einstoffsystemen
in Abhängigkeit von Temperatur und Druck
A) Wasser B) Kupfer

1.3.4.2 Zweistoffsysteme

Ein solches binäres Stoffsystem wird von zwei Systemkomponenten aufgebaut, es kann sich hierbei um chemische Elemente wie O, Fe, Ag oder C handeln, aber auch um Verbindungen wie H_2O, Fe_3C, $MgNi_2$ und andere. Die Komponenten können miteinander durch Lösung oder durch Verbindung neue Phasen bilden, deren Zusammensetzungen und Umwandlungen, also deren Existenzbereiche in Abhängigkeit von der Temperatur und der Menge der Komponenten, im Zustandsdiagramm angegeben werden. Die Komponenten sind im gasförmigen Zustand stets, im flüssigen Zustand in vielen Fällen, im festen Zustand dagegen nur unter ganz besonderen, eher seltener eintretenden Umständen vollständig ineinander löslich. Für den überwiegend vorkommenden Fall der vollständigen Löslichkeit im flüssigen Zustand kann demnach noch unterschieden werden in Stoffsysteme mit vollständiger und solche mit unvollständiger, beschränkter Löslichkeit der Komponenten im festen Zustand.

Zweistoffsysteme mit vollständiger Löslichkeit der Komponenten im flüssigen und im festen Zustand

Ein solches Phasendiagramm der Komponenten A und B ist in Abb. B.1-24 dargestellt. Es zeigt für konstanten Druck die Existenzbereiche der Phasen „flüssige Lösung S" (Schmelze) und „feste Lösung α" (Mischkristall) in Abhängigkeit von der Temperatur und der chemischen Zusammensetzungen von 0 bis 100 Prozent der Komponente B. Beachtenswert an diesem Diagramm ist, daß die Phasenbereiche S und α nicht direkt aneinandergrenzen, sondern eigene getrennte Grenzlinien a und b aufweisen. Die Grenzlinien a, auch *Liquiduslinie* genannt, und b, auch *Soliduslinie* genannt, geben die Grenze der gleichgewichtigen, stabilen Lösungsfähigkeit der jeweiligen Phase für eine Komponente an, a die Lösungsfähigkeit der Phase S für die Komponente B, b die Lösungsfähigkeit der Phase α für die Komponente A. Mit Erreichen ihrer Lösungsgrenzlinie ist die Phase hinsichtlich ihrer Aufnahmefähigkeit für die jeweilige Legierungskomponente gesättigt, das Überschreiten einer Sättigungslinie führt zu einem übersättigten und damit instabilen, ungleichgewichtigen Zustand.

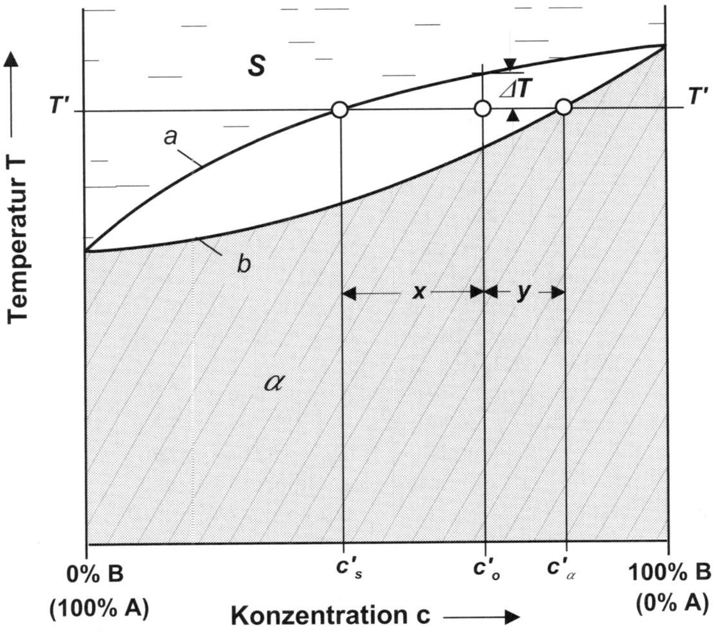

Abb. B.1-24 Binäres Zustandsdiagramm A-B mit vollständiger Löslichkeit der Komponenten im festen Zustand

Die hier behandelten Zustandsdiagramme geben nur die Phasengleichgewichte wieder, die Einstellung solcher Gleichgewichtszustände erfordert u. U. extrem lange Zeiten. Es ist daher für das Verständnis solcher Diagramme außerordentlich wichtig, die Phasenzustände immer nur für eine konstante Temperatur abzulesen und zeitabhängige Vorgänge wie die Gleichgewichtseinstellung beispielsweise bei Temperaturänderungen vorerst außer Betracht zu lassen. Eine Schmelzphase S mit der Zusammensetzung c_0' wäre bei der Temperatur T' um $\Delta T'$ unterkühlt und, da die Lösungsfähigkeit von S bei T' nur c_s' beträgt, um den Anteil x an B übersättigt.
Auch eine Mischkristallphase α mit der Zusammensetzung c_0' ist bei T' im Gleichgewicht nicht existenzfähig, sie wäre um den Anteil y an A übersättigt. Für eine Substanz mit der chemischen Zusammensetzung c_0' wird sich nun bei der Temperatur T' folgendes Phasengleichgewicht einstellen: Jede der bei T′ existenzfähigen Phasen löst die vorhandenen Komponenten bis zur maximalen Lösungsfähigkeit (Sättigung) auf, die Schmelze S bis c_s', die Phase α bis c_α'. Die Substanz c_0' besteht also bei T' im Gleichgewicht aus einem Phasengemisch S + α, wobei jede Phase gesättigt ist.
Diese Feststellung läßt sich verallgemeinern: **In einem Zwei- bzw. Mehrstoffsystem sind im Gleichgewicht mehrere Phasen nebeneinander nur dann existenzfähig, wenn sie hinsichtlich der vorhandenen Komponenten gesättigt sind.** Die chemische Zusammensetzung der einzelnen Phasen ist dann stets bei der jeweiligen Temperatur an der jeweiligen Sättigungslinie abzulesen. Für den betrachteten Fall (c_0',T' in Abb. B.1-24) bedeutet dies, daß bei der Temperatur T' die Zusammensetzung der Phasen S und α unabhängig von der Zusammensetzung der Gesamtsubstanz c_0' immer c_s' bzw. c_α' ist, sofern c_0' zwischen c_s' und c_α', also im Zweiphasengebiet S + α, liegt. Unterschiedliche Zusammensetzungen c_0' führen nur zu unterschiedlichen Mengenanteilen von S und α.
Die Mengenanteile können mit Hilfe der sog. Hebelbeziehung bestimmt werden. Der Hebelbeziehung liegt folgende für $T = T'$ vorgenommene Überlegung zugrunde : Eine Substanz mit $c_0' = c_s'$ besteht vollständig, d. h. zu 100 Prozent, aus der Phase S, während der Mengenanteil von α Null Prozent beträgt. Bei $c_0' = c_\alpha'$ besteht die Substanz vollständig aus der Phase α, und der Mengenanteil von S ist Null geworden. Demnach wird die Menge an S größer, wenn der Abstand y zwischen c_0' und c_α' größer wird, umgekehrt nimmt die Menge von α zu mit wachsendem Abstand x zwischen c_0' und c_s'. Die dem jeweiligen Phasengebiet „abgewandten" Hebel x für die Phase α und y für die Phase S entsprechen also deren Mengenanteilen an der Gesamtmenge der Substanz, die ihrerseits durch den Gesamthebel $x + y$ repräsentiert wird. Im vorliegenden Fall besteht die Substanz der Zusammensetzung c_0' bei der Temperatur T' zu $x/x+y \cdot 100$ % aus der Phase α und zu $y/x+y \cdot 100\%$ aus der Phase S. Generell wird bei der Bestimmung der Mengenanteile der Einzelphasen in einem Zweiphasengebiet zunächst für die fragliche Temperatur der Gesamthebel festgelegt, er geht von der Phasengrenzlinie der einen Phase bis zur Grenzlinie der anderen Phase. Dieser Gesamthebel wird durch die chemische Zusammensetzung der Substanz c_0' in zwei Teilhebel geteilt. Für die richtige Zuordnung von Hebel und Phasenmenge ist dann zu prüfen, welcher Teilhebel mit welcher Phasenmenge größer oder kleiner wird.
Im folgenden wird der Vorgang der Kristallisation einer aus den Komponenten A und B der Zusammensetzung c_0 bestehenden flüssigen Lösung S unter Gleichgewichtsbedingungen, d. h. entsprechend dem Zustandsdiagramm, betrachtet (Abb. B.1-25). Hierzu

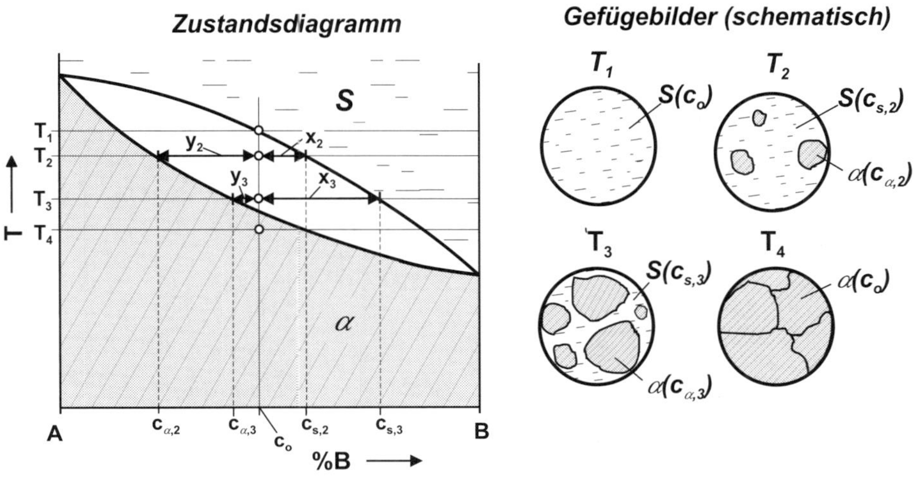

Abb. B.1-25 Kristallisation einer Schmelze der Zusammensetzung c_o unter Gleichgewichtsbedingungen

werden die Phasengleichgewichtszustände jeweils bei den Temperaturen T_1, T_2, T_3 und T_4 beschrieben.

Temperatur T_1 : Die gesamte Substanz besteht aus der Phase S mit der Zusammensetzung c_o.

***Temperatur T_2*:** Mit Erreichen der Liquiduslinie war die Phase S bezüglich ihres Gehaltes an A gesättigt. Bei Unterschreiten der Liquiduslinie war sie an A übersättigt, und es mußte zur Einstellung des Gleichgewichtes eine bei der Temperatur T_2 beständige A-reichere Phase α über Keimbildung und -wachstum ausgeschieden werden. Das Phasengleichgewicht besteht nun aus den gesättigten Phasen α und S mit den Zusammensetzungen $c_{\alpha,2}$ und $c_{s,2}$. Die Mengen von α und S bestimmen sich nach der Hebelbeziehung zu:

Menge von S = $(y_2/y_2+x_2)\cdot 100$ [%], Menge von a = $(x_2/y_2+x_2)\cdot 100$ [%].

***Temperatur T_3*:** Mit fortschreitender Kristallisation hat die α-Phase durch Wachsen der α-Körner mengenmäßig, entsprechend der Hebelbeziehung auf $(x_3/y_3 + x_3)\cdot 100\%$ zugenommen. Die im Gleichgewicht miteinander koexistierenden Phasen α und S sind gesättigt, ihre Zusammensetzungen betragen nun $c_{\alpha,3}$ bzw. $c_{s,3}$. Die Zusammensetzung der α-Körner muß sich also von $c_{\alpha,2}$ bei T_2 auf $c_{\alpha,3}$ bei T_3 ändern, hierzu sind Diffusionsvorgänge erforderlich, die u. U. sehr lange Zeiten in Anspruch nehmen.

***Temperatur T_4*:** Bei dieser Temperatur vermag die α-Phase die gesamte, entsprechend c_o vorhandene Komponente B zu lösen, die Substanz ist nun einphasig und besteht aus Körnern der α-Phase mit der Zusammensetzung c_o.

Zwei Komponenten sind nur unter besonderen Umständen im festen Zustand vollständig ineinander löslich. Diese Lösungsvoraussetzungen werden nur erfüllt, wenn bestimmte geometrische und chemische Verträglichkeiten zwischen den Lösungspartnern bestehen. Hierzu gehören möglichst geringe Unterschiede in den Atom- bzw. Ionendurchmessern, gleiche Gitterstruktur, geringe Abweichungen der Elektronegativität sowie gleiche Wertigkeit (vgl. Hume-Rothery-Regeln in B.1.2.2.1). Als Realbeispiele solcher Stoffsysteme seien Cu-Ni, Au-Ag, Cu-Au, Ni-Pt, Cr-Mo, Mo-W, Ge-Si, NiO-MgO und Mg_2SiO_4- Fe_2SiO_4 genannt (Abb. B.1-26).

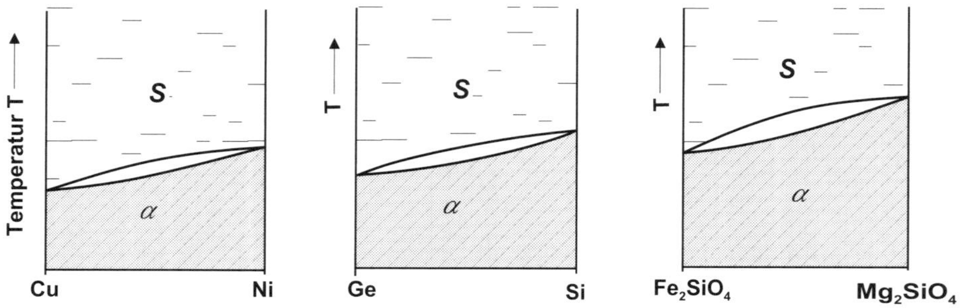

Abb. B.1-26 Zweistoffsysteme mit vollständiger Löslichkeit der Komponenten im festen Zustand

Zweistoffsysteme mit vollständiger Löslichkeit im flüssigen und beschränkter Löslichkeit im festen Zustand

Im festen Zustand besteht meist eine begrenzte Löslichkeit, die bis zu praktisch voll ständiger Unlöslichkeit gehen kann. Bei den Zweistoffsystemen mit beschränkter Löslichkeit im festen Zustand sind zwei verschiedene Umwandlungsmechanismen bedeutsam: die *eutektische* und die *peritektische* Reaktion, von denen die eutektische für die Werkstoffanwendung zweifellos die wichtigere ist. Ein System mit Eutektikum ist in Abb. B.1-27 wiedergegeben. Die Begrenzungen der Phasenbereiche stellen wieder die Lösungsgrenzlinien der Phasen dar.
In dem dargestellten System treten eine flüssige Lösung S und die beiden festen Lösungen α und β auf. Die A-reiche Phase α hat die gleiche Gitterstruktur wie A, die B-reiche Phase β die Gitterstruktur von B. Die Lösungsfähigkeiten von B in A (α) und von A in B (β) sind deutlich eingeschränkt. Die beiden Äste der Liquiduslinie a_1 (Löslichkeitsgrenze von A in S) und a_2 (Löslichkeitsgrenze von B in S) schneiden sich im Punkt *E*. Wie bereits beschrieben, wird bei Überschreitung der Löslichkeitsgrenze einer Phase für eine Komponente X wegen der nunmehr vorliegenden Übersättigung an X aus der übersättigten Phase eine X-reichere Zweitphase ausgeschieden. Im vorliegenden Fall wird die Phase S mit der Zusammensetzung c_1 bei Überschreiten der Sättigungslinie a_1 bis T_1 an A übersättigt und dann dieses Lösungsungleichgewicht durch Ausscheiden der A-reichen Phase α bis zur Einstellung des Lösungsgleichgewichts S_1 abbauen. Analog scheidet eine Schmelze der Zusammensetzung c_2 bei Unterkühlung auf Temperatur T_2 wegen der hiermit verbundenen Übersättigung an B eine B-reiche Phase β_2 aus, bis sie mit S_2 ihre Gleichgewichtszusammensetzung bei T_2 erlangt hat.

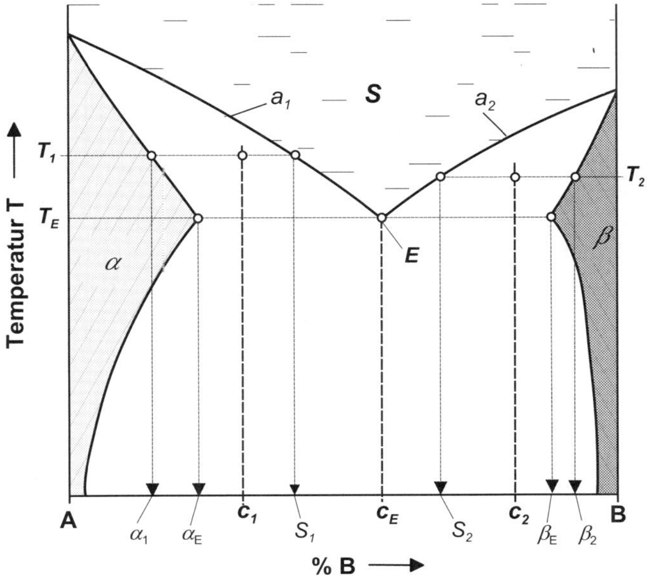

Abb. B.1-27 Zweistoffsystem mit beschränkter Löslichkeit der Komponenten im festen Zustand und Eutektikum. Zusammensetzung der Einzelphasen von Legierungen c_1, c_E und c_2 bei Temperaturen T_1,T_E und T_2.

Im Punkt *E* ist nun die Schmelzphase sowohl an A als auch an B gesättigt. Bei Unterkühlung der Schmelze unter T_E ist sie sowohl an A als auch an B übersättigt. Eine solcherart übersättigte Schmelze erstarrt dann eutektisch, indem aus ihr die beiden Phasen α und β der Zusammensetzungen α_E bzw. β_E gebildet werden. Die Keimbildung der einen Phase führt in der Schmelze lokal zu einer stärkeren Übersättigung an der anderen Komponente und löst damit ihrerseits eine Keimbildung der anderen

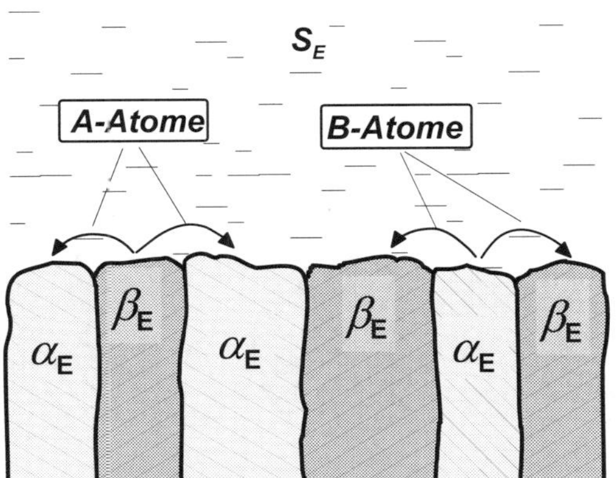

Abb. B.1-28 Wachstum einer eutektischen Erstarrungsfront

Phase aus. Beide Phasen wachsen also gleichzeitig und behindern sich gegenseitig in ihrem Kristallwachstum. Viele Eutektika zeigen daher eine feinkörnige Gefügeausbildung mit nebeneinander liegenden Lamellen von α und β. Bei der Erstarrung wächst eine Front von α- und β-Lamellen in die Schmelze hinein, die für die Umwandlung der Phase S mit der Zusammensetzung E in die beiden Phasen α und β mit den Zusammensetzungen α_E bzw. β_E erforderlichen Diffusionsprozesse finden vor dieser Wachstumsfront statt. In Abb. B.1-28 sind die Diffusionswege der B- Atome durch Pfeile gekennzeichnet, in umgekehrter Richtung findet eine Diffusion von A-Atomen statt. Eine höhere Abkühlungsgeschwindigkeit führt zu erhöhter Keimdichte und damit zu einer feineren Lamellierung der beiden Phasen. Abb. B.1-29 zeigt ein System mit Eutektikum mit schematischen Gefügedarstellungen einer untereutektischen (c_1), der eutektischen (c_E) und einer übereutektischen (c_2) Legierung bei Temperaturen dicht unterhalb T_E an den mit x gekennzeichneten Punkten. Als untereutektisch werden Legierungen mit Zusammensetzungen zwischen α_E und c_E bezeichnet. Sie scheiden bei der Erstarrung zunächst sog. primäre α-Kristalle aus der Schmelze aus, die Restschmelze nimmt bei $T = T_E$ mit einem Mengenanteil von $(s/s+a)$ eutektische Zusammensetzung c_E an und erstarrt dann eutektisch. Für die übereutektische Legierung mit der Zusammensetzung c_2 gilt Entsprechendes.

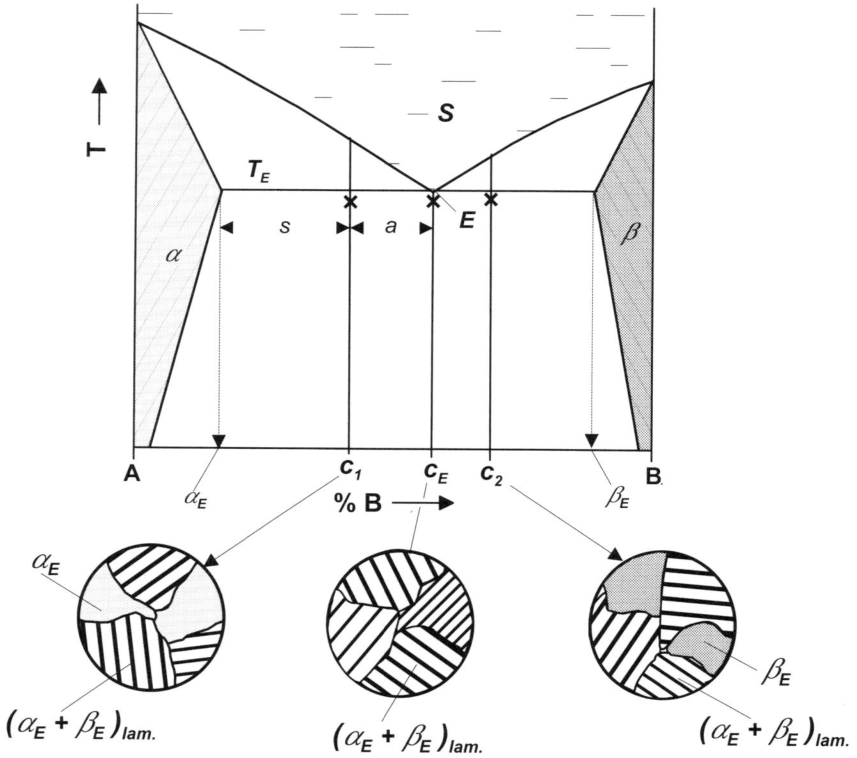

Abb. B.1-29 Erstarrungsgefüge untereutektischer, eutektischer und übereutektischer Legierungen

Dagegen weisen eutektische Legierungen c_E ein besonderes Erstarrungsverhalten auf, wodurch sie vorteilhaft als Guß- oder Lotwerkstoff angewendet werden können. Die Besonderheit des Erstarrungsverhaltens besteht darin, daß eutektisch zusammengesetzte Schmelzen im allgemeinen in feiner Gefügeausbildung und – obwohl zweiphasig – wie eine reine Komponente mit einem Schmelzpunkt, der überdies bei der niedrigsten in dem System auftretenden Temperatur T_E liegt, erstarren. Beispiele realer eutektischer Systeme sind in Abb. B.1-30 dargestellt.

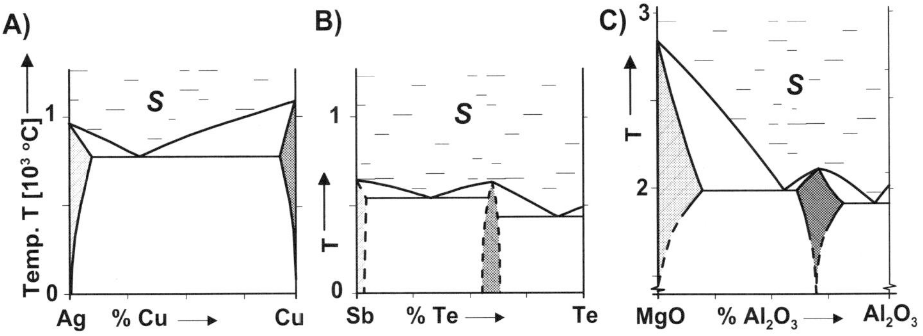

Abb. B.1-30 Zweistoffsysteme mit Eutektikum A) Ag – Cu, B) Sb – Te, C) MgO – Al_2O_3

System mit Verbindungsbildung

Eine Reihe von Stoffsystemen mit begrenzter Löslichkeit im festen Zustand bilden neben festen Lösungen auch Verbindungsphasen mit einer mehr oder weniger stöchiometrischen Zusammensetzung A_xB_y aus. Manche solcher Verbindungen schmelzen kongruent, d. h., sie gehen bei einer definierten Temperatur in eine Schmelzphase

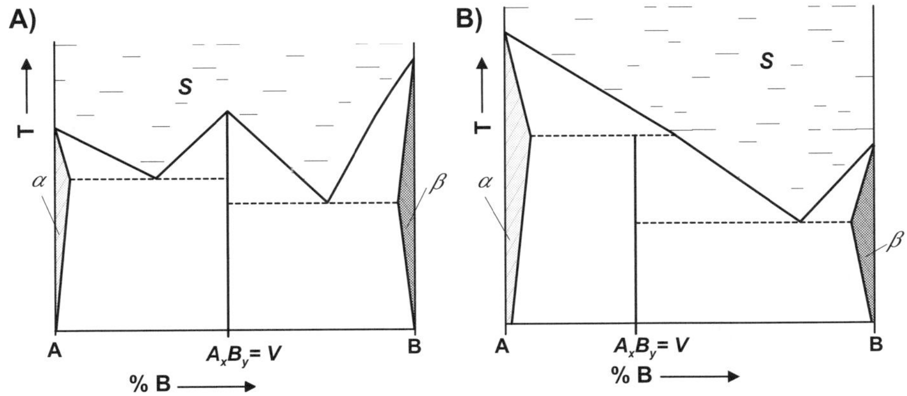

Abb. B.1-31 System mit Verbindungsbildung
A) Kongruent schmelzend, B) Inkongruent (verdeckt) schmelzend

gleicher chemischer Zusammensetzung über, während sich andere mit Hilfe einer peritektischen Reaktion inkongruent nach dem Schema $A_xB_y \rightarrow \alpha + S$ in eine andere feste Phase α und eine flüssige Phase S umwandeln (Abb. B.1-31).
Jede Komponente baut mit einer kongruent schmelzenden Verbindung V ein eigenständiges binäres Teilsystem auf. Das in Abb. B.1-31, A) dargestellte System A-B besteht demnach aus den Teilsystemen A-V und V-B.

System mit Peritektikum

Eine peritektische Reaktion liegt dann vor, wenn die Schmelze S mit einer primär ausgeschiedenen, festen Phase α eine neue feste Phase β bildet. Dies erfolgt in dem in Abb. B.1-32 wiedergegebenen System A-B nach dem Reaktionsschema $S + \alpha \rightarrow \beta$, wenn eine Schmelze der Zusammensetzung S_p mit einer α-Phase der Zusammensetzung α_p im Mengenverhältnis *s*/*a* unter die Temperatur T_p unterkühlt wird.

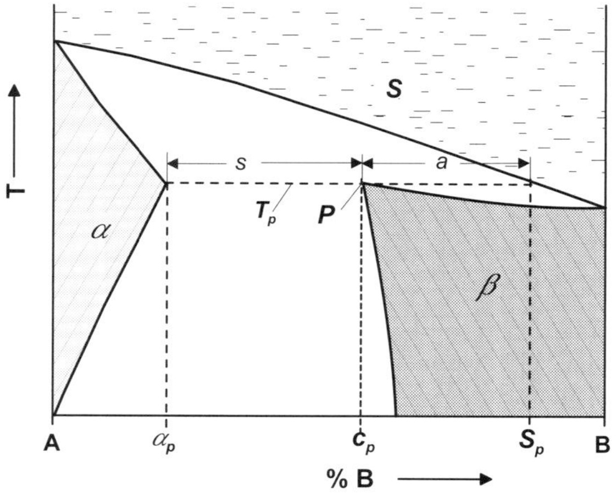

Abb. B.1-32 Zweistoffsystem mit beschränkter Löslichkeit der Komponenten im festen Zustand und Peritektikum

Die peritektische Reaktion zwischen Schmelzphase S und fester Phase α beginnt an deren Grenzfläche, d. h., die α-Körner werden im Zuge der Umwandlungsreaktion schalenförmig von der β-Phase umhüllt. Hierdurch werden die Reaktionspartner α und S voneinander getrennt, so daß der weitere Verlauf der peritektischen Umwandlung außerordentlich gehemmt ist und nur bei extrem langsamer Abkühlung eine dem Gleichgewicht entsprechende Gefügeausbildung zu erwarten ist.
Findet eine der eutektischen oder der peritektischen Umwandlung analoge Phasenreaktion im festen Zustand statt, so wird sie eutektoid bzw. peritektoid genannt. Die beschriebenen Umwandlungsvorgänge in Zweistoffsystemen mit vollständiger und beschränkter (eutektisch, peritektisch) Löslichkeit im festen Zustand stellen die wichtigsten Phasengleichgewichtsreaktionen dar, andere haben für die Werkstofftechnik keine besondere Bedeutung.

1.3.5 Dreistoffsysteme

Die Achsen für die Mengenanteile der drei Komponenten A-B-C spannen ein gleichseitiges Dreieck auf, auf dem die Temperaturordinate senkrecht steht (Abb. B.1-33). Die Zusammensetzung einer *Dreistofflegierung („ternär")* L kann im Konzentrationsdreieck zu 20 % A, 23 % B und 57 % C abgelesen werden.

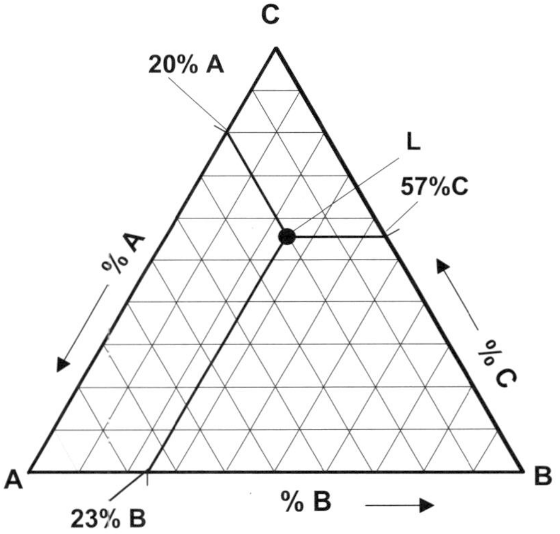

Abb. B.1-33 Konzentrationsdreieck eines Dreistoffsystems

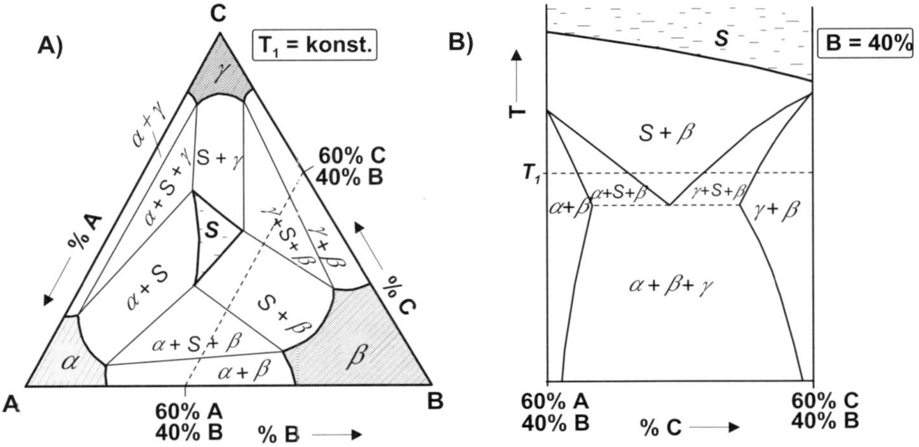

Abb. B.1-34 Darstellung von Dreistoffsystemen (nach (Lit.B.1)
A) Isothermer Schnitt
B) Quasibinärer Schnitt

Die Existenzbereiche der Einzelphasen sind nun keine von Sättigungslinien begrenzten Flächen mehr, sondern von Sättigungsraumflächen begrenzte Phasenexistenzräume. Da die graphische Darstellung des dreidimensionalen Gleichgewichtssystems bei nicht mehr ganz einfachen Systemen erhebliche Schwierigkeiten bereitet und das Ablesen exakter Werte hierbei unmöglich ist, werden die Phasenbereiche nur noch für besonders interessierende Temperaturen (konstante Temperatur, isotherm) oder Zusammensetzungen (z.B. Anteil einer Komponente konstant, quasibinär) zweidimensional in ebenen Schnitten durch das Gesamtsystem angegeben. In Abb. B.1-34 sind ein isothermer (T_1 = const.) und ein quasibinärer Schnitt (B = 40%) durch ein Dreistoffsystem A-B-C mit begrenzter Löslichkeit der drei Komponenten im festen Zustand dargestellt.
Dieser Hinweis auf die Problematik bei der Darstellung von Mehrstoffsystemen muß hier genügen. Es bleibt als eine wichtige Erkenntnis festzuhalten, daß der Zusatz einer dritten oder gar weiterer Komponenten zu einer binären Substanz nicht nur die Zusammensetzungen und die Lösungsbereiche der einzelnen Phasen verändert, sondern auch eine Verschiebung der Umwandlungstemperaturen nach oben oder unten bewirkt.

1.4 Ausbildung realer Gefüge

Zustandsdiagrammen können lediglich Angaben darüber entnommen werden, welche Phasen mit welchen Mengenanteilen (Hebelbeziehung) unter Gleichgewichtsbedingungen existieren. Über die Anordnung der Phasenteilchen, die in entscheidendem Maße von den Keimbildungs- und -wachstumsbedingungen, also von kinetischen Bedingungen, abhängt, können sie keinerlei Auskunft geben. Diesem Grundsatz wird selten konsequent gefolgt, so kann das in Abb. B.1-29 dargestellte eutektische Gefüge aufgrund der lamellaren Ausbildung schon nicht mehr als Gleichgewichtsgefüge bezeichnet werden.
Darüber hinaus werden in der Praxis auch bei langsamer Abkühlung häufig nicht einmal die Gleichgewichtszusammensetzungen der Phasen erreicht, beispielsweise verursachen behinderte Diffusionsabläufe bei der Erstarrung legierter Schmelzen erhebliche Konzentrationsgradienten innerhalb der einzelnen Körner. Diese Erscheinungen werden als Seigerungen bezeichnet.
Abb. B.1-35 gibt eine Systematik der wichtigsten realen und im allgemeinen noch als gleichgewichtsnah anzusehenden Gefügeausbildungen wieder. Die Ausscheidung einer Zweitphase aus einer festen Matrix kann zu sehr unterschiedlichen Phasenanordnungen führen. Zu unterscheiden sind hierbei:

eine körnige Anordnung, wenn die Ausscheidungen über das gesamte Matrixgefüge gleichmäßig verteilt auftreten,

eine Netzstruktur, wenn die Ausscheidungen die Matrixkörner netzartig umschließen,

ein Duplex-Gefüge, bei dem Matrix- und Ausscheidungskörner etwa in gleicher Zahl und Größe und statistischer Verteilung vorliegen sowie

ein Dualphasen-Gefüge, in dem die Körner der in geringerer Menge vorliegenden Ausscheidung das Matrixgefüge inselartig durchsetzen.

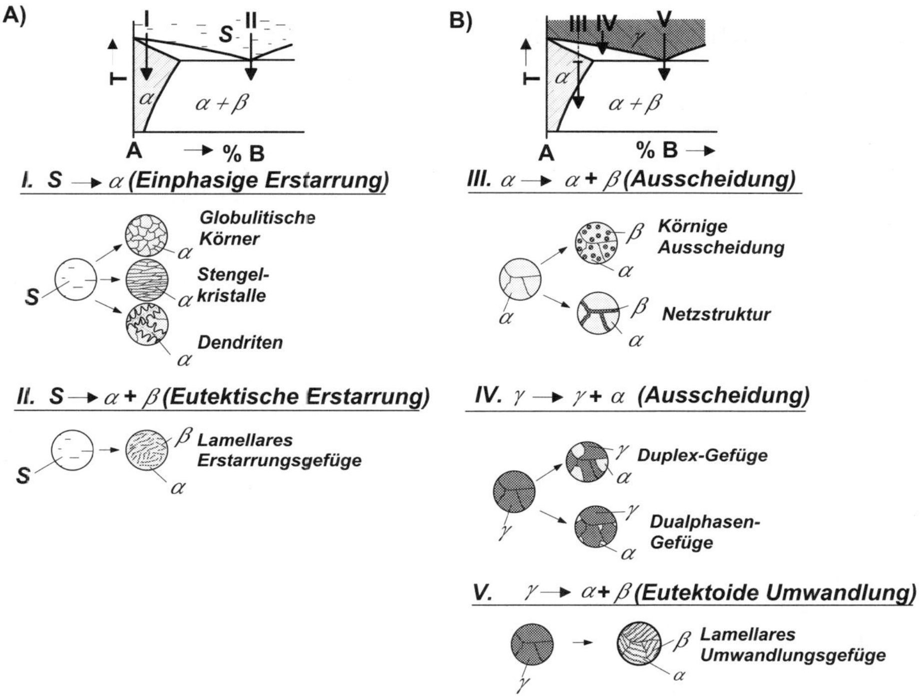

Abb. B.1-35 Schematische Darstellung realer Gefüge
A) Erstarrungsgefüge
B) Umwandlungsgefüge

2 Mechanische Eigenschaften

Bei der Wahl des für einen gegebenen Verwendungszweck optimalen Werkstoffs müssen zunächst die aus dieser Anwendung resultierenden Anforderungen z. B. mechanischer, elektrischer oder chemischer Art definiert werden. Dann ist derjenige Werkstoff als am besten geeignet zu wählen, dessen Eigenschaften unter Berücksichtigung wirtschaftlicher und fertigungstechnischer Gesichtspunkte mit den gestellten Anforderungen am meisten übereinstimmen. Für die optimale Werkstoffanwendung ist also eine möglichst genaue Kenntnis der Werkstoffeigenschaften unentbehrlich, wobei es sowohl um die Gebrauchseigenschaften wie Festigkeit oder Korrosionsbeständigkeit als auch um die Verarbeitungseigenschaften wie Formbarkeit oder Schweißbarkeit geht.

Es gehört zu den originären Aufgaben des Ingenieurs, *Materie*, d. h. Werkstoffe, zu funktionierenden technischen Systemen zu gestalten. Die Funktionsfähigkeit solcher Systeme hängt bezüglich der gewählten Werkstoffe in den meisten Fällen ausschließlich, in den übrigen Fällen zu einem nicht unwesentlichen Teil von deren mechanischen Eigenschaften ab. Daher stehen im weiteren die mechanischen Eigenschaften der Werkstoffe im Vordergrund unserer Betrachtungen.

Äußere Beanspruchungen bewirken in einem idealen Gitter eine Störung des interatomaren Bindungszustandes und führen, wenn sie zur Lösung der im kritisch beanspruchten Querschnitt wirkenden Bindungskräfte in der Lage sind, zum *Bruch* dieses Idealwerkstoffs. Liegen die Beanspruchungen unterhalb dieser Schwelle, so kommt es nur zu einer unterkritischen Beanspruchung der Bindungen. In diesem Fall werden die interatomaren Abstände verzerrt, der Werkstoff reagiert auf die Beanspruchung mit einer *Verformung*. Da die Verzerrung der Atomabstände eine Störung des Bindungsgleichgewichts bedeutet, werden aus dem jeweiligen Bindungsmechanismus heraus *Rückstellkräfte* hervorgerufen, die auf eine Wiederherstellung der ursprünglichen Atomabstände abzielen, so daß der Werkstoff bei Entlastung in seine ursprüngliche Form zurückgeht. Die Deformation ist also reversibel und wird als *energie-elastisch* bezeichnet.

Befinden sich im atomaren Verband Zonen bestimmter Art mit schwächeren Bindungen, so können diese schwächeren Bindungen bereits bei deutlich unterhalb der Bruchbeanspruchung liegenden Belastungen gelöst werden. Es kommt dann an diesen *„Schwach- oder Störstellen"* zu größeren, der Belastungsrichtung entsprechenden Verlagerungen der Atome und damit zu Deformationsvorgängen, die von den zuvor beschriebenen energieelastischen deutlich abweichen. Diese durch die Beanspruchung lokal gelösten Bindungen werden an anderer Stelle wieder neu gebildet, so daß die Deformationsanteile nicht reversibel, sondern *bleibend* (*plastisch*) sind. Bei kristallinen Verbänden, insbesondere Metallen handelt es sich bei den strukturell bedingten *„Störstellen"* im allgemeinen um *Versetzungen*, bei hohen Temperaturen auch um *Korngrenzen*.

Die Fähigkeit der Metalle zur plastischen Verformung ist für ihre Verwendung als Werkstoff von entscheidender Bedeutung. Hierbei kommt die Plastizität als *Makro-* und als *Mikroplastizität* in zweierlei Hinsicht zur Geltung. Makroplastizität ermöglicht die Herstellung von Formteilen oder Halbzeugen durch massive makroplastische Umformung z.B. durch Ziehen, Pressen, Walzen, Schmieden. Von größerer Bedeutung ist aber, daß Metalle die in jedem realen Bauteil bei Belastung an Kerben, Querschnittsänderungen, Defekten aller Art sich ausbildenden örtlichen *Spannungsspitzen*

durch ebenfalls örtliches, mikroplastisches „Nachgeben“ intern, d.h. ohne nach außen hin erkennbare Verformungen des Werkstücks, abzubauen vermögen. Bei fehlender Mikroplastizität führen örtliche Spannungsspitzen leicht zu einem plötzlichen, vielfach katastrophalen *Sprödbruch*. **Die Mikroplastizität der Metalle ist demnach die Ursache für deren charakteristische Sprödbruchunempfindlichkeit (*Zähigkeit*).**
Sowohl Makro- als auch Mikroplastizität liegt der gleiche atomare Grundprozeß, nämlich Erzeugen von Versetzungen und deren Bewegen in Gleitebenen, zugrunde. Dieser Mechanismus ist in nennenswertem Umfang nur in metallischen Gittern wegen deren äußerst „flexibler“ Metallbindung möglich.
Mechanische Beanspruchungen rufen also in einem Werkstoff, speziell in einem metallischen Werkstoff, bevor es zu einem *Bruch* kommt, *reversible* (elastische) und *irreversible* (bleibende) *Deformationsreaktionen* hervor, deren Ausmaß bei gegebenem Werkstoff und Werkstoffzustand erheblich von den Beanspruchungsbedingungen selbst abhängig ist. Zu den Beanspruchungsbedingungen gehören die Temperatur, die Geschwindigkeit und Dauer sowie der Zustand (Art und Höhe) der Beanspruchung. Wird der Bindungszustand durch Wechselwirkungen zwischen Werkstoff und Umgebungsatmosphäre (Korrosion) vor allem lokal beeinträchtigt, so können sich noch ganz spezielle Schädigungsprozesse (*Spannungsrißkorrosion, Schwingungsrißkorrosion*) einstellen.
Dieses Zusammenwirken von Beanspruchungsbedingungen und Werkstoffreaktion führt zu einem komplexen mechanischen Werkstoffverhalten, das durch eine Vielzahl von Begriffen wie Festigkeit, Härte, Duktilität, Sprödigkeit, Zähigkeit, Schlag-, Schwingfestigkeit, Dämpfung, Verschleißfestigkeit beschrieben wird. **Zur Ermittlung von Kennwerten für das mechanischen Verhalten eines Werkstoffs bedarf es also zahlreicher Prüfverfahren, wobei die Kennwerte aber immer nur für die Beanspruchungsbedingungen gelten, unter denen sie gewonnen wurden.**

2.1 Verformungsverhalten

Die mechanischen Eigenschaften eines Werkstoffes werden also durch sein Verformungs- und Bruchverhalten bestimmt. Verformungen können reversibel oder irreversibel sein. Reversible oder elastische Formänderungen verschwinden bei Entlastung des Werkstücks. Irreversible sind bleibende Formänderungen. Bei kristallinen Strukturen, insbesondere Metallen beruhen reversible Verformungen auf einem energie-elastischen, irreversible Verformungen auf einem plastischen Mechanismus.

2.1.1 Elastisches Verhalten von Metallen

2.1.1.1 Verformungsmechanismus

Der **mikroskopische Mechanismus der energie-elastischen Verformung** besteht in einer reversiblen Verzerrung der Atomabstände. Die durch eine äußere Beanspruchung bewirkte Störung des interatomaren Bindungsgleichgewichts, die in einer Änderung der Atomabstände zum Ausdruck kommt, ruft im Atomverband Rückstellkräfte hervor, die auf eine Wiederherstellung der ursprünglichen Atomabstände hinwirken.

In Abb. B.2-1 ist der Verlauf der Bindungskraft F zwischen zwei Atomen eines festen Stoffes schematisch in Abhängigkeit vom Atomabstand r dargestellt. Die Bindungswechselwirkung zwischen den beiden Atomen setzt sich aus einer anziehenden (F_{an}) und einer abstoßenden (F_{ab}) Komponente zusammen (vgl. Abb. A.1-5). Im *Bindungsgleichgewicht*, das bei $r = r_0$ besteht, sind die beiden entgegengerichteten Kraftwirkungen gleich groß und heben sich gegeneinander auf. Eine auf die beiden Atome wirkende äußere Zugkraft F'_z vergrößert den Atomabstand r_0 und erzeugt damit eine anziehende Reaktionskraft F'_{an}. Die sich unter F'_z einstellende Abstandsvergrößerung $\Delta r'$ wird so groß, daß F'_z und F'_{an} sich ausgleichen und wieder ein neues Bindungsgleichgewicht herstellen.
Aus diesem Sachverhalt folgt ein überraschender Schluß: Die Abstandsänderung $\Delta r'$ ist nicht Folge der Kraft F'_z, sondern die mit einer Abstandsänderung $\Delta r'$ verbundene, entgegengerichtete Reaktionskraft F'_{an} ermöglicht überhaupt erst, daß eine äußere Kraftwirkung F'_z entstehen kann.

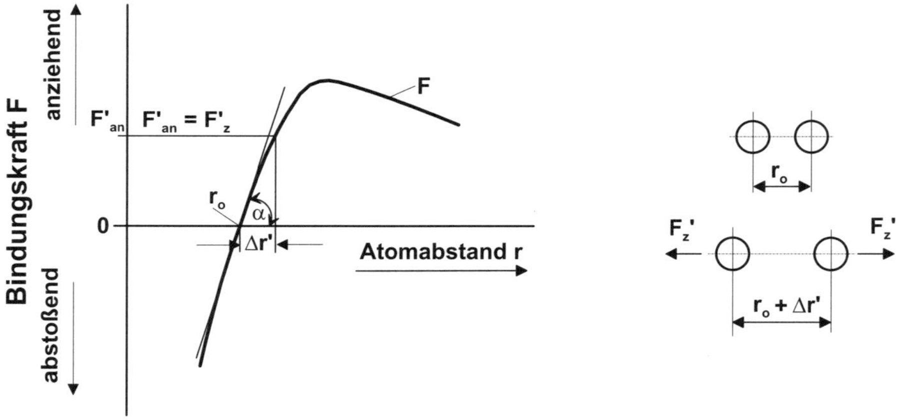

Abb. B.2-1 Mechanismus der energie-elastischen Formänderung

Bei Fortnahme der Belastung F'_z bewirkt die anziehende Kraft F'_{an} eine Wiederherstellung des Gleichgewichtsabstandes r_0, die Abstandsänderung Δr ist also reversibel. Für nicht zu große Veränderungen des Atomabstandes r_0 kann der Kurvenverlauf von F hinreichend gut durch eine Tangente mit der Steigung $\tan\alpha$ angenähert werden, äußere Beanspruchungen F_z und hierdurch bewirkte Abstandsänderungen Δr sind dann proportional, so daß

$$F_z = C \cdot \Delta r.$$

Die als elastische Konstante bezeichnete Größe C ist ein Maß für die rückstellende Reaktionskraft F, gibt also den Widerstand gegen reversible Veränderungen der Atomabstände an. Bei Druckbeanspruchung liegen analoge Verhältnisse vor, eine Verminderung des Atomabstandes r_0 durch eine äußere Druckkraft F'_d löst eine abstoßende Reaktionskraft F'_{ab} aus, die bei Entlastung ebenfalls zu einer Wiederherstellung von r_0 führt.

2.1.1.2 Linear-Elastizität (Hookesches Gesetz)

Die an einem zweiatomigen Modell abgeleiteten Zusammenhänge lassen sich ohne grundsätzliche Einschränkungen oder Komplikationen auf aus vielen Atomen bestehende makroskopische Bindungssysteme mit verschieden orientierten, realen Kristalliten übertragen. Makroskopisch sind *Normal-* und *Schubbeanspruchungen* zu unterscheiden. Bei Normalbeanspruchung wirkt die Belastung senkrecht, bei Schubbeanspruchung parallel zum beanspruchten Querschnitt. Belastungen und Deformationen werden nicht als Absolutgrößen, sondern als bezogene Größen in Form von *Spannungen* bzw. *Dehnungen/Stauchungen* und *Verschiebungen* angegeben.
Das makroskopische Verhalten wird in Abb. B.2-2 verdeutlicht. Ein zylindrischer Stab der Länge L_0, des Durchmessers d_0 bzw. des Querschnitts A_0 wird durch eine Kraft F „normal" auf Zug beansprucht. Im Querschnitt wirken Normalspannungen $\sigma = F/A_0$. Diese erzeugen eine elastische Verlängerung des Stabes um den Betrag $L' - L_0 = \Delta L$, so daß die Längsdehnung des Stabes $\varepsilon_l = \Delta L/L_0$ beträgt. Mit der elastischen Dehnung des Stabes ist eine elastische Querschnittsverjüngung $\varepsilon_q = (d_0 - d')/d_0$ (Querdehnung) verbunden.

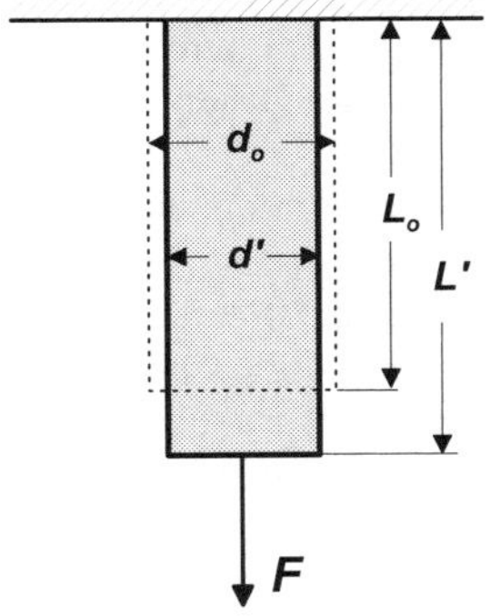

Abb. B.2-2 Energie-elastische Formänderung bei Normalbeanspruchung

Die Längsdehnung wird durch die Querdehnung im allgemeinen nicht vollständig ausgeglichen, so daß das als *Poissonsche Querkontraktionszahl* μ bezeichnete Verhältnis $|\varepsilon_q/\varepsilon_l|$, das bei konstant bleibendem Volumen 0,5 sein müßte, für wichtige metallische Werkstoffe zwischen $0{,}30 < \mu < 0{,}36$ liegt.
Da die makroskopische Stabdehnung ε auf reversible Abstandsänderungen der Atome zurückzuführen ist, besteht zwischen makroskopischer Spannung σ und makroskopischer Dehnung ε ebenfalls ein hinreichend linearer Zusammenhang, der mit Hilfe der elastischen Konstanten E (**Elastizitätsmodul**) als sog. **Hookesches Gesetz** bei einachsiger Beanspruchung angegeben werden kann zu:

$$\sigma = E \cdot \varepsilon .$$

Wird ein Körper der Höhe L_0 und des Querschnitts A_0 entsprechend Abb. B.2-3 durch Schubspannungen $\tau = F/A_0$ belastet, so wird die obere Fläche um das Maß ΔL bzw. um die „Schiebung" $\gamma = \Delta L/L_0$ reversibel verschoben. Auch hierfür gilt mit $\tau = G \cdot \gamma$ der lineare Zusammenhang zwischen Beanspruchung und Deformation.

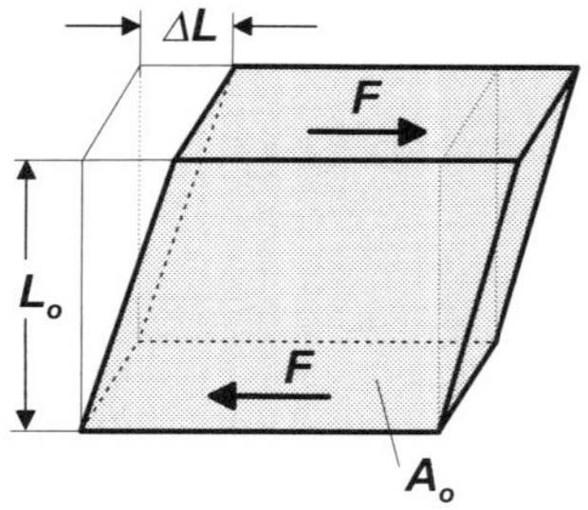

Abb. B.2-3 Energie-elastische Formänderung bei Schubbeanspruchung

Die elastische Konstante G gibt den Materialwiderstand gegen energie-elastische Schubdeformation an und wird **Gleit-** oder **Schubmodul** genannt. Zwischen den elastischen Konstanten E und G besteht folgender Zusammenhang:

$$G = E/2(1+\mu),\ \text{für}\ \mu = 0{,}3\ \text{ist}\ G = E/2{,}6\,.$$

Häufig wird der E-Modul als diejenige Spannung σ [N/mm^2] bezeichnet, die zu einer elastischen Dehnung von $\varepsilon = 1$ bzw. 100% führen würde. Hierbei ist zu bedenken, daß selbst bei idealen, fehlerfreien Gittern Dehnungen von wenigen Prozent bereits einen Bruch des Gitters zur Folge haben und in realen Werkstoffen bis zum Bruch energie-elastische Dehnungen von mehr als 1 % selten auftreten.
Für energie-elastische Deformationen sind zwei wichtige Merkmale kennzeichnend:

- erstens ihre lineare Abhängigkeit von der Beanspruchung (Linearelastizität) und
- zweitens ihre *Unabhängigkeit von der Zeit*, d.h. die Größe einer energie-elastischen Verformung ist bei gegebenem E- bzw. G-Modul nur von der Beanspruchungshöhe abhängig, nicht jedoch von der Geschwindigkeit und der Dauer der Beanspruchung.

Dies ist leicht einzusehen, wenn man bedenkt, daß die Beanspruchung in einem Festkörper ja erst durch die Auslenkung der Atome aus ihrer Gleichgewichtslage aufgebaut wird und daher die durch diese Auslenkung hervorgerufene Deformation der Beanspruchung zeitlich nicht nacheilen kann. Abgesehen von einigen anelastischen Effekten sind reversible Verformungen bei Kristallen, also auch bei Metallen stets energie-elastisch.

2.1.1.3 Anelastizität

Als Anelastizität werden *zeitabhängige* und *nichtlineare reversible* Deformationen bezeichnet, die durch spezielle Effekte zustande kommen. Hierzu gehören der thermoelastische Effekt, spannungsinduzierte, reversible Diffusionsprozesse und reversible Versetzungsbewegungen.
Materialien, die einen positiven Wärmeausdehnungskoeffizienten aufweisen, nehmen bei elastischer Dehnung eine niedrigere Temperatur an bzw. erwärmen sich, wenn sie durch Druckbeanspruchung gestaucht werden. Wird eine Zugverformung unterschiedlich schnell aufgebracht, so stellen sich bei langsamer Verformung zunächst größere elastische Dehnungen ein als bei höherer Verformungsgeschwindigkeit, weil im ersten Fall der

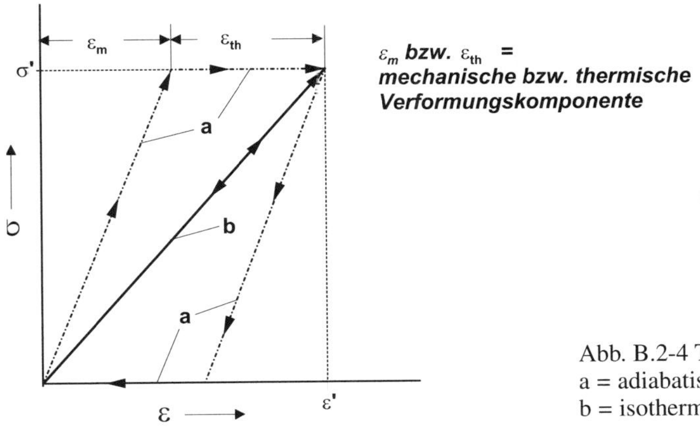

Abb. B.2-4 Thermo-elastischer Effekt
a = adiabatische Versuchsführung,
b = isotherme Versuchsführung

deformierte Körper durch Aufnahme thermischer Energie aus der Umgebung seine Temperaturerniedrigung ausgleicht (isotherm) und zu der mechanisch bewirkten Verformung ε_m nun noch eine durch thermische Ausdehnung verursachte Verformungskomponente ε_{th} kommt. Erfolgt die Deformation so schnell, daß der Temperaturausgleich während der Belastungsphase unterbleibt (adiabatisch), so tritt die thermisch bedingte Zusatzverformung ε_{th} erst nach erfolgter Beanspruchung auf. Diese Vorgänge sind in Abb. B.2-4 schematisch wiedergegeben. Da ε_{th} gegen ε_m recht klein ist und für die Praxis in der Regel eine zwischen adiabatisch und isotherm liegende Versuchsführung angenommen werden kann, spielt der thermo-elastische Effekt für das Verformungsverhalten im allgemeinen keine beachtenswerte Rolle.
Spannungsinduzierte Diffusionsvorgänge treten besonders bei krz-Eisen auf, das C- und N-Atome auf Zwischengitterplätzen gelöst hat. In der unbelasteten kubischen Elementarzelle können alle auf den Würfelkanten (Abb. B.2-5) liegenden Zwischengitterplätze zunächst als gleichwertig für die Aufnahme von C-Atomen angesehen werden.

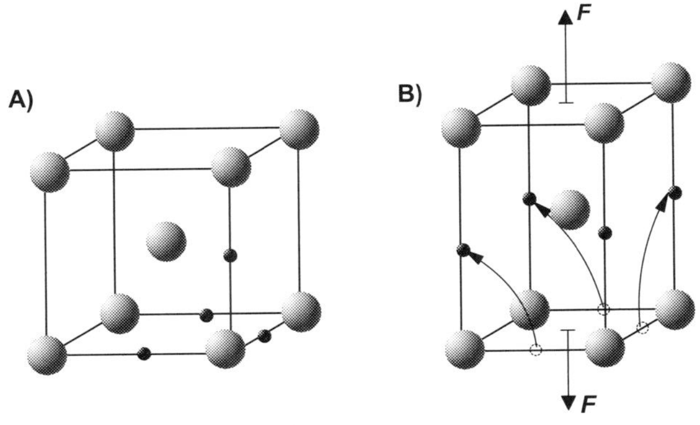

Abb.B.2-5 Spannungsinduzierte Diffusion
A) Statistische Besetzung von Zwischengitterplätzen
B) „Spannungsorientierte“ Besetzung der Zwischengitterplätze

Durch eine elastische Dehnung des Gitters werden aber die in Richtung der Zugkraft F liegenden Gitterlücken größer. Die quer dazu angeordneten Gitterlücken werden infolge elastischer Querkontraktion jedoch kleiner, dort eingelagerte Fremdatome (C, N) werden bei ausreichend hoher Zugkraft F zu einem Diffusionssprung auf die in Zugrichtung liegenden, nunmehr günstigeren Zwischengitterplätze veranlaßt. Bei Entlastung fallen sie wieder auf ihre ursprünglichen bzw. entsprechende Gitterplätze zurück, um durch eine statistische Besetzung gleichwertiger Zwischengitterplätze auch eine gleichmäßige Gitterverzerrung zu bewirken.

2.1.1.4 Elastische Hysterese, mechanische Dämpfung

Da rein energie-elastische Vorgänge zeitunabhängig sind, liegen bei ihnen Spannung und Dehnung zeitlich in „Phase“. Einer Spannung σ kann jederzeit eine entsprechende Dehnung ε zugeordnet werden. Be- und Entlastungskurve (Abb. B. 2-6) fallen unabhängig

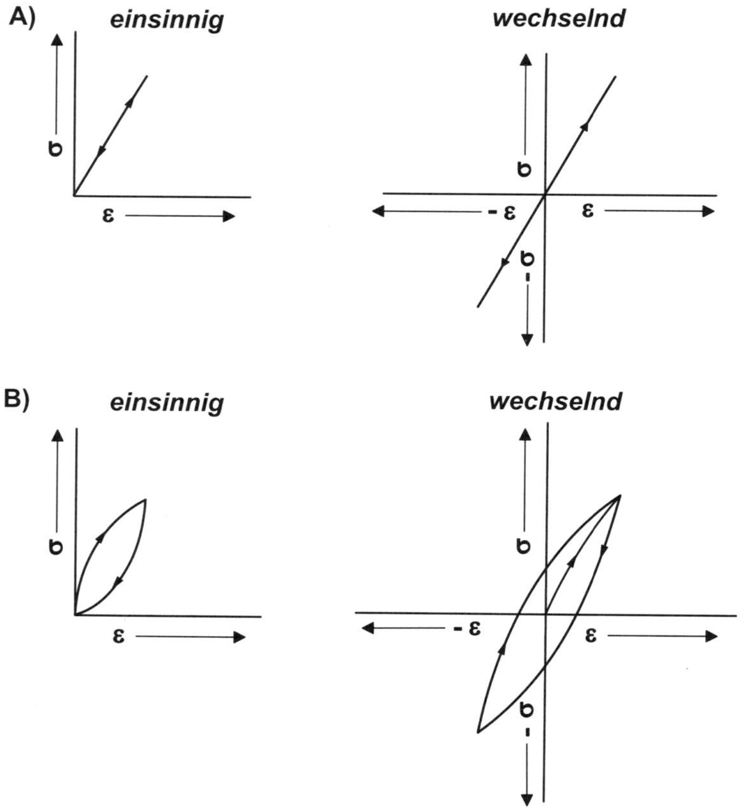

Abb. B.2-6 Spannung-Dehnung-Verlauf reversibler Formänderungen
A) Ungedämpft B) Gedämpft

von der Beanspruchungsgeschwindigkeit zusammen. Sind an der Deformation zusätzlich zeitabhängige anelastische Mechanismen beteiligt, so umschließen Be- und Entlastungskurve eine Fläche, deren Breite von der Belastungsgeschwindigkeit bestimmt wird. Zwischen Spannung und Dehnung tritt eine zeitliche Verzögerung um einen Phasenwinkel δ auf. Die die Zeitabhängigkeit der Deformation verursachenden Vorgänge sind mit Verlusten verbunden, die durch Energiedissipation letztlich als Wärme in Erscheinung treten.
Es wird also nur ein Teil der bei der Deformation aufgewendeten Energie als Verzerrungsenergie gespeichert und beim Rückgang der Deformation auch wieder zurückgewonnen. Die bei jeder Be- und Entlastung aufzubringenden Energieverluste haben eine *Dämpfung mechanischer Schwingungen* zur Folge.
Werden Spannung σ^* und verlustbehaftete Dehnung ε^* zu einem elastischen Modul verknüpft, so ergibt sich hieraus eine komplexe Größe E^*, die aus einem energiespeichernden Anteil E' und einem energiedissipierenden Anteil E'' besteht (Abb. B.2-7).

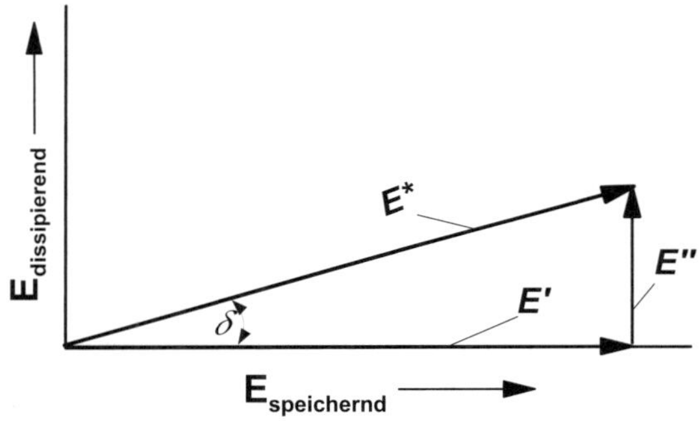

Abb. B.2-7 Elastische Kenngrößen reversibler, gedämpfter Formänderungen

Der als mechanischer Verlustfaktor d bezeichnete Tangens des Phasenwinkels δ gibt mit $\tan\delta = E''/E'$ das Verhältnis von Verlustmodul E'' und Speichermodul E' an und stellt damit ein Maß für die bei der Deformation auftretenden Verluste bzw. bei einer Schwingung auftretende mechanische Dämpfung dar.

2.1.2 Plastisches Verhalten von Metallen

2.1.2.1 Verformungsmechanismus

Bleibende Verformungen werden bei Metallen vor allem durch *plastische* Vorgänge erreicht, die im Unterschied zu *viskosen* Vorgängen erst bei Überschreiten einer ausgeprägten Mindestspannung auftreten. Der **mikroskopische Mechanismus der plastischen Verformung** von Metallen besteht in einem Wandern von Versetzungen in bestimmten Ebenen des Kristallgitters, den sog. *Gleitebenen*, wenn die erwähnte Mindestspannung *(Fließspannung, Streckgrenze)* aufgebracht worden ist.

Eine Betrachtung der **Bindungs- und Spannungsverhältnisse** um eine solche Versetzung macht den Bewegungsvorgang von Versetzungen deutlich (Abb. B.2-8). Durch die fehlende Teilebene ist das Gitter zwischen den Atomreihen 1 und 2 aufgeweitet, so daß der Atomabstand r'' zwischen beiden Reihen größer als der Gleichgewichtsabstand r_0 ist und demzufolge zwischen den Reihen 1 und 2 Zugspannungen bzw. anziehende Bindungskräfte herrschen. Zwischen den Atomreihen 3 und 4 sowie 4 und 5 wirken, da $r' < r_0$, Druckspannungen bzw. abstoßende Bindungskräfte.

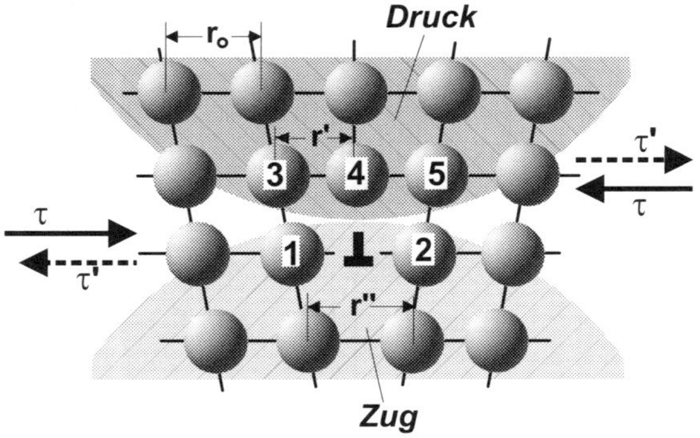

Abb. B.2-8 Bindungs- und Spannungszustand im Bereich einer Stufenversetzung

Hieraus folgt, daß die Bindungen 1-3 und 2-5 sehr labil sind und eine Verschiebung der Atomreihe 1 nach rechts, wobei die Bindungen 1-3 zugunsten neuer Bindungen 1-4 gelöst werden, oder eine Verschiebung der Atomreihe 2 unter Lösung der Bindungen 2-5 und Bildung von Bindungen 2-4 nach links bei Einwirkung entsprechend gerichteter Spannungen leicht möglich wird. Die hierfür erforderliche Schubspannung wird kritische Schubspannung $\tau_{crit.}$ genannt. Bei $\tau > \tau_{crit.}$ erfolgt eine Verschiebung der Atomreihe 1 nach rechts, wobei die Versetzung um einen Teilschritt nach links wandert. Bei einer entgegengerichteten Schubspannung $\tau' > \tau_{crit}$ wird die Reihe 2 nach links verschoben und die Versetzung wandert nach rechts.

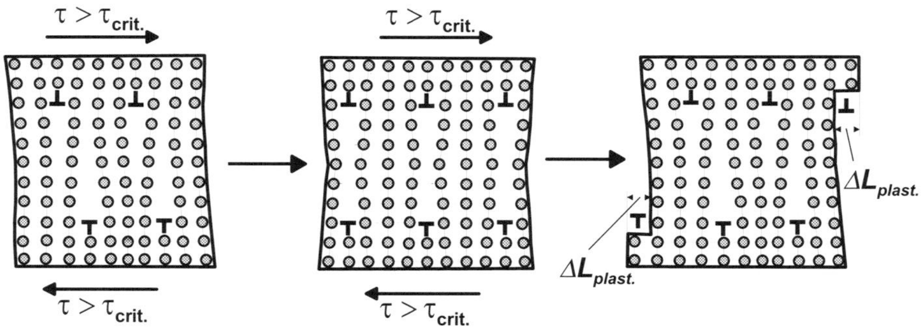

Abb. B.2-9 Plastische Verformung durch Gleiten von Stufenversetzungen

Das seitliche Wandern einer Versetzung um einen solchen Teilschritt stellt den Elementarvorgang der plastischen Verformung von Kristallen dar, denn die Wanderung einer Versetzung führt dann zu einer irreversiblen Verschiebung, einer sog. Abgleitung des oberen Gitterbereiches gegenüber dem unteren, wenn die Versetzung an der Kristallgrenzfläche austritt und dort eine elementare *Gleitstufe* bildet (Abb. B.2-9). Gitterebenen, in denen solche Abgleitvorgänge durch Versetzungswanderung stattfinden, werden Gleitebenen genannt. Gleitungen vieler Versetzungen in Paketen paralleler Gleitebenen erzeugen auf der Metalloberfläche *Gleitbänder* (Abb. B.2-10), die auf einer polierten Oberfläche bereits makroskopisch wahrgenommen werden können.

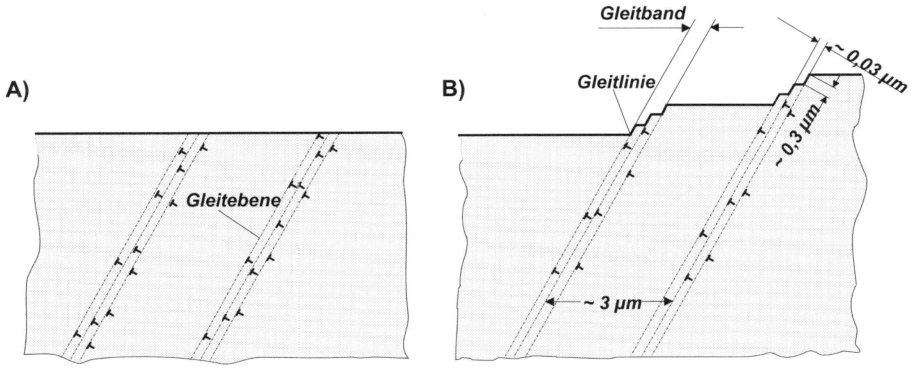

Abb. B.2-10 Entstehung von Gleitlinien und -bändern (nach Lit. B.6)
A) Vor der Beanspruchung B) Nach Austritt von Versetzungen an der Oberfläche

Plastische Verformung besteht also in einem sukzessiven Wandern von Versetzungen unter der Wirkung von Schubspannungen $\tau > \tau_{crit.}$. Ein versetzungsfreier Idealkristall wäre nicht plastisch verformbar, er müßte bei Anlegen einer Schubspannung $\tau > \tau_{theor.}$ spröde zu Bruch gehen (Abb. B.2-11), da die zum Abgleiten eines Idealkristalls erforderliche Schubspannung $\tau > \tau_{theor.}$ so groß sein muß, daß von ihr alle in der Gleitebene bestehenden Bindungen gleichzeitig überwunden werden.

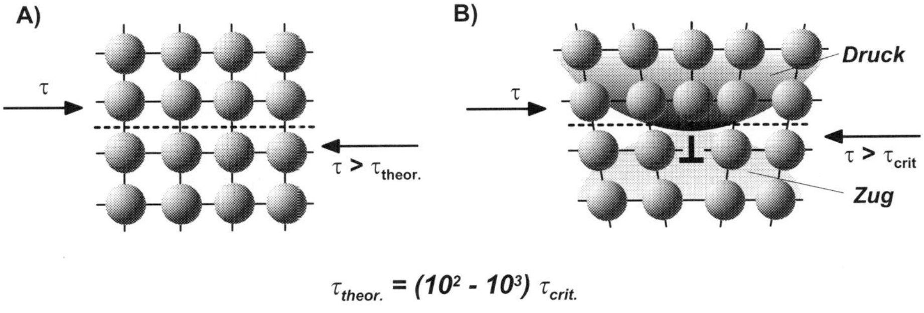

Abb. B.2-11 Gleitvorgänge in Kristallen
A) Versetzungsfreier Idealkristall B) Realkristall mit Versetzungen

Die zur schrittweisen Abgleitung einer Versetzung nötige Schubspannung $\tau_{crit.}$ muß dagegen jeweils immer nur die in einer Atomreihe wirkenden, ohnehin labilen Bindungen lösen, wodurch sich der um zwei bis drei Größenordnungen betragende Unterschied zwischen der zur Abgleitung eines Idealkristalls erforderlichen theoretischen Schubspannung $\tau_{theor.}$ und der an Realkristallen tatsächlich gemessenen kritischen Abgleitspannung $\tau_{crit,real.}$ erklären läßt:

$$\tau_{theor.} \approx (10^2 \text{ bis } 10^3) \cdot \tau_{crit,real.}.$$

Das Ausmaß der plastischen Verformung wird von der Zahl der bewegten Versetzungen bestimmt. Die Geschwindigkeit der Versetzungsbewegung ist dabei von der wirkenden Schubspannung stark abhängig, sie kann bis in die Nähe der Ausbreitungsgeschwindigkeit von Schallwellen reichen (Abb. B.2-12). Da eine Versetzung eine elastische Gitterverzerrung darstellt, kann sie sich im Gitter auch nicht schneller bewegen als elastische Wellen.

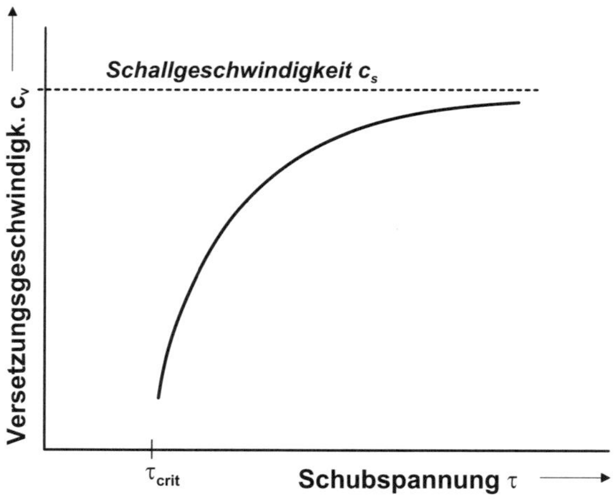

Abb. B.2-12 Einfluß der Schubspannung auf die Bewegungsgeschwindigkeit von Versetzungen (nach Lit. D.2)

2.1.2.2 Gleitebenen, Gleitsysteme

Gleitebenen sind für die Bewegung von Versetzungen in besonderer Weise geeignet. Sie stellen vorzugsweise Gitterebenen mit dichter bzw. *dichtester* Atombelegung, also innerhalb der Ebene geringen Atomabständen, gleichzeitig aber großen Abständen zur nächsten gleichartigen Parallelebene dar. Die zur Bewegung von Versetzungen erforderliche kritische Schubspannung weist in solchen Gleitebenen die niedrigsten Werte auf.
In den Gleitebenen erfolgt die Versetzungsbewegung immer nur in den Gitterrichtungen, in denen ebenfalls eine dichte Atomfolge vorliegt. *Gleitebenen* mit ihren *Gleitrichtungen* werden als **Gleitsysteme** bezeichnet. Die Zahl und vor allem die

Güte (Besetzungsdichte) der Gleitsysteme bestimmen ganz wesentlich das plastische Verformungsverhalten einer Kristallstruktur. Für die drei wichtigen Gitterstrukturen der Metalle kfz, krz und hdp bestehen in dieser Hinsicht kennzeichnende Unterschiede. Die in diesen Gittern bei der plastischen Verformung feststellbaren Gleitsysteme sind in Abb. B.2-13 aufgeführt.

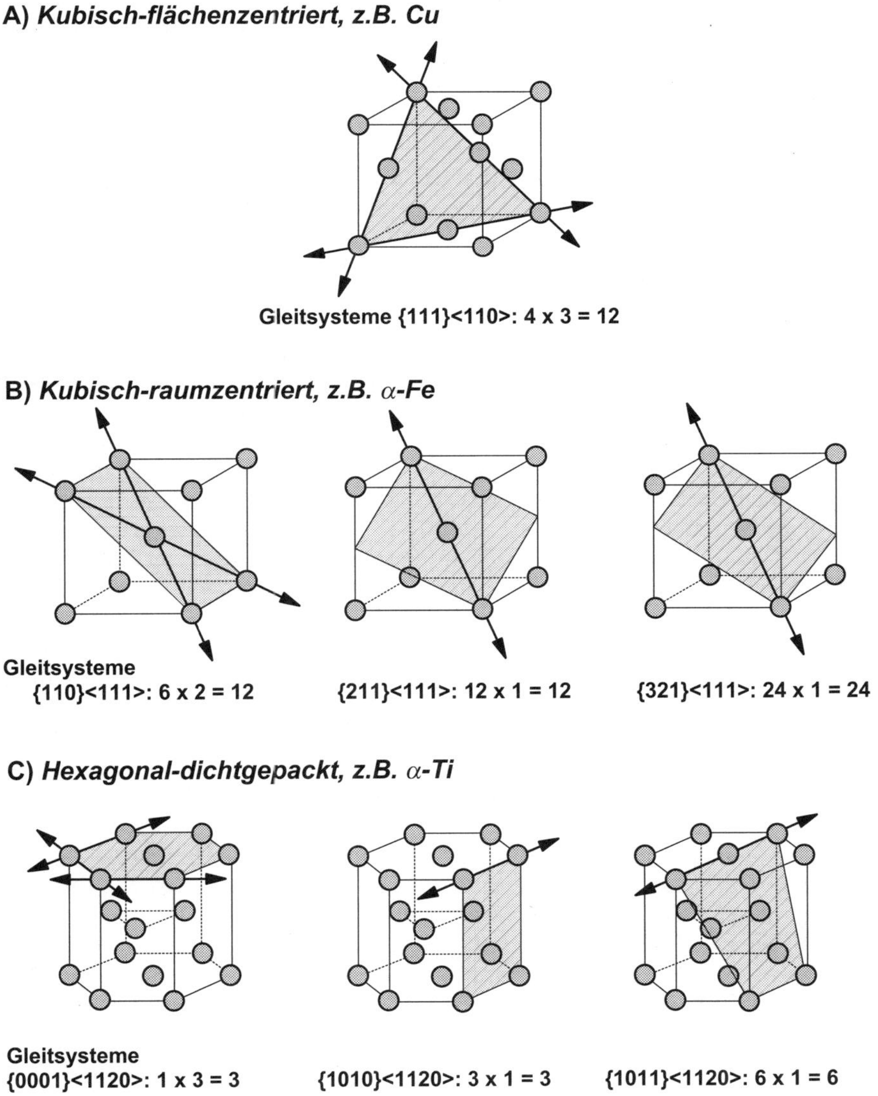

Abb.B.2-13 Gleitsysteme kubischer und hexagonaler Metalle
A) Kubisch-flächenzentriert, B) Kubisch-raumzentriert, C) Hexagonal-dichtgepackt

Demnach weist das **kfz-Gitter** vier Gleitebenen der Art {1 1 1} auf, von denen jede drei Gleitrichtungen der Art <1 1 0> enthält, so daß kfz-Metalle in jedem Korn über insgesamt 12 voneinander unabhängige Gleitmöglichkeiten verfügen. Da außerdem die atomare Belegungsdichte in diesen Gleitebenen die größtmögliche ist, sind kfz-Metalle solchen mit krz- oder hdp-Struktur hinsichtlich plastischer Verfombarkeit deutlich überlegen. In einigen **krz-Metallen**, unter anderem auch bei α-Fe werden gewöhnlich mehrere am Abgleitprozeß beteiligte Ebenen beobachtet. Die maßgeblichen Gleitebenen sind hierbei die {1 1 0}-Ebenen, von denen in jedem Kristall 6 unterschiedliche mit je zwei Gleitrichtungen existieren. Allerdings ist die atomare Belegungsdichte in diesen und den anderen Gleitebenen geringer als in den Gleitebenen von kfz-Metallen. Die {1 1 0}-Ebenen spielen in krz-Gittern daher auch nicht eine so dominierende Rolle wie die {1 1 1}-Ebenen in kfz-Metallen. Die Abgleitrichtung ist in den krz-Gittern aber stets eine dichtgepackte Richtung, nämlich <1 1 1>.
In **hexagonalen** Metallgittern hängt es vom Achsenverhältnis c/a ab, welches Gleitsystem bevorzugt in Anspruch genommen wird. Je größer das Verhältnis c/a wird, desto größer wird auch der Abstand zwischen den dichtgepackten Basisebenen {0 0 0 1} des hexagonalen Gitters. Damit kommen diese bevorzugt als Gleitebenen in Betracht. Dann existieren allerdings nur drei voneinander unabhängige Gleitsysteme. Dies ist z.B. der Fall bei Cd und Zn mit einem c/a-Verhältnis von 1,856. Bei Ti mit einem niedrigeren c/a-Wert (1,601) gewinnen aber auch Prismenebenen $\{1 0 \bar{1} 0\}$ und Pyramidenebenen $\{1 0 \bar{1} 1\}$ für die plastische Verformung an Bedeutung. Dies liegt wohl nicht nur daran, daß der Abstand zwischen den Basisebenen geringer als bei Zn ist, sondern kann auch mit der bei Ti dichteren Atombelegung in den $\{1 0 \bar{1} 0\}$-Ebenen begründet werden. Allerdings befinden sich nicht alle Atome exakt in dieser Ebene, einige von ihnen sind ein wenig versetzt angeordnet, so daß von „welligen" Gleitebenen gesprochen wird, die eine höhere kritische Schubspannung zur Versetzungsbewegung aufweisen als glatte Gleitebenen. Wie schon bei den krz-Metallen mit der <1 1 1>-Richtung steht auch bei den hdp-Metallen mit der $\langle 1 1 \bar{2} 0\rangle$-Richtung eine Gleitrichtung dichtester Atomfolge zur Verfügung.
Die deutlich bessere plastische Verformbarkeit der kfz-Metalle erklärt sich einmal durch die gegenüber hexagonalen Metallen größere Anzahl von Gleitsystemen und weiterhin durch die gegenüber krz- und zum Teil auch hdp-Metallen höhere „Qualität" der Gleitebenen. Die eingeschränkte Verformbarkeit hexagonaler Metalle äußert sich unter anderem darin, daß die plastische Verformung bei ihnen meist auch von *Zwillingsbildung* begleitet wird. Wohl trägt die Bildung von Zwillingen in einem gewissen Umfang zur Verformung selbst bei. Entscheidender aber ist, daß das Gitter mit seinen Gleitebenen durch Zwillingsbildung in eine günstigere Position zur äußeren Beanspruchung gebracht wird. Insofern werden durch die Zwillingsbildung vornehmlich die Bedingungen für ein Gleiten verbessert. Die für hexagonale Metalle verhältnismäßig gute Verformbarkeit von α-Ti ist sowohl auf die erhöhte Zahl von Gleitebenen wie auch von Zwillingsebenen zurückzuführen.

2.1.2.3 Mikroskopische Schubspannungen bei makroskopischen Normalspannungen

Versetzungsgleiten kann grundsätzlich nur unter der Wirkung von Schubspannungen stattfinden. Bei Vorliegen einer makroskopisch reinen Zugspannung sind es die unter einem Winkel ϕ zur Zugachse auftretenden Schubspannungskomponenten τ_{ϕ}, die dann Versetzungsbewegungen auslösen, wenn τ_{ϕ} die kritische Schubspannung $\tau_{crit.}$ überschreitet. Dies ist in Abb. B.2-14 näher erläutert.
An einem zylindrischen Stab mit dem Querschnitt A_o wirkt eine Zugkraft F_o und ruft im Querschnitt A_o eine Normalspannung $\sigma = F_o/A_o$ hervor. Da parallel zu A_o keine Kraftwirkung besteht, ist die Schubspannung τ in diesem Querschnitt Null. Dagegen kann der Kraftvektor F_o in einer Ebene A_{ϕ} mit dem Neigungswinkel ϕ zur Stabachse in eine Normalkomponente $F_{n,\phi}$ und eine Schubkomponente $F_{s,\phi}$ zerlegt werden, so daß in Querschnitten A_{ϕ} sowohl Normalspannungen σ_{ϕ} als auch Schubspannungen τ_{ϕ} wirken.

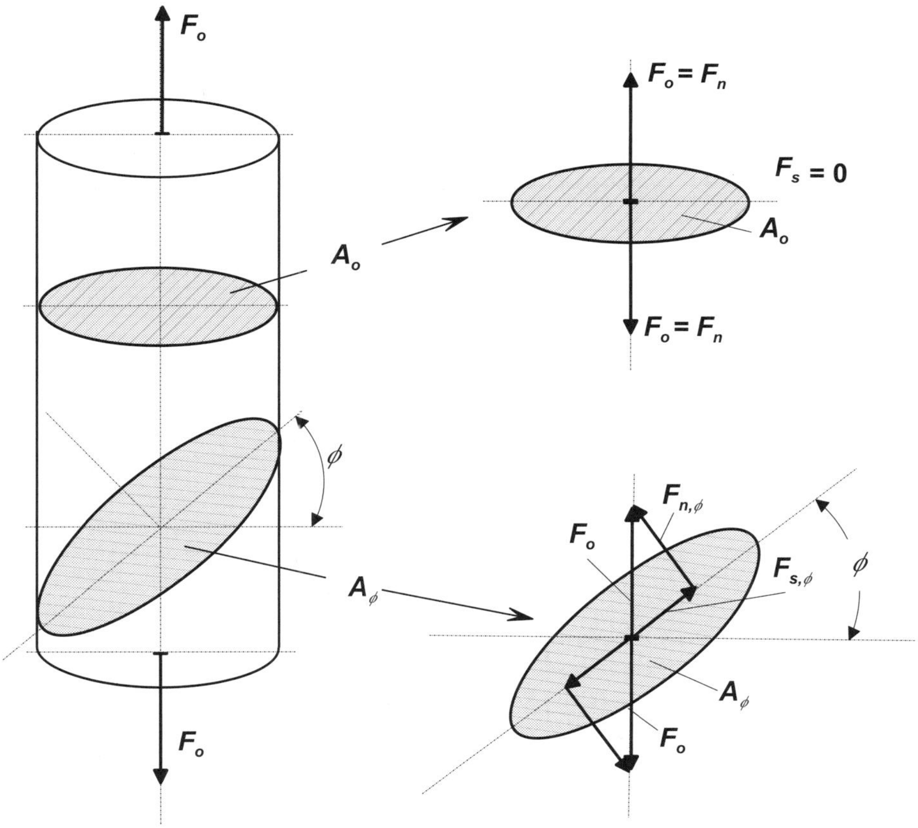

Abb. B.2-14 Schubkräfte F_s bei makroskopischer Normalbeanspruchung

Die Schubspannungskomponente τ_ϕ berechnet sich hierbei wie folgt:

$$\tau_\phi = F_{s,\phi}/A_\phi = (F_0/A_0)\cdot \sin\phi \cdot \cos\phi, \text{ (mit } F_{s,\phi} = F_0 \cdot \sin\phi \text{ und } A_\phi = A_0/\cos\phi\text{)}$$

$$\tau_\phi = \sigma \cdot \sin\phi \cdot \cos\phi.$$

τ_ϕ erreicht bei einem Winkel von $\phi = 45°$ einen Maximalwert und beträgt dann

$$\tau_{max} = 0{,}5 \cdot \sigma.$$

Gleitung beginnt bei Zugbeanspruchung also in den Gleitebenen, die unter 45° zur Zugrichtung liegen, und zwar bei einer Zugspannung $\sigma > 2 \cdot \tau_{crit}$. An einer polierten Zugprobe kann das bevorzugte Auftreten von Gleitspuren unter 45° zur Zugrichtung gut beobachtet werden.

Findet Gleitung nur in einem Gleitsystem statt, so spricht man von *Einfachgleitung*, sie ist bei einkristallinen Werkstoffen möglich. In polykristallinen Gefügen, deren Kristallite regellos orientiert sind, treten zunächst mikroplastische Deformationen in einzelnen, zur Beanspruchung günstig orientierten Körnern auf. Bei makroplastischen Verformungen können sich im polykristallinen Verband nicht mehr nur einzelne Körner isoliert deformieren, sondern nun wird die Plastifizierung aller, auch der weniger günstig orientierten Körner erforderlich. Dies ist jedoch in einfacher Weise nur dann möglich, wenn nach der sog.*Taylorschen Kontinuitätsbedingung* in jedem Korn mindestens fünf voneinander unabhängige Gleitsysteme betätigt werden können (*Mehrfachgleitung*).

Die für eine Zugspannung angestellten Überlegungen gelten in gleicher Weise auch für Druckspannungen. Es ändert sich bei Vorliegen einer Druckspannung lediglich die Richtung der resultierenden Schubspannungen (Abb. B. 2-15).

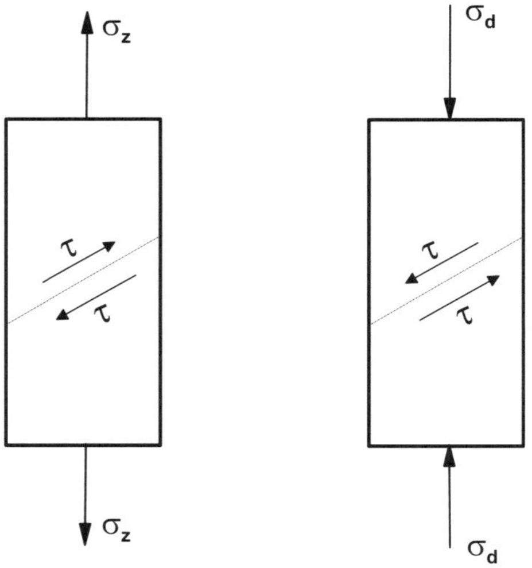

Abb.B.2-15 Schubspannungszustand bei makroskopischer Zug- und Druckbeanspruchung

2.1.2.4 Versetzungsbewegungen

Versetzungen können in den Ebenen, in denen ihr *Burgersvektor* liegt, in der in Abbildung B.2-8 dargestellten Weise gleiten. Für Stufenversetzungen mit einem zur Versetzungslinie senkrecht liegenden Burgersvektor ist die Gleitebene damit festgelegt. Bei reinen Schraubenversetzungen dagegen liegt der Burgersvektor parallel zur Versetzung, so daß sich eine Schraubenversetzung in jeder durch ihre Versetzungslinie gehenden Gleitebene bewegen, also auch über eine quer verlaufende Ebene in eine zur ursprünglichen Gleitebene parallele Gleitebene gelangen, dort in der ursprünglichen Richtung weitergleiten und mit Hilfe dieses als *Quergleiten* bezeichneten Vorganges ein möglicherweise vorhandenes Gleithindernis umgehen kann (Abb. B.2-16).

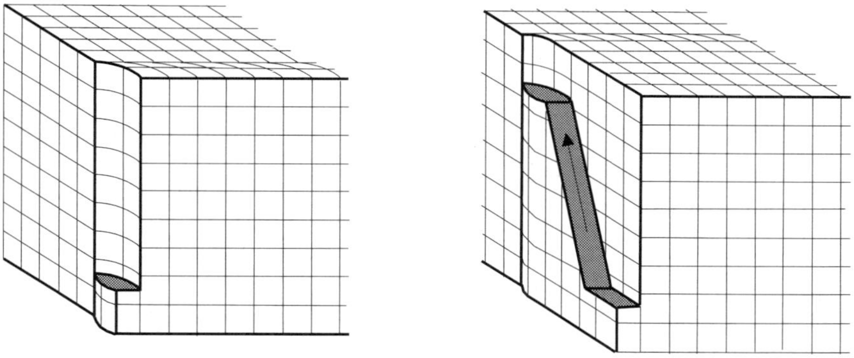

Abb. B.2-16 Quergleiten einer Schraubenversetzung

Auch Stufenversetzungen vermögen durch sog. *Klettern* ihre ursprüngliche Gleitebene zu verlassen und ihre Gleitung in einer neuen, zur ursprünglichen parallelen Ebene fortzusetzen. Dieser Vorgang beruht auf der Diffusion von Leerstellen an die Versetzungslinie, wobei der Vorgang „*Leerstellendiffusion*“ formal zu verstehen ist. Eine Leerstelle kann sich nur dadurch „bewegen“, daß Gitteratome nacheinander Platzwechsel mit der Leerstelle vornehmen. Die Atom/Leerstelle-Platzwechsel ermöglichen eine

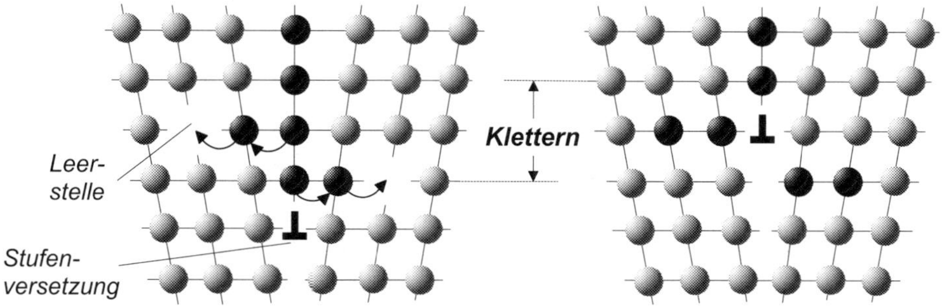

Abb. B.2-17 Diffusionsgesteuertes Versetzungsklettern

Diffusion von Atomen von der Versetzungslinie weg, wodurch die Versetzungslinie nacheinander in über ihr liegende parallele Ebenen klettert. Ebenso kann sich eine Versetzung durch Anlagerung von Zwischengitteratomen in der entgegengesetzten Richtung bewegen, in Abb. B.2-17 also quasi nach „unten klettern".
Das Versetzungsklettern ist als Diffusionsprozeß ein thermisch aktivierter Vorgang, tritt also erst bei höheren Temperaturen deutlich in den Vordergrund. *Gleitbewegungen* von Versetzungen nennt man *konservative; Versetzungsklettern*, das mit der Anlagerung von Leerstellen oder Zwischengitteratomen verbunden ist, dagegen *nichtkonservative* Versetzungsbewegungen.
Versetzungen können also in ihrer Gleitebene befindliche oder gebildete Hindernisse durch Quergleiten oder Klettern umgehen, beide Vorgänge sind aber bei *aufgespaltenen* Versetzungen erschwert. Eine aufgespaltene Versetzung kann z.B. nur in ihrer Aufspaltungsebene gleiten, für ein Quergleiten muß die Aufspaltung daher zumindest in einem Teil der Versetzung kurzzeitig aufgehoben werden, wofür bei großer Aufspaltungsweite, d.h. bei Gittern mit niedriger *Stapelfehlerenergie*, eine hohe *Aktivierungsenergie* erforderlich ist (vergl. B 2.1.3.1).

2.1.2.5 Versetzungsreaktionen

Neben der Versetzungswanderung findet bei der plastischen Verformung mit der *Erzeugung* und *Vervielfachung* von Versetzungen ein weiterer wichtiger Grundvorgang statt. So steigt die *Versetzungsdichte* unverformter, weicher Kristalle von etwa $10^6\,cm/cm^3$ (cm Versetzungslinie pro cm^3 Werkstoffvolumen) durch Verformung auf Werte bis zu $10^{12}\,cm/cm^3$ an (Abb. B.2-18).

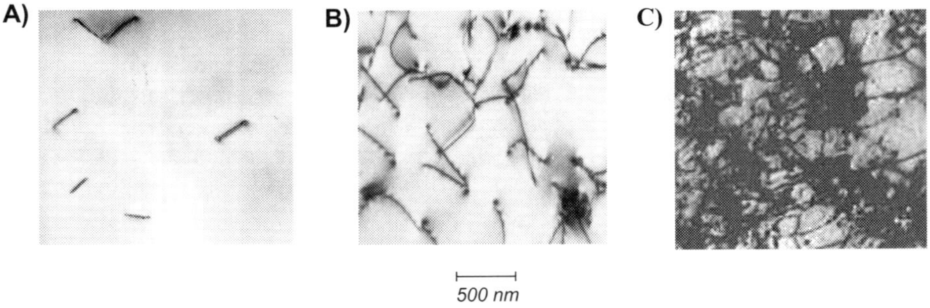

Abb. B.2-18 Versetzungsvervielfachung infolge plastischer Verformung
A) Versetzungsdichte nach geringer plastischer verformung B) Versetzungsdichte nach mäßiger plastischer Verformung C) Versetzungsdichte nach starker plastischer Verformung

Als *Quellen* solcher bei der Verformung erzeugten Versetzungen wirken verschiedene spezielle Versetzungsanordnungen, deren Mechanismus und Zusammenwirken noch nicht eindeutig geklärt sind. Die hier nicht näher beschriebene sog. *Frank-Read-Quelle* gilt als ein möglicher Quellenmechanismus in Einkristallen, während in vielkristallinen Verbänden vor allem Korngrenzen als Versetzungsquellen angesehen werden.

Wie bereits erwähnt stoßen sich Versetzungen gleichen Vorzeichens in der gleichen Gleitebene aufgrund der durch sie erzeugten gleichartigen Spannungsfelder ab, dagegen ziehen sich Versetzungen ungleichen Vorzeichens an und löschen sich bei gleichem Betrag des Burgersvektors vollständig aus (Abb. B.2-19).

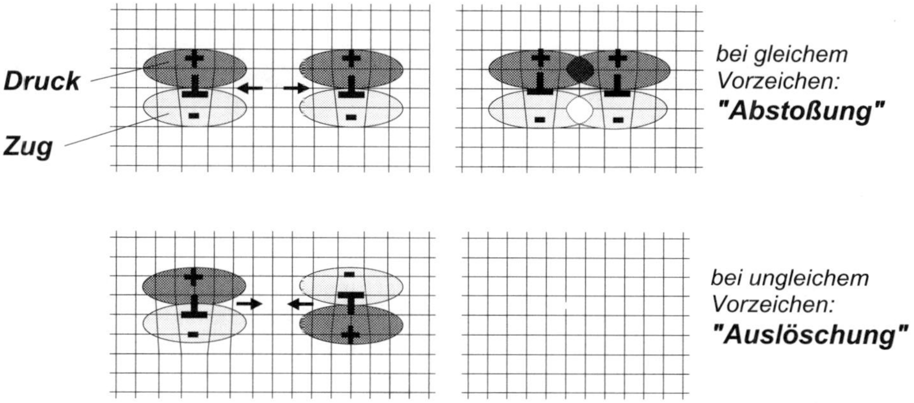

Abb. B.2-19 Auslöschung von Versetzungen ungleichen Vorzeichens

Treffen Versetzungen ungleichen Vorzeichens auf wenig voneinander entfernten Ebenen aufeinander, so entsteht ein sog. *Versetzungsdipol* (Abb. B.2-20).

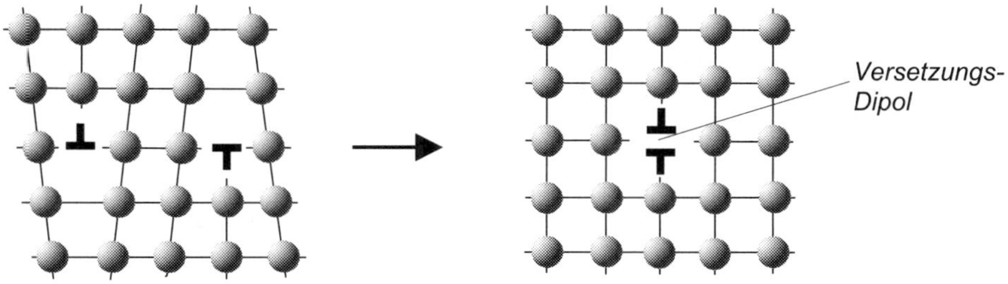

Abb. B.2-20 Entstehung eines Versetzungs-Dipols

Versetzungen, die eine Gleitebene durchstoßen, bilden für in der Ebene gleitende Versetzungen Bewegungshindernisse, man spricht anschaulich von *Waldversetzungen*. Gleitversetzungen müssen solche Waldversetzungen bei ihrer Bewegung durchschneiden. Der Schneidvorgang verursacht eine Verlagerung der Versetzungslinie sowohl in der schneidenden als auch in der geschnittenen Versetzung, diese Linienverschiebung wird als *Versetzungssprung* bezeichnet (Abb. B.2-21).
Muß also eine gleitende Versetzung einen Versetzungswald durchschneiden, dann wird in ihr eine Vielzahl von Sprüngen erzeugt. Erzeugung und Bewegung von Sprüngen üben auf die Bewegungsfähigkeit von Versetzungen eine von der Art der sich

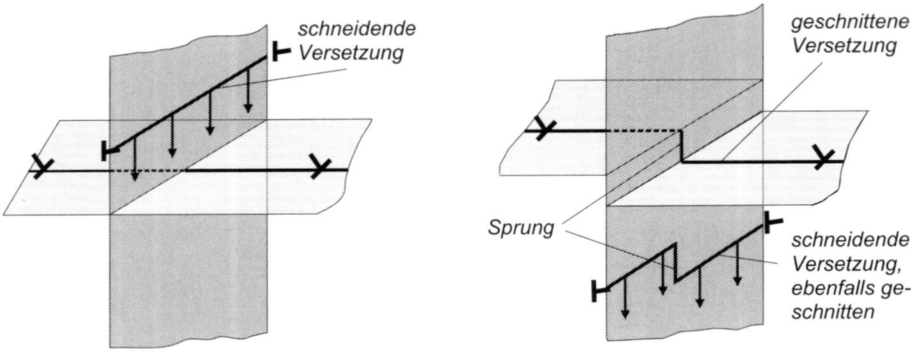

Abb. B.2-21 Entstehen von Sprüngen beim gegenseitigen Schneiden von Versetzungen (nach Lit. B.7)

schneidenden Versetzungen abhängige mehr oder minder hemmende Wirkung aus. Der in einem Sprung enthaltene Versetzungsteil hat stets Stufencharakter, so ist das Gleiten einer Schraubenversetzung mit solchen Sprüngen nur durch nichtkonservatives Wandern des Versetzungssprunges, d.h. unter Bildung von Punktdefekten – je nach Bewegungsrichtung Leerstellen oder Zwischengitteratome – möglich.
Von den vielfältigen möglichen Reaktionen zwischen Versetzungen, die im allgemeinen zu einer Erschwerung weiterer Versetzungswanderungen und damit zur Verfestigung des Gitters infolge plastischer Verformung führen, hat in kfz-Metallen offenbar ein spezieller Vorgang eine besondere Bedeutung. Hierbei treffen zwei aufgespaltene Versetzungen auf zwei zueinander geneigten Gleitebenen aufeinander und bilden an der Schnittstelle ihrer aufeinanderstoßenden Teilversetzungen eine neue Versetzung, deren Burgersvektor nicht mehr in einer Gleitebene liegt. Diese außerordentlich unbewegliche Versetzungskonfiguration (Abb. B.2-22) wird *Lomer-Cottrell-Versetzung* genannt und stellt ein besonders stabiles Versetzungshindernis dar.

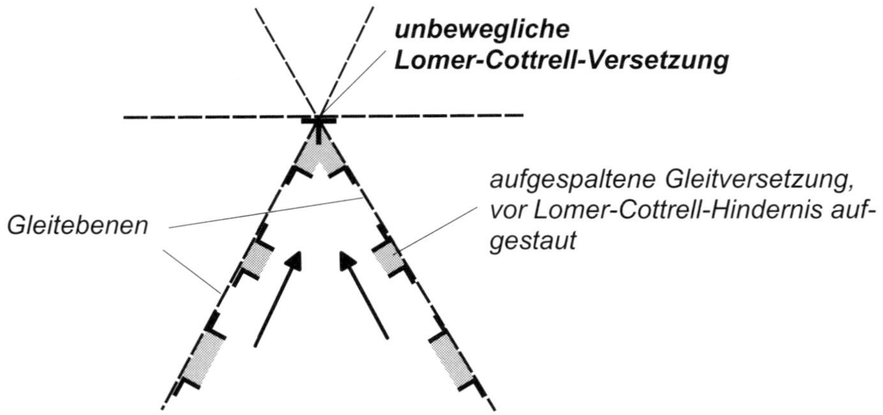

Abb. B.2-22 Lomer-Cottrell-Hindernisversetzung (nach Lit. B.29)

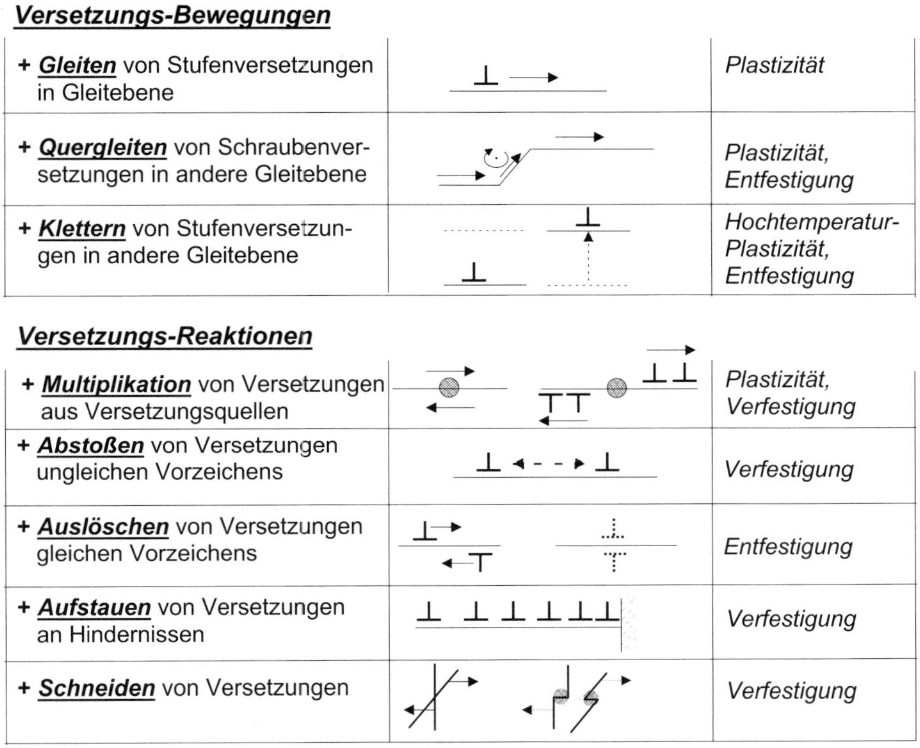

Abb. B.2-23 Schematische Zusammenfassung wichtiger Grundvorgänge von Versetzungsbewegungen und -reaktionen und deren Auswirkungen auf das mechanische Verhalten

Es ist zweckmäßig, drei verschiedene Arten von Versetzungen zu unterscheiden: **Gleit-, Hindernis- und Umwandlungsversetzungen**. Unter Gleitversetzungen sind solche Versetzungen zu verstehen, die in Gleitebenen bewegungsfähig sind und bei Spannungen $\tau > \tau_{crit.}$ durch Gleitung eine plastische Verformung ermöglichen. Sie werden überwiegend aus Versetzungsquellen gebildet.

Hindernisversetzungen sind unbeweglich gewordene Versetzungen. Sie entstehen aus Versetzungsreaktionen bei der plastischen Verformung und tragen, da sie die Bewegung von Gleitversetzungen behindern, in erheblichem Maße zur *Verformungsverfestigung* bei. Umwandlungsversetzungen werden bei martensitischen Umwandlungen des Gitters gebildet. Auch sie erhöhen den Verformungswiderstand.

Abgesehen von ihrer grundsätzlichen Bedeutung für die plastischen Vorgänge in Kristallen spielen Versetzungen auch eine wichtige Rolle bei der Keimbildung von Ausscheidungen.

2.1.3 Spannung-Dehnung-Verhalten

2.1.3.1 Verformung von Einkristallen

Für die Beschreibung der Vorgänge, die während der plastischen Verformung in metallischen Werkstoffen ablaufen, ist es zweckmäßig, zunächst das Verformungsverhalten von Einkristallen mit kfz-Struktur zu betrachten. Werden die in einem zur Beanspruchung günstig orientierten Gleitsystem (Primärgleitsystem) wirkende Schubspannung τ und die entsprechende Abgleitung γ in einem Diagramm aufgetragen, so ergibt sich eine Kurve (Abb. B.2-24), deren Verlauf in die drei Bereiche I, II und III unterteilt werden kann. Der Anstieg der Kurve ist dabei ein Maß für die sich durch die plastische Verformung ergebende Verfestigung.

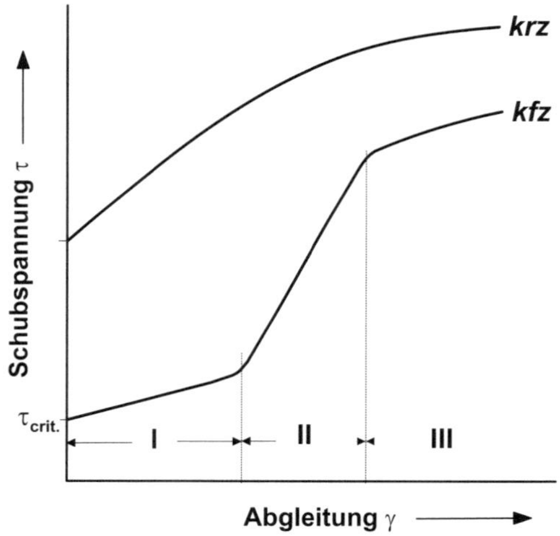

Abb. B.2-24 Schubspannung-Abgleitung-Kurve von Einkristallen

Im Bereich I können die bei $\tau_{crit.}$ in nur einem Gleitsystem bewegten und erzeugten Versetzungen (Einfachgleitung) den gesamten Einkristall fast ohne Behinderung durchwandern und an der Oberfläche unter Bildung von Gleitstufen verlassen. Obwohl im Bereich I aus Versetzungsquellen neue Versetzungen in großer Menge produziert werden und diese zu beachtlichen Abgleitungsbeträgen führen, wird hier eine nur relativ geringfügige Verfestigung festgestellt, weil Versetzungsreaktionen, die eine Verfestigung bewirken, zunächst kaum stattfinden. Es werden dann mit ansteigender Spannung jedoch zunehmend Versetzungen auch in anderen Gleitsystemen erzeugt, die mit den im Primärgleitsystem wandernden Versetzungen in Wechselwirkung treten und Versetzungshindernisse erzeugen. Mit der nun einsetzenden Behinderung der Versetzungswanderung erhöht sich die Versetzungsdichte durch Versetzungsaufstauungen an den Hindernissen sehr rasch, und es kommt zu einer starken Verfestigung des Kristalls (Bereich II). Auch der Bereich III der Verfestigungskurve zeigt noch eine Festigkeitssteigerung bei weiterer Verformung, allerdings mit geringer werdendem Festigkeitsanstieg $\Delta\tau/\Delta\gamma$. Den weiterhin stattfindenden Verfestigungsprozessen überlagert sich ein entfestigender sog. *Erholungsvorgang*, der durch zunehmende Quergleitungen von Schraubenversetzungen

hervorgerufen wird. Durch Quergleiten können Schraubenversetzungen sowohl Hindernisse umgehen als auch mit Versetzungen anderen Vorzeichens zusammentreffen und sich mit diesen auslöschen. Beides führt zu einer Verringerung des Festigkeitsanstieges.
Versetzungen sind aus energetischen Gründen gewöhnlich zu *Teilversetzungen* aufgespalten. Aufgespaltene Schraubenversetzungen können nur noch in ihrer Aufspaltungsebene gleiten, die Benutzung einer anderen Gleitebene, wie dies beim Quergleiten der Fall ist, kann nur noch erfolgen, wenn die Aufspaltung wenigstens in einem Teilbereich der Versetzung aufgehoben wird. Dies kann nur bei je nach Temperaturlage unterschiedlich hohen inneren Spannungen stattfinden, so daß entfestigende Quergleitungen erst im oberen Spannungsbereich erfolgen können. Da das zur Entfestigung führende Quergleiten durch die von außen aufgeprägte Beanspruchung ausgelöst wird, bezeichnet man diese Vorgänge auch als *dynamische Erholung*.
Die zur dynamischen Erholung erforderliche Spannungshöhe hängt bei gegebener Temperatur entscheidend von der *Stapelfehlerenergie* des Metalles ab. In Metallen mit geringer Stapelfehlerenergie spalten die Versetzungen sehr viel weiter auf, bei ihnen liegt der Bereich III hoch. Bei Metallen mit großer Stapelfehlerenergie und nur wenig aufgespaltenen Schraubenversetzungen geht der Verfestigungsbereich II bei sehr viel niedrigeren Spannungen in den der dynamischen Erholung über. Entsprechend sinkt diese Spannung aufgrund erleichterter Quergleitungen auch mit zunehmender Temperatur. Die hohe *Warmfestigkeit* verschiedener kfz-Legierungen, z. B. austenitischer Stähle, wird u. a. mit deren niedriger Stapelfehlerenergie in Zusammenhang gebracht. Art und Anzahl der vorhandenen Gleitsysteme und die Stapelfehlerenergie stellen demnach die beiden wichtigsten Einflußgrößen für das plastische Verhalten eines Metalles dar. Da die in der Literatur genannten Werte für die Stapelfehlerenergie von Metallen wegen unterschiedlicher Meßmethoden z. T. beträchtlich variieren, wird hier auf die Wiedergabe quantitativer Daten verzichtet. Generell gelten Werte von weniger als 30 mJ/m^2 als niedrig (z.B. Cu-, Co-Legierungen, austenitische Stähle) und Werte deutlich darüber (z.B. Al-Legierungen, Stähle) als hoch.
Zwischen dem *Verformungsverhalten von kfz- und krz-Metallen* bestehen einige signifikante Unterschiede. So sind die Schraubenversetzungen in krz-Gittern offenbar in drei Teilversetzungen aufgespalten, von denen jede in einer anderen Ebene liegen kann. Zum Gleiten, das nur in einer Ebene möglich ist, muß die Versetzungsaufspaltung in den anderen Ebenen aufgehoben werden. Da je nach den bestehenden Spannungsverhältnissen schließlich alle drei Aufspaltungsebenen als Gleitebenen benutzt werden können, ist das Quergleiten in krz-Gittern stark erleichtert. Damit setzt eine dynamische Erholung bereits bei geringeren Verfestigungen ein.
Eine weitere Besonderheit von krz-Metallen besteht darin, daß ihre Fließspannung selbst von geringsten Gehalten interstitiell gelöster Fremdatome stark beeinflußt wird. Die kleineren Zwischengitterplätze in krz-Gittern veranlassen die Fremdatome zu sehr viel stärkeren Gitterverzerrungen und zu Blockierungen *(„Pinnen“)* der vorhandenen Gleitversetzungen in Form sog. *Cottrellwolken*. Dadurch ergeben sich zu Beginn der plastischen Verformung sehr inhomogene Verformungsabläufe, die zu einer sog. *Streckgrenze* führen (vgl. Abb.B.2-26, -27). Beispiele hierfür sind Fe mit interstitiell gelösten C- oder N-Atomen oder Mo mit gelöstem C, N oder O. Kennzeichnend für krz-Metalle ist schließlich auch eine zu tieferen Temperaturen hin zunehmende Verfestigung, die mit einem spröden Verhalten endet.

2.1.3.2 Verformung von Vielkristallen

Bei einem Einkristall läßt sich wegen seiner einheitlichen Gitterorientierung ein geometrischer Zusammenhang zwischen der Richtung der äußeren Beanspruchung und den Gleitebenen des Kristalles herstellen. Dies ist bei einem Polykristall mit zufälliger Ausrichtung seiner Kristallite jedoch nicht mehr möglich. So können Körner mit zur Beanspruchung günstiger und ungünstiger Orientierung benachbart sein. Die sich in ihnen einstellenden elastischen und plastischen Verformungsreaktionen müssen in ihrem Gesamtbetrag so zueinander passen, daß der Werkstoffzusammenhang an den Korngrenzen nicht verlorengeht. Damit solche Anpassungsverformungen von jedem der aneinander gekoppelten, aber beliebig orientierten Körner problemlos ausgeführt werden können, muß das Kristallgitter mindestens fünf voneinander unabhängige Gleitsysteme *(„Taylorsche Kontinuitätsbedingung")* aufweisen. Hierbei drehen sich die Kristallite je nach Orientierung und Beanspruchungsrichtung in begrenztem Umfange in günstigere Positionen, so daß bei großen plastischen Verformungen eine bevorzugte Orientierung (Textur) der deformierten Körner erkennbar wird. Jeder Gittertyp bildet für ihn charakteristische *Verformungstexturen* mit entsprechend anisotropem Verhalten aus.
Bei Metallen mit weniger als fünf Gleitsystemen müssen die in benachbarten Körnern auftretenden, unterschiedlichen plastischen Verformungen durch elastische Deformationen und gegebenenfalls Zwillingsbildung ausgeglichen werden. Da sich in diesem Fall sehr schnell hohe Spannungen aufbauen, lassen sich ohne Rißbildung und Bruch nur relativ geringe Verformungsgrade erreichen.
In Vielkristallen beginnt wegen der Aneinanderkopplung unterschiedlich orientierter Körner die plastische Verformung sofort mit Mehrfachgleitung und Verfestigung. An der Korngrenze enden die Gleitebenen eines Kristallits, die Korngrenzen von Vielkristallen

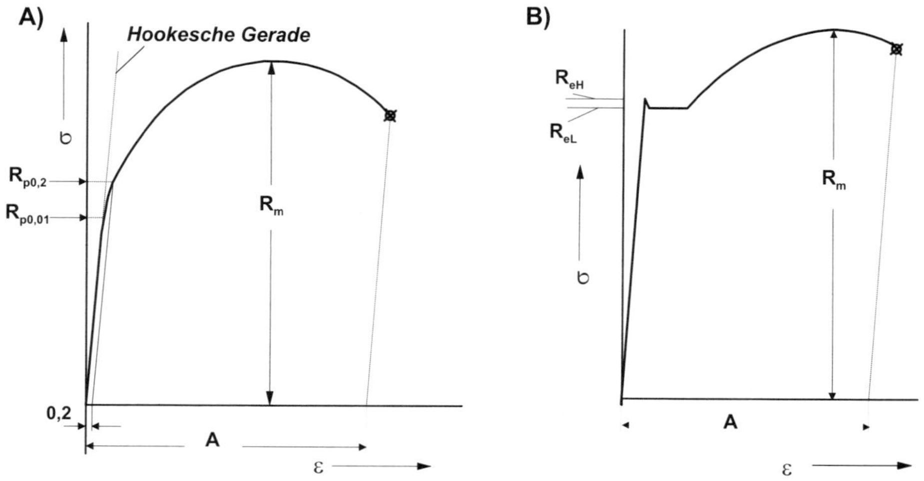

Abb. B.2-25 Spannung-Dehnung-Kurve von Vielkristallen
A) Mit Dehngrenze B) Mit Streckgrenze

wirken daher neben den aus Versetzungsreaktionen gebildeten Hemmnissen ebenfalls als Versetzungshindernisse. Die durch die äußere Beanspruchung in entsprechenden Gleitebenen eines Korns erzeugten und bewegten Versetzungen stauen sich an seinen Grenzen auf, bilden dabei im Bereich der Korngrenze lokale Spannungsfelder aus, die in das Nachbarkorn hineinreichen und durch Aktivierung von Versetzungsquellen auch dort Gleitvorgänge veranlassen können. Auf diese Weise werden die aufgestauten Spannungen umgelagert und alle Körner in den Deformationsprozeß einbezogen. Demnach fehlt in Spannung-Dehnung-Kurven von Vielkristallen wegen der sofort erforderlichen Mehrfachgleitung der Verfestigungsbereich I, auch liegt die Fließspannung wegen der aufstauenden Wirkung der Korngrenzen bei Vielkristallen generell höher als bei Einkristallen.

Bei den Spannung-Dehnung-Kurven technischer Vielkristalle müssen solche Kurven mit einem *kontinuierlichen* Übergang von elastischer zu überwiegend plastischer Verformung und andere mit einem *diskontinuierlichen* Übergang unterschieden werden (Abb. B.2-25). Im Fall eines Spannung-Dehnung-Verhaltens entsprechend Abb. B.2-25,A wird zur Kennzeichnung der Beanspruchung, bei der der Übergang *„elastisch-plastisch“* erfolgt, vereinbarungsgemäß eine *0,2%-Dehngrenze* $R_{p0,2}$ bestimmt. Der Wert wird durch Schnitt der Kurve mit einer Parallelen im Abstand $\varepsilon = 0,2\%$ zur Hookeschen Geraden ermittelt.

Es handelt sich bei der Dehngrenze $R_{p0,2}$ um die Spannung, die zu einer *nichtproportionalen* Dehnung von 0,2% führt. Diese Dehnung von 0,2 % besteht im allgemeinen in einer plastischen Verformung, sie kann aber auch nichtlineare elastische bzw. anelastische Anteile enthalten. Der willkürliche Wert von 0,2% hat sich als zweckmäßig erwiesen, er ist einerseits groß genug, um mit mäßigem Aufwand gemessen werden zu können, andererseits aber noch so klein, daß er den Übergang „elastisch-plastisch“ ausreichend gut kennzeichnet. Für eine weitere Annäherung an den Übergangswert kann z. B. mit $R_{p0,01}$ eine sehr viel feinere Dehngrenze, allerdings mit schon deutlich höherem Meßaufwand ermittelt werden. Die 0,01%-Dehngrenze wird auch als *technische Elastizitätsgrenze* bezeichnet. Die Angabe anderer Kennwerte für den elastisch-plastischen Übergang wie Elastizitäts- oder Proportionalitätsgrenze sollte unterbleiben, weil sich diese Werte einer genauen experimentellen Bestimmung entziehen. Mit zunehmender Empfindlichkeit der Meßapparatur verschieben sich nämlich diese „Kennwerte“ immer weiter in Richtung Ursprung des Spannung-Dehnung-Diagramms.

Als Folge dynamischer Erholungsvorgänge wird bei einachsiger Zugbeanspruchung von einem bestimmten Dehnwert an die an irgendeiner Stelle der Probe durch Querschnittsminderung eintretende Spannungserhöhung nicht mehr vollständig durch Verfestigung ausgeglichen, und es kommt zu einer *Einschnürung* des Querschnitts. So existiert ein auf den Ausgangsquerschnitt bezogener maximaler Beanspruchungswert R_m (*Festigkeit*), dessen Überschreiten zum Bruch des Werkstoffs führt. Die *Bruchdehnung A* kennzeichnet die Duktilität des Werkstoffs.

Während ein kontinuierlicher Spannung-Dehnung-Verlauf mehr für kfz-Metalle typisch ist, tritt bei krz-Metallen im allgemeinen ein unstetiger Übergang „elastisch-plastisch“ derart auf, daß die Spannung mit Beginn des makroplastischen Fließens konstant bleibt oder gar merklich auf einen niedrigeren, dann konstant bleibenden Wert abfällt. Die Beanspruchung, bei der dieses abrupte plastische Fließen einsetzt, wird als *Streckgrenze* bezeichnet. Zeigt sich, wie in Abb. B.2-25, B dargestellt, ein

Spannungsabfall, so wird zwischen oberem und unterem Streckgrenzenwert R_{eH} bzw. R_{eL} unterschieden. Die Streckgrenze ist in ihrer Qualität als Festigkeitskennwert etwa einer technischen Elastizitätsgrenze gleichzusetzen, wobei die Streckgrenze vorteilhafterweise ohne aufwendige Verformungsmessung nur mit der Kraftmessung ermittelt werden kann.
Wie schon angedeutet wurde, beruht das Auftreten einer Streckgrenze auf der Blockierung der vorhandenen Gleitversetzungen durch Fremdatome. Fremdatome finden, besonders wenn sie im Überschuß gelöst sind, im Verzerrungsfeld von Versetzungen energetisch günstigere Positionen vor als im ungestörten Gitter. Sie ordnen sich dann als sog. *Cottrell-Wolken* bevorzugt im Bereich der Versetzungslinie an und erhöhen deren Bewegungswiderstand. Für das Losreißen von Versetzungen aus derartigen Verankerungen werden höhere Spannungen benötigt als für ihre Weiterbewegung. Die Losreißspannung wird zuerst an einer Stelle erreicht, an der durch Mikro- oder Makrodefekte eine Spannungsspitze entstanden ist. Das dann in einem lawinenartigen Vorgang von Versetzungslosreißen und -erzeugen einsetzende, hochlokalisierte Gleiten verfestigt den abgeglittenen Bereich. Bei Weiterbeanspruchung entwickelt sich im verfestigten Bereich eine Spannungserhöhung, die dann in den Nachbarbereichen Losreißprozesse startet, so daß die plastische Verformung nicht wie normal im gesamten Werkstoffvolumen gleichmäßig, sondern nach und nach an einzelnen Stellen im Werkstoff beginnt.

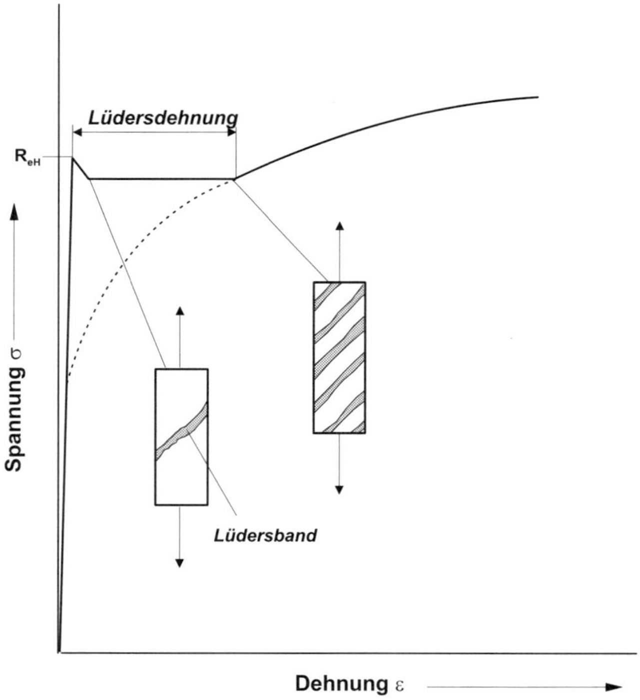

Abb.B.2-26 Lüdersdehnung im Bereich der Streckgrenze (nach Lit. B.30)

Das Abgleiten eines Werkstoffbereiches erscheint auf einer polierten Werkstoffoberfläche in Form einer bandförmigen Abgleitungsfront. Diese Abgleitungsfront wird als *Lüdersband* bezeichnet. Die weitere Verformung erfolgt dann bei makroskopisch konstanter Spannung unter Ausbreitung von Lüdersbändern über das gesamte Werkstoffvolumen (Abb.B.2-26). Erst nach Beendigung der Lüdersverformung liegt im Werkstoff ein einheitlicher Verformungs- und Verfestigungszustand vor, die weitere Verformung und Verfestigung des Werkstoffs vollzieht sich bis zur Querschnittseinschnürung bei R_m homogen.

Die Streckgrenze ist also auf die Blockierung vorhandener Gleitversetzungen durch spezielle Fremdatome zurückzuführen, der Beginn des plastischen Gleitens wird durch sie bis zur Spannung R_{eH} bzw. R_{eL} unterdrückt. Beim Fehlen solcher Blockierungen nähme die Spannung-Dehnung-Kurve den normalen kontinuierlichen Verlauf, wie er in Abb. B.2-26 gestrichelt dargestellt ist. Streckgrenzerscheinungen treten nicht nur bei krz-Metallen mit interstitiell gelösten Fremdatomen auf und hier insbesondere bei den ungehärteten Stählen mit niedrigem bis mittlerem C-Gehalt, sondern auch in kfz-Legierungen, z. B. Al-, Cu- und Ni-Werkstoffen.

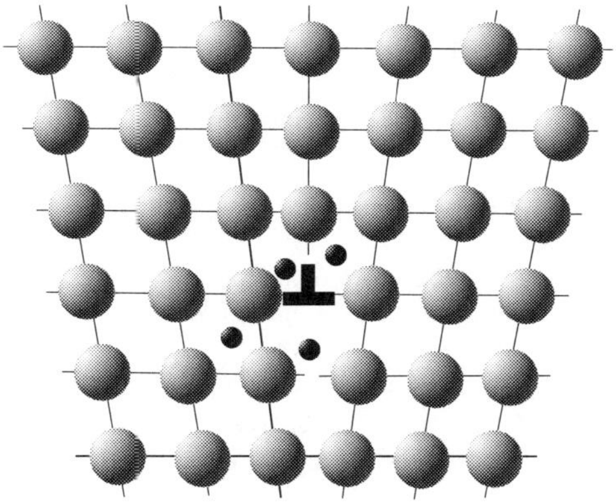

Abb. B.2-27 Versetzungsblockierung durch bevorzugte Ausscheidung von Einlagerungsatomen an Versetzungen (sog. Cottrell-Wolke)

Die bevorzugte Anordnung interstitiell gelöster C- oder N-Atome im Bereich der Versetzungslinie in Form einer sog. Cottrell-Wolke zeigt Abb. B.2-27. Zu dieser Anordnung kommt es durch Diffusionsvorgänge, die bei Einlagerungsatomen im allgemeinen schon bei Raumtemperatur ablaufen können, im Fall von Fe als Matrixgitter hierfür allerdings eine Zeit in der Größenordnung von Tagen bis Wochen in Anspruch nehmen. Da die Bildung der Cottrell-Wolken ein zeitabhängiger Vorgang und wegen der Verankerung von Versetzungen mit einer Versprödung verbunden ist, wird diese Erscheinung auch als *Alterung* bezeichnet.

Nach einer Vorbeanspruchung über den Lüdersbereich hinaus, beispielsweise in Abb. B.2-28,A bis zum Punkt x, tritt bei einer unmittelbar folgenden Wiederbelastung keine Streckgrenze mehr auf (Abb. B.2-28, B), weil durch Versetzungsmultiplikationen nun genügend Versetzungen vorhanden sind, die nicht von Fremdatomen verankert werden.

Liegt jedoch zwischen der Vorbeanspruchung bis x und der Wiederbelastung eine ausreichend lange Diffusionsdauer, die für Stahl bei etwa 100 bis 150 °C im allgemeinen nur noch wenige Minuten beträgt, so sind die Fremdatome an die neu gebildeten Versetzungen schon wieder in so großer Menge herandiffundiert, daß erneut eine Streckgrenze auftritt (Abb. B.2-28, C). Da sich der Alterungseffekt durch die bei der Vorverformung neugebildeten Versetzungen ganz wesentlich verstärkt, wird in diesem Fall von *Reckalterung* gesprochen.

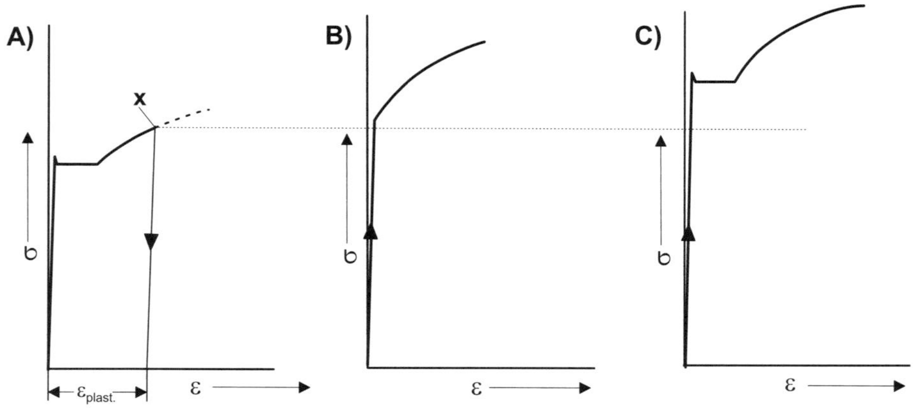

Abb. B.2-28 Reckalterung (nach Lit. B.17)
A) Vorbeanspruchung bis x („Recken“)
B) Spannung-Dehnung-Kurve unmittelbar nach dem Recken
C) Spannung-Dehnung-Kurve nach Recken und Lagern (Alterungseffekt)

Mit zunehmender Temperatur werden auch die an Versetzungen stabiler angeordneten Fremdatome beweglicher. Ist die thermische Bewegungsenergie so groß, daß die Fremdatome ihre Vorzugsplätze an den Versetzungen verlassen und damit ihre Verankerungsfunktion aufgeben, dann verschwindet die Streckgrenze zugunsten eines kontinuierlichen Spannung-Dehnung-Verlaufs. Bei tiefen Temperaturen existiert also ein genau definierter Lüders-Dehnungsbereich, der beendet ist, wenn sich alle Gleitversetzungen von ihren Blockierungsatomen losgerissen haben. Die Diffusionsgeschwindigkeit der Fremdatome liegt dann zu niedrig, um den Gleitversetzungen während der Verformung folgen zu können. Bei hohen Temperaturen ist andererseits die thermische Beweglichkeit der Fremdatome so groß, daß das Spannungsfeld einer Versetzung für sie keinen bevorzugten Gitterplatz mehr liefert und eine Blockierung nicht mehr stattfindet. Dazwischen besteht aber ein Temperaturbereich, in dem die Fremdatome die Versetzungen wohl noch blockieren, ihre Diffusionsfähigkeit aber bereits so groß ist, daß sie nach dem Losreißen fixierter Versetzungen mit diesen mit oder an andere Versetzungen herandiffundieren und sie von neuem verankern.
Hierdurch entwickelt sich die Streckgrenze über den gesamten Spannung-Dehnung-Bereich ständig neu, der Werkstoff unterliegt einer *dynamischen Reckalterung*. Die Spannung-Dehnung-Kurve zeigt dann einen unstetigen, gezackten Verlauf (Abb. B.2-29), eine Erscheinung, die auch *Portevin-Le Chatelier-Effekt* genannt wird.

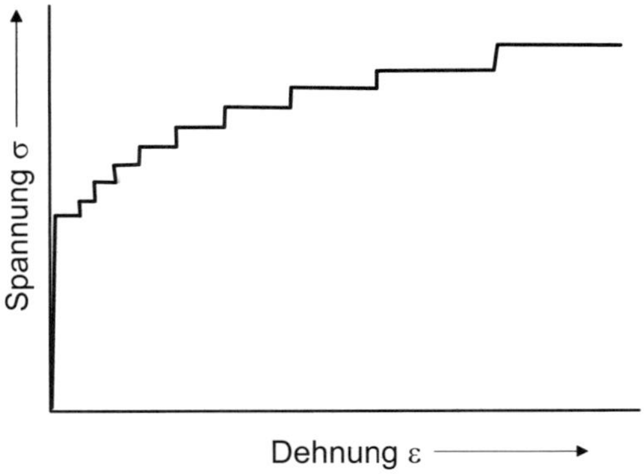

Abb. B.2-29 Dynamische Reckalterung (Portevin-Le Chatelier-Effekt)

Werden nach einer bis in den plastischen Bereich vorgenommenen Beanspruchung die Entlastungs- und eine Wiederbelastungskurve sehr empfindlich aufgenommen, so zeigt sich eine bei den einzelnen Werkstoffen unterschiedlich große Hysterese zwischen beiden Kurven (Abb. B.2-30). Die bei der Erstbeanspruchung bewirkte Versetzungswanderung erzeugt durch Aufstau von Versetzungen rücktreibende Spannungen, so daß die Versetzungswanderung zu einem geringen Anteil reversibel ist und bei der Entlastung als anelastischer Verformungsanteil zurückgeht.
Dieser Effekt ist bei Umkehr der Belastungsrichtung noch sehr viel stärker ausgeprägt. Er führt zu einer beachtlichen Erniedrigung beispielsweise der Druck-Fließgrenze, wenn der Druckbeanspruchung eine plastische Zugverformung vorausgegangen ist. Dieser als *Bauschinger-Effekt* bekannte Sachverhalt wird ebenfalls dadurch erklärt, daß der bei der Erstbeanspruchung entstandene Versetzungsaufstau ein Spannungsfeld hinterläßt, das die Versetzungswanderung bei Beanspruchungsumkehr erleichtert.

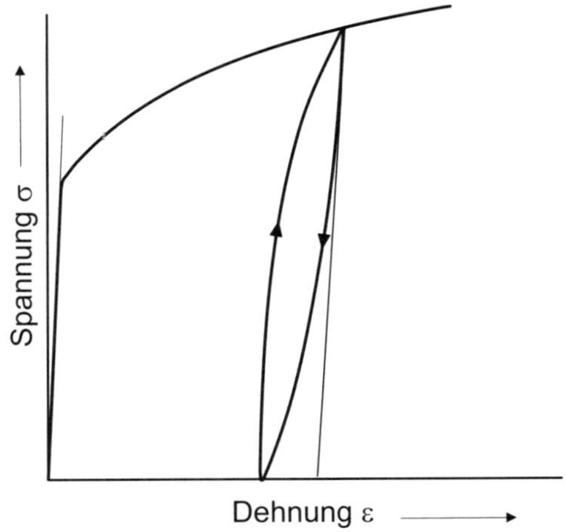

Abb. B.2-30 Durch Vorverformung bewirkte Anelastizität

2.1.3.3 Wahre Spannung-Dehnung-Kurve

In den Spannung-Dehnung-Kurven nach Abb. B.2-25 sind – wie bei Verfahren zur Ermittlung von Beanspruchungskennwerten üblich – sowohl die Beanspruchung mit $\sigma = F/A_0$ als auch die Dehnung mit $\varepsilon = \Delta L/L_0$ auf ihre jeweiligen Ausgangsgrößen A_0 bzw. L_0 bezogen. Querschnittsminderungen beispielsweise, die zu höheren wirklichen Spannungen führen, bleiben unberücksichtigt. In den Kurven erscheint daher mit der Zugfestigkeit R_m ein Maximalwert, nach dessen Überschreiten die Spannung σ trotz weiterer plastischer Verformung und Verfestigung abfällt. Diese scheinbar unkorrekte Vorgehensweise kann jedoch hingenommen werden, weil der Konstrukteur, der solche Kennwerte benötigt, im allgemeinen auf möglichst kleine Verformungen bei möglichst hoher Beanspruchung, also auf Beanspruchungen im überwiegend elastischen Verformungsbereich seines Werkstoffs hinarbeitet. Das plastische Verhalten interessiert ihn nur insofern, als damit ein wichtiger Hinweis auf die Sprödbruchempfindlichkeit des Werkstoffs im Fall unvorhergesehener Überbeanspruchungen gegeben ist.

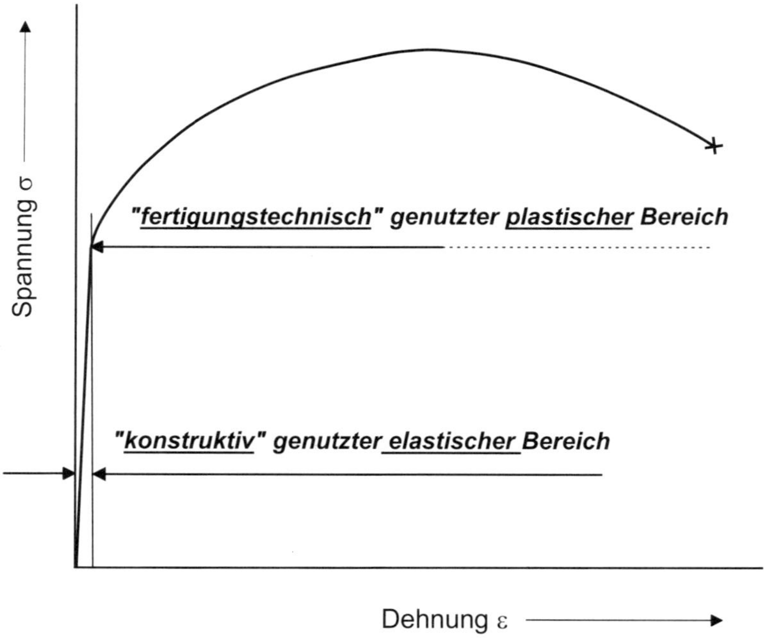

Abb. B.2-31 Konstruktiv und fertigungstechnisch nutzbares Verformungsverhalten metallischer Werkstoffe

Anders sind dagegen die Interessen des Fertigungstechnikers gelagert. Er nutzt beim Umformen die Plastizität der Werkstoffe zur Herstellung von Formteilen aus und empfindet die begleitende elastische Verformung als ausgesprochen störend (Abb.B.2-31). Für ihn sind dann zur Berechnung der beim Umformen auftretenden Kräfte die *wahren Spannungen* in Abhängigkeit von den *wahren Verformungen* maßgebend. Bei der

wahren Spannung σ_w bzw. der wahren Dehnung ε_w werden die Verformungskraft F bzw. die Verlängerung ΔL auf den tatsächlichen, sich mit der Verformung ändernden Bezugswert „wahrer Querschnitt A_w" bzw. „wahre Länge L_w" bezogen. Die wahre Spannung $\sigma_w = F/A_w$ wird als *Formänderungsfestigkeit* k_f, die wahre Dehnung $\varepsilon_w = \Delta L/L_w$ wird – logarithmiert – als *Formänderung* ϕ („Verformungsgrad") bezeichnet.
Der Verformungsgrad ϕ ergibt sich dabei zu:

$$\phi = \int_{L_0}^{L} dL'/L' = \ln L' \Big|_{L_0}^{L} = \ln L/L_0.$$

Der Verlauf der Formänderungsfestigkeit k_f in Abhängigkeit vom Verformungsgrad ϕ heißt *Fließkurve*. Der Fließkurve $k_f = f(\phi)$ kommt für die Berechnung von Umformvorgängen die gleiche Bedeutung zu wie dem Spannung-Dehnung-Diagramm $\sigma(\varepsilon)$ für die Berechnung tragender Konstruktionen. Da mit beginnender Einschnürung die Verformung nicht mehr gleichmäßig über die gesamte Probenlänge stattfindet und sich überdies im Einschnürbereich ein mehrachsiger Spannungszustand einstellt, kann die Verformung ϕ nur im Bereich gleichmäßiger Dehnung gültig bestimmt werden.
In Abb. B.2-32 sind Fließkurve und Spannung-Dehnung-Diagramm eines Werkstoffs vergleichend dargestellt. Im Fall von Zugverformung liegt k_f wegen abnehmenden Querschnitts ein kleinerer, ϕ dagegen wegen zunehmender Länge ein größerer Bezugswert zugrunde als σ bzw. ε. Daher ist k_f jeweils größer als σ und ϕ jeweils kleiner als ε.

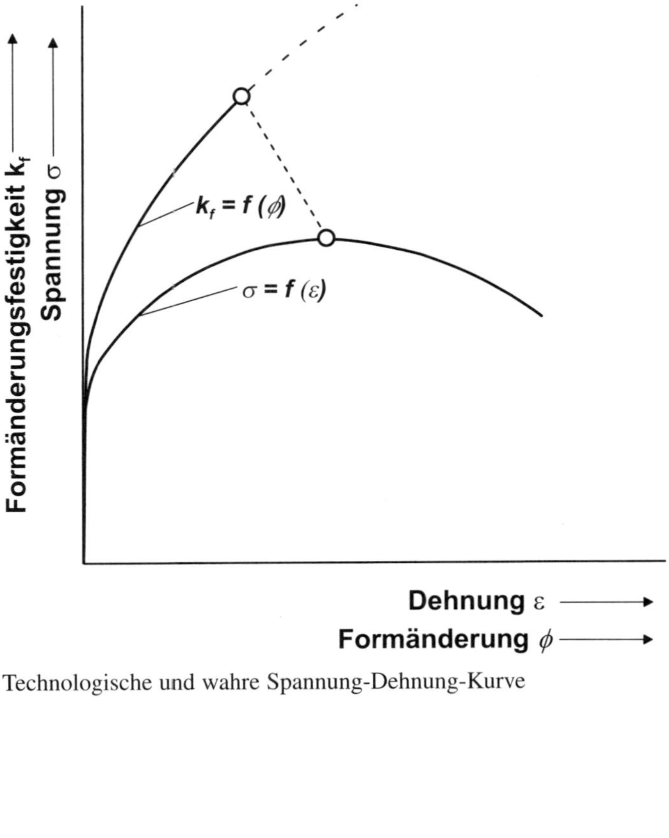

Abb. B.2-32 Technologische und wahre Spannung-Dehnung-Kurve

2.1.4 Verformungsverhalten bei hohen Temperaturen

2.1.4.1 Verformungsmechanismen

Mit hohen Temperaturen sind hier größenordnungsmäßig Temperaturen oberhalb $0{,}4 \cdot T_s$ des jeweiligen Basismetalls gemeint. Für diesen Temperaturbereich ($T > 0{,}4 \cdot T_s$) muß auch bei konstant bleibender Beanspruchung mit zusätzlichen thermisch aktivierten, zeitabhängigen Deformationsvorgängen gerechnet werden. Das thermisch beeinflußte Verhalten von Metallen hängt eng mit dem thermischen Bewegungszustand des Gitters zusammen. Der thermische Bewegungszustand verschiedener Metalle kann nur miteinander verglichen werden, wenn sie sich auf vergleichbarem, homologem Temperaturniveau befinden. Als *homologe Temperatur* bezeichnet man das Verhältnis der tatsächlich vorliegenden Temperatur zur Schmelztemperatur des jeweiligen Metalles in Kelvin. In Tabelle B.2-1 ist die Temperatur $0{,}4 \cdot T_s$ einiger Metalle als homologe Temperatur in °C aufgeführt.

Tab. B.2-1 Homologe Temperatur $0{,}4 \cdot T_s$ einiger Metalle

Metall	Schmelztemperatur T_s in °C	$0{,}4 \cdot T_s$ als homologe Temperatur T_{hom} in °C
Blei	321	-35
Aluminium	660	100
Kupfer	1083	270
Eisen	1536	450
Wolfram	3380	1188

Plastische Verformung beruht auch im Temperaturbereich $T > 0{,}4 \cdot Ts$ in erster Linie auf durch Versetzungswanderung herbeigeführten Gleitvorgängen. Die zur Bewegung von Versetzungen erforderliche Reibspannung nimmt mit steigender Temperatur ab, so daß eine bei erhöhter Temperatur ermittelte Warmstreck- bzw. -dehngrenze gegenüber dem Raumtemperaturwert niedriger liegt. Ein entscheidender Unterschied zum Verformungsverhalten bei tieferen Temperaturen besteht jedoch darin, daß die Versetzungen nun thermisch aktivierte Bewegungen, insbesondere Kletterbewegungen ausführen und sich so durch Verformung gebildete Versetzungsstrukturen umordnen oder gar auflösen können. Durch derartige Versetzungsumordnungen und -auslöschungen wird den sich im Zuge der plastischen Verformung einstellenden Verfestigungen ein unmittelbar oder später nachfolgender Entfestigungsprozeß überlagert. Dies hat zur Folge, daß in einem durch konstante Last beanspruchten Werkstoff ein auf Dauer stabiler Verfestigungszustand nicht mehr erreicht werden kann und bei Beanspruchungen in diesem Temperaturbereich mit zeitabhängigen Weiterverformungen (sog. Kriechen) gerechnet werden muß.
Zwischen dem Widerstand gegen Kriechen und der Korngröße besteht zumindest bei sehr hohen Temperaturen ein genau umgekehrter Zusammenhang wie zwischen Fließgrenze und Korngröße. Im Gegensatz zum unteren Temperaturbereich, in dem Korngrenzen als

Barriere für die Versetzungsbewegung verfestigend wirken, stellen sie sich bei ausgeprägt hohen Temperaturen als „Schwachstellen" des Gefüges heraus. Grobkörnige Gefüge besitzen dann günstigere Kriecheigenschaften als feinkörnige.
Offenbar trägt zum Kriechen neben thermisch aktivierten Versetzungsbewegungen ein weiterer, als Korngrenzgleiten bezeichneter Vorgang bei. Als Folge der hohen thermischen Beweglichkeit beteiligen sich die in den Korngrenzen schwächer gebundenen Atome durch Umlagerungen ebenfalls an einem Abbau der aus der äußeren Beanspruchung resultierenden Gitterspannungen. Es finden mit dem Korngrenzgleiten lokale, viskose Fließvorgänge an den Korngrenzen statt. Da die Korngrenzen nicht eben sind, treten bereits bei geringen Verschiebungen in einer Korngrenze beträchtliche Spannungsspitzen auf, die dadurch abgebaut werden, daß entsprechende Verformungen mittels Versetzungsbewegung oder durch Diffusion von Leerstellen aus Zugspannungs- in Druckspannungsbereiche hinein stattfinden. Dabei verändert sich die Kornform. Bei tieferen Temperaturen diffundieren die Leerstellen vorzugsweise an den Korngrenzen, bei höheren überwiegend in der Matrix. Mitunter werden die durch Leerstellendiffusion ermöglichten Kriechverformungen auch als eigenständiger Kriechmechanismus angesehen und mit Diffusionskriechen bezeichnet. Nehmen die diffundierenden Leerstellen ihren Weg durch das Gitter, so wird von einem Nabarro-Herring-Mechanismus gesprochen, im Falle einer Diffusion der Leerstellen in den Korngrenzen von einem Coble-Mechanismus.
Der Effekt des Korngrenzgleitens kann bei metallischen Werkstoffen aber auch zur Erzielung einer extremen Plastizität ausgenutzt werden. Voraussetzung hierfür ist ein Gefüge mit sehr feinem Korn. Bei geeigneten Temperaturen und niedrigen Verformungsgeschwindigkeiten läßt sich dieses Gefüge vor allem durch Korngrenzgleiten um mehrere hundert Prozent ohne Einschnürung plastisch verformen. Die erwähnte gleichzeitig erforderliche Anpassungsverformung des Korninneren geschieht durch thermisch aktivierte Versetzungsbewegungen. Zur Aufrechterhaltung dieser als Superplastizität bezeichneten Eigenschaft muß mit Hilfe von Teilchen einer zweiten Phase oder mit Hilfe eines Mikro-Duplexgefüges verhindert werden, daß sich das Korn während der „superplastischen" Verformung vergröbert.

2.1.4.2 Entfestigungsvorgänge

Die Bewegungsfähigkeit der Gitterbausteine bei Temperaturen oberhalb $0{,}4 \cdot T_s$ macht einen Strukturumbau in Richtung eines energieärmeren, stabileren Gefüges möglich. Da diese Strukturänderungen generell einen Abbau von Versetzungshindernissen bedingen, bedeuten sie letztlich auch eine Werkstoffentfestigung. Die zur Entfestigung führenden Veränderungen der Versetzungsstruktur werden als Erholung und Rekristallisation bezeichnet, während eine Verminderung von Teilchen- und von Korngrenzenverfestigungen auf Vergröberungsprozesse zurückzuführen ist.

Erholung
Die bei einer plastischen Verformung aufgewendete Energie wird zum größten Teil in Wärme umgesetzt, der Rest bleibt im Gitter in Form zahlreicher Defekte (elastisch) gespeichert. Diese Defekte sind in erster Linie Versetzungen und Leerstellen, ferner Zwischengitteratome, Stapelfehler und Zwillinge. Der weitaus überwiegende Teil der

gespeicherten Energie ist in den Versetzungen enthalten, deren Zahl durch die Verformung stark erhöht wurde. Die treibende Kraft für einen Erholungs- oder einen Rekristallisationsvorgang wird also aus dem Verzerrungspotential gespeist, das sich mit der Erzeugung von Versetzungen im verformten Gitter aufgebaut hat.
Durch die plastische Verformung entsteht zunächst eine relativ gleichmäßige, über das Kornvolumen statistisch verteilte, dichte Versetzungsanordnung. Da es sich hierbei um einen Zustand hoher Verzerrungsenergie handelt, streben die Versetzungen günstigere Anordnungen an. Energieärmere Anordnungen erreichen die Versetzungen durch Bildung einer sog. Zellstruktur, indem sie unter der Wirkung ihrer Spannungsfelder Hindernisse durch Quergleiten überwinden und sich in einem dichten, praktisch zweidimensionalen Maschenwerk konzentrieren. Das von dem Maschenwerk (Zellwand-Grenze) umschlossene Gittervolumen (Zellinneres) ist dann relativ versetzungsarm. Diese Versetzungsumordnung bewirkt eine Verminderung der elastischen Verspannung des verformten Gitters, weil sich die Wechselwirkungsenergie der Versetzungen durch ihre Konzentration in Zellwänden teilweise aufhebt. Weiterhin findet während der Zellbildung bereits eine Verminderung der Versetzungsdichte durch Verkürzung der Versetzungslängen und durch Auslöschungen von Versetzungen statt. Es leuchtet ein, daß mit dieser Änderung der Versetzungsstruktur auch eine gewisse Abnahme der Verformungsverfestigung einhergeht. Die Zellbildung macht daher einen wesentlichen Teilvorgang der Erholung aus.
Inwieweit in einem verformten Gitter die Ausbildung einer Zellstruktur möglich ist, hängt von der Reinheit, dem Verformungsgrad, der Verformungstemperatur und sehr wesentlich von der Stapelfehlerenergie des Gitters bzw. seiner Fähigkeit zum Versetzungsquergleiten ab. Fremdatome wirken sich schon in Verunreinigungskonzentrationen vielfach hemmend auf Entfestigungsvorgänge aus, während die Neigung zur Zellbildung mit höherem Verformungsgrad, d. h. höherer Versetzungsdichte und höherer Temperatur zunimmt. Eine entscheidende Rolle spielt jedoch die Stapelfehlerenergie. In Gittern mit geringer Stapelfehlerenergie zeigen die Versetzungen – wie schon mehrfach erwähnt – sehr weite Aufspaltungen. Schraubenversetzungen können dann nur noch in dem Maße quergleiten, wie ihre Aufspaltung zumindest in Teilbereichen durch thermische Fluktuation oder entsprechend gerichtete Spannungen aufgehoben wird. Daher liegt in Metallen mit niedriger Stapelfehlerenergie wie Kupfer, Nickel, deren Legierungen und austenitischen Stählen nur eine relativ geringe Fähigkeit zur Zellbildung und zur Erholung vor. In Metallen hoher Stapelfehlerenergie wie Aluminium oder α-Eisen erscheinen hingegen gut ausgebildete Zellstrukturen.
Der Erholungsprozeß schreitet bei höheren Temperaturen fort, indem nun auch Stufenversetzungen durch einsetzende Diffusion kletterfähig werden. Die restlichen von der Verformung herrührenden Versetzungen im Zellinnern werden in die Zellwände eingebaut und die anfangs diffusen Zellwände durch weitere Versetzungsumordnungen und -reaktionen immer stärker und schärfer ausgeprägt, bis der Zellbereich gegenüber benachbarten Zellen eine eigene Orientierung mit allerdings geringem Winkelunterschied ($<15°$) aufweist. Von diesem Zeitpunkt an bezeichnet man den Zellbereich treffender als Subkorn und die Zellwände als Subkorn- oder Kleinwinkelkorngrenzen. Der Bildung von Subkörnern folgt dann ein allgemeines Wachsen der Subkörner. Das Subkornwachsen kann als normaler Kornwachstumsvorgang vor sich gehen, bei dem durch Bewegen von Subkorngrenzen Subkörner unter Aufzehrung anderer wachsen. Mitunter besteht dieser Vorgang auch aus einem Vereinigungsprozeß (Subkorn-Koaleszenz),

bei dem sich einzelne Grenzen zwischen Subkörnern durch Versetzungsklettern auflösen und während dieses Auflösungsprozesses die Orientierungsdifferenzen zwischen den ehemaligen Subkörnern aufheben. Der Ausbildung und dem Wachsen von Subkörnern liegt ein komplexer Kletterprozeß zugrunde, der in einfacher Form an gebogenen Einkristallen als sog. Polygonisation beobachtet werden kann.

Rekristallisation

Unter Erholung versteht man alle Veränderungen der durch Verformung erzeugten Defektstruktur ohne grundsätzliche Veränderung der ursprünglichen Kornstruktur. Dazu zählen insbesondere das Ausheilen von Leerstellen sowie das Umordnen von Versetzungen in günstigere Positionen und deren teilweises Auslöschen. Hiermit ist je nach Fortgang des Erholungsprozesses eine im allgemeinen mäßige Entfestigung verknüpft.
Die in den Subkorngrenzen gespeicherten Versetzungen bedeuten aber noch immer eine erheblich über dem Gleichgewichtsniveau liegende Versetzungsdichte mit entsprechender Verfestigung. So besitzt das erholte, aber noch stark verzerrte Gitter eine beachtliche freie Enthalpie als treibende Kraft für eine weitergehende Entfestigungsreaktion. Diese Entfestigung läuft bei ausreichender thermischer Aktivierung normalerweise in Form der sog. Rekristallisation ab. Es werden dabei neue Kornbereiche sichtbar, die bis zur restlosen Aufzehrung der alten Körner wachsen und ein völlig neues, verzerrungsarmes und entspanntes Korngefüge entstehen lassen. Die neuen Kornbereiche entwickeln sich als Rekristallisationskeime meist aus besonders wachstumsfähigen Subkörnern, bei niedrigen Verformungsgraden auch durch Weiterbewegen eines mobilen Teilstückes einer der noch vorhandenen Großwinkel-Korngrenzen. In beiden Fällen geht die Rekristallisation durch Wandern einer Korngrenze vonstatten, wobei sich diese Korngrenze in ein versetzungsreiches Gebiet hineinbewegt, die Atome dieses Gebietes in ihrer wandernden Front aufnimmt und auf ihrer Rückseite in ein neues, versetzungsarmes Gitter eigener Orientierung wieder einbaut (Abb. B.2-33).
Der Rekristallisationsprozeß läuft um so intensiver ab, je weniger die vorangegangene Erholung fortgeschritten war und umgekehrt. Insofern stellen Erholung und Rekristallisation miteinander konkurrierende Vorgänge dar. Dies wird besonders deutlich, wenn Verformungstemperatur, -geschwindigkeit und Spannungszustand so gewählt werden, daß der Entfestigungsprozeß dynamisch, d. h. bereits während der Verformung stattfindet.

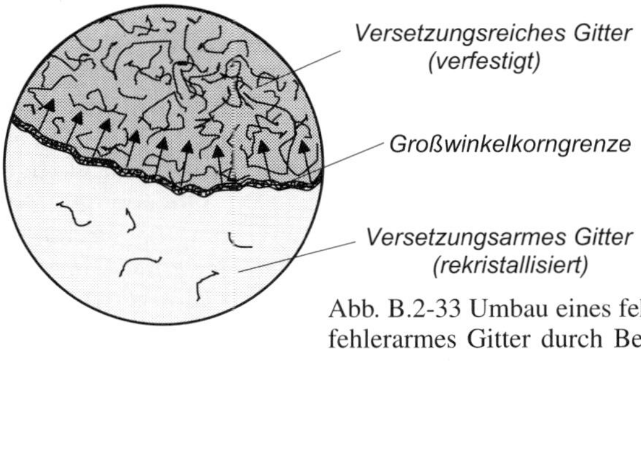

Abb. B.2-33 Umbau eines fehlgeordneten Gitters in ein fehlerarmes Gitter durch Bewegung einer Korngrenze

Bei dynamischer Erholung bildet sich während der Verformung eine Subkornstruktur aus, die im Fall hoher Stapelfehlerenergie zu so weitgehender Entfestigung führen kann, daß die verbleibende treibende Kraft für eine Rekristallisation nicht mehr ausreichend ist. Bei Aluminium kann so unter bestimmten Bedingungen eine Umformung ohne Verfestigung und ohne Rekristallisation vorgenommen werden. Die infolge dynamischer Erholung gebildete Subkornstruktur kann bei niedrigerer Stapelfehlerenergie auch zu einer dynamischen Rekristallisation führen. Es findet dann während der Verformung eine ständige Verfestigung und Entfestigung mit Kornneubildung statt.
Technologisch werden Verformungen mit Verfestigung als Kaltverformung, Verformungen mit vollständiger Entfestigung als Warmverformung bezeichnet. Die bei Kaltverformung und bei anschließender Entfestigung auftretenden Eigenschaftsänderungen sind in Abb. B.2-34 in qualitativer Form wiedergegeben. Bemerkenswert ist hierbei, daß die elektrische Leitfähigkeit κ im Bereich der Erholung bevorzugt durch das Ausheilen von Punktfehlern (Leerstellen, Zwischengitteratome) im allgemeinen stärker als die Verformbarkeit A ansteigt bzw. die Festigkeit R_p abfällt.

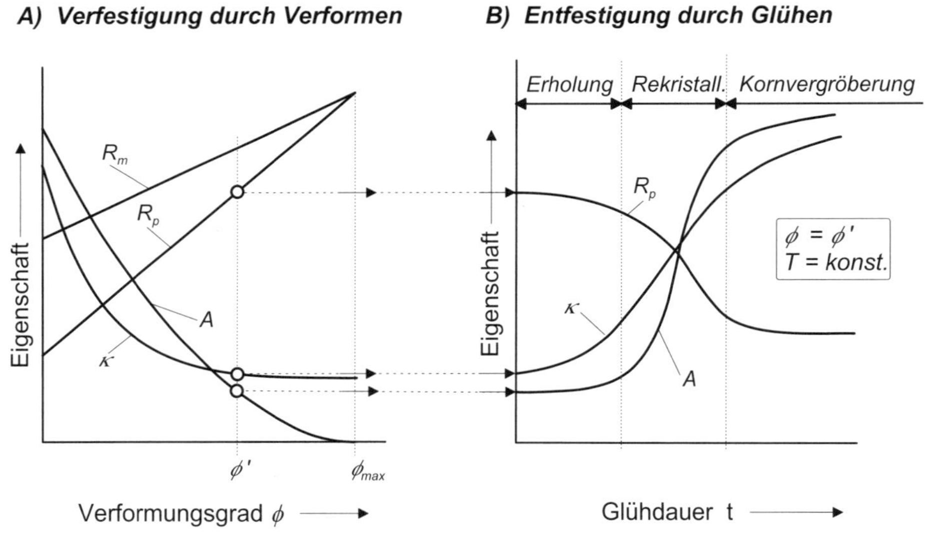

Abb. B.2-34 Änderung mechanischer und elektrischer Eigenschaften durch eine plastische Verformung und anschließendes Rekristallisationsglühen
R_m = Zugfestigkeit, R_p = Dehngrenze, A = Bruchdehnung, κ = elektrische Leitfähigkeit

Bei der Rekristallisation eines mit einer Verformungstextur behafteten Gefüges entsteht oft ein Gefüge mit einer neuen Vorzugsorientierung. Die Orientierung dieser Glüh- oder Rekristallisationstextur hängt dabei von der Ausrichtung der Verformungstextur ab. Die Texturen sind für den Verformungsvorgang und die jeweilige Gitterstruktur charakteristisch. Von der Möglichkeit, durch gezielte Verformungs- und Rekristallisationsmaßnahmen Texturen mit Vorzugsrichtungen geringen Magnetisierungsverlustes

erzeugen zu können, wird bei der Herstellung kornorientierter sog. Dynamobleche mit Goss- oder mit Würfeltextur Gebrauch gemacht.
Bei Kupfer, Kupferlegierungen und austenitischen Stählen findet man im rekristallisierten Gefüge eine Vielzahl von Zwillingsgrenzen, die während der Rekristallisation bzw. mehr beim nachfolgenden Kornwachstum entstanden sind (vgl. Abb. B.4-26, -41). Diese Erscheinung wird darauf zurückgeführt, daß die kohärenten Zwillingsgrenzen bei diesen Metallen eine sehr viel niedrigere Grenzflächenenergie aufweisen als eine Großwinkelkorngrenze und beim Zusammentreffen wachsender Körner unterschiedlicher Orientierung die entstehenden Grenzflächenspannungen durch Bildung von Zwillingen reduziert werden können. Da bei Entstehen eines Zwillings ein Stapelfehler gebildet wird, weisen Metalle mit niedriger Stapelfehlerenergie naturgemäß auch niedrige Zwillingsgrenzflächenenergien auf.

Kornwachstum

Die treibende Kraft für die Bildung von Subkörnern (Erholung) und von neuen Großwinkelkorngrenzen (Rekristallisation) resultiert aus der durch die Verformung erzeugten Versetzungsstruktur bzw. -dichte und dem damit verbundenen Verzerrungszustand. Dieses beachtliche Ungleichgewicht wird bei ausreichender thermischer Aktivierung durch Erholungs- und Rekristallisationsvorgänge abgebaut. Das hierdurch entstehende Gebilde versetzungsarmer, entspannter Körner unterscheidet sich von einem gleichgewichtsnahen System vor allem noch durch die in den Korngrenzen gespeicherte Grenzflächenenergie. So besteht weiterhin eine thermodynamische Kraft – wenn auch stark herabgesetzter Intensität – zur Verminderung der Korngrenzfläche. Bei ausreichender Teilchenbeweglichkeit folgt also dem Rekristallisationsvorgang ein Stadium der Kornvergröberung und damit weiterer, allerdings relativ unbedeutender Entfestigung. Es tritt – auch in unverformten Gefügen – ein normalerweise gleichmäßiges Kornwachstum auf, das insbesondere bei hohen Temperaturen rasch zu einem unerwünschten Grobkorn führen kann. Durch geeignete, feinverteilte Partikel einer Zweitphase, die in den Korngrenzen ausgeschieden werden und eine Verankerung der Korngrenzen bewirken, kann der Gefahr einer Kornvergröberung allerdings oft wirksam begegnet werden. Werkstoffe, deren feinkörniges Gefüge gegen eine Vergröberung bei hohen Temperaturen durch solche Ausscheidungen stabilisiert worden ist, werden als Feinkornwerkstoffe bezeichnet. Besondere Bedeutung kommt in diesem Zusammenhang den sog. Feinkornstählen zu.
In manchen Fällen geschieht das Kornwachstum sehr unregelmäßig. Es vergröbern bei diesem als Sekundär-Rekristallisation bezeichneten Vorgang nur einzelne wenige Körner übermäßig stark. Günstige Voraussetzungen für ein solches unstetiges Kornwachstum bestehen immer dann, wenn im Gefüge das Kornwachstum stark behindert wird, diese Behinderung bei einzelnen Körnern aber aufgehoben ist, z. B. durch eine ungleichmäßige Verteilung von ein Feinkorn stabilisierenden Ausscheidungen oder bei Vorliegen einer Textur mit einzelnen Körnern, deren Orientierung von der Textur deutlich abweicht.
In Abb. B.2-35 sind die zur Entfestigung eines verformten Gefüges führenden strukturellen Veränderungen, wie sie bei licht- bzw. elektronenoptischer Betrachtung wahrgenommen werden, schematisch dargestellt.

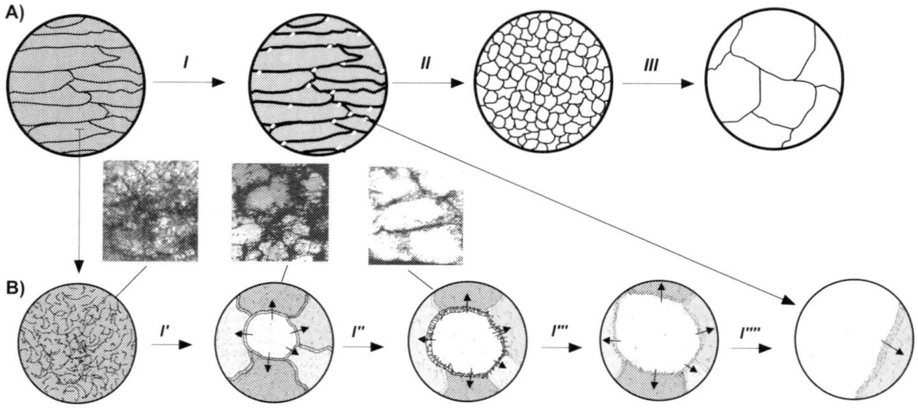

Abb. B.2-35 Schematische Darstellung der zur Entfestigung führenden Gefügeänderungen (nach Lit. B.19)
A) Makroskopisch: I = Erholung, II = Rekristallisation, III = Kornvergröberung
B) Mikroskopisch: I′ = Ausheilen von Punktfehlern, Bildung einer Zellstruktur durch Versetzungsquergleiten, I″ = Bildung von Subkörnern durch Versetzungsklettern, I‴ = Wachsen von Subkörnern zu Rekristallisationskeimen, I⁗ = Großwinkelkorngrenze eines rekristallisierenden Korns

Einflußgrößen

Der Entfestigungsablauf und die sich hieraus ergebenden Strukturänderungen hängen bei einem Metall gegebener Zusammensetzung von den Einflußgrößen „Verformungsgrad“, „Glühtemperatur und -dauer“ ab.

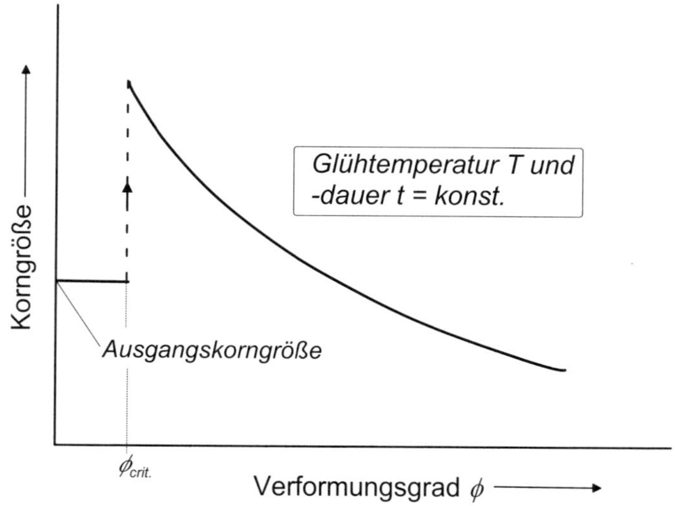

Abb. B.2-36 Einfluß des Verformungsgrades auf die Korngröße des Rekristallisationsgefüges

Der Verformungsgrad stellt hierbei ein Maß für den Ungleichgewichtszustand des verformten Gefüges dar, er ist damit sowohl für die treibende Kraft der Entfestigungsreaktion als auch für die Zahl und Größe der entstehenden Zellen, Subkörner und Rekristallisationskeime bestimmend. Liegt nur ein sehr geringer, unterkritischer Verformungsgrad $\phi < \phi_{crit}$. vor, so reicht bei einer technisch vorgegebenen Glühbehandlung (Temperatur, Zeit = const.) die treibende Kraft für eine Rekristallisation nicht aus und das Gefüge behält sein Korn unverändert bei. Bei nur geringfügig überkritischem Verformungsgrad $\phi > \phi_{crit.}$ werden lediglich an einzelnen Stellen des Gefüges rekristallisationsfähige Strukturen gebildet, so daß bei anschließender Glühbehandlung durch Rekristallisation ein sehr grobkörniges Gefüge entsteht. Nur bei hohem Verformungsgrad $\phi >> \phi_{crit.}$ kann ein feinkörniges Rekristallisationsgefüge erzielt werden (Abb. B.2-36). Weil Zellen und Subkörner einen endlichen Durchmesser aufweisen, läßt sich die Korngröße durch Verformung und Rekristallisation nicht beliebig verkleinern.
Glühtemperatur und -dauer kennzeichnen das Ausmaß der thermischen Aktivierung. Ihr Einfluß ist in Abb. B.2-37 schematisch wiedergegeben. Je höher die Glühtemperatur, desto schneller laufen die Entfestigungsvorgänge ab, und desto rascher gelangt man in das Gebiet der Kornvergröberung. Die untere Temperaturgrenze für den Ablauf entfestigender Vorgänge beträgt, wie bereits erwähnt, für reine Metalle etwa $T = 0{,}4 \cdot T_s$. Diese Temperaturgrenze bedeutet für reines Blei -35 °C, für reines Eisen 450 °C und für reines Wolfram 1190 °C. In den Bereichen (2), (3) und (4) finden zeitabhängige Entfestigungsvorgänge statt, im Bereich (1) dagegen bleibt der metastabile

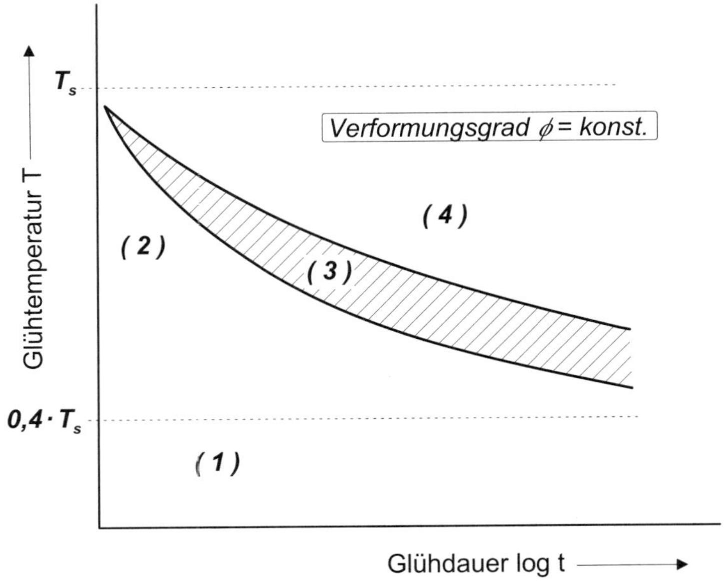

Abb. B.2-37 Einfluß der Glühtemperatur auf den zeitlichen Ablauf von Entfestigungsvorgängen (nach Lit. B.4)
(1) = Metastabile Verfestigung, (2) = Erholung, (3) = Rekristallisation, (4) = Kornwachstum

Verfestigungszustand bestehen. Da mit steigendem Verformungsgrad die treibende Reaktionskraft zunimmt, verkürzen sich die Zeiten für den Rekristallisationsbeginn und -ablauf entsprechend.
Von erheblichem Einfluß auf das Rekristallisationsverhalten eines Metalles sind Fremdatome. Allgemein wird die Bewegung von Subkorn- und Großwinkel-Korngrenzen durch gelöste Fremdatome und durch feinverteilte Teilchen behindert, so daß die zur Rekristallisation erforderliche Temperatur hierdurch erhöht wird. Da sich bei vorgegebener Temperatur der eine Rekristallisation auslösende Verformungsgrad auch erhöht, kann bei Legierungen ein feineres Rekristallisationsgefüge erwartet werden als bei reinen Metallen. In Einzelfällen konnte aber auch beobachtet werden, daß die Rekristallisation durch Teilchen einer Zweitphase erleichtert wird. Dieser überraschende Sachverhalt ließ sich mit der besonderen Verteilung der Teilchen erklären, die lokal sehr inhomogene Verformungen verursachte und so zu einer verstärkten Keimbildung Anlaß gab.
Die Phänomene der Entfestigung und der Rekristallisation stellen außerordentlich wichtige metallkundliche Vorgänge dar, ist hiermit doch die Möglichkeit gegeben, Metalle im festen Zustand einerseits fast beliebig verformen und andererseits das Korngefüge in beachtlichem Maße verändern zu können. Zur Herstellung eines besonders feinkörnigen Gefüges sind möglichst hohe Verformungsgrade bei nicht zu hohen Umformtemperaturen zu wählen. Teilchen einer Zweitphase wirken sich im allgemeinen hemmend auf den Rekristallisationsablauf aus, vermögen ihn aber wegen der großen treibenden Kraft dieses Prozesses nicht zu unterdrücken. Hingegen können geeignete Teilchen eine Kornvergrößerung aufgrund der wesentlich geringeren Reaktionskraft des Kornwachstums nachhaltig unterbinden. Diese feinkornstabilisierende Wirkung geht jedoch bei sehr hohen Temperaturen oftmals verloren, was entweder auf eine zunehmende Lösung der Teilchen in der Matrix oder eine Vergröberung der Teilchen selbst zurückzuführen ist.

2.1.4.3 Kriechverhalten

Beanspruchungen oberhalb der Streck- bzw. Dehngrenze führen über Versetzungsbewegung, -erzeugung und -aufstau zu plastischer Verformung und Verfestigung. Wenn der durch die Verfestigung erzeugte innere Verspannungszustand der äußeren Beanspruchung die Waage hält, kommt die Verformung zum Stillstand, sie ändert sich so lange nicht, wie dieser Verfestigungszustand andauert. Der Verfestigungszustand bleibt bei Temperaturen $T < 0{,}4 \cdot T_s$ erhalten, Verformungen in diesem Temperaturbereich hängen bis auf im allgemeinen unbedeutende Anteile nicht von der Beanspruchungsdauer ab. Unterschiedliche Temperaturen haben nur unterschiedliche Streck- bzw. Dehngrenzen zur Folge. Auch bei Temperaturen oberhalb $0{,}4 \cdot T_s$ ist mit den zur Verformung führenden Versetzungsreaktionen zunächst eine Verfestigung verbunden. Aufgrund der thermischen Beweglichkeit der Gitterbausteine ist der Verfestigungszustand nun aber einem zeitabhängigen Wandel unterworfen, das innere Gegengewicht zur äußeren Beanspruchung wird gestört, und es kommt zu weiteren Kriechverformungen. Die Verformung hängt folglich bei andauernder äußerer, konstanter Beanspruchung zusätzlich von der Beanspruchungsdauer ab.

Das temperaturbeeinflußte, zeitabhängige Verformungsverhalten metallischer Werkstoffe ist für eine konstante Beanspruchung (Retardationsversuch) in Abb. B.2-38 dargestellt. Die sich für Temperaturen deutlich über $0{,}4 \cdot T_s$ (T_4) ergebende Verformungskurve wird als Kriechkurve bezeichnet, sie zeigt im Idealfall drei voneinander zu trennende Bereiche:

– den Bereich I mit dem sog. Primär- oder Übergangskriechen,
– den Bereich II mit dem sog. Sekundär- oder stationären Kriechen und
– den Bereich III mit dem sog. Tertiär- oder beschleunigten Kriechen.

Im Bereich des Übergangskriechens (I) finden aufgrund der thermischen Beweglichkeit mit der Zeit weitere plastische Verformungen statt, die aber eine weitere Verfestigung des Gitters nach sich ziehen. Da hier die Wirkung der Verfestigungsvorgänge die gleichzeitig ablaufenden Entfestigungsvorgänge übersteigt, ist der Bereich des Übergangskriechens durch eine abnehmende Kriechgeschwindigkeit gekennzeichnet, die bei entsprechend niedrigen Temperaturen (T_3) gegen Null gehen kann.

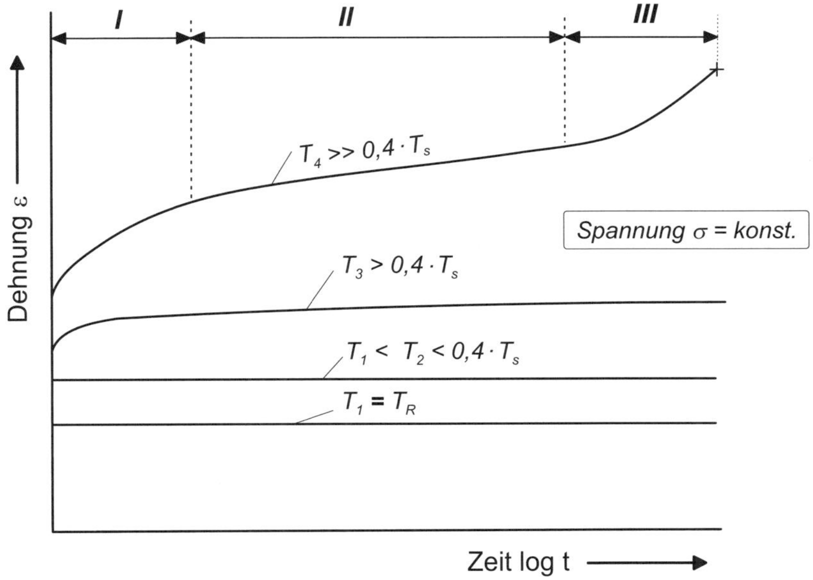

Abb. B.2-38 Kriechkurve
I = Übergangskriechen, II = stationäres Kriechen, III = beschleunigtes Kriechen

Im Bereich des stationären Kriechens (II) führt als maßgebender Vorgang das Klettern von Versetzungen zu einem Gleichgewicht zwischen erzeugten und ausgelöschten Versetzungen, Verfestigung und Entfestigung werden gleich groß, es stellt sich eine konstante Kriechgeschwindigkeit ein. Der Entfestigungsprozeß entspricht dem einer dynamischen Erholung, die bei Werkstoffen mit hoher Stapelfehlerenergie als Folge von Quergleitprozessen besonders ausgeprägt verläuft. In technischen Werkstoffen

hoher Warmfestigkeit mit ihrem sehr komplexen Gefügeaufbau ist der stationäre Kriechbereich meist unscharf ausgebildet, weil sich dem reinen Versetzungskriechen andere Vorgänge wie Gefügeänderungen oder Korngrenzgleiten überlagern.
Der Bereich des beschleunigten Kriechens (III) resultiert aus einer zunehmenden Kriechgeschwindigkeit, die ihre Ursache in einem Überwiegen von Entfestigungsprozessen, in einer beginnenden Einschnürung oder bei weniger duktilen Werkstoffen in sich entwickelnden und ausbreitenden Rissen haben kann. Die Vorgänge im Bereich III leiten einen späteren mehr duktilen, transkristallinen oder mehr spröden, interkristallinen Kriechbruch ein (vgl. Abb. B.2-59).

2.1.5 Möglichkeiten zur Festigkeitssteigerung statisch beanspruchter Metalle

2.1.5.1 Allgemeines Prinzip der Festigkeitssteigerung

Die Duktilität metallischer Werkstoffe ist im Vergleich zu anderen Werkstoffgruppen zweifelsfrei als deren wichtigste mechanische Eigenschaft anzusehen. Bei hoher Duktilität erweisen sich Metalle in der Regel als sprödbruchunempfindlich und lassen so die Herstellung und Verwendung von gekerbten oder mit Fertigungsfehlern behafteten Bauteilen zu, selbst wenn diese im Betrieb einer schlagartigen Zug- oder einer Schwingbeanspruchung ausgesetzt werden. Dieser Vorteil wird allerdings dadurch eingeschränkt, daß die mit Beginn makroplastischer Verformungen auftretenden Deformationen die Funktionsfähigkeit eines Bauteils zumeist beenden. Aus diesem Grunde stellen Streck- bzw. Dehngrenze die zur Dimensionierung statisch beanspruchter Bauteile heranzuziehenden Festigkeitskennwerte dar. Eine Steigerung der statischen Festigkeit ist demnach nur dann zu erreichen, wenn der Widerstand gegen plastische Verformung, d. h. gegen Versetzungsbewegung und -erzeugung erhöht wird. Dies bedeutet, daß das Gitter mit wirksamen Versetzungshindernissen angereichert werden muß. Als derartige Versetzungshindernisse kommen folgende Gitterfehler in Betracht:

- Hindernisversetzungen
- Korn- und Zwillingsgrenzen
- im Gitter gelöste Fremdatome
- als Teilchen ausgeschiedene Fremdatome.

Entsprechend wird von einer Verfestigung durch Versetzungen (V), durch Korngrenzen (KG), durch Fremdatome (MK) oder durch Teilchen (T) gesprochen. Die Festigkeit bzw. Dehngrenze R_p eines die genannten Fehler enthaltenden realen Werkstoffs läßt sich danach formal wie folgt aufteilen:

$$\boldsymbol{R}_p = \boldsymbol{R}_{min} + \Delta\boldsymbol{R}_V + \Delta\boldsymbol{R}_{KG} + \Delta\boldsymbol{R}_{MK} + \Delta\boldsymbol{R}_T.$$

Hierin bedeutet R_{min} die Grundfestigkeit des realen, plastischen, aber nicht verfestigten Gitters, d. h. eines Gitters, das wohl Versetzungen für eine plastische Verformung enthält, aber keine die Versetzungsbewegung hemmenden Hindernisse. Dieser auch als Versetzungsreibspannung bezeichnete Wert stellt überhaupt die denkbar niedrigste Festigkeit eines Gitters dar, weil die kritische Spannung zur Bewegung einer Versetzung dann den kleinsten Wert annimmt, wenn die Bewegung in einem sonst ungestörten Gitter stattfindet (Peierls-Spannung). Der Wert R_{min} kann nur von extrem reinen und versetzungsarmen Einkristallen annähernd erreicht werden, die gerade so viele Versetzungen enthalten, daß Gleitung ohne gegenseitige Beeinflussung der Versetzungen möglich wird. R_{min} wird in realen Werkstoffen aber in dem Maße erhöht, in dem weitere Gitterdefekte wie zusätzliche Versetzungen (ΔR_V), Korngrenzen (ΔR_{KG}), mischkristallbildende Fremdatome (ΔR_{MK}) oder Teilchen (ΔR_T) die Versetzungsbewegung erschweren. Alle Anteile tragen zur Festigkeitssteigerung bei; da sie sich z.T. gegenseitig beeinflussen, können sie jedoch nicht in einfacher Weise addiert werden.

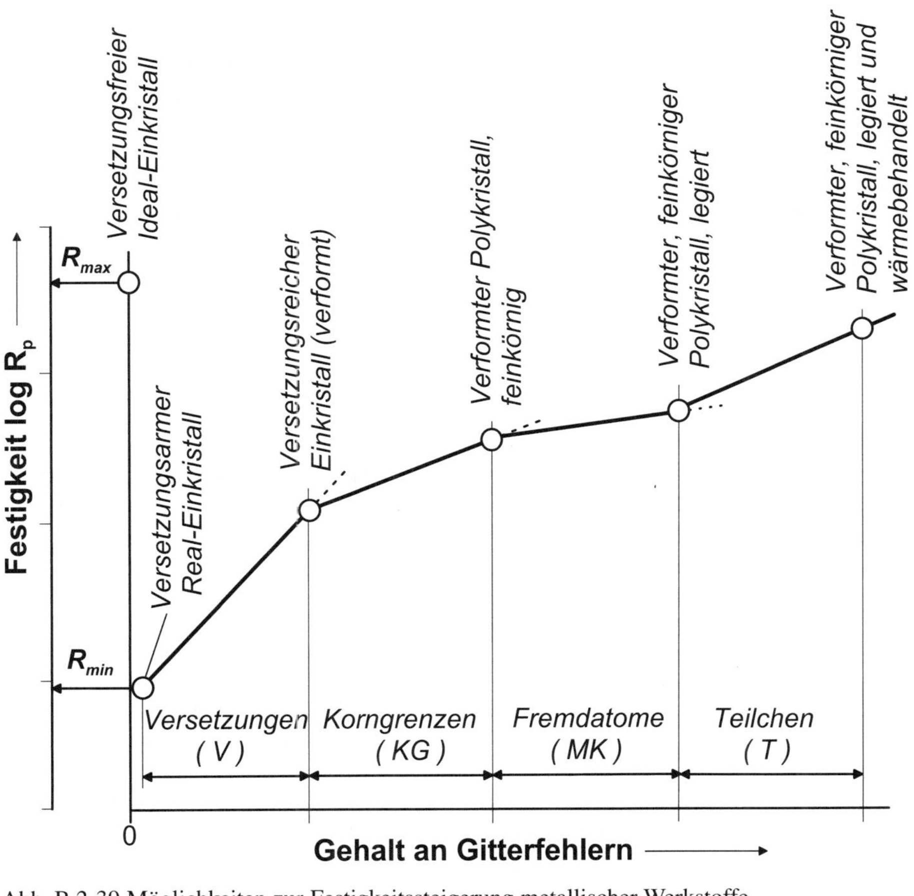

Abb. B.2-39 Möglichkeiten zur Festigkeitssteigerung metallischer Werkstoffe
V = Versetzungen, KG = Korngrenzen, MK = Mischkristallbildung, T = Teilchen

Analog zum unteren Grenzwert der Festigkeit $R_p = R_{min}$ eines versetzungsarmen, ansonsten aber defektfreien, damit extrem plastischen Einkristalls kann als oberer theoretischer Grenzwert der Festigkeit $R_p = R_{max}$ die Festigkeit eines vollständig versetzungs- und defektfreien, damit zwar idealen, aber extrem spröden Einkristalls definiert werden. Insofern könnte das Ziel der Festigkeitssteigerung auf sehr unterschiedlichen Wegen angestrebt werden, entweder

- durch Erzeugung absolut versetzungs- und fehlerfreier Einkristalle mit maximaler Festigkeit und Sprödigkeit oder
- durch Erzeugung versetzungs- und fehlerreicher Vielkristalle mit hoher Festigkeit und hinreichender Zähigkeit.

Abgesehen von den kaum lösbaren Problemen der Herstellung und Verarbeitung fehlerfreier Kristalle läßt die in den weitaus meisten Fällen unverzichtbare Werkstoffzähigkeit keinen anderen als den zuletzt genannten Weg zu.
Die in Abb. B.2-39 wiedergegebene schematische Darstellung macht das prinzipielle Vorgehen bei der Entwicklung hochfester, realer Werkstoffe deutlich. Mit zunehmendem Gehalt an Gitterfehlern wächst der Widerstand gegen plastische Verformung, d. h. die Festigkeit dieser Werkstoffe, in der Regel unter Abnahme ihrer Plastizität und Zähigkeit. Ein mit Hilfe von Versetzungshindernissen maximal verfestigter Werkstoff muß sich dann auch extrem spröde verhalten, es ist aber leicht einzusehen, daß ein derart fehlgeordnetes Gitter nicht die Festigkeit eines fehlerfreien Kristalls erreichen kann. Zur richtigen Einschätzung der zwischen R_{min} und R_{max} üblicherweise bestehenden Unterschiede muß auf die logarithmische Teilung der Festigkeitskoordinate in Abb. B.2-39 hingewiesen werden.

2.1.5.2 Verfestigung durch Verformung

Die mit einer plastischen Verformung verbundene Verfestigung beruht auf einer Verfestigung durch Zunahme der Versetzungsdichte. Das Verfestigungsverhalten wird insbesondere durch den Bereich II der Verfestigungskurve (Abb. B.2-24) beschrieben. Der Verfestigungseffekt ist ursächlich auf die mit ansteigender Versetzungsdichte zunehmende Entstehung bewegungshindernder und -blockierender Versetzungsanordnungen zurückzuführen. Die Versetzungsanordnungen werden als Folge verschiedenartiger gegenseitiger Versetzungsreaktionen gebildet. So kommt eine Bewegungshinderung für gleitende Versetzungen z.B. durch Schneidprozesse mit Waldversetzungen bzw. durch die dabei entstehenden Versetzungssprünge zustande. Weiterhin stellen unbewegliche Lomer-Cottrell-Versetzungen wirksame Versetzungshindernisse dar, an denen nachfolgende Versetzungen aufgestaut werden. Auch eng verfilzte Versetzungsanhäufungen, die sich bei höherer Versetzungsdichte entwickeln, erweisen sich als undurchdringliche Versetzungshindernisse.
Welche Versetzungskonfiguration für die Verformungsverfestigung im jeweiligen Fall auch immer bestimmend sein mag, der meßbare Festigkeitsanstieg läßt sich bei allen Metallen recht gut dem Quadratwurzelwert der Versetzungsdichte ρ zuordnen :

$$\Delta R_v \sim \sqrt{\rho}\,.$$

Eine Verfestigung einphasiger Metalle kann nur mittels plastischer Verformung vorgenommen werden, wenn von einer Veränderung der Korngröße und der Zusammensetzung abgesehen wird. Einer nachhaltigen technologischen Nutzung dieser Methode stehen jedoch beträchtliche Einschränkungen entgegen, einerseits weil starke Verformungen nur bei entsprechend geformten Teilen – also Stäben, Drähten, Bändern, Blechen – angewendet werden können, andererseits hohe Verformungsverfestigungen mit drastischen Verminderungen der Zähigkeit verknüpft sind. Auch die Tatsache, daß bei einem durch Verformung in einer Richtung verfestigten Werkstoff infolge des Bauschinger-Effektes bei Beanspruchung in der entgegengesetzten Richtung mit einer erniedrigten Streckgrenze gerechnet werden muß, ist bei der Anwendung der Verformungsverfestigung zu berücksichtigen.

2.1.5.3 Verfestigung durch Korngrenzen

Bereits bei der Gegenüberstellung des Verformungsverhaltens von Einkristallen mit dem von Vielkristallen wurde auf die Bedeutung von Korngrenzen für die Versetzungswanderung eingegangen. Da an einer Korngrenze die Gleitebenen eines Korns enden, treffen Versetzungen hier auf ein nicht zu überwindendes Hindernis, vor dem sie aufgestaut werden. In einem grobkörnigen Gefüge steht den Versetzungen in ihrer Gleitebene eine längere Wegstrecke bis zum aufstauenden Hindernis „Korngrenze" zur Verfügung. Damit erhöht sich die Zahl der an einem solchen Aufstau beteiligten Versetzungen wie auch die von ihnen erzeugten Spannungen. Im groben Korn entstehen also an den Korngrenzen höhere lokale Spannungen, so daß die Gleitung in einem groben, korngrenzarmen Gefüge leichter auf die benachbarten Körner übertragen werden kann. Der von Korngrenzen verursachte Festigkeitsanstieg ist der Quadratwurzel des Korndurchmessers d umgekehrt proportional:

$$\Delta \boldsymbol{R}_{KG} \sim 1/\sqrt{\boldsymbol{d}}\,.$$

Da sich im Gegensatz zu den übrigen verfestigenden Mechanismen eine Kornfeinung vorteilhafterweise nicht nur festigkeits-, sondern auch zähigkeitssteigernd auswirkt, wird in Konstruktionswerkstoffen generell ein möglichst feinkörniges Gefüge angestrebt. Diesem Bestreben sind allerdings dadurch Grenzen gesetzt, daß bestimmte Korngrößen nicht oder nur mit erheblichem Aufwand unterschritten werden können.

2.1.5.4 Verfestigung durch Mischkristallbildung

Zwischen den im Gitter gelösten Fremdatomen und den Gitterversetzungen bestehen anziehend und abstoßend wirkende Wechselbeziehungen. Anziehende Wirkungen ergeben sich, wenn die vom Fremdatom und die von der Versetzung erzeugten Spannungen entgegengerichtet sind und die Anordnung des Fremdatoms im Bereich der Versetzung zu einem Spannungsabbau führt.
So befinden sich Fremdatome, die größer als die Matrixatome sind, vorzugsweise im Zugspannungsbereich einer Versetzung, solche, die kleiner sind, vorzugsweise im Druckspannungsbereich. Die Versetzungen umgeben sich mit „Fremdatomwolken"

(vgl. Abb. B.2-27). Eine gleitende Versetzung muß diese Wolke mitschleppen oder sich von ihr lösen, beides ist mit erhöhtem Energieaufwand verbunden. Entsprechend entwickeln sich abstoßende Wirkungen, wenn die von Fremdatomen und die von Versetzungen aufgebauten Spannungen gleichgerichtet sind und eine Annäherung von Fremdatom und Versetzung eine Spannungserhöhung zur Folge hätte. Die Wechselwirkungskräfte zwischen Fremdatomen und Versetzungen hängen vom Größenunterschied zwischen Legierungs- und Matrixatomen und von den zwischen ihnen bestehenden Bindungsenergien ab.
Der durch Mischkristallbildung erzielbare Verfestigungseffekt fällt aber im allgemeinen nicht übermäßig hoch aus, weil die gegenseitige Lösungsfähigkeit von Legierungspartnern, die eine starke Verfestigungswirkung ausüben, andererseits relativ niedrig ist. Starke Mischkristallverfestigung kann jedoch in solchen Fällen erzielt werden, in denen das Matrixgitter allotrop ist und die bei hohen Temperaturen beständige Gittermodifikation eine erheblich größere Löslichkeit für das Legierungselement aufweist als die Tieftemperaturstruktur. Gelingt es dann, die bei hoher Temperatur gelöste Legierungsmenge durch rasche Abkühlung an der Ausscheidung zu hindern und bei tiefen Temperaturen eine diffusionslose, martensitische Gitterumwandlung herbeizuführen, so sind infolge der extremen Lösungsübersättigung beachtliche Festigkeitserhöhungen zu erwarten. Von derartigen Legierungen besitzen allein die Legierungen von Eisen mit Kohlenstoff große technische Bedeutung. Neben der starken Übersättigung spielt in diesem Fall für die extreme Härtung noch die Tatsache eine wichtige Rolle, daß die im martensitisch entstandenen Fe-Gitter interstitiell gelösten C-Atome vorzugsweise oktaedrische Gitterlücken besetzen und dadurch unsymmetrisch ausgebildete Spannungsfelder erzeugen, die zu einer sehr viel massiveren Erschwerung der Versetzungsbewegung führen als die von Substitutionsatomen verursachten kugelsymmetrischen Verzerrungsfelder. Demnach liegen der Härtung von Stahl, die ja in erster Linie eine MK-Verfestigung bedeutet, eine Reihe günstiger Umstände zugrunde. Für den Festigkeitsanstieg durch MK-Bildung wurde eine Proportionalität mit der Quadratwurzel der Menge der gelösten Atome c gefunden:

$$\Delta \boldsymbol{R}_{\mathrm{MK}} \sim \sqrt{c}.$$

Abschließend läßt sich etwa folgende Regel aufstellen: Metallen werden Legierungselemente häufig zugefügt, um bestimmte Wirkungen wie chemische Beständigkeit, Härtbarkeit, Zähigkeit, Schweißbarkeit oder die Bildung von harten Teilchen zu erzielen, und erst in zweiter Linie, um über eine Mischkristallbildung die Festigkeit zu steigern. Dennoch wird dieser verfestigende „Nebeneffekt" im allgemeinen gern mitgenommen. Er ist -wie bereits ausgeführt- dann besonders ausgeprägt, wenn die Fremdatome vorzugsweise an Versetzungen „ausgeschieden" werden und durch Versetzungsblockierung zu einer Streckgrenze führen.

2.1.5.5 Verfestigung durch Teilchen

Teilchen einer spröden Zweitphase können sowohl bruchfördernd als auch festigkeitssteigernd wirken. Als äußerst schädlich sind größere Ausscheidungsteilchen anzusehen, die meist schon in der Schmelze des Grundwerkstoffs gebildet werden und i. allg.

eine Größe von mehr als etwa 500 nm aufweisen. Diese als „grobe Einschlüsse" bezeichneten Partikel, die im festen Zustand ja nicht mehr löslich und folglich auch nicht feiner ausscheidbar sind, stellen wegen der durch sie erzeugten örtlichen Spannungsspitzen besonders in verfestigten Gefügen sehr oft den Ausgangsort für einen Spröd- oder Ermüdungsbruch dar.

Der am meisten genutzte Verfestigungsmechanismus stützt sich auf die Behinderung der Versetzungsbewegung durch harte Teilchen, die jedoch im Gefüge gleichmäßig und vor allem in einer Größe von ca. 50 (100) nm, meist aber deutlich kleiner feindispers verteilt sind. Es handelt sich dabei im allgemeinen um aus einer festen Lösung α in relativ geringer Menge (bis etwa 10 Vol.-%) ausgeschiedene Partikel einer spröden Verbindungsphase ß mit kohärenter, teil- oder inkohärenter Grenzfläche zur Matrixphase.

Abb. B.2-40 gibt den Einfluß des Verteilungsgrades in schematischer Weise wieder. Aus der Darstellung geht deutlich hervor, daß bei gleichgewichtsnaher grober Verteilung der Ausscheidungsphase mit zunehmenden Mengenanteilen ein nur unerheblicher Festigkeitsanstieg zu verzeichnen ist. Bei konstant bleibender Ausscheidungsmenge kann durch eine feinere Verteilung der Ausscheidungsteilchen die Festigkeit hingegen deutlich gesteigert werden. Liegen die Teilchengrößen im Bereich lichtmikroskopischer Auflösbarkeit (grob bis fein), sind die Teilchenabstände aber noch immer zu groß, um Versetzungsbewegungen in der α-Matrix in nennenswerter Weise durch direkte Wechselwirkungen zu behindern. Die erreichbaren Festigkeitssteigerungen halten sich

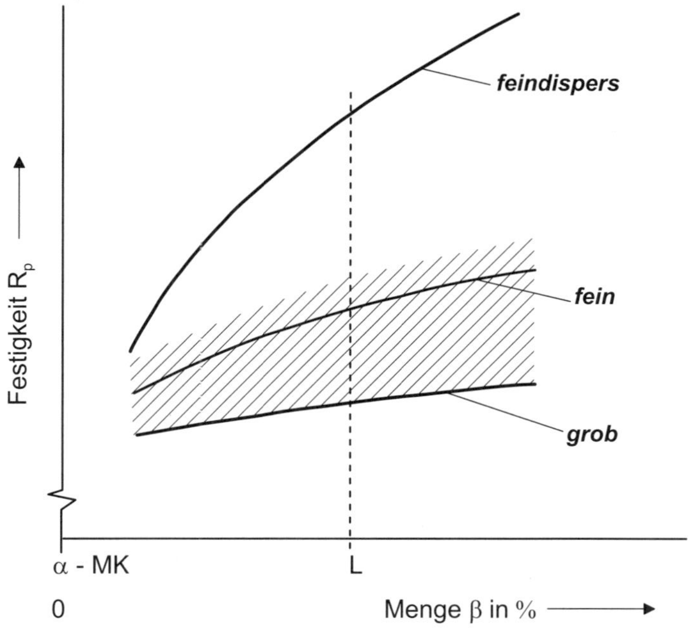

Abb. B.2-40 Einfluß des Verteilungsgrades der spröden Zweitphase β auf die Festigkeit zweiphasiger (α+β)-Legierungen

daher in einem relativ bescheidenen Rahmen. Die Verfestigungswirkung besteht dann vor allem darin, daß die harten Teilchen einer nachhaltigen Verformung der α-Körner im Sinne einer „Armierung" entgegenwirken. Dabei sind lamellen- oder plattenförmige Teilchen wesentlich effektiver als kugelförmige.

Von einer Verfestigung durch Teilchen kann im allgemeinen also erst dann gesprochen werden, wenn die Abstände zwischen den ß-Teilchen in einem dispergierten Zustand so gering geworden sind, daß die Bewegung von Versetzungen durch **direkte Wechselwirkung mit den Teilchen** behindert wird. Bei diesen Wechselwirkungen können zwei unterschiedliche Versetzungsreaktionen beobachtet werden, das „Schneiden" und das „Umgehen" von Teilchen (Abb. B.2-41, -42). In beiden Fällen wird eine wandernde Versetzung von in ihrer Gleitebene liegenden Teilchen aufgehalten, ihre Weiterbewegung erfordert eine höhere Schubspannung (Verfestigung). Unter der Wirkung der höheren Schubspannung baucht sich die Versetzung zwischen zwei Teilchen aus und vergrößert damit unter Erhöhung der Gitterverzerrung ihre Länge. Es hängt nun von der Struktur, der Härte und der Größe bzw. dem Abstand der Teilchen ab, ob die Versetzung bei weiter steigender Schubspannung in das Teilchen eindringt, es durchwandert und durch Abscherung schneidet oder das Teilchen unter weiterer Ausbauchung umgeht.

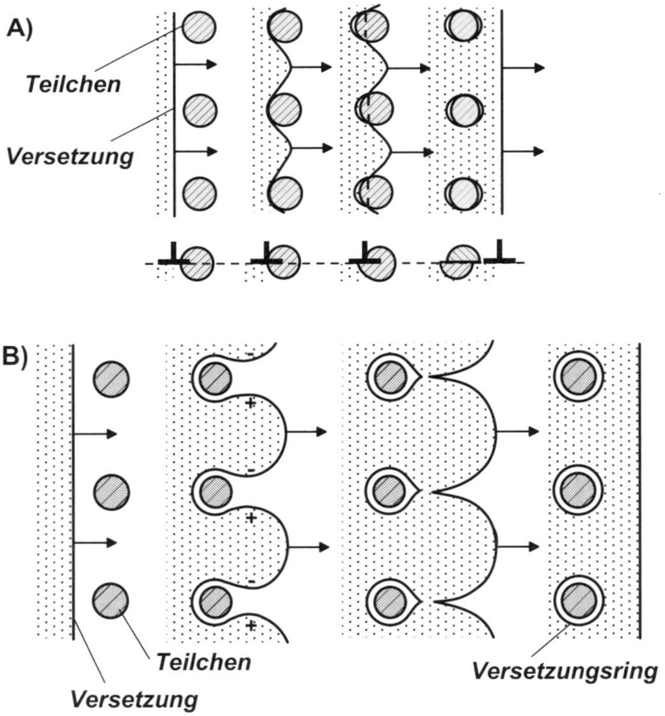

Abb. B.2-41 Wechselwirkungen zwischen Versetzungen und feindispers ausgeschiedenen Teilchen (schematisch)
A) Schneiden B) Umgehen

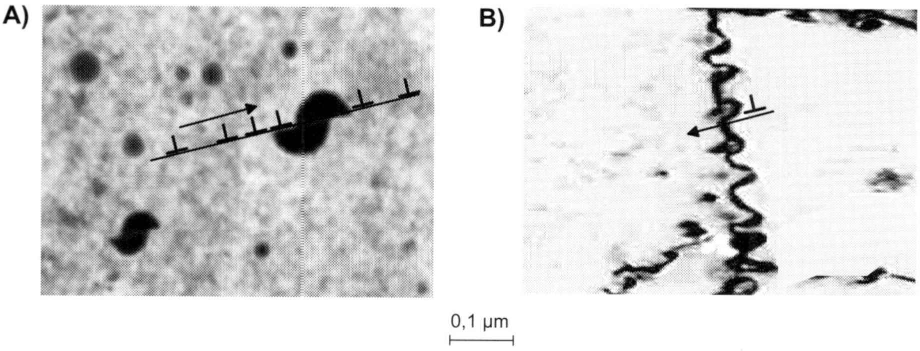

Abb. B.2-42 Wechselwirkungen zwischen Versetzungen und feindispers ausgeschiedenen Teilchen (real)
A) Schneiden (hochwarmfeste NiCr-Legierung) B) Umgehen (hochfester Feinkornstahl)

Die Umgehung kommt dadurch zustande, daß sich bei fortschreitender Ausbauchung die beiden ungleichen Teilstücke der Versetzung hinter dem Teilchen nähern, im Berührungspunkt auslöschen und sich so unter Abschnürung eines Versetzungsringes vom Teilchen lösen. Der um das Teilchen zurückgelassene Versetzungsring wirkt auf nachfolgende Versetzungen wegen des gleichen Vorzeichens abstoßend, vergrößert also den effektiven Teilchendurchmesser. So findet also mit dem Durchgang „umgehender" Versetzungen und der Bildung weiterer Versetzungsringe eine zunehmende Verfestigung in der Gleitebene bei diesem auch als Orowan-Mechanismus bezeichneten Vorgang statt. Als Folge hiervon werden dann zunehmend andere Gleitebenen in Anspruch genommen, und es kommt zu einer gleichmäßigen Verteilung der Verformung auf viele Gleitsysteme und zur Bildung vieler, kleiner Gleitstufen (sog. Feingleitung).
Im Gegensatz hierzu wird beim Schneiden eines Teilchens der verfestigende Teilchenquerschnitt in der Gleitebene dadurch verringert, daß mit dem Durchgang der Versetzung der obere Teilchenabschnitt gegenüber dem unteren irreversibel verschoben wird. Es tritt eine Entfestigung in der Gleitebene auf, so daß sich die Versetzungswanderung gerade auf solche Gleitebenen mit geschnittenen Teilchen konzentriert. Dies führt zu einer mehr inhomogenen Verformung mit wenigen großen Gleitstufen (sog. Grobgleitung).
Der Umgehungsmechanismus wird bei inkohärenten Teilchen bevorzugt. Vor allem bei kohärenten Teilchen hängt der Wechselwirkungsmechanismus von der Härte und dem Abstand bzw. Durchmesser der ausgeschiedenen Teilchen ab. Das bedeutet, daß sich bei einer gegebenen Legierung im Falle eines Teilchenwachstums der Wechselwirkungsmechanismus zwischen Versetzungen und Teilchen bei einem kritischen Teilchendurchmesser $d_{crit.}$ von Schneiden in Umgehen ändern kann.
In Abb. B.2-43 ist die durch Reaktion von Versetzungen mit Teilchen bedingte Schubspannungserhöhung $\Delta\tau$ (Festigkeitssteigerung) in Abhängigkeit vom Teilchendurchmesser aufgetragen. Bei kleinen Teilchendurchmessern, d. h. geringen Teilchenabständen, erfordert das Umgehen von Teilchen eine höhere Schubspannung als das Schneiden, weil das Hindurchzwängen zwischen zwei dicht beieinander liegenden Hindernissen wegen des sehr eng auszubildenden Versetzungsbogens außerordentlich erschwert ist.

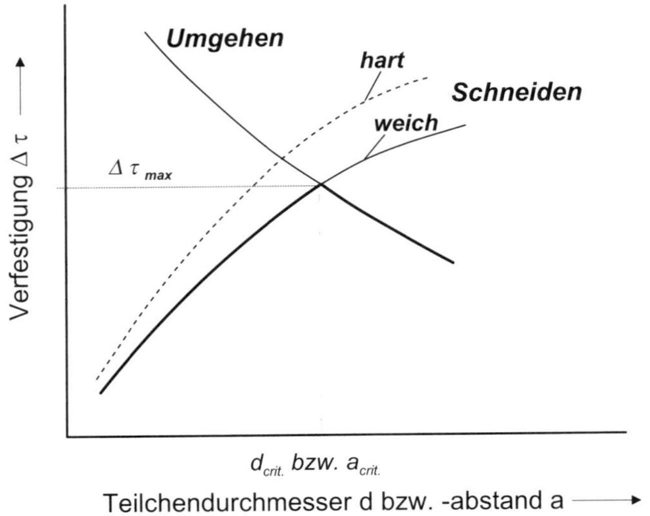

Abb.B. 2-43 Einfluß der Teilchengröße und der Teilchenhärte auf den Wechselwirkungsmechanismus zwischen Versetzungen und ausgeschiedenen Teilchen

Dann dominiert das Versetzungsschneiden als Reaktionsmechanismus. Mit zunehmendem Teilchendurchmesser und wachsendem Teilchenabstand wird das Schneiden schwerer und das Umgehen leichter, bis vom Teilchendurchmesser $d_{crit.}$ an der Umgehungsprozeß gegenüber dem Schneiden bevorzugt wird.
Ein optimaler Verfestigungszustand – nicht selten um mehr als 100 % – existiert dann, wenn der wirkliche Teilchendurchmesser $d_{opt.}$ einerseits zur Erzielung einer hohen Verfestigung möglichst nah, andererseits zur Sicherstellung des zur Feingleitung führenden Umgehungsmechanismus ein wenig über dem kritischen Wert $d_{crit.}$ liegt. Dieser kritische Teilchendurchmesser kann je nach Legierungssystem sehr unterschiedliche Werte annehmen, so variiert er von $d_{crit.} = 3\,\text{nm}$ für harte, inkohärente Teilchen bis zu 100 nm für weichere, kohärente Teilchen. Abgesehen von den betrachteten Hindernisreaktionen „Schneiden“ und „Umgehen“ vermögen natürlich Versetzungen je nach Stapelfehlerenergie des Gitters die Teilchen auch durch Quergleiten zu überwinden.
Gefüge mit einer feindispers verteilten Ausscheidungsphase können durch Aushärten, Vergüten oder Dispersionshärten erzeugt werden.

2.1.5.6 Struktureller Aufbau hochfester Metalle

Das entscheidende Merkmal hochfester metallischer Werkstoffe ist ein hoher Widerstand gegen plastische Verformung, der durch Behinderung der Versetzungsbewegung und -erzeugung mit Hilfe von Gitterfehlern erreicht werden kann. Neben einem möglichst hohen Verformungswiderstand kann aber auf eine ausreichende Plastizität, deren Ausmaß vom jeweiligen Einsatzfall abhängig ist, nicht verzichtet werden. Diese Plastizität wird unter normalen Belastungsbedingungen nicht in Anspruch genommen,

sie stellt für den Fall einer kritischen Überbeanspruchung lediglich die Verformungsreserve des Werkstoffs zur Abwendung eines schlagartig einsetzenden Sprödbruchs dar. Dieses notwendige Maß an Plastizität verlangt eine wirkungsvolle Nutzung von Gitterfehlern zur Festigkeitssteigerung. Die Entwicklung hochfester Werkstoffe muß daher auf die Herstellung von Gefügen abzielen, in denen eine **kontrollierte Erschwerung der Versetzungswanderung** im Falle des Überschreitens einer bereits hochgetriebenen Fließspannung stattfindet. Diese Forderung, bei begrenztem Duktilitätsverlust ein Höchstmaß an Festigkeit zu liefern, erfüllen am besten solche Gefügezustände, in denen alle Arten wirksamer Gitterfehler in möglichst hoher Dichte und möglichst gleichmäßiger Verteilung enthalten sind. Da allein die Verfestigung mittels Korngrenzen nicht zu einem Verlust, sondern eher zu einem Gewinn an Zähigkeit führt, sollte dieser Mechanismus bevorzugt zur Anwendung kommen. Allerdings sind die Möglichkeiten zur Erzeugung extrem feinkörniger Gefüge, insbesondere über dickere Querschnitte hinweg, im allgemeinen begrenzt. Der Feinkornverfestigung wie auch der MK-Verfestigung kommt daher im Festigkeitskonzept metallischer Werkstoffe meist eine mehr zusätzlich unterstützende Wirkung zu.
Als wichtige Ausnahme hiervon muß der infolge einer martensitischen Umwandlung an Kohlenstoff extrem übersättigte tetragonal-raumzentrierte Eisenmischkristall nochmals genannt werden (Härten von Stahl). Weiterhin gibt es eine bedeutsame Gruppe besonders zäher Stähle mit angehobenem Festigkeitsniveau, bei denen der Anteil der Feinkornverfestigung an der Gesamtfestigkeit den anderer Verfestigungsmechanismen übertrifft (Nb-haltige Feinkornstähle).
Entscheidende Bedeutung für die Festigkeitssteigerung haben aber in der Regel Versetzungen und Teilchen. Hohe Versetzungsdichten entstehen entweder bei einer plastischen Verformung oder bei einer martensitischen Phasenumwandlung. Durch Kombination beider Vorgänge, also durch plastische Verformung unmittelbar vor einer Martensitbildung, kann der Verfestigungseffekt noch erhöht werden. Einer breiten Anwendung der plastischen Verformung zur gezielten Gefügeeinstellung steht jedoch entgegen, daß sie nur bei Werkstoffen in Halbzeugabmessungen, also Bändern, Drähten, Stäben usw. vorgenommen werden kann. Hingegen können feindisperse Teilchen bei nahezu jedem Basismetall und oft weitgehend unabhängig von der Bauteilgeometrie äußerst vorteilhaft zur Festigkeitssteigerung herangezogen werden. Dies geschieht in relativ einfacher Weise durch Wärmebehandlung (Aushärten, Vergüten).
Zwischen Versetzungen und Teilchen bestehen insofern weitere, spezielle Wechselbeziehungen, als die Keimbildung für Ausscheidungen durch Versetzungen beträchtlich erleichtert wird und durch die gezielte Verformung eines infolge geeigneter Temperaturführung übersättigten Mischkristalls Teilchen in äußerst feiner und gleichmäßiger Verteilung ausgeschieden werden können. Derartige, kombinierte Anwendungen von Verformung und Wärmebehandlung mit dem Ziel einer speziellen Gefügeeinstellung werden als thermomechanische Behandlungen bezeichnet und eignen sich in besonderer Weise zur Herstellung hochfester Werkstoffe (kontrolliertes Walzen, Austenitformhärten). Entstehen der übersättigte Mischkristall und die hohe Versetzungsdichte als Folge einer martensitischen Gitterumwandlung, so erhält man durch anschließendes Anlassen bzw. Auslagern ein hochfestes, wenig bruchempfindliches Gefüge (Vergüten, Martensitaushärten).

2.2 Bruchverhalten

2.2.1 Bruchformen

Verglichen mit dem Verformungsverhalten, bei dem sich die atomaren Vorgänge im gleichartig beanspruchten Werkstoffvolumen zumindest aus makroskopischer Sicht im allgemeinen weitgehend homogen abspielen, stellen sich die zum Bruch führenden, zumeist sehr lokalisiert ablaufenden Vorgänge als wesentlich komplizierter heraus. Besonders die technisch bedeutsamen Spröd- und Ermüdungsbrüche sowie ihre Einflußfaktoren sind zu vielfältig, als daß sie mit einfachen Modellen hinreichend erklärt werden könnten.
Die Bezeichnungsweise von Brüchen kann nach unterschiedlichen Gesichtspunkten erfolgen, woraus sich eine recht verwirrende Terminologie ergibt. Hier wird aus pragmatischen Gründen eine Kennzeichnungsweise bevorzugt, die sich überwiegend an der Beanspruchungsart orientiert. Die jeweilige Beanspruchungsart ergibt ganz typische Bruchmerkmale. Danach wird unterteilt:

- in **Duktil**- und **Sprödbrüche** infolge quasi-statisch bzw. zügig aufgebrachter „Überbeanspruchung",
- in **Dauerbrüche** infolge schwingender „Überbeanspruchung" und
- in **Kriechbrüche** infolge langzeitiger „Überbeanspruchung" im oberen Temperaturbereich.

Mit den genannten *„Überbeanspruchungen"* sind insbesondere bei Spröd- und Dauerbrüchen zumeist unbekannte lokale Überbeanspruchungen gemeint, die bei makroskopischen Beanspruchungen auftreten, die deutlich unterhalb der üblichen Grenzwerte Streck-/Dehngrenze bzw. Dauerschwingfestigkeit liegen. Diese Grenzwerte gelten für den makroskopischen Bauteilquerschnitt, die genannten Überbeanspruchungen resultieren jedoch aus werkstoff-, bauteil- oder beanspruchungsbedingten *örtlichen Spannungsspitzen* oder auch aus örtlichen „Werkstoffschwächungen" (Seigerungen, Entkohlungen etc.).
Sowohl der Sprödbruch bei zügiger als auch der Dauerbruch bei schwingender Beanspruchung können durch überlagerte Umgebungseinflüsse (*Spannungs-, Schwingungsrißkorrosion*) erheblich begünstigt werden.

2.2.2 Duktiles und sprödes Bruchverhalten

Beim Bruch eines Werkstoffs werden seine interatomaren Bindungen im Bruchquerschnitt vollständig und irreversibel „gebrochen". Dies kann unter der Wirkung mikroskopischer Schubspannungen durch *Abgleitung* (*Duktilbruch*) oder unter der Wirkung von Normalspannungen – seltener auch Schubspannungen – durch *Trennung* (*transkristalliner Spröd-, Spaltbruch*) geschehen. In kristallinen Werkstoffen finden Gleitung und Spaltung in bestimmten kristallographischen Ebenen, den *Gleit- bzw. Spaltebenen*, statt. Während die Gleitebenen Kristallebenen mit der im jeweiligen Gitter dichtesten Atombelegung sind, weil in ihnen wegen der kleinen Atomabstände

die Verschiebung von Versetzungen am leichtesten erfolgen kann, findet man Spaltung oft in gering besetzten Gitterebenen, weil in ihnen die Zahl der zu brechenden Bindungen am kleinsten ist.
Bei Brüchen, die durch Gleitung hervorgerufen werden, verläuft die mikroskopische Bruchfläche im allgemeinen (polykristallin und quasiisotrop) in Richtung maximaler Schubspannungen, also unter 45° zur Hauptbeanspruchungsrichtung. Spaltbrüche liegen dagegen senkrecht zur Hauptbeanspruchung. Bliebe der jeweilige Bruchmechanismus „Gleitung" oder „Spaltung" während der gesamten Bruchphase ausschließlich erhalten, so würden Mikro- und Makrobruchfläche in ihrer Richtung zur Hauptbeanspruchung stets übereinstimmen. Dies ist jedoch nicht immer der Fall, so kann ein zu einem wesentlichen Teil durch Gleitung erzeugter Bruch makroskopisch durchaus senkrecht zur Hauptbeanspruchung verlaufen. Auch sog. Mischbrüche, d. h. Brüche mit Gleit- und Spaltbruchanteilen, sind möglich. Eine einwandfreie Zuordnung von Duktil- oder Sprödbrüchen zu den beiden Mechanismen „Gleiten" oder „Spalten" ist nur bedingt möglich.
Ein Sprödbruch kann auch interkristallin verlaufen. Das ist der Fall, wenn der Werkstoffzusammenhalt an den Korngrenzen in irgendeiner Weise „geschwächt" ist und der sich ausbreitende Riß seinen Weg auf den Korngrenzflächen nimmt. Ein interkristalliner Bruch ist in einem Gefügeschliff an dem -den Korngrenzen folgenden- unregelmäßigen Verlauf erkennbar. Die Bruchfläche selbst wird von den Korngrenzenflächen gebildet, was zu einem ganz charakteristischen Bruchbild führt.
Einem **Duktilbruch** geht eine beachtliche plastische Verformung voraus. Dieses Bruchverhalten wird dann auch als zäh bezeichnet, wenn zum Bruch, was bei duktilem Verhalten im allgemeinen zutrifft, eine große *Arbeit/Energie* zu leisten ist. Duktilbrüche spielen in der Praxis als Ursache für Werkstoffschäden eine untergeordnete Rolle, weil bei duktilen Werkstoffen bereits Beanspruchungen, die erheblich unter der Bruchspannung liegen, ein Werkstoffversagen durch untragbar große (plastische) Verformung herbeiführen.
Ein **Sprödbruch** erfolgt ohne Makrodeformationen, er ist damit ein *energiearmer Bruch*. Er kann sehr wohl über einen Verformungsmechanismus zustande kommen, dann sind aber die während des Bruchgeschehens plastisch verformten Werkstoffbereiche außerordentlich klein. Spröde brechen damit oberhalb einer kritischen Beanspruchung alle Werkstoffe, in denen bis zu dieser Beanspruchung plastische oder andere energieverzehrende Prozesse nicht oder nur unzureichend möglich sind.
Ähnlich wie beim Gleiten liegt auch die Bruchspannung als reale „Spalt"-Spannung um Größenordnungen unterhalb der aus der Zahl der Bindungen und ihrer Energie abgeschätzten theoretischen Gitterfestigkeit. Auch hier erklärt sich dies mit der Existenz kleiner Anrisse oder vergleichbarer Defekte (z. B. grobe Einschlüsse) in realen Werkstoffen. An der Spitze solcher Risse bzw. an der Grenzfläche solcher Defekte können durch Spannungserhöhung dann Beanspruchungen auftreten, die lokal die tatsächliche atomare Bindungskraft erreichen und durch Aufreißen der Bindungen eine Rißausbreitung bewirken.
Abgesehen von reinen Duktilbrüchen, besteht jeder Bruch aus den beiden Teilvorgängen *„Rißbildung"* und *„Rißausbreitung"*. Sind ausbreitungsfähige Risse von der Werkstoffherstellung oder -verarbeitung bereits vorhanden, so kann der Vorgang der Rißbildung entfallen. Findet die Rißausbreitung langsam statt und kann der Riß

durch Entlasten jederzeit gestoppt werden, so befindet sich der Riß in einem *stabilen* Ausbreitungsstadium. Erreicht die Rißausbreitung unkontrollierbar hohe Geschwindigkeiten, die bis in den Bereich der Ausbreitungsgeschwindigkeit von Schallwellen gehen können, so liegt *instabile Rißausbreitung* vor. Ein sich instabil ausbreitender Riß hat einen explosionsartigen Sprödbruch zur Folge.

Der Übergang von stabiler zu instabiler Rißausbreitung vollzieht sich mit Erreichen einer *kritischen Rißlänge*. Die kritische Länge eines Risses wird bei gegebenem Werkstoff vom Beanspruchungszustand, der Beanspruchungsgeschwindigkeit und der Beanspruchungstemperatur bestimmt. Die Bedingungen, unter denen ein vorhandener Anriß zu einem kritischen Riß wird, lassen sich wie bei Keimbildungsproblemen mit Hilfe einer Energiebetrachtung formulieren. Hiernach wird ein durch konstante elastische Deformation auf Zug vorgespannter, rißbehafteter Verband in seinem Verzerrungszustand entlastet und damit sein Energieinhalt vermindert, wenn sich der Riß vergrößert. Durch die dabei stattfindende Bildung zusätzlicher Rißoberfläche erhöht sich aber der Energiezustand um die zur Bildung neuer Oberflächen erforderliche Oberflächenenergie. Die instabile Ausbreitung eines vorhandenen Risses müßte demnach einsetzen, wenn die mit der Entlastung des verzerrten Gitters verbundene Energieminderung größer ist als die mit der Rißoberflächenvergrößerung verbundene Energieerhöhung.

Da aber an der Rißspitze immer eine mehr oder minder große Zone (*Prozeßzone*) existiert, die bei der Rißausbreitung plastisch verformt werden muß und die hierbei lokalisiert zu leistende plastische Verformungsarbeit die mit der Bruchflächenvergrößerung

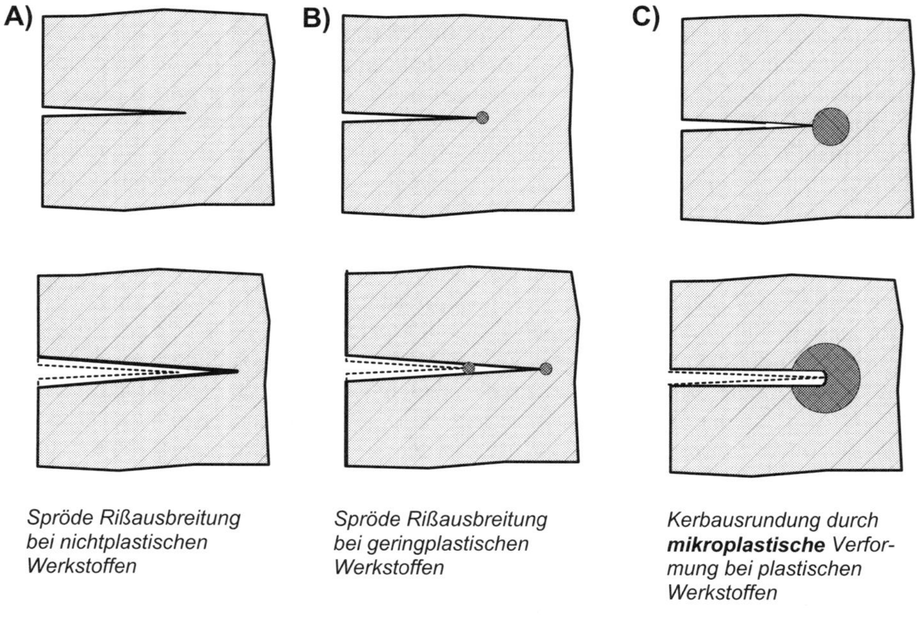

Abb. B.2-44 Rißausbreitung bei unterschiedlich plastischen Werkstoffen
A) Nichtplastisch B) Geringplastisch C) Plastisch

verbundene Arbeit im allgemeinen erheblich übertrifft, müssen in der Regel wesentlich größere Gitteranspannungen vorliegen, ehe eine spröde und instabile Rißausbreitung einsetzt. Daher ist eine Abschätzung der hier als *Bruchzähigkeit* bezeichneten Bruchfestigkeit mit Hilfe der Bruchflächenenergie selbst bei makroskopisch spröden Werkstoffen kaum möglich. Dennoch tritt in vielen Fällen spröde Rißausbreitung auch bei Werkstoffen auf, deren Fähigkeit zu plastischer Verformung durch einen entsprechenden strukturellen Zustand oder/und aufgrund ungünstiger Beanspruchungsbedingungen nur stark eingeschränkt ist. Die wissenschaftliche Disziplin, die sich mit diesem Problemkreis beschäftigt und über solche Energiebetrachtungen die Gewinnung von Kennwerten für den Widerstand eines Werkstoffes gegen Rißausbreitung anstrebt, heißt *Bruchmechanik.*
Bei ausgeprägt plastischen Werkstoffen ist eine spröde Rißausbreitung nicht möglich, weil mikroplastische Verformungen über eine Änderung der Rißspitzengeometrie (Kerbausrundung) eine Spannungsumlagerung und damit einen Abbau der im Bereich der Rißspitze bestehenden Spannungsüberhöhung bewirken (Abb. B.2-44).

2.2.2.1 Duktilbruch

Wird eine zylindrische Probe eines sich duktil verhaltenden Metalls auf Zug beansprucht, so findet zunächst eine elastische Verzerrung des Kristallgitters und dann nach Überschreiten der Fließspannung durch Versetzungsbewegung eine gleichmäßige plastische Längung und Querschnittsminderung der Probe statt. Mit Beginn der *Einschnürung* konzentriert sich die weitere Verformung überwiegend auf den Einschnürquerschnitt, in dem auch der spätere Bruch erfolgt.
Hochreine Einkristalle duktiler Metalle brechen erst, nachdem sich die Einschnürzone zu einer dünnen, nadelartigen Spitze ausgezogen hat (Abb. B.2-45, A). Diese Form eines durch vollständiges Abgleiten entstandenen Bruches wird in technisch reinen, vielkristallinen Werkstoffen bei normalen Temperaturen nicht beobachtet, in diesen bilden sich im Einschnürquerschnitt an gröberen, nichtplastischen Teilchen – häufig *nichtmetallischen Einschlüssen* – durch Spannungskonzentrationen, die zum Bruch der Teilchen oder ihrem Ablösen von der Matrix führen, *Mikroporen.* Für die Bindungsverhältnisse zwischen den Einschlüssen und der Matrix sind u. a. auch deren thermische Ausdehnungskoeffizienten von Bedeutung. Bei größerem Ausdehnungskoeffizienten der Einschlüsse kontrahieren diese während des Abkühlens stärker und lösen sich bereits hierdurch von der Matrix.
Mit Steigerung der Beanspruchung wachsen die Mikroporen zu kleinen Hohlräumen an, die sich im Verlauf der weiteren Verformung zu einem größeren Hohlraum vereinigen. Dieser breitet sich nun senkrecht zur äußeren Beanspruchung über den eingeschnürten Querschnitt zickzackförmig von innen nach außen aus. Der restliche Bruch erfolgt oft unter Bildung einer Scherlippe in einem Winkel von 45° zur Zugrichtung (Abb. B.2-45, B). Obwohl sich der Scherlippenbruch im makroskopischen Bild vom restlichen Bruchquerschnitt deutlich abhebt, erfolgt auch bei ihm die Bruchbildung durch Vereinigung einzelner Poren.
Das mikroskopische Kennzeichen einer duktilen Bruchfläche besteht in einem wabenartigen Muster. Die Waben werden von Grübchen gebildet, deren Wände durch

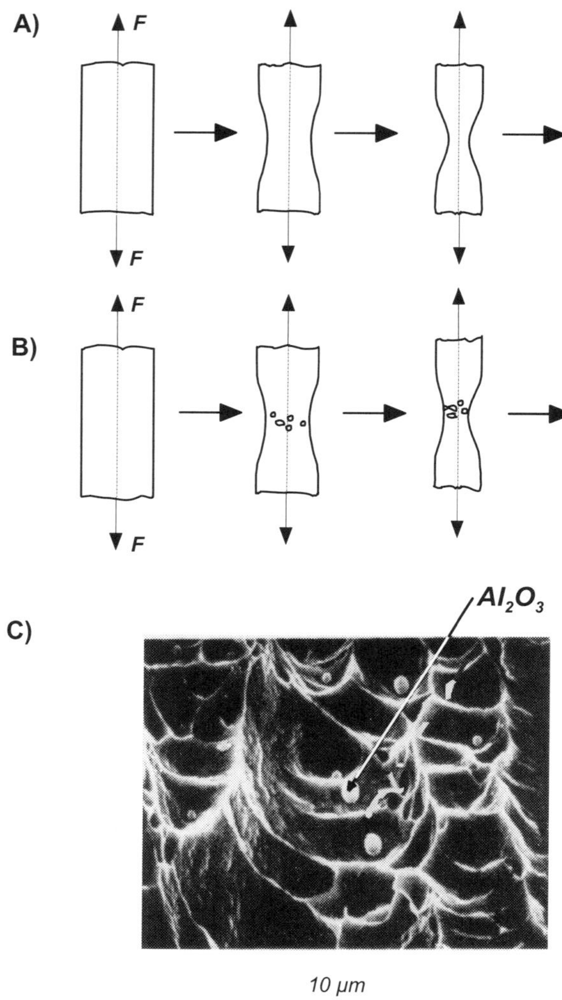

Abb. B.2-45 Bruchverhalten duktiler Metalle
A) Einkristalle hoher Reinheit
B) Vielkristalle technischer Reinheit
C) Bruchfläche, rasterelektronen-mikroskopisch

plastisches Langziehen entstanden sind. Die Grübchenwände entsprechen damit jeweils einem Einkristallbruch in Abb. B.2-45, A. In den Grübchen sind meist die nichtplastischen Einschlüsse zu erkennen (Abb. B.2-45, C). Ein Duktilbruch wird aufgrund dieser mikroskopischen Merkmale oft auch als **Waben- oder Grübchenbruch** bezeichnet. Makroskopisch erscheint die Bruchfläche matt. Bedingt durch den Gleitmechanismus verläuft ein reiner Duktilbruch immer transkristallin, die einzelnen Körner sind wegen der örtlich starken plastischen Verformung kaum noch erkennbar.

Die dem Duktilbruch vorausgehende Poren- und Hohlraumbildung wird also ganz wesentlich von im Gefüge befindlichen weniger plastischen oder nichtplastischen Teilchen beeinflußt. Es leuchtet daher ein, daß die bis zum Bruch mögliche plastische Verformung entscheidend von der Menge, Form und Verteilung dieser Teilchen abhängt. Die Verformung wird durch zunehmende Mengenanteile, nadel- oder plattenähnliche Formen sowie ungleichmäßige, grobe Verteilungen reduziert. Besonders negativ wirken sich durch stark gerichtete Warmverformungen wie z. B. Walzen lang ausgestreckte und zeilig angeordnete nichtmetallische Einschlüsse (Sulfid-, Oxid-, Silikat-, Carbidzeilen) auf die Zähigkeitswerte quer und senkrecht zu diesen Zeilen aus. Zugbeanspruchungen in Quer- oder Normalrichtung führen zu Trennungen zwischen Matrix und Einschlußphase, die sich durch Abreißen der noch bestehenden Werkstoffbrücken zu großflächigen Anrissen verbinden und letztlich – selbst bei ausgesprochen duktilem Matrixverhalten – in einen makroskopisch verformungsarmen Bruch münden. Darum kann bei Walz-, Preß-, Zieh- oder Schmiedeerzeugnissen, die ein derartiges *Zeilengefüge* aufweisen, ausreichende Zähigkeit nur in Zeilenrichtung erwartet werden.

2.2.2.2 Energiearmer Duktilbruch

Sieht man das duktile *Verformungsverhalten* als typisch metallisch an, so kann andererseits der Duktilbruch als der für Metalle typische *Bruchmechanismus* bezeichnet werden. Plastische Vorgänge mindern den Aufbau rißbildender Spannungen, sie reduzieren durch Spannungsumlagerung und Rißabstumpfung die an Rißspitzen bestehenden Spannungskonzentrationen und erhöhen wegen der zu leistenden Verformungsarbeit den Widerstand gegen Rißausbreitung. Aus diesem Grunde bedeutet mit Ausnahme der Verfestigung durch Kornfeinung jede Verfestigung eines Werkstoffs zwangsläufig eine Zunahme seiner Sprödbruchempfindlichkeit.
Die dem Bruch in der mikroskopischen Prozeßzone vorausgehende Verformung und damit die für die Rißausbreitung benötigte Energie wird mit zunehmender Verfestigung geringer, dies kommt im Zugversuch und bei der Kerbschlagbiegeprüfung durch niedrige Bruchdehnungs- bzw. Schlagarbeitswerte zum Ausdruck. Das makroskopische Erscheinungsbild des *energiearmen Duktilbruches* ist das eines *verformungslosen Sprödbruches*, obwohl sich der mikroskopische Bruchvorgang duktil abspielt. Die durch eine Verfestigung bedingte Versprödung muß als unumgänglich hingenommen werden, es kommt daher bei der Verwendung hochfester Werkstoffe in besonderem Maße darauf an, andere sprödbruchfördernde Einflüsse so weit wie möglich auszuschließen.

2.2.2.3 Interkristalliner Sprödbruch

Das bevorzugte Aufreißen entlang von Korngrenzen stellt sich meist als Folge einer ungeeigneten Wärmebehandlung ein und kann im wesentlichen zwei Ursachen haben. Entweder haben sich bestimmte *grenzflächenaktive Elemente* wie P, Sn, As, Sb, die im allgemeinen als schädliche Verunreinigungen nur in Spuren im Werkstoff enthalten sind, durch Diffusion an den Korngrenzen angereichert oder es belegen *spröde Ausscheidungen* die Korngrenzen in Form zusammenhängender, brüchiger Filme oder als Einzelteilchen in großer Dichte. Die Gefahr eines Korngrenzenbruchs wird besonders groß, wenn das Korninnere stark verfestigt wurde. Lassen die Korngrenzenausscheidungen einen ausscheidungsarmen, entfestigten Saum parallel zu den Korngrenzen zurück, so findet in diesem Saum ein lokalisierter Duktilbruch statt, der im makroskopischen Bruchbild ebenfalls als interkristalliner Sprödbruch erscheint.

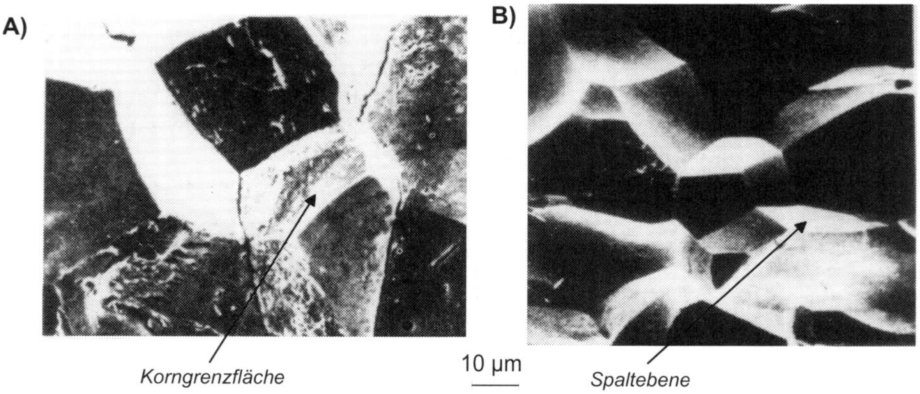

Abb. B.2-46 Sprödbruch (rasterelektronen-mikroskopisch)
A) Interkristallin, Stahl 0,6% C, gehärtet B) Transkristallin, Wolfram, reiner Spaltbruch

Da ein interkristalliner Bruch durch Korngrenzenausscheidungen verursacht wird, besteht die Möglichkeit, die Bruchempfindlichkeit durch eine zweckmäßige Wärmebehandlung zu beseitigen. Die Wärmebehandlung muß zunächst eine Auflösung der Ausscheidungen bewirken und anschließend durch im allgemeinen rasche Abkühlung die Ausscheidungen vollständig oder zumindest weitgehend an den Korngrenzen unterdrücken. Die Oberfläche eines interkristallinen Bruches wird von den aufgerissenen Korngrenzen gebildet, das mikroskopische Bruchbild (Abb. B.2-46, A) zeigt die Korngrenzflächen und läßt den interkristallinen Bruch eindeutig als solchen erkennen.

2.2.2.4 Transkristalliner Sprödbruch

Den meisten krz-Metallen und vielen hdp-Metallen ist ein temperaturabhängiger Übergang von duktilem zu sprödem Bruchverhalten eigentümlich. Im Temperaturbereich des spröden Bruches, d. h. bei Temperaturen unterhalb der sog. *Übergangstemperatur* $T_ü$ erfolgt der Bruch dann durch Spaltung, bei krz-Metallen auf {100}-Ebenen, den Würfelflächen ihrer Elementarzelle (Abb. B.2-46, B).
Obwohl die Übergangstemperaturen der krz-Metalle Chrom, Wolfram, Molybdän und Eisen teils erheblich über (Cr, W), teils um (Mo) und bei Eisen wenig unter Raumtemperatur liegen, hängt diese Temperaturversprödung offenbar nicht direkt mit der Gitterstruktur zusammen, da die genannten Metalle in extrem reinem Zustand ein duktiles

Verhalten noch bis zu tiefsten Temperaturen zeigen. Hingegen verändern geringste Gehalte an interstitiell gelösten Fremdatomen wie C, N oder O die Brucheigenschaften in gravierender Weise.
Ausgangspunkt der *Temperaturversprödung* von krz-Metallen ist wohl die mit sinkender Temperatur erheblich zunehmende Blockierungswirkung der Einlagerungsatome auf die Versetzungsbewegung. Dies äußert sich in einem starken Anstieg der Festigkeit bei abnehmender Temperatur. Mit der Erschwerung mikroplastischer Vorgänge gehen dann alle die Rißbildung und -ausbreitung hemmenden Effekte wie Spannungsabbau, Kerbausrundung, Erhöhung der Brucharbeit zunehmend verloren. Auch ein *Spaltbruch* erfolgt nicht durch ein spontanes Lösen aller im Bruchquerschnitt bestehenden Bindungen, sondern durch einen sich ausbreitenden Riß. Vorschläge für mögliche Mechanismen einer Spaltrißbildung (Abb. B.2-47) gehen unter anderem auf Cottrell zurück. Hiernach entstehen Spaltrisse durch Aufstau von Gleitversetzungen an für sie unüberwindlichen Hindernissen.

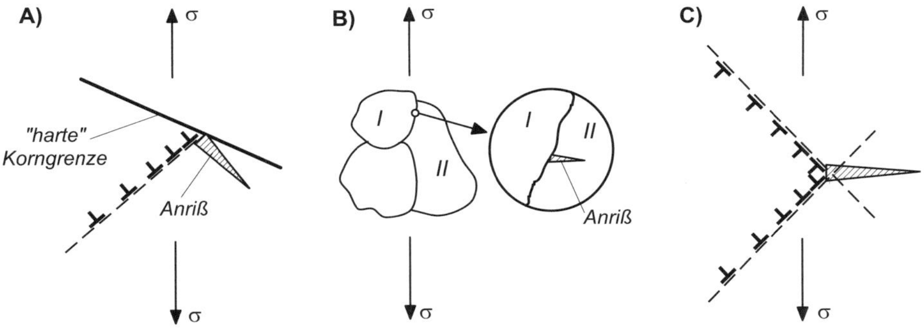

Abb. B.2-47 Mechanismen der Mikrorißbildung
A) Versetzungsaufstau an harten Korngrenzen
B) Aufreißen von Korngrenzausscheidungen
C) Versetzungsaufstau an sich schneidenden Gleitebenen

Besonders wirksame Hindernisse in dieser Hinsicht sind – wie schon mehrfach erwähnt – grobe, harte Einschlüsse und unter Umständen auch Korngrenzen, die sich durch spröde Ausscheidungen als so „hart" erweisen, daß die durch Versetzungsaufstau entstehenden Spannungskonzentrationen nicht durch Gleitungen im Nachbarkorn abgebaut werden können, sondern bei weiterem Zusammenpressen von Versetzungen gleichen Vorzeichens zur Aufspaltung des Korns führen. Bei sehr dicken Belegungen der Korngrenzen mit spröden Ausscheidungen reißen diese bei entsprechenden Spannungskonzentrationen selbst auf und begünstigen dann ein Aufspalten des angrenzenden Korns.
Vielfach wird eine bevorzugte Rißbildung auch an Zwillingskonfigurationen beobachtet, bei denen *Zwillinge* durch Korngrenzen, Teilchen oder andere Zwillinge blockiert werden. Da die zur Bildung von Zwillingen erforderlichen Spannungen sehr hoch liegen, treten an den Zwillingshindernissen auch hohe Spannungswerte auf. Die bei krz-Metallen mit abnehmender Temperatur ansteigende Fließspannung läßt bekanntlich die Zwillingsbildung als Verformungsmechanismus in den Vordergrund treten und vergrößert so die Zahl der möglichen Rißbildungsmechanismen bzw. die Rißbildungswahrscheinlichkeit.

Es kommt weiter hinzu, daß ein bei hohen Spannungen stattfindendes Losbrechen von Versetzungen auch zu höheren Geschwindigkeiten der Versetzungsbewegung führt und damit zu größeren Aufstaulängen beim Auftreffen auf Hindernisse. All diese Faktoren und ihr Zusammenwirken kommen für die Erklärung des temperaturabhängigen Überganges vom zähen Duktil- zum spröden Spaltbruchverhalten in Betracht.
Der zu einer kritischen Größe angewachsene Riß pflanzt sich auf Spaltflächen transkristallin fort. An jeder Korngrenze erfährt er wegen der sich ändernden Kornorientierung eine kleine Richtungsänderung. Makroskopisch zeigt die Bruchfläche ein kristallin glitzerndes Aussehen. Das temperaturabhängige Bruchverhalten von krz- und kfz-Metallen gibt Abb. B.2-48 in schematischer Weise wieder. In dem Temperaturbereich, in dem sich der Übergang vom zähen zum spröden Bruchverhalten vollzieht, treten Mischbrüche auf, sie beginnen mit einer duktilen Anrißbildung und breiten sich nach Erreichen der kritischen Rißlänge spaltartig aus. In der Mischbruchfläche erscheinen *matte Duktilbruch-* und *kristalline Spaltbruchanteile.*

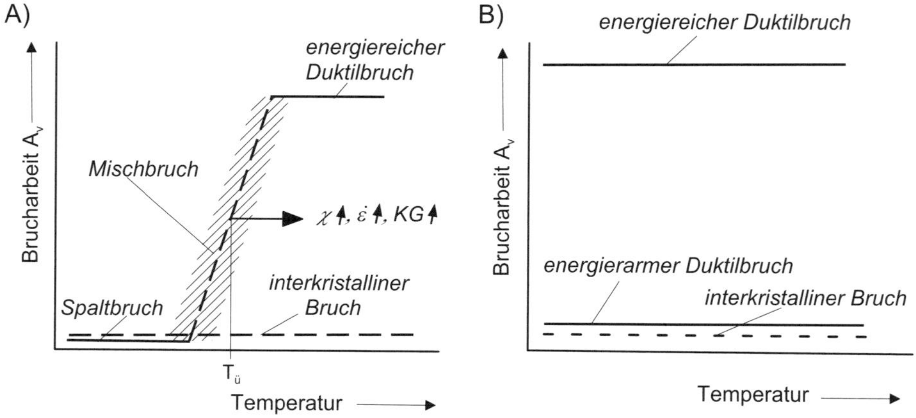

Abb.B.2-48 Einfluß der Temperatur auf das Bruchverhalten metallischer Werkstoffe
A) Kubisch-raumzentriert B) Kubisch-flächenzentriert
X = Mehrachsigkeitsgrad der Zugspannungen,
$\dot{\varepsilon}$ = Beanspruchungsgeschwindigkeit,
KG = Korngröße

Die Übergangstemperatur $T_ü$ hängt bei gegebener chemischer Zusammensetzung des Werkstoffs in beachtlichem Maße vom Mehrachsigkeitsgrad des Spannungszustandes, von der Beanspruchungsgeschwindigkeit und vom Gefüge ab. Sie steigt mit zunehmendem Mehrachsigkeitsgrad, zunehmender Beanspruchungsgeschwindigkeit und zunehmender *Vergröberung* der Gefügebestandteile. Zu den Gefügebestandteilen zählt neben spröden Ausscheidungen auch das Matrixkorn. Bei einem groben Korn stehen den Versetzungen zwischen ihrer Quelle und einer aufstauenden Korngrenze lange Laufwege zur Verfügung. Dadurch werden mehr aufgestaute Versetzungen an einer Anrißbildung beteiligt, so daß generell größere Anrisse als bei kleineren Körnern entstehen können.

2.2.2.5 Struktureller Aufbau sprödbruchunempfindlicher Werkstoffe

Sprödbruchunempfindlichkeit bedeutet die Fähigkeit eines Werkstoffs, unter gegebenen Beanspruchungsbedingungen auf mehr oder weniger lokalisierte Überbeanspruchungen durch plastische (Mikro-)Verformung, nicht aber durch Rißbildung und energiearme Rißausbreitung zu reagieren. Mit Ausnahme einer Verfestigung durch Korngrenzen wird diese Fähigkeit durch festigkeitssteigernde Maßnahmen eingeschränkt, so daß die mit einer Verfestigung zwangsläufig verbundene Versprödung als eine nicht zu umgehende *„normale" Versprödung* anzusehen ist. Darum ist bei der Erzeugung sprödbruchunempfindlicher höherfester Werkstoffe nach zwei Grundsätzen zu verfahren: Erstens sollten die festigkeitssteigernden Gefügeeinstellungen so vorgenommen werden, daß sie sich möglichst wenig zähigkeitsmindernd auswirken, und zweitens sollten alle Gefügezustände, die eine „anomale" Versprödung herbeiführen, unbedingt vermieden werden.

Folgende Gefügeelemente dienen einer gezielten Verfestigung: Versetzungen, Korngrenzen, gelöste Fremdatome und Teilchen. Eine hohe *Versetzungsdichte* kann durch plastische Verformung oder durch eine martensitische Gefügeumwandlung realisiert werden. Die plastische Verformung führt durch Aufstau gleitender Versetzungen an Hindernisversetzungen, Korngrenzen und Teilchen zur Verfestigung, hierbei entstehen lokale Spannungskonzentrationen, die eine Anrißbildung erheblich unterstützen. Besonders ungünstige Verhältnisse liegen vor, wenn sich die Verformung im Fall grober Gleitung auf wenige Gleitebenen konzentriert. Dagegen sind die infolge einer *martensitischen Umwandlung* gebildeten Versetzungen so gleichmäßig verteilt, daß sie keine übermäßig nachteilige Wirkung auf das Zähigkeitsverhalten ausüben.

Der vorteilhafte Einfluß eines *feinen Matrixkorns* sowohl auf die Festigkeit als auch auf die Zähigkeit wurde bereits herausgestellt. Er wird einerseits damit erklärt, daß bei kleinem Korn die durch Versetzungsaufstau erzeugten, rißbildenden Spannungskonzentrationen geringer ausfallen. Ein weiterer zähigkeitsfördernder Effekt ist wohl auch darin zu sehen, daß bei feinem Korn eine größere Korngrenzfläche zur Aufnahme segregierender Verunreinigungsatome zur Verfügung steht und dadurch im Korngrenzbereich die lokale Konzentration solcher, die Kohärenz der Körner erniedrigender Fremdatome gesenkt wird.

Im Gitter *gelöste Fremdatome* vermindern zunächst einmal grundsätzlich die Zähigkeit durch ihre Verfestigungswirkung. Darüber hinaus können zusätzlich negative Einflüsse dadurch entstehen, daß die Fremdatome die Neigung zu grobem Gleiten oder zur Zwillingsverformung erhöhen. Besonders nachteilige Wirkungen erzeugen bei Stählen zum einen die erwähnten, Korngrenzbindungen lockernden, grenzflächenaktiven Verunreinigungsatome der Elemente P, Sn usw., zum anderen die in krz-Metallen versetzungsblokkierenden Einlagerungsatome der Elemente C, N und O. Die Gehalte beider Kategorien störender Fremdatome sollten daher bestimmte Grenzwerte nicht überschreiten, es sei denn, ihre Wirkungen werden durch geeignete Wärmebehandlungen oder durch Abbinden zu unschädlichen Verbindungen aufgehoben. In Fe-Legierungen werden z. B. Mn zum Abbinden von S zu MnS, vor allem aber Al zum Abbinden von N zu AlN oder Nb zum Abbinden von C zu NbC verwendet. Üben diese Abbindungsprodukte als feine Ausscheidungen noch einen kornwachstumshemmenden Einfluß aus, so erfüllen die abbindenden Fremdatome von Al und Ti ihre zähigkeitssteigernde Funktion in doppelter Hinsicht.

Haben Fremdatome einen kornfeinenden Effekt z. B. auch dadurch zur Folge, daß sie eine Umwandlungstemperatur senken und so den Umwandlungsablauf bei *größerer Unterkühlung* mit höherer Keimdichte herbeiführen, so liefern sie ebenfalls einen zähigkeitssteigernden Beitrag. Der Einfluß gelöster Fremdatome auf das Zähigkeitsverhalten kann also nicht in einfacher Weise als generell negativ beurteilt werden, sondern es sind unter Umständen auch recht günstige Nebenwirkungen möglich.
Mit dem Auftreten einer spröden Zweitphase kommt – wie bereits beschrieben – ein weiterer, das Bruchverhalten beeinflussender Faktor ins Spiel. Liegen harte, grobe nicht schneidbare *Teilchen* vor, so werden die Versetzungen an ihnen aufgestaut und bilden mit Erreichen einer bestimmten Spannungshöhe Anrisse im Korn, in den Teilchen oder an deren gemeinsamer Grenzfläche. Eine ähnlich ungünstige, rißbildende Wirkung ergibt sich, wenn die Teilchen der spröden Zweitphase an den Korngrenzen der Matrix filmartig oder in höherer Dichte ausgeschieden sind. Dagegen hält sich die Zähigkeitseinbuße in einem durchaus erträglichen Rahmen, wenn die Teilchenmenge bis zu etwa 10 Vol.-% beträgt und die Teilchen gleichmäßig und äußerst fein im Korn verteilt sind. In diesem Fall wird den aufgestauten Versetzungen ein Umgehen der Teilchen ermöglicht, bevor es zur Rißbildung kommt.
Ein Gefüge mit einer idealen Kombination von hoher Festigkeit und ausreichender Zähigkeit müßte demnach folgende strukturellen Merkmale aufweisen:

- ein möglichst feines Matrixkorn, das durch Fremdatome und eine hohe Dichte an Umwandlungsversetzungen verfestigt ist;
- von grenzflächenaktiven Verunreinigungsatomen und spröden Ausscheidungen weitgehend freie Korngrenzen;
- eine hohe Stapelfehlerenergie, so daß durch Quergleiten eine homogene, fein verteilte Gleitung noch möglich ist;
- ein Korninneres, das nicht von groben Einschlüssen, sondern von harten, nicht schneidbaren Teilchen in solcher Menge und so feiner Dispersion angefüllt ist, daß durch ihre Hinderniswirkung zwar eine starke Erschwerung der Versetzungsbewegung erfolgt, ein Abbau rißbildender bzw. -ausbreitender Spannungsspitzen durch mikroplastische Umlagerungsprozesse aber dennoch stattfinden kann.

Die Herstellung solcher Gefüge setzt jedoch einen legierungs- und verarbeitungstechnisch so hohen Aufwand voraus, daß den aufgeführten Forderungen in realen Werkstoffen meist nur teilweise entsprochen werden kann.

2.2.3 Dauerbruchverhalten

Ein *Dauerbruch* wird durch eine bestimmte Anzahl wiederholter, überkritischer Schwingbeanspruchungen hervorgerufen. Die bei metallischen Werkstoffen zum Dauerbruch führenden Vorgänge werden vielfach als „Ermüdung“ bezeichnet. **Das Besondere des Phänomens „Ermüdung“ besteht darin, daß sogar Beanspruchungen, bei denen sich zunächst nur elastische Verformungen nachweisen lassen, schließlich doch zu mikroplastischen Verformungen führen können, wenn diese Beanspruchungen nicht nur einmalig, sondern vielfach wiederholt aufgebracht werden.**

Aus diesen zyklisch verursachten mikroplastischen Verformungen heraus kann sich ein Ermüdungsanriß entwickeln, der sich unter Umständen – dann mit Hilfe eines zyklisch-mikroplastischen Mechanismus (Prozeßzone) – bis zum Dauerbruch auszubreiten vermag. Makroplastische Verformungen fehlen im Bereich der eigentlichen Dauerbruchzone. Da aber Dauerbruchflächen ein ganz charakteristisches Aussehen aufweisen, können sie meist als solche identifiziert und relativ leicht von spröden Gewaltbrüchen unterschieden werden.
Auf einer Ermüdungsbruchfläche lassen sich zwei bis drei verschiedene Zonen erkennen. Zunächst eine glatte Bruchfläche, die die eigentliche Dauerbruchfläche mit einer relativ niedrigen Rißausbreitungsgeschwindigkeit darstellt. Diese geht dann in eine gröbere Zone über, in der sich der Riß nun mit erhöhter Geschwindigkeit und u. U. in verschiedenen Ebenen ausgebreitet hat. In der dritten Zone erfolgte der Bruch des Restquerschnitts als spröder oder duktiler Gewaltbruch (Abb. B. 2-49).
Der Ermüdungsbruch geht in der Praxis fast immer von einer überkritisch beanspruchten Stelle aus, hierbei handelt es sich meist um spannungserhöhende Kerben konstruktiver, fertigungs- oder werkstofftechnischer Art. Ein Dauerbruch ist aber

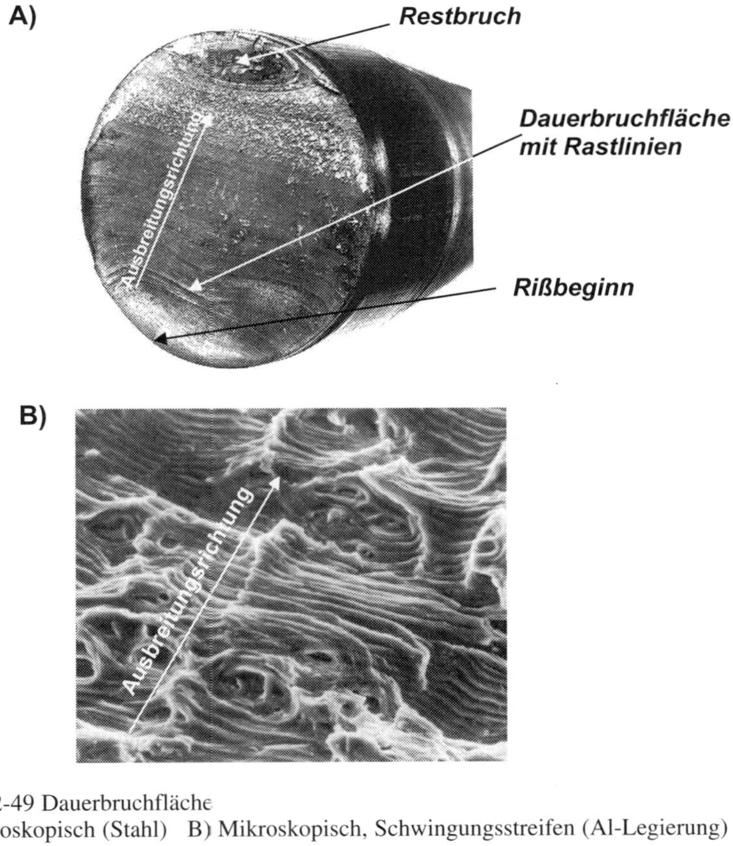

Abb. B.2-49 Dauerbruchfläche
A) Makroskopisch (Stahl) B) Mikroskopisch, Schwingungsstreifen (Al-Legierung)

grundsätzlich auch an kerbfreien, glatten Proben bzw. Bauteilen möglich. Zur Ausbildung des Bruches ist je nach Beanspruchungshöhe eine bestimmte Zahl von Beanspruchungszyklen oder *Schwingspielen* (sog. Lebensdauer) erforderlich, die im allgemeinen in der Größenordnung von 10^5 bis 10^7 liegt, bei verhältnismäßig hohen Beanspruchungen aber auch 10^1 bis 10^3 betragen kann. Die Begriffe „Dauerbruch" und „Lebensdauer" sind insofern ein wenig irreführend, weil die Haltbarkeit eines schwingbeanspruchten Bauteils, wenn man andere Schädigungsmechanismen wie z. B. überlagerte Korrosion ausschließt, nicht von der Dauer der Beanspruchung, sondern bei gegebener Beanspruchungshöhe von der *Zahl der Beanspruchungszyklen* abhängig ist.
Das Auftreten von Ermüdungsbrüchen an ursprünglich rißfreien Bauteilen setzt also Beanspruchungsamplituden voraus, die bereits nach relativ wenigen Lastzyklen plastische, im allgemeinen nur **mikroplastische** Deformationen in einem solchen Ausmaß hervorrufen, daß im Verlauf vieler Schwingspiele schließlich Versetzungsanordnungen entstehen, die die Bildung ausbreitungsfähiger Anrisse zur Folge haben. Das gesamte Ermüdungsgeschehen kann in drei ineinander übergehende **Ermüdungsstadien** unterteilt werden:

- in das Stadium der *Ermüdungsverfestigung*, an das sich eine
- *Rißbildungsphase* anschließt, die ihrerseits in das
- Stadium der *Rißausbreitung* übergeht.

Hierbei wächst der Riß stabil bis zu einer kritischen Länge, die ausreicht, den instabilen Restbruch innerhalb eines letzten Belastungsspieles herbeizuführen.

2.2.3.1 Ermüdungsverfestigung

Eine zyklische Beanspruchung mit hinreichend hoher Amplitude zwingt Versetzungen zu Hin- und Herbewegungen. Die hierbei auftretenden Gleitungen können am Anfang noch weitgehend reversibel verlaufen, infolge stark zunehmender Versetzungswechselwirkungen wird die Reversibilität der Gleitungen jedoch schnell reduziert. Als Folge solcher Wechselwirkungen und einsetzender Versetzungsmultiplikation verfestigt sich der Werkstoff im Normalfall mit jedem Beanspruchungszyklus. Es stellt sich eine *zyklisch bedingte Verfestigung* ein. Die zyklische Verfestigung äußert sich bei konstanter Spannungsamplitude in einer Abnahme der Dehnungsamplitude und bei konstanter Dehnungsamplitude in einer Zunahme der Spannungsamplitude (Abb. B.2-50). Nach einer gewissen Anzahl von Beanspruchungszyklen strebt die sich jeweils ändernde Beanspruchungsamplitude einem Wert zu, der sich in vielen Fällen bis zum Eintritt des Bruches nur noch unwesentlich verändert. Der Werkstoff hat dann mehr oder weniger eine Art *Sättigungszustand* der zyklischen Verfestigung erreicht.
Im Sättigungszustand weist der Werkstoff eine Versetzungsstruktur auf, deren Ausbildung wie bei einsinniger Verformung in erster Linie davon abhängig ist, in welchem Ausmaß Versetzungen quergleiten konnten. In Metallen mit leichtem Versetzungsquergleiten (Stähle, Al-Legierungen) besteht die Versetzungsstruktur im Sättigungsbereich aus Zellen mit Wänden hoher Versetzungsdichte und einem versetzungsarmen Zellinnern. Höhere Beanspruchungsamplituden ergeben eine geringere

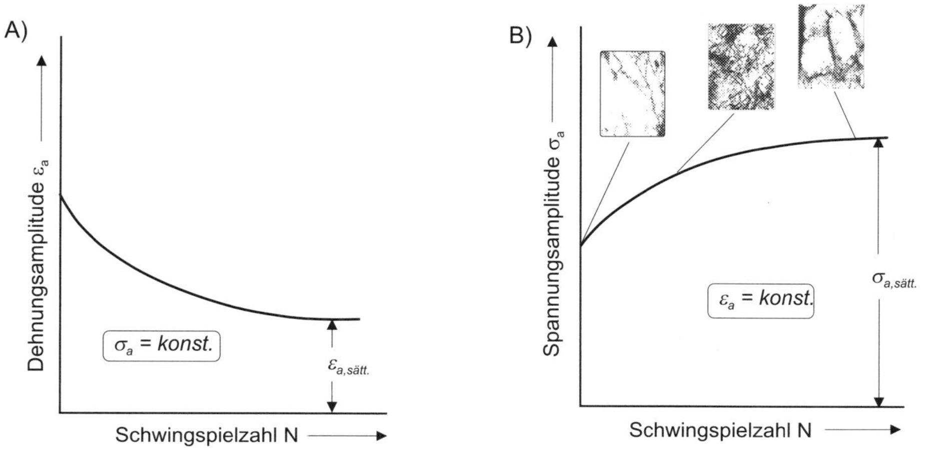

Abb. B.2-50 Zyklische Verfestigung
A) Konstante Spannungsamplitude B) Konstante Dehnungsamplitude

Zellgröße als niedrigere. Bei sehr niedrigen Amplituden wird keine Zellstruktur mehr, sondern nur noch eine Anordnung von Strängen oder Bändern gebildet, die Versetzungsdipole in hoher Dichte enthalten. Zwischen den Versetzungssträngen befinden sich Kanäle niedriger Versetzungsdichte. In Metallen, in denen die Bildung von Zellen und Strängen wegen mangelnder Fähigkeit zum Quergleiten unterbleibt (Cu-, Ni-Legierungen, austenitische Stähle), entwickelt sich nur eine gleichmäßige Anordnung einzelner geradliniger Versetzungsbündel, deren Dichte mit steigender Beanspruchungsamplitude erwartungsgemäß zunimmt.
Befindet sich der Werkstoff vor der zyklischen Beanspruchung bereits in einem durch erhöhte Fehlerdichte verfestigten Zustand, so werden die zyklischen Versetzungsreaktionen in ihrem Ablauf zunächst eingeschränkt. Die sich mit wachsender Schwingspielzahl zunehmend ereignenden Wechselwirkungen verursachen in einigen Fällen einen Ab- und Umbau der vorhandenen Versetzungshindernisse, so daß eine *zyklisch bedingte Entfestigung* eintritt. Dies ist der Fall bei durch einsinnige Verformung stark verfestigten und bei einigen ausgehärteten Gefügen. Gitter, in denen das Quergleiten von Versetzungen leicht vonstatten geht, weisen nach der zyklischen Entfestigung eines kaltverformten Zustandes die gleiche Sättigungsamplitude auf wie nach der zyklischen Verfestigung eines weichgeglühten Ausgangszustandes. Bei Werkstoffen mit erschwertem Quergleiten liegt die Sättigungsamplitude im Fall zyklischer Entfestigung höher als im Fall zyklischer Verfestigung.
Komplizierter stellt sich das zyklische Verhalten von Werkstoffen (z.B. Stahl) dar, die bereits bei einsinniger Beanspruchung mit dem Auftreten einer *Streckgrenze* ausgeprägte Verformungsinhomogenitäten zeigen. Diese werden – wie besprochen – auf die anfängliche Blockierung von Versetzungen durch eingelagerte Fremdatome zurückgeführt, wobei die Versetzungen mit Überschreiten einer kritischen Spannung von ihren Hindernissen losgerissen werden. Die überhöhte Losreißspannung löst gleichzeitig eine intensive Versetzungsproduktion aus. Hierdurch kommt es zunächst zu der als

Lüdersdehnung bekannten lokal und sukzessiv fortschreitenden Verformung ohne eine auch makroskopisch in Erscheinung tretende Verfestigung. Erst wenn die Lüdersverformung alle Werkstoffbereiche durchlaufen hat, setzt durch Versetzungswechselwirkungen eine allgemeine Verfestigung ein. Bei schwingender Beanspruchung erreicht der Werkstoff seinen *„Lüderszustand"* auch schon bei Spannungsamplituden unterhalb der Streckgrenze, allerdings erst nach einigen Beanspruchungszyklen, anfangs in wenigen, später in immer mehr Körnern. Der Werkstoff wird durch die zyklische Beanspruchung in zunehmendem Maße plastisch, was einer Entfestigungsreaktion entspricht.

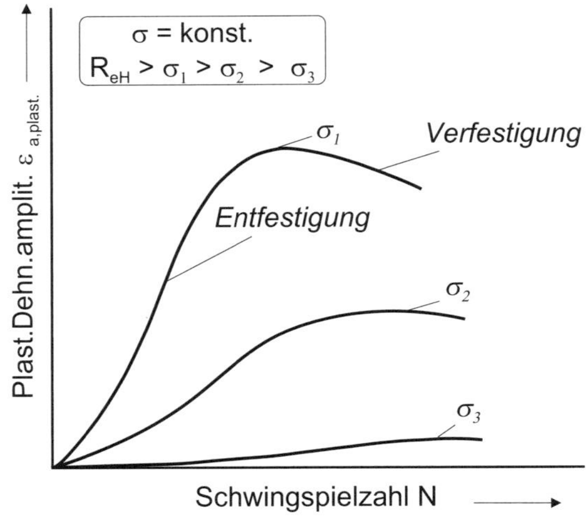

Abb. B.2-51 Zyklische Ent- und Verfestigung von Stahl (nach Lit. B.17)

Nachdem ein Werkstoffbereich von der Lüdersdehnung erfaßt wurde, beginnt seine Verfestigung. So kommt es bei der zyklischen Beanspruchung derartiger Werkstoffe – insbesondere unlegierter und niedriglegierter Stähle – anfangs zu je nach Beanspruchungshöhe starken Entfestigungen, die zunehmend von Verfestigungsvorgängen abgelöst werden. Typische Wechselverformungskurven von Stahl zeigt Abb. B.2-51.

2.2.3.2 Rißbildung

Die während der Verfestigungsphase erzeugten und bewegten Versetzungen ordnen sich zu den für das jeweilige Metall typischen Versetzungsstrukturen im gesamten, in gleicher Weise beanspruchten Werkstoffvolumen an. Die dabei an die Werkstoffoberfläche ausgetretenen Versetzungen bilden feine, gleichmäßige Gleitlinien. Mit Erreichen des Sättigungszustandes ist das Stadium der Ermüdungsver- bzw. -entfestigung abgeschlossen, die weitere Beanspruchung führt nicht mehr zu einer Erhöhung der Versetzungsdichte und folglich auch nicht zu weiterer Verfestigung, sondern die sich nun noch abspielende plastische Verformung beruht weitgehend auf reversiblen Versetzungsbewegungen.

Die im beanspruchten Werkstoff homogen ausgebildete Versetzungs-Sättigungsstruktur ist nun bestrebt, die weitere plastische Mikrodeformation im wesentlichen auf einige, wenige Gleitbereiche zu verlagern. Es ist wahrscheinlich der für den gesamten Ermüdungsprozeß entscheidende Vorgang, daß sich die Werkstoffstruktur nun durch Versetzungsumordnungen Bereiche schafft, in denen die reversiblen Versetzungsbewegungen mit geringen Behinderungen ablaufen können und auf die sich die plastischen Vorgänge nun zunehmend konzentrieren. Die *Konzentration der Gleitprozesse* in bestimmten Gleitbändern beginnt an der Oberfläche und wächst von dort in die oberflächennahen Körner hinein. Die Oberfläche kommt als Ausgangspunkt für die Lokalisierung der plastischen Verformung deshalb in Frage, weil sie den Versetzungen keinen Austrittswiderstand entgegensetzt und außerdem gegenüber dem Werkstoffinneren meist durch geringe Unebenheiten, Kerben, inhomogene Beanspruchungen wie Biegung oder Torsion lokale Spannungsspitzen aufweist.
Die bis zur Sättigung durch zyklische Beanspruchung entstandenen Gleitbänder bilden eine unregelmäßige Oberflächenstruktur aus. Die einsetzende Konzentration der plastischen Vorgänge auf einzelne Gleitbänder führt bei diesen zu einer zunehmenden Verschärfung des Oberflächenprofils, diese Gleitbänder treten auf polierten Oberflächen als typische **Ermüdungsgleitbänder** (vgl. Abb. B.2-52) in Erscheinung.
Die Zahl der Körner mit Ermüdungsgleitbändern und die Dichte solcher Gleitbänder in den randnahen Körnern wachsen mit steigender Beanspruchungsamplitude und steigender Schwingspielzahl. Fortschreitende Beanspruchung zieht auch eine anhaltende Lokalisierung der plastischen Verformung in den Gleitbändern nach sich, bis so große Gleitstufen entstanden sind, daß in ihnen die Bildung von Mikroanrissen einsetzen kann. Die Neigung zur Ausbildung grober Ermüdungsgleitbänder hängt wiederum von der Fähigkeit des Metalls zum Versetzungsquergleiten ab. Metalle mit niedriger Stapelfehlerenergie und erschwertem Quergleiten zeigen bei zyklischer wie auch schon bei einsinniger Beanspruchung eine homogenere Verteilung der Gesamtgleitung auf viele Gleitbänder und eine geringere Aufrauhung der Oberfläche. Als Folge dieses Verformungsverhaltens stellt sich ein höherer Widerstand gegen Ermüdung ein.
Entsprechend ungünstigere Ermüdungseigenschaften besitzen dagegen Metalle, bei denen Schraubenversetzungen leicht Quergleitbewegungen ausführen können. Bei vielen dieser Metalle tritt sogar eine besondere Form von Ermüdungsgleitbändern, die sog. *persistenten Gleitbänder* auf. Diese Bezeichnung rührt von der Tatsache her, daß persistente Gleitbänder im Unterschied zu anderen Gleitbändern nach ihrer Entfernung durch Wegätzen bei erneuter zyklischer Beanspruchung an der gleichen Stelle wieder neu entstehen. Persistente Ermüdungsgleitbänder zeigen eine von der Umgebung abweichende Versetzungsstruktur, die aus der Sättigungsstruktur offenbar durch Quergleitprozesse hervorgeht und aus scharf ausgebildeten Wänden hoher Versetzungsdichte besteht, die in einer Art Leiterstruktur oder als Anordnung geschlossener Zellen versetzungsarme Bereiche umschließen. Nach der Bildung dieser persistenten Gleitbänder vollzieht sich die plastische Verformung zum größten Teil in den *versetzungsarmen, kanalartigen Zwischenräumen* der Leiterstruktur, ihre Versetzungsbewegungen verlaufen überwiegend reversibel. Im Gegensatz zur von Versetzungsbändern gleichmäßig erfüllten Matrix können Versetzungssegmente die Kanäle der Gleitbänder ohne starke Behinderung durchwandern. Die irreversiblen Verformungsanteile werden

vor allem von den Versetzungen hervorgerufen, die am Gleitbandende, d. h. an der Werkstoffoberfläche austreten. Infolge der starken Lokalisierung der Versetzungsbewegungen in den Ermüdungsgleitbändern, die nur einen sehr geringen Teil des Werkstoffvolumens ausfüllen, bauen sich hohe Gleitstufen mit erheblichem Materialaufwurf – sog. *Extrusionen* – und entsprechenden Materialeinschnitten – sog. *Intrusionen* – auf (Abb. B.2-52). Die Ausbildung von Ex- und Intrusionen hat eine scharfe Mikrokerbung der Oberfläche zur Folge, wodurch günstige Bedingungen für eine Anrißbildung geschaffen werden.

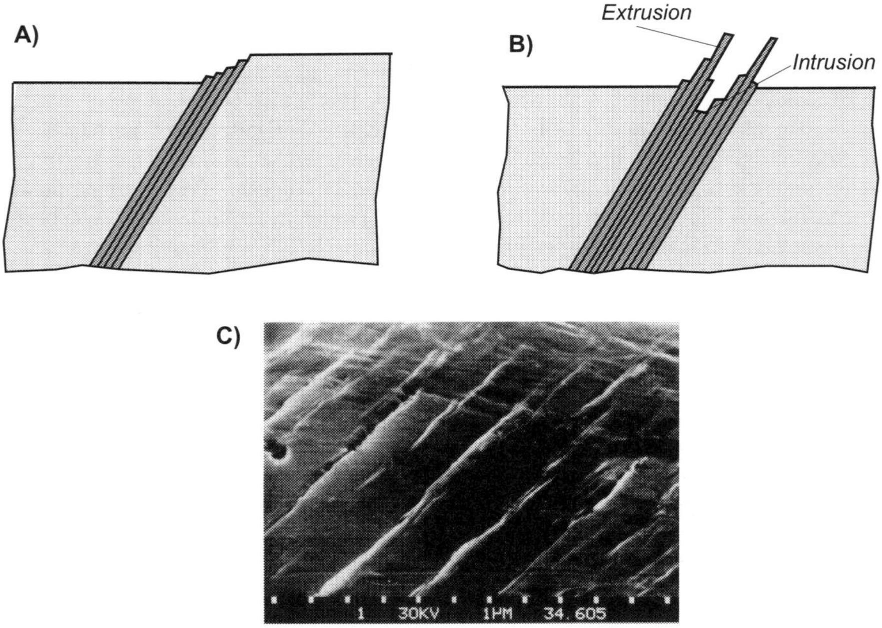

Abb. B.2-52 Oberflächenmerkmale zyklisch beanspruchter Metalle
A) Ermüdungsgleitband B) Ex- und Intrusionen C) Rasterelektronen-mikroskopisch

Neben der Entstehung von Ermüdungsanrissen an bzw. in Gleitbändern werden Rißbildungen auch an Korngrenzen oder an Teilchen von Verunreinigungen bzw. Zweitphasen beobachtet. Normale, ausscheidungsfreie Korngrenzen kommen nur bei hohen Beanspruchungsamplituden für eine Rißbildung in Betracht, unter diesen Bedingungen wird die Kornfläche von vielen Gleitbändern mit hoher Gleitstufung durchzogen, die ihre abrupte Begrenzung an den nicht verformbaren Korngrenzen finden. Hieraus resultiert nun im Übergangsbereich zwischen Korn und Korngrenze eine intensive Kerbwirkung, die eine nachfolgende Rißbildung wahrscheinlich macht. In ähnlicher Weise führen **Einschlüsse** zu lokalen Spannungsüberhöhungen und Gleitbandbildungen. Von besonders nachteiliger Wirkung sind Einschlüsse, die die Oberfläche durchstoßen. Die Stärke der nachteiligen Wirkung randschichtnaher Einschlüsse hängt außer von geometrischen auch von Bindungseinflüssen (*Matrix/Einschluß*) ab.

Auch der Einfluß von äußeren *Kerben* läßt sich in gleicher Weise erklären, sie haben lokale Spannungsspitzen zur Folge, die ihrerseits Gleitung und Ermüdungsbandbildung in verstärktem Maße fördern.
In glatten und makroskopisch homogen beanspruchten Bauteilen spielen sich die Verfestigungsvorgänge im gesamten Werkstoff ab, erst mit dem Erscheinen von Ermüdungsgleitbändern setzen die lokalisierten Prozesse der Rißbildung und -ausbreitung ein. Bei gekerbten oder inhomogen beanspruchten Bauteilen sowie an hinreichend groben Einschlüssen findet die Ermüdungsverfestigung dagegen in einem begrenzten Werkstoffbereich statt. Da in allen diesen Fällen eine zunehmend inhomogenere Mikrogleitung der Rißentstehung vorausgeht, ist dieser Vorgang als charakteristischer Mechanismus für die Bildung von Ermüdungsrissen anzusehen. Erfolgt indessen die Rißbildung durch einen anderen Vorgang, beispielsweise durch Aufreißen spröder Korngrenzen, oder sind gar Risse in kritisch beanspruchten Bereichen bereits vorhanden, so entfallen natürlich die Stadien der Ermüdungsverfestigung und der Rißbildung, und es kommt nur noch zu einer zyklisch bedingten Rißausbreitung.

2.2.3.3 Rißausbreitung

Bei ungekerbten, einphasigen Werkstoffen wie auch bei niedrigen Beanspruchungsamplituden erfolgt die Rißbildung im allgemeinen entlang von Ermüdungsgleitbändern. Hierbei entstehen an der Werkstoffoberfläche – oftmals zahlreiche – mikroskopische Anrisse, die durch weitere Abgleitungen in das Korninnere wachsen. Bevorzugt werden große Körner mit günstiger Orientierung, d.h. die Ausbreitungsebenen dieser Mikrorisse liegen entsprechend der Richtung maximaler Schubspannung etwa unter 45° zur äußeren Normalbeanspruchung. Diese Art des Rißfortschritts wird als *Stadium I der Rißausbreitung* bezeichnet, die in diesem Stadium gebildeten Risse auch als *kurze Risse*. Generell spielen sich zur Rißausbreitung führende Vorgänge ausschließlich im Bereich der Rißspitze ab, sie sind während des Stadiums I in ihrer Wirkung empfindlich von strukturellen Einflußgrößen abhängig. Mit Erreichen der Korngrenze trifft ein wachsender Mikroriß auf ein erstes Ausbreitungshindernis, da das Überwinden der Korngrenze und das Eindringen in die wahrscheinlich ungünstiger orientierten Nachbarkörner höhere Spannungen als die Rißausbreitung im Stadium I erfordert. Reicht die anliegende Spannung hierfür nicht aus, ist der Mikroriß auch nicht weiter ausbreitungsfähig.
Nur selten kommt es im Stadium I zu Rißlängen, die über einen Korndurchmesser deutlich hinausgehen. Vielmehr schließt sich im allgemeinen mit Überwindung der ersten Korngrenze ein Übergangsbereich in der Rißausbreitung an, der durch andere Ausbreitungsebenen, Korndurchmesser etc. gekennzeichnet ist. Von einer nur wenige Korndurchmesser betragenden Rißlänge an kann der in die Tiefe und Breite wachsende Riß durch die äußere Zugspannungsamplitude geöffnet werden, hierdurch ändert sich der Spannungszustand an der Rißspitze bezüglich der äußeren Beanspruchung von einem Schubspannungs- in einen Normalspannungszustand. Als Folge des veränderten örtlichen Spannungszustandes schwenkt der Riß in eine zur äußeren Beanspruchung senkrecht liegende Ausbreitungsrichtung ein und befindet sich so im *Ausbreitungsstadium II* (Abb. B.2-53).

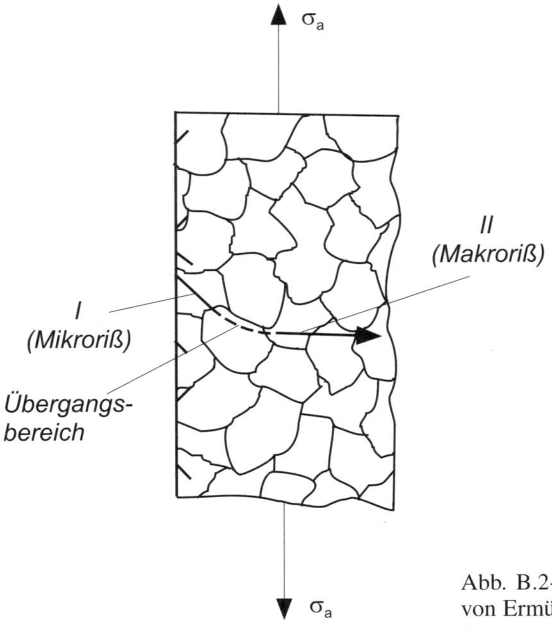

Abb. B.2-53 Stadien I und II der Ausbreitung von Ermüdungsrissen (nach Lit. B.23)

Der diesen Übergang vollziehende Anriß wandelt sich vom kurzen Riß oder **Mikroriß** zu einem sich bei jedem Lastspiel öffnenden und wieder schließenden langen Riß oder **Makroriß**. Seine Ausbreitungsgeschwindigkeit nimmt dabei mit ansteigender Rißlänge zu, und er eilt bei niedrigen Amplituden allen anderen ausbreitungsfähigen Anrissen in einem Maße voraus, daß im Ausbreitungsstadium II meist nur noch dieser eine Riß weiterwächst. Bei hohen Beanspruchungsamplituden oder gekerbten Bauteilen oder heterogenen Werkstoffen wird das Ausbreitungsstadium I vernachlässigbar klein, so daß in diesen Fällen die Rißausbreitung praktisch nur im Stadium II stattfindet. Die in gebrochenen Bauteilen von der Restbruchfläche deutlich unterscheidbare Ermüdungsbruchfläche wird also immer mehr oder weniger vollständig durch Rißausbreitung im Stadium II erzeugt.

Die sich während dieser Rißausbreitung abspielenden Vorgänge hinterlassen auf der Dauerbruchfläche oftmals makroskopisch oder mikroskopisch erkennbare Merkmale, die untrügliche Zeichen für das Vorliegen eines Ermüdungsbruches darstellen und wichtige Hinweise bei der Aufklärung von Schadensfällen liefern können. Zu den *makroskopisch* erkennbaren Merkmalen gehören die häufig auftretenden sog. *Rastlinien.* Dies sind quer zur Rißausbreitung verlaufende, linienförmige Markierungen, die an der fortschreitenden Rißfront durch sich ändernde Beanspruchungsverhältnisse oder bei niedrigen Ausbreitungsgeschwindigkeiten durch Oxidationsvorgänge entstanden sind. Oft kann auch die Ausgangsstelle des Dauerbruchs festgestellt und so auf die Schadensursache geschlossen werden.

Mikroskopisch kann ein Dauerbruch an den sog. *Schwingungsstreifen* (vgl. Abb. B.2-49, B) erkannt werden, die aus etwa senkrecht zur Rißausbreitungsrichtung angeordneten, parallelen mikroskopischen Riefen bestehen. Schwingungsstreifen werden aber nur bei

mittleren Rißgeschwindigkeiten beobachtet. Ihre Entstehung ist auf das durch einzelne Schwingspiele sukzessiv erfolgende Rißwachsen zurückzuführen. Da aber nicht jedes Schwingspiel einen Rißfortschritt nach sich ziehen muß, kann ein direkter Zusammenhang zwischen Riefenabstand in µm und Rißausbreitungsgeschwindigkeit in µm je Schwingspiel nicht in allen Fällen hergestellt werden. Die Ausbildung der Streifenstruktur wird im übrigen sehr stark von den Umgebungsbedingungen beeinflußt und kann überraschenderweise im Vakuum sehr viel undeutlicher ausgeprägt sein als bei Beanspruchung unter atmosphärischen Bedingungen.
Duktile Werkstoffe zeigen bei hohen Beanspruchungsamplituden anstelle von Schwingungsstreifen eine dem Duktilbruch ähnliche Wabenstruktur. Bei stark verfestigten mehrphasigen Werkstoffen liegen im mikroskopischen Bereich vielfach Bruchflächen mit duktilen und mit spröden Anteilen vor.
Das Wachsen von Makrorissen, d. h. die **Rißausbreitung im Stadium II**, geschieht ebenfalls durch mikroplastische Vorgänge in einer kleinen plastischen Zone vor der Rißspitze, die Geschwindigkeit der Rißausbreitung hängt unter diesen Bedingungen aber nur **wenig vom strukturellen Aufbau** des Gefüges, sondern **wesentlich vom Spannungsfeld** vor der Rißspitze ab. Die Bruchmechanik macht zur Beschreibung eines solchen Spannungsfeldes – wie bereits erwähnt – von dem Begriff der Spannungsintensität Gebrauch. Wird dieser Begriff auf die bei schwingender Beanspruchung kennzeichnende Spannungsgröße „*Schwingbreite* $\Delta\sigma = \sigma_{max} - \sigma_{min}$“ übertragen, so ergibt sich mit l = Rißlänge der Wert einer *zyklischen Spannungsintensität* ΔK zu:

$$\Delta \boldsymbol{K} = \Delta\sigma\sqrt{\pi \boldsymbol{l}}\,.$$

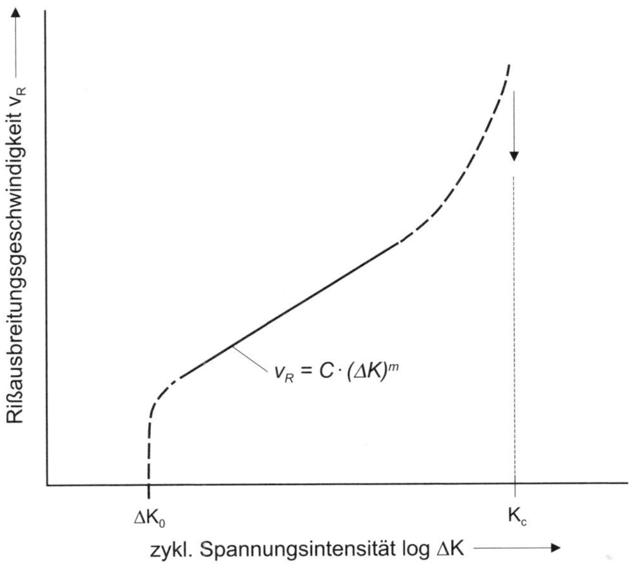

Abb. B.2-54 Ausbreitungsgeschwindigkeit von Ermüdungsrissen in Abhängigkeit von der zyklischen Spannungsintensität

Bei jeweils logarithmischer Auftragung der experimentell bestimmten Rißausbreitungsgeschwindigkeit v_R = d*l*/d*N* in Abhängigkeit von der zyklischen Spannungsintensität ΔK kommt man zu einer Kurve, die über einen weiten Bereich von ΔK linear verläuft und durch eine Beziehung der Form

$$v_R = C \cdot (\Delta K)^m$$

wiedergegeben werden kann (Abb. B.2-54).
C und *m* sind dabei werkstoff- und gefügeabhängige Konstanten und repräsentieren den nur noch marginal vorhandenen Struktureinfluß auf die Rißausbreitung II.
Werkstoffe, die bei niedrigen Beanspruchungsamplituden einen horizontalen Verlauf der Wöhlerkurve aufweisen, zeigen auch in der Rißfortschrittskurve einen *unteren Grenzwert* ΔK_0, bei dem die Rißausbreitungsgeschwindigkeit gegen Null geht. Bei Beanspruchungen unter ΔK_0 können noch immer Ermüdungsgleitbänder oder gar -risse auftreten, sie erweisen sich dann aber aus oben erwähnten Gründen als nicht ausbreitungsfähig. Bei hohen Werten von ΔK tritt ein beschleunigtes Rißwachstum auf, bis mit Erreichen der *Rißzähigkeit* K_c instabile Rißausbreitung bereits innerhalb der nächstfolgenden Lastamplitude einsetzt. Der Bereich so hoher ΔK-Werte ist für die Praxis nur von geringer Bedeutung, so daß die Gleichung $v_R = C \cdot (\Delta K)^m$ die Ausbreitung von Ermüdungsanrissen recht gut beschreibt. Insbesondere ist die *Rißfortschrittskurve* geeignet, den Einfluß korrosiv wirkender Umgebungsmedien deutlich zu machen.

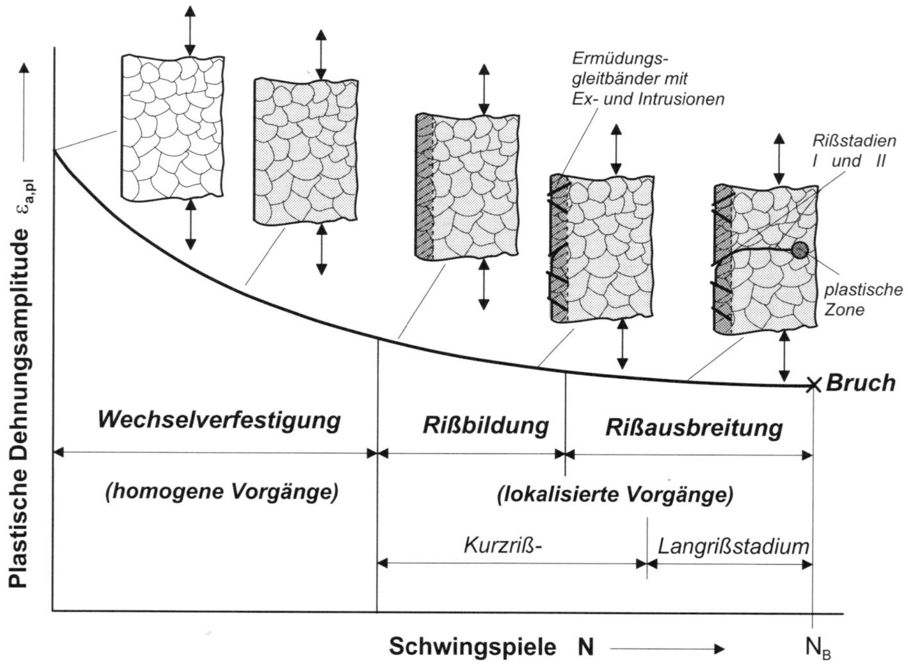

Abb. B.2-55 Einzelstadien des Ermüdungsprozesses (nach Lit. B.17)

In einer schematischen Wechselverfestigungskurve (Abb. B.2-55) sind die einzelnen Ermüdungsstadien noch einmal zusammenfassend dargestellt. Der Anteil der einzelnen Stadien an der Gesamtlebensdauer eines Bauteils kann sehr unterschiedlich sein, er hängt vor allem vom Werkstoff und von der Beanspruchungsamplitude ab.

2.2.3.4 Einflußfaktoren

Das mechanische Verhalten von Werkstoffen hängt generell von der Art des Werkstoffs, dessen Zustand und den vorherrschenden Beanspruchungsbedingungen ab. Dies gilt also sowohl für das Verformungs- und Bruchverhalten wie auch in besonderem Maße für das Ermüdungsverhalten. Vor allem die äußerst lokalisiert ablaufenden Vorgänge der Rißbildung und der frühen Rißausbreitung (Stadium I) können durch geringfügig erscheinende Änderungen des Werkstoff- oder Beanspruchungszustandes in empfindlicher Weise beeinflußt werden. Zum Beispiel werden ein ungünstig liegender Schlackeneinschluß oder eine Drehriefe bei einem duktilen Werkstoff auf die Kennwerte des Zugversuchs keinen nennenswerten Einfluß ausüben, dagegen können solche Stellen leicht zum Ausgangspunkt eines Ermüdungsrisses und damit zur eigentlichen Ursache eines Dauerbruchs werden.
Unter „Werkstoffart" soll die Art der das Basisgitter des Metalls aufbauenden Atome verstanden werden, unter „Werkstoffzustand" die Art, Menge und Verteilung seiner Fehlstellen. Mit der Atomart werden die interatomaren Bindungskräfte und die Gitterstruktur festgelegt. Bindungskräfte und Gitterstruktur bestimmen in komplexer Weise das elastisch-plastische Grundverhalten eines Metalls, beispielsweise über die Versetzungsreibspannung, die Ausbildung von Gleitsystemen, die Stapelfehlerenergie bzw. die Fähigkeit zum Versetzungsquergleiten oder die Art der Wechselwirkungen zwischen Versetzungen und gelösten Fremdatomen.
Allgemeinere Angaben über qualitative Zusammenhänge zwischen *Werkstoffart und Ermüdungsverhalten* lassen sich nur in zweierlei Hinsicht machen. Zum einen gehört hierzu die relativ sichere Erkenntnis, daß Gitter, in denen grobe, konzentrierte Abgleitungen z. B. durch Quergleiten von Schraubenversetzungen leicht möglich sind, bereits frühzeitig zur Rißbildung an groben Ermüdungsgleitbändern und zu einer höheren Rißausbreitungsgeschwindigkeit neigen, also einen verminderten Widerstand gegen Ermüdung aufweisen. Des weiteren wird vielfach angenommen, daß das Auftreten einer bei niedrigen Beanspruchungsamplituden horizontal verlaufenden Wöhlerkurve und damit die Existenz eines schwingspielunabhängigen Dauerfestigkeitsgrenzwertes mit der Fähigkeit des Werkstoffs zusammenhängt, unter den gegebenen Beanspruchungsbedingungen dynamisch reckzualtern. *Dynamische Reckalterung* bedeutet, daß Versetzungen, die Fremdatome blockieren, beweglich genug sind, um losgerissene Versetzungen von neuem verankern zu können. Diese Fähigkeit zeigen vor allem Stähle mit krz-Matrixgitter und einige Nichteisenmetall-Legierungen, während bei reinen kfz-Metallen und den meisten ihrer Legierungen die Wöhlerkurve bei niedrigen Beanspruchungen, wenn auch verzögert, so doch mindestens bis 10^8 Schwingspiele immer noch weiter abfällt (vgl. Abb. B.2-75). Bei Stählen findet der Übergang in den horizontalen Kurvenverlauf im allgemeinen etwas oberhalb von 10^6 Schwingspielen statt. Es ist bekannt, daß von Prüflingen bzw. Bauteilen, die bis zu 10^7

Schwingspielen nicht gebrochen sind, im allgemeinen das Ertragen auch weiterer Schwingspiele ohne Bruch angenommen werden kann. Aus diesem Grunde reicht zur Festlegung des Dimensionierungswertes „Dauerfestigkeit“ bei Stählen eine Grenzschwingspielzahl von 10^7 aus, während z. B. für Al-Legierungen im allgemeinen eine Grenzschwingspielzahl von 10^8 vorzusehen ist.

Der *Einfluß des Werkstoffzustandes*, d. h. des Gefüges auf die Ermüdungsfestigkeit müßte sowohl hinsichtlich seiner Auswirkungen auf die Rißbildung als auch auf die Vorgänge bei der Rißausbreitung betrachtet werden. Da zur Rißbildung ein bestimmtes Maß an Versetzungsbewegungen erforderlich ist, kann zunächst angenommen werden, daß alle Maßnahmen, die zu einer Erhöhung der statischen Festigkeit führen, auch eine Erhöhung der Dauerfestigkeit nach sich ziehen. Mit gewissen Einschränkungen läßt sich eine derartige allgemeine Tendenz in der Tat beobachten, wenn auch in allen Fällen die Steigerung der Schwingfestigkeit merklich geringer ausfällt als die Steigerung der statischen Festigkeit. Sicherlich gelten für die Rißausbreitung ähnliche Gesichtspunkte, jedoch sind hier die Abhängigkeiten noch weit weniger klar, so daß Zusammenhänge zwischen Gefügestruktur und Ermüdungsfestigkeit nur recht pauschal hergestellt werden können.

Verfestigung durch Kornfeinung und durch plastische Verformung bewirken durch Behinderung der Rißbildung eine *Erhöhung der Schwingfestigkeit*. Dabei erweist sich vor allem der durch Verformungsverfestigung erzielte Effekt vielfach als weniger wirksam, weil die bei der Verformung verfestigende Versetzungsstruktur durch die zyklischen Prozesse innerhalb relativ weniger Schwingspiele lokal ab- bzw. umgebaut wird. Diese entfestigend wirkende Versetzungsumordnung stellt sich natürlich in Materialien mit leichtem Quergleiten der Versetzungen und geringer Blockierung der Versetzungen (niedriges Festigkeitsniveau) besonders rasch ein.

Gelöste Fremdatome fördern im allgemeinen durch Minderung der Stapelfehlerenergie eine homogenere Gleitverteilung und heben den Bewegungswiderstand für Versetzungen im Gitter an. Dispers verteilte, harte Teilchen behindern die zum Aufbau einer Ermüdungsstruktur erforderlichen Versetzungsreaktionen und erzwingen unter Umständen ebenfalls eine gleichmäßigere Verteilung der Ermüdungsgleitung. Sowohl mit Mischkristall- als auch mit Teilchenverfestigung ist also eine Steigerung der Schwingfestigkeit verbunden. Gehen jedoch Ausscheidungsteilchen durch fortwährende Versetzungsschneidprozesse (vgl. Abb. B.2-41, -42) in der Matrix wieder in Lösung, so entstehen lokale Erweichungszonen mit der Folge konzentrierter Gleitprozesse und erleichterter Rißbildung. Dies erklärt, warum eine Reihe ausgehärteter Legierungen bei niedrigen Amplituden keine nennenswert höhere Schwingfestigkeit als im nicht ausgehärteten Zustand aufweisen.

Verfahren, die eine deutliche und stabile Verfestigung der oberflächennahen Randschicht zur Folge haben oder in diesem Bereich **Druckeigenspannungen** aufbauen, gehören zu den wichtigsten, technisch nutzbaren Maßnahmen für eine Dauerfestigkeitssteigerung. Bei Stählen existieren eine Reihe von Wärmebehandlungsmöglichkeiten zur **Randschichthärtung**, die nicht nur einer Erhöhung des Verschleißwiderstandes, sondern auch einer Erhöhung der Dauerfestigkeit dienen. Die Anwendung solcher Verfahren empfiehlt sich besonders dann, wenn ein Beanspruchungszustand mit maximaler Randspannung (Biegung, Torsion) oder gekerbte Bauteile vorliegen. Harte Randschichten unterbinden den Austritt von Versetzungen an die Oberfläche; Ermüdungsrisse können sich dann nur im Übergang zwischen harter Randschicht und weicherem Kernbereich bilden. Die Dauerfestigkeitszunahme läßt sich damit leicht erklären, zum einen ist die Bildung von Ermüdungsgleitbändern durch das Fehlen einer freien Oberfläche erschwert, zum anderen wird der Ort der Rißbildung in eine Zone geringerer Beanspruchungen – z. B. bei Biegung – verlagert. Erwartungsgemäß wird die Dauerfestigkeit durch weiche oder entfestigte Oberflächenbereiche ungewöhnlich stark herabgesetzt, weil derart weiche Stellen das Gleiten in Oberflächennähe und damit die Rißbildung in besonderer Weise begünstigen.

Bei der Beurteilung des Einflusses von **Werkstoffdefekten** wie Einschlüssen, Poren und Mikrolunkern spielen deren Größe und Form sowie ihre Lage zur Oberfläche und zur Beanspruchung eine entscheidende Rolle. Ihre Wirkung beruht auf **Spannungskonzentrationen**, die ein lokalisiertes, zyklisches Abgleiten und nachfolgendes Rißbilden auslösen. Diese Gefahr besteht vor allem bei hohen Beanspruchungsamplituden und damit besonders auch bei hochfesten Gefügen, bei denen sich die Ermüdungsprozesse naturgemäß auf einem hohen Spannungsniveau abspielen.

Unter dem Komplex *„Beanspruchungsbedingungen"* werden die Einflußgrößen Zeit, Temperatur, Beanspruchungsart und -zustand sowie chemisch wirksame Einflüsse der Umgebung erfaßt. Der Einflußfaktor Zeit umfaßt den gesamten zeitlichen Ablauf der Beanspruchung, von der Form des Beanspruchungsverlaufs (sinus-, dreieck-, rechteckförmig) über die Frequenz der Beanspruchungszyklen bis zur Reihenfolge etwaig unterschiedlicher Amplituden. Der letzte Gesichtspunkt gehört in den außerordentlich komplizierten Problemkreis der Betriebsfestigkeit und soll hier nicht weiter erörtert werden.

Die Form des Beanspruchungsverlaufs sowie Beanspruchungsfrequenzen im Bereich von etwa 1 bis 250 Hz zeigen keinen starken Einfluß auf das Dauerfestigkeitsverhalten, sofern keine hohen Temperaturen herrschen oder eine zusätzliche Korrosionsbeanspruchung ausgeschlossen werden kann. Niedrigere Temperaturen führen zu einer homogeneren Ermüdungsgleitung und bei Stählen zu einem deutlichen Festigkeitsanstieg, beides äußert sich auch in einer erhöhten Dauerfestigkeit. Bei hohen Temperaturen überlagern sich dem ohnehin thermisch beschleunigten Ermüdungsgeschehen zusätzliche Kriech- und Oxidationsprozesse.

Für das Schwingverhalten kommt dem lokal wirkenden Spannungszustand eine maßgebende Bedeutung zu. Er ergibt sich durch Überlagerung des äußeren Beanspruchungszustandes mit den im Bauteil vorhandenen Eigenspannungen und durch Modifizierung dieses zusammengesetzten Spannungszustandes an Kerben aller Art. Die Wirkung von **Kerben** besteht zum einen in einer örtlichen Spannungserhöhung und zum anderen in der Ausbildung eines mehrachsigen Spannungszustandes. Kerben können in werkstoff-, fertigungs- oder konstruktiv bedingte unterteilt werden, zu den werkstoffbedingten zählen zum Beispiel Schlackeneinschlüsse, Korrosionsnarben oder Risse, zu fertigungsbedingten Einbrandkerben, Drehriefen oder Schleifrisse, zu konstruktiv bedingten Querschnittsübergänge, Bohrungen oder Krafteinleitungsstellen.

Der ungünstige Einfluß von Kerben auf die Schwingfestigkeit kann aus der örtlichen Spannungserhöhung, die sie hervorrufen, erklärt werden. Das Ausmaß der kerbbedingten Spannungserhöhung wird unter Zugrundelegen rein elastischer Deformationen mit einer *Formzahl* α_k angegeben, dabei bedeutet α_k das Verhältnis der an der Kerbe auftretenden Spannungsspitze σ_{max} zur Nennspannung σ_n:

$$\alpha_k = \sigma_{max} / \sigma_n.$$

Die sich als Folge der Spannungsüberhöhung ergebende Minderung der Dauerfestigkeit fällt bei duktilen Werkstoffen glücklicherweise bedeutend geringer aus, als nach der Formzahl α_k zu erwarten wäre. Bereits nach wenigen Schwingspielen bauen zyklische mikroplastische Verformungen im Kerbgrund die Spannungsspitze durch Spannungsumlagerung teilweise ab und reduzieren die Kerbwirkung. Die dann durch Kerbwirkung tatsächlich eintretende Dauerfestigkeitsminderung wird durch die Kerbwirkungszahl β_k angegeben, die ihrerseits wie α_k auch von der Beanspruchung und der Kerbgeometrie abhängt, zusätzlich aber noch vom plastischen Verhalten des Werkstoffs. Die Zusammenhänge sind wie folgt:

Statisch: $\sigma_{max} = \alpha_k \cdot \sigma_n, \quad \alpha_k = \mathbf{f(Beanspruchung, Kerbgeometrie)},$

Zyklisch: $\sigma_{D,k} = \sigma_D / \beta_k, \quad \beta_k = \mathbf{f(\alpha_k, Werkstoff)}.$

Da duktile Werkstoffe in erheblichem Maße durch plastische Verformung zum örtlichen Spannungsabbau in der Lage sind, weisen sie deutlich niedrigere Kerbwirkungszahlen β_k als Formzahlen α_k auf. Hoch verfestigte Werkstoffe vermögen hingegen Kerbspannungen nur noch in geringem Maße abzubauen, sie sind **kerbempfindlich** und weisen nur noch unbedeutende Unterschiede zwischen β_k und α_k auf. Dies hat zur Folge, daß sich Festigkeitssteigerungen bei Werkstoffen für gekerbte Bauteile mäßig und nur bis zu einer gewissen Grenze dauerfestigkeitserhöhend auswirken, darüber hinaus sogar dauerfestigkeitsmindernd (Abb. B.2-56). Selbst bei ungekerbten Bauteilen stellt sich wegen der an der Oberfläche stets vorhandenen, von der Bearbeitung herrührenden Mikrokerben von einer bestimmten Festigkeitsstufe an keine Dauerfestigkeitserhöhung mehr ein.

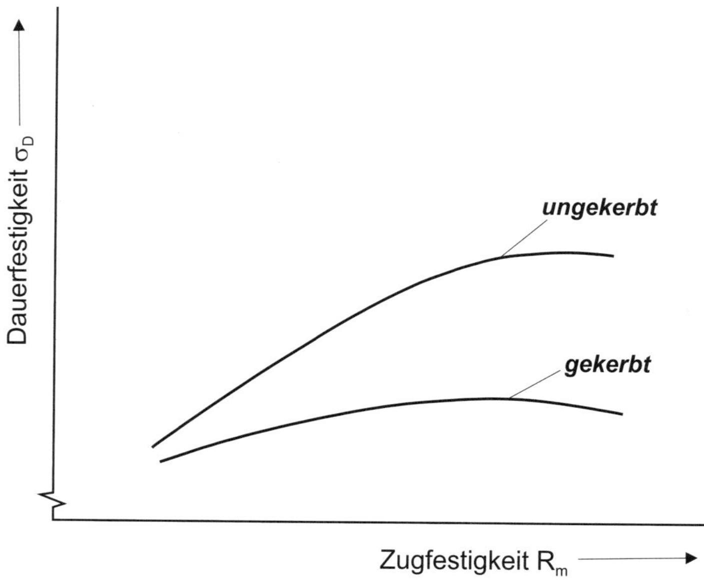

Abb. B.2-56 Zusammenhang zwischen statischer Festigkeit und Dauerfestigkeit bei Stahl

Mit anderen Worten: von bestimmten Kerbwirkungen an läßt sich eine höhere Schwingfestigkeit nicht mehr durch Wahl eines höherfesten Werkstoffs erreichen, es muß im Gegenteil wegen der höheren Kerbempfindlichkeit sogar mit einer niedrigeren Lebensdauer gerechnet werden. Die Wahl eines höherfesten Werkstoffs ist dann nur in Verbindung mit einer geeigneten Randschichtbehandlung zweckmäßig (vgl. Abschn. B 2.2.3.5).

Bei der Beanspruchung gekerbter Bauteile entwickelt sich im Kerbgrund neben einer Spannungserhöhung auch ein mehrachsiger Spannungszustand. Mit einem mehrachsigen Spannungszustand ist stets eine Behinderung plastischer Deformation verknüpft, was eine Erhöhung der Fließgrenze zur Folge hat (vgl. Abb. B.2-60, B). Diese durch den Spannungszustand örtlich hervorgerufene „Verfestigung" wirkt sich auf das Schwingverhalten in der Weise aus, daß bei hohen Beanspruchungsamplituden, also im oberen Zeitfestigkeitsgebiet, von gekerbten Bauteilen größere Bruchlastspielzahlen zu erwarten sind als von ungekerbten. Im unteren Zeitfestigkeitsgebiet und insbesondere im Bereich der Dauerfestigkeit kehren sich die Verhältnisse allerdings infolge der erwähnten, nunmehr stärker inhomogen werdenden mikroplastischen Deformationsvorgänge um (Abb. B.2-57).

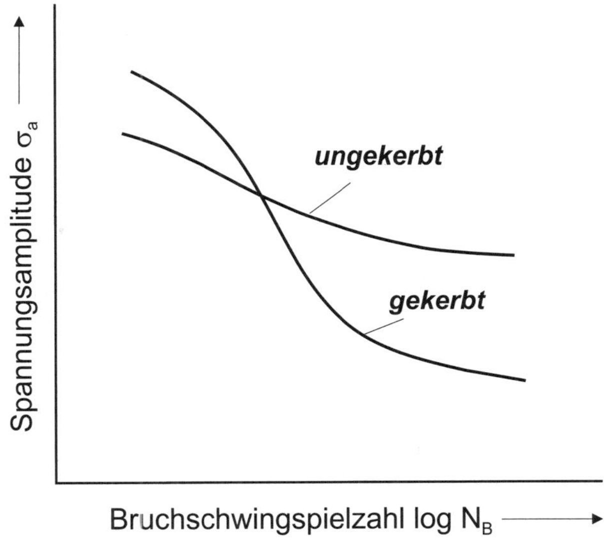

Abb. B.2-57 Schwingverhalten gekerbter und ungekerbter Proben (nach Lit. B.17)

Die aus äußeren Zug- und Druckbeanspruchungen resultierenden Schubspannungen unterscheiden sich nur in ihrer Richtung, daher ergeben sich bei Zug- und bei Druckschwingbeanspruchungen auch hinsichtlich der schubspannungsbestimmten Prozesse „Rißbildung" und „Anfangsstadium der Rißausbreitung (I)" keine Unterschiede. Gleich hohe Beanspruchungsamplituden lassen im Rahmen üblicher Streuungen sowohl bei Zug als auch bei Druck nach der gleichen Anzahl von Belastungszyklen gleich viele und gleich große Mikrorisse erwarten. Mit Beginn der normalspannungsbestimmten

Rißausbreitung (II) ändert sich die Situation jedoch grundlegend, in diesem Stadium wird der Riß nur durch an seiner Spitze wirkende Zugspannungen vorangetrieben, so daß bei reiner Druckbeanspruchung die anfangs gebildeten Anrisse nicht weiterwachsen. Einer Zugbeanspruchung überlagerte Druckmittelspannungen schwächen demnach die rißausbreitende Wirkung der Zugspannung ab und führen zu höheren Dauerfestigkeiten. In gleicher Weise nutzbringend wirken sich Druckeigenspannungen auf das Schwingverhalten aus, die durch eine thermische oder mechanische Behandlung im Oberflächenbereich erzeugt wurden. Hieraus folgt unmittelbar, daß Zugeigenspannungen im Oberflächenbereich möglichst zu vermeiden sind.

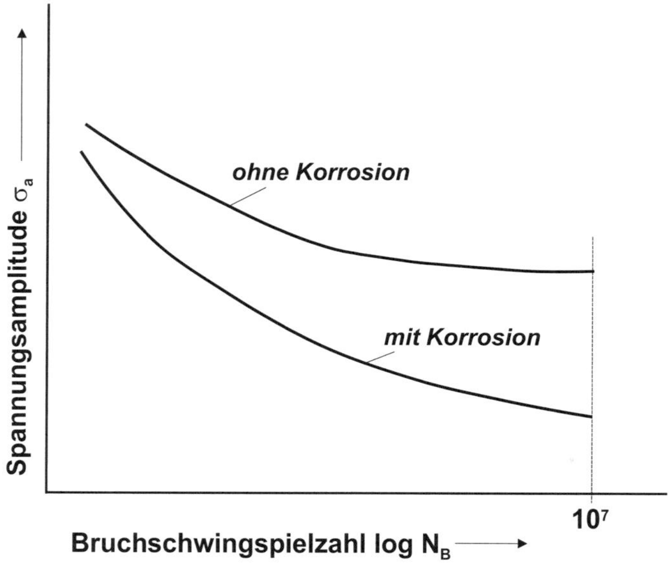

Abb. B.2-58 Verlauf der Wöhlerkurve von Stahl bei Überlagerung korrosiver Einflüsse

Korrosiv wirkende Medien üben einen ganz erheblichen Einfluß auf das Schwingverhalten aus. Gleichzeitige Korrosion und Schwingbeanspruchung ergeben einen speziellen, sich gegenseitig beeinflussenden Schädigungsmechanismus. Hierbei spielen Vorgänge, die sowohl die Rißbildung als auch die Rißausbreitung beschleunigen, eine gewichtige Rolle, so daß die durch Schwingungsrißkorrosion verursachte Schädigung bedeutend schwerwiegender ist als die Summe der beiden getrennten Schädigungen. Weiterhin ist beachtenswert, daß aus dem Korrosionsverhalten eines Werkstoffs in einem bestimmten Medium im nicht oder nur statisch beanspruchten Zustand in keiner Weise auf das Schwingungsrißkorrosionsverhalten geschlossen werden kann. So können beträchtliche Einbußen der Lebensdauer durch Medien herbeigeführt werden, die auf das nicht schwingbeanspruchte Teil keineswegs korrodierend wirken. Der sich bei Stählen mit krz-Matrixgitter normalerweise einstellende horizontale Verlauf der Wöhlerkurve wird im Fall von Schwingungsrißkorrosion in eine auch über Bruchschwingspielzahlen von 10^7 hinaus abfallende Kurve verändert (Abb. B.2-58).

2.2.3.5 Maßnahmen zur Steigerung der Schwingfestigkeit

Bei dem Bemühen, Bauteile mit hoher Schwingfestigkeit herzustellen, muß den drei Teilkomplexen „Werkstoff – Fertigung – Konstruktion" gleichermaßen Aufmerksamkeit zukommen, wenn von Einflüssen, die sich aus den Betriebsbedingungen des Bauteils wie Korrosion, Verschleiß oder aus Einbaufehlern ergeben, abgesehen wird. Bei der Wahl und Herstellung geeigneter Werkstoffe muß die Forderung nach Basismetallen mit erschwertem Versetzungsquergleiten, das offenbar einer raschen Rißbildung und -ausbreitung entgegenwirkt, allerdings weitgehend unberücksichtigt bleiben. Bei dem aus mehreren Gründen wichtigsten Basismetall Eisen läßt sich ein solches Verhalten nur sehr eingeschränkt realisieren.
Dem Ermüdungsprozeß liegen sowohl bei der Rißbildung als auch bei der Rißausbreitung plastische Mikrovorgänge zugrunde, dennoch kommt der Mikroplastizität für die Rißbildung einerseits und für die Rißausbreitung andererseits eine unterschiedliche Bedeutung zu. Zur Vermeidung der für die Ermüdung charakteristischen Rißbildung sollten Versetzungsbewegungen vollständig unterdrückt werden, wobei natürlich eine einen Sprödbruch ausschließende Kerbfreiheit vorauszusetzen wäre. Beides – vollständige Versetzungsblockierung und Kerbfreiheit – kann bei realen Werkstoffen und Bauteilen bekanntlich nicht in idealer Weise verwirklicht werden, so daß bei der technischen Realisierung eine möglichst hohe Festigkeit vor allem im Oberflächenbereich, aber unter Wahrung einer ausreichenden Zähigkeit im Kernbereich anzustreben ist. Kerben würden diesem Ziel diametral zuwiderlaufen. Der Anspruch ist nicht nur pauschal, sondern für jede kritisch beanspruchte Stelle des Werkstoffs zu erheben. Eine einzige spannungserhöhende Kerbung oder eine einzige erweichte Stelle kann zur Rißbildung und damit zum Dauerbruch führen.
Da bei wirtschaftlicher Werkstoffausnutzung eine Rißbildung nicht in allen Fällen ausgeschlossen werden kann und eine Werkstoffanwendung häufig auch dann zugelassen werden muß, wenn Ermüdungsrisse nur langsam weiterwachsen, kommt dem Widerstand eines Werkstoffes gegen die Ausbreitung von Ermüdungsrissen ebenfalls große Bedeutung zu. Der Ausbreitungswiderstand ist gering, wenn der Riß mit geringer Plastizität fortschreiten kann, er ist groß, wenn der Werkstoff ein hohes Maß an zyklischer Verfestigungsfähigkeit aufweist. Auch bei Ermüdungsbeanspruchung muß also stets der Kompromiß, der eine möglichst hohe Werkstoffestigkeit mit einer ausreichenden Mindestzähigkeit verbindet, gesucht werden.
Das „ermüdungsfeste" Gefüge sollte selbst eine hohe Versetzungsreibspannung aufweisen und zusätzlich Versetzungshindernisse in hoher Dichte und gleichmäßiger Verteilung besitzen, die gegenüber zyklischen Strukturveränderungen stabil sind. Besonders **bei hoher Grundfestigkeit** sollten keine groben Schlackeneinschlüsse oder Werkstoffdefekte wie Poren oder Mikrolunker enthalten sein, da sie zu Spannungskonzentrationen führen, desgleichen keine weichen Gefügebereiche, in denen sich ermüdungsspezifische Abgleitungen abspielen können. Praktisch bedeutet dies eine feinkörnige, durch feindisperse, stabile Teilchen und gegebenenfalls durch von Fremdatomen blockierte Versetzungen verfestigte und von groben Defekten freie Gefügestruktur mit einer harten, nichtplastischen oder/und Druckeigenspannungen enthaltenden Oberflächenrandschicht. Methoden zu einer **Randschichthärtung** von Stählen stehen z. B. mit den Verfahren des Induktiv- oder Einsatzhärtens sowie des

Nitrierens bzw. Nitrocarburierens zur Verfügung. Eine plastische Verformung der Oberflächen durch Kugelstrahlen oder Rollen führt ebenfalls zu einer Randschichtverfestigung und hinterläßt als Folge der plastischen Deformation **Druckeigenspannungen**. Da sich die durch Verformung erzeugte Randverfestigung und der Druckspannungszustand vor allem bei weicheren Werkstoffen im Zuge der Schwingbeanspruchung auf ein relativ niedriges Niveau abbauen, wird diese Methode nur bei Bauteilen aus höherfesten Werkstoffen, z. B. Federn, Schrauben, Kurbelwellen häufig zur Schwingfestigkeitssteigerung genutzt.
Entscheidend ist nun, daß eine derart vorgenommene Werkstoffhochzüchtung nicht durch fertigungs- oder konstruktiv bedingte Kerben unterlaufen wird. Während die Gefährdung durch Fertigungskerben mit Hilfe einer strengen Qualitätsüberwachung eingegrenzt werden kann, lassen sich bereits während der Konstruktion angelegte Kerben nachträglich nur mit hohem Kostenaufwand korrigieren. Es kommt also darauf an, möglichst „**kerbarm**" zu gestalten, konstruktiv notwendige Kerben entweder in Bereiche niedrigerer Beanspruchungen zu verlegen oder in ihrer Kerbwirkung durch „weiche" Querschnittsübergänge oder eine Härtung des Kerbgrundes zu entschärfen. Eine elegante Methode zur Minderung der Kerbwirkung besteht darin, an einer kritisch beanspruchten, konstruktiv unumgänglichen Kerbe den Beanspruchungsverlauf durch Anbringen benachbarter, sog. „Entlastungskerben" gleichmäßiger auszubilden.

2.2.4 Kriechbruchverhalten

Führt eine Kriechbeanspruchung bei mäßigen Temperaturen ($T > 0{,}4 \cdot T_s$) zur Bildung ausbreitungsfähiger Risse, so findet dieser Vorgang wie bei einem Duktilbruch durch Bilden und Wachsen von Hohlräumen als Folge plastischer Vorgänge im Korninnern

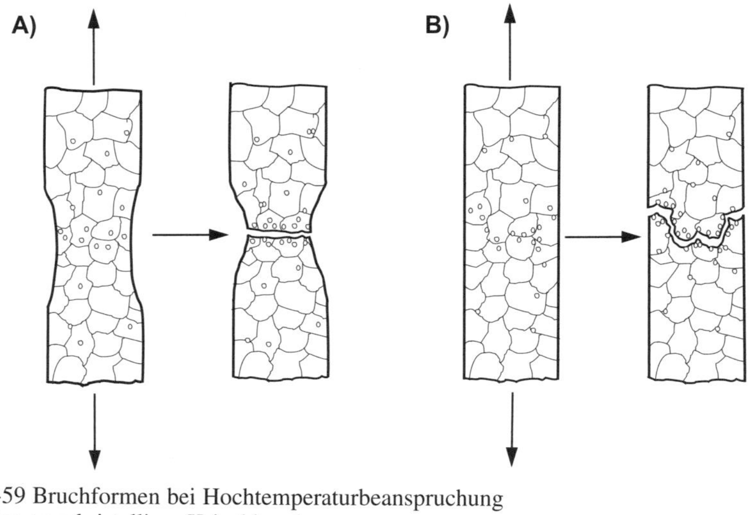

Abb. B.2-59 Bruchformen bei Hochtemperaturbeanspruchung
A) Duktiler, transkristalliner Kriechbruch
B) Verformungsarmer, interkristalliner Kriechbruch

statt. Kennzeichnend für den Bruchvorgang ist ein transkristalliner Wabenbruch mit relativ hoher Kriechbruchdehnung. Bei hohen Beanspruchungstemperaturen ($T \gg 0{,}4 \cdot T_s$) setzt ein Wandel des Bruchmechanismus ein, indem sich nun offenbar durch lokalisiertes Korngrenzgleiten das Hohlraumbilden und -wachsen auf bestimmte Korngrenzenbereiche verlagert.
Es entstehen bei höheren Spannungen keilförmige und bei niedrigeren Spannungen mehr runde, porenartige Hohlräume, aus denen Risse durch Hohlraumvereinigung entstehen, die sich dann interkristallin ausbreiten (Abb. B.2-59). Der bei hohen Temperaturen auftretende, interkristalline Kriechbruch, dem nur eine relativ geringe bleibende Dehnung vorausgeht, ist als die für einen Kriechbruch typische Bruchform anzusehen.
Daß neben Beanspruchungstemperatur und Beanspruchungshöhe auch der strukturelle Zustand des Korninneren und der Korngrenzen die Art der Riß- und Bruchausbildung stark beeinflußt, ist sicher leicht einzusehen.

2.3 Prüfung der mechanischen Eigenschaften

2.3.1 Prüfung des Verformungsverhaltens

2.3.1.1 Zügige Beanspruchung

Zur Prüfung des Werkstoffverhaltens unter einachsiger, statischer Beanspruchung wird im Prüfverfahren die Beanspruchung zügig, aber mit so geringer Geschwindigkeit aufgebracht, daß ein Geschwindigkeitseinfluß als unerheblich außer Betracht bleiben kann. Die Werkstoffbeanspruchung ist dann zwar nicht statisch, wohl aber quasistatisch. Entsprechende Prüfverfahren sind der Zug-, Druck-, Biege- oder Torsionsversuch,

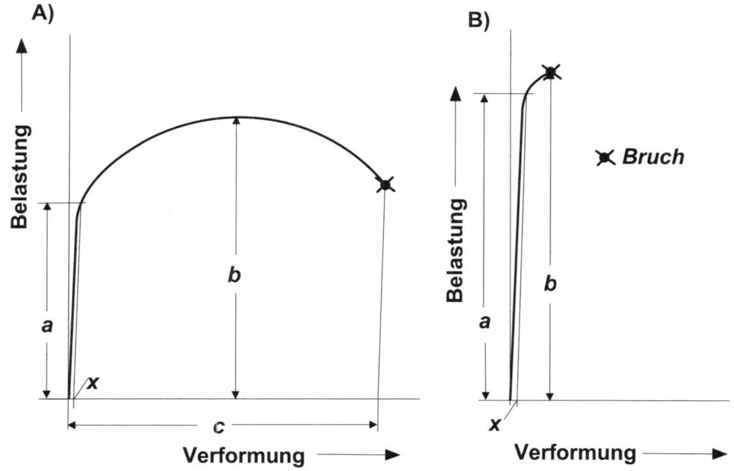

Abb. B.2-60 Belastung-Verformung-Verlauf bei zügiger Beanspruchung
A) Duktiles Werkstoffverhalten B) Sprödes Werkstoffverhalten
a = Fließgrenze, b = Festigkeit, c = Bruchverformung

hierbei wird die Verformung (Dehnung, Stauchung, Durchbiegung oder Verdrehung) in Abhängigkeit von der Belastung (Zug-, Druck-, Biege- oder Torsionsspannung) ermittelt, und man erhält, sofern die Belastung wie üblich auf den Anfangsquerschnitt bezogen wird, ein Diagramm gemäß Abb. B.2-60. Bei niedrigen Belastungen verformt sich der Werkstoff überwiegend energie-elastisch, sein quasi-lineares Verhalten wird gekennzeichnet durch die jeweilige elastische Konstante (E-, G-Modul).
Mit zunehmender Belastung überlagern sich nichtproportionale, bei duktilem Verhalten vor allem irreversible Verformungsanteile. Der Übergang vom überwiegend reversiblen in den überwiegend irreversiblen Verformungsbereich wird durch die sog. Fließgrenze oder -spannung markiert, die definitionsgemäß als die Spannung anzusehen ist, die zu x Prozent nichtproportionaler Verformung führt (technische Elastizitätsgrenze oder technische Fließgrenze = Dehngrenze). Mit beginnender Einschnürung wird ein Belastungsmaximum, die „Festigkeit", erreicht. Ein Überschreiten dieses Wertes hat den späteren Bruch der Probe zur Folge. Die bleibende Verformung nach erfolgtem Probenbruch ist ein Maß für die bleibende Verformbarkeit (Duktilität) des Werkstoffs.
Bei sprödem Werkstoffverhalten fehlt der Bereich bleibender Verformung mehr oder weniger, die Werkstoffkennwerte „Fließgrenze" und „Bruchverformung" entfallen, so daß das Werkstoffverhalten hier allein durch die Kennwerte „E- bzw. G-Modul" und „Festigkeit" hinreichend beschrieben ist.

2.3.1.2 Statische Langzeitbeanspruchung

Das Langzeitverhalten eines Werkstoffs ist zusätzlich einer Prüfung zu unterziehen, wenn mit thermisch aktivierten Verformungen durch visko-elastische, viskose oder hochtemperatur-plastische Vorgänge zu rechnen ist. Diese zeigen je nach Temperaturlage eine ausgeprägte Zeitabhängigkeit und führen gemäß Abb. B.2-61 bei konstanter Belastung (σ = const.) zu zeitabhängigen Deformationen (Kriechen, Retardieren), bei konstanter Verformung (ε = const.) zu zeitabhängigem Spannungsabbau (Entspannen, Relaxieren).

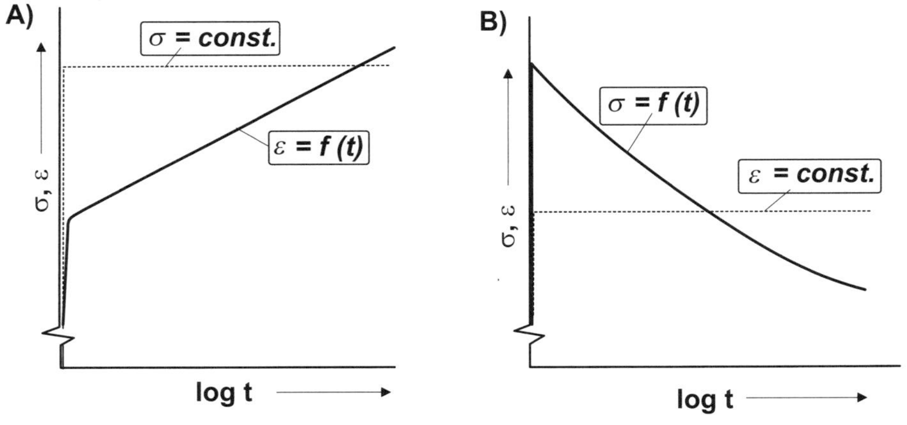

Abb.B.2-61 Spannung-Dehnung-Verhalten bei statischer Langzeitbeanspruchung
A) Retardierende Versuchsführung B) Relaxierende Versuchsführung

Die Zeitabhängigkeit des Deformationsverhaltens von Werkstoffen ist in Abb. B.2-62 schematisch dargestellt. Zum Zeitpunkt t_0 wird eine Belastung σ aufgebracht. Diese Belastung soll unterhalb der Fließgrenze liegen, so daß bei t_0 nur zeitunabhängige, reversible Verformungen ε_1 auftreten. Die Belastungsdauer $(t_1 - t_0)$ führt zeitabhängig zu weiteren Verformungen.

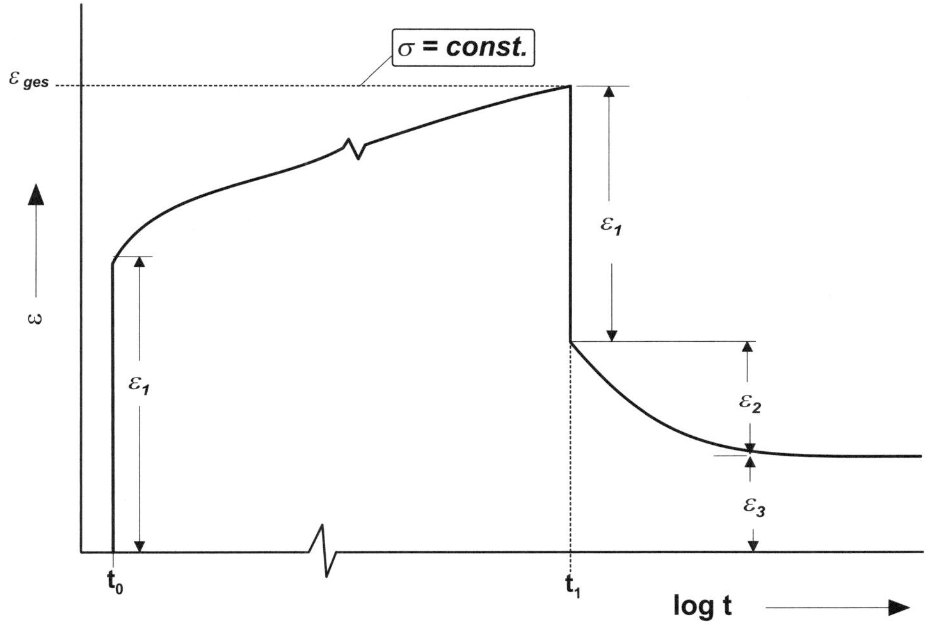

Abb. B.2-62 Zeitabhängiges Verformungsverhalten bei konstanter Beanspruchung

Wird zum Zeitpunkt t_1 entlastet, so federt der Werkstoff spontan um den Betrag ε_1 zurück, während sich die zeitabhängigen reversiblen Verformungen ε_2 erst im Laufe einer gewissen Zeit zurückstellen. Nach ihrem Abklingen bleibt eine irreversible Deformation ε_3 zurück. Das dargestellte Verformungsverhalten gilt für alle festen Stoffe von Kunststoffen über Metalle bis zu Keramiken und Gläsern, nur sind die einzelnen Anteile ε_1, ε_2 und ε_3 an der Gesamtverformung ε_{ges} je nach Werkstoff, Temperaturlage und Beanspruchungszustand sehr unterschiedlich ausgeprägt.

2.3.2 Prüfung des Bruchverhaltens

2.3.2.1 Duktiles und sprödes Verhalten

Die zulässige Belastbarkeit von Werkstoffen bzw. Bauteilen wird abgesehen vom mehr geometriebedingten Instabilwerden durch Beulen oder Knicken je nach Werkstoffverhalten durch zwei unterschiedliche Versagenskriterien bestimmt:

– bei **duktilem Verhalten** ist die zulässige Belastbarkeit durch eine höchstzulässige Verformung gegeben, die im allgemeinen mit Beginn des makroplastischen Verformungsbereiches (Fließgrenze) überschritten wird,

– bei **sprödem Verhalten** ist die zulässige Belastbarkeit durch den Eintritt des Werkstoffbruches gegeben.

Obwohl ein sich unzulässig verformendes Bauteil auf Dauer ebenso unbrauchbar ist wie ein gebrochenes, sind für den praktischen Betrieb die beiden Versagenskriterien doch von sehr unterschiedlicher Qualität. Während das zu stark verformte Teil zunächst nur zu einer mäßigen Beeinträchtigung der Funktionsfähigkeit führt und sich dieser Mangel dann z. B. durch Geräusche, Lagererwärmung oder Leckagen ankündigt und eine kontrollierte Außerbetriebnahme des schadhaften Gerätes erlaubt, tritt ein Bruch im allgemeinen bei einer Belastungsspitze plötzlich und völlig unerwartet auf und führt daher oft zu unabsehbaren Folgeschäden oder gar Totalschäden. Brüche ohne makroplastische Verformung (*Sprödbrüche*) und häufig Brüche infolge Schwingbeanspruchung (*Dauerbrüche*) sind solche unerwarteten Bruchereignisse. Gegen ihr Auftreten sind unter Berücksichtigung einer sinnvollen Werkstoffausnutzung alle nur denkbaren Maßnahmen zu ergreifen.

2.3.2.2 Einfluß der Beanspruchungsbedingungen

Über das Bruchverhalten „duktil" oder „spröde" gibt bereits der Zugversuch Auskunft. Werkstoffe mit großer Bruchdehnung verhalten sich duktil, solche mit geringer Bruchdehnung spröde. Erstere sind sprödbruchunempfindlich, letztere sprödbruchempfindlich. Da aber das Verformungs- und damit auch das Bruchverhalten u. U. ganz entscheidend

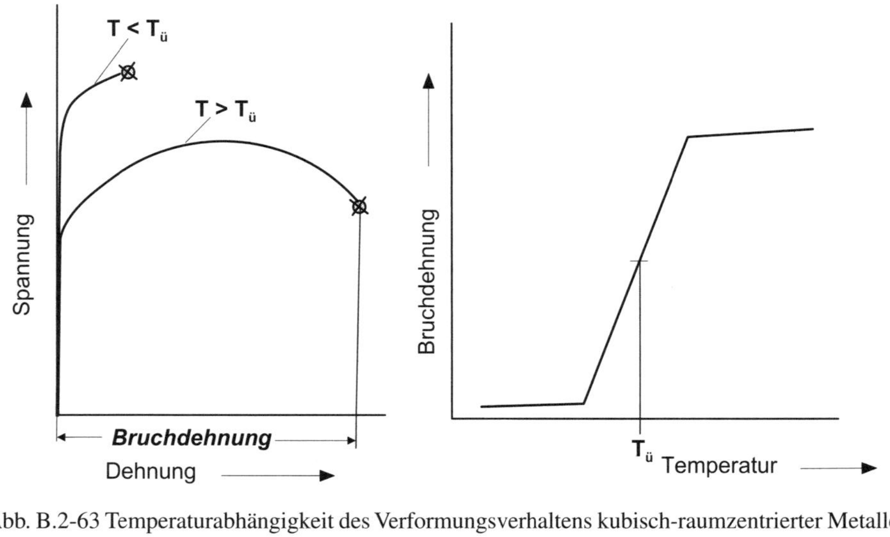

Abb. B.2-63 Temperaturabhängigkeit des Verformungsverhaltens kubisch-raumzentrierter Metalle

von den Beanspruchungsbedingungen abhängig ist, gelten die Aussagen eines normalen Zugversuches über das Bruchverhalten ausschließlich für diese Bedingungen: zügige, einachsige Beanspruchung bei Raumtemperatur.
Liegen im Betrieb andere Beanspruchungsbedingungen vor, so ist das Bruchverhalten in einem Verfahren zu überprüfen, das den Einfluß dieser Bedingungen soweit wie möglich berücksichtigt. Die Beanspruchungsbedingungen setzen sich aus einer

- *thermischen* (Beanspruchungstemperatur), einer
- *zeitlichen* (Beanspruchungsdauer, -geschwindigkeit), einer
- *mechanischen* (Beanspruchungszustand) und einer
- *chemischen* (Beanspruchungsumgebung)

Komponente zusammen.
Es gibt eine Reihe wichtiger Werkstoffe, so vor allem Metalle mit krz-Gitteraufbau (z. B. Fe-Legierungen), bei denen das Bruchverhalten bei tieferen Temperaturen in einem mitunter engen Temperaturbereich von „duktil" in „spröde" übergeht. Dieser Sachverhalt ist in Abb. B.2-63 dargestellt.
Zunehmende **Beanspruchungsgeschwindigkeit** führt generell zu einer gewissen Einschränkung des Verformungsverhaltens, dies äußert sich z. B. in einer Abnahme der Bruchdehnung bei einem Schlagzugversuch. Ein temperaturbedingter Übergang zu sprödem Bruchverhalten findet mit erhöhter Beanspruchungsgeschwindigkeit bereits bei höheren Temperaturen statt.
Einen bedeutsamen Einfluß auf das Bruchverhalten übt der **Beanspruchungszustand** aus. Zu unterscheiden sind einachsige, zweiachsige oder ebene und dreiachsige oder räumliche Spannungszustände (Abb. B.2-64), wobei im Hinblick auf sprödes Werkstoffverhalten nur Zugspannungen im Vergleich zu Druckspannungen als kritisch anzusehen sind, weil sie eine Rißausbreitung in besonderem Maße begünstigen.

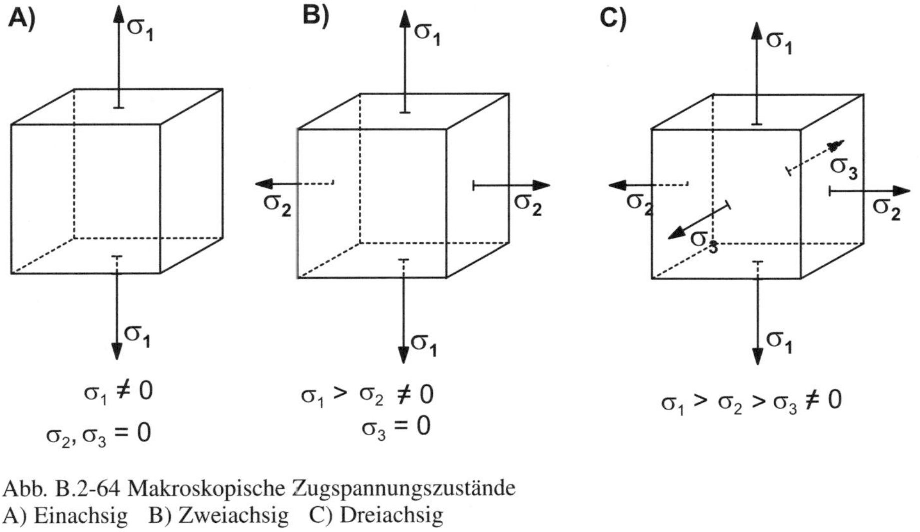

Abb. B.2-64 Makroskopische Zugspannungszustände
A) Einachsig B) Zweiachsig C) Dreiachsig

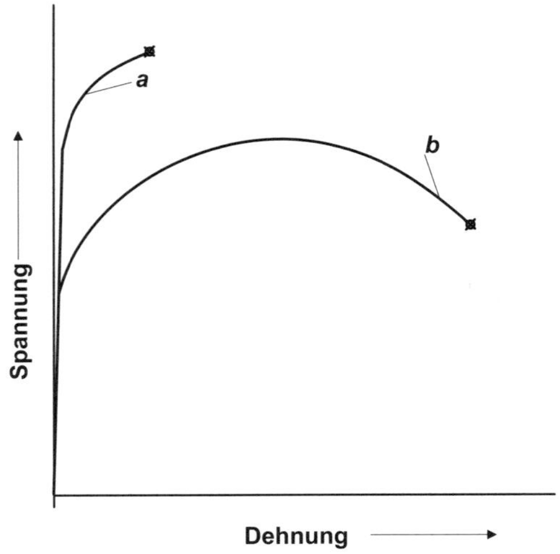

Abb. B.2-65 Einfluß mehrachsiger Zugspannungen auf das Spannung-Dehnung-Verhalten
a = gekerbter Zugstab, b = glatter Zugstab

Die Wirkung mehrachsiger Zugspannungen auf das Verformungs- und Bruchverhalten gibt Abb. B.2-65 in schematischer Weise wieder, so können sich auch Werkstoffe, die im einachsigen Zugversuch große Bruchdehnungen aufweisen, bei mehrachsigem Zug als vollständig spröde herausstellen.
Mehrachsige Spannungszustände liegen natürlich bei mehrachsiger äußerer Beanspruchung oder aber bei Überlagerung äußerer Beanspruchungen mit anders gerichteten Eigenspannungen vor. Unter Eigenspannungen sind innere Verzerrungs- bzw. Spannungszustände zu verstehen, die im Werkstoff bereits ohne äußere Beanspruchung bestehen und meist durch Vorgänge bei der Werkstoffherstellung bzw. -verarbeitung erzeugt werden. Die wohl häufigste Ursache für dreiachsige Zugspannungszustände sind Kerben in einem Bauteil.
In Abb. B.2-66 ist der Spannungszustand in einer glatten dem in einer gekerbten Zugprobe gegenübergestellt. Dreiachsige Zugspannungen $\sigma_y \neq 0$, $\sigma_x \neq 0$, $\sigma_z \neq 0$ bilden sich im Kerbbereich dadurch aus, daß die Normalspannung σ_y auf den beiden Kerbflächen (Oberflächen!) verschwinden muß und folglich hier auch keine Querkontraktion erzeugt. Damit findet eine Behinderung der Querkontraktion im Bereich der Kerbflächen und im Kerbgrund statt, die gerade im Kerbgrund wegen der dort auftretenden Spannungsüberhöhung $\sigma_y > \sigma_n$ besonders groß sein müßte. Durch diese Dehnungsbehinderung werden zusätzliche Zugspannungen in x- und z-Richtung aufgebaut. Die Kerbe hat in dieser Hinsicht eine ähnliche Wirkung, wie sie eine dort quer angebrachte Versteifungsrippe hätte.
Die Spannungskomponente in Dickenrichtung σ_z wird allerdings an den Randoberflächen der Probe wieder Null. In diesen Randbereichen herrscht jeweils ein zweiachsiger, ebener Spannungszustand. In *dünnen* gekerbten Proben wird daher die Spannungskomponente in Dickenrichtung σ_z vernachlässigt und im gesamten Kerbgrund ein zweiachsiger Spannungszustand unterstellt.

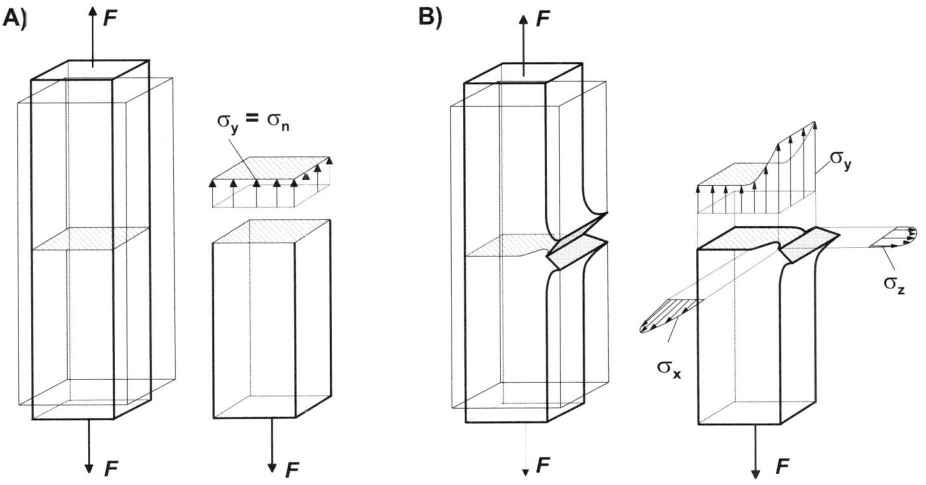

Abb. B.2-66 Spannungsverteilung in normalbeanspruchten Zugproben (nach Lit. B.12)
A) Glatter Zugstab B) Gekerbter Zugstab

Umgekehrt werden bei *dicken* Proben die Randbereiche mit ebenem Spannungszustand unbedeutend, und es herrscht infolge der in Dickenrichtung behinderten Querkontraktion ($\varepsilon_z = 0$) im Kerbgrund ein dreiachsiger, räumlicher Spannungszustand und demzufolge ein ebener Dehnungszustand. Aus diesem Grunde ist bei sonst gleichen Verhältnissen (Nennbeanspruchung σ_n, Kerbgeometrie) bei dicken Bauteilen eher mit sprödem Bruchverhalten zu rechnen als bei solchen geringer Wanddicke.
Sowohl bei schwingender als auch bei statischer Beanspruchung werden Rißbildung bzw. Rißausbreitung von einer korrosiven Umgebung beeinflußt. Während bei statischer Beanspruchung nur bestimmte Werkstoffe oft nur in einem besonders „sensiblen“ Zustand nur in bestimmten Medien unter der Wirkung einer kritischen Zugspannung spröde zu Bruch gehen und damit einer sog. „Spannungsrißkorrosion“ unterliegen, wird bei Schwingbeanspruchung eine deutlich schädigende Wirkung praktisch durch jedes korrosive Medium hervorgerufen. Diesen Schadensmechanismus nennt man „Schwingungsrißkorrosion“.

2.3.2.3 Sprödbruchprüfung

Die verwirrende Vielzahl der bestehenden Sprödbruchprüfverfahren resultiert aus der Tatsache, daß alle beim Betrieb von Bauteilen möglichen Beanspruchungsbedingungen, die überdies im konkreten Fall keineswegs immer in ihrer quantitativen Größe bekannt sind, nicht in einem oder wenigen Prüfverfahren hinreichend berücksichtigt werden können. Zunächst benötigt man verschiedene Bruchprüfungsverfahren für unter „normalen“ Bedingungen (z. B. Zugversuchsbedingungen) duktile und für unter diesen Bedingungen spröde Werkstoffe.

Solcherart duktile Werkstoffe können im Betrieb bei tiefen Temperaturen oder bei mehrachsiger oder bei schlagartiger Beanspruchung oder bei einer kritischen Kombination dieser Einflußgrößen zu sprödem Verhalten neigen. Sie werden daher in einem Schlagversuch geprüft, wobei zur Erzeugung eines mehrachsigen Spannungszustandes gekerbte Proben verwendet werden. Meist wird dieser Versuch als Biegeversuch durchgeführt, weil er einen relativ geringen Versuchsaufwand (keine Probeneinspannung) erfordert. Beanspruchungsgeschwindigkeit und Kerbgeometrie sind dabei so gewählt, daß sie die meisten in der Praxis vorkommenden Fälle abdecken. Zur Beurteilung des Bruchverhaltens kann das Aussehen der Bruchfläche herangezogen werden oder üblicherweise die beim Brechen der Probe aufzuwendende Arbeit. Bei Werkstoffen, deren starke Temperaturabhängigkeit des Bruchverhaltens bekannt ist, wird die Kerbschlagbiegearbeit über einen weiten Temperaturbereich erfaßt, so daß neben der *Brucharbeit* A_v die zur Charakterisierung des Bruchverhaltens ebenfalls wichtige Kenngröße *Übergangstemperatur* $T_ü$ (Abb. B.2-67) als Versprödungstemperatur des jeweiligen Werkstoffs angegeben werden kann (vgl. auch Abb. B.2-63).
Von Werkstoffen, die bereits unter Zugversuchsbedingungen ein sprödes Verhalten aufweisen, ist im allgemeinen auch unter in Richtung Versprödung veränderten Beanspruchungsbedingungen kein duktiles Verhalten zu erwarten. Im Grunde genommen genügt ein Zugversuch zur Ermittlung der zulässigen Belastbarkeit, d. h. der Spannung, deren Überschreiten zum spröden Bruch führt (Zugfestigkeit).
Da spröde Werkstoffe nur ungenügend in der Lage sind, die an der Spitze von Rissen auftretenden Spannungsüberhöhungen durch mikroplastische Verformungen abzubauen, hängt die Zugfestigkeit dieser Werkstoffe ganz wesentlich von im Werkstoff existierenden Rissen ab. Hierbei spielt die Rißgeometrie, worunter Rißgröße, -form und -lage zur Beanspruchung zu verstehen sind, eine entscheidende Rolle.
Es werden also Zug- oder Biegeversuche an Proben erforderlich, die Risse definierter Geometrie enthalten. Hinsichtlich Rißform und -lage werden im allgemeinen die

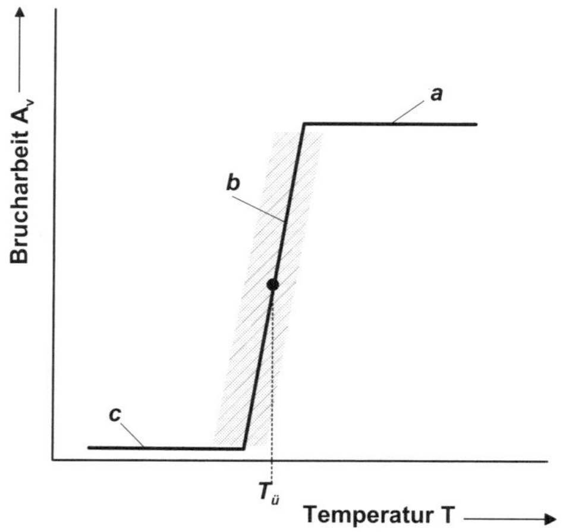

Abb.B.2-67 Einfluß der Temperatur auf das Bruchverhalten kubisch-raumzentrierter Metalle
a = sog. Hochlage mit zähem Bruchverhalten, b = sog. Steilabfall,
c = sog. Tieflage mit sprödem Bruchverhalten

ungünstigsten Verhältnisse gewählt, nämlich Rißlage senkrecht zur Zugspannung (Rißöffnungsart I) und größte nur herstellbare Rißschärfe, z. B. durch Einsägen mit dünnen, diamantbestückten Sägeblättern oder durch Erzeugen (Zugschwellbeanspruchung) eines Schwingungsanrisses im Grund eines in der Probe zuvor angebrachten Kerbs. Das nunmehr noch bestehende Problem des Einflusses unterschiedlicher Rißlängen auf die Bruchfestigkeit kann mit Hilfe der sog. Bruchmechanik gelöst werden.
Die Bruchmechanik befaßt sich mit den an stationären und an sich unterkritisch ausbreitenden Rissen auftretenden Spannungen und Verformungen. Sie vermag für eine unendlich ausgedehnte Platte den Spannungszustand in der Nähe einer Rißspitze zu beschreiben und die Bedingungen für eine stabile oder instabile Rißausbreitung anzugeben. Da dies unter der Annahme eines linear-elastischen Werkstoffverhaltens geschieht, was bei nichtplastischen Werkstoffen in der Regel unterstellt werden kann, können diese Angaben ohne eine genaue Kenntnis der an der Rißspitze tatsächlich ablaufenden atomaren Prozesse gemacht werden.

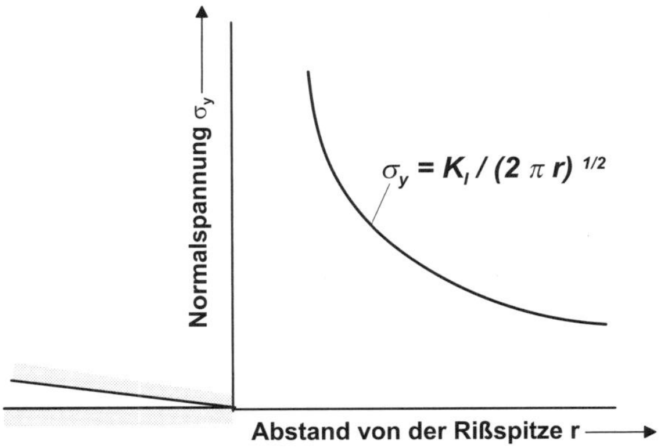

Abb. B.2-68 Normalspannungsverlauf im Bereich der Rißspitze

Gemäß Abb. B.2-68 fällt die Spannung σ_y an der Rißspitze von einem unendlich hohen Wert mit zunehmendem Abstand *r* von der Rißspitze hyperbelförmig auf den Nennspannungswert σ_n ab. Der in der Gleichung

$$\sigma_y = \boldsymbol{K}_\mathrm{I} / \sqrt{2 \cdot \pi \cdot \boldsymbol{r}}$$

enthaltene Faktor K gibt die Höhenlage dieser Hyperbel an und wird als Spannungsintensitätsfaktor bezeichnet. Weiterhin kann abgeleitet werden, daß der Spannungsintensitätsfaktor K_I für den vorliegenden Fall

$$\boldsymbol{K}_\mathrm{I} = \sigma_\mathrm{n} \sqrt{\pi \cdot \boldsymbol{a}} \quad \text{ist.}$$

Die „Intensivierung“ einer äußeren Spannung σ_n im Bereich der Spitze eines Innenrisses (Abb. B.2-69) hängt also in der beschriebenen Weise von der halben Rißlänge 2*a*, bei einem einseitigen Außenriß von der ganzen Rißlänge *a* ab.

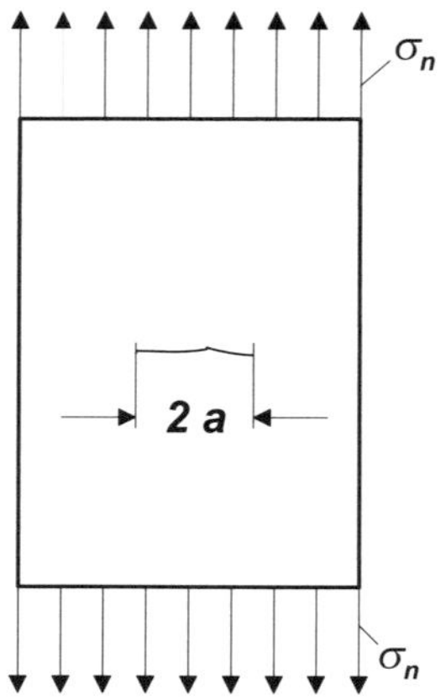

Abb.B.2-69 Normalbeanspruchte Platte mit Innenriß der Länge $2a$

Es kommt nun zu einer instabilen Rißausbreitung, d. h. zum Sprödbruch, wenn an der Rißspitze eine kritische Spannungsintensität K_{Ic} erreicht wird. Dieser kritische Wert kann sich bei kleiner Rißlänge $2a'$ durch eine hohe Nennspannung σ_n' oder bei niedrigerer Nennspannung σ_n'' durch einen längeren Riß $2a''$ ergeben, d. h. nach der Beziehung

$$\boldsymbol{K}_{\mathrm{Ic}} = \sigma_{\mathrm{n}} \sqrt{\pi \cdot \boldsymbol{a}}$$

durch ein kritisches Zusammenwirken von σ_n und $2a$ (Abb. B.2-70). Dieser kritische Wert K_{Ic}, dessen Erreichen bei statischer Beanspruchung zum Sprödbruch führt, ist

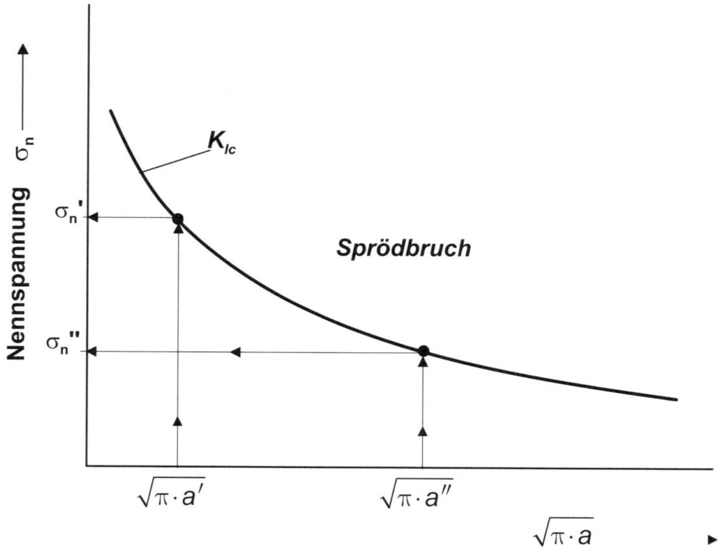

Abb. B.2-70 Zusammenhang zwischen Rißzähigkeit K_{Ic} und zulässigen Beanspruchungen σ_n bei gegebenen Rißlängen a

eine als Rißzähigkeit bezeichnete werkstoffabhängige Kenngröße, ihre Kenntnis erlaubt die Berechnung einer zulässigen Beanspruchung bei gegebener Rißlänge oder die Berechnung zulässiger Rißlängen bei gegebener Beanspruchung.
Da bei der Herleitung von K_{Ic} bis zum Bruch ausschließlich linear-elastisches (LE) Werkstoffverhalten unterstellt wurde, gelten solche relativ einfachen bruchmechanischen Kennwerte streng nur für nichtplastische Werkstoffe wie Keramik und Glas. Sie gelten mit Einschränkungen auch für geringplastische Werkstoffe, d. h. für Werkstoffe mit kleiner plastischer Zone an der Rißspitze, also rißbehaftete hochfeste bzw. sehr dickwandige Metalle. Bei Metallen hoher Festigkeit können zur Bestimmung von K_{Ic} relativ kleine Proben verwendet werden, im mittleren Festigkeitsbereich werden z. T. sehr große Probenabmessungen erforderlich, um noch einen gültigen LE-Bruchmechanikversuch durchführen zu können (vgl. auch Text zu Abb. B.2-66). Alternativ ist mit anderen, leider erheblich komplizierenden Bruchmechanikkonzepten eine sog. Fließbruchmechanik entwickelt worden, auf die an dieser Stelle jedoch nicht eingegangen werden soll.
Die Rißzähigkeit K_{Ic} metallischer Werkstoffe wird meist in einem Zugversuch mit „Kompakt"-Zugproben (CT-Proben, englisch von compact tension) ermittelt.
Eine solche CT-Probe ist in Abb. B.2-71 dargestellt, ihre Abmessungen (Rißlänge a, Probendicke B, Probenbreite W) sollten bestimmte Werte, die vom Quadrat des Verhältnisses Rißzähigkeit/Fließgrenze abhängen, nicht unterschreiten. Andernfalls weicht das Verhalten des Werkstoffs im Versuch zu sehr vom ausschließlich linear-elastischen, spröden Verhalten ab. Die Probe enthält einen durch Zugschwellbeanspruchung erzeugten Ermüdungsanriß.
Im eigentlichen Bruchmechanikversuch wird diejenige Zugbeanspruchung σ_c bestimmt, die bei vorgegebener Rißlänge a zum spröden Probenbruch führt. Hieraus bestimmt sich dann die Rißzähigkeit K_{Ic} zu:

$$\boldsymbol{K_{Ic}} = \sigma_c \sqrt{\pi \cdot \boldsymbol{m} \cdot \boldsymbol{a}} \text{ in N/mm}^2 \cdot \sqrt{\text{mm}} \text{ bzw. N/mm}^{-3/2},$$

worin m ein die speziellen geometrischen Verhältnisse im Versuch berücksichtigender Korrekturfaktor ist.

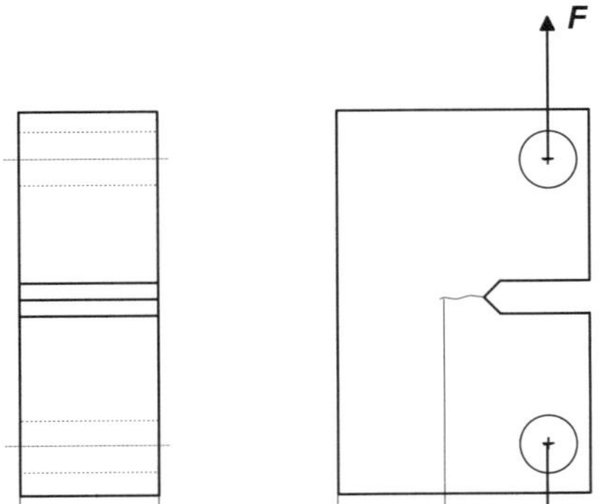

Abb. B.2-71 Kompakt-Zugprobe (CT-) zur Ermittlung der Rißzähigkeit

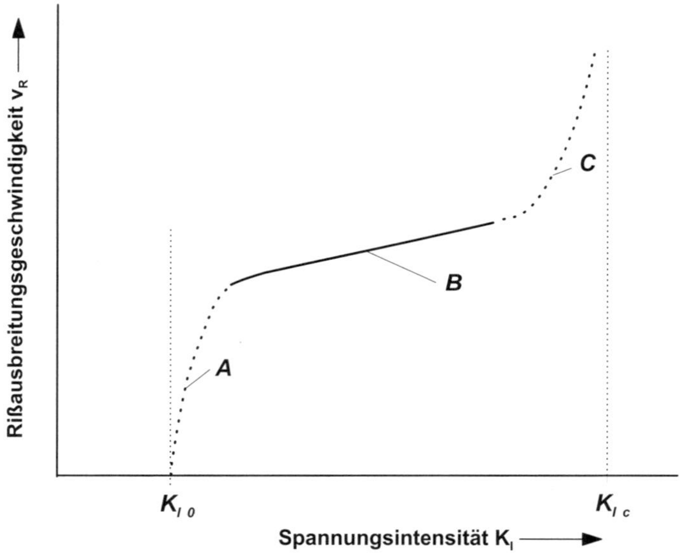

Abb. B.2-72 Einfluß des Spannungsintensitätsfaktors K_I auf die Rißgeschwindigkeit eines sich stabil ausbreitenden Risses

Der Begriff der Spannungsintensität K_I eignet sich auch für quantitative Angaben über die Rißgeschwindigkeit bei Beanspruchungen, die eine stabile Rißausbreitung zur Folge haben. Solche Beanspruchungen liegen bei „umgebungsbedingter" (Spannungskorrosion) und bei „schwingungsbedingter" Rißausbreitung (Ermüdung) vor. Es ergeben sich werkstoff- und umgebungsspezifische Abhängigkeiten zwischen der Rißgeschwindigkeit v_R und der Spannungsintensität K_I (Abb. B.2-72).
Stabile Rißausbreitung findet dann zwischen zwei Grenzwerten K_{Io} und K_{Ic} statt. Bei Beanspruchungen $K_I < K_{Io}$ („Schwellenwert", engl. threshold) geht die Ausbreitungsgeschwindigkeit gegen Null. Bei Beanspruchungen $K_I = K_{Ic}$ wird die Rißausbreitung instabil und es tritt spontaner Sprödbruch ein. Zwischen diesen Grenzwerten weist die Ausbreitungsgeschwindigkeit im allgemeinen drei Kurvenbereiche A, B und C auf, von denen sich der Bereich B über ein breites Band von Beanspruchungswerten K_I erstreckt und häufig eine konstante oder von K_I linear abhängige Rißgeschwindigkeit zeigt.

2.3.2.4 Ermüdungsprüfung

Ein Ermüdungs- oder Dauerbruch stellt ein Werkstoffversagen dar, das in dieser Form nur unter der Einwirkung von sich zeitlich verändernden und sich wiederholenden, d.h. schwingenden Beanspruchungen auftritt.
In Abb. B.2-73 ist eine Beanspruchungsschwingung als ein Schwingspiel (Zyklus) L mit angenommenem sinusförmigem Verlauf dargestellt. Hierbei können entweder die Spannung mit der Amplitude σ_a oder die Deformation mit der Amplitude ε_a kontrolliert und gegebenenfalls konstant gehalten werden und dabei um eine statische Mittelvorspannung σ_m bzw. eine statische Mittelvordeformation ε_m mit der Frequenz L/t schwingen.

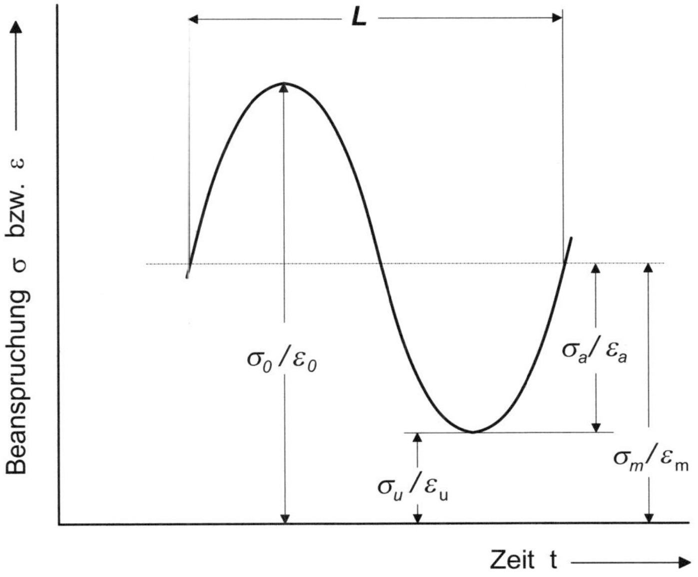

Abb. B.2-73 Spannungs- bzw. Verformungsverlauf bei Schwingbeanspruchung

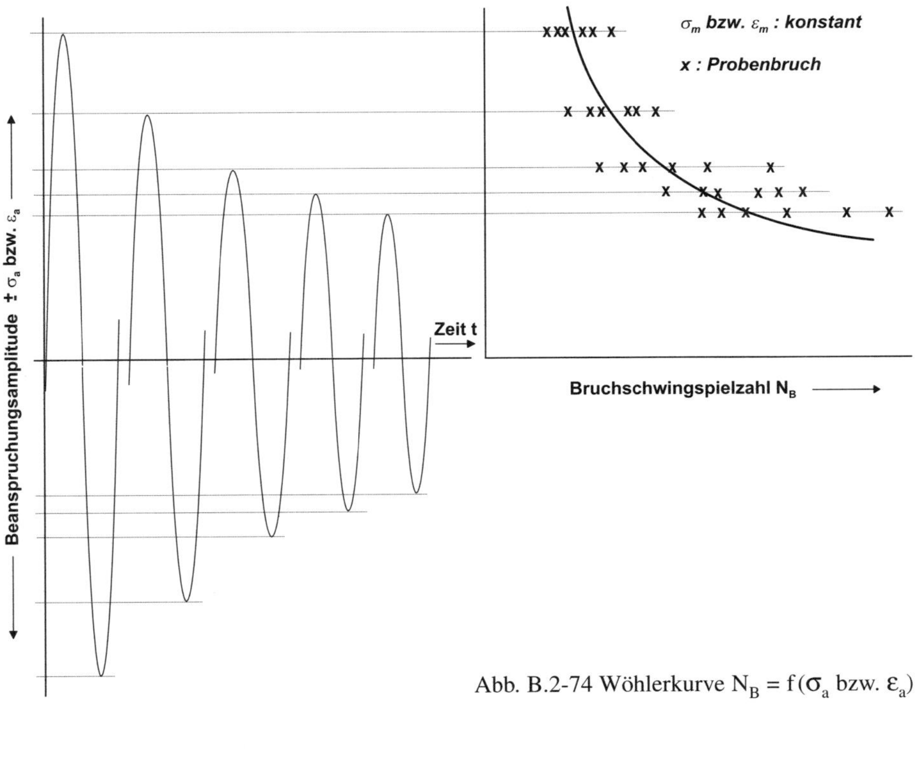

Abb. B.2-74 Wöhlerkurve $N_B = f(\sigma_a \text{ bzw. } \varepsilon_a)$

Haben die unteren und oberen Beanspruchungswerte σ_u bzw. ε_u und σ_o bzw. ε_o gleiches Vorzeichen, so liegt eine Schwellbeanspruchung vor, bei σ_u bzw. $\varepsilon_u = 0$ eine reine Schwellbeanspruchung. Weisen σ_u bzw. ε_u und σ_o bzw. ε_o ungleiche Vorzeichen auf, so liegt eine Wechselbeanspruchung vor, im Fall von σ_m bzw. $\varepsilon_m = 0$ eine reine Wechselbeanspruchung.

Die übliche Art der Dauerfestigkeitsbestimmung besteht darin, daß bei konstant schwingbeanspruchten Proben die zum Bruch führenden Schwingspielzahlen N_B ermittelt und in Abhängigkeit von der Beanspruchungsamplitude als sog. Wöhlerkurven dargestellt werden (Abb. B.2-74). Der Verlauf einer Wöhlerkurve kann sich bei den verschiedenen Werkstoffen in charakteristischer Weise unterscheiden.

Bei Werkstoffen mit krz-Fe-Basis läuft die Wöhlerkurve nämlich bei niedrigen Amplituden auf einen praktisch konstanten Wert horizontal ein, so daß hier mit einer zulässigen Grenzschwingspannung σ_D gerechnet werden kann, die auch bei sehr hohen Schwingspielzahlen nicht mehr zum Bruch führt. Dagegen fällt die Wöhlerkurve bei anderen Werkstoffgruppen auch bei niedrigen Beanspruchungsamplituden, wenn auch allmählich, so doch weiterhin zu niedrigeren Belastungswerten ab. Zur Angabe eines Dauerfestigkeitswertes σ_D wird hier diejenige Beanspruchung herangezogen, die bei einer vereinbarten Grenzschwingspielzahl von 10^8 noch keinen Bruch erwarten läßt. Bei Werkstoffen mit horizontalem Einlauf der Wöhlerkurve genügt es, die Versuche nur bis zu einer Grenzschwingspielzahl von 10^7 durchzuführen (Abb. B.2-75).

Das Dauerbruchverhalten wird in empfindlicher Weise von lokalen Werkstoffinhomogenitäten und -defekten beeinflußt, was eine erhebliche Streuung der Versuchsergebnisse

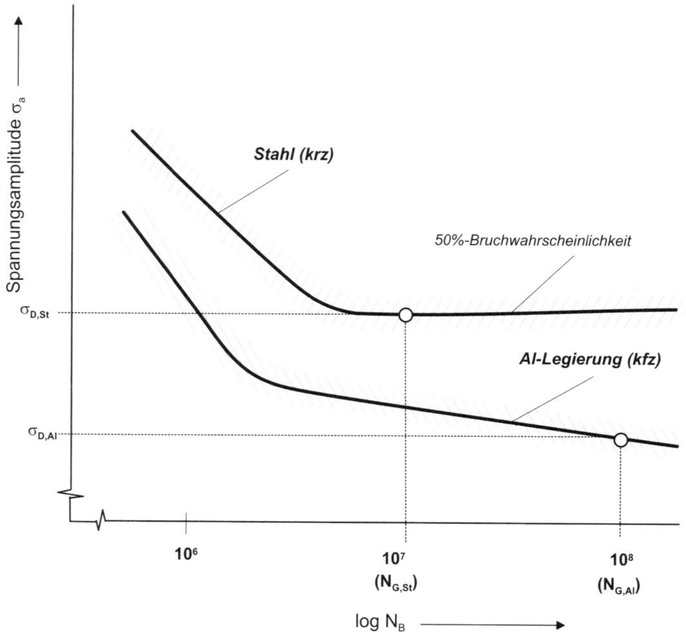

Abb. B.2-75 Grenzlastspielzahlen N_G von Stählen und Al-Legierungen

nach sich zieht. Die Ergebnisstreuungen sind gerade bei den langdauernden Versuchen mit niedrigen Beanspruchungsamplituden übermäßig groß, so daß die Ermittlung sicherer Schwingfestigkeitswerte mit einem hohen Versuchsaufwand verbunden ist. Für zuverlässige Angaben werden daher statistische Auswertungen solcher Versuche empfohlen, die die Wöhlerkurve zu einem Feld von Linien konstanter Bruchwahrscheinlichkeit erweitern. Durch die Grenzkurven für 0% und 100% Bruchwahrscheinlichkeit ergibt sich eine Dreiteilung des Wöhlerdiagramms in Zeitfestigkeits-, Übergangs- und Dauerfestigkeitsgebiet (Abb. B.2-76). Die drei Schwingfestigkeitsgebiete sind so definiert, daß im Zeitfestigkeitsgebiet alle Prüflinge vor Erreichen der Grenzschwingspielzahl brechen, im Übergangsgebiet einige Prüflinge brechen, andere nicht und alle im Dauerfestigkeitsgebiet beanspruchten Prüflinge die Grenzschwingspielzahl ohne Bruch erreichen.

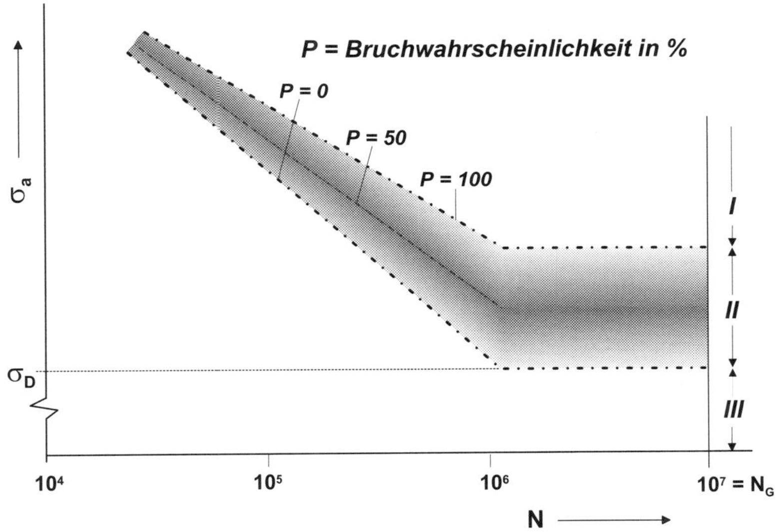

Abb. B.2-76 Dreiteilung des Wöhlerdiagramms von Stählen
I : Zeitfestigkeits-, II: Übergangs-, III: Dauerfestigkeitsgebiet

Bezüglich der Dauerbruchprüfung ist allgemeiner zu unterscheiden zwischen der

- **Schwing- oder Dauerfestigkeit des Werkstoffs**, für deren Ermittlung einfach geformte, allenfalls gekerbte Werkstoffproben einer jeweils konstanten Beanspruchungsamplitude (sog. Einstufenversuch) unterworfen werden.

- **Gestaltfestigkeit von Bauteilen**, hierbei unterscheidet sich das Bauteil von der einer Werkstoffprobe im allgemeinen durch eine kompliziertere Geometrie. Dadurch werden in bestimmten Bereichen des Bauteils Spannungszustände erzeugt, die in ihrer Auswirkung auf das Dauerbruchverhalten nicht vorausbestimmt werden können. Auch bei der Gestaltfestigkeitsprüfung wird im allgemeinen einstufig beansprucht, d. h. mit jeweils konstanter Amplitude und Vorspannung.

– **Betriebsfestigkeit von Bauteilen**, hierbei unterliegt das zu prüfende Bauteil wie im späteren Betrieb nicht mehr konstanten, sondern variablen Beanspruchungen. Würde ein solches Bauteil unter Zugrundelegung der größten auftretenden Beanspruchungsamplituden dauerfest ausgelegt, so wäre es sicher überdimensioniert und entspräche weder den Erfordernissen eines modernen Leichtbaus noch denen einer optimalen Werkstoffausnutzung. Das Bauteil muß mit einem Beanspruchungskollektiv geprüft werden, das den späteren Betriebsbeanspruchungen möglichst entspricht. Dabei sind nicht nur die Zahl und Höhe der einzelnen Beanspruchungszyklen von Bedeutung, sondern auch deren Reihenfolge. Die Berücksichtigung dieser Randbedingungen macht die Betriebsfestigkeitsprüfung sehr aufwendig. Abkürzende Verfahrensweisen führen zu Ergebnissen geringerer Verläßlichkeit.

2.3.3 Mechanische Kennwerte und deren Bedeutung für die Werkstoffanwendung

2.3.3.1 Festigkeitskennwerte

Festigkeit, Härte

Die Festigkeit stellt einen höchstzulässigen Belastungswert dar, dessen Überschreitung bei spröden Werkstoffen zum Bruch, bei duktilen Werkstoffen zu unzulässig großer, d. h. im allgemeinen makroplastischer Verformung führt. Im ersten Fall ist der Festigkeitskennwert die *Bruchfestigkeit* bzw. *Bruchzähigkeit* K_{Ic}, im letzteren die **Fließgrenze** bzw. eine **technische Elastizitätsgrenze**. Wird bei duktilen Werkstoffen dennoch die Bruchfestigkeit zur Bauteildimensionierung herangezogen, so muß diese durch einen entsprechend großen Sicherheitsfaktor auf einen Wert abgemindert werden, der erfahrungsgemäß mit Sicherheit unterhalb der Fließgrenze liegt, d. h., man dimensioniert mit dem Wert Zugfestigkeit auf eine Beanspruchung unterhalb der Fließgrenze. Da die Fließgrenze empfindlich vom Gefügezustand beeinflußt wird, kann ihre Höhe im Verhältnis zur Zugfestigkeit recht unterschiedliche Werte annehmen und kann mit Hilfe der Zugfestigkeit nur in wenigen Fällen und nur bei genauer Kenntnis des Gefügezustandes abgeschätzt werden. Eine Zugrundelegung des Kennwertes Bruchfestigkeit hat daher bei duktilen Werkstoffen in den allermeisten Fällen eine Überdimensionierung des Bauteils zur Folge und ist somit vom Standpunkt einer optimalen Werkstoffausnutzung abzulehnen. Bruchfestigkeit und Fließgrenze kennzeichnen die Belastungsfähigkeit eines Werkstoffs bei statischer bzw. quasistatischer Beanspruchung, sofern die hierdurch bedingte Verformung nicht, wie oberhalb bestimmter Temperaturen, von der Belastungsdauer abhängig ist. *Mehrachsige Spannungszustände* können mit Hilfe geeigneter *Festigkeitshypothesen* (Schubspannungs- oder Gestaltänderungshypothese für duktile, Normalspannungshypothese für spröde Werkstoffe) in eine einachsige *Vergleichsspannung* umgerechnet werden.
Bei der Härteprüfung liegt ein hinsichtlich Spannungszustand undefinierter Beanspruchungszustand vor, der ermittelte Härtewert kann daher nur als technologischer Vergleichswert Verwendung finden. Da die Härte meist mit geringem Aufwand gemessen

und mit ihr bei allerdings bekanntem Werkstoff bedingt auf das mechanische Verhalten oder den Gefügezustand rückgeschlossen werden kann, stellt sie eine wichtige und wertvolle Hilfskenngröße dar.

Standfestigkeit

Liegt ein zeitabhängiges Verformungsverhalten vor, so existieren zwangsläufig auch zeitabhängige Festigkeitswerte. Für die jeweilige Temperatur ergibt sich bei verformungsarmem Verhalten eine Zeitstandfestigkeit, bei duktilem Verhalten eine x-%-Zeitdehngrenze als zulässige Beanspruchungsgröße. Die Darstellung dieser zeit- und temperaturabhängigen Festigkeitskennwerte wird bei metallischen Werkstoffen und bei Kunststoffen unterschiedlich gehandhabt (Zeitstandschaubild, Zeitdehnliniendiagramm bzw. isochrone Spannung-Dehnung-Linien).

Dauerfestigkeit

Eine sich zeitlich ändernde Beanspruchung muß auch dann als Schwingbeanspruchung angesehen werden, wenn die Änderung der Beanspruchung beliebig langsam erfolgt und die Zahl der insgesamt zu ertragenden Schwingspiele relativ gering ($<10^4$) ist. Dabei kann möglicherweise die zulässige Belastung bei angenommener statischer Beanspruchung niedriger liegen als die zulässige Amplitude der Schwingbeanspruchung. In diesem Fall ist natürlich die kritischere statisch zulässige Beanspruchung zur Bauteilbemessung heranzuziehen. Angaben über die Dauerfestigkeit von Werkstoffen findet man nur im Fall reiner Wechsel- oder Schwellbeanspruchung als Einzelwerte, beim Vorliegen von Mittelvorbeanspruchungen sind sie in entsprechenden Dauerfestigkeitsschaubildern (Abb. B.2-77) niedergelegt. Werte für die Zeitfestigkeit können meist nur entsprechenden Wöhlerdiagrammen entnommen werden.

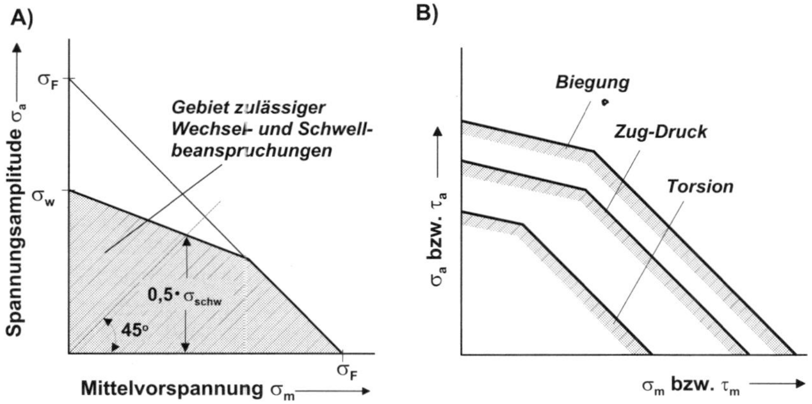

Abb. B.2-77 Dauerfestigkeitsschaubild nach Haigh
A) Konstruktion aus den Werten Wechselfestigkeit (σ_w), Schwellfestigkeit (σ_{schw}) und Fließspannung (σ_F)
B) Dauerfestigkeitsschaubild für Biege-, Zug/Druck- und Torsionsbeanspruchung

2.3.3.2 Verformungskennwerte

Elastische Konstanten

Die elastischen Konstanten **E- bzw. G-Modul** beschreiben das reversible Verformungsverhalten eines Werkstoffs. Handelt es sich bei den auftretenden Deformationen ausschließlich um energie-elastische Formänderungen, so sind E bzw. G konstante Größen, die mit steigender Temperatur nur mäßig, in begrenzten Temperaturbereichen etwa linear abnehmen. Mit ihnen können die in einem belasteten Bauteil auftretenden elastischen Deformationen berechnet werden. Der E- bzw. G-Modul dient dann als Dimensionierungskennwert, wenn die maximale Belastung des Bauteils durch eine höchstzulässige **elastische Verformung** bestimmt wird. Zusätzlich muß jedoch mit einem geeigneten Kennwert (Fließgrenze, technische Elastizitätsgrenze) kontrolliert werden, ob die hiernach zugelassene Beanspruchung unterhalb der genannten Festigkeitskennwerte, also auch tatsächlich im uneingeschränkten Gültigkeitsbereich des Hookeschen Gesetzes liegt. Überlagern sich der energie-elastischen Verformung noch zeitabhängige reversible Formänderungen, wie es bei Polymerwerkstoffen der Fall ist, so müssen entsprechend zeitabhängige Kennwerte E_c, G_c (Kriech-, Retardationsmodul) bzw. E_r, G_r (Entspannungs-, Relaxationsmodul) verwendet werden.
Die elastischen Konstanten kennzeichnen den Widerstand eines Werkstoffes gegen reversible Verformungen, sind also ein Maß für die **Werkstoff-Steifigkeit**. Diese ist von wesentlichem Einfluß auf die kritische Belastung von Konstruktionen, die durch Instabilwerden (Beulen, Knicken, Durchschlagen) gefährdet sind.

Duktilität

Als Duktilität wird das Vermögen eines Werkstoffs zu bleibender Formänderung bezeichnet, dieses Vermögen wird durch den Eintritt eines Bruches begrenzt. Als ein Maß für die Duktilität gilt daher die im allgemeinen im Zugversuch bis zum Bruch erreichte bleibende Dehnung. Mit Ausbildung der Einschnürung geht im Einschnürbereich der Probe der einachsige in einen mehrachsigen Spannungszustand über. Die bei Gleichmaß- und bei Einschnürdehnung herrschenden Beanspruchungsverhältnisse sind nicht identisch und die durch sie hervorgerufenen Dehnungen auch nicht direkt vergleichbar. Bei der Angabe der Bruchdehnung als Kennwert für die Duktilität wird eine Unterteilung in Gleichmaß- und Einschnürdehnung nicht vorgenommen. Diese Vorgehensweise kann bei der Auswahl von Konstruktionswerkstoffen, deren Beanspruchung ja fast ausschließlich unterhalb der Fließgrenze, also im elastischen Bereich liegt, akzeptiert werden. Die Bruchdehnung wird hier nicht als Berechnungskennwert für plastische Deformationen benötigt, sondern dient als erster, grober Anhaltswert für die Sprödbruchunempfindlichkeit des Werkstoffs, wobei natürlich alle vorgenannten Einschränkungen wie Einfluß der Temperatur, der Beanspruchungsgeschwindigkeit und des Spannungszustandes zu berücksichtigen sind. Mit der Bruchdehnung gewinnt man einen reinen Vergleichswert für die Duktilität der Werkstoffe, als Kriterium für die Auswahl von Werkstoffen hat dieser Kennwert insofern Bedeutung, als nach Erfahrung bekannt ist, daß für bestimmte Anwendungen nur Werkstoffe mit einer Mindestbruchdehnung von z. B. 10 % eingesetzt werden dürfen, um für diesen Fall eine gewisse Sprödbruchsicherheit zu garantieren.

In manchen Fällen wird zusätzlich zur Bruchdehnung die im Bruchquerschnitt erreichte bleibende Querschnittsminderung (Brucheinschnürung) zur Beurteilung des Verformungsverhaltens als Vergleichswert herangezogen. Es handelt sich auch hierbei um einen Vergleichswert, weil die Spannungsverhältnisse während der Einschnürdehnung ebenfalls nicht quantitativ definiert sind. Im Gegensatz zur Auswahl von Konstruktionswerkstoffen ist für die Verarbeitung von Werkstoffen durch Umformen eine exakte Kenntnis darüber erforderlich, welche Verformungen realisierbar sind. Dazu wird als sog. Fließkurve die wahre Dehnung in Abhängigkeit von der wahren Spannung bei definiertem, im allgemeinen einachsigem Spannungszustand ermittelt. Es werden also zur Berechnung von Dehnung und Spannung nicht mehr die Ausgangsgrößen, sondern jeweils die tatsächliche Länge bzw. der tatsächliche Querschnitt zugrunde gelegt (vgl. Abb. B.2-32).

Zähigkeitskennwerte

Unter der Zähigkeit eines Werkstoffs versteht man seinen Widerstand gegen Bruch unabhängig davon, welcher Mechanismus zum Bruch führt. Bei der Zähigkeit handelt es sich um eine Größe, die in sehr komplexer Weise von den Werkstoffeigenschaften „Festigkeit", „Duktilität" und „Verfestigung" und -wie bereits mehrfach ausgeführt- empfindlich von den Beanspruchungsbedingungen beeinflußt wird. Strenggenommen kann nur bei energie-elastischem (sprödem) Verhalten ein rechnerischer Nachweis der Sprödbruchsicherheit mit Hilfe des geometrieunabhängigen und damit auf Bauteile übertragbaren Kennwertes **Rißzähigkeit K_{Ic}** geführt werden, indem dieser Kennwert die Berechnung einer kritischen Belastung erlaubt, deren Überschreitung einen Sprödbruch auslöst. Sofern die bis zum Bruch auftretenden elastischen Deformationen zugelassen werden können, stellt die Rißzähigkeit K_{Ic} den Dimensionierungskennwert dar, schließlich handelt es sich bei K_{Ic} um die Zugfestigkeit von spröden, mit Rissen behafteten Werkstoffen, also korrekter um einen Festigkeitskennwert.
In allen anderen Fällen können nur Vergleichswerte ermittelt werden, deren Bedeutung wie bei der Bruchdehnung darin besteht, daß für bestimmte Anwendungen erfahrungsgemäß ein Versagen durch Sprödbruch ausgeschlossen werden kann, wenn der verwendete Werkstoff bei einer bestimmten Temperatur z. B. im Kerbschlagbiegeversuch noch einen Mindestwert für die **Brucharbeit A_v** aufweist oder wenn die **Übergangstemperatur $T_ü$** des Werkstoffs einen bestimmten Höchstwert nicht überschreitet. Der absolute Wert für die Brucharbeit im Bereich der sog. Hochlage (vgl. Abb. B. 2-67) ist hierbei von geringerem Interesse, wichtiger ist die Kenntnis der Übergangstemperatur mit der Aussage, daß der Werkstoff bei tieferen Temperaturen unter Beanspruchungsbedingungen, die mit denen des Kerbschlagbiegeversuches vergleichbar sind, versprödet. Da aber die Beanspruchungen des Bauteils im Betrieb mit denen im Kerbschlagbiegeversuch nur selten übereinstimmen, stellt auch die im Versuch ermittelte Übergangstemperatur nur eine Vergleichsgröße dar. So könnte diese Temperatur im Betrieb durchaus unterschritten werden, wenn die Betriebsbeanspruchungen hinsichtlich Spannungszustand und/oder Beanspruchungsgeschwindigkeit weniger kritisch sind als im Versuch. Entsprechend ist die Bauteilübergangstemperatur bei kritischeren Beanspruchungsverhältnissen höher als die Probenübergangstemperatur anzusetzen.

Der Nachweis ausreichender Zähigkeit, d. h. ausreichender Sprödbruchunempfindlichkeit, ist neben der eigentlichen Festigkeitsrechnung (Dimensionierung) immer dann zusätzlich zu fordern, wenn das Bauteil im Betrieb tiefen Temperaturen oder erhöhten Beanspruchungsgeschwindigkeiten oder mehrachsigen Zugspannungszuständen (Eigenspannungen, Kerben, Risse, große Wanddicken) oder einer kritischen Kombination dieser Einflußgrößen ausgesetzt ist.

2.3.3.3 Übertragbarkeit von Kennwerten

Die an kleinen, sorgfältig hergestellten Proben ermittelten Werkstoffkennwerte können nur bedingt und in der Regel mit erheblichen Abschlägen auf größere Bauteile übertragen werden. Diese Einschränkungen sind auf eine Vielzahl von Einzelfaktoren zurückzuführen. Die Einzelfaktoren können ihrerseits drei Haupteinflußfaktoren, nämlich einem Beanspruchungs-, einem Form- und einem Größeneinfluß zugeordnet werden.
Der Beanspruchungseinfluß besteht darin, daß ein reales Bauteil im allgemeinen durch Überlagerung mehrerer Beanspruchungskomponenten einem komplexeren Beanspruchungszustand unterliegt als die Probe unter Prüfbedingungen. Des weiteren können im Betrieb korrosive oder tribologische Einflüsse auftreten, die als solche nicht ohne weiteres erkannt werden.
Unterscheiden sich Bauteil und Probe in ihrer Gestaltung, so resultieren daraus auch bei makroskopisch gleichem Beanspruchungszustand infolge konstruktiver Kerbwirkungen stark voneinander abweichende örtliche Spannungszustände.
Selbst bei ähnlicher Geometrie liegt immer noch ein bedeutsamer Größeneinfluß vor.
Die Größenabhängigkeit beruht wiederum auf einer mechanisch wirkenden und einer herstellungs- bzw. fertigungsbedingten Komponente. Gründe für einen mechanischen Größeneinfluß können darin liegen, daß in dickeren Querschnitten auch stärkere Kontraktionsbehinderungen auftreten und sich daraus Spannungszustände erhöhter Mehrachsigkeit ergeben.
Im Fall einer schwingenden Biegebeanspruchung fällt bei größeren Biegedurchmessern aufgrund des kleineren Spannungsgradienten die sog. Stützwirkung der unter der Randzone liegenden Werkstoffbereiche geringer aus. Ein verändertes Verhältnis von Volumen/Oberfläche wirkt sich auf die Abführung der bei Schwingbeanspruchung entstehenden Wärme aus und kann bei gleicher Beanspruchung zu unterschiedlichen Temperaturen im Bauteil und in der Probe führen. Die beim Gießen, Verformen und Wärmebehandeln entstehenden Gefüge hängen über Keimbildungs- und Diffusionsvorgänge entscheidend von den Abkühlgeschwindigkeiten und vom Verformungsgrad ab. Abkühlgeschwindigkeit und Verformungsgrad zeigen mit zunehmendem Durchmesser immer größere Gradienten über den Querschnitt mit der Folge zunehmender Gefügeinhomogenität. Das gleiche gilt für die Ausbildung thermisch, verformungs- oder umwandlungsbedingter Eigenspannungen.
Außerdem ist noch ein sog. statistischer Größeneinfluß zu berücksichtigen, der seine Erklärung dadurch findet, daß mit wachsender Bauteilgröße auch die Wahrscheinlichkeit für die Existenz riß- und bruchauslösender Defekte ansteigt. So läßt sich generell feststellen, daß nicht nur die Schwingfestigkeit und die Zähigkeit, sondern auch die statische Festigkeit mit größeren Proben- bzw. Bauteilabmessungen abnimmt.

3 Korrosionsverhalten

3.1 Korrosionsvorgänge

Als Korrosion werden Vorgänge bezeichnet, bei denen ein Werkstoff durch chemische Reaktionen mit Bestandteilen seiner Umgebung geschädigt wird. Dabei werden Bindungen, die den Werkstoffzusammenhalt bewirken, zugunsten stabilerer Bindungszustände aufgegeben. Metalle sind wegen der relativ lockeren Bindung ihrer Bindungselektronen in dieser Hinsicht besonders gefährdet. Sie kehren bei der Korrosion letztlich aus ihrem *„künstlichen"* metallischen in den *„natürlichen"* ionischen Bindungszustand eines hydroxidischen, karbonatischen, sulfidischen oder oxidischen Erzes zurück.

Korrosionsvorgänge spielen sich ausnahmslos an der Grenzfläche Werkstoff/Umgebung ab. Vielfach bauen *Reaktionsprodukte* an der Grenzfläche sehr dünne, aber wirksame Trennschichten zwischen Werkstoff und umgebendem Medium auf, so daß der weitere Korrosionsablauf hierdurch gehemmt werden kann. Der Werkstoff geht gewissermaßen aus einem korrosionsaktiven in einen korrosionspassiven Zustand über.

Zu der in einer reaktionsfähigen Umgebung geringen thermodynamischen Stabilität und zu der Elektronenleitfähigkeit kommt bei Metallen noch ein ganz spezieller korrosionsfördernder Mechanismus hinzu, wenn das Korrosionsmedium aus einem flüssigen **Elektrolyt** besteht. Dann wird nämlich die Bildung von **Korrosionselementen** ermöglicht, wodurch Teilschritte der Korrosionsreaktion an örtlich auseinander liegenden Stellen – **Anode** und **Kathode** – und damit unter Ausnutzung erhöhter Korrosionspotentiale rasch und mit Intensität ablaufen können. Der Korrosionsprozeß erhält dadurch einen *elektrochemischen* Charakter. Die in unserer Atmosphäre beinahe stets vorhandenen *wäßrigen Lösungen* stellen korrosionswirksame Elektrolyte dar, so daß das sich fast ausschließlich auf metallische Werkstoffe beschränkende Problem „Korrosion" vorwiegend durch das Medium Wasser und die in ihm gelösten Bestandteile hervorgerufen wird.

Der saure, neutrale oder alkalische Charakter einer wäßrigen Lösung wird bekanntlich durch den *pH-Wert* gekennzeichnet. Hierbei überwiegt in sauren Lösungen ($pH < 7$) die Konzentration von H^+-Ionen, in alkalischen Lösungen ($pH > 7$) die Konzentration von OH^--Ionen, und in neutralen Lösungen ($pH = 7$) sind die Konzentrationen von H^+- und OH^--Ionen gleich groß. Für die Praxis bedeutsam ist der Korrosionsangriff von Metallen in sauren und vor allem in lufthaltigen, etwa neutralen Wässern.

Metalle gelangen auch durch Reaktion mit trockenen Gasen – insbesondere Sauerstoff – in den stabileren, ionischen Bindungszustand. Ein nennenswerter Angriff findet aber erst bei relativ hohen Temperaturen statt (*Verzundern*). Haben die sich an der Metalloberfläche bildenden Zunderschichten eine gewisse Dicke erreicht, so kann für das weitere Wachsen der Schichten ebenfalls ein elektrochemischer Mechanismus angenommen werden. Bei Raumtemperatur bzw. wenig erhöhten Temperaturen wird die Oxidationsgeschwindigkeit meist durch extrem dünne, reaktionshemmende Oxidschichten auf unbedeutende Werte vermindert.

3.1.1 Die elektrolytische Auflösung von Metallen

Wird ein metallisches Gitter mit einer elektrolytischen Lösung – nachfolgend immer wäßrige Lösungen – in Kontakt gebracht, so gehen an der Grenzfläche Ionen des Metalls durch eine Adsorptionsschicht von H_2O-Dipolen in die Lösung über. Die Metallionen verlassen die Grenzfläche aufgrund ihrer thermischen Bewegung und der starken Lösungskraft wässriger Elektrolyte. Je nach Wertigkeit „z" der positiven Metallionen M^{z+} bleiben im Gitter „z" Elektronen e^- zurück, so daß die zuvor bestehende elektrische Neutralität des Gitters durch einen Überschuß an negativen Ladungen gestört wird. Ein Teil der gelösten Metallionen wird über Nachfolgereaktionen mit Anionen des Elektrolyten in ionische Verbindungen überführt, ein anderer Teil ordnet sich in der Nähe der nun negativ geladenen Metalloberfläche an. Mit fortschreitendem Lösungsvorgang

$$M \rightarrow M^{z+} + z \cdot e^- \ (\textit{Lösung})$$

entsteht also an der *Grenzfläche Metall/Elektrolyt* eine Doppelschicht ungleicher Ladungen mit einer Potentialdifferenz (Abb. B.3-1).
Die Spannungsdifferenz fördert aber andererseits die Rückreaktion der Abscheidung von Metallionen M^{z+} aus dem Elektrolyt an der Metalloberfläche und deren Einbau in das Metallgitter

$$M^{z+} + z \cdot e^- \rightarrow M \ (\textit{Abscheidung}).$$

So stellt sich ein für jedes Metall charakteristisches *Gleichgewichtspotential* E_O ein, bei dem die Zahl der in Lösung gehenden und der sich wieder abscheidenden Metallionen gleich groß wird. Dieses **Lösungspotential** ist ein Maß für die chemische Beständigkeit eines Metallgitters unter den vorliegenden Bedingungen. Es hängt von der Art und Konzentration des Elektrolyten, von der Temperatur und dem Druck ab.

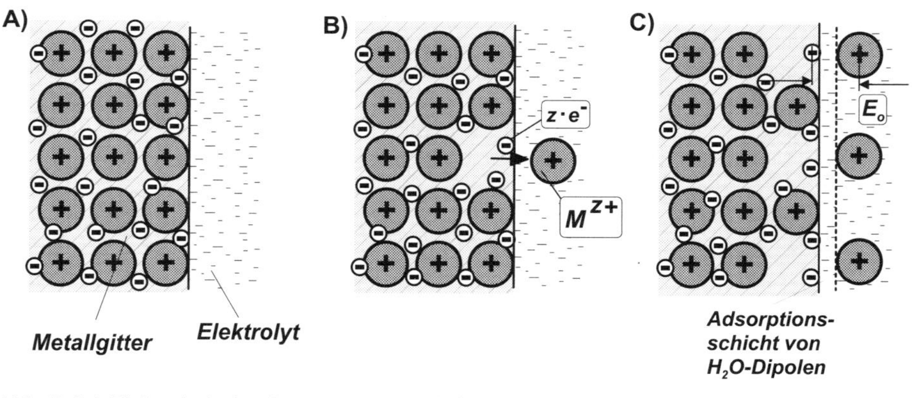

Abb. B.3-1 Elektrolytischer Lösungsvorgang bei Metallen (nach Lit. B.32)
A) Eintauchen von Metall in einen Elektrolyten (Ungleichgewicht)
B) Elektrolytisches Lösen von Metallionen M^{z+}
C) Phasengrenze Metall/Elektrolyt mit Potentialdifferenz (Gleichgewicht)

Eine Grenzfläche Metall/Elektrolyt wird *Elektrode* genannt. Das Lösungspotential eines Metalls in einem Elektrolyt, also das absolute Potential einer Elektrode kann nicht direkt gemessen werden. Die Messung des Lösungspotentials erfordert eine zweite Elektrode als Bezugs- oder Vergleichselektrode. Das dann meßbare Lösungspotential unterscheidet sich vom nicht meßbaren, wahren Lösungspotential nur um einen konstanten, allerdings unbekannten Betrag. Die Gleichgewichtslösungspotentiale der Metalle werden in sog. *Spannungsreihen* aufgeführt. Als Standardpotential bezeichnet man das Lösungspotential eines Metalls in einer Lösung seiner Ionen mit der Aktivität 1 bei 25 °C und 1 bar bezogen auf das Potential einer *Wasserstoff-Vergleichselektrode*. Die Aktivität gibt die wirksame Ionenkonzentration einer Lösung an. Man erhält sie, indem die Konzentration von 1 Mol pro Liter Wasser mit einem korrigierenden Aktivitätskoeffizienten multipliziert wird. Der Aktivitätskoeffizient berücksichtigt die in stärker konzentrierten Lösungen zwischen ungleich geladenen Ionen wirksam werdenden Anziehungskräfte. Die Wasserstoffelektrode stellt eine häufig verwendete Bezugselektrode dar. Sie besteht aus einem Platinblech, das von Wasserstoff umspült wird und in eine Lösung von H^+-Ionen der Aktivität 1 (z. B. 1,2 n HCl) eintaucht. Eine Meßanordnung zur Bestimmung der Standardpotentiale ist in Abb. B.3-2 schematisch dargestellt.

Das Standardpotential ist demnach die unter Normalbedingungen gemessene Spannungsdifferenz zwischen den beiden Elektroden M/M^{z+} und H/H^+. Tabelle B.3-1 gibt einige Beispiele solcher Lösungspotentiale wieder. Metalle, die ein positives Standardpotential aufweisen, werden als „*edel*", die mit einem negativen Standardpotential als „*unedel*" bezeichnet. Allgemein sind Metalle mit positiverem Potential edler als Metalle mit negativerem Potential, so ist z. B. Fe edler als Zn, Ag unedler als Au.

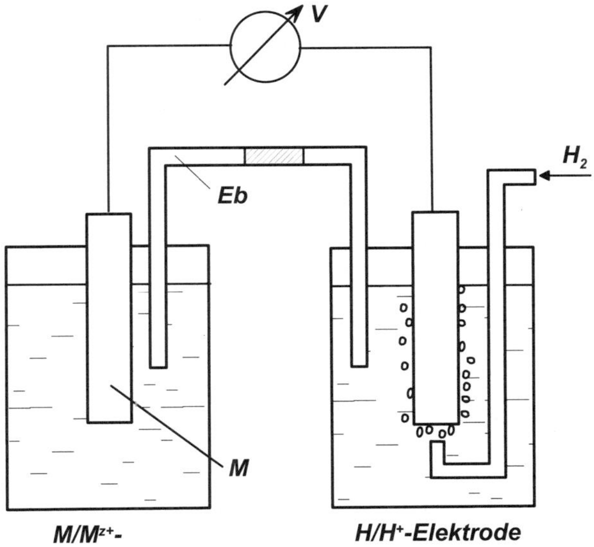

Abb. B.3-2 Meßanordnung zur Bestimmung von Standardpotentialen
Eb = Elektrolytbrücke mit Diaphragma, V = Spannungsmesser

Diese Reihenfolge bedeutet unter anderem, daß ein Metall, das in eine Lösung mit „edleren" Metallionen taucht, unter Ionenbildung in Lösung geht, während sich die Ionen des edleren Metalls unter Elektronenaufnahme metallisch abscheiden. Auf diese Weise läßt sich z. B. Eisen durch Eintauchen in eine $Cu^{2+}SO_4^{2-}$-Lösung stromlos verkupfern. Es heißt: Ionen eines edleren Metalls werden durch Ionen eines unedleren aus ihrer Lösung verdrängt. Demnach sollten alle „unedlen" Metalle, d. h. alle Metalle mit einem negativen Standardpotential in H^+-ionenhaltigen Lösungen (Säuren) unter Verdrängung und Entladung von H^+-Ionen zu H-Atomen bzw. H_2-Molekülen in Lösung gehen (sog. **Wasserstoffkorrosion**). Edle Metalle mit positivem Standardpotential sind dagegen in sauren Lösungen beständig, wenn spezielle komplexbildende Reaktionen zwischen Lösung und Edelmetall ausgeschlossen werden können, wie sie beispielsweise bei der Lösung von Gold in Königswasser auftreten.
Tabelle B. 3-1 enthält mit +0,41 V auch das Potential der *Oxidation von Sauerstoffionen* O^{2-} zu Sauerstoff O_2. In wäßrigen Lösungen existieren jedoch weder freie H^+-Ionen noch freie O^{2-}-Ionen. Diese Ionen reagieren vielmehr unmittelbar nach ihrer Entstehung mit H_2O-Molekülen zu H_3O^+- (Hydroxonium-) bzw. OH^-- (Hydroxid-)Ionen:

$$2 \cdot H^+ + 2 \cdot H_2O \rightarrow 2 \cdot H_3O^+ \text{ bzw. } 2 \cdot O^{2-} + 2 \cdot H_2O \rightarrow 4 \cdot OH^-.$$

Demnach lauten die Umsetzungen

an der Wasserstoffelektrode: $H_2 + 2 \cdot H_2O \rightarrow 2 \cdot H_3O^+ + 2 \cdot e^-$ und
an der Sauerstoffelektrode: $4 \cdot OH^- \rightarrow O_2 + 2 \cdot H_2O + 4 \cdot e^-$.

Der Wert von +0,4 V für die Sauerstoffoxidation gilt für eine Lösung von Hydroxidionen der Aktivität 1 (pH = 14). In einer neutralen Lösung (pH = 7) geht diese außerordentlich wichtige Elektrodenreaktion entsprechend der verringerten OH^--Ionenkonzentration erst bei einem Potential von +0,82 V vor sich. Hieraus ist zu schließen, daß Metalle mit einem Standardpotential < +0,82 V in O_2-haltigen, neutralen Wässern in Lösung gehen und dabei O_2-Moleküle zu OH^--Ionen reduzieren (sog. **Sauerstoffkorrosion**). Die beiden wichtigsten Korrosionstypen werden deshalb als Wasserstoff- und Sauerstoffkorrosion bezeichnet, weil die Korrosion von Metallen in wässrigen Elektrolyten aus der Oxidation von Metallatomen (Lösung von Ionen) und der Reduktion entweder von H^+-Ionen oder von O^2-Molekülen besteht (vgl. Tab. B.3-1).
Die Standardpotentiale gestatten einen Vergleich des bei den einzelnen Metallen unterschiedlichen Lösungsdranges. Für eine Beurteilung des tatsächlichen Korrosionsverhaltens der Metalle können sie nur sehr eingeschränkt herangezogen werden, weil die in der *elektrochemischen Spannungsreihe* zugrunde gelegten Elektrolyte selten als Korrosionsmedium in Betracht kommen. Daher wurden zusätzlich mehr praxisbezogene Spannungsreihen mit z. B. Meerwasser als Elektrolytlösung aufgestellt. Aber auch solche *praktischen Spannungsreihen* eignen sich nur bedingt zur Abschätzung des Korrosionsverhaltens der Metalle. Zum einen ist der reaktionshemmende Einfluß von Korrosionsprodukten auf den Korrosionsablauf zu berücksichtigen, zum anderen nehmen Korrosionsvorgänge häufig einen stark lokalisierten und recht komplizierten Verlauf. Dennoch erweisen sich die Spannungsreihen vielfach als ein wichtiges Hilfsmittel zum Verständnis und zur Beurteilung von Korrosionsabläufen.

Tab. B.3-1 Standardpotentiale technisch wichtiger Metalle (nach Lit. B. 15)

Elektrodenpotential ***Oxidation*** ⇄ ***Reduktion***				***Standardpotential*** E_0 ***[V]***
Mg	⟷	Mg^{++}	$+2 \cdot e^-$	-2,38
Al	⟷	Al^{+++}	$+3 \cdot e^-$	-1,66
Mn	⟷	Mn^{++}	$+2 \cdot e^-$	-1,05
Zn	⟷	Zn^{++}	$+2 \cdot e^-$	-0,763
Cr	⟷	Cr^{+++}	$+3 \cdot e^-$	-0,71
Cr	⟷	Cr^{++}	$+2 \cdot e^-$	-0,56
Fe	⟷	Fe^{++}	$+2 \cdot e^-$	-0,441
Cd	⟷	Cd^{++}	$+2 \cdot e^-$	-0,40
Co	⟷	Co^{++}	$+2 \cdot e^-$	-0,283
Ni	⟷	Ni^{++}	$+2 \cdot e^-$	-0,236
Sn	⟷	Sn^{++}	$+2 \cdot e^-$	-0,163
Pb	⟷	Pb^{++}	$+2 \cdot e^-$	-0,126
Fe	⟷	Fe^{+++}	$+3 \cdot e^-$	-0,045
H_2	⟷	$2 \cdot H^+$	$+2 \cdot e^-$	±0,000
Sn	⟷	Sn^{++++}	$+4 \cdot e^-$	+0,05
Cu	⟷	Cu^{++}	$+2 \cdot e^-$	+0,345
$2 \cdot O^{2-}$	⟷	O_2	$+4 \cdot e^-$	+0,41
Cu	⟷	Cu^+	$+1 \cdot e^-$	+0,52
Ag	⟷	Ag^+	$+1 \cdot e^-$	+0,799
Pb	⟷	Pb^{++++}	$+4 \cdot e^-$	+0,800
Pt	⟷	Pt^{++}	$+2 \cdot e^-$	+1,200
Au	⟷	Au^{+++}	$+3 \cdot e^-$	+1,42
Au	⟷	Au^+	$+1 \cdot e^-$	+1,70

3.1.2 Korrosionsreaktionen in wäßrigen Lösungen

3.1.2.1 Anodische und kathodische Teilreaktionen

Wie bereits angedeutet kann sich ein Korrosionsprozeß an einem Metall nur dann entwickeln, wenn die durch den elektrolytischen Lösungsvorgang der Metallionen im Metall verbliebenen Elektronen in einer weiteren Reaktion verbraucht werden. Auch dieser Elektronenverbrauch besteht in einer Phasengrenzreaktion zwischen Metall und

Elektrolyt. Die im Elektrolyt nur über Ionenladungen bewegungsfähigen Elektronen vollziehen an der Phasengrenze eine *Reduktion* (Elektronenaufnahme) *des Elektrolyten bzw. seiner Bestandteile*. Entsprechend bedeutet der Lösungsvorgang der Metallionen eine *Oxidationsreaktion* (Elektronenabgabe). Die Oxidationsreaktion wird **anodisch**, die Reduktionsreaktion **kathodisch** genannt. Ohne eine kathodische Reaktion würde der Lösungs-, sprich Korrosionsvorgang mit Erreichen des Gleichgewichtspotentials E_0 zum Stillstand kommen. Wird aber eine kathodische Reaktion ermöglicht, dann kann das Potential nicht den Gleichgewichtswert erreichen, so daß der Strom sich lösender Ionen stets größer als der Strom sich abscheidender Ionen bleibt. Findet also Korrosion statt, so besteht die Korrosionsreaktion primär aus den beiden miteinander gekoppelten Teilreaktionen:

anodische Oxidation: $M \rightarrow M^{z+} + z \cdot e^-$ (M = Metall) und

kathodische Reduktion: $El + z \cdot e^- \rightarrow El^{z-}$ (El = Elektrolyt).

3.1.2.2 Säurekorrosion, Wasserstoffkorrosion

In nichtoxidierenden, sauerstofffreien Säuren werden unedle Metalle – wie schon erwähnt – unter Entwicklung von Wasserstoffgas angegriffen. Diese Reaktion verläuft nach der Gleichung:

$$M + z \cdot H_3O^+ \rightarrow M^{z+} + z/2 \cdot H_2,$$

wobei der Gesamtreaktion die beiden Teilreaktionen

$M \rightarrow M^{z+} + z \cdot e^-$ (*anodische Metallauflösung*) und
$z \cdot H_3O^+ + z \cdot e \rightarrow z \cdot H_2O + z/2 \cdot H_2$ (*kathodische Wasserstoffabscheidung*)

zugrunde liegen. Die Korrosion von Metallen in Säuren mit Wasserstoffentwicklung wird –wie schon ausgeführt – als „Säure- oder Wasserstoffkorrosion“ bezeichnet. Die Korrosionsgeschwindigkeit erreicht i. allg. erst bei pH-Werten < 5 nennenswerte Ausmaße.

3.1.2.3 Sauerstoffkorrosion

Während die Säurekorrosion auf bestimmte Anwendungsbereiche (Umgebung mit sauren Lösungen wie CO_2-haltige Getränke, Beizereien, chemische Industrie, auch saurer Regen) beschränkt bleibt, findet Korrosion zum weitaus überwiegenden Teil in etwa neutralen, sauerstoffhaltigen wäßrigen Lösungen statt. Hierzu gehören Korrosionsvorgänge in See-, Brack-, Fluß- und Grundwässern wie auch die Korrosion unter atmosphärischen Bedingungen.
Das Metall unterliegt dann der als *Sauerstoffkorrosion* bezeichneten kathodischen Teilreaktion, die durch Reduktion von Sauerstoff zu einer Bildung von OH^--Ionen führt:

$$O_2 + 2 \cdot H_2O + 4 \cdot e^- \rightarrow 4 \cdot OH^-.$$

Diese Hydroxidionen bilden sich meist in einer Nachfolgereaktion mit den anodisch erzeugten Metallionen zu Hydroxiden um:

$$M^{z+} + z \cdot OH^- \rightarrow M(OH)_z,$$

die, sofern sie in Wasser unlöslich sind, als feste Korrosionsprodukte ausgefällt werden. Mit Ausnahme der Edelmetalle korrodieren alle Metalle, deren Lösungspotential unedler als +0,82 V ist, in neutralen, lufthaltigen Wässern unter Sauerstoffreduktion. Diese Feststellung gilt allerdings nur mit gewissen Einschränkungen, z. B. mit der Einschränkung, daß keine wirksamen **Deckschichten** gebildet werden. Bei der Sauerstoffkorrosion ist jedoch mit der Entstehung mehr oder weniger wirksamer Deckschichten im weiteren Verlauf der Korrosion fast immer zu rechnen.
Die Reduktion von Sauerstoff kann, da die anodisch erzeugten Elektronen nicht in den Elektrolyt einzudringen vermögen, nur an der Phasengrenzfläche Metall/Elektrolyt stattfinden. Der verbrauchte Sauerstoff muß dann für den Fortgang der kathodischen Teilreaktion aus dem Elektrolyt durch Diffusion oder Konvektion nachgeliefert werden. Die Geschwindigkeit von Sauerstoffkorrosion kann daher durch ein mangelhaftes Sauerstoffangebot oder eine geringe Geschwindigkeit der Sauerstoffnachlieferung stark herabgesetzt sein (vgl. auch Abschn. Kontaktkorrosion, Flächenregel).

3.1.3 Korrosionselemente

Der Korrosionsabtrag erfolgt vielfach, vor allem im Fall der Säurekorrosion gleichmäßig über die Angriffsfläche verteilt. Es muß angenommen werden, daß die Bereiche, in denen sich anodische und kathodische Reaktionen vollziehen, einem ständigen Wechsel unterworfen sind und so zu einem gleichmäßigen Abtrag führen.
Die hohe Elektronenleitfähigkeit der Metalle bringt es aber mit sich, daß die bei der anodischen Oxidation gelieferten Elektronen nicht unmittelbar in der Nähe der Anode verbraucht werden müssen, sondern sehr häufig zu einer entfernter gelegenen, effektiveren Kathode fließen und dort die Reduktion sehr viel leichter abwickeln können. Anode und Kathode bilden dann ein sog. **Korrosionselement**, für ihr trotz örtlicher Trennung mögliches Zusammenwirken müssen sie *elektronenleitend über das Metall* und *ionenleitend über den Elektrolyt* miteinander verbunden sein (Abb. B.3-3).
Als anodische und kathodische Bereiche innerhalb eines Werkstoffs kommen i. allg. Werkstoffbereiche mit unterschiedlichem Lösungsdruck in Betracht, wobei der anodische Bereich in seinem Lösungsverhalten stets der unedlere, der kathodische stets der edlere Bereich ist. Eine Differenz im Lösungspotential besteht immer zwischen Werkstoffbereichen, die sich entweder in ihrem chemischen und/oder strukturellen Aufbau unterscheiden oder die sich mit unterschiedlich zusammengesetzten Elektrolytlösungen in Kontakt befinden. In beiden Fällen stellen sich an den Metallbereichen voneinander verschiedene Lösungspotentiale ein, wobei sich an dem Bereich mit dem unedleren Lösungspotential die anodische Reaktion und an dem Bereich mit dem edleren Potential die kathodische Reaktion vollzieht.

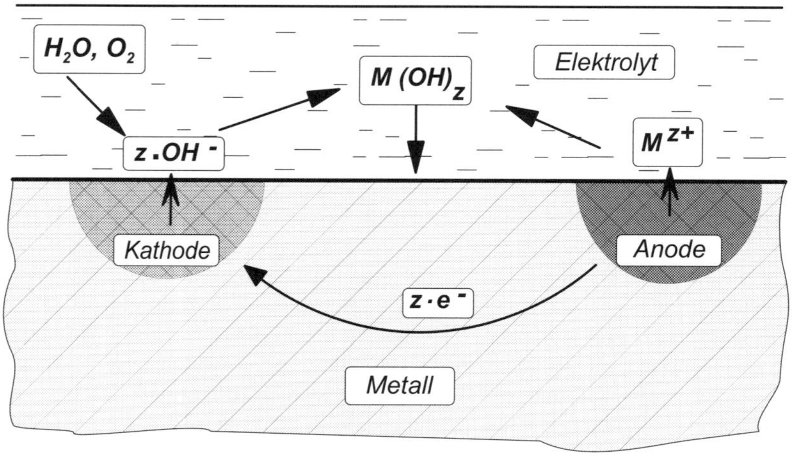

Abb. B.3-3 Korrosionselement
A = Anode, K = Kathode

So können sich ***werkstoffbedingte Korrosionselemente*** zwischen

- unterschiedlich orientierten Körnern,
- Korninnerem und Korngrenze,
- unverformten und verformten Werkstoffbereichen,
- gleitbandfreien Werkstoffbereichen und Gleitbändern,
- reinen und verunreinigten Bereichen,
- weniger und mehr legierten Bereichen,
- den verschiedenen Phasen eines Werkstoffs,
- Werkstoffbereichen mit und ohne Deckschicht

sowie ***elektrolytbedingte Korrosionselemente*** zwischen

- Elektrolytbereichen unterschiedlicher Konzentration an O_2, an Cl^--, NO_3^-- und anderen Ionen

ausbilden.
Allgemein gilt, daß sich *fehlgeordnete Werkstoffbereiche* aufgrund ihres schwächeren atomaren Zusammenhaltes gegenüber fehlerarmen *anodisch* verhalten, also Korngrenzen anodisch gegenüber dem Korninneren, verformte Bereiche und Gleitbänder anodisch gegenüber versetzungs- und gleitbandarmen Bereichen, verunreinigte oder legierte Bereiche anodisch gegenüber reineren Bereichen sowie zweiphasige anodisch gegenüber einphasigen Gefügen. Bei mehrphasigen Gefügen kommt den metallischen Phasen gegenüber den intermetallischen bzw. nichtmetallischen Phasen i. allg. der anodischere Charakter zu, in Fe-C-Legierungen z. B. erweist sich der α-MK (Ferrit) gegenüber Fe_3C (Zementit) oder gar C (Graphit) als unedel. In elektrolytbedingten Korrosionselementen fungieren die O_2-armen gegenüber O_2-reichen Stellen

als Anoden, während es in Cl^--haltigen Elektrolyten zu einer Anreicherung der Cl^--Ionen an den Anoden kommen kann mit der Folge eines weiteren, dort stark lokalisierten Angriffs durch Cl^--Ionen. Ein durch unterschiedliche O_2-Konzentration verursachtes Korrosionselement wird als **Belüftungselement** bezeichnet.

3.1.4 Passivität

Wenn auch die thermodynamische Instabilität der Metalle als Ursache für deren Korrosionsanfälligkeit anzusehen ist und diese Anfälligkeit im Lösungspotential der Metalle zum Ausdruck kommt, so gelten doch einige Metalle mit recht unedlem Standardpotential überraschenderweise als besonders korrosionsbeständig. Hervorzuheben sind in dieser Hinsicht vor allem die Metalle Al, Ti, Cr, Ni und Zn. Diesen und anderen Metallen sowie Legierungen von ihnen ist gemeinsam, daß sie in bestimmten Angriffsmedien auf der Oberfläche *Schutzschichten* aus Reaktionsprodukten ausbilden, die zu einer Verlangsamung des Korrosionsvorganges bis zur Korrosionsbeständigkeit führen (Abb.B.3-4). Bei den Schutzschichten handelt es sich meist um außerordentlich dünne, i. allg. dichte Schichten vorwiegend oxidischer Zusammensetzung. Ein derartiger, selbst zustande kommender Korrosionsschutz wird als **Passivierung** bezeichnet.

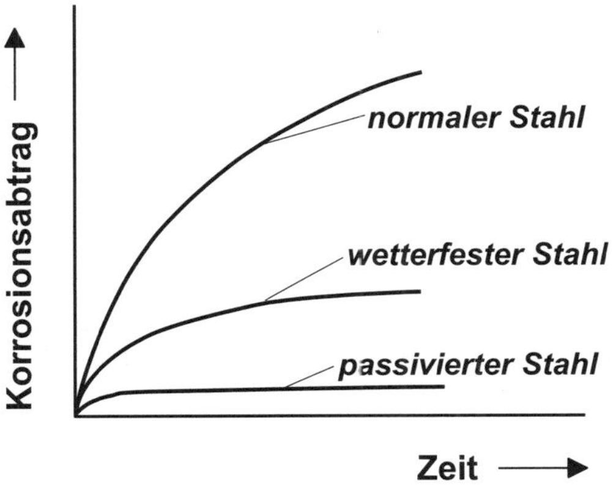

Abb. B.3-4 Korrosionsverhalten deckschichtbildender Stähle (rostträge) und passivierender Stähle (nichtrostend)

Die Metalle können nach der Art der von ihnen gebildeten Schutzschichten in drei Gruppen eingeteilt werden:

- in solche, die dichte und extrem dünne Oxidschichten von monoatomarer bis etwa 10 nm Dicke mit guter Elektronenleitfähigkeit erzeugen. Diese Oxidschichten wachsen auf der Metalloberfläche direkt auf, aufgrund ihrer Leitfähigkeit lassen sie kathodische Reaktionen wie an einer deckschichtfreien Metalloberfläche zu. Metalle dieses Typs stellen vor allem Fe, Ni und Cr dar, sie weisen im passivierten Zustand ein deutlich edleres Lösungspotential auf und verhalten sich dann auch wie ein Edelmetall.

- in solche, die dichte Oxidschichten von etwa 100 nm Dicke ohne Elektronenleitfähigkeit bilden. Diese Schichten wachsen ebenfalls direkt auf. Beispiele sind vor allem Al, Ti und Zr. Die passivierende Wirkung der Oxidschichten besteht in einer fast vollständigen Unterbindung des anodischen und kathodischen Stoff- bzw. Ladungsaustausches zwischen Metall und Elektrolyt.

- in solche, die dickere, mehr oder weniger porenfreie Deckschichten aus Korrosionsprodukten erzeugen, wobei diese Schichten sich in zum Teil recht komplizierten Vorgängen auf der Metalloberfläche direkt bilden oder aus dem Elektrolyt ausgefällt werden. Beispiele sind basische Karbonatschichten auf Zn und Cu sowie schützende Rostschichten auf rostträgen, sog. wetterfesten Stählen.

Korrosionsbeständige Stähle enthalten als wichtigstes Legierungselement das passivierende Metall Cr. Bei ausreichendem Gehalt überträgt das Chrom seine Passivierungsfähigkeit auf Fe-Cr- bzw. Fe-Cr-Ni-Legierungen. Ausreichende Chromgehalte liegen je nach Elektrolyt bei >13 % Cr für Fe-Cr-Legierungen und bei >18 % Cr, >8 % Ni für Fe-Cr-Ni-Legierungen. Für die Verwendung passivierter Metalle ist von entscheidender Bedeutung, daß die Bedingungen, unter denen die Passivschichten beständig sind, auch erhalten bleiben. Weiterhin ist zu beachten, daß passive Metalle, die eine sehr gute Beständigkeit gegen einen gleichmäßig abtragenden Korrosionsangriff aufweisen, unter bestimmten Bedingungen für *lokalisierte Korrosionsformen* wie *Loch-* oder *Spannungsrißkorrosion* besonders anfällig sind. Beispielsweise verursachen im Elektrolyt gelöste Cl^--Ionen oft eine Durchlöcherung von Passivschichten und schaffen so Bedingungen für einen weitergehenden Korrosionsangriff.

3.1.5 Stromdichte-Potential-Kurven

In der Korrosionsforschung und -prüfung gelangen in zunehmendem Maße elektrochemische Untersuchungsmethoden zur Anwendung. Hiermit sollen einerseits quantitative Daten über die Korrosionsgeschwindigkeit bestimmter Korrosionssysteme sowie halbquantitative Angaben über die Korrosionsanfälligkeit bzw. -beständigkeit vor allem passivierbarer Metalle gewonnen werden. Elektrochemische Verfahren werden außerdem beim Korrosionsschutz von Anlagen eingesetzt, die im Unterwasserbereich oder im Erdbereich installiert sind.
Die wichtigste Methode zur Untersuchung des elektrochemischen Verhaltens von Korrosionssystemen ist die Aufnahme von *Stromdichte-Potential-Kurven.* Hierbei wird das Lösungs- bzw. Abscheidungsverhalten von Korrosionselementen in Abhängigkeit vom Elektrodenpotential ermittelt. Die in elektrische Einheiten umgerechnete und auf die Flächeneinheit bezogene Ladungsmenge des Lösungs- bzw. Abscheidungsvorganges ergibt die jeweilige anodische bzw. kathodische Stromdichte.
Abbildung B.3-5 zeigt das elektrochemische Verhalten von zwei einzelnen Metall/Elektrolyt-Elektroden. Das auf der Abszisse angegebene Potential wird von links nach rechts edler. Der Elektrolyt besteht aus einer Lösung der jeweiligen Metallionen.
Dargestellt sind die anodischen ($M \rightarrow M^{z+} + z \cdot e^-$) und kathodischen ($M^{z+} + z \cdot e^- \rightarrow M$) Teilstromdichten i_a bzw. i_k sowie die sich aus diesen Teilströmen jeweils ergebende

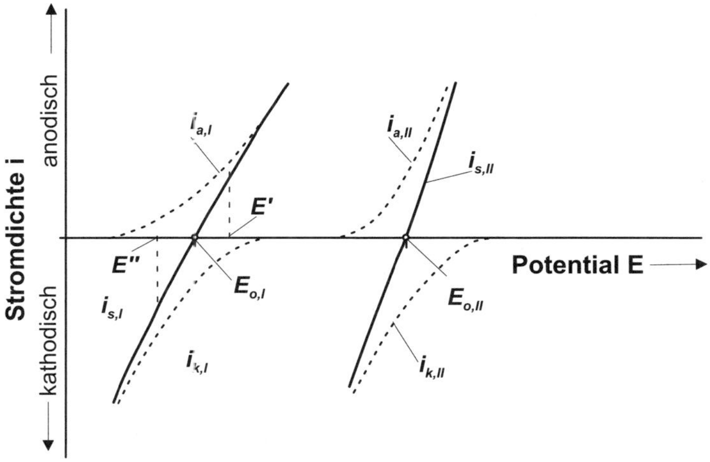

Abb. B.3-5 Stromdichte-Potential-Kurven von zwei ungleich edlen Metallen (I unedler als II)
i_a = anodische Stromdichte, i_k = kathodische Stromdichte, E_0 = Ruhepotential

Summenstromdichte i_s. Die Summenstromdichte wird beim Gleichgewichtspotential E_0, das auch Ruhepotential genannt wird, Null, d. h. die Lösungs- und die Abscheidungsmenge sind bei diesem Potential gleich groß (Abb. B.3-6, A).
Wird das Potential auf einen Wert E′ (vgl. Abb. B.3-5) nach rechts verschoben, so vermindert sich die Zahl der negativen Ladungen an der Grenzfläche, da Elektronen von der Elektrode „abgesaugt" werden. Das Elektrodenpotential nimmt einen edleren Wert an, was zu einem Überwiegen des anodischen Teilstroms i_a gegenüber dem kathodischen Teilstrom i_k führt (Abb. B.3-6, B). Bei einer Potentialänderung zu unedleren Werten E″ hin werden negative Ladungen in die Elektrode „gedrückt" und so ein Überwiegen des kathodischen Teilstroms bewirkt (Abb. B.3-6, C).

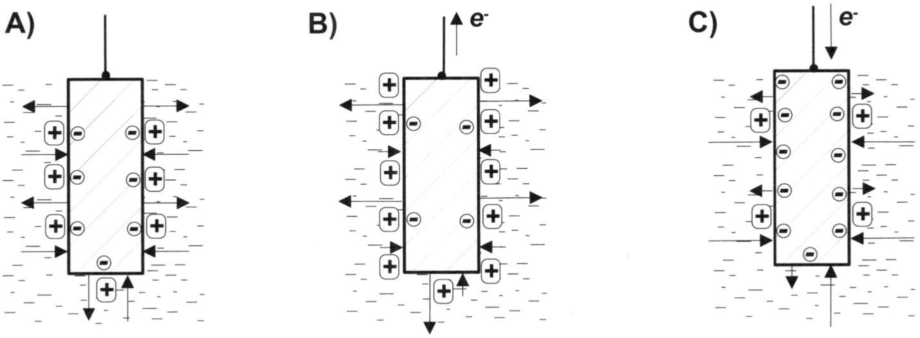

Abb.B.3-6 Veränderung des Elektrodenpotentials durch eine äußere Spannung
A) Ohne Außenpotential, E = E_0
B) Mit edlerem Außenpotential, E = E′
C) Mit unedlerem Außenpotential, E = E″

Die Stromdichte-Potential-Kurve einer Einzelelektrode läßt sich aber nicht in der in Abb. B.3-5 dargestellten Weise ermitteln. Um das Potential einer solchen Elektrode variieren zu können, benötigt man nämlich eine Meßanordnung gemäß Abb. B.3-7.

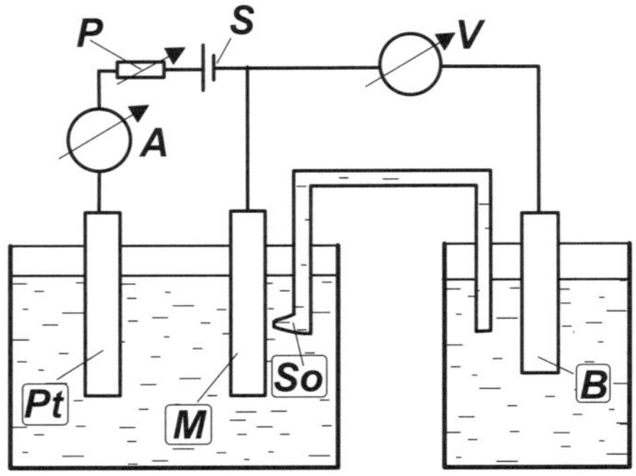

Abb.B.3-7 Meßanordnung zur Aufnahme von Stromdichte-Potential-Kurven
M = Metallelektrode, Pt = Gegenelektrode, So = elektrolytrische Sonde, B = Bezugselektrode.
S = Spannungsquelle, P = Potentiometer, A = Strommesser, V = Spannungsmesser

Die Meßeinrichtung enthält neben der Meßelektrode M eine Platin-Gegenelektrode Pt, eine Spannungsquelle S, ein Potentiometer P, eine Bezugselektrode B, eine kapillarförmige Sonde So sowie Spannungsmesser V und Strommesser A. Über die inerte Gegenelektrode wird der Meßelektrode mit Hilfe der Spannungsquelle von außen ein über das Potentiometer einstellbares Potential aufgeprägt. Damit besteht das elektrochemische System aus zwei miteinander gekoppelten Einzelelektroden M/El und Pt/El, an denen anodische und kathodische Teilreaktionen ablaufen. Es liegt eine sog. Mischelektrode vor. Alle Korrosionselemente sind Mischelektroden, da sie verschiedene Elektroden für die anodische und für die kathodische Teilreaktion aufweisen.
Der Strommesser A vermag nicht die Teilstrommengen i_a bzw. i_k zu messen, sondern erfaßt lediglich die Summenstromdichte $i_s = |i_a| - |i_k|$. Die Sonde tastet das sich an der Elektrodenfläche M einstellende Potential ab. Die elektrochemische Verbindung der Sonde mit der Bezugselektrode macht das Elektrodenpotential am Spannungsmeßgerät meßbar.
Handelt es sich beim Elektrolyt um eine sauerstofffreie, saure Lösung mit pH<5 und bei der Elektrode M um ein Metall mit einem Ruhepotential $E_{0,M}$ deutlich unedler als das Ruhepotential $E_{0,H2}$ der kathodischen H_2-Abscheidung bzw. der anodischen H^+-Ionenbildung, so kann mit der oben beschriebenen Meßeinrichtung die in Abbildung B.3-8, A dargestellte Stromdichte-Potential-Kurve $i_s = f(E)$ aufgenommen werden.
Die gestrichelt gezeichneten Teilstromkurven i_a und i_k liefert nicht die vorgenommene elektrochemische Messung, sondern die Teilströme müßten über eine chemisch-analytische Bestimmung der anodisch in Lösung gegangenen Metallmenge oder der kathodisch abgeschiedenen Wasserstoffmenge gesondert erfaßt werden. Die sich beim Ruhepotential der Mischelektrode $E_{0,c}$ (Korrosionsruhepotential) ergebende anodische Teilstromdichte i_c, die der kathodischen Teilstromdichte bei diesem Potential gleich

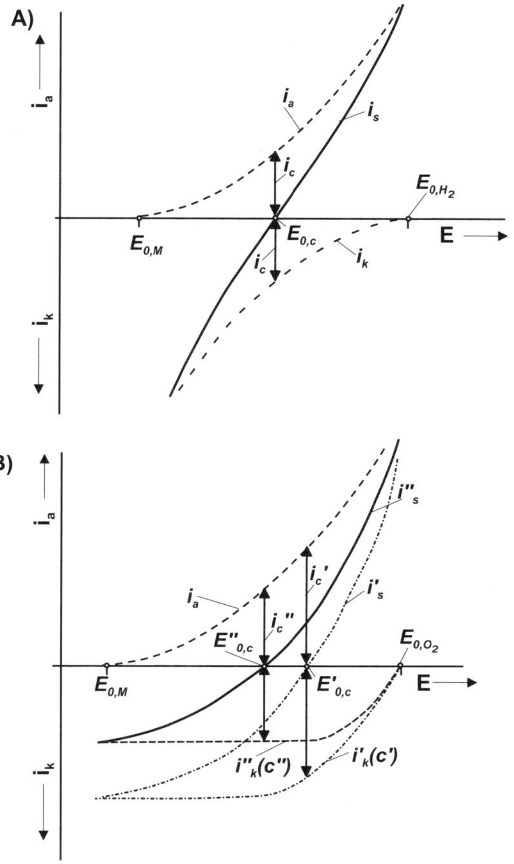

Abb. B.3-8 Stromdichte-Potential-Kurven (nach Lit. B.34)
A) Kathodische Wasserstoffabscheidung B) Kathodische Sauerstoffreduktion
c = Sauerstoffkonzentration, c‘ > c“, $E_{o,M}$ = Ruhepotential der anodischen Metallelektrode, $E_{0,H2}$ bzw. $E_{0,O2}$ = Ruhepotential der kathodischen Reaktion, $E_{0,c}$ = Ruhepotential der Mischelektrode, i_c = Korrosionsstromdichte beim Ruhepotential

ist, entspricht der Korrosionsmenge im außenstromlosen Zustand, d. h. in einem Zustand, in dem die Mischelektrode M/El – H^+ (Pt/El) ohne Beeinflussung von außen sich selbst überlassen wird.

Eine wichtige Anwendung von Stromdichte-Potential-Kurven besteht beispielsweise darin, daß die Korrosionsstromdichte i_c unter bestimmten Voraussetzungen über die Steigungen der Kurve $i_s = f(E)$ im Bereich um $E_{0,c}$ in anodischer und in kathodischer Richtung ermittelt werden kann. Damit ist eine Bestimmung der Korrosionsgeschwindigkeit einer Elektrode M in einem Elektrolyt El mit ausschließlich elektrochemischen Hilfsmitteln möglich.

Ist der Elektrolyt neutral und sauerstoffhaltig, so läuft die kathodische Reaktion unter Sauerstoffreduktion ($O_2 + 2 \cdot H_2O + 4 \cdot e^- \rightarrow 4 \cdot OH^-$) ab. In diesem Fall nimmt die kathodische Teilkurve vom Ruhepotential $E_{0,O2}$ ausgehend mit unedler werdendem Elektrodenpotential zunächst zu, erreicht aber bald einen bestimmten Grenzwert (Abb. B.3-8, B). Dieser Grenzwert ergibt sich aus dem Umstand, daß der an der Reaktionsgrenzfläche verbrauchte Sauerstoff nur mit einer bestimmten Grenzgeschwindigkeit durch Diffusion und Konvektion aus dem Elektrolyt nachgeliefert werden kann. Metalle, deren Korrosionspotentiale in diesem Bereich konstanter Sauerstoffreduktion liegen, korrodieren mit gleich hoher Geschwindigkeit. Zunehmende Sauerstoffgehalte des Elektrolyten führen dabei zu höheren Korrosionsgeschwindigkeiten.

Passivierungsvorgänge lassen sich mit Hilfe von Stromdichte-Potential-Kurven besonders gut untersuchen. Die Stromdichte-Potential-Kurve eines passivierbaren Metalls ist in Abbildung B.3-9, A dargestellt. Die anodische Stromdichte nimmt zunächst wie

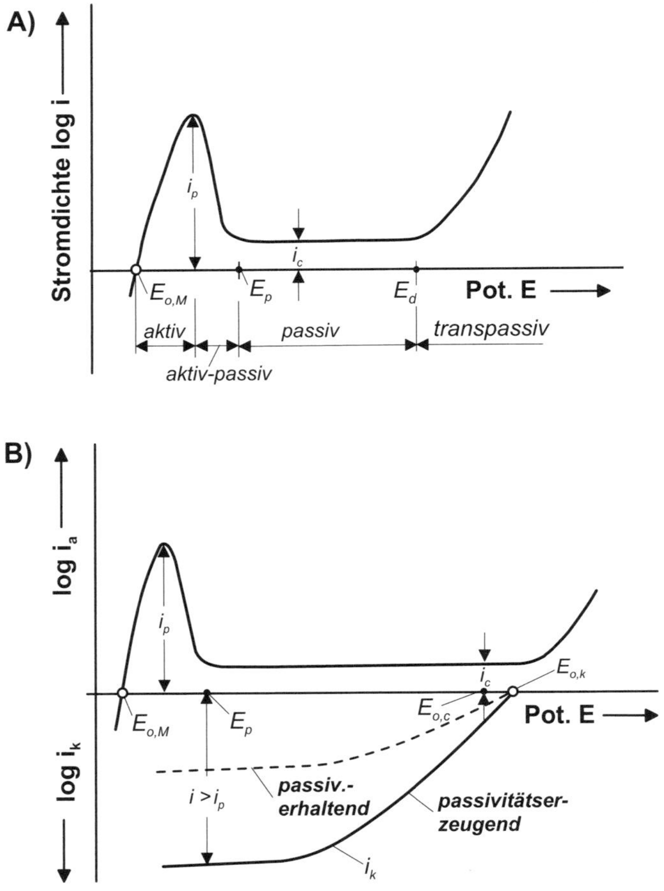

Abb. B.3-9 Stromdichte-Potential-Kurven passivierbarer Metalle (nach Lit. B.17)
A) Aktiv-, Passiv- und Transpassivbereich B) Passivierungsbedingungen
i_p = Passivierungsstromdichte, E_p = Passivierungspotential, E_d = Durchbruchpotential

bei einem nicht passivierbaren Metall mit steigendem Potential stark zu, erreicht einen Höchstwert i_p und fällt dann mit dem Aufbau einer Passivschicht auf die vergleichsweise sehr niedrige Korrosionsstromdichte i_c im passiven Bereich ab. Man beachte in diesem Zusammenhang den logarithmischen Maßstab der Ordinate i. Die Dicke der Passivschicht hängt vom Elektrodenpotential und der Reststromdichte i_c ab.
Die technologisch i. allg. vernachlässigbare Reststromdichte ist zur Aufrechterhaltung der Passivität erforderlich, durch sie werden die äußerst geringen Auflösungsverluste der Passivschicht im Elektrolyt ergänzt. Elektronenleitende Passivschichten zeigen im Potentialbereich beginnender anodischer Sauerstoffabscheidung wieder einen Übergang zu hohen Stromdichten. Das Metall gelangt beim Durchbruchpotential E_d in den sog. Transpassivbereich, in dem es mit hohen Stromdichten wie im Aktivbereich in Lösung geht. Bei nichtleitenden Schichten (Al, Ti) bleibt der Passivbereich bis zu Potentialen von etwa 100 V erhalten, an diesen Schichten ist eine Sauerstoffabscheidung nicht möglich.
Ein passivierbares Metall wird in einem Elektrolyt auch ohne äußere Spannung passiv, wenn der Elektrolyt eine kathodische Reaktion mit einem Ruhepotential der Mischelektrode $E_{0,c}$ erlaubt, das edler als das Passivierungspotential E_p ist. Weiterhin erfordert eine stabile Passivierung, daß der kathodische Teilstrom beim Passivierungspotential E_p, größer als der maximale anodische Teilstrom i_p ist. Nur so ist eine Verschiebung des gemeinsamen Ruhepotentials aus dem aktiven in den passiven Bereich stets gewährleistet (Abb. B.3-9, B). Diese Passivierungsbedingungen sind für korrosionsbeständige Cr- und CrNi-Stähle in vielen Elektrolyten erfüllt. Ein Elektrolyt mit $E_{0,c}$ edler als E_p, dessen kathodischer Teilstrom bei E_p jedoch kleiner als i_p, ist, hält das Metall wohl im passivierten Zustand, vermag aber nicht, das Metall aus einem aktiven in einen passiven Zustand zu bringen. Dieser Elektrolyt wirkt nur passivitätserhaltend, nicht jedoch passivitätserzeugend.

3.2 Erscheinungsformen der Korrosion

Die vielfältigen Möglichkeiten zur Bildung von Korrosionselementen führen in der Praxis zu einer großen Zahl unterschiedlicher Korrosionserscheinungen. Hierbei ist grundsätzlich zwischen einem **gleichmäßig** abtragenden und einem **lokalisiert** stattfindenden Korrosionsangriff zu unterscheiden.

3.2.1 Gleichmäßige Korrosion

In diesem Fall unterliegen anodische und kathodische Bereiche einem ständigen Ortswechsel, so daß sie auf der Metalloberfläche mehr oder weniger gleichmäßig verteilt sind und einen ebenmäßigen, die Materialdicke überall annähernd gleich abtragenden Korrosionsangriff bewirken. Obwohl es sich hierbei i. allg. um die Korrosionsform mit dem größten Materialverlust handelt, ist sie doch als vergleichsweise harmlos einzustufen, weil ihr Ablauf meist mittels einfacher Prüfungen abgeschätzt werden kann und sich der Korrosionsverlust mit Hilfe einer mittleren Korrosionsgeschwindigkeit in mm/a (a = Jahr) oder $g/m^2 \cdot d$ (d = Tag) quantitativ angeben läßt.

Gleichmäßige Korrosion kann bei der Werkstoffauswahl durchaus in Kauf genommen werden, wenn die Abtragsrate vertretbar niedrig liegt und das Abwandern von Korrosionsprodukten in das Korrosionsmedium zugelassen werden kann, was aber wohl bei Anwendungen in der chemischen Industrie oder im Lebensmittelbereich generell auszuschließen ist. Welche Beträge bei der Korrosionsgeschwindigkeit noch als vertretbar angesehen werden können, hängt ganz wesentlich von den Werkstoffkosten ab. So gelten billige Werkstoffe wie Gußeisen oder Baustahl bis zu etwa 0,3 mm/a, teurere Werkstoffe wie Al- und Cu-Legierungen bis zu etwa 0,15 mm/a und teure Werkstoffe wie hochlegierte Stähle, NiCr-Legierungen und Ti bis zu etwa 0,075 mm/a Korrosionsgeschwindigkeit als noch beständig. Gleichmäßig erfolgende Korrosionsverluste lassen sich bei der Bauteildimensionierung in der Weise berücksichtigen, daß zum festigkeitsmäßig erforderlichen Querschnitt noch ein Korrosionszuschlag vorgenommen wird.
Bei zu hoher Korrosionsgeschwindigkeit müssen Korrosionsschutzmaßnahmen wie z. B. Wahl eines geeigneteren Werkstoffs, gegebenenfalls mit Beschichtung, Inhibitoren oder kathodischer Schutz ergriffen werden.

3.2.2 Lokalisierter Korrosionsangriff

Sind die anodischen Bereiche nicht gleichmäßig verteilt, sondern nur an bestimmten Stellen angeordnet, so kommt es zu einem nur auf diese Stellen konzentrierten, lokalisierten Korrosionsangriff. Während Metalle mit Passiv- und Schutzschichten i. allg. eine hohe Beständigkeit gegen gleichmäßige Korrosion aufweisen, unterliegen sie häufig an Schwachstellen ihrer Schutzschicht einer lokalisierten Korrosion. Da ein lokalisiert, beispielsweise rißartig, fortschreitender Korrosionsangriff sich trotz unbedeutenden Materialverlustes auf die Bauteilhaltbarkeit verheerend auswirken kann, ist die Angabe einer integralen Korrosionsgeschwindigkeit – z. B. in mm/a – in diesen Fällen wenig sinnvoll.

3.2.2.1 Kontaktkorrosion

Kontaktkorrosion tritt auf, wenn zwei miteinander leitend verbundene Metalle unterschiedlichen Lösungspotentials über einen gemeinsamen Elektrolyt ein Korrosionselement bilden. Dabei wird das im jeweiligen Elektrolyten unedlere Metall i. allg. zur Anode und das edlere Metall zur Kathode (Abb. B.3-10).
Die Verbindung eines unedlen, anodischen Metalls mit einem edleren, kathodischen bewirkt, daß das anodische Metall zu einem *mehr anodischen* Potential polarisiert wird – also mit höherer Geschwindigkeit in Lösung geht – und das kathodische Metall *mehr kathodisch* polarisiert wird – also weniger oder gar nicht mehr korrodiert. Das Ausmaß einer durch Kontakt verschiedener Metalle verursachten Korrosion hängt von den nachfolgend genannten Einflußfaktoren ab:

- von der Differenz der Lösungspotentiale beider Metalle,
- vom Polarisationswiderstand beider Metalle,
- von der elektrischen Leitfähigkeit des Elektrolyten und
- vom Verhältnis von anodischer zu kathodischer Fläche.

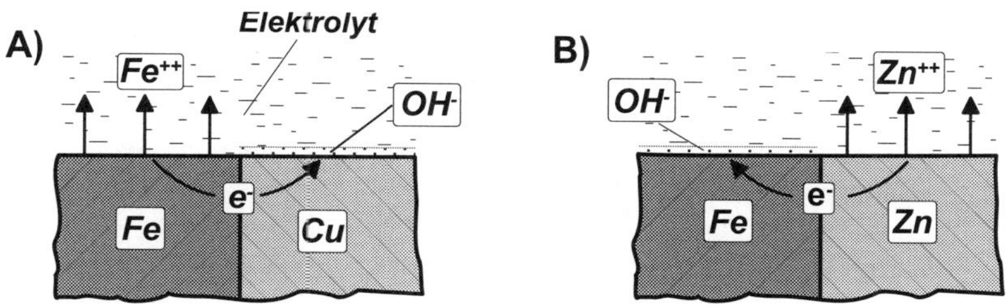

Abb. B.3-10 Kontaktkorrosion
A) Fe als Anode B) Fe als Kathode

Die *Potentialdifferenz* beider Metalle kann zu einer ersten Abschätzung der möglichen Kontaktkorrosion herangezogen werden; je weiter die Metalle in der Spannungsreihe voneinander entfernt sind, desto weniger erscheinen sie für eine derartige Kombination geeignet. Bei dem *Polarisationswiderstand* handelt es sich um eine elektrochemische Kenngröße, die sich aus dem Anstieg einer Stromdichte-Potential-Kurve ergibt. Bilden sich an den beiden Metallen korrosionshemmende Deckschichten aus, so erhöht sich der Polarisationswiderstand und der Korrosionsstrom erniedrigt sich entsprechend. Eine geringe *Leitfähigkeit* des Elektrolyten hat zwar ebenfalls einen verminderten Korrosionsstrom zur Folge, kann aber auch zu einer stärkeren Lokalisierung der Kontaktkorrosion führen (Abb.B.3-11).

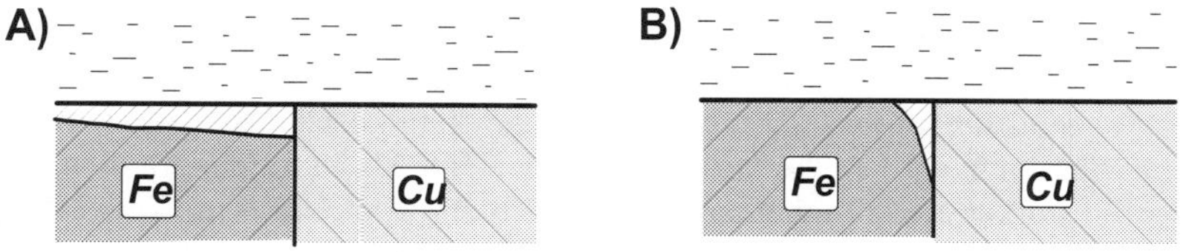

Abb. B.3-11 Einfluß der Leitfähigkeit des Elektrolyten auf den Verlauf der Kontaktkorrosion
A) Elektrolyt mit hoher Leitfähigkeit B) Elektrolyt mit niedriger Leitfähigkeit

Bei der üblicherweise stattfindenden Sauerstoffkorrosion ist dem Verhältnis der *anodischen zur kathodischen Fläche* eine besondere Beachtung zu schenken. Wie bereits erwähnt, kann der an der Kathode durch Reduktion verbrauchte Sauerstoff aus dem Elektrolyten nur mit einer bestimmten Geschwindigkeit durch Diffusions- und Konvektionsvorgänge nachgeliefert werden, so daß der kathodische Umsatz auch nur bestimmte Grenzwerte erreichen kann. Dagegen unterliegt die anodische Metallauflösung derartigen Einschränkungen i. allg. nicht, so daß an der Anode oft fast unbegrenzt hohe Korrosionsstromdichten möglich sind. Steht nun eine große Kathodenfläche, an der trotz begrenzter Sauerstoffnachlieferung insgesamt aber eine große Zahl aus dem Anodenprozeß stammender Elektronen umgesetzt werden kann, mit einer kleinen Anodenfläche in Kontakt, so resultiert hieraus eine hohe anodische Stromdichte und damit ein stark lokalisierter Korrosionsablauf.
Wirken indes eine kleine kathodische Fläche und eine große anodische Fläche zusammen, so kann an der Kathode wegen der erwähnten Begrenzung nur ein geringer

Elektronenumsatz stattfinden, der auch nur einen entsprechend niedrigen Anodenstrom zuläßt. Dieser verteilt sich außerdem noch auf eine große Fläche, was schließlich auf überaus niedrige durch Kontaktkorrosion bedingte Korrosionsstromdichten hinausläuft (Abb. B.3-12). Damit gilt für den Fall „Kontaktkorrosion" folgende wichtige Flächenregel:

günstig: $A_{anode} / A_{kathode} > 1$, ***ungünstig:*** $A_{anode} / A_{kathode} < 1$.

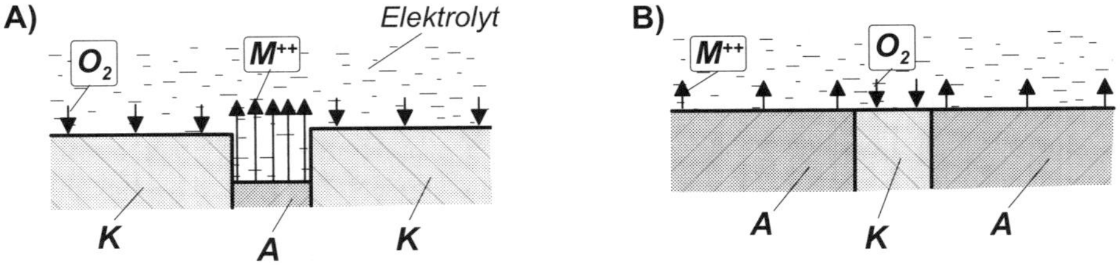

Abb. B.3-12 Einfluß des Flächenverhältnisses von Anode und Kathode auf den Verlauf von Kontaktkorrosion
A) $A_{anode}/A_{kathode} < 1$ B) $A_{anode}/ A_{kathode} > 1$

Welches von zwei in Kontakt befindlichen Metallen in einem bestimmten Elektrolyten die Rolle der Anode übernimmt, kann i. allg. der entsprechenden Spannungsreihe entnommen werden. Manchmal jedoch vermögen relativ unerhebliche Änderungen des Elektrolyten, z. B. seiner Temperatur, die Verhältnisse umzukehren. In der Atmosphäre und in neutralen, wäßrigen Elektrolyten verhält sich Eisen in Kontakt mit Kupfer, Zinn und Nickel anodisch, in Kontakt mit Zink dagegen kathodisch. Das Verhalten von Aluminium zu Eisen hängt von der korrosiven Umgebung ab, in milden Medien ist es kathodisch, in stärker angreifenden anodisch. Auch ein Kontakt Eisen/Kohlenstoff führt bei entsprechender Elementbildung zu beachtlicher Korrosion des Eisens.
Als Maßnahmen gegen Kontaktkorrosion können empfohlen werden:

- nach der Spannungsreihe geeignetere, d.h. eng beieinander stehende Kontaktpartner wählen,
- vermeiden eines ungünstigen Flächenverhältnisses,
- isolieren der Kontaktpartner,
- anodische Teile leicht ersetzbar oder im Querschnitt dicker ausführen,
- dem Elektrolyten Inhibitoren zufügen,
- beide Metalle durch ein drittes Metall kathodisch schützen.

3.2.2.2 Selektive Korrosion

Unter selektiver Korrosion im engeren Sinne wird das bevorzugte Herauslösen bestimmter Legierungs- bzw. Gefügebestandteile verstanden, wobei die edlere Legierungs- bzw. Gefügekomponente meist als ein poröses, nur noch bedingt zusammenhaltendes Skelett zurückbleibt (Abb. B.3-13). Das mit Poren und oft auch mit Korrosionsprodukten angefüllte Werkstoffskelett bleibt vielfach über den ursprünglichen Querschnitt erhalten und läßt dann das Ausmaß des tatsächlichen Korrosionsangriffes gar nicht erkennen. Als dessen Folge stellt sich aber erwartungsgemäß ein zunehmender Festigkeitsverlust sowie das Undichtwerden derart korrodierter Rohrleitungen oder Behälter ein.

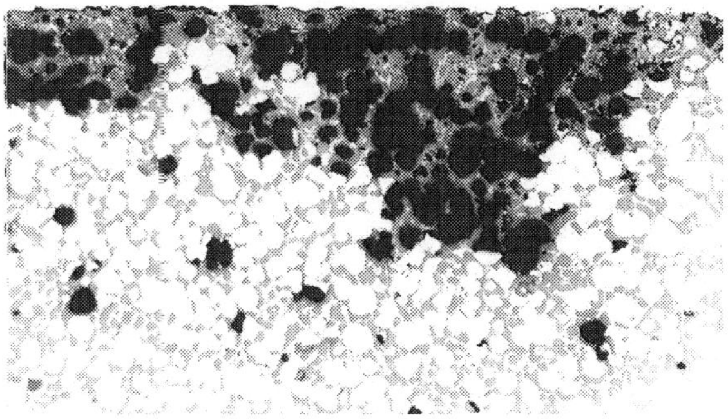

Abb. B.3-13 Selektive Korrosion (Phosphorhaltiges Cu-Lot)

Selektive Korrosion kann nicht nur an mehrphasigen, sondern auch an einphasigen Legierungen auftreten, dabei erweisen sich die mehrphasigen Legierungen jedoch merklich anfälliger. Bekannte Beispiele für selektive Korrosion sind das sog. *Entzinken* von CuZn-Legierungen und die sog. *Spongiose* von Grauguß mit Lamellengraphit. Neben der generell gegebenen Möglichkeit, einen geeigneteren Werkstoff zu wählen oder eine wirksame Beschichtung aufzubringen, könnte noch an einen kathodischen Schutz als Maßnahme gegen selektive Korrosion gedacht werden.

3.2.2.3 Interkristalline Korrosion

Die interkristalline Korrosion stellt eine spezielle Form der selektiven Korrosion insofern dar, als es sich hierbei um eine selektive Auflösung der Korngrenzbereiche handelt, während die Kornflächen nicht oder nur ganz unwesentlich betroffen sind. Da die lokalisierte *Korrosion der Korngrenzbereiche* schließlich zu einer vollständigen Trennung des Kornverbandes führt, wird diese Erscheinungsform häufig auch als *Kornzerfall* bezeichnet.

Als Ursache für das Auftreten von interkristalliner Korrosion kommen Anreicherungen bzw. Ausscheidungen von Verunreinigungs- oder Legierungsatomen an den Korngrenzen in Betracht. Hierdurch bilden sich an den Korngrenzen lokale Korrosionselemente zwischen legierungsreichen und legierungsarmen Bereichen aus. Vielfach weisen die Ausscheidungen ein edleres Verhalten als ihre legierungsverarmte Umgebung auf. Mit der Auflösung ihrer Umgebung werden sie allerdings meist auch aus dem Werkstoffverband herausgelöst.

Ein für interkristalline Korrosion anfälliges Gefüge, das entweder durch längeres Halten oder durch zu langsames Abkühlen in einem kritischen Temperaturbereich entstanden ist, kann durch Lösungsglühen und schnelle Abkühlung in einen gegen diese

Korrosionsform beständigen Zustand gebracht werden. Die Abkühlung muß so rasch ablaufen, daß Ausscheidungen nicht oder nur gleichmäßig im Korn verteilt stattfinden können. Eine andere Möglichkeit, eine Legierung gegen interkristalline Korrosionsanfälligkeit zu schützen, besteht darin, durch Zusatz geeigneter sog. *Stabilisierungselemente* die Ausscheidung des die interkristalline Korrosion verursachenden Legierungselementes zu verhindern. Das Problem der interkristallinen Korrosion ist in besonderem Maße bei rostbeständigen Stählen mit hohem Cr- bzw. CrNi-Gehalt und den hochfesten AlCuMg-Legierungen zu beachten.

3.2.2.4 Spaltkorrosion

Bei der Spaltkorrosion handelt es sich um einen in engen Spalten, unter Schrauben- und Nietköpfen, Überlappungen, Ablagerungen sowohl metallischer als auch nichtmetallischer Art o. ä. verstärkt auftretenden Korrosionsangriff. Diese Spalten sind zwar breit genug, um Elektrolytflüssigkeit in den Spalt eintreten zu lassen, andererseits aber so schmal, daß sich eine ständige Erneuerung des Elektrolyten, was auf eine Aufrechterhaltung der O-Konzentration im Spalt hinausliefe, nicht vollziehen kann. Im Spalt liegen „*stagnierende*" Verhältnisse vor, die dort eine O_2-Verarmung und im weiteren Korrosionsverlauf eine gravierende Veränderung der Elektrolytzusammensetzung in Richtung eines *niedrigeren pH-Wertes* zur Folge haben.
Für die Entwicklung eines stark sauren Milieus im Spalt wird folgender Reaktionsablauf angenommen (Abb. B.3-14). Zunächst herrschen im Spalt die gleichen Korrosionsbedingungen wie außerhalb des Spaltes, das Metall korrodiert unter Reduktion von Sauerstoff an den kathodischen Stellen.

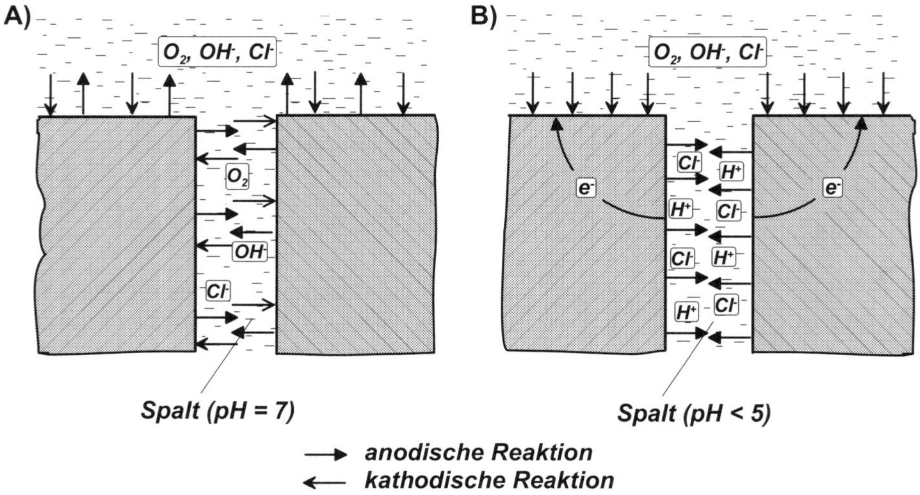

Abb. B.3-14 Spaltkorrosion
A) Beginn des Korrosionsprozesses B) Fortgeschrittenes Stadium

Während jedoch außerhalb des Spaltes aus der weiteren Elektrolytumgebung Sauerstoff nachgeliefert wird und somit der Ablauf der kathodischen Reaktion erhalten bleibt, tritt im Spalt eine O_2-Verarmung und ein Nachlassen der kathodischen Reaktion ein. Die anodische Metallauflösung setzt sich aber im Spalt fort, die dabei entstehenden Elektronen fließen zu den außerhalb des Spaltes liegenden kathodischen Bereichen und werden dort entladen. Im Spalt entwickelt sich als Folge der fortschreitenden Metallauflösung ein Überschuß an positiven Metallionen, die nun ihrerseits ein vermehrtes Eindringen negativer Anionen, speziell Cl-Ionen, in den Spalt nach sich ziehen. Die sich aus Metallionen und Anionen bildenden Korrosionsprodukte verbleiben im engen Spalt und werden teilweise zu einem unlöslichen Metallhydroxid und freier Säure hydrolisiert:

$$M^+Cl^- + H_2O \rightarrow M^+OH^- + H^+Cl^-.$$

Die Erniedrigung des pH-Wertes bewirkt eine Erhöhung der Metallauflösung, wodurch der Vorgang weiter beschleunigt wird. Im Spalt können verglichen mit dem Normalelektrolyten bis um eine Größenordnung höhere Cl^--Ionenkonzentrationen und pH-Werte um 3 festgestellt werden.
Spaltkorrosion kann bei verschiedenen Metallen und in unterschiedlichen Elektrolyten auftreten, in besonderem Maße ist dies jedoch in chloridhaltigen Lösungen der Fall. Stark gefährdet sind vor allem passivierende Metalle wie korrosionsbeständige Stähle, da die Verarmung an Oxidationsmitteln im Spalt eine Aufrechterhaltung der Passivität erschwert. Als Maßnahmen gegen das Auftreten von Spaltkorrosion können

- eine vollständige Beseitigung des Spaltes,
- eine Verbreiterung des Spaltes, so daß ein ungehinderter Elektrolytaustausch ermöglicht wird,
- eine allgemeine Anhebung des pH-Wertes im Elektrolyten oder
- die Entfernung aggressiver Ionen empfohlen werden.

Schließlich bleibt auch hier noch die Wahl eines Werkstoffes, der gegenüber einem stagnierenden, chloridhaltigen Elektrolyten eine höhere Beständigkeit besitzt.

3.2.2.5 Lochfraßkorrosion

Als Lochfraß im weiteren Sinne wird ein Korrosionsprozeß bezeichnet, bei dem nur an einzelnen Stellen der Metalloberfläche ein Korrosionsangriff stattfindet und als dessen Folge lochartige Korrosionsmulden entstehen (Abb. B.3-15). Lochfraßkorrosion tritt recht häufig auf, in ihrer praktischen Bedeutung wird diese Korrosionsart wohl nur von der gleichmäßig abtragenden Korrosion und von der Spannungsrißkorrosion übertroffen. Lochfraß ist immer dann anzutreffen, wenn ein Metall von einer Schutzschicht überzogen ist und diese Schutzschicht einzelne, voneinander isolierte korrosionsaktive Stellen aufweist oder solche Stellen durch Kontakt mit dem Elektrolyten erzeugt werden. Während bei künstlich aufgebrachten Schutzschichten wie Anstrichen, Galvaniküberzügen oder Inhibitorschichten derartige Schwachstellen als Poren – meist *herstellbedingt* – bereits vorhanden sind, müssen der Lochbildung an passiven Metallen – vorwiegend *elektrolytbedingt*- speziellere Bildungsmechanismen zugrunde liegen.

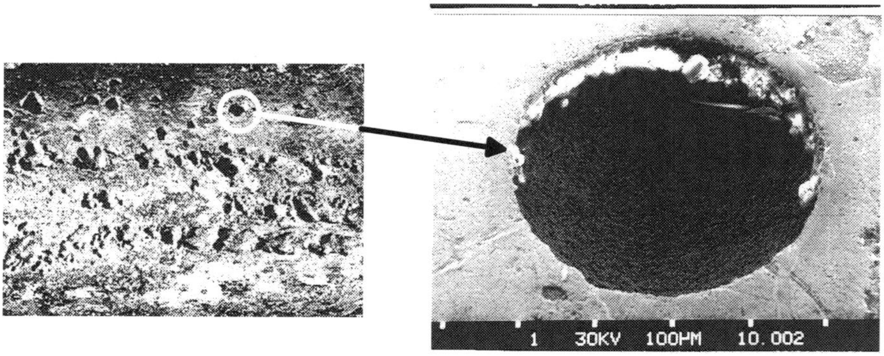

Abb. B.3-15 Lochfraßkorrosion (Cu verzinnt)

Von Bedeutung für den Korrosionsprozeß ist außerdem, ob die Schutzschicht elektronenleitend ist oder nicht. Elektrisch leitend sind metallische Deckschichten wie z. B. Galvaniküberzüge sowie die Passivschichten der Metalle Fe, Cr und Ni (vgl. B 3.1.4). Unter solchen Bedingungen kann sich ungünstigerweise ein stark lokalisiertes Kontaktelement ausbilden, das aus einer großen Kathode (lochfreie Deckschicht) und einer meist sehr kleinen Anode (Lochfläche) besteht. Lochkorrosion im Fall nichtleitender Deckschichten läßt sich dagegen als ein auf kleine Flächen konzentrierter gleichmäßig abtragender Korrosionsangriff betrachten. Unabhängig von der Art der Deckschicht können sich jedoch bei wenig bewegtem oder gar stagnierendem Elektrolyten in den in die Tiefe wachsenden Löchern ähnliche, zu einer *Senkung des pH-Wertes* führende Vorgänge wie in engen Spalten abspielen, weshalb beim Auftreten von Lochfraß auch immer eine erhöhte Gefahr für Spaltkorrosion anzunehmen ist. Umgekehrt kann es zur Spaltkorrosion durchaus auch ohne ausgeprägte Lochfraßneigung kommen. Die beachtliche *Ansäuerung des Elektrolyten* im Korrosionsloch wirkt sich naturgemäß in einer Erhöhung des Korrosionsstroms aus.

Entsprechend können die durch Passivierung gegen gleichmäßige Korrosion beständigen Metalle wie die rost- und korrosionsbeständigen Stähle von Lochfraß betroffen sein. Als mögliche Ursachen für die Bildung örtlicher Durchbrüche in der Passivschicht werden verschiedene Mechanismen diskutiert. Neben Mikroeigenspannungen, die zu einem Aufreißen der Deckschicht führen können, und dielektrischen Effekten, die bei nichtleitenden Deckschichten auftreten können, spielen bestimmte aggressive Anionen des Elektrolyten eine entscheidende Rolle. Als solche Anionen haben sich auch hier vor allem Halogenidionen herausgestellt, und zwar in neutralen und sauren Lösungen in erster Linie Cl^--, aber auch Br^--Ionen, in alkalischen Lösungen J^--Ionen. Aus diesem Grunde wird die Lochfraßkorrosion passiver Metalle manchmal auch als Chloridkorrosion bezeichnet. Es ist wahrscheinlich, daß der Angriff der Chlorionen bevorzugt an Schwachstellen der Passivschicht erfolgt.

Lochfraß stellt sich an passiven Metallen nur innerhalb bestimmter Potentialgrenzen ihres Passivbereiches ein. Abb. B.3-16 gibt die Stromdichte-Potential-Kurve eines passivierenden Metalls in einem Lochfraß bewirkenden Elektrolyten wieder.

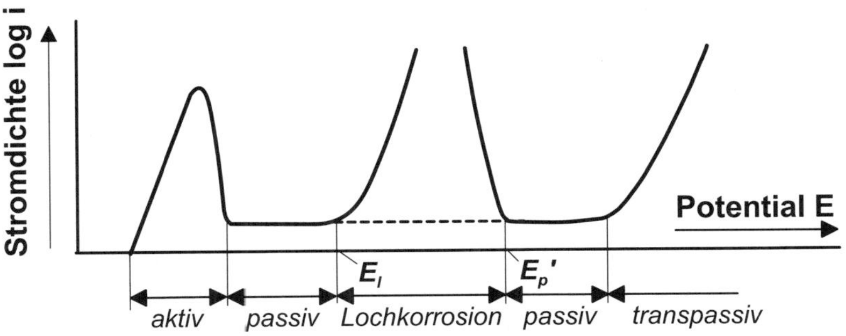

Abb. B.3-16 Stromdichte-Potential-Kurve eines passivierenden Metalls in Lochfraß erzeugendem Elektrolyten
E_l = kritisches Lochfraßpotential, E_p' = oberes Passivierungspotential

Demnach ereignet sich Lochfraß erst mit Überschreiten des kritischen Lochfraßpotentials E_l und hört mit Erreichen des oberen Passivierungspotentials E_p', bei dem sich eine lochfraßstabile Deckschicht ausbildet bzw. eine Repassivierung gebildeter Löcher erfolgt, auf. Das kritische Lochfraßpotential E_l stellt also eine wichtige Kenngröße für die Beständigkeit eines Werkstoffs gegen Lochfraßkorrosion in einem bestimmten Elektrolyten dar. Es ist insbesondere abhängig vom Anionengehalt, von der Temperatur und der Elektrolytbewegung, wobei es neben lochfraßerzeugenden auch lochfraßinhibierende Anionen, z. B. NO_3^-, SO_4^{2-}-, NO_2^--Ionen, gibt.
Hieraus leiten sich mögliche Schutzmaßnahmen gegen Lochfraß ab. So kann der Werkstoff durch kathodischen Schutz in den unter E_l oder durch anodische Polarisation in den über E_p' existierenden Passivbereich verschoben werden. Eine Anhebung des pH-Wertes des Elektrolyten wirkt der pH-Absenkung im Loch und damit einer Erhöhung des Korrosionsstromes entgegen. Als weitere Maßnahmen bieten sich der Zusatz inhibierender Anionen, eine Erniedrigung der Elektrolyttemperatur oder eine Erhöhung der Elektrolytgeschwindigkeit an.
Vorsicht ist bei der Zugabe oxidierend wirkender Inhibitoren (Passivatoren) geboten. Dies ist nur dann von Vorteil, wenn der Inhibitor stark genug ist, um das Metall auch im Lochgrund zu repassivieren. Bei ungenügender Oxidationskraft kommt es dagegen zur Bildung von weniger, aber tieferen Löchern.
Bekannte Beispiele für die Lochfraßkorrosion passiver Metalle durch chloridhaltige Lösungen sind neben den erwähnten *korrosionsbeständigen Cr-* bzw. *CrNi-Stählen* noch *Al-Werkstoffe* und unlegierte *Spannbetonstähle*, die in der hochalkalischen Umgebung (pH ca. 12,5) des Betons vollständig passiviert sind, bei Anwesenheit von Chloriden jedoch Lochfraßkorrosion zeigen können.

3.2.2.6 Mechanisch-korrosiver Angriff

Spannungsrißkorrosion

Alle Arten der Rißbildung und -ausbreitung, die sich infolge einer statischen Zugspannung allein nicht, wohl aber bei gleichzeitiger Wirkung eines Korrosionsmediums ereignen, werden bei metallischen Werkstoffen unter dem Sammelbegriff „Spannungsrißkorrosion" (SpRK) geführt. Bisweilen werden auch besondere Versprödungserscheinungen, nämlich die Versprödung bestimmter Metalle durch Wasserstoff („Wasserstoffversprödung") und durch flüssige Metalle („Lötrissigkeit") als spezielle Formen der SpRK betrachtet. Obwohl für die SpRK mancher Metalle (z.B. AlZnMg-Legierungen) Versprödungsprozesse durch Wasserstoff mit hoher Wahrscheinlichkeit von entscheidender Bedeutung sind, sollen die Wasserstoffversprödung von Stählen und die Lötrissigkeit hier nicht zu den SpRK-Phänomenen gerechnet werden, weil es sich bei ihnen um Vorgänge handelt, die durch Eindringen von Wasserstoff in das Metallgitter bzw. durch Eindringen einer Schmelze an den Korngrenzen auch ohne die gleichzeitige Wirkung einer mechanischen Spannung zu einem Zähigkeitsverlust führen. Außerdem kann es zur Wasserstoffversprödung von Stählen auch unter anderen Bedingungen, z. B. beim Schweißen, kommen und die Lötrissigkeit stellt ohnehin i. allg. eine Begleiterscheinung des Lötens dar.
Eine wichtige Besonderheit der SpRK besteht darin, daß es weder generell SpRK-empfindliche Werkstoffe noch generell SpRK-erzeugende Medien gibt. Vielmehr erleidet unter spezifischen kritischen Beanspruchungsbedingungen immer nur eine ganz bestimmte **Kombination „Werkstoff, Medium"** SpRK. Allerdings nimmt die Zahl bekannter SpRK-empfindlicher Systeme noch immer zu, SpRK tritt nicht nur an Legierungen, sondern auch an reinen Metallen auf; bei vielen Legierungen nicht nur in ionenhaltigen Elektrolyten, sondern auch in reinem Wasser, insgesamt also in relativ milden Korrosionsmedien. Von SpRK sind Metalle ausschließlich im passivierten Zustand betroffen. Der makroskopisch spröde, in charakteristischer Weise verzweigte Rißverlauf erfolgt senkrecht zur Hauptzugspannung und kann sowohl interkristallin (meist) als auch transkristallin vonstatten gehen. Korrosionsprodukte fallen bei dieser Korrosionsart nur in äußerst geringer Menge an, allenfalls die Rißbildung kann durch einen normalen Korrosionsvorgang verursacht werden.
Zu den Einflußfaktoren, die im Falle von SpRK einen kritischen Grenzwert erreichen müssen, gehören die Temperatur, das Korrosionspotential, die Konzentration der am meisten wirksamen Ionensorte im Elektrolyten und die mechanische Zugspannung, die sowohl von einer äußeren Beanspruchung als auch von herstellungs- bzw. verarbeitungsbedingten Eigenspannungen herrühren kann. Auch der Werkstoff muß sich hinsichtlich der chemischen Zusammensetzung, wobei schon geringe Gehalte an Legierungs- oder Begleitelementen entscheidend sein können, und hinsichtlich der Gefügeausbildung vielfach in einem speziellen SpRK-empfindlichen Zustand befinden.
Die Kenntnisse über die SpRK-erzeugenden Mechanismen sind trotz großer Anstrengungen auf diesem Gebiet noch lückenhaft und ergeben kein geschlossenes Bild. So besteht nicht einmal über die Wirkung der mechanischen Beanspruchungskomponente eindeutige Klarheit. Bei manchen SpRK-Systemen muß die kritische

Zugspannung im Bereich oder über der makroskopischen Fließgrenze liegen, also plastische Dehnungen hervorrufen; bei anderen genügen zur Herbeiführung von SpRK auch Zugspannungen unterhalb der makroskopischen Fließgrenze. Auch in diesem Fall kann nicht ausgeschlossen werden, daß Mikrogleitungen am Rißbildungs- und Rißausbreitungsprozeß beteiligt sind, da eine ursprünglich rein elastische Dehnung späterhin an infolge lokalisierten Korrosionsangriffs gebildeten Mikrokerben Gleitungen auslösen kann. Dennoch stellt die kritische Grenzspannung σ_{SCC}, die bei einer gegebenen Werkstoff/Medium-Kombination zum Bruch durch SpRK führt, eine wichtige Kenngröße dar. Sie hängt, da Rißbildung und -ausbreitung stets eine gewisse Zeit in Anspruch nehmen, von der Zeit ab (Abb. B.3-17, A).

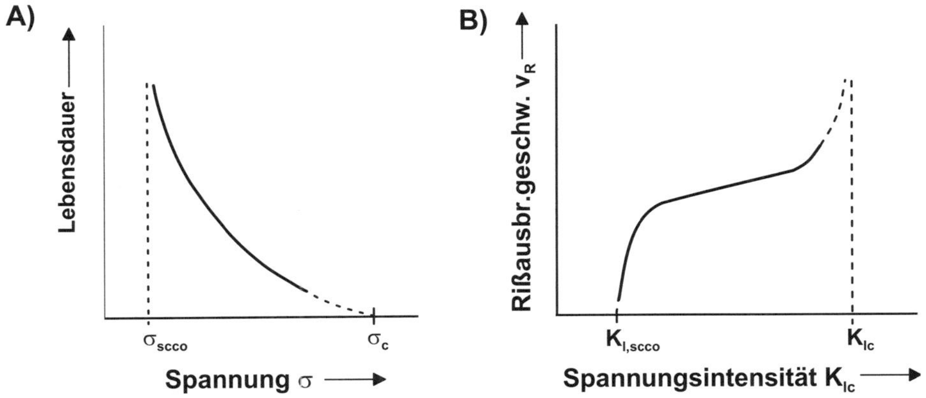

Abb. B.3-17 Einfluß der mechanischen Beanspruchung auf den Verlauf von Spannungsrißkorrosion A) Lebensdauer glatter Proben B) Rißausbreitung in scharf gekerbten Proben

Bekannte Ionen, die – oft in extrem niedriger Konzentration – SpRK bewirkende Lösungen bilden können, sind:

- *Cl^--Ionen*: Al-Legierungen, austenitische CrNi-Stähle, Ti-Legierungen,
- *NH_4^+-Ionen*: Cu-Legierungen, Stahl,
- *OH^--Ionen*: Al-Legierungen, Stahl, austenitische CrNi-Stähle,
- *NO_3^--Ionen*: Stahl, Ti-Legierungen,
- *S^{2-}-Ionen*: Stahl, austenitische CrNi-Stähle.

Bei interkristalliner Rißausbreitung (Stahl, Al-, Ti-, teils Cu-Legierungen) wird hierfür eine besondere Aktivität der Korngrenzen als Ursache angenommen, die durch die strukturellen Störungen der Korngrenzen oder durch die Anreicherung oder auch Verarmung der Korngrenzen an bestimmten Verunreinigungs- oder Legierungsatomen bedingt ist. Ein gängiges Modell für die transkristalline Rißausbreitung (austenitische CrNi-Stähle, teils Cu-Legierungen) sieht vor, daß nach der Rißbildung, die ähnlich wie bei der Lochfraßkorrosion verlaufen kann, die jeweils erzeugten Rißflanken passivieren und nur eine beispielsweise durch Gleitprozesse aktivierte Rißspitze anodisch gelöst wird (Abb. B.3-18).

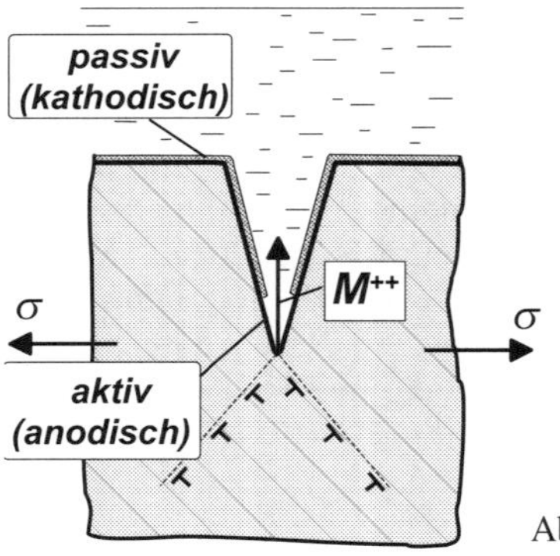

Abb. B.3-18 Zum Mechanismus von Spannungsrißkorrosion

Dies mag auch der Grund dafür sein, daß Legierungen, die aufgrund einer hohen Stapelfehlerenergie zur Grobgleitung neigen, auch eine erhöhte SpRK-Empfindlichkeit zeigen.
Neben den klassischen SpRK-Systemen, bei denen SpRK-Schäden unter einer konstanten mechanischen Spannung auftreten, sind unter Laborbedingungen auch Paarungen „Metall/Medium" gefunden worden, die nur bei Vorliegen einer bestimmten kritischen Dehngeschwindigkeit eine SpRK-Empfindlichkeit besitzen. Für praktische Schadensfälle sind derart „dehnungsinduzierte SpRK-Brüche" allerdings von geringer Bedeutung.
Zur Vermeidung von SpRK bieten sich folgende Schutzmaßnahmen an:

- Senken der Beanspruchung sowie Abbau eventuell vorhandener Zugeigenspannungen bzw. Aufbau von Druckeigenspannungen,
- Eliminieren schädlicher Elektrolytbestandteile bzw. Zugabe von Inhibitoren,
- Beschichten,
- kathodischer Schutz,
- Wahl eines geeigneteren Werkstoffs.

Schwingungsrißkorrosion

Abschnitt B 2.2.3.4 gibt bereits über den prinzipiellen Einfluß korrosiver Medien auf das Dauerbruchverhalten Auskunft; speziell Abb. B.2-58 macht deutlich, daß unter gleichzeitiger Korrosionseinwirkung die Wöhler-Kurve auch bei krz-Stählen nicht mehr horizontal läuft. Ein weiterer wichtiger Unterschied zur nicht korrosiv beeinflußten Dauerfestigkeit besteht darin, daß die Beanspruchungsfrequenz bei Schwingungsrißkorrosion (SwRK) einen erheblichen Einfluß auf die Lebensdauer ausübt. Abnehmende Beanspruchungsfrequenzen haben eine verringerte Lebensdauer zur Folge, weil sich in diesem Fall die Kontaktdauer zwischen Elektrolyt und Werkstoff je Lastwechsel verlängert. Bei hohen Frequenzen überwiegt der mechanische Einfluß auf das Bruchgeschehen, bei niedrigen Frequenzen bekommt der korrosive Einfluß eine stärkere Bedeutung. Bei SpRK-empfindlichen Systemen können sich dem Ermüdungsgeschehen dann auch SpRK-Mechanismen überlagern, insbesondere auch Prozesse einer dehnungsinduzierten SpRK.

Das Schadensbild schwingungsrißkorrodierter Metalle, die sich im Elektrolyten korrosionsaktiv verhalten, unterscheidet sich von dem korrosionspassiver Metalle deutlich. *Aktive* Metalle zeigen nicht nur eine korrodierte Oberfläche, sondern auch korrodierte Rißflanken, weiterhin bilden sich relativ viele, parallel verlaufende und wenig verzweigte Anrisse; typische Schwingungsstreifen auf der Dauerbruchfläche fehlen zumeist. Der SwRK-Bruch *passivierter* Metalle unterscheidet sich hingegen kaum von einem normalen Dauerbruch, weder auf der Werkstückoberfläche noch im Rißbereich ist ein makroskopischer Korrosionsangriff zu erkennen, auch ist die Bruchfläche i. allg. mit Schwingungsstreifen belegt. Es entwickeln sich stets wenige, oftmals sogar nur ein einziger Anriß. Trotz dieser geringen Unterschiede im Schadensbild von SwRK-beanspruchten passiven Metallen und in weitgehend neutraler Atmosphäre schwingbeanspruchten Metallen ergibt sich auch bei passivierten Metallen eine durch SwRK deutlich geminderte Lebensdauer.

Für die Beschleunigung der zyklischen Rißbildungs- und -ausbreitungsvorgänge durch ein Korrosionsmedium kommen wahrscheinlich zwei Grundmechanismen in Betracht. Bei nichtpassiven Metallen findet wohl mit der Bildung von Ermüdungsgleitbändern eine starke und besonders lokalisierte Aktivierung der Metalloberfläche statt, so daß sich neben dem -möglicherweise reduzierten- gleichmäßig abtragenden Angriff zusätzlich eine verstärkte Metallauflösung an den Gleitbändern einstellt. Bei passiven Metallen ist zu vermuten, daß die Passivschicht von einigen Ermüdungsgleitbändern durchbrochen wird, wobei eine erhöhte Empfindlichkeit von kfz-Werkstoffen mit hoher Stapelfehlerenergie wegen ihrer Neigung zur Bildung grober, persistenter Ermüdungsgleitbänder angenommen werden muß.

Schutz gegen SwRK läßt sich etwa mit den gleichen Methoden wie gegen SpRK erreichen. Zu beachten ist in diesem Zusammenhang, daß eine Steigerung der statischen Festigkeit bei Stahl zwar zu einer Erhöhung der Dauerfestigkeit herangezogen werden kann, bei Stählen im aktiven Zustand aber nicht zur Erhöhung der Korrosions-Dauerfestigkeit. Mit der höheren statischen Festigkeit wird nämlich über eine stärkere Behinderung mikroplastischer Abgleitungen vor allem eine Erhöhung des Widerstandes gegen Rißbildung erreicht, die jedoch durch korrosionsbedingte Kerbbildung unterlaufen wird.

Erosions-, Kavitations-, Reibkorrosion

Erosionskorrosion: Erosionskorrosion macht sich als ein zusätzlicher Korrosionsanteil bemerkbar, der durch die Relativbewegung zwischen dem Metall und einem z. B. in einem Rohrsystem schnell strömenden Elektrolyten hervorgerufen wird. Meist existiert eine bestimmte werkstoff- und elektrolytabhängige Grenzgeschwindigkeit v^*, bei deren Überschreiten erst Erosionskorrosion ausgelöst wird (Abb. B.3-19).

Es wird angenommen, daß das strömende Korrosionsmedium den Abbau korrosionshemmender Deckschichten verursacht. Der Deckschichtabbau ist aber weniger auf einen mechanischen, sondern mehr auf einen „elektrochemischen Erosionseffekt" zurückzuführen. Diese Annahme wird dadurch gestützt, daß beispielsweise Veränderungen der Elektrolytzusammensetzung (O_2-Gehalt, pH-Wert u.a.) oder der Legierungszusammensetzung, wodurch elektrochemisch stabilere Deckschichten ausgebildet werden, erhebliche Verbesserungen des Widerstandes gegen Erosionskorrosion erzielt

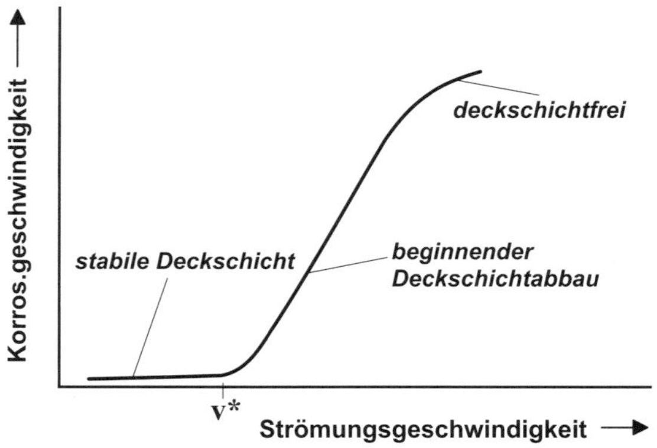

Abb.B.3-19 Erosionskorrosion

werden können. Offenbar übt ein Elektrolyt bei erhöhter Strömungsgeschwindigkeit beachtlich andere elektrochemische Wirkungen als im stagnierenden Zustand aus, so daß Deckschichten neben einem hohen Widerstand gegen *mechanische* Erosion auch einen solchen gegen *elektrochemische* Erosion aufweisen sollten. Auch kann sich bei strömendem Medium zwischen verschiedenen Metallen, bedingt durch Änderungen im elektrochemischen Verhalten, eine sonst nicht auftretende Kontaktkorrosion zeigen.
Als mögliche Schutzmaßnahmen bieten sich neben Beschichtungen und besserer Werkstoffwahl vor allem eine günstigere Gestaltung der Strömungsquerschnitte mit - auch örtlich- entsprechend herabgesetzter Strömungsgeschwindigkeit an sowie kathodischer Schutz oder die Verwendung von Inhibitoren. Grundsätzlich muß eine erhöhte Strömungsgeschwindigkeit keineswegs von Nachteil sein, sie kann, solange sie unterhalb des kritischen Wertes v^* bleibt, das Auftreten von Spalt- und Lochfraßkorrosion verhindern.

Kavitationskorrosion: Von Kavitation wird gesprochen, wenn Wasser örtlich eine so hohe Strömungsgeschwindigkeit erreicht, daß es wegen der damit verbundenen Druckabsenkung zu verdampfen beginnt und derart erzeugte Dampfblasen an Stellen geringerer Strömungsgeschwindigkeit, d. h. entsprechend wieder ansteigenden Drukkes *implosionsartig* kondensieren. Die Implosionen der Dampfblasen erzeugen auf der Werkstückoberlläche lokalisierte mechanische Beanspruchungen hoher Stoßintensität, die i. allg. durch starke Verformung und Ermüdung umfangreiche Anfressungen und Zerstörungen der Oberflächenbereiche hervorrufen.
Dieser rein *mechanischen Beanspruchung* überlagert sich sowohl bei aktiven als auch bei passiven Metallen ein beachtlicher *elektrochemischer Angriff*, was auf eine erhebliche Beschleunigung des Schadensvorganges hinauslaufen kann. Kavitationsschäden treten bei entsprechend ungünstiger Auslegung häufig an Pumpen, Ventilen, Wasserturbinen, Propellern u. ä. auf. Zum Schutz bzw. zur Minderung von Kavitationskorrosion sind etwa die gleichen Schutzmaßnahmen wie bei Erosionskorrosion zu ergreifen. Kommt bei *erosionsbeanspruchten* Werkstoffen eine besondere Bedeutung der Werkstoffhärte zu, so ist im Fall von *Kavitation* mehr auf eine hohe Werkstoffzähigkeit Wert zu legen.

Beim sog. Tropfenschlag prallen Flüssigkeitstropfen mit hoher Geschwindigkeit auf eine Werkstückoberfläche und bewirken eine der Kavitation ähnliche Beanspruchung. Tropfenschlag ereignet sich beispielsweise an im Naßdampfbereich arbeitenden Dampfturbinenschaufeln.

Reibkorrosion: Reibkorrosion kommt an miteinander in Kontakt befindlichen Werkstückoberflächen vor, die zueinander außerordentlich kleine, aber vielfach wiederholte Relativbewegungen, wie sie etwa durch Vibrationen hervorgerufen werden, vollführen. Im Reibspalt entstehen zumeist Oxidpartikel, deren Verschleißwirkung einen verstärkten Korrosionsangriff an den Reibflächen auslöst. Bei den Oxidpartikeln („Passungsrost", „Passungsbluten") kann es sich um den Abrieb der das Metall bedeckenden Oxidschicht handeln oder um durch Reibung abgetragene Metallspänchen, die dann aufgrund ihrer hohen chemischen Aktivität oxidiert wurden.
Bei einer kontinuierlichen Relativbewegung kann es ebenfalls zu Verschleiß mit einem zusätzlichen Korrosionseinfluß kommen, nicht aber zu dem für die Reibkorrosion eigentümlichen Ablauf und Schadensbild. Interessant ist die offenbar bestimmende Rolle des Luftsauerstoffs bei der Reibkorrosion, deren Ausmaß unter sonst gleichen Bedingungen unter Wasser geringer ist als in Luft. Reibkorrosion wird daher manchmal auch als Reiboxidation bezeichnet. Abhilfemöglichkeiten bestehen vor allem in einer Trennung der miteinander reibenden Flächen durch ein geeignetes Schmiermittel oder in einer Eliminierung der Relativbewegung.

3.3 Einflußfaktoren

Die verschiedenen korrosiven Medien, denen metallische Werkstoffe in der Atmosphäre, in Wässern, im Erdboden oder im Chemiebereich ausgesetzt sein können, unterscheiden sich vor allem hinsichtlich folgender Einflußfaktoren: pH-Wert, Sauerstoffgehalt, Temperatur, Bewegungszustand und Salzgehalt.

3.3.1 pH-Wert

Der Einfluß des pH-Wertes auf die Korrosion von Eisen ist in Abb. B.3-20 schematisch dargestellt. Der Abbildung ist zu entnehmen, daß Eisen im stark sauren Bereich ($pH < 4$) außerordentlich rasch unter H_2-Entwicklung korrodiert, im stark alkalischen Bereich ($pH > 10$) aber durch Bildung einer stabilen Oxidschicht passiv wird.
Im Bereich zwischen $pH = 5$ und $pH = 9$, also auch im besonders interessierenden Neutralbereich korrodiert Eisen unter Reduktion des im Elektrolyten gelösten Sauerstoffs. Der Korrosionsablauf kann im neutralen und alkalischen Bereich durch oxidische bzw. hydroxidische Deck- und Passivschichtbildung stark gehemmt sein.
Hinsichtlich des Angriffs durch Säuren ist es notwendig, eine Unterteilung in reduzierende bzw. nichtoxidierende und in oxidierende, auch belüftete Säuren vorzunehmen. Der Angriff reduzierend wirkender Säuren (HCl, H_2SO_4, viele organische Säuren) läuft meist ohne Deckschichtbildung ab. Nur Werkstoffe mit einem entsprechend edlen Potential sind gegenüber diesen Säuren beständig. Sie korrodieren dafür in oxidierenden

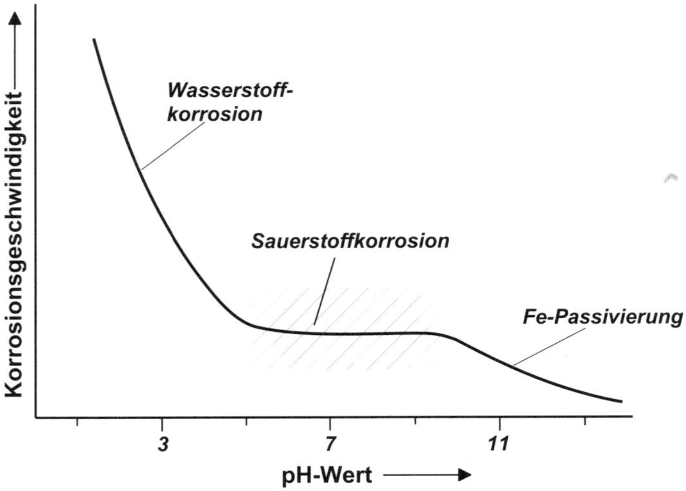

Abb. B.3-20 Korrosion von Eisen in wäßrigen Lösungen unterschiedlichen pH-Wertes

Säuren besonders schnell. Dagegen können unedlere passivierbare Metalle in stark oxidierenden Säuren (z. B. HNO_3) durch Passivierung beständig werden, sie werden umgekehrt in reduzierenden Medien stark angegriffen. In der Regel verhalten sich anorganische Säuren deutlich aggressiver als organische.

3.3.2 Sauerstoffgehalt

Von den in einem neutralen Elektrolyten möglicherweise gelösten Gasen kommt dem *Sauerstoff* als an der Kathode wirksames *Oxidationsmittel* mit Abstand die größte Bedeutung zu. Er nimmt auf den Korrosionsablauf in zweifacher Hinsicht Einfluß. Zum einen wird der Elektrolyt durch den gelösten Sauerstoff überhaupt erst zu einem Medium beachtlicher Korrosivität, zum anderen werden durch ihn meist unlösliche Korrosionsprodukte erzeugt, die eine mehr oder weniger korrosionshemmende, mitunter sogar passivierende Wirkung ausüben. Abbildung B.3-21 gibt den Verlauf der Korrosionsgeschwindigkeit in Abhängigkeit vom Sauerstoffgehalt an für ein nichtpassivierendes und für ein passivierendes Metall.
Das Teildiagramm A) läßt erkennen, daß die Korrosionsgeschwindigkeit in neutralen Wässern bei Abwesenheit von O_2 einen vernachlässigbar niedrigen Wert annimmt.
Von dieser Möglichkeit, dem Wasser durch Sauerstoffentzug seinen korrosiven Charakter zu nehmen, wird z. B. bei der Aufbereitung von *Kesselspeisewasser* Gebrauch gemacht, die im wesentlichen in einer mechanischen Entgasung und dem weiteren Zusatz O_2-verzehrender Chemikalien besteht. Es können dann für den Wasser- bzw. Wasserdampf-Kreislauf unlegierte bzw. -aufgrund mechanischer Anforderungen- niedriglegierte Stähle eingesetzt werden.
Passivierende Metalle (Teildiagramm B) benötigen hingegen zum Erhalt ihrer Passivität sogar ein ausreichendes O_2-Angebot. Solange sich aber die Passivschicht noch

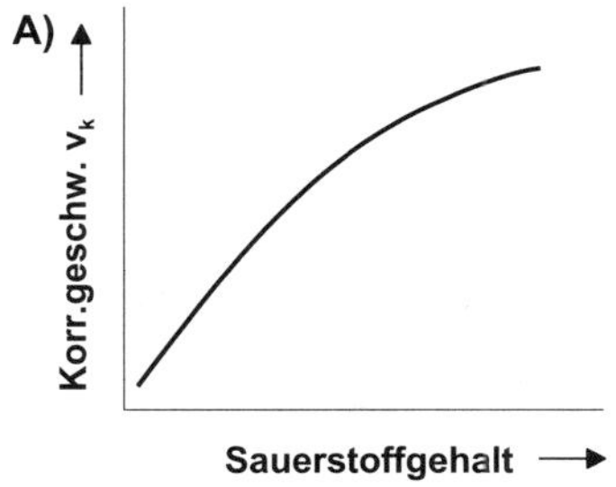

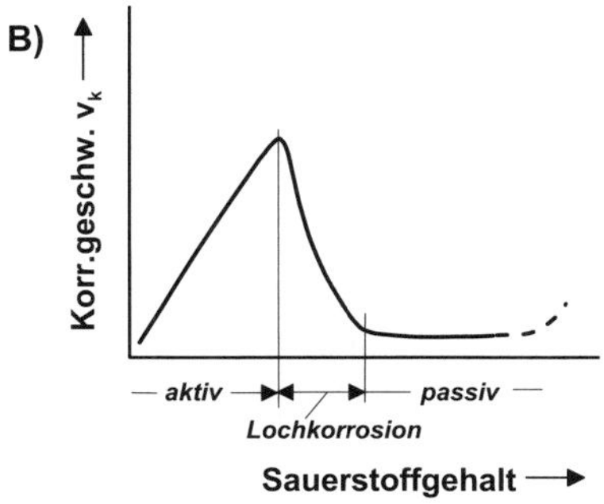

Abb. B.3-21 Einfluß des Sauerstoffgehaltes auf die Korrosionsgeschwindigkeit von Metallen
A) Metall im aktiven Zustand B) Passivierendes Metall

nicht genügend stabilisiert hat, besteht bei Anwesenheit spezieller Anionen eine beträchtliche Neigung zur Lochfraßkorrosion. Bei extrem starker Oxidation kann sogar *Transpassivität* einsetzen. Die besondere Rolle, die der im Elektrolyten durch Belüftung gelöste Sauerstoff für den Korrosionsvorgang vor allem im neutralen Bereich spielt, bringt es mit sich, daß sich Oberflächenstellen unterschiedlichen Belüftungsgrades auch unterschiedlich korrosionsaktiv verhalten, nämlich O_2-arme Stellen anodisch und O_2-reiche Stellen kathodisch. Hierdurch entstehende Korrosionselemente werden Belüftungselemente genannt.
Im Gegensatz zum Sauerstoff übt der Luftstickstoff keinen Einfluß auf das Korrosionsgeschehen aus.

3.3.3 Temperatur

Allgemein zieht ein Anstieg der Elektrolyttemperatur auch eine deutlich erhöhte Korrosionsgeschwindigkeit nach sich, in einigen Fällen wird ein bestimmter Korrosionsmechanismus überhaupt erst oberhalb einer bestimmten Temperaturschwelle wirksam, z. B. Lochfraß- oder Spannungsrißkorrosion. Zu beachten ist aber auch, daß mit steigender Temperatur die Sauerstofflöslichkeit des Elektrolyten zurückgeht. Dies führt in offenen Systemen bei Eisen etwa oberhalb 80° C zu einer abnehmenden Korrosionsgeschwindigkeit (Abb. B.3-22).

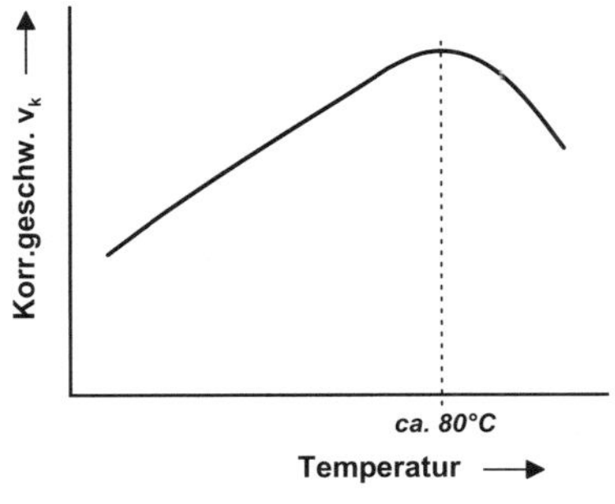

Abb. B.3-22 Einfluß der Temperatur auf den Verlauf von Sauerstoffkorrosion

3.3.4 Bewegungszustand

Der Bewegungszustand des Elektrolyten hat auf das Korrosionsverhalten der Metalle unterschiedliche Auswirkungen. In einem stagnierenden Elektrolyten stellt sich an der Grenzfläche Metall/Elektrolyt zwar eine geringere Sauerstoffkonzentration und folglich auch eine verringerte Korrosionsgeschwindigkeit ein, es nimmt aber gleichzeitig die Wahrscheinlichkeit für die **Bildung von Belüftungselementen**, Bewuchs und Ablagerungen zu, was vor allem bei passiven Metallen *Lochfraß-* und *Spaltkorrosion* nach sich ziehen kann. Eine verstärkte Elektrolytbewegung wirkt daher der Gefahr lokalisierter Korrosion entgegen, erhöht bei nichtpassiven Metallen aber gleichzeitig die allgemein abtragende Korrosion durch verstärkte Sauerstoffzufuhr und auch durch Abtransport nicht so fest haftender Deckschichten (Erosion). Dies trifft insbesondere für Fe-, bedingt auch für Cu-Werkstoffe zu, so daß hier nur begrenzte Strömungsgeschwindigkeiten zulässig sind. Diese Grenzgeschwindigkeiten liegen bei Metallen mit sehr dünnen und stabilen Passivschichten wie korrosionsbeständigen Stählen, Ni-Legierungen und Ti sehr viel höher, sie werden im Vergleich zu Cu-Legierungen wegen der besseren O_2-Belüftung mit steigenden Strömungsgeschwindigkeiten eher noch beständiger.

3.3.5 Salzgehalt

Der Einfluß von im Elektrolyten gelösten Salzen ist sehr komplexer Natur. Grundsätzlich führen gelöste Salze zu einer Erhöhung der Korrosionsgeschwindigkeit, indem sie die *Elektrolytleitfähigkeit* anheben und so das Zusammenwirken weiter voneinander entfernter Kathoden und Anoden ermöglichen. Dadurch werden eventuell korrosionshemmende Reaktionsprodukte in größerer Entfernung von den korrosionsaktiven Stellen ausgefällt, was insgesamt eine geringere Schutzwirkung zur Folge hat.
Andererseits aber nimmt mit steigender Salzkonzentration die Sauerstofflöslichkeit im Elektrolyten ab. Da dies mit einem Rückgang des Korrosionsangriffs verbunden ist, fällt die Korrosionsgeschwindigkeit bei höheren Salzgehalten wieder ab. Für Kochsalz liegt das Korrosionsmaximum bei etwa 3 bis 5 %, aus diesem Grund verursacht eine gesättigte Salzsole einen geringeren Korrosionsangriff als salzfreies, belüftetes Wasser (Abb. B.3-23).
Darüber hinaus ist von erheblicher Bedeutung, ob die Salzart in spezifischer Weise Einfluß auf den Korrosionsablauf nimmt, etwa dadurch, daß sie die Bildung wirksamer Deckschichten, durch Hydrolyse eine Veränderung des pH-Wertes oder durch starke

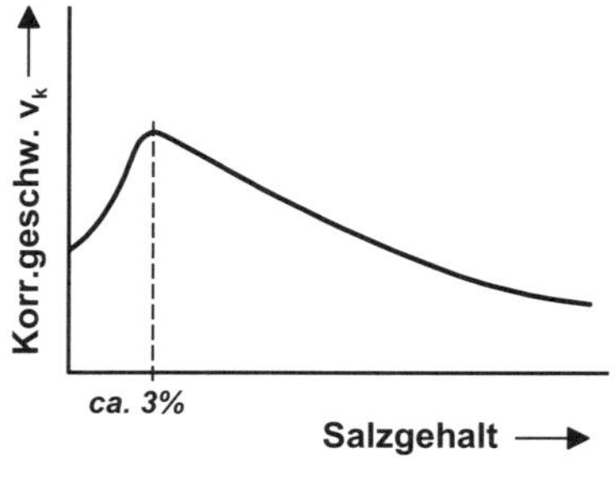

Abb. B.3-23 Einfluß des Salzgehaltes des Elektrolyten auf den Verlauf von Sauerstoffkorrosion

Oxidationswirkung (z. B. Chromate) Passivität hervorruft. Weiterhin können bestimmte *Anionen* (z. B. Chloride) bei passiven Metallen Lochkorrosion oder Spannungsrißkorrosion auslösen. Dabei ist zu beachten, daß es in Spalten, Ecken und Vertiefungen beispielsweise durch wiederholte Verdampfung des Elektrolyten zu erheblichen Aufkonzentrationen von aggressiven Elektrolytbestandteilen kommen kann.

3.3.6 Korrosionsmedien

Sowohl in der Atmosphäre als auch in neutralen Wässern und Böden unterliegen grundsätzlich alle Nichtedelmetalle der Sauerstoffkorrosion. Das Sauerstoffangebot bestimmt entscheidend die Korrosionsgeschwindigkeit.
Bei der atmosphärischen Korrosion machen sich vor allem die in der Luft vorhandenen Verunreinigungen bemerkbar (Abb. B.3-24).

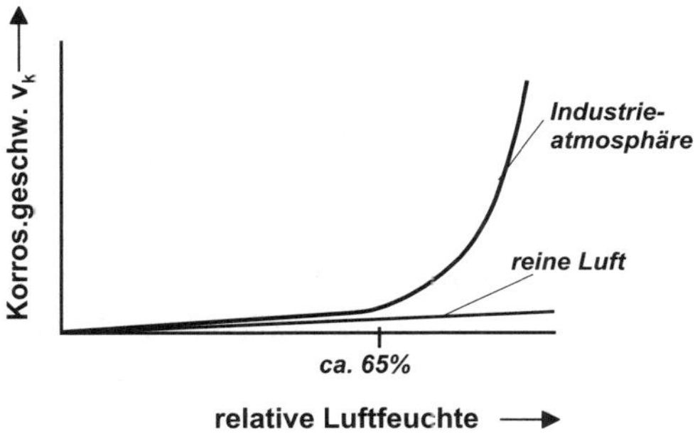

Abb. B.3-24 Einfluß der relativen Luftfeuchte auf den Korrosionsverlauf bei atmosphärischer Korrosion

An erster Stelle steht hierbei das aus Verbrennungsprozessen stammende SO_2; Ruß und Staub wirken unterstützend mit. Somit ist zwischen atmosphärischer Korrosion in Land-, Stadt-, Industrie- oder Seeluft zu unterscheiden. In Industrieluft findet der stärkste Angriff statt, diese Atmosphäre ist deutlich aggressiver als Seeluft, von der ohnehin nur im unmittelbaren Einflußbereich einer Spritzwasserzone gesprochen werden kann.
Vielfach vollzieht sich atmosphärische Korrosion unter einzelnen *Wassertropfen*. Es kommt dabei nicht zu einem gleichmäßigen Angriff unter diesem Tropfen, sondern durch Ausbildung eines Belüftungselementes zu einer Konzentration des Angriffs in der Tropfenmitte. In Abb. B.3-25 ist ein solcher Wassertropfen dargestellt. Zunächst

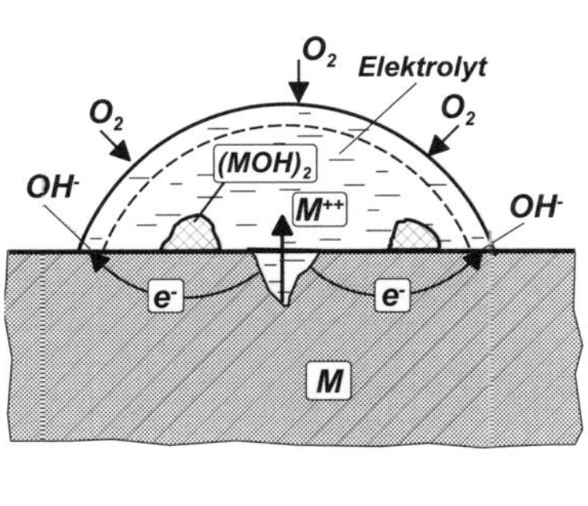

Abb.B.3-25 Korrosionsabläufe in einem Wassertropfen (Belüftungselement)

korrodiert das Metall an der Grenzfläche Metall/Elektrolyt unter dem Potential anodischer und kathodischer Bereiche, wobei der im Tropfen gelöste Sauerstoff weitgend verbraucht wird.
Bis zu diesem Zeitpunkt läuft der Korrosionsangriff gleichmäßig ab; er würde nun infolge O_2-Verarmung zum Stillstand kommen, wenn nicht aus der umgebenden Luftatmosphäre Sauerstoff durch Diffusion nachgeliefert würde. Die Belüftung des Tropfens und damit die Sauerstoffnachlieferung geht aber nicht gleichmäßig vonstatten, vielmehr erfolgt dies bevorzugt am Tropfenrand. Somit entsteht im Tropfen ein *Belüftungselement*, in dem der bevorzugt belüftete Rand *kathodisch* und der O_2-ärmere Mittenbereich *anodisch* wird. Die Folgen sind ein in der Mitte entstehendes Korrosionsloch, das ringförmig von Korrosionsprodukten umgeben ist, und ein nichtkorrodierender Randbereich.
Für die Korrosion in Wässern gilt das bei der Erörterung der Einflußfaktoren bereits Gesagte in besonderem Maße. Von den natürlichen Wässern sind die weichen stärker korrodierend, da die höher Ca^{2+}- und Mg^{2+}-haltigen, harten Wässer eher carbonatische *Kalk-Rostschichten* bilden, die eine erhebliche Hemmung des Korrosionsangriffs bewirken. Die höhere Korrosivität von Seewasser gegenüber Frischwasser ist, abgesehen vom höheren Salzgehalt, vor allem auf dessen Sauerstoffgehalt zurückzuführen. Spezielle Probleme können auch von Meeresorganismen herrühren, indem sie Spaltkorrosion durch Bewuchs oder Ablagerungen begünstigen oder korrodierende Zersetzungsprodukte von sich geben.
Im Grenzbereich Luft/Wasser, z. B. im Bereich der Wasserlinie eines Schiffes, liegen ähnlich wie in einem Tropfen unterschiedliche Belüftungsverhältnisse vor, die einen sehr unterschiedlichen Korrosionsabtrag hervorrufen (Abb. B.3-26). In der Spritzwasserzone (II) ergibt sich ein starker lochartiger Korrosionsangriff, der durch viele Einzeltropfen nach dem bereits beschriebenen Mechanismus (vgl. Abb. B.3-25) verursacht wird. In Zone I findet atmosphärische Korrosion mit gegenüber II wesentlich geringerer Elektrolytbenetzung statt. Direkt unter der Wasserlinie stellt sich ein Belüftungselement ein, mit dem luftnahen und damit O_2-reicheren Bereich III als Kathode und dem benachbarten O_2-ärmeren Bereich IV als Anode. Im Bereich V mit konstanter O_2-Konzentration erfolgt der Angriff dann wieder gleichmäßig.
Für das Korrosionsverhalten von Böden sind neben ihrer durch die Bodenart gegebenen Aggressivität vor allem ihre elektrische Leitfähigkeit, die wiederum stark vom Wassergehalt abhängig ist, und ihre Belüftung entscheidend. Es kommt überwiegend

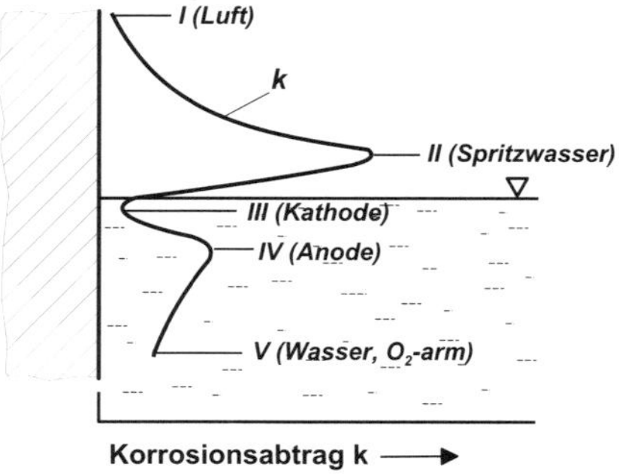

Abb. B.3-26 Korrosion an Wasserlinien

zur Ausbildung von Belüftungselementen. Bisweilen können auch Streuströme von elektrischen Bahnanlagen die Ursache von Bodenkorrosion sein.
Im Bereich der chemischen Industrie verdichten sich die Korrosionsprobleme, vor allem durch den Umgang mit starken Säuren und Laugen bei meist noch erhöhten Temperaturen und Drücken, ganz außerordentlich. In der Regel nimmt die Korrosivität von Säuren mit steigender Konzentration zu, oftmals bei sehr hohen Konzentrationswerten jedoch wegen rückläufiger Dissoziation wieder ab.

3.4 Korrosionsschutz (Grundsätzliche Möglichkeiten)

Die Möglichkeiten des Korrosionsschutzes werden anhand eines schematischen Korrosionselementes aufgezeigt (Abb. B.3-27). Sie bestehen grundsätzlich darin, den über das elektronenleitende Metall und den ionenleitenden Elektrolyten geschlossenen und aus dem anodisch/kathodischen Potential gespeisten Stromkreis an geeigneter Stelle zu unterbrechen oder -im weitesten Sinne- auf eine Senkung des Korrosionspotentials hinzuwirken. Zur Senkung des Korrosionspotentials sollen auch die Entfernung korrosionswirksamer Elektrolytbestandteile bzw. die Entfernung des Elektrolyten selbst gehören. Eine elektrische Isolierung von Anode und Kathode (1) ist verständlicherweise nur bei makroskopisch ausgebildeten Anoden und Kathoden, d. h. bei Kontaktkorrosion möglich.
Schutzverfahren, die auf der Aufbringung bzw. Erzeugung schützender Deck- oder Passivschichten beruhen (2), finden die breiteste Anwendung. Werden solche Schutzschichten im Rahmen der Bauteilfertigung als Beschichtung „künstlich" aufgetragen, der Elektrolyt also an der Bildung solcher Schichten in keiner Weise beteiligt ist, spricht man von *„passivem Korrosionsschutz"*. Alle anderen Maßnahmen, die durch aktiven Eingriff den Korrosionsmechanismus selbst verändern, werden als *„aktiver Korrosionsschutz"* bezeichnet. Hierzu zählen insbesondere die Maßnahmen (3), die das Korrosionspotential beeinflussen, aber auch solche, die durch Reaktion zwischen Metall und Elektrolyt zur Bildung von Deck- und Passivschichten führen.

Der **aktive Korrosionsschutz** umfaßt demnach folgende Maßnahmen:

- Wahl geeigneter Werkstoffe, kathodischer bzw. anodischer Schutz, Anwendung sog. Inhibitoren, korrosionsschutzgerechte Gestaltung;

der **passive Korrosionsschutz** hingegen:

- die Aufbringung metallischer, organischer und nichtmetallisch-anorganischer Beschichtungen.

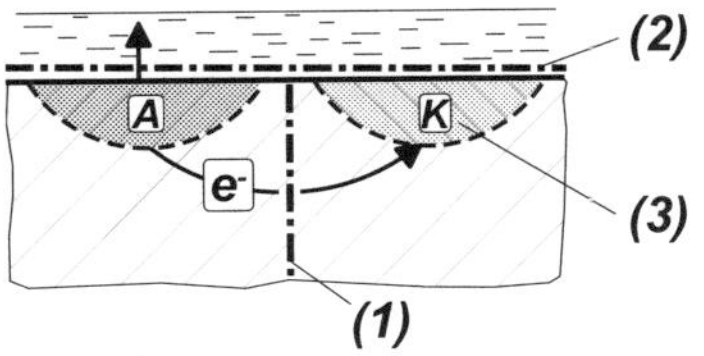

Abb. B.3-27 Grundsätzliche Möglichkeiten des Korrosionsschutzes
(1) Isolieren ungleicher Metalle bei Kontakt-Korrosion,
(2) Schutzschichten,
(3) Veränderung des elektrochemischen Potentials

4 Technisch wichtige Metalle

Die metallischen Werkstoffe gliedern sich in Eisen (Fe)- und Nichteisenmetall (NE)-Werkstoffe. Abgesehen von ihren besonderen mechanischen Eigenschaften (Härt-, Vergütbarkeit usw.) werden Fe-Werkstoffe i. allg. aus Kostengründen bevorzugt. Für die Anwendung von NE-Werkstoffen können dagegen vor allem folgende Gründe entscheidend sein:

- *Korrosionsbeständigkeit*
  AlMn, AlMg, AlMgMn, AlMgSi
  Ti, TiPd
  CuZn, CuSn, CuAl, CuNi
  NiCu, NiCr, NiMo

- *Warmfestigkeit, Korrosions- und Zunderbeständigkeit*
  NiCr + Al, Ti

- *Niedrige Dichte, d. h. hohe gewichtsbezogene Festigkeit/Steifigkeit*
  AlCuMg, AlZnMgCu, AlZnMg, G-AlSi
  TiAl 6 V 4

- *Elektrische Eigenschaften*
  Al, Cu (Leiter)
  CuNiMn, CuMnNi, NiCr (Widerstände)
  NiFe, AlNiCo (Magnete)

- *Spezielle Eigenschaften*
  z. B. Lagerwerkstoffe (Sn-, Pb-, Cu-, Al-Legierungen)

4.1 Werkstoffe auf Fe-Basis

Eisenwerkstoffe stellen mit Abstand die am meisten verwendeten metallischen Werkstoffe dar. Dies liegt zum einen daran, daß an auswertbaren Eisenerzvorkommen kaum ein Mangel besteht und eine relativ kostengünstige Verarbeitung dieser Erze zu Eisen und Stahl in großen Mengen sicher beherrscht wird, zum anderen an den besonderen metallkundlichenGegebenheiten des Eisens und hieraus resultierend an den besonderen mechanischen Eigenschaften von Eisenlegierungen. Bei Eisenlegierungen ist zunächst zwischen **Stählen** und **Eisengußwerkstoffen** zu unterscheiden.

Die mechanischen Eigenschaften von Stählen können in einem außerordentlich großen Bereich unterschiedlicher Festigkeiten verändert werden, dies hängt eng mit dem Umwandlungsverhalten des Eisengitters (Allotropie) und den speziellen Wechselwirkungen zwischen Kohlenstoff und den beiden Gittermodifikationen des Eisens zusammen. Hinzu kommt, daß Eisen und Kohlenstoff je

nach Randbedingungen metastabile oder stabile Phasenzustände ausbilden können und so auch die Herstellung von gut gießbaren Eisenwerkstoffen mit an den jeweiligen Anwendungsfall angepaßten mechanischen Eigenschaften zulassen.

4.1.1 Phasenausbildungen

4.1.1.1 Allotropie von Eisen

Da die Gitterstrukturen kubisch-raumzentriert und kubisch-flächenzentriert unterschiedliche Dichten aufweisen, kann das Umwandlungsverhalten von Eisen recht gut mit Hilfe von Ausdehnungsmessungen (Dilatationsmessungen) untersucht werden. Abb. B.4-1 gibt die Änderung des Volumens von reinem Eisen in Abhängigkeit von der Temperatur wieder.

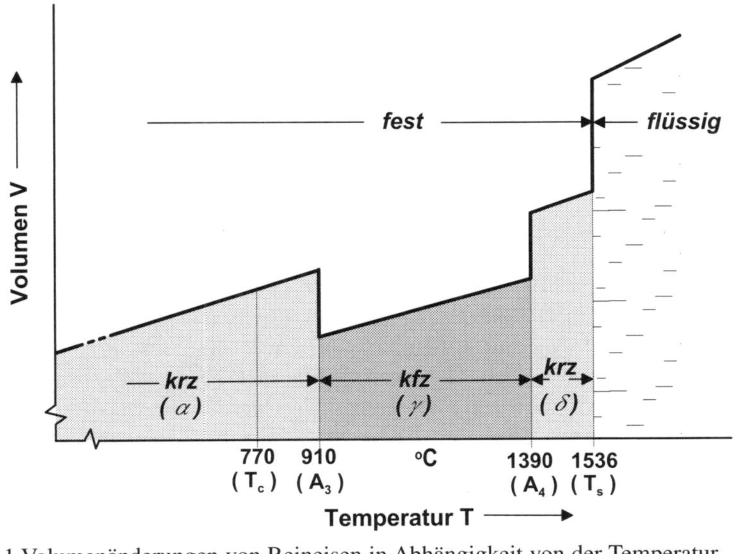

Abb. B.4-1 Volumenänderungen von Reineisen in Abhängigkeit von der Temperatur

Die bis 910 °C beständige krz-Tieftemperaturphase wird im Gegensatz zur sonst üblichen Praxis, Elemente nicht mit griechischen Buchstaben zu benennen, als α-Fe, die zwischen 910 und 1390 °C beständige kfz-Struktur als γ-Fe und die zwischen 1390 und 1536 °C beständige krz-Hochtemperaturphase als δ-Fe bezeichnet. In einer Abkühlkurve tritt bei jeder Phasenumwandlung ein mit „A" gekennzeichneter *Haltepunkt* auf. Die umwandlungsbedingten Volumenänderungen bei den Temperaturen A_3 und A_4 betragen je etwa 1 %.

Normalerweise liegt im Fall einer allotropen Umwandlung bei tiefen Temperaturen eine dichter gepackte und bei höheren Temperaturen eine weniger dicht gepackte Atomanordnung als stabile Phase vor, wobei zur Erklärung angenommen werden kann,

daß mit höherer Temperatur ein zunehmender Entropieeinfluß bemerkbar wird und weniger dichte Anordnungen bevorzugt werden. Bei Eisen treffen diese Überlegungen nur für den oberen Temperaturbereich zu, in dem sich δ-Fe (krz) in γ-Fe (kfz) umwandelt. Daß sich hingegen bei tieferen Temperaturen wieder ein weniger dichtes α-Fe (krz) bildet, wird der mit dem Auftreten von Ferromagnetismus verbundenen Ordnungseinstellung und der hierdurch bedingten Energieminderung zugeschrieben. Die Curietemperatur T_c, bei der der Ferro- in Paramagnetismus übergeht, wurde früher A_2 genannt. Da bei der Curietemperatur keine strukturelle Änderung im eigentlichen Sinne stattfindet, der Übergang Ferro- in Paramagnetismus vielmehr durch zunehmende thermische Bewegung erfolgt, ist der vermeintliche Umwandlungspunkt A_2 später entfallen. Ein Haltepunkt A_1 tritt nur bei einigen Eisenlegierungen – insbesondere solchen mit Kohlenstoff legierten – in Erscheinung und kennzeichnet dann eine eutektoide Umwandlung.
Die Gitterumwandlung γ in α läuft in reinem Eisen relativ leicht ab und kann nur um wenige Grad unter die Umwandlungstemperatur von 910 °C unterkühlt werden. Fremdatome beeinflussen das Umwandlungsverhalten des Eisens sehr stark. Im allgemeinen verursachen sie eine Behinderung der Gitterumwandlung, so daß das kfz-Gitter auf derart tiefe Temperaturen unterkühlt werden kann, bei denen nur noch eine diffusionslose, martensitische Umwandlung möglich ist. Durch bestimmte Legierungselemente können ganz außerordentliche Einschränkungen, aber auch erhebliche Erweiterungen des sich bei reinem Eisen über 480 °C erstreckenden Temperaturbereiches des kfz-Gitters erzielt werden.

4.1.1.2 Lösungsphasen

Die bei weitem meisten Eisenwerkstoffe enthalten als wichtigstes Legierungselement Kohlenstoff. Die Zugehörigkeit des Kohlenstoffs zu Eisenlegierungen ist so selbstverständlich, daß Stähle, die nur mit Kohlenstoff legiert sind, als *unlegierte Stähle* bezeichnet werden. Eisen bildet mit Kohlenstoff feste Lösungen, wobei die kleinen Kohlenstoffatome in Lücken des Eisengitters eingelagert werden. Je nach der Gitterstruktur heißen diese Lösungen α-, γ- oder δ-Mischkristall. Wie die Phasen nichtmetallisch-anorganischer Systeme werden wichtige Phasen und Gefüge von Eisenlegierungen ebenfalls mit Namen belegt. So heißen der α-Mischkristall **Ferrit**, der γ-Mischkristall **Austenit** und der δ-Mischkristall δ-Ferrit. Das dichtere Austenitgitter verfügt mit seinen oktaedrischen Lücken, die einen Radius von $R = 50$ pm aufweisen, über relativ große Zwischengitterplätze und vermag daher deutlich mehr Kohlenstoffatome zu lösen als das krz-Ferritgitter. Beim krz-Gitter werden (vgl. B 1.2.2.1) Einlagerungen in die zweitgrößten, ebenfalls oktaedrischen Lücken mit $R = 20$ pm vorgezogen, weil von den die Oktaederlücke bildenden 6 Fe-Atomen nur die beiden in Würfelkantenrichtung liegenden Fe-Atome nächste Nachbaratome darstellen, die vier in der Würfelebene liegenden Fe-Atome nur zweitnächste Nachbarn sind und daher eine Lücke mit $R = 80$ pm erzeugen. Die Oktaederlücke im Ferritgitter ist also nicht gleichachsig, sondern in Würfelkantenrichtung gestaucht (Abb. B.4-2).
Da Kohlenstoffatome mit einem Radius von etwa 80 pm größer als die vom Eisengitter zur Verfügung gestellten Lücken sind, ist ihre Einlagerung mit einer beachtlichen Gitterverzerrung verbunden. Beim Ferrit liegt als Folge der gestauchten Oktaederlücke

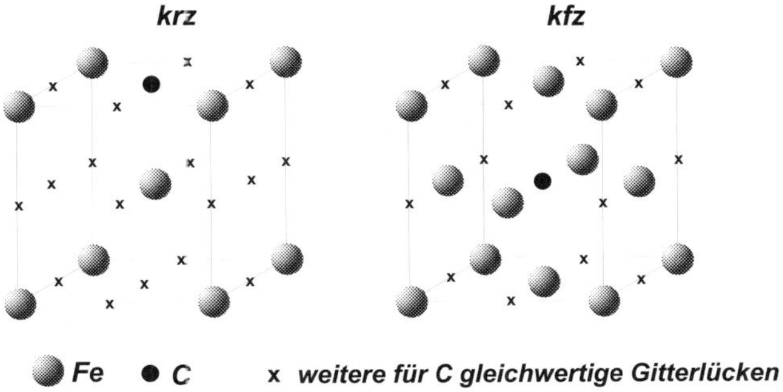

Abb. B.4-2 Gitterplätze von Kohlenstoff im kubisch-flächenzentrierten und im kubisch-raumzentrierten Fe-Gitter

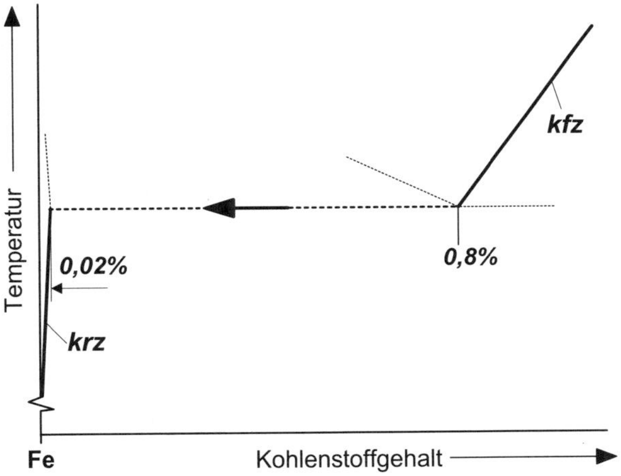

Abb.B.4-3 Maximale Löslichkeit von Kohlenstoff im kfz- und krz-Fe-Gitter

eine tetragonale Verzerrung vor, die jedoch bei statistischer Besetzung von Oktaederlücken zu einem insgesamt kubischen Ferritgitter führen. Die nach Abb. B.4-2 theoretisch möglichen Einlagerungsplätze können wegen der starken Gitterverzerrung im Gleichgewicht nur zu einem geringen Bruchteil eingenommen werden. Die maximalen Löslichkeiten von Kohlenstoff in Eisen betragen für das:

kfz-Gitter: *2,06* Gew.-% bei 1147°C und
0,80 Gew.-% bei 723°C,
krz-Gitter: *0,1* Gew.-% bei 1493°C (δ-Ferrit),
0,02 Gew.-% bei 723°C und
ca. *0,00001* Gew.-% bei Raumtemperatur.

Bereits bei 723 °C unterscheidet sich die Lösungsfähigkeit der beiden Gitterstrukturen um den Faktor 40 (Abb. B.4-3).

4.1.1.3 Verbindungsphasen

Wird durch Abkühlung die Lösungsfähigkeit von Eisen für Kohlenstoff überschritten, so werden entweder als *stabile Phase* elementarer Kohlenstoff mit Graphitstruktur oder *metastabile Verbindungsphasen* von Eisen mit Kohlenstoff (Carbide) ausgeschieden. Zur Bildung der Carbidphasen ist vor allem im festen Zustand eine geringere Keimbildungsarbeit als zur Graphitausscheidung erforderlich, so daß bei der Ausscheidung von Kohlenstoff aus einer C-übersättigten γ- oder α-Lösung im allgemeinen ein Carbid entsteht. Obwohl metastabil, verfügen die Carbide über eine bemerkenswerte Beständigkeit, nur bei hohen Temperaturen und sehr langen Glühzeiten können sie in das tatsächliche Gleichgewicht „Fe-C-Mischkristall und Graphit" übergehen.
Bei Temperaturen über 200 °C scheidet sich ein Eisencarbid der stöchiometrischen Zusammensetzung **Fe_3C** aus, das meist als **Zementit**, manchmal auch als θ-Carbid bezeichnet wird. Wegen des zu geringen Größenunterschiedes zwischen Fe- und C-Atomen ist eine einfache Einlagerung des Kohlenstoffs in die Lücken des Eisengitters nicht möglich, so daß vom Zementit ein eigenes, komplizierteres Gitter mit orthorhombischer Anordnung von je Elementarzelle 12 Fe-Atomen und 4 eingelagerten C-Atomen aufgebaut wird. Als Verbindungsphase weist Zementit eine relativ hohe Härte (ca. 1400 HV) auf, es zersetzt sich bei hohen Temperaturen und verhält sich unter 210 °C ferromagnetisch.
Ein weiteres wichtiges Eisencarbid ist das sog. **ε-Carbid** mit hexagonaler Struktur und einer zwischen Fe_2C und Fe_3C liegenden stöchiometrischen Zusammensetzung. An Kohlenstoff übersättigtes Eisen scheidet dieses Carbid bei Temperaturen zwischen 20 und 200 °C aus. Bei dem ε-Carbid handelt es sich um ein Übergangscarbid, das nur durch Ausscheidung bei bzw. unterhalb von 200 °C entsteht und bei Temperaturen oberhalb von 200 °C in Fe_3C umwandelt. Der Übergang ε-Carbid in Zementit erfolgt offenbar durch Keimbildung von Fe_3C an einer ε-Grenzfläche und Wachsen dieser Keime unter gleichzeitiger Auflösung der ε-Carbidteilchen.

4.1.1.4 Metastabile und stabile Phasenzustände

Bei Fe-C-Legierungen ist je nach der Ausbildung der kohlenstoffreichen Phase als Carbid Fe_3C oder als **Graphit** C zwischen metastabiler und stabiler Phasenausbildung zu unterscheiden. Die jeweilige Phasenausbildung wird dabei von den beiden Einflußfaktoren „chemische Zusammensetzung" und „Abkühlungsgeschwindigkeit" bestimmt. Der in einer Fe-C-Legierung enthaltene Kohlenstoff wird bei genügend hoher Temperatur in der Eisenschmelze vollständig gelöst. Eine homogene Fe-C-Schmelze erstarrt

- **vorzugsweise metastabil**, d. h. zu einem FeC-Mischkristall (δ-, γ-MK) und Fe_3C bei Anwesenheit sog. „Carbidstabilisierer" wie Mn, Mo, Zr, V und bei rascher Abkühlung,

- **vorzugsweise stabil**, d. h. zu einem FeC-Mischkristall (δ-, γ-MK) und C bei höheren C-Gehalten sowie Anwesenheit sog. „Graphitstabilisierer" wie Si, Al, Ti, Ni und bei langsamer Abkühlung.

Das bedeutet, daß für die metastabile oder stabile Erstarrung einer Fe-C-Schmelze, deren Zusammensetzung hinsichtlich carbid- bzw. graphitstabilisierender Zusätze nicht eindeutig in der einen oder anderen Richtung festgelegt ist, dann die Abkühlungsgeschwindigkeit ausschlaggebend ist. Insofern ist es durchaus möglich, daß ein dickwandiges Gußstück bei durch die Gießform und ihre Temperatur gegebenen Abkühlbedingungen im Randbereich metastabil und im Kern stabil erstarrt. Unabhängig von einer metastabilen oder stabilen Gefügeausbildung enthalten Fe-C-Legierungen von technischem Interesse stets weniger als 6,67 Gew.-%, in der Regel sogar weniger als 4,3 Gew.-% Kohlenstoff. Fehlt zukünftig bei allen Legierungsangaben ein ausdrücklicher Hinweis, so bedeuten Prozentangaben stets Gewichtsprozente, die von atomaren Prozentangaben beträchtlich abweichen können. So entsprechen 6,67 Gew.-% C in Fe einem atomaren Verhältnis von 25 Atom-% C und 75 Atom-% Fe. Es liegen also bei **6,67%C** und metastabiler Phasenausbildung **100% Fe_3C** (Zementit) vor. Die Umrechnung von Atom-% in Gewichts-% erfolgt nach:

$$G = (a_1 \cdot A_1 / \Sigma a_i \cdot A_i) \cdot 100,$$ wobei a = Atomgewicht, A = Atom-%, G = Gewichts-%.

Bei der Darstellung der metastabilen und der stabilen Phasengleichgewichte wird auf den technisch unbedeutenden Konzentrationsbereich über 6,67 % C hinaus immer verzichtet.

In Abb. B.4-4 sind das metastabile Fe-Fe_3C-Teilsystem und ein Teil des stabilen Fe-C-Zustandsdiagrammes wiedergegeben. Bei diesen Diagrammen handelt es sich um Legierungssysteme mit beschränkter Löslichkeit der Legierungskomponente Kohlenstoff im Matrixgitter Eisen mit

einer *peritektischen* Phasenreaktion

$\delta + S \rightarrow \gamma$ bei 0,17 %C und 1493 °C,

einer *eutektischen* Reaktion

$S \rightarrow \gamma + Fe_3C$ (C) bei 4,3 %C (4,25 %C) und 1147 °C (1153 °C) und

einer *eutektoiden* Reaktion

$\gamma \rightarrow \alpha + Fe_3C$ (C) bei 0,8 %C (0,69 %C) und 723 °C (738 °C).

Weiterhin hervorzuheben bleiben die allotropen Umwandlungen des Matrixgitters $\delta \rightarrow \gamma \rightarrow \alpha$ und die unterschiedlichen C-Löslichkeiten dieser Gitterstrukturen.

Im Fe-C-Diagramm sind zur leichteren Verständigung die Diagrammpunkte mit Buchstaben A bis Q und wichtige Diagrammlinien wie bereits erwähnt mit A_1, A_3 und A_{cm} („Haltepunkt" bei Zementitausscheidung) gekennzeichnet. **Die als Stähle bezeichneten Eisenwerkstoffe weisen *im allgemeinen* Kohlenstoffgehalte bis höchstens 2 % und stets eine metastabile Phasenausbildung auf.** Die Begrenzung auf 2 % C ist dadurch begründet, daß diese Legierungen durch Erwärmen unter Lösung des gesamten Anteiles an spröder Zweitphase Fe_3C noch in den gut verformbaren (schmiedbaren), einphasigen, kubisch-flächenzentrierten Austenit übergeführt werden können. Neben Kohlenstoff enthalten Stähle immer einen, bei ihrer Kennzeichnung nicht genannten, genügend großen Anteil an Zusätzen, die die metastabile Gefügeausbildung sicherstellen. Der Einfluß des Kohlenstoffgehaltes auf die Eigenschaften der Stähle kann in einer groben Näherung so charakterisiert werden, daß Stähle mit niedrigem C-Gehalt

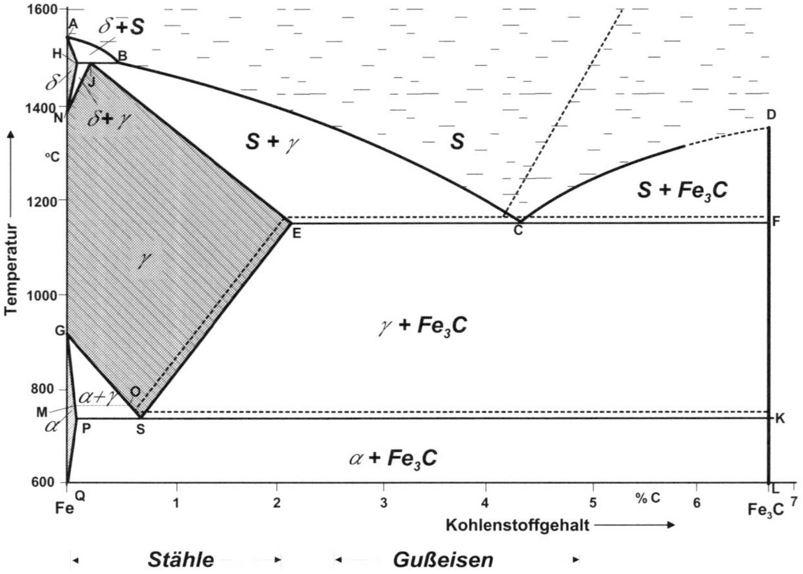

Abb. B.4-4 Zustandsdiagramm Fe-Fe_3C
Gestrichelte Diagrammlinien entsprechen dem stabilen System Fe-C

(ca. 0,1 %) weich und verformbar, Stähle mit mittlerem C-Gehalt (ca. 0,4 %) fest und zäh, Stähle mit hohem C-Gehalt (ca. 1,0 %) hart, verschleißfest und spröde sind. Diese Charakterisierung muß grob sein, weil gerade bei den Stählen die mechanischen Eigenschaften wesentlich stärker durch die Gefügeausbildung (Wärmebehandlungszustand!) als durch die chemische Zusammensetzung bestimmt sind.
Vorteilhafte Gießeigenschaften besitzen Legierungen mit eutektischer bzw. naheutektischer Zusammensetzung. Die **typischen Eisengußwerkstoffe** sind daher **durch höhere C-Gehalte gekennzeichnet**. Im Falle einer metastabilen Phasenausbildung besteht das Gefüge dann überwiegend aus hartem Zementit, so daß mit sehr sprödem Verhalten gerechnet werden muß. Diese Sprödigkeit läßt sich durch eine teilweise oder fast vollständige Umwandlung nach dem stabilen System (Umwandlung von Zementit in Graphit + FeC-MK) verringern (vgl. B 4.1.5).

4.1.2 Legierungen Fe-C, metastabil (unlegierte Stähle)

4.1.2.1 Gleichgewichtsnahe Gefüge (metastabil)

Eutektische Erstarrung

Eine mit 4,3%C eutektisch zusammengesetzte, einphasige Fe-C-Schmelze S befindet sich bei 1147 °C (Punkt C in Abb. B.4-4) in einem an Fe und an C gesättigten Zustand. Eine Unterkühlung führt zur Übersättigung der Schmelze an diesen beiden

Komponenten, und die Schmelze wird entsprechend einer eutektischen Erstarrungsreaktion in die bei der Unterkühlungstemperatur existierende eisenreiche Phase und kohlenstoffreiche Phase in relativ feiner Verteilung umgewandelt. Dies sind γ-Mischkristalle (Austenit) der Zusammensetzung E (2,0%C) und Fe_3C-Kristalle (Zementit). Das hierbei entstehende charakteristische Gefüge wird **Ledeburit** genannt (Abb. B.4-5,A).

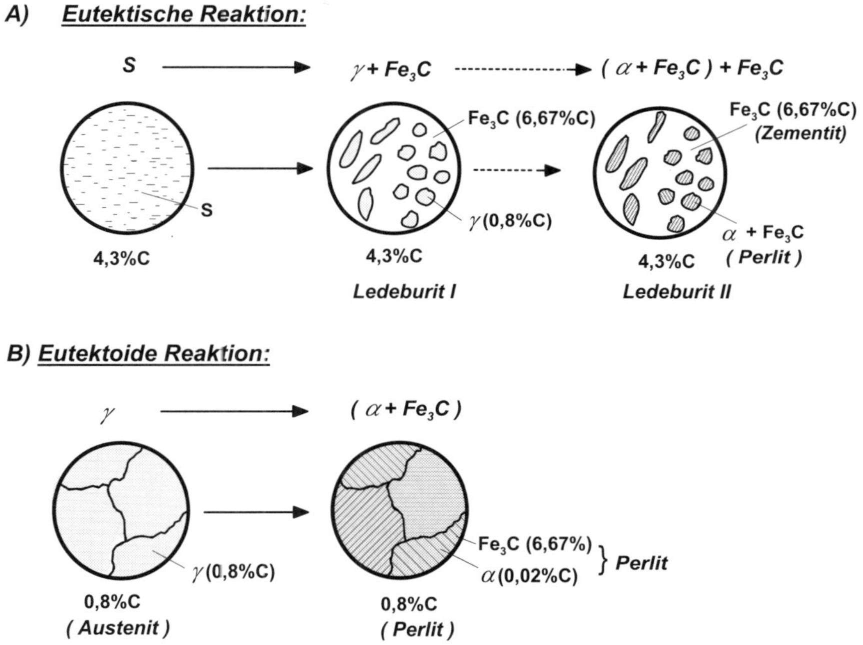

Abb. B.4-5 Eutektische und eutektoide Reaktionen im System Fe-Fe_3C

Austenit-Perlit-Umwandlung

Ein mit 0,8 % C eutektoid zusammengesetzter, einphasiger FeC-Mischkristall γ befindet sich bei 723 °C (Punkt S) in einem an Fe und an C gesättigten Zustand. Eine Unterkühlung führt zur Übersättigung des γ-Mischkristalls an Fe und C, und der γ-Mischkristall wird nun, wie bei einer eutektischen Reaktion, in die bei dieser Temperatur existierende eisenreiche und kohlenstoffreiche Phase in einer feinen, lamellaren Anordnung umgewandelt. Die eisenreiche Phase ist in diesem Fall ein α-Mischkristall der Zusammensetzung P (0,02 % C) und die kohlenstoffreiche Phase wiederum Zementit der Zusammensetzung K (6,67 % C). Das so entstandene charakteristische Gefüge wird **Perlit** genannt (Abb. B.4-5, B).
Eutektische und eutektoide Phasenumwandlungen stimmen in ihrem Reaktionsablauf vollständig überein mit dem Unterschied, daß im ersten Fall die Ausgangsphase flüssig, im zweiten Fall fest ist. In den Austenitkörnern des Ledeburits vollzieht sich bei

Unterschreiten der eutektoiden Temperatur noch die eutektoide Umwandlung in Perlit, so daß das ledeburitische Gefüge bei Raumtemperatur aus einem feinen Gemenge von Zementit und Perlit besteht, der sich seinerseits als zweiphasige Struktur aus Lamellen von α und Fe_3C zusammensetzt.
Die Keimbildung für die Perlitumwandlung beginnt im allgemeinen an einer Austenitkorngrenze mit einem in das Austenitkorn wachsenden Fe_3C-Keim. Unmittelbar neben diesem Keim vermindert sich die C-Konzentration im Austenit erheblich, so daß hier α-Keime entstehen können. Die Umwandlung in Ferrit hat eine Erhöhung der C-Konzentration im umgebenden Austenit zur Folge, wodurch dort nun wiederum die Zementitkeimbildung gefördert wird. Das Wachsen dieser „Perlit-Keime" in das Austenitkorn (Abb. B.4-6) mit einer fortschreitenden Reaktionsfront, in der die für die Perlitumwandlung erforderliche C-Diffusion sehr rasch erfolgt, veranlaßt so eine fortwährende, weitere und sich seitlich ausbreitende Keimbildung. Auf diese Weise erfolgt die Perlitumwandlung durch das Wachsen sog. Perlitkolonien, wobei sich mehrere voneinander unabhängige Kolonien in einem γ-Korn ausbreiten können. Ferrit- und Zementitlamellen innerhalb einer Kolonie stehen in ihren kristallographischen Ausrichtungen zueinander stets in einer festgelegten Beziehung, während eine solche Orientierungsabhängigkeit zu dem γ-Korn, in das die Perlitlamellen vordringen, nicht besteht. Der Abstand der Perlitlamellen nimmt mit zunehmender Unterkühlung ab, so daß bei hohen Umwandlungstemperaturen groblamellare, bei tieferen fein- bis feinstlamellare Strukturen entstehen. Bei isothermer Umwandlung bleibt der Lamellenabstand während des Wachstums konstant.

Umwandlungen von Legierungen mit C-Gehalten von 0,02 bis 3,0 %

Beispielhaft beschrieben werden die Gefügeumwandlungen von drei Legierungen gemäß Abb. B.4-7 mit C-Gehalten von 0,4% (I), 1,2% (II) und 3,0% (III).

Legierung I (0,4 %): Bei der Temperatur T_2 befindet sich die Legierung I im Existenzbereich der γ-Phase, das Gefüge ist einphasig, der gesamte Kohlenstoff von 0,4% ist im kfz-Gitter gelöst.

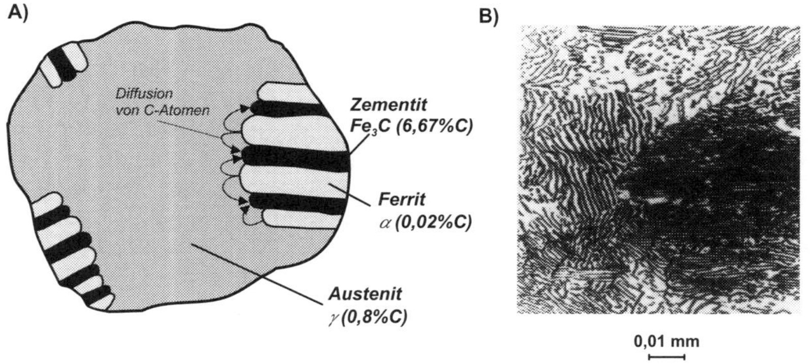

Abb. B.4-6 Umwandlung von Austenit (γ) in Perlit (α+Fe_3C)
A) Schematisch B) Realgefüge von Perlit, lichtmikroskopisch

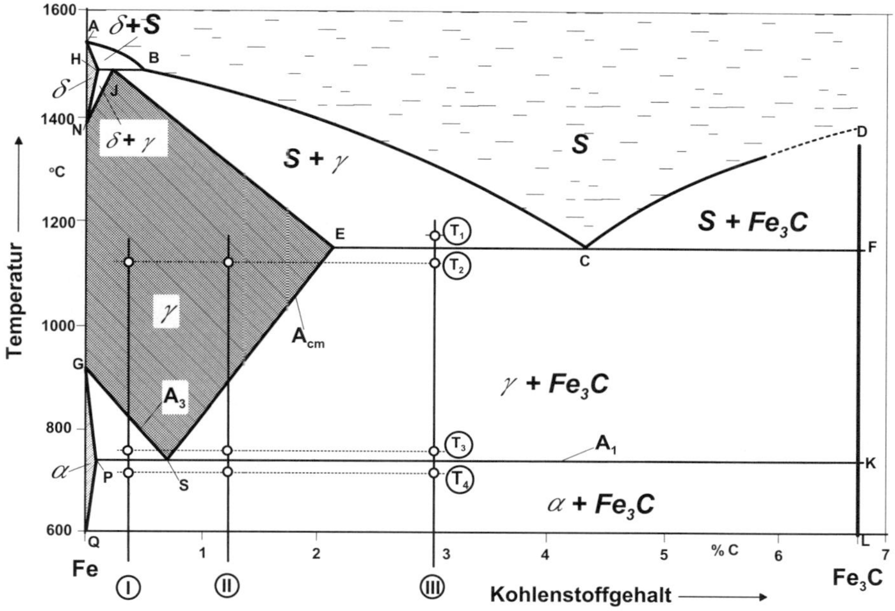

Abb. B.4-7 Legierungen I, II und III im Zustandsdiagramm Fe-Fe_3C

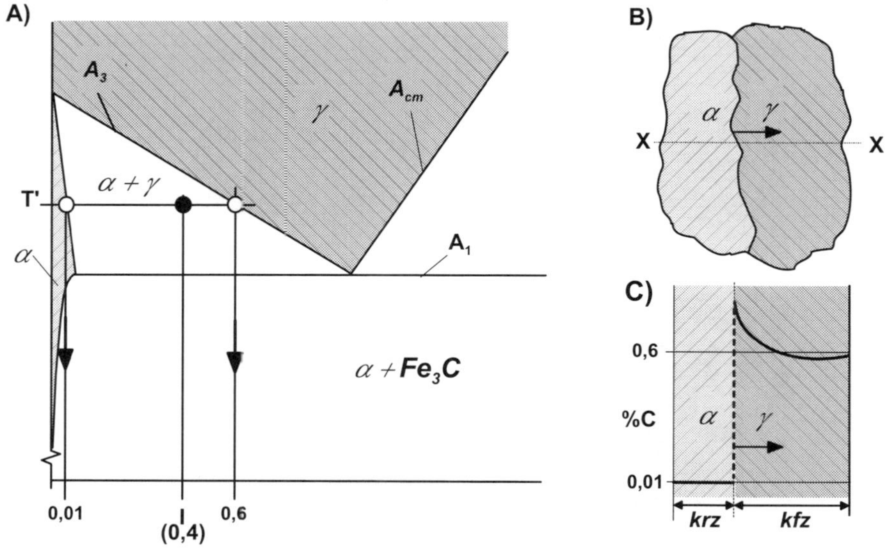

Abb.B.4-8 Ausscheidung voreutektoiden Ferrits (α) aus Austenit (γ)
A) Gleichgewichtsdiagramm
B) Grenzfläche α/γ
C) Verlauf der C-Konzentration im Schnitt x-x

Mit Erreichen der Linie A_3 ist die Legierung an Fe gesättigt, es wird bei Unterschreiten dieser Temperatur die im Gleichgewicht existierende eisenreiche Phase α gebildet. Die Keimbildung der kohlenstoffarmen α-Körner erfolgt an den Korngrenzen der γ-Phase. Vor den sich beim Wachsen der α-Keime ausbreitenden Korngrenzen diffundiert der überschüssige, im α-Gitter nicht lösliche Kohlenstoff in das verbleibende Austenitgitter und erhöht dort den Kohlenstoffgehalt auf einen für die jeweilige Temperatur durch die A_3-Linie gegebenen Wert.
Dieser Zustand ist in Abb. B.4-8 schematisch dargestellt. Für eine Temperatur T' ergeben sich ein Mengenverhältnis von etwa 1/3 α- und 2/3 γ-Phase (abgewandte Hebel) und C-Gehalte von 0,01% im Ferrit- und 0,6 % im Austenitgitter. Die sich in das γ-Korn hineinbewegende α-Korngrenze schiebt eine schmale Zone erhöhter Kohlenstoffkonzentration vor sich her (Abb. B.4-8).
Der Gitterumbau kfz in krz erfolgt unmittelbar nach Abdiffusion des Kohlenstoffs, also in der wandernden α/γ-Grenzfläche. Ausscheidungsvorgänge, insbesondere im festen Zustand, verlaufen stets nach einem solchen Schema.
Bei T_3 (vgl. Abb. B.4-7 und B.4-9) beträgt die C-Konzentration im Austenit ungefähr 0,8 %. Das Gefüge besteht dann zu etwa 50 % aus voreutektoidem Ferrit und zu 50 % aus Austenit eutektoider Zusammensetzung. Dieser Austenit wandelt bei Unter schreiten der A_1-Linie eutektoid zu Perlit um (T_4).
Das Ergebnis ist ein ferritisch-perlitischer Gefügezustand, der in seiner Entstehung und seinem Aussehen dem einer untereutektischen Legierung entspricht. Dieses Gefüge ist typisch für Stähle mittleren C-Gehaltes, die aus einem austenitisierten Zustand an Luft abgekühlt wurden.

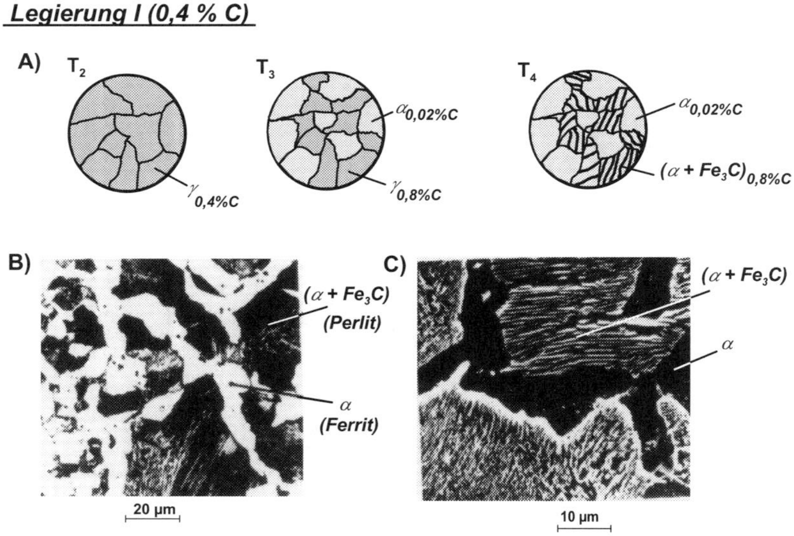

Abb. B.4-9 Gefügeausbildung einer untereutektoiden Fe-Fe_3C-Legierung
A) Schematische Gefügeausbildung
B) Realgefüge, licht-mikroskopisch
C) Realgefüge, rasterelektronen-mikroskopisch

Legierung II (1,2 %): Der bei Temperatur T_2 in Abb. B.4-7 bestehende Austenit ist mit Erreichen der Linie A_{cm} an Kohlenstoff gesättigt und scheidet bei Unterschreiten dieser Sättigungslinie an den Korngrenzen übereutektoiden Zementit aus. Der Kohlenstoffgehalt im Austenit verringert sich dabei entsprechend seiner Sättigungslinie A_{cm} und erreicht bei T_3 wiederum eutektoide Zusammensetzung. Bei Unterkühlung unter A_1 folgt die eutektoide Umwandlung des Austenits in Perlit (T_4). Außer an den Korngrenzen kann in untereutektoiden und übereutektoiden Stählen eine Perlitkeimbildung auch am voreutektoiden Ferrit bzw. Zementit stattfinden. Die Gitterorientierungen von voreutektoidem Ferrit bzw. Zementit und Ferrit bzw. Zementit im Perlit sind dann jeweils identisch.

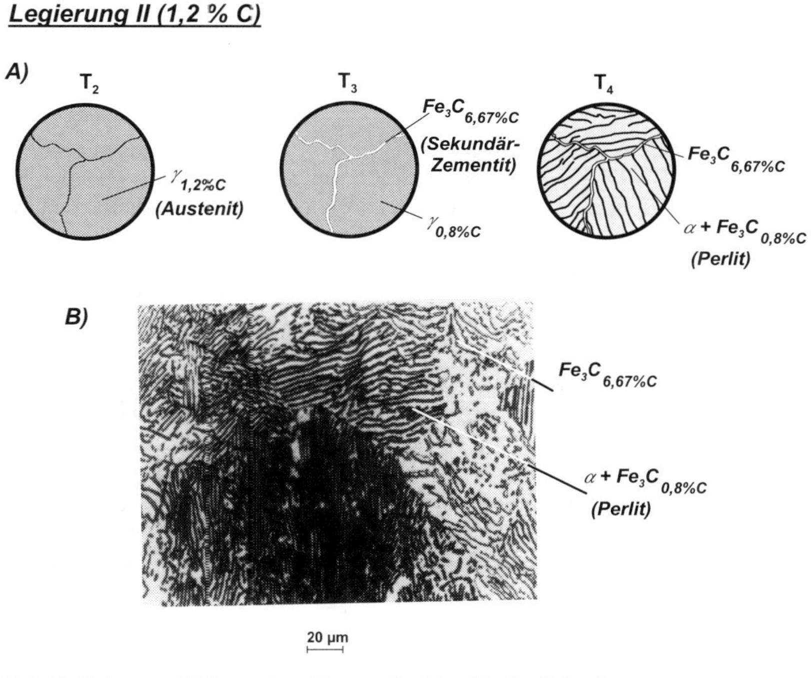

Abb. B.4-10 Gefügeausbildung einer übereutektoiden Fe-Fe_3C-Legierung
A) Schematische Gefügeausbildung B) Realgefüge, lichtmikroskopisch

Für die vorliegende Legierung (Abb. B.4-10) lassen sich die Mengen der Phasen- bzw. der Gefügebestandteile mit Hilfe der Hebelbeziehung wie folgt bestimmen:

- Menge des perlitischen Gefüges und des Korngrenzenzementits:
  Menge Perlit = K-II / K-S = 6,67-1,2 / 6,67-0,8 = 5,47 / 5,81 = 0,93,
  d.h. 93 % Perlit bzw. 7 % Korngrenzenzementit

- Menge der α- und der Fe_3C-Phase:
  Menge α = K-II / K-P = 6,67-1,2 / 6,67-0,02 = 5,47 / 6,65 = 0,82,
  d. h. 82 % α bzw. 18 % Fe_3C.

Ein Stahl mit 1,2%C enthält in seinem Gefüge bereits 18 % der spröden Fe_3C-Phase und ist demzufolge wegen mangelnder Verformbarkeit bzw. Zähigkeit für Bauteile weniger gut, dagegen wegen beachtlicher Verschleißfestigkeit für Werkzeuge durchaus brauchbar. Durch geeignete Wärmebehandlung, wie Härten und Vergüten und die hierdurch erreichbaren Gefügeeinstellungen, können diese Eigenschaften noch erheblich verbessert werden.

Legierung III (3,0 %): Eine Schmelze dieser Legierung ist in ihrer Aufnahmefähigkeit für Fe-Atome entsprechend der Liquiduslinie ABC beschränkt, aus der Schmelze mit 3 % C wird bei Unterschreiten der Eisensättigungslinie BC die nächste bei dieser Temperatur existierende eisenreiche Gleichgewichtsphase ausgeschieden. Im vorliegenden Fall handelt es sich um Austenitkörner, deren Mengenanteil bei Temperatur T_1

$$\text{C-III / C-E} = 4{,}3\text{-}3{,}0 \;/\; 4{,}3\text{-}2{,}0 = 1{,}3 \;/\; 2{,}3 = 0{,}56, \text{ d.h. } 56\,\% \text{ beträgt.}$$

Um in der Gefügedarstellung die bei realen Erstarrungsvorgängen entstehenden Kristallitformen zu berücksichtigen, ist dem Austenitkorn in Abb. B.4-11,A) eine dendritische Form gegeben worden. Die bei T_1 vorhandene Restschmelze weist eutektische Zusammensetzung auf und erstarrt bei Unterkühlung ledeburitisch (T_2). Während der Abkühlung von T_2 auf T_3 verringert sich der C-Gehalt in den austenitischen Gefügebereichen gemäß Linie A_{cm} von 2,0 auf 0,8 %. Hierbei wird Fe_3C an den Korngrenzen des Austenits ausgeschieden, das in Abb. B.4-11 nicht dargestellt ist. Der bei T_3 eutektoid zusammengesetzte Austenit wandelt bei Abkühlen auf T_4 in Perlit um.
Die für die Legierungen I, II und III beschriebenen Umwandlungsvorgänge und die dabei entstandenen Gefüge bilden sich bei langsamer Abkühlung z. B. an Luft. Sie können daher als gleichgewichtsnah betrachtet werden. Dennoch ist zu beachten, daß die infolge der Perlitreaktion entstandene Lamellenstruktur der Phasen Ferrit und Zementit wegen der sehr großen gemeinsamen Phasengrenzfläche nicht dem thermodynamischen Gleichgewicht entspricht und sich bei langem Halten auf Temperaturen dicht unterhalb A_1 in ein Gefüge von kugeligen Zementitteilchen in ferritischer Matrix „umlöst“ (vgl. Weichglühen). Als treibende Reaktionskraft wirkt bei diesem Vorgang das Streben nach Verminderung der in Grenzflächen gespeicherten Bindungs- bzw. Verzerrungsenergie.
Bei Abkühlung von T_4 auf Raumtemperatur finden Gefügeänderungen nur noch insofern statt, als sich die Kohlenstofflöslichkeit des Ferrits von 0,02 % bei 723 °C auf ca. 10^{-5} % bei 20 °C vermindert. Die abnehmende C-Löslichkeit wird bei sehr langsamer Abkühlung durch entsprechende Zementitausscheidungen ausgeglichen. In überwiegend ferritischen Gefügen (< 0,2 % C) ist dieser mengenmäßig unerhebliche Zementitanteil als Korngrenzenausscheidung zu finden, während er in kohlenstoffreicheren Stählen überwiegend an den Zementitlamellen des Perlits ausscheidet und so metallographisch nicht mehr erkennbar wird. Wird der Stahl dagegen rasch von $T < 723$°C abgekühlt, so wird die diffusionsabhängige Fe_3C-Ausscheidung unterdrückt, und der Ferrit weist eine mäßige Kohlenstoffübersättigung auf. Die schon von Temperaturen oberhalb 100 °C mögliche Diffusion von Kohlenstoff im Ferritgitter läßt die Ausscheidung von ε-Carbid, bei höheren Temperaturen von feinen

Zementitteilchen Fe_3C zu. Diese Ausscheidungen rufen im Sinne einer Aushärtung Behinderungen von Versetzungsbewegungen hervor und damit Steigerungen der Festigkeit, aber auch Einbußen an Verformbarkeit und Zähigkeit.

Legierung III (3,0%C)

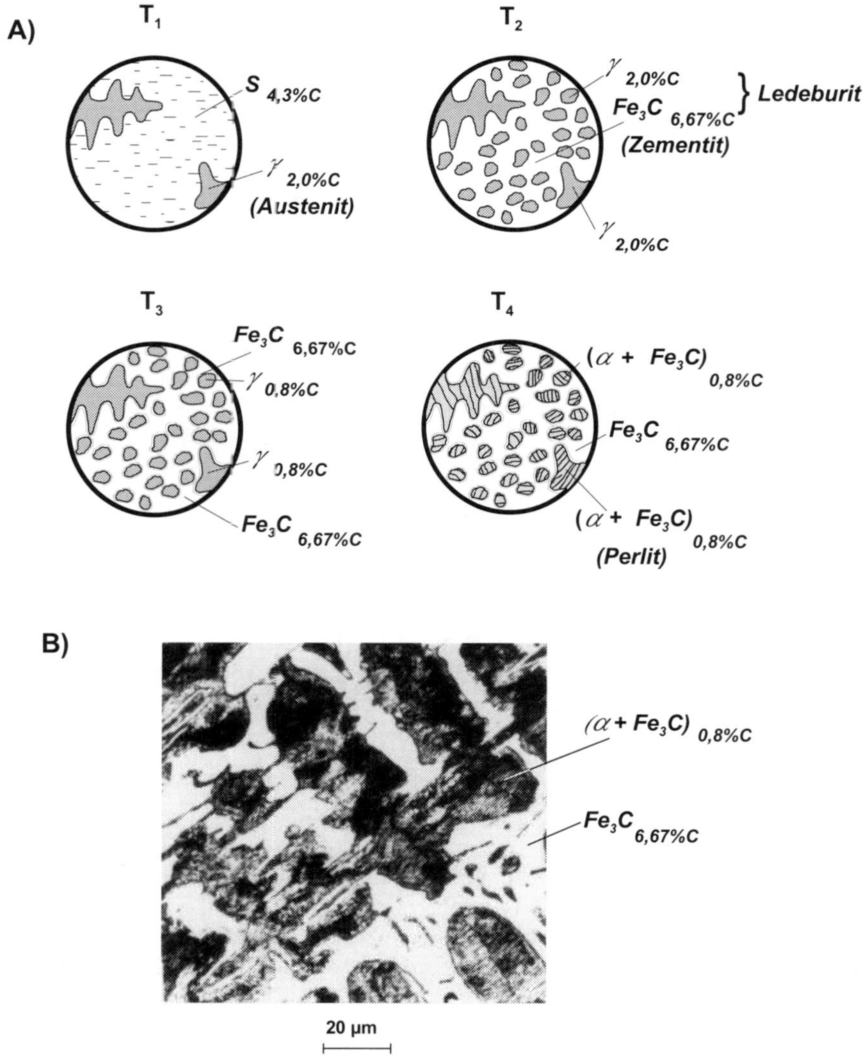

Abb. B.4-11 Gefügeausbildung einer untereutektischen Fe-Fe_3C-Legierung
A) Schematische Gefügeausbildung
B) Realgefüge, lichtmikroskopisch

4.1.2.2 Ungleichgewichtige Gefüge (metastabil)

Austenit-Umwandlung bei erhöhter Abkühlungsgeschwindigkeit

Durch eine Erhöhung der Abkühlungsgeschwindigkeit werden tiefere Umwandlungstemperaturen, d. h. größere Unterkühlungen des Austenits und damit größere Keimdichten für die Phasenbildung erreicht. Gleichzeitig werden kompakte, globular geformte Gefüge mit einer breiten Wachstumsfront, deren Aufbau längere Zeit in Anspruch nimmt, in ihrer Ausbildung zugunsten lamellarer, nadeliger oder plattenförmiger Gefügeformen mit höherer Reaktionsgeschwindigkeit unterdrückt. So führen beispielsweise bei einem Stahl mit 0,5 % C zunehmende Abkühlgeschwindigkeiten zu einer Verminderung der voreutektoiden Ferritausscheidung, weil die Austenitumwandlung bedingt durch die tieferen Transformationstemperaturen bereits vor Abschluß der voreutektoiden Ferritausscheidung lamellar-perlitisch abläuft. Der dann nur noch von einem schmalen Ferritnetz umgebene Perlit ist wegen der erhöhten Keimbildung feinlamelliert und enthält aufgrund der abnehmenden Ausscheidung von freiem Ferrit mehr „Lamellenferrit" als der Gleichgewichtszusammensetzung von 0,8 % C entspricht (Abb. B.4-12).

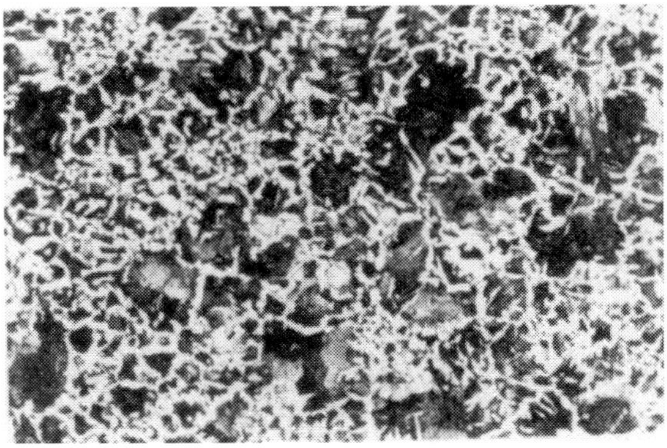

0,1 mm

Abb. B.4-12 Gefüge einer untereutektoiden Fe-Fe_3C-Legierung (C = 0,45 %) nach beschleunigter Abkühlung aus dem Austenitgebiet, lichtmikroskopisch

In Stählen tritt häufig bei beschleunigter Abkühlung eine nadelige bis plattenförmige Ferritausscheidung auf. Die Nadeln wachsen von den Austenitkorngrenzen oder bilden sich auch innerhalb der Austenitkörner. In beiden Fällen sind die Ferritnadeln in bestimmten kristallographischen Richtungen des Austenits und späteren Perlits ausgeschieden. Eine solche Struktur mit bevorzugter Orientierung der Ausscheidungen in der Matrixphase nennt man Widmannstättenstruktur. Die Keimbildung einer Widmannstätten-Ausscheidung beginnt offenbar mit einer zur Matrix kohärenten Grenzfläche. Durch den engen Zusammenhang der Gitterorientierungen wird die Grenzflächenenergie zwischen beiden Phasen vermindert und so diese Ausscheidungsform unter den gegebenen Bedingungen begünstigt. Widmannstättensche und dendritische

Struktur können als äquivalente Formen fester Ausscheidungen in einer festen bzw. in einer flüssigen Phase angesehen werden. Eine Widmannstättensche Ferritbildung findet sich im allgemeinen bei Stählen vor allem mit C-Gehalten von etwa 0,2 bis 0,4%, wenn ihr Gefüge im Austenitgebiet durch hohe Temperaturen vergröbert war (Abb. B.4-13). Diese Gefügeausbildung sollte wegen verminderter Zähigkeitseigenschaften entweder vermieden oder, sofern ihre Entstehung nicht verhindert werden konnte, anschließend durch eine geeignete Wärmebehandlung (sog. Normalglühen) beseitigt werden. Auch in übereutektoiden Stählen werden bei erhöhten Abkühlgeschwindigkeiten Widmannstättensche Ausscheidungsformen des übereutektoiden Zementits beobachtet.

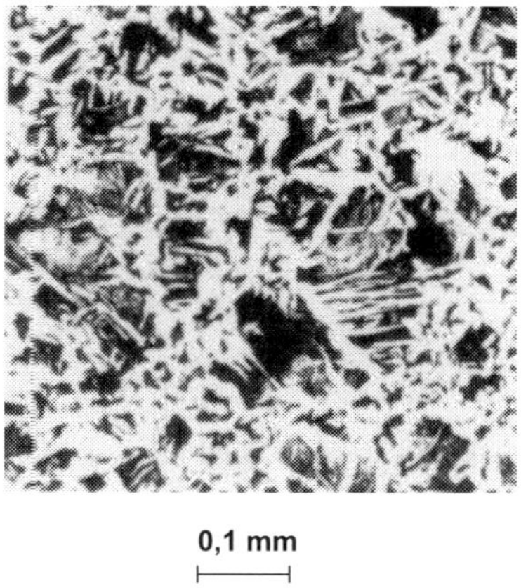

Abb. B.4-13 Widmannstättensche Ferritausbildung in einer Fe-Fe_3C-Legierung ($C = 0{,}45\%$), lichtmikroskopisch

Eine weitere Erhöhung der Abkühlungsgeschwindigkeit führt zunächst zu einer immer feineren Lamellierung des Perlits, dessen mikroskopische Auflösung als lamellare Struktur dann nur noch mit elektronenoptischen Hilfsmitteln möglich ist, und schließlich zu Gefügen, die durch starke (**Bainit**) oder vollständige (**Martensit**) Behinderung von diffusionsgesteuerten Vorgängen zustande kommen.

Austenit-Martensit-Umwandlung (Härten)

Die allgemeinen Merkmale martensitischer Umwandlungen wurden bereits in Abschnitt B 1.3.3.3 beschrieben. Die Umwandlung eines kohlenstoffhaltigen Austenits erfolgt martensitisch, wenn er mit so hoher Geschwindigkeit abgekühlt wird, daß die Diffusion von Kohlenstoff und damit die Bildung kohlenstoffarmer und kohlenstoffreicher Bezirke sowie deren leichte Umwandlung in Ferrit und Zementit unterbleiben. Führt die Unterkühlung des kohlenstoffhaltigen Austenits zu einer ausreichend großen treibenden Reaktionskraft, so wird die Umwandlung des kfz-Eisengitters hoher Kohlenstofflöslichkeit in das krz-Eisengitter außerordentlich geringer Kohlenstofflöslichkeit auch gegen die infolge C-Übersättigung große Umwandlungshemmung erzwungen.

Die mit M_s und M_f bezeichneten Temperaturen, bei denen diese diffusionslos ablaufende Zwangsreaktion beginnt bzw. beendet ist, hängen außer vom C-Gehalt vor allem vom Gehalt an N, Mn und Ni ab, von Elementen, die das austenitische Eisengitter stabilisieren und daher die Martensitumwandlung zu tieferen Temperaturen verschieben (Abb. B.4-14).

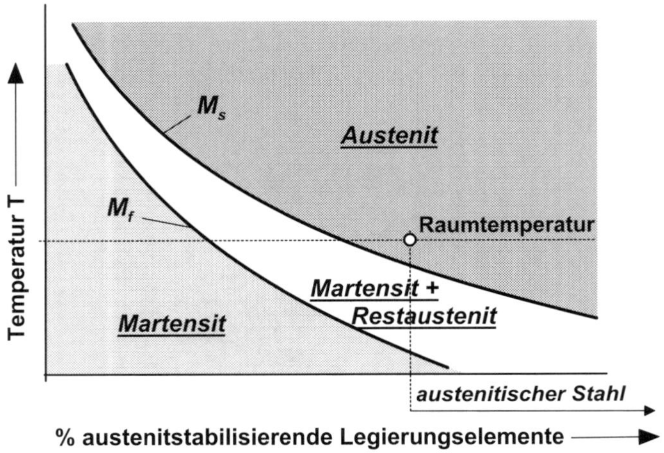

Abb. B.4-14 Einfluß von Legierungselementen auf die Martensitumwandlung

Hierdurch kann bei erhöhten Legierungsgehalten nicht nur ein bestimmter Restanteil des ansonsten martensitischen Gefüges austenitisch bleiben (sog. Restaustenit), sondern es verbleibt das gesamte Stahlgefüge bei Raumtemperatur metastabil im Austenitzustand, wenn die Martensitstarttemperatur M_s unterhalb von Raumtemperatur liegt (austenitische Stähle).

Es wird angenommen, daß sich der Kohlenstoff sowohl im kfz- als auch im krz-Eisengitter vorzugsweise in oktaedrische Zwischengitterplätze einlagert. Die Einlagerung im Ferritgitter hat -wie bereits ausgeführt- eine anisotrope Gitterverzerrung zur Folge. Wird nun ein kfz-Gitter in ein krz-Gitter transformiert, so sind die Oktaederplätze der ehemals kfz-Struktur nur mit einer Art Oktaederlücken der krz-Struktur identisch, die in Abb. B.4-15 mit dem Zeichen „o“ markiert sind. Findet die Gittertransformation ohne Diffusion des Kohlenstoffs statt, so sind in der an C übersättigten krz-Lösung auch nur diese identischen Oktaederplätze besetzt.

Da ein in eine „gestauchte“ krz-Oktaederlücke eingelagertes C-Atom nicht eine gleichmäßige „kubische“ Gitteraufweitung verursacht, sondern das kubische Gitter bevorzugt in einer Richtung (tetragonal) dehnt und die Einlagerung nur auf einer speziellen Sorte ansonsten gleichartiger Gitterplätze erfolgt, werden alle mit C besetzten Elementarzellen eines Martensitkristallits in gleicher Weise tetragonal verzerrt. Die Verzerrung wird durch ein Achsenverhältnis $c/a > 1$ angegeben. Die tetragonal-raumzentrierte Gitterstruktur (trz) des Martensits hängt also mit der diffusionslosen Gitterumwandlung zusammen, wodurch die einachsige Verzerrung der Elementarzellen innerhalb eines Martensitkristalls eine gemeinsame Ausrichtung erfährt.

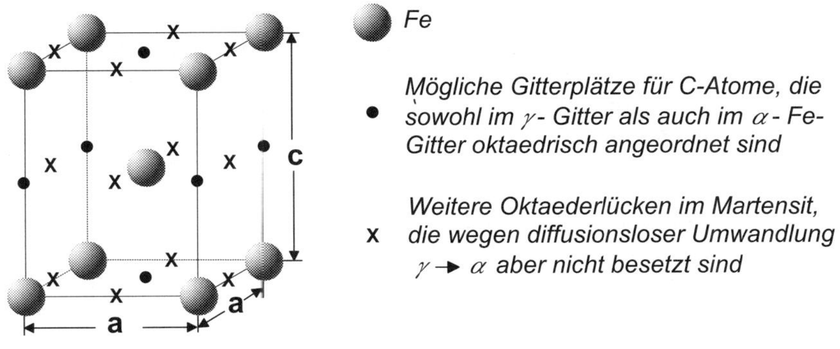

Abb. B.4-15 Besetzung von Gitterlücken durch C-Atome im Martensitgitter (nach Lit. B.30)

Über den Vorgang der Martensitumwandlung, der einer direkten Beobachtung ja nicht zugänglich ist, bestehen modellhafte Vorstellungen, die mit den Ergebnissen experimenteller Untersuchungen in Einklang stehen müssen. Ohne auf z.T. recht komplizierte kristallografische Details einzugehen, sollen die wesentlichen Grundzüge dieses Modells kurz beschrieben werden. Hiernach erfolgt die Martensitumwandlung durch einen besonderen Deformationsvorgang, der aus den beiden Teilvorgängen einer „gitterändernden" und einer „nichtgitterändernden" Deformation besteht. Mit der gitterändernden Deformation wandelt das kfz-Eisengitter durch eine relativ einfache Scherung, wobei es zu den erwähnten kooperativen Atombewegungen (vgl. B 1.3.3.3) kommt, in ein tetragonal-raumzentriertes Gitter um. Ein kfz-Gitter mit dem Gitterparameter a_γ besteht nach Abb. B.4-16 auch aus Elementarzellen eines trz-Eisengitters mit den Parametern $a' = a_\gamma/\sqrt{2}$ und $c' = a_\gamma$.
Dieses trz-Gitter muß nun durch eine Stauchung von c′ auf c_M und eine Dehnung von a′ auf a_M die Abmessungen des wirklichen Martensitgitters erhalten. Stauchung von c′ und Dehnung von a′ ergeben aber insgesamt eine Scherung. Ein derartiger Umwandlungsmechanismus kann als wahrscheinlich angesehen werden, weil die erforderlichen Atombewegungen sich hierbei auf kürzeste Entfernungen beschränken.

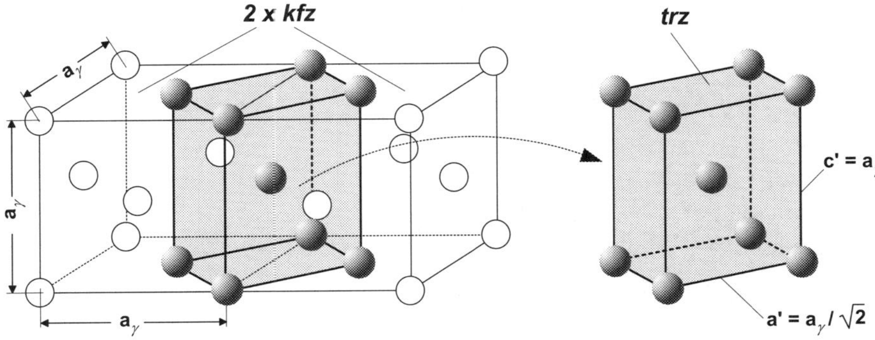

Abb.B.4-16 Darstellung einer tetragonal-raumzentrierten Elementarzelle in einer kubisch-flächenzentrierten Struktur (nach Lit.B.30)

Die Umwandlung ist neben einer Volumenvergrößerung von etwa 3 % auch mit einer Änderung der Gestalt der umgewandelten Kristallbereiche verbunden, die in einem kompakten Werkstoff sehr hohe Volumen- und Grenzflächenspannungen erzeugen. Hierdurch wird die Umwandlung in starkem Maße gehemmt. Zur Überwindung der Hemmungen muß eine ausreichende Austenitunterkühlung auf M_s bzw. M_f vorliegen. Wie jede Phasenänderung läuft auch die Martensitumwandlung nach einem Mechanismus ab, der unter Berücksichtigung der gegebenen Umstände einen Zustand minimaler Energie herbeiführt. Zwecks Verminderung vor allem der durch die Gestaltänderung bedingten Volumenspannungen überlagert sich der gitterumwandelnden, über weite Bereiche homogenen Scherung eine zusätzliche innere, lokale Deformation, durch die die umgewandelten Bereiche wieder ihrer äußeren Ausgangsform angepaßt werden. Diese Anpassungsverformung kann durch Versetzungsbewegung oder durch Zwillingsbildung zustande kommen. Da die Bildung von Zwillingen im allgemeinen höhere Spannungen erfordert als die Bewegung von Versetzungen, nimmt der Anteil der Zwillingsbildung an der inneren Martensitdeformation mit höheren Legierungsgehalten und niedrigeren Umwandlungstemperaturen zu.
Zur weiteren Reduzierung der Volumenspannungen vollzieht sich die Umwandlung in schmalen latten-, platten- oder nadelförmigen Bereichen. Dabei bilden die austenitische Ausgangsphase und die martensitische Umwandlungsphase eine teilkohärente, ebene, mitunter auch linsenförmige Phasengrenzfläche niedriger Grenzflächenenergie.

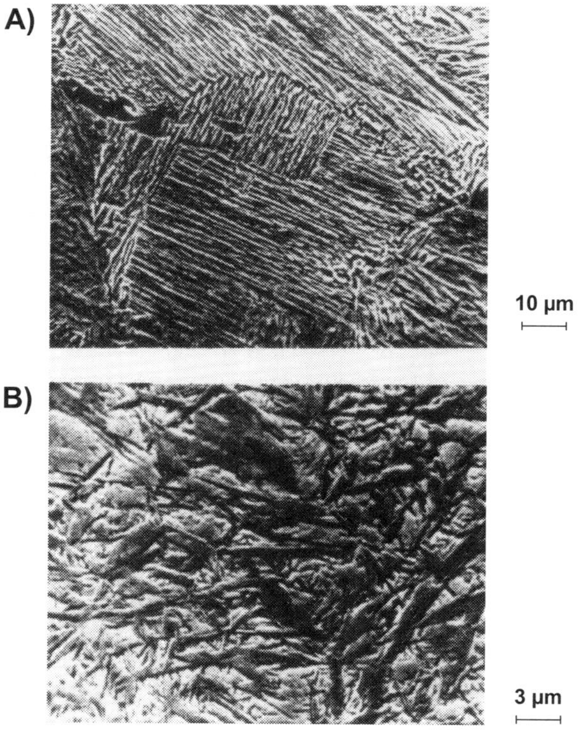

Abb. B.4-17 Martensitgefüge, rasterelektronenmikroskopisch
A) Massivmartensit, C = 0,2%
B) Plattenmartensit, C = 1,0%

Das metallographische Aussehen und die innere Struktur des Martensits hängen stark vom Kohlenstoffgehalt ab. Das Feingefüge des Martensits unlegierter und niedriglegierter Stähle mit C-Gehalten bis etwa 0,5 % besteht aus annähernd parallelen, lattenähnlichen Subkörnern, die zu größeren Bündeln oder Paketen zusammengefaßt sind (Abb. B.4-17, A). Das Lichtmikroskop vermag nur die Paketstruktur aufzulösen, zur Sichtbarmachung der Latten und insbesondere der für die Latten charakteristischen hohen Versetzungsdichte bedarf es schon elektronenoptischer Hilfsmittel. Das Martensitgefüge von Stählen höheren Kohlenstoffgehaltes (C > 1 %) besteht dagegen aus einzelnen linsenförmigen Platten unterschiedlicher Größe, die nicht parallel, sondern in bestimmten Winkeln zueinander angeordnet sind (Abb. B.4-17, B). Da in der deutschen Sprache die Begriffe „Latten-" und „Plattenmartensit" phonetisch sehr ähnlich klingen, wird hier für den Lattenmartensit die Bezeichnung „Massivmartensit", die sich von der Paketstruktur herleitet, zur Vermeidung von Mißverständnissen allgemein bevorzugt. Während für den Massivmartensit eine hohe Versetzungsdichte kennzeichnend ist, liegt im Plattenmartensit -neben ebenfalls relativ hoher Versetzungsdichte- eine ausgeprägte Zwillingsstruktur vor. Beginnend bei etwa 0,4 bis 0,5 % geht mit steigendem C-Gehalt die Lattenmorphologie allmählich in die bei ca. 1 % C voll ausgebildete Plattenmorphologie über (sog. Mischmartensit).
Ein besonderes Merkmal martensitischer Fe-C-Legierungen ist ihre hohe Härte, die beim Härten von Stahl technologisch ausgenutzt wird. Von entscheidendem Einfluß auf die Härte von Martensit ist die Menge an zwangsgelöstem Kohlenstoff, daneben trägt die auf den martensitischen Umwandlungsmechanismus zurückzuführende hohe Dichte an Versetzungen bzw. Zwillingsgrenzen zusätzlich zur Festigkeitssteigerung bei. Als weiterer Einflußfaktor für das mechanische Verhalten martensitischer Gefüge bzw. aus ihnen entstehender Folgegefüge (Vergütungsgefüge) ist die Korngröße zu beachten. Als Martensitkorn kann jeweils ein Lattenpaket bzw. eine Martensitplatte angesehen werden. Oft wird in diesem Zusammenhang die Korngröße des ehemaligen Austenits als Bewertungsmaßstab herangezogen, weil die Größe der Martensitlatten bzw. -platten zum einen von der Austenitkorngröße abhängt und zum anderen die ursprüngliche Austenitkorngröße einfacher zu bestimmen ist.
Wird die Abkühlung bei einer Temperatur T' zwischen M_s und M_f unterbrochen, nachdem also ein bestimmter Gefügeanteil bereits in Martensit umgewandelt wurde, so tritt eine Stabilisierung des noch verbliebenen Restaustenits ein. Die Stabilisierung äußert sich darin, daß in diesem Fall bei weiterer Abkühlung auf eine Temperatur T'' weniger Austenit in Martensit umgewandelt wird, als wenn der Austenit ohne Unterbrechung auf T'' unterkühlt worden wäre. Es wird angenommen, daß die Stabilisierung während der Haltezeit auf T' durch Umlagerungen von Versetzungen in der Grenzfläche Martensit/Restaustenit und Blockierung solcher Versetzungen durch C-Atome verursacht wird. Das Weiterwachsen der Platten wird dadurch erschwert. Hiermit läßt sich auch erklären, daß der Stabilisierungseffekt um so größer wird, je mehr Martensit gebildet wurde, was, bedingt durch die bei der Umwandlung auftretenden Volumen- und Formänderungen, zu höheren Versetzungsdichten im Grenzbereich Martensit/Austenit führt. Beachtenswert ist, daß die Martensite von C-armen Fe-Legierungen und auch von Nichteisenmetallen wesentlich geringere Härtewerte und geringere Sprödigkeit als die von C-reicheren Fe-Legierungen aufweisen.

Austenit-Bainit-Umwandlung

Austenit wandelt bei hohen Temperaturen (720 bis etwa 550 °C) diffusionsgesteuert in Perlit, bei tiefen Temperaturen ($T < M_s$) diffusionslos in Martensit um. Im dazwischen liegenden Temperaturbereich erfolgt die Umwandlung des Austenits in ein als Bainit bezeichnetes feines Gemenge von Ferrit und Carbid nach einem Mechanismus, der sowohl Merkmale einer diffusionsgesteuerten wie auch einer diffusionslosen Umwandlung enthält. Ein entscheidender Unterschied zur Perlitumwandlung besteht darin, daß die Bainit-Reaktion grundsätzlich mit der Bildung von Ferritkeimen beginnt und die Carbidausscheidung nachfolgt. Auch der Unterschied zur Martensitumwandlung ist mit dem Auftreten von mittels Diffusion gebildeten Carbiden eindeutig. Das Gefüge und der strukturelle Aufbau von Bainit hängen vor allem von der Bildungstemperatur des Bainits ab. Hiernach können zwei Hauptformen unterschieden werden, der obere Bainit mit Bildungstemperaturen im Bereich etwa 350 bis 550 °C und der untere Bainit, der aus stärker unterkühltem Austenit bei Temperaturen etwa von 250 bis 350 °C entsteht. Die Bainitbildungstemperaturen variieren je nach C-Gehalt des Stahls.
Im oberen Bainit ordnet sich der Ferrit zu Bündeln schmaler Latten und erinnert in seinem Aussehen an den Lattenmartensit kohlenstoffarmer Stähle. Als kennzeichnend für den oberen Bainit kann angesehen werden, daß der Kohlenstoff während des Wachsens der Ferritlatten im Austenit diffundiert und bei Erreichen einer kritischen Kohlenstoffkonzentration an der Grenzfläche Austenit/Ferrit als stäbchenförmiger Zementit relativ grob ausgeschieden wird.
Im unteren Bainitbereich tritt der Ferrit bereits in Form einzelner Platten auf, die nach einem der Martensitumwandlung ähnlichen Schermechanismus gebildet werden. Die Carbidteilchen, je nach Bildungstemperatur Zementit oder ε-Carbid, befinden sich im Unterschied zum oberen Bainit innerhalb der Ferritplatten. Die Keime der Carbidteilchen werden wohl auch an Austenit/Ferrit-Grenzflächen gebildet; da sich die Ferritfront im Zuge der weiteren Umwandlung aber fortbewegt, erscheinen die Carbide dann als Ausscheidungen im Ferrit.
Ähnlich wie das martensitische Gitter weisen auch die Ferritbereiche des Bainits eine sich mit abnehmender Bildungstemperatur erhöhende Versetzungsdichte auf. Obwohl ein martensitischer Bildungsmechanismus eine wichtige Rolle bei der Bainitumwandlung zu spielen scheint, muß die Bainitreaktion wegen ihrer im Gegensatz zur Martensitreaktion niedrigen Umwandlungsgeschwindigkeit doch als diffusionskontrollierter Vorgang betrachtet werden. Das Gefüge des unteren Bainits zeichnet sich neben hoher Festigkeit auch durch beachtliche Zähigkeitswerte aus, die in einer Reihe von Anwendungen vorteilhaft genutzt werden können. Dagegen weist der obere Bainit deutlich ungünstigere Zähigkeitseigenschaften auf.

Martensit-Umwandlung

Martensit stellt ein metastabiles Phasenungleichgewicht dar. Er entsteht, wenn C-haltiger Austenit so rasch abgekühlt wird, daß die Diffusion von Kohlenstoff und die diffusionsgesteuerte Umwandlung in die beiden Gleichgewichtsphasen Ferrit und Carbid unterdrückt werden. Bei Raumtemperatur ist die Diffusion von Kohlenstoff

so weit eingeschränkt, daß eine Gleichgewichtseinstellung auch nach extrem langen Zeiten nicht erwartet werden kann.
Die überaus große Sprödigkeit derart gehärteter Stähle läßt eine technologische Nutzung dieses Zustandes nur in wenigen Fällen (Werkzeuge, Randschichthärtung von Bauteilen) zu, dann aber auch nur in einem der 1. Anlaßstufe entsprechenden „entspannten" Zustand. Die Sprödigkeit kann aber durch Ausscheidung des in übersättigter Lösung gehaltenen Kohlenstoffs anfangs sogar ohne nachhaltige Einbuße an Härte deutlich abgebaut werden. Daher werden Stähle nach ihrer Härtung durch Martensitbildung je nach den gewünschten Gebrauchseigenschaften stets auf mehr oder weniger hohe Temperaturen wiedererwärmt. Dieses Wiedererwärmen wird als Anlassen bezeichnet. Jeder Anlaßtemperatur entspricht ein bestimmter Carbidausscheidungszustand, hierbei lassen sich je nach C-Gehalt bis zu 3 Anlaßstufen deutlich unterscheiden, die sich jedoch bezüglich der Temperaturbereiche überschneiden.
In der **ersten Anlaßstufe**, die von Raumtemperatur bis etwa 250 °C reicht, wird ein Teil des Kohlenstoffs in Form von ε-Carbid ausgeschieden. Bei Stählen höheren C-Gehaltes kann sich bei Anlaßtemperaturen von 50 bis 100°C durch diese Ausscheidungen sogar noch ein Härteanstieg einstellen. Am Ende der ersten Anlaßstufe ist der C-Gehalt des Martensits unter starkem Rückgang an Tetragonalität auf etwa 0,25 % abgesunken.
In der **zweiten Anlaßstufe** (230 bis 300°C) findet eine diffusionsgesteuerte Umwandlung eventuell vorhandenen Restaustenits statt. Bei der Umwandlung entsteht Ferrit mit fein ausgeschiedenem Zementit in einer der unteren Bainitstufe entsprechenden Gefügeausbildung.
Während die erste Anlaßstufe nur bei Stählen mit C-Gehalten größer als 0,25 % und die zweite Anlaßstufe nur bei Stählen mit mehr als 0,6 % C und nennenswertem Anteil an Restaustenit vorkommen, tritt die dritte Anlaßstufe bei allen Stählen auf.
Die **dritte Anlaßstufe** erstreckt sich im allgemeinen von 200 bis 350°C. In diesem Temperaturbereich wird das Eisencarbid Zementit gebildet. Als Orte für die Keimbildung von Zementit-Ausscheidungen kommen bereits vorhandene ε-Carbidteilchen, bei Stählen höheren C-Gehaltes die bei der Martensitumwandlung entstandenen Zwillingsgrenzen sowie die Grenzen zwischen den Martensitlatten und zwischen ehemaligen Austenitkörnern in Betracht. Hieraus resultieren dann unterschiedliche Ausscheidungsformen. Die an ε-Carbiden sich bildenden Zementitkeime wachsen unter Auflösung der ε-Teilchen zu Zementitpartikeln. Diese Art der Keimbildung wird als „in situ"-Keimbildung bezeichnet. Solche in situ-gebildeten Zementitteilchen formen sich zu feinen Stäbchen in einer Widmannstätten-Anordnung. Die durch Keimbildung an Zwillingen entstandenen Carbide sind dagegen als gestreckte, lattenförmige Ausscheidungen erkennbar.
Mit zunehmender Carbidausscheidung wird die Übersättigung an Kohlenstoff in der martensitischen Matrix vermindert, so daß die tetragonale Verzerrung des Martensitgitters zurückgeht. Am Ende der dritten Anlaßstufe besteht keine nennenswerte Übersättigung an Kohlenstoff mehr, und das Gefüge wird von den Gleichgewichtsphasen Ferrit und Zementit gebildet.
Diese Zementitausscheidungen liegen in der ferritischen Matrix **feindispers** verteilt vor, weil ihre Keimbildung bei einem großen Unterkühlungsgrad und an den in hoher Dichte vorliegenden Gitterfehlern erfolgte. Solche Phasenanordnungen haben aber eine extreme Vergrößerung der gesamten Grenzfläche zwischen den Phasenteilchen

zur Folge. Im Fall ausreichender Bewegungsfähigkeit der Atome laufen in dem Phasensystem dann bevorzugt solche Prozesse ab, die eine Verminderung der Phasengrenzfläche durch Einformung (Sphärodisierung) und im Fall des Anlassens nach dem Härten durch **Vergröberung** der ausgeschiedenen Teilchen bewirken. Bei der Einformung werden die Carbidteilchen kugelig und geben ihre ursprüngliche, kristallographisch bestimmte Form auf.
Der Vergröberungsprozeß vollzieht sich im Anschluß an die dritte Anlaßstufe bei Temperaturen von etwa 400 bis 700 °C. Auch die stark fehlgeordnete Matrixphase unterliegt in diesem Temperabereich strukturellen Veränderungen. Die Strukturänderungen bestehen bis etwa 600 °C in einem Abbau der inneren Fehler (Versetzungen, Kleinwinkelkorngrenzen) und weiterhin zwischen 600 und 700 °C in einer vollständigen Rekristallisation des Ferrits, wobei nun die bis zu Anlaßtemperaturen von 600 °C noch immer erkennbare Form der ehemals martensitischen Latten und Platten verlorengeht.
Das Anlassen des Martensits und die damit verbundenen strukturellen Veränderungen führen zu einschneidenden Änderungen der mechanischen Eigenschaften. Mit der Ausscheidung von Carbiden wird die C-Übersättigung des Martensits verringert und eine starke Entfestigung des Martensits eingeleitet. Andererseits werden aber mit den feindispers verteilten Carbiden zusätzliche Versetzungshindernisse im Matrixgitter aufgebaut, der sich daraus ergebende Verfestigungseffekt gleicht allerdings die Martensitentfestigung nur zum Teil aus.

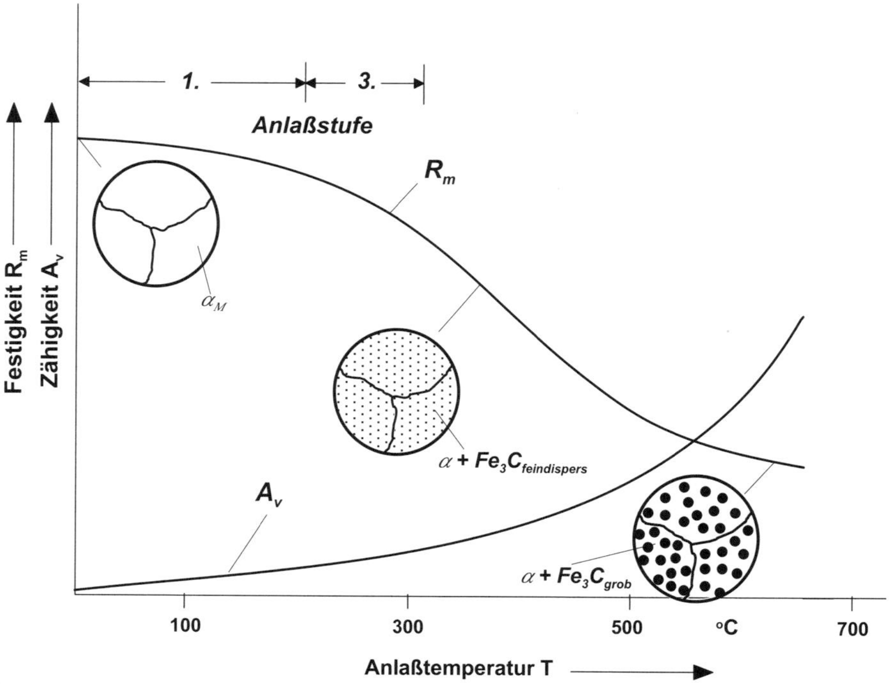

Abb. B.4-18 Änderung der mechanischen Eigenschaften beim Anlassen eines gehärteten Stahles

So führt das Anlassen des Martensits zwar zu einem Verlust an Härte und Festigkeit, gleichzeitig aber zu einem bedeutsamen Gewinn an Zähigkeit. Damit lassen sich bei Stählen durch Härten und anschließendes Anlassen Gefüge erzielen, die je nach Anlaßtemperatur eine so außergewöhnliche Kombination ihres Widerstandes gegen plastische Verformung (Festigkeit) und gegen spröden Bruch (Zähigkeit) aufweisen, daß diese Behandlung als „Vergüten" bezeichnet wird.
Der Verlauf von Festigkeit R_m und Zähigkeit A_v in Abhängigkeit von der Anlaßtemperatur für einen gehärteten Stahl mittleren C-Gehaltes (<0,6%, d. h. kein Restaustenit) ist in Abb. B.4-18 schematisch dargestellt.

4.1.3 Legierungen Fe-C-X (niedriglegierte Stähle)

4.1.3.1 Ziele der Legierung von Eisen

Eisenwerkstoffe werden zur gezielten Veränderung ihrer mechanischen, chemischen und elektrischen Eigenschaften legiert. Hinsichtlich der elektrischen Eigenschaften geht es vor allem um eine Verbesserung der magnetischen Eigenschaften, wichtige Legierungselemente sind hierfür Silizium und Nickel.
Ein gewisser Widerstand gegen atmosphärische Korrosion läßt sich bereits durch geringe Zusätze von Cu erreichen, während rost- und korrosionsbeständige Stähle höhere Gehalte vor allem an Chrom benötigen. Im Fall der Cu-legierten Stähle bilden sich korrosionsverzögernde Rostschichten, bei den hochlegierten Cr-haltigen Stählen Passivierungsschichten, die den Korrosionsangriff weitgehend unterbinden.
Im Vordergrund steht jedoch die Verbesserung der mechanischen Eigenschaften. Abgesehen von speziellen Anforderungen, wie besonderes Zerspanungs- oder Verschleißverhalten, zielen die Bemühungen hauptsächlich auf eine **Steigerung der Festigkeit und der Zähigkeit** ab. Dabei handelt es sich in erster Linie um legierte Stähle, also um Legierungen von Eisen mit einem oder mehreren Legierungselementen X und Kohlenstoff. Legierte Stähle sind demnach mindestens *Dreistoffsysteme*. Vollständige Darstellungen solcher Dreistoffsysteme liegen wegen ihrer überaus aufwendigen Ermittlung und Dokumentation aber nicht vor, und für besonders häufig verwendete Legierungskombinationen existieren allenfalls isotherme und quasibinäre Schnitte durch das entsprechende Phasensystem. Legierungselemente können die Phasenzustandsbereiche erheblich verändern und die Umwandlungsgeschwindigkeiten außerordentlich herabsetzen, so daß eine Abschätzung der Gefügeausbildung legierter Stähle mit Hilfe des binären Fe-C-Diagramms sehr eingeschränkt und nur bei niedriglegierten Stählen vorgenommen werden kann. Es kommt hinzu, daß verschiedene Legierungselemente sich in ihren Wirkungen nicht einfach addieren, sondern häufig gegenseitig in erstaunlichem Maße verstärken. Wegen dieser sehr vielfältigen Einflüsse und komplizierten Interaktionen können über die Wirkungen der Stahl-Legierungselemente nur sehr allgemeine Aussagen gemacht werden. Diese Aussagen lassen sich dann in gleicher Weise auch auf Fe-Gußwerkstoffe übertragen.

4.1.3.2 Im Eisengitter lösliche Legierungselemente

Als für Eisen -insbesondere Stahl- wichtige Legierungselemente kommen abgesehen vom Kohlenstoff u. a. etwa folgende Elemente in Betracht:

Mn, Ni, Cr, Mo, V, W, Si, Ti, Zr und Co.

Die genannten Elemente sind im krz- und kfz-Eisen unter Substitution von Fe-Atomen in unterschiedlichem Maße löslich. Während sich Ni, Si und Co nur im Eisengitter lösen, gehen die übrigen Elemente -sofern sie nur mit geringen Anteilen im Stahl vertreten sind- im Ferrit unter **Mischkristallbildung** und im Zementit unter **Mischcarbidbildung** in Lösung. Bei höheren Gehalten und ausreichendem C-Gehalt hingegen bilden sie mit Ausnahme von Ni, Si, Co und Mn im Stahl eigene Carbide, die thermodynamisch stabiler als das Eisencarbid Zementit sind. Sie stellen als sog. **Carbidbildner** eine gesonderte Gruppe von Legierungselementen dar.
Weiterhin kommen als Legierungselemente mit einer gewissen Bedeutung auch N und B in Betracht, die sich im Eisengitter begrenzt auf Zwischengitterplätzen lösen und ähnlich wie Kohlenstoff mit Eisen oder anderen *nitrid-* bzw. boridbildenden Legierungselementen außerordentlich harte und verschleißfeste Verbindungen eingehen können.
Bezüglich ihrer Wirkung auf das Verhalten eines Stahles können die in Lösung gehenden Legierungselemente etwa wie folgt geordnet werden:

- im Ferrit gelöste Fremdatome rufen eine Zunahme der Festigkeit und eine Abnahme der Verformbarkeit hervor. Der Verfestigungseffekt nimmt etwa in der nachstehenden Reihenfolge der Legierungselemente zu: Cr, W, V, Mo, Ni, Mn, Si;

- im Austenit gelöste Fremdatome (Ausnahmen: Co und Al) *hemmen die Austenitumwandlung* in Ferrit und Perlit, d. h. es wird die Umwandlung in Martensit, sprich Härtung, verglichen mit einem unlegierten Stahl auch bei geringeren Abkühlgeschwindigkeiten ermöglicht. Die *Einhärtbarkeit* eines Stahles nimmt etwa in der nachstehenden Reihenfolge zu: Si, Ni, Mn, Cr, Mo, V, B;

- die im Ferrit in größerer Menge als im Austenit löslichen Elemente behindern die Umwandlung des krz-Ferritgitters in das kfz-Austenitgitter, sie vergrößern den Existenzbereich der Ferritphase, wirken also *ferritstabilisierend*, und zwar in der nachstehenden Reihenfolge steigend: Cr, Si, Mo, W, Nb, V, Ti, Zr. Es handelt sich überwiegend um carbidbildende Metalle mit krz-Gitter;

- die im Austenit in größerer Menge als im Ferrit löslichen Elemente behindern die Umwandlung des kfz-Austenitgitters in das krz-Ferritgitter, sie erweitern den Existenzbereich der Austenitphase, wirken also *austenitstabilisierend*, und zwar in der nachstehenden Reihenfolge steigend: Ni, Mn, N, C.

Die das jeweilige Gitter stabilisierende Wirkung kann bei höheren Legierungsgehalten so weit gehen, daß die Umwandlung in die andere Gittermodifikation vollständig unterbleibt und so von Raumtemperatur bis zum Aufschmelzen umwandlungsfreie kubisch-raumzentrierte **ferritische** (Abb. B.4-19, A) bzw. kubisch-flächenzentrierte **austenitische** Stähle (Abb. B.4-19, B) entstehen. Es versteht sich von selbst, daß derart umwandlungsfreie Stähle nicht für eine durch Martensitbildung ermöglichte Härtung oder Vergütung in Betracht kommen.

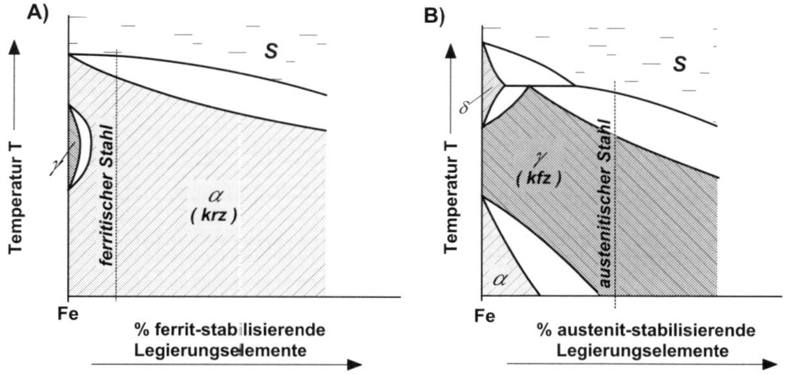

Abb. B.4-19 Wirkung von Legierungselementen auf die Gitterstruktur hochlegierter Stähle
A) Ferritstabilisierende Legierungselemente B) Austenitstabilisierende Legierungselemente

In den allermeisten Fällen heben sich austenit- und ferritstabilisierende Legierungselemente in ihrer Beeinflussung der Gitterstruktur gegenseitig auf. Diese Regel gilt jedoch nicht generell. So ist eine Legierung von Eisen mit dem austenitstabilisierenden Element Ni erst oberhalb von 30 Gew.-% Ni bei Raumtemperatur metastabil austenitisch; indes kann zur Erzeugung eines bei Raumtemperatur ebenfalls metastabil austenitischen Gitters der Gehalt an austenitstabilisierenden Elementen auf 10 Gew.-% Ni und 0,03 Gew.-% C gesenkt werden, wenn gleichzeitig 18 Gew.-% des an sich ferritstabilisierenden Chroms zulegiert werden.

4.1.3.3 Verbindungen bildende Legierungselemente

Substitutions-Verbindungen

Diese im engeren Sinne auch als intermetallische Verbindungen bezeichneten Sprödphasen spielen nur in hochlegierten, kohlenstoffarmen Stählen eine Rolle, wo sie zur Verfestigung der Matrix gezielt ausgeschieden werden oder aber auch zu unerwünschten Versprödungen Anlaß geben. Wichtige Beispiele sind

- die in warmfesten, austenitischen Stählen ausgeschiedenen γ'-Teilchen der Zusammensetzung Ni_3Al bzw. $Ni_3(AlTi)$,
- die in hochfesten Fe-Ni-martensitischen Stählen ausgeschiedenen Teilchen der Verbindungen Ni_3Mo, Fe_2Mo
- sowie eine in hochchromhaltigen Stählen auftretende und versprödende σ-Phase etwa der Zusammensetzung FeCr.

Einlagerungs-Verbindungen

Hauptsächlich die Übergangsmetalle bilden mit Stickstoff, Kohlenstoff und Bor als Nitride, Carbide und Boride bezeichnete Einlagerungsverbindungen. Von diesen besitzen die Carbide eine für die Eigenschaften legierter Stähle ganz außerordentliche Bedeutung. Die Neigung eines Elementes zur Carbid- bzw. Nitridbildung kommt in der thermodynamischen Stabilität des gebildeten Carbids bzw. Nitrids zum Ausdruck. Nachfolgend sind die in Stählen häufig auftretenden Carbide und Nitride bezüglich ihrer Beständigkeit aufgeführt:

Fe_3C / $Cr_{23}C_6$, Cr_7C_3 / Mo_2C, MoC / W_2C, WC / VC / NbC / TaC / TiC / ZrC

Fe_4N / Mo_2N / Cr_2N ———————— NbN / VN / TaN / TiN / ZrN

zunehmende thermodynamische Stabilität und mechanische Härte →

Die stark kohlenstoff- und stickstoffaffinen Übergangsmetalle V, Nb, Ta, Ti und Zr bilden einfache Verbindungen der Zusammensetzung MX mit kubisch-flächenzentrierter Anordnung der Metallatome M und Besetzung aller oktaedrischen Lücken durch kleine Nichtmetallatome X. Sie zeichnen sich durch besonders hohe mechanische (Härte) und thermische Stabilität (Schwerschmelzbarkeit, Schwerlöslichkeit) aus. So unterscheiden sich z. B. TiC und Fe_3C in ihrer Vickershärte etwa um einen Faktor 3, in ihrer Bildungsenthalpie etwa um einen Faktor 100.
Sind mehrere carbidbildende Elemente im Stahl gelöst, so kann angenommen werden, daß der vorhandene Kohlenstoff vorzugsweise zur Bildung der stabileren Carbidphase dient. Solche Carbidbildungen sind umso eher zu erwarten, je größer der Unterschied in der Kohlenstoffaffinität der Legierungselemente ist und je weiter die Reaktion in Richtung Gleichgewicht fortgeschritten ist. Es entstehen jedoch je nach Zusammensetzung und Bildungstemperaturen durch vielfältige Austausch- und Lösungsmöglichkeiten komplex zusammengesetzte Carbide, die oft nur Übergangscharakter haben und nach langen Glühzeiten bei entsprechend hohen Temperaturen in die stabilen Carbidphasen umwandeln. Da die Zusammensetzung dieser Carbide nicht immer konstant, sondern häufig variabel ist, werden sie bestimmten **Carbidtypen M_nC_m** zugeordnet, beispielsweise:

M_3C (orthorhombisch): $(Fe,Cr)_3C$
M_2C (hexagonal): $(Mo,W)_2C$
M_7C_3 (hexagonal): $Cr_3Fe_4C_3$, $Cr_5Fe_2C_3$, $(Cr,Fe)_7C_3$
$M_{23}C_6$ (kubisch): $Fe_{21}W_2C_6$, $Cr_{15}Fe_8C_6$, $(Mo,Fe)_{23}C_6$
M_6C (kubisch): Fe_3W_3C, Fe_2Mo_4C, $(W,Fe)_6C$, $(Mo,W)_6C$
MC (kubisch): (V,W)C, (Ti,W)C, (To,Nb,W)C, (Ti,Zr)C

Nicht nur die Metallkomponenten sind in vielen Verbindungen M_nX_m austauschbar, sondern auch die Nichtmetallkomponente X. Bei einer Reihe von Carbid- und Nitridbildnern M und ausreichendem Angebot an C und N entstehen je nach Bildungsbedingungen auch **Carbonitride** $M_n(C,N)_m$ bzw. **Nitrocarbide** $M_n(N,C)_m$. Mit dem Aluminiumnitrid AlN bleibt noch ein weiteres für Stähle wichtiges Nitrid aufzuführen, das strukturell jedoch nicht den Einlagerungsverbindungen zuzuordnen ist.

4.1.3.4 Einfluß von Legierungselementen auf die Umwandlung von Austenit

Da die Aufnahmefähigkeit des Austenits für Kohlenstoff die von Ferrit bei weitem übertrifft, gehen bei der Austenitisierung legierter Stähle die im Ferrit ausgeschiedenen Carbide ähnlich wie das Eisencarbid Fe_3C in Lösung. Wegen ihrer thermodynamischen Stabilität lösen sich die Carbide nur sehr langsam und erst bei relativ hohen Temperaturen auf, so die Carbide vom Typ $M_{23}C_6$ ab etwa 1000 °C, die Carbide M_6C ab etwa 1100 °C und die Carbide MC erst ab 1200 °C. Auch sind die löslichen Carbidmengen geringer als bei unlegierten Stählen. Die Carbidauflösung während der Austenitisierung, wobei die Metallatome M Gitterplätze und die Kohlenstoffatome C Oktaederlücken des kfz-Austenitgitters besetzen, ist für die anschließende Umwandlung des Austenits, insbesondere bei seiner Umwandlung in Martensit, von großer Bedeutung.
Die substituiert gelösten Legierungsatome hemmen sowohl die diffusionsgesteuerte Umwandlung des Austenits in Ferrit und eine entsprechende Carbidphase als auch die diffusionslose Umwandlung in Martensit. Die Hemmung der diffusionsgesteuerten Umwandlung hat eine Verringerung der für eine Härtung erforderlichen Mindestabkühlgeschwindigkeit (v_{crit}) und damit eine **Erhöhung der Einhärtbarkeit** zur Folge. Die Hemmung der diffusionslosen Umwandlung von Austenit in Martensit, die in gleicher Weise auch vom Kohlenstoff hervorgerufen wird, bedeutet eine niedrigere M_s-Temperatur und damit bei Abkühlen auf Raumtemperatur erhöhte Anteile an Restaustenit. Zur Umwandlung des Restaustenits in Martensit müßte entsprechend tief ($T<M_f$) abgekühlt werden.
So können die legierten Stähle je nach dem bei Abkühlung an Luft entstehenden Umwandlungsgefüge in **perlitische**, **martensitische** und **austenitische** Stähle eingeteilt werden. Die perlitischen Stähle sind i. allg. niedriglegiert, d. h. ihr Gesamtgehalt an Legierungselementen übersteigt selten 5 %. Abhängig von der chemischen Zusammensetzung ergeben sich wie bei unlegierten Stählen ferritisch-perlitische, perlitische oder zementitisch-perlitische Gefüge. Allerdings kann durch starke Carbidbildner das Austenitgebiet so eingeschränkt werden, daß ein vollständig perlitisches Gefüge bereits bei deutlich geringeren Kohlenstoffgehalten als 0,8 % auftritt. Auch wird dabei die eutektoide Umwandlungstemperatur erhöht, wohingegen austenitstabilisierende Legierungselemente wie Mn und Ni die eutektoide Temperatur senken, so daß die Austenitumwandlung bei tieferen Temperaturen abläuft und wegen der größeren Unterkühlung ein feineres Gefüge hervorbringt.
Martensitische und austenitische Stähle sind in erhöhtem Maße mit solchen Legierungselementen versehen, die ihre kritische Abkühlgeschwindigkeit so weit absenken, daß auch bei Abkühlung an Luft eine diffusionsgesteuerte Umwandlung des Austenits in das Phasengleichgewicht Ferrit + Carbid unterbleibt. Im Fall martensitischer Stähle liegen die Temperaturen M_s und M_f oberhalb von Raumtemperatur, und es findet eine diffusionslose Umwandlung in Martensit statt. Im Fall austenitischer Stähle bewirken die Legierungselemente zusätzlich eine Verschiebung von M_s und M_f unter Raumtemperatur. Die Stabilität des austenitischen Gitters bei Raumtemperatur gegen eine martensitische Umwandlung hängt entscheidend vom Gehalt an austenitstabilisierenden Legierungselementen ab. Liegen M_s oberhalb und M_f unterhalb Raumtemperatur, so entstehen bei der Abkühlung auf Raumtemperatur martensitische Gefüge mit entsprechendem Gehalt an Restaustenit.

Die große **Härte von FeC-Martensit** hat ihre wesentliche Ursache in der durch Gitterumwandlung erreichten extremen Übersättigung an interstitiell gelöstem Kohlenstoff. Die maximal erzielbare Martensithärte, die die sog. **Aufhärtbarkeit** eines Stahles kennzeichnet, wird daher durch die zuvor im Austenit gelöste C-Menge bestimmt. Auf Gitterplätzen durch Substitution gelöste Fremdatome verzerren das Eisengitter hiermit verglichen aber nur wenig, so daß die von der Carbidauflösung stammenden, im Martensitgitter gelösten Legierungsatome einen vernachlässigbar geringen Einfluß auf die Martensithärte ausüben. Zwischen unlegierten und legierten Stählen gleichen C-Gehaltes besteht im gehärteten Zustand hinsichtlich ihrer Härte also kein wesentlicher Unterschied.

4.1.3.5 Einfluß von Legierungselementen auf die Umwandlung von Martensit

Insbesondere carbidbildende Legierungselemente verändern das Anlaßverhalten von Stählen tiefgreifend. Dieser Einfluß bezieht sich sowohl auf die Kinetik des Anlaßvorganges als auch auf die beim Anlassen entstehenden Ausscheidungen. So verzögern und vermindern im Martensit gelöste Fremdatome die Ausscheidung und Vergröberung von Carbiden und reduzieren die beim Anlassen einsetzende Martensitentfestigung. Legierte Stähle erweisen sich damit als **anlaßbeständiger** und erlauben so für die Einstellung einer bestimmten Festigkeitsstufe höhere Anlaßtemperaturen, als dies bei unlegierten Stählen der Fall wäre. Die höhere Anlaßtemperatur wirkt sich dabei vorteilhaft auf die *Zähigkeit* aus. Besonders Silizium verlangsamt die Ausscheidung von ε-Carbid und dessen Umwandlung zu Zementit und verlegt diese Vorgänge in höhere Temperaturbereiche.
Abgesehen von dieser wichtigen Verzögerung der Martensitentfestigung verlaufen die ersten Anlaßstufen auch bei Anwesenheit starker Carbidbildner prinzipiell in gleicher Weise wie bei unlegierten Stählen. Sie umfassen wie dort in den ersten beiden Anlaßstufen die Ausscheidung des ε-Carbides und die Umwandlung von Restaustenit in Ferrit und Zementit sowie in der dritten Anlaßstufe das Auftreten von Zementit. Die Bildung von Fe-Carbiden bereits im Temperaturbereich von 100 bis 300 °C läßt sich dadurch erklären, daß ihre Keimbildung und ihr Wachstum auch dann geleistet werden können, wenn vor allem nur der auf Zwischengitterplätzen angeordnete Kohlenstoff diffusionsfähig ist. Die Diffusion von interstitiellen Fremdatomen erfordert bekanntlich geringere Aktivierungsenergien.
Zur Entstehung von legierten Carbiden bedarf es aber der Diffusionsfähigkeit auch der substituierten Legierungsatome, hierfür werden aber Temperaturen von mindestens 500 °C benötigt. Erst in diesem Temperaturbereich treten Carbide M_nC_m auf. Wie bereits erwähnt bildet sich oft nicht sofort das Gleichgewichtscarbid, sondern die Carbidbildung geht häufig über eine Reihe von Zwischencarbidformen vor sich, z. B. in der Reihenfolge

$$Fe_3C \rightarrow M_3C \rightarrow M_7C_3 \rightarrow M_7C_3 + M_{23}C_6 \rightarrow M_{23}C_6.$$

Die Keimbildung der Carbide kann ähnlich wie beim Zementit durch einen „in situ“-Mechanismus oder an Versetzungen oder an Korn- und Subkorngrenzen der Ferritmatrix erfolgen. Bei der in situ-Keimbildung diffundieren die Legierungsatome an die

Fe_3C-Teilchen und bauen mit deren C-Atomen unter Auflösung des Zementitgitters das neue Carbidgitter auf. Da der Abstand von Zementitteilchen oberhalb 500 °C durch Vergröberungsprozesse bereits relativ groß geworden ist, liegen auch die durch in situ-Keimbildung entstandenen Carbidteilchen nicht in einer die Festigkeit steigernden feindispersen Verteilung vor. Dagegen führt die Keimbildung an Versetzungen zu feinverteilten, verfestigenden Carbidausscheidungen, die wegen der niedrigen Diffusionsgeschwindigkeit der Legierungsatome verglichen mit Fe_3C-Ausscheidungen auch wesentlich langsamer und erst bei höheren Temperaturen vergröbern.
Bei Stählen mit höherem Gehalt an carbidbildenden Legierungselementen kann der durch die neuen Ausscheidungen bewirkte Verfestigungseffekt die bis dahin aufgetretene Martensitentfestigung übersteigen, so daß sich nicht nur ein als Sekundärhärte bezeichneter, erneuter Festigkeitsanstieg einstellt, sondern sogar ein über der Martensithärte liegendes Härtemaximum (Abb. B.4-20). Der Anlaßbereich, in dem die beschriebenen Sondercarbidausscheidungen in legierten Stählen stattfinden, wird als **vierte Anlaßstufe** bezeichnet.

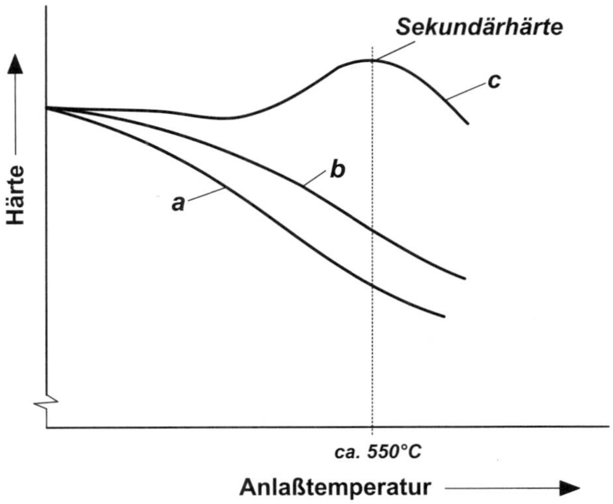

Abb. B.4-20 Einfluß carbidbildender Legierungselemente auf das Anlaßverhalten von Stählen
a = unlegiert, b = niedriglegiert, c = hochlegiert

Während mit der abnehmenden Härte und Festigkeit beim Anlassen Verformbarkeit und Zähigkeit i. allg. wieder ansteigen, zeigen Mn-, Cr-, CrMn- und CrNi-legierte Stähle einen bemerkenswerten Zähigkeitsverlust, wenn sie bei Temperaturen von etwa 500 bis 600 °C hinreichend lange angelassen werden oder die Abkühlung in diesem Bereich langsam erfolgt. Diese als *„Anlaßversprödung“* bezeichnete Erscheinung äußert sich vor allem in einer deutlichen Erhöhung der Übergangstemperatur der Kerbschlagarbeit. Die Ursachen für diese Versprödung sind noch nicht restlos geklärt, es konnte aber festgestellt werden, daß für den „anlaßspröden“ Gefügezustand eine im Vergleich zur mittleren Konzentration beachtliche Korngrenzenanreicherung von im Stahl enthaltenen Spurenelementen wie P, Sn, Sb, As charakteristisch ist. Bestimmte

Gehalte vor allem an Molybdän vermindern die Neigung zur Anlaßversprödung. Hierbei erweisen sich aber nur die im Eisengitter gelösten Mo-Mengen als effektiv. Es ist anzunehmen, daß Mo die Diffusion der genannten Elemente an die Korngrenzen hemmt.
Neben dieser bei etwa 500 °C einsetzenden Anlaßversprödung tritt bei manchen Stählen, ebenfalls begünstigt durch erhöhte P-Konzentrationen, schon bei Anlaßtemperaturen von 300 °C eine Versprödung auf, die der Ausscheidung von Fe-Carbiden, gegebenenfalls auch Fe-Nitriden in Form dünner Filme an ehemaligen Austenitkorngrenzen während der dritten Anlaßstufe zugeschrieben wird. Um beide beim Anlassen gehärteter Stähle vorkommenden Versprödungserscheinungen eindeutig unterscheiden zu können, werden diese nach ihren charakteristischen Bildungstemperaturen als *„300-“* bzw. *„500 °C-Versprödung“* bezeichnet.

4.1.3.6 Einfluß von Legierungselementen auf die mechanischen Eigenschaften von Stählen

Die Wirkung der Legierungselemente auf die mechanischen Eigenschaften von Stählen darf nie ohne Zusammenhang zur Gefügeausbildung gesehen werden. In erster Linie dienen Legierungselemente zur Steigerung der Festigkeit unter den jeweils gegebenen Beanspruchungsbedingungen, also zur Entwicklung **hochfester** oder **warmfester** oder **verschleißfester Stähle** für unter Umständen **dickwandige** oder auch **kompliziert geformte Bauteile**. Zusätzlich sind die notwendigen Zähigkeitsanforderungen zu erfüllen.
Zur Erzielung einer hohen Festigkeit bei gleichzeitig ausreichender Zähigkeit werden Stähle i. allg. vergütet. Mit gewissen Einschränkungen kann festgestellt werden, daß die Kombination Festigkeit/Zähigkeit um so besser wird, je feiner die Ausscheidungen verteilt sind und je anlaßbeständiger der Stahl ist, d. h. je *höhere Anlaßtemperaturen ohne unzulässigen Festigkeitsverlust* gewählt werden können. Handelt es sich bei den Ausscheidungen um thermisch besonders stabile und mechanisch feste Verbindungen, so sind diese Gefüge nicht nur hochfest, sondern auch warm- und verschleißfest. **Carbidbildner** wie Cr, Mo, V, W, Nb erhöhen die **Anlaßbeständigkeit** und bilden beim Anlassen beständige, harte Teilchen in feindisperser Verteilung, so daß sie für derartige Stähle unentbehrliche Legierungselemente sind. Für Bauteile mit großen Abmessungen oder komplizierter Form, die gehärtet oder vergütet werden sollen, müssen Stähle mit niedriger kritischer Abkühlgeschwindigkeit, d. h. großer **Einhärtbarkeit** gewählt werden. Neben den Carbidbildnern Cr, V, Mo begünstigen auch Ni, Mn und Si die Umwandlung zu Martensit anstelle von Ferrit und Perlit.
Eine Erhöhung der Festigkeit ist i. allg. mit einer Abnahme der Zähigkeit verbunden, es müssen daher in vielen Fällen Maßnahmen ergriffen werden, die eine für den Anwendungszweck ausreichende Zähigkeit sicherzustellen. Dies wird in der Regel durch eine **feinkörnige Gefügeausbildung** erreicht. Das bei der Stahlherstellung oft durch eine thermische Behandlung (sog. Normalglühen) eingestellte feinkörnige Gefüge vergröbert bei einer anschließenden Austenitisierung durch Wachsen der Austenitkörner wieder, wenn nicht bestimmte Legierungselemente durch Bildung von im Austenitkorn schwer und erst bei hohen Temperaturen löslichen Verbindungen die Austenitvergröberung behindern. Geeignete Verbindungen sind vor allem AlN, V(C,N), Mo_2C und TiC. Als zur Erhöhung der Zähigkeit ebenfalls überaus wichtiges Legierungselement

gilt Nickel. Es behindert gleichfalls das Kornwachstum im Austenitgebiet und senkt andererseits die Umwandlungstemperatur des Austenits in Ferrit und Perlit, so daß im Fall einer diffusionsgesteuerten Umwandlung des Austenits diese auf einem gegenüber unlegierten Stählen niedrigeren Temperaturniveau abläuft und so zu einer zusätzlichen Gefügeverfeinerung führt.
Die Unterstreichung der außerordentlichen Bedeutung besonders der carbidbildenden Legierungselemente darf jedoch nicht den Eindruck erwecken, daß die überwiegende Menge des in der Technik verbrauchten Stahles in der beschriebenen Weise legiert und durch Vergüten behandelt sei. Aus Kostengründen (Legierungselemente, Verarbeitbarkeit) muß stets geprüft werden, ob das angestrebte Ziel nicht auch mit einem unlegierten und mit weniger Aufwand behandelten Stahl erreicht werden kann. Dies wird i. allg. nur dann nicht möglich sein, wenn

- Gewichtsprobleme (Leichtbau) oder konstruktive Gründe (z. B. Getriebebau) vor allem dynamisch hoch belasteter Bauteile den Einsatz hochfester Werkstoffe erfordern,

- hohe Temperaturen (z. B. Kesselbau) zur Anwendung warmfester Stähle zwingen,

- eine hinreichende Bauteillebensdauer nur bei hoher Verschleißfestigkeit (z. B. Werkzeuge) gewährleistet ist,

- dickwandige Bauteile (z. B. Turbinenläufer) vergütbar oder komplizierte Werkzeuge verzugarm und rißfrei härtbar sein sollen.

Tabelle B.4-1 gibt den Einfluß wichtiger Legierungselemente auf die mechanischen Eigenschaften sowie auf die Einhärtbarkeit und Anlaßbeständigkeit von Stählen ohne Berücksichtigung eventueller Interaktionen in qualitativer Weise wieder.

Tab. B.4-1 Einfluß wichtiger Legierungselemente auf die mechanischen Eigenschaften sowie auf die Einhärtbarkeit und Anlaßbeständigkeit von Stählen

Legierungselement	***Festigkeit durch***		***Warmfestigkeit***	***Verschleißfestigkeit***	***Zähigkeit***	***Einhärtbarkeit***	***Anlaßbeständigkeit***
	MK-Bildung	***Teilchen***					
Mn	+	–	–	–	O	+	–
Si	+	–	–	–	–	+	O
Ni	O	O	–	–	++	+	–
Cr	O	O	O	++	–	++	–
Mo	O	++	++	+	+	++	++
W	O	++	++	++	–	+	++
V	O	++	++	++	+	+	++
Co	O	–	++	–	–	–	+

Wirkung: ++ sehr stark, + stark, O mäßig, – gering bzw. ohne

4.1.4 Legierungen Fe-X (hochlegierte Stähle)

Bei den im Abschnitt B 4.1.3 beschriebenen Zusammenhängen war zwar in erster Linie an niedriglegierte Stähle gedacht, die Ausführungen gelten prinzipiell aber auch für diejenigen hochlegierten Stähle (Legierungsanteil >5 %), bei denen die Legierungselemente nicht zu einem grundsätzlich anderen metallkundlichen Verhalten der Matrixphase führen.
In diesem Abschnitt sollen dagegen kurz die metallkundlichen Grundlagen höher nickel- und chromhaltiger Eisenlegierungen behandelt werden, die die Basis für die wichtigsten hochlegierten Stähle bilden und bei denen die Legierungselemente Ni und Cr die Stabilität der jeweiligen Gittermodifikation des Eisens krz oder kfz in starkem Maße beeinflussen.

4.1.4.1 Legierungen Fe-Ni

Das derzeit gültige binäre Phasendiagramm Fe-Ni ist in Abb. B.4-21 wiedergegeben. Aus ihm ist zu entnehmen, daß das kubisch-flächenzentrierte Nickel als Legierungselement den Existenzbereich des kfz-Fe-Gitters (γ) beträchtlich erweitert. Bei $FeNi_3$ bildet sich eine Überstruktur mit relativ großem Homogenitätsbereich aus. Allerdings stellen sich die im Zustandsdiagramm aufgeführten Phasengleichgewichte auf der Eisenseite nur unter extrem langen Glühdauern ein.

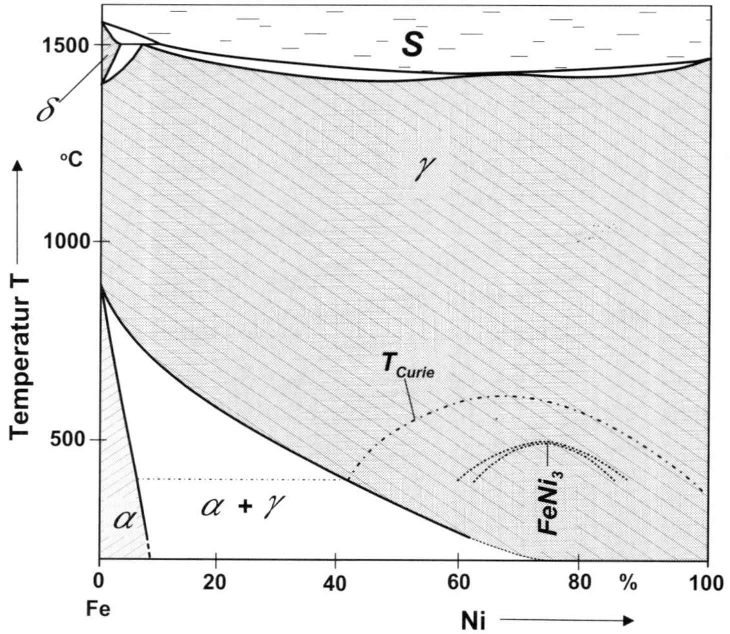

Abb. B.4-21 Gleichgewichtsdiagramm Fe-Ni (nach Lit. B.2)

Eine dem Gleichgewichtssystem entsprechende Umwandlung $\gamma \rightarrow \alpha$ setzt im Zweiphasengebiet $\alpha+\gamma$ Diffusionsvorgänge voraus, die insbesondere unterhalb von 500 °C außerordentlich schleppend ablaufen. Bei rascher, mit zunehmendem Nickelgehalt auch bei langsamer Abkühlung geht die Gitterumwandlung kfz $\rightarrow$ krz nicht mehr diffusionsgesteuert, sondern mit Hilfe eines martensitischen Scherprozesses diffusionslos vonstatten. Die unter den in der Praxis herrschenden Bedingungen bei eisenreichen Legierungen normalerweise ablaufenden und zu metastabilen Phasenzuständen führenden Umwandlungen werden in einem *„realistischen" Zustandsschaubild* dargestellt (Abb. B.4-22).
Hierbei zeigt sich, daß die Umwandlung $\gamma \rightarrow \alpha$ beim Abkühlen bei sehr viel niedrigeren Temperaturen stattfindet als die entsprechende Umwandlung $\alpha \rightarrow \gamma$ bei Erwärmung. Es liegt ab etwa 5 % Ni eine deutliche Temperaturhysterese vor, die mit zunehmendem Ni-Gehalt breiter wird.

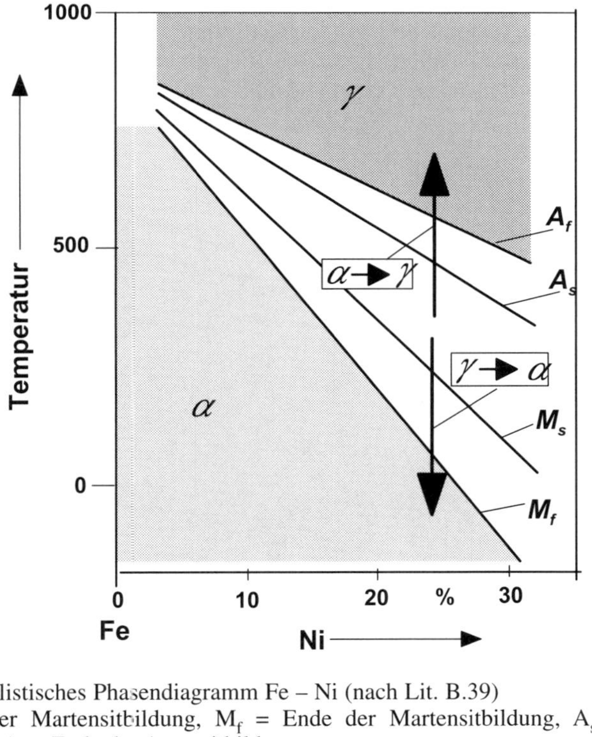

Abb. B.4-22 Realistisches Phasendiagramm Fe – Ni (nach Lit. B.39)
M_s = Beginn der Martensitbildung, M_f = Ende der Martensitbildung, A_s = Beginn der Austenitbildung, A_f = Ende der Austenitbildung

Im Gegensatz zu dem an C-Atomen stark übersättigten **FeC-Martensit** verfügt der kohlenstofffreie bzw. -arme **FeNi-Martensit** trotz hoher Festigkeit noch über eine beachtliche Verformbarkeit und Zähigkeit. Für einen Gehalt von z. B. 18 % Ni liegt die Temperatur beginnender Martensitbildung (M_s) unterhalb von 400 °C, so daß vor der diffusionslosen Umwandlung auch bei Luftabkühlung keine diffusionsgesteuerten

Ausscheidungen stattfinden. Andererseits beginnt bei Erwärmung die Austenitisierung erst oberhalb von 600 °C. Auf diese Weise wird es möglich, martensitische Eisen-Nickel-Legierungen, die an geeigneten Substitutionsatomen übersättigt sind, im Bereich von 400 bis 500 °C auszulagern und so über eine Aushärtung höchstfeste Eisenlegierungen mit besonderem Zähigkeitsverhalten herzustellen. Die technischen Werkstoffe enthalten etwa 18 % Ni, 8 % Co, 5 % Mo, < 1 % Ti und < 0,02 % C. In diesen als **martensitaushärtende Stähle** bezeichneten praktisch kohlenstofffreien Legierungen führen dann feindisperse Teilchen der Zusammensetzungen Ni_3Mo, Ni_3Ti und Fe_2Mo zur Aushärtung.

4.1.4.2 Legierungen Fe-Cr

Chrom überträgt seine Fähigkeit, in oxidierenden Atmosphären zu *passivieren*, von Gehalten ab 12 % auch auf Eisen. Eisenlegierungen mit hohem Chromgehalt stellen damit die Basis für **korrosions-** und **zunderbeständige** Eisenwerkstoffe dar. Eine wichtige Voraussetzung hierfür ist allerdings, daß das Chrom in genügender Menge im Eisengitter gelöst bleibt und nicht an Drittelemente wie z. B. Kohlenstoff gebunden wird.

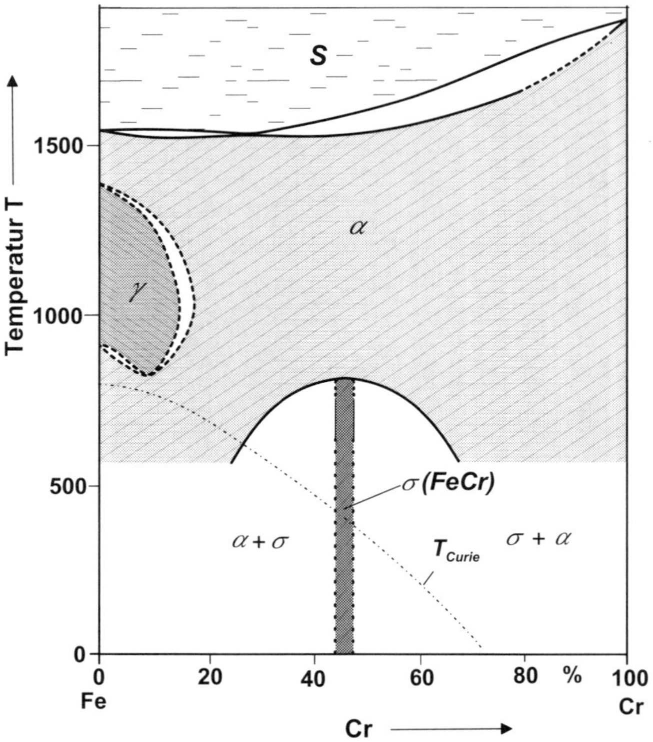

Abb. B.4-23 Gleichgewichtsdiagramm Fe-Cr (nach Lit. B.2)

Das Zustandsschaubild Fe-Cr ist in Abb. B.4-23 wiedergegeben. Die ferrit-stabilisierende Wirkung des kubisch-raumzentrierten Chroms zeigt sich hierbei in einer starken Abschnürung des Austenitgebietes. Bei langzeitigem Halten auf Temperaturen zwischen 600 und 820 °C bildet sich in Legierungen mit hohen Cr-Gehalten eine mit „σ" bezeichnete intermetallische Sprödphase der stöchiometrischen Zusammensetzung CrFe. Die extrem langsam verlaufende Ausbildung der σ-Phase kann aber durch plastische Deformation erheblich beschleunigt werden.
Außer dieser σ-Phasenbildung kann in Legierungen mit Chromgehalten zwischen 12 und 70 % ebenfalls nach langzeitigem Glühen, nun aber bei Temperaturen zwischen 400 und 500 °C, eine weitere Versprödung festgestellt werden. Über die atomaren Umlagerungsprozesse, die zu dieser als 475 °C-Versprödung bezeichneten Erscheinung führen, bestehen noch keine einheitlichen Vorstellungen. Durch Glühen oberhalb von 550 °C läßt sich diese Versprödung wieder beseitigen. Für die Praxis gilt diese Versprödung aber nicht als besonders problematisch, da höher chromhaltige Eisenlegierungen -wenn überhaupt- dann höheren Temperaturen ausgesetzt werden.
Die Bedeutung von Chrom besteht vor allem in seiner außerordentlich vielfältigen Verwendbarkeit als Legierungselement von Stählen. Hierbei sind sowohl die Einflüsse des ferrit-stabilisierenden Chroms und des austenit-stabilisierenden Kohlenstoffs auf das Eisengitter wie auch die starke Affinität zwischen dem Carbidbildner Chrom und Kohlenstoff zu beachten. Für die Gefügeausbildung von Chromstählen bedeutet dies, daß bei 13 % Cr-Gehalt ein Stahl mit 0,15 % C bereits übereutektoid ist und mit 1 % C bereits eutektisch entstandene Cr-Carbide, also Ledeburitanteile, enthält.
Neben der bereits erwähnten Korrosions- und Zunderbeständigkeit verursacht Chrom sehr beachtliche Erhöhungen der Einhärtbarkeit und -im Fall von Carbidbildung- der Verschleißfestigkeit. Während bei niedriglegierten Chromstählen die Erhöhungen der Einhärtbarkeit und der Anlaßbeständigkeit im Vordergrund stehen, geht es bei den hochlegierten Chromstählen um korrosions-, zunder- oder verschleißbeständige Werkstoffe.

Korrosionsbeständige Chromstähle

Chromgehalte zwischen 12 und 18 % verleihen diesen Stählen Korrosionsbeständigkeit gegen Wasser, Wasserdampf und einige wäßrige Lösungen. Diese Beständigkeit wird i. allg. mit dem Attribut „*nichtrostend*" gekennzeichnet. Der Kohlenstoffgehalt dieser Stähle beträgt nicht mehr als 0,1 %, einerseits um gute Verformungseigenschaften zu erhalten, andererseits um der Matrix nicht durch Carbidbildung Chrom zu entziehen, was einen Verlust an Rostbeständigkeit zur Folge hätte. Ihr Gefüge besteht aus Ferrit, eine Austenitisierung ist nicht mehr möglich.
Sollen derartige rostfreie Stähle jedoch für tragende Bauteile wie Wellen, Kolbenstangen oder gar für verschleißfeste Teile wie Messer oder nichtrostende Wälzlagerkugeln verwendet werden, so erhebt sich die Forderung nach ihrer Vergüt- bzw. Härtbarkeit. Zu vergütende Stähle für nichtrostende Bauteile enthalten in der Regel zwischen 0,2 und 0,4 % C, zu härtende Stähle für nichtrostende Werkzeuge zwischen 0,4 und 1,0 % C. Durch ihren angehobenen C-Gehalt werden diese Chromstähle bei erhöhten Temperaturen wieder austenitisch, infolge dieser Umwandlungsfähigkeit sind sie *härt-* und *vergütbar*. Der hohe Chromgehalt hat eine verzögerte Austenitumwandlung zur Folge. Gleichgewichtsnahe perlitisch-carbidische Gefügeausbildungen erfordern bei

diesen Stählen sehr niedrige Abkühlgeschwindigkeiten, so daß bei Öl- oder je nach Querschnitt auch bei Luftabkühlung der Austenit in Martensit umwandelt. Diese Stähle werden daher *martensitisch* genannt, die kohlenstoffarmen, nicht härtbaren Stähle dagegen *ferritisch*.
In vielen Fällen, z. B. bei Bauteilen für Dampfkraftanlagen, wird zusätzlich zur Rostbeständigkeit eine ausreichende Warmfestigkeit verlangt. Hierzu werden Chromstählen mit 13% Cr und mittlerem C-Gehalt weitere Carbidbildner wie Mo, V und W sowie gegebenenfalls auch Co zulegiert.

Zunderbeständige Chromstähle

Ihr Chromgehalt liegt zwischen 7 und 24% und richtet sich in erster Linie nach der Einsatztemperatur. Zur weiteren Verbesserung sowohl des Zunder- wie auch des mechanischen Verhaltens werden noch Al, Ni und Si als zusätzliche Legierungselemente verwendet. Die Kohlenstoffgehalte können niedrig gehalten werden, wenn eine Verfestigung durch Vergüten bei den zwischen 600 und über 1000 °C liegenden Einsatztemperaturen ohnehin nicht mehr in Betracht kommt. Zur Festigkeitssteigerung können neben einer Mischkristallbildung allenfalls Aushärtungsvorgänge herangezogen werden.

Verschleißfeste Chromstähle

Besonders hohe Härten und Verschleißfestigkeiten, wie sie z. B. für hochbeanspruchte Schnittwerkzeuge benötigt werden, weisen ledeburitische 12%-ige Chromstähle mit 1,5 bis über 2% Kohlenstoffgehalt auf. Bei diesen Stählen bildet das Gefüge bereits bis zu einem Viertel harte Chromcarbide, die hiermit verbundene hohe Verschleißfestigkeit wird aber durch eine entsprechend eingeschränkte Zähigkeit erkauft. Die Stähle eignen sich beispielsweise zum gratfreien Schneiden harter Stahlbleche bis zu 3 mm Dicke; zum Schneiden dickerer Bleche werden zähere Werkzeuge aus Stählen mit geringerem Legierungs- und Kohlenstoffgehalt benötigt.

4.1.4.3 Legierungen Fe-Cr-Ni

Eisenchromlegierungen werden bei Cr-Gehalten von mindestens 12% durch **Passivierung** gegen den Korrosionsangriff oxidierender wäßriger Lösungen *korrosionsbeständig* und durch oxidische **Deckschichtbildung** gegen den Oxidationsangriff heißer Gase *zunderbeständig*. Ein Zusatz von Ni, gegebenenfalls in geringerem Maße auch von Mo und Cu, erweitert den Beständigkeitsbereich erheblich und dehnt ihn auf eine Reihe reduzierend wirkender Säuren aus. Das Korrosionsverhalten solcher Legierungen erweist sich als besonders vorteilhaft, wenn Nickel in einer Menge zulegiert wird, daß das Matrixgitter auch bei langsam erfolgender Abkühlung aus dem Austenitgebiet bis unter Raumtemperatur metastabil *austenitisch* bleibt. Das so erhaltene kubisch-flächenzentrierte Matrixgitter wirkt sich nicht nur auf die chemischen, sondern auch auf die mechanischen Eigenschaften hochlegierter CrNi-Stähle positiv aus, sie sind bei Raumtemperatur gut verformbar, bis zu tiefsten Temperaturen zäh und verfügen grundsätzlich über eine höhere Warmfestigkeit als Stähle mit krz-Gitterstruktur.

Austenitische CrNi-Stähle werden daher als z. T. außerordentlich korrosionsbeständige Konstruktionswerkstoffe für normale oder sehr niedrige oder sehr hohe Anwendungstemperaturen eingesetzt.
Die Existenz eines kfz-Eisengitters bei Raumtemperatur ist durch einen ausreichenden Gehalt an austenitstabilisierenden Legierungselementen -in erster Linie Ni- sicherzustellen. Das an sich ferritbildende Chrom verzögert die Umwandlung einer unterkühlten Austenitphase in Ferrit jedoch derart, daß bei Anwesenheit von Chrom weniger Nickel benötigt wird, um einen bei Raumtemperatur metastabilen Austenit zu erhalten. Bei 18 % Chromgehalt liegt für den notwendigen Nickelzusatz um 8 % gerade ein Minimum, sowohl höhere als auch niedrigere Chromgehalte erfordern für die Beibehaltung des Austenitgitters höhere Nickelgehalte. Ein austenitischer Stahl mit 18 % Cr und 8 % Ni befindet sich bei Raumtemperatur in einem metastabilen Phasenzustand, dessen Gefüge vollständig aus einem sehr beständigen „Restaustenit" besteht. Bei genügend langer Glühdauer auf geeignetem Temperaturniveau würde auch er *diffusionsgesteuert* in *Ferrit und Carbid* oder bei genügend großer Unterkühlung *diffusionslos* in *Martensit* umwandeln. Wie bei unlegierten und bei niedriglegierten Stählen begünstigt eine plastische Deformation die martensitische Umwandlung. Auf die Stabilität des Austenits haben neben Nickel und Chrom auch die anderen Legierungselemente Einfluß, die je nach ihrer Wirkung in „Chrom-äquivalente" und in „Nickel-äquivalente" eingeteilt werden können. Zu ersteren zählen neben Chrom z. B. Si, Mo, V und Al, zur zweiten Gruppe gehören neben Nickel z. B. Co, Mn, N und C. Den Einfluß der chemischen Zusammensetzung auf die normalerweise zu erwartende Gefügeausbildung der Matrix gibt das sog. Schaeffler-Diagramm (Abb. B.4-24) wieder.

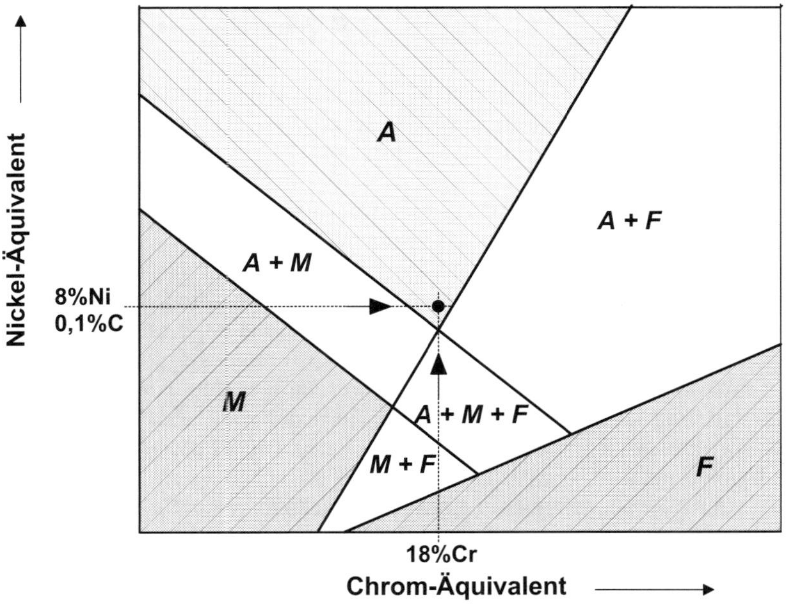

Abb. B.4-24 Schaefflersches Phasendiagramm hochlegierter CrNi-Stähle (nach Lit. B.30)

Korrosionsbeständige CrNi-Stähle

Diese Stähle weisen wegen ihres kfz-Gitters nur einen geringen Widerstand gegen plastische Verformung auf, der jedoch durch interstitielle Lösung von C und N beachtlich erhöht werden kann. Die Möglichkeit einer übermäßigen Nutzung des Kohlenstoffs zur Verfestigung besteht jedoch nicht, weil die Löslichkeit von C im kfz-Fe-Gitter durch die Anwesenheit des carbidbildenden Chroms stark vermindert wird.

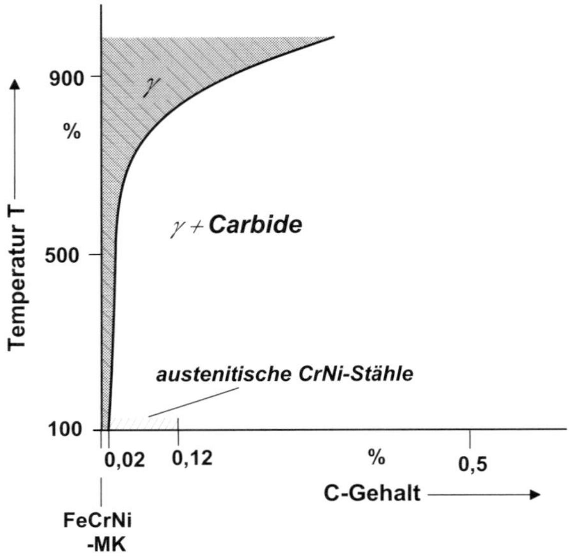

Abb. B.4-25 Löslichkeit von Kohlenstoff in einem austenitischen FeCrNi-Mischkristall (nach Lit. B.30)

Korrosionsbeständige, austenitische Stähle weisen C-Gehalte von 0,02 bis etwa 0,1 % auf, so daß gemäß Abb. B.4-25 bei langsamer Abkühlung aus dem Austenitgebiet je nach C-Gehalt ab etwa 900 °C Chromcarbid in Form von $Cr_{23}C_6$ ausgeschieden wird. Im Temperaturbereich zwischen 550 und 750 °C erfolgen die Carbidausscheidungen vorzugsweise an den Korngrenzen. Durch die Ausscheidung chromreicher Carbide verringert sich aber die in der Matrix gelöste Chrommenge mit der Folge verminderter Korrosionsbeständigkeit. Die Korngrenzenausscheidungen führen so zu einer Chromverarmung korngrenznaher Bereiche, in denen die Passivität verlorengeht. In korrosiver Atmosphäre findet dann ein lokalisierter Angriff parallel zu den Korngrenzen, d. h. interkristallin, statt.

Es muß also zur Sicherstellung der Korrosionsbeständigkeit dafür Sorge getragen werden, daß das Chrom in Lösung bleibt und chromreiche Ausscheidungen unterbleiben. Hierzu werden die korrosionsbeständigen austenitischen Stähle bei Temperaturen um 1100 °C zur Auflösung aller Carbidausscheidungen lösungsgeglüht und anschließend abgeschreckt. Im Gebrauchszustand stellen diese Stähle eine einphasige Lösung von

C- sowie Cr- und Ni-Atomen in einem kfz Fe-Gitter dar. Die bei C-Gehalten >0,02 % an C übersättigte Lösung bleibt bis zu Temperaturen von 550 °C metastabil. Eine bei dieser Temperatur einsetzende Chromcarbidausscheidung kann allerdings umgangen werden, wenn der Stahl stärkere Carbidbildner als Cr, z. B. Ti oder Nb, enthält, die den für eine Carbidbildung verfügbaren Kohlenstoff selbst abbinden. Derart legierte Stähle, die bei Wiedererwärmung, z. B. während des Schweißens, nicht zur Chromcarbidausscheidung und damit auch nicht zu interkristalliner Korrosion neigen, werden als **stabilisiert** bezeichnet.

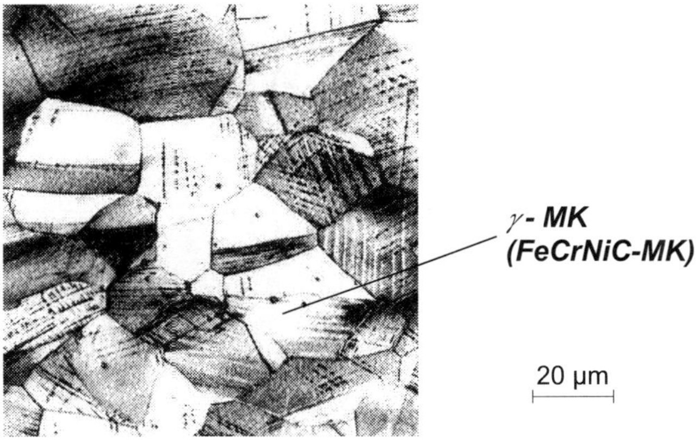

Abb. B.4-26 Gefüge eines austenitischen Stahles X12CrNiTi18 9 (einphasig mit Glühzwillingen und Verformungsspuren)

Warmfeste austenitische CrNi-Stähle

Sollen austenitische Stähle als warmfeste Werkstoffe eingesetzt werden, so müssen sie neben Zunderbeständigkeit auch über Warm- und Kriechfestigkeit verfügen. Eine Gruppe warmfester Stähle stellen die mit Nb oder Ti stabilisierten Stähle dar, in denen die nach Lösungsglühen, Abschrecken und Anlassen auf 600 °C sich bildenden Nb- oder Ti-Carbide feindispers ausgeschieden werden. Die Carbide führen zu einer starken Behinderung thermisch aktivierter Kriechvorgänge.
Neben solchen durch feindisperse Carbide warmfesten Gefügen werden andere durch feindisperse intermetallische Ausscheidungen warmfest. Als besonders wirksam haben sich Ausscheidungen vom Typ γ' der Zusammensetzung $Ni_3(Al,Ti)$ erwiesen. Es handelt sich dabei um kohärente Entmischungen mit sehr geringer Neigung zur Überalterung, die vor allem bei hochwarmfesten Ni-Legierungen eine wichtige verfestigende Rolle spielen (vgl. B 4.4.1). Warmfeste austenitische Stähle müssen wegen ihrer oberhalb 600 °C liegenden Einsatztemperaturen bezüglich ihres Matrixgitters stabiler als die bei Raumtemperatur verwendeten korrosionsbeständigen Stähle sein. Dies wird durch einen höheren Nickelgehalt erreicht. Gleichzeitig kann dann der Chromgehalt zurückgenommen werden, wodurch sich auch die Gefahr einer versprödenden σ-Phasenbildung verringert.

4.1.5 Legierungen Fe-C, stabil (Gußeisen)

4.1.5.1 Gefügeausbildung

Wie schon im Abschn. B 4.1.1.4 ausgeführt weisen nur Legierungen mit *eutektischer bzw. naheutektischer* Zusammensetzung günstige Gießeigenschaften auf. Für Fe-C-Legierungen, die -wie Stähle- als C-reiche Phase das metastabile Carbid Fe_3C ausbilden, bedeutet dies bei *C-Gehalten von 2,5 bis 4 % C* gemäß Abb. B.4-27, A jedoch einen Carbidanteil im Gußgefüge zwischen 40 und 60 % und damit ein Verhalten mit zwar hohem Verschleißwiderstand, aber auch erheblicher Bruchanfälligkeit.

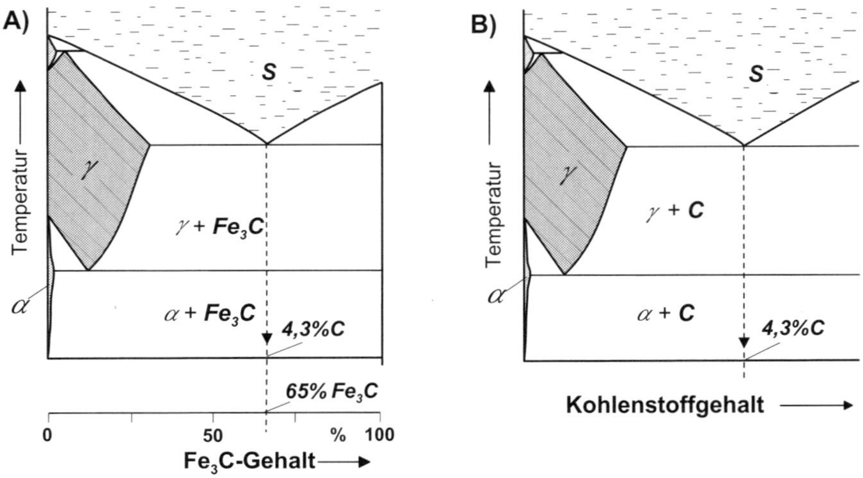

Abb. B.4-27 Phasengleichgewicht Fe-C
A) Metastabil (Fe-Fe_3C) B) Stabil (Fe-C)

Gäbe es nicht die Möglichkeit, anstelle der spröden Carbidphase auch die thermodynamisch stabile Graphitphase entstehen zu lassen, wäre die technische Bedeutung von typischen Eisengußlegierungen äußerst gering. Im Fall einer *vollständig stabilen Phasenausbildung* beträgt der Anteil des nicht spröden oder zumindest mechanisch weitgehend „neutralen" Graphits in einem eutektischen Gußgefüge jedoch nur 4,25 % (Abb. B.4-27, B). Das günstige Gießverhalten eutektischer und naheutektischer Legierungen wird bei stabiler Erstarrung zusätzlich dadurch verbessert, daß mit der Graphitphase ein Gitter geringer atomarer Packungsdichte gebildet und die beim Erstarren auftretende und zur *Lunkerbildung* führende Volumenschwindung je nach Mengenanteil des Graphits reduziert wird. Eine **metastabil** erstarrende Fe-C-Schmelze wird auch als **„weiß"** erstarrt bezeichnet, weil sie eine metallisch-silbrig glänzende Bruchfläche zeigt; eine **stabil** erstarrte wegen der graphitbedingten dunklen Bruchfläche als **„grau"** erstarrt.
Die Entscheidung, ob sich eine flüssige (S) oder feste (γ) Fe-C-Legierung metastabil ($S \rightarrow \gamma + Fe_3C$, $\gamma \rightarrow \alpha + Fe_3C$) oder stabil ($S \rightarrow \gamma + C$, $\gamma \rightarrow \alpha + C$) umwandelt, hängt gemäß Abschn. B 4.1.1.3 vom Gehalt der Legierung an bestimmten Begleitelementen

und von der Abkühlgeschwindigkeit während der Phasenumwandlung ab. Förderlich auf die Graphitbildung wirken sich demnach vor allem erhöhte C- und Si-Gehalte, aber auch erhöhte Al-, Ti-, Ni-, Cu-Gehalte sowie niedrige Abkühlgeschwindigkeit bzw. langes Halten auf hoher Temperatur aus (Abb. B.4-28). Erhöhte Gehalte an Mn, Cr, Mo und V bzw. niedrige Gehalte an Si und C sowie rasche Abkühlungen begünstigen dagegen eine Weißerstarrung und Carbidbildung.

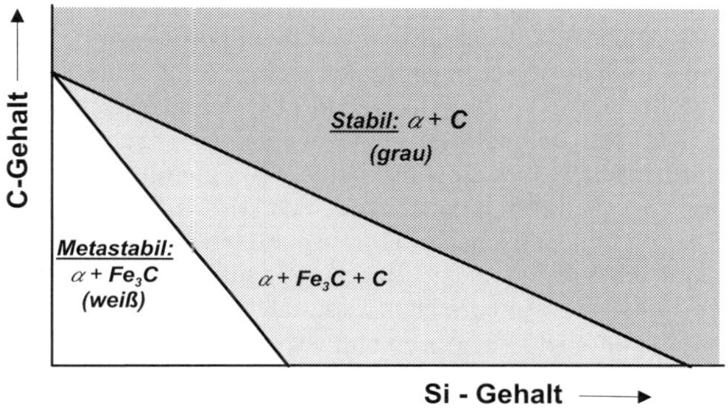

Abb. B.4-28 Phasenausbildung in Gußeisen (Maurer-Diagramm nach Lit. B.8)

Aus dem Einfluß der Abkühlgeschwindigkeit resultiert in der Praxis auch eine Abhängigkeit der Gefügeausbildung von der Wanddicke der Gußstücke und von der Kühlwirkung des Formmaterials. So kann an einem grau erstarrenden Gußstück in bestimmten Randbereichen mit Hilfe spezieller Kühlelemente oder sog. Schreckplatten eine *Weißerstarrung* erzwungen und dort ein beträchtlicher Verschleißwiderstand erzielt werden.

Si übt von den genannten Zusätzen die stärkste graphitstabilisierende Wirkung aus und wird bevorzugt zur gezielten Einstellung des Erstarrungsverhaltens einer Schmelze herangezogen. Daneben ruft Si eine Verschiebung des eutektischen Punktes in Richtung niedrigerer C-Gehalte hervor, so daß Schmelzen bei Anwesenheit von Si als eigentlich ternäre Fe-C-Si-Legierungen auch schon unterhalb von 4,25 % C vollständig eutektisch erstarren können. Si hat einen Wirkungsfaktor von 0,3, so daß die eutektische Zusammensetzung einer Fe-C-Si-Schmelze als sog. **Sättigungsgrad S_c** zu

$$S_c = \% \, C / 4{,}25 - 0{,}3 \cdot (Si + P)$$

bestimmt werden kann. Der gleiche Effekt geht auch von dem in Gußeisen enthaltenen P aus. S_c-Werte < 1 bedeuten eine untereutektische, S_c-Werte = 1 eine eutektische und S_c-Werte > 1 eine übereutektische Erstarrung. Mit größer werdendem Sättigungsgrad nimmt auch die Wahrscheinlichkeit für eine stabile Erstarrung zu.

Das Gefüge von Gußeisen wird vor allem durch die eutektische Erstarrungsreaktion der Schmelze (ca. 1150 °C) in Austenit und Zementit bzw. Graphit und durch die bei tieferer Temperatur (ca.. 700 °C) stattfindende eutektoide Umwandlungsreaktion des Austenits in Ferrit und Zementit bzw. Graphit geprägt.

Das metastabil-eutektische Gefüge wird auch als Ledeburit bezeichnet, das metastabil-eutektoide als Perlit. Der sich direkt aus der Schmelze bildende sog. Ledeburit I besteht aus einer feinen Verteilung der beiden Phasen γ und Fe_3C. Diese Verteilung geht aus zwei unterschiedlichen Wachstumsvorgängen hervor. Es dominiert als Hauptprozeß ein paralleles Wachsen von Fe_3C- und γ-Lamellen, dem sich jedoch ein stäbchenförmiges Querwachsen von Fe_3C durch die in Hauptwachstumsrichtung gebildeten γ-Platten hindurch überlagert. Alle γ-Bereiche wandeln sich bei Unterschreiten der eutektoiden Temperatur (A_1) in Perlit um, so daß der bei Raumtemperatur existierende Ledeburit II aus mehr oder weniger fein verteilten Perlit- und Fe_3C-Bereichen besteht. In untereutektischen Legierungen bilden sich in der Schmelze zuerst austenitische, später in Perlit umwandelnde Primärdendriten, deren Zwischenräume von ledeburitisch erstarrender Restschmelze ausgefüllt werden (vgl. Abb. B.4-11).
Bei der stabilen Erstarrung einer eutektischen Fe-C-Legierung liegen insofern besondere Verhältnisse vor, als das nun entstehende eutektische Gefüge von einer metallischen (γ) und einer nichtmetallischen (C) Phase gebildet wird. Hieraus folgt, daß beide Phasen, da ihrem Wachstum unterschiedliche Mechanismen zugrundeliegen, keine gemeinsame Wachstumsfront wie bei einem „normalen“, aus zwei metallischen Phasen bestehenden Eutektikum mehr aufweisen und auch nicht mehr wie diese ein regelmäßiges, z. B. lamellares, Gefüge erzeugen (vgl. Abb. B.1-28). Solche Eutektika werden bekanntlich „entartet“ genannt.
Je nachdem, ob zwischen dem Wachstum beider Phasen noch eine gewisse Abhängigkeit besteht oder ob sich ihre Bildung örtlich und zeitlich getrennt voneinander vollzieht (völlig entartet), können sich für die nichtmetallische Phase Graphit sehr verschiedenartige Ausbildungsformen ergeben. Neben der Unterkühlung der Schmelze wird die jeweilige Graphitform vor allem durch bestimmte Schmelzzusätze bzw. -verunreinigungen maßgeblich beeinflußt. Diese Zusätze werden an bevorzugten Kristallebenen absorbiert und können je nach ihrem Bindungszustand deren Wachstum fördern oder hemmen. Die beiden Grenzformen eutektisch gebildeten Graphits sind die Lamellen- und die Kugelform (Abb. B.4-29). Dazwischen existieren einige Übergangsformen, z. B. knotenartiger oder wurmartiger (*Vermicular-*) Graphit.

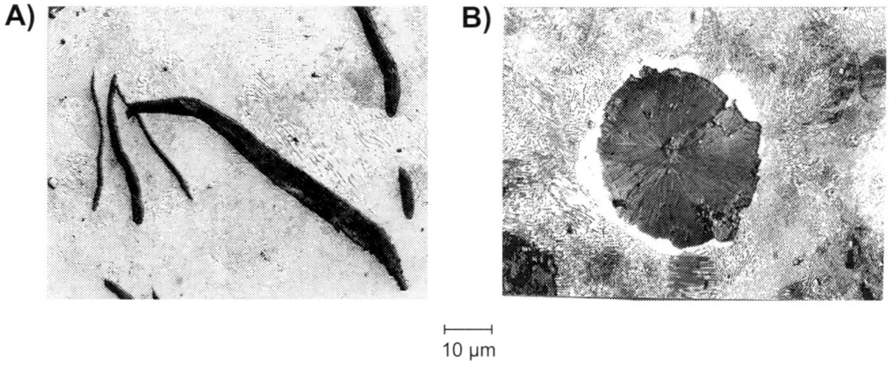

Abb. B.4-29 Graphitausbildung in Grauguß
A) Lamellen- B) Kugelgraphit

Die Lamellenform tritt am häufigsten auf. Das Lamellenwachsen findet noch mit einer gewissen Abhängigkeit und Kopplung zum Wachsen der γ-Phase statt, wobei beide, die Graphitlamelle jedoch voreilend, aus gemeinsamen Zentren heraus mit etwa kugelförmiger Kristallisationsfront zu sog. eutektischen Zellen wachsen. Während des Wachsens spaltet sich die Lamelle zu zahlreichen Verzweigungen auf und bildet schließlich in der eutektischen Zelle ein einkristallines, blattartig verzweigtes, räumliches Skelett, das im ebenen Schnitt (metallographischer Schliff!) die bekannte Lamellenform zeigt. Das Lamellenwachsen erfolgt in Richtung „a" parallel zu den Basisebenen des hexagonalen Graphitgitters (Abb. B.4-30). Durch Adsorption von **S-** und **O-Atomen** an der Wachstumsebene wird die lamellare Graphitausbildung gefördert.

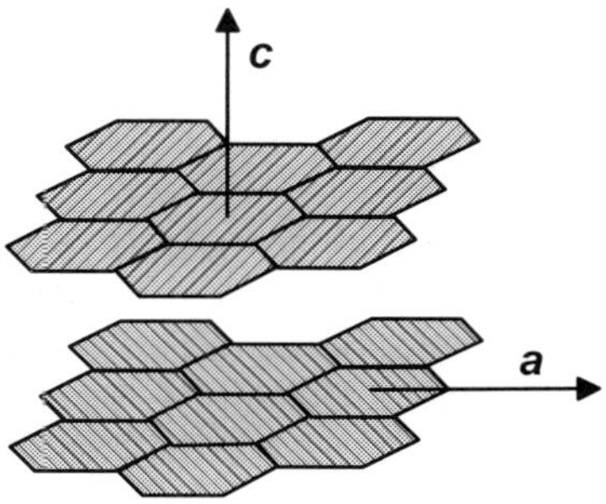

Abb. B.4-30 Hauptwachstumsrichtungen von Graphit
a: Lamellenwachstum, c: Kugelwachstum

Dagegen kommt es zu einem kugelförmigen Graphitwachstum, wenn die Schmelze stark entschwefelt und desoxidiert und die Wachstumsrichtung „a" durch Adsorption von **Mg-** oder **Ce-Atomen** (sog. Kugelbildner) blockiert wird. Dadurch wird eine Verlagerung des überwiegenden Wachsens in die „c"-Richtung erzwungen. In dieser Richtung wachsen dann ausgehend von einem gemeinsamen Kristallisationszentrum viele Graphitkristallite radial zu einem kugelförmigen, nun polykristallinen Gebilde von etwa 0,01 bis 0,1 mm Durchmesser. Um die Kugeln oder Sphärolithe herum entsteht eine C-arme Austenithülle, die sich aufgrund ihrer niedrigen C-Konzentration gegenüber einer perlitischen Matrix als sog. Ferrithof abhebt (vgl. Abb. B.4-29, B). Die Funktion der kugelbildenden Schmelzzusätze Mg (meist) und/oder Ce besteht also in der Abbindung der sog. Störelemente S und O (Entschwefelung und Desoxidation) der Schmelze sowie der Blockierung des Graphitwachstums in a-Richtung.
Die lamellare oder kugelige (sphärolitische) Graphitausbildung ist also nicht auf unterschiedliche Keimbildungs-, sondern nur auf unterschiedliche Wachstumsbedingungen zurückzuführen. Das Einbringen von Mg (Verdampfungstemperatur 1100°C) in die zwischen 1200 und 1400°C heiße Fe-C-Schmelze erfolgt in Form einer MgNi- oder MgSi-Vorlegierung, die sich in einer intensiven Mischreaktion gleichmäßig in der Schmelze verteilt.
Vermiculargraphit läßt sich durch eine auf den Gehalt an S und O abgestimmte, insgesamt jedoch verminderte Dosierung kugelbildender Zusätze erreichen. Die nachträgliche Umwandlung einer Graphitform in eine andere, z. B. Lamelle → Kugel, mittels

Wärmebehandlung ist im Gegensatz zu Zementit nicht möglich. Zur Kennzeichnung der Graphitausbildungen in technischen Gußgefügen sind Gefügerichtreihen mit unterschiedlichen Kennzahlen (I bis VI) für die Graphitform und Kennbuchstaben (A bis E) für die Graphitanordnung entwickelt worden.
In untereutektischen Gußeisenschmelzen beginnt die stabile Erstarrung wiederum mit der Bildung primärer γ-Dendriten und schließt mit der eutektischen Graphitbildung in dem zwischen den Dendriten verbliebenen Volumen ab. Dabei wachsen die primären und eutektischen γ-Bereiche zu einer Austenit-Matrix mit Graphiteinlagerungen zusammen. Der sich bei tieferen Temperaturen im festen Zustand noch ausscheidende Graphit lagert sich an den schon vorhandenen Graphit an. Übereutektische Schmelzen scheiden Primärgraphit der jeweiligen Form aus, der wegen seiner geringen Dichte in der Schmelze aufschwimmen kann und dann als Garschaum bezeichnet wird.

4.1.5.2 Technische Gußeisensorten

Gegenüber Stahl ist Gußeisen vor allem dadurch gekennzeichnet, daß es zur Erlangung günstiger Gießeigenschaften einen wesentlich höheren C-Gehalt (ca. 2 bis 4%) aufweist und dieser anstelle spröden Zementits teilweise oder weitgehend als Graphit ausgebildet sein kann.
Die Graphitbereiche tragen wegen ihrer geringen Eigenfestigkeit und geringen Haftung zur umgebenden Fe-Matrix nicht zur Festigkeit des Gußeisens bei, sondern sind eher als querschnittsmindernde Gefügehohlräume anzusehen. Von entscheidendem Einfluß auf die mechanischen Eigenschaften ist die Form der Graphiteinschlüsse, in zweiter Linie erst deren Größe und Verteilung. Lamellen rufen bei Zugbeanspruchung eine so hohe **Kerbwirkung** hervor (Abb. B.4-31, A), daß das Matrixgefüge bereits bei niedriger äußerer Beanspruchung an den Lamellenspitzen mikroplastisch zu fließen und bei mäßig erhöhter Beanspruchung dort selbst bei duktilem Matrixverhalten aufzureißen beginnt.

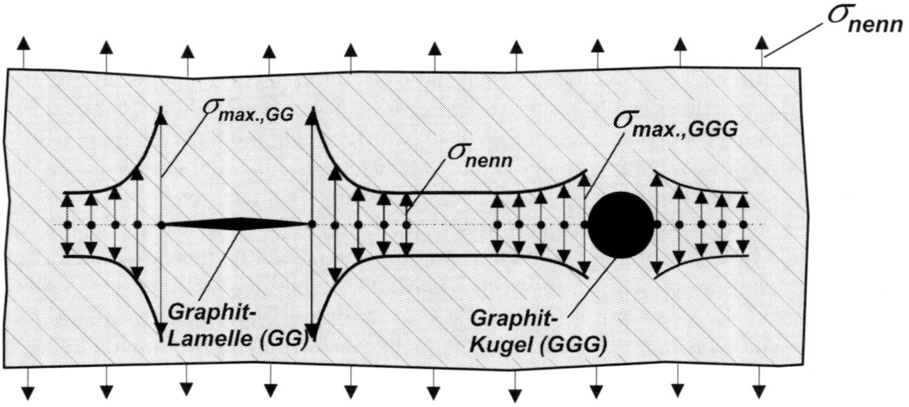

Abb. B.4-31 Spannungsverteilung an Graphiteinschlüssen in Grauguß
A) Lamellengraphit (GG) B) Kugelgraphit (GGG)

Aus diesem Grund wird ein Gußeisen mit Lamellengraphit immer eine verminderte Zugfestigkeit und ein sprödes Bruchverhalten aufweisen. Die Matrixeigenschaften sind nur insofern von Bedeutung, als eine weiche, duktile Matrix (ferritisch) der Rißausbreitung einen geringen Widerstand, eine härtere, feste Matrix (perlitisch, bainitisch, vergütet) einen höheren Widerstand entgegensetzt.
Im Fall kugeliger oder knotenförmiger Graphit-Einschlüsse besteht nur eine mäßige Kerbwirkung (Abb. B.4-31, B), so daß der Graphit in seiner festigkeitsmindernden Wirkung weitgehend neutralisiert ist und die Eigenschaften des Gußeisens hauptsächlich von den Matrixeigenschaften bestimmt werden. So lassen sich **stahlähnliche mechanische Eigenschaften mit günstigen Gießeigenschaften** kombinieren.
Das Matrixgefüge wird durch entsprechende Temperaturführungen beim Abkühlen des Gusses oder bei nachfolgenden Wärmebehandlungen eingestellt. Langsames Abkühlen aus dem γ-Gebiet führt über eine stabile Reaktion ($\gamma \rightarrow \alpha + C$) zu einer weichen, duktilen ferritischen Matrix, rasches Abkühlen über eine metastabile oder martensitische Reaktion ($\gamma \rightarrow \alpha + Fe_3C$, $\gamma \rightarrow \alpha_M$) zu einer festen perlitischen, bainitischen oder martensitischen Matrix.
Zur Graphitbildung ist ein erhöhter Si-Gehalt (bis 2 %) erforderlich. Außerdem werden im Vergleich zu Stahl meist beträchtlich höhere S- (bis 0,2 %) und P- (bis 1 %) Gehalte zugelassen. Der Schwefel wird i. allg. durch Mn-Zusatz und Bildung von MnS „unschädlich" gemacht, während der Phosphor ein ternäres, niedrigschmelzendes (T_s ca. 950°C) und hartes (ca. 800 HV) Phosphid-Eutektikum bildet, das aus den Phasen Fe_3P (Phosphid), γ und Fe_3C bzw. C besteht und als Steadit bezeichnet wird.
Zu den technisch am meisten verwendeten Eisengußwerkstoffen zählen die teilweise oder vollständig stabil (grau) erstarrenden Sorten Grauguß mit Lamellengraphit (GG), Grauguß mit Kugel- bzw. Globulargraphit (GGG) und Grauguß mit Vermiculargraphit (GGV).
Die Bedeutung der metastabil (weiß) erstarrenden Sorten Hartguß (GH) und Temperguß (GT) ist dagegen gering. Das gilt in gewisser Weise auch für den metastabil erstarrenden Stahlguß (GS), der wegen seines breiten Erstarrungsintervalls (Temperaturbereich zwischen Liquidus- und Solidustemperatur) die Kriterien für einen optimalen Gußwerkstoff in keiner Weise erfüllt.

4.2 Werkstoffe auf Al-Basis

Das Metall Aluminium weist einige wertvolle Grundeigenschaften auf, die es zu dem nach Eisen am meisten verwendeten Basismetall gemacht haben. Es sind dies eine verglichen mit Eisen und Kupfer etwa dreimal niedrigere Dichte, die durch Deckschichtbildung hervorgerufene ausgezeichnete Witterungsbeständigkeit, die hohe elektrische und thermische Leitfähigkeit sowie die mit dem kubisch-flächenzentrierten Gitteraufbau zusammenhängende recht gute Verformbarkeit. Wichtige Anwendungsgebiete für Reinaluminium liegen daher im Bereich der Elektrotechnik, des Korrosionsschutzes, der Verpackungsindustrie und des Behälter- bzw. Apparatebaues.
Entscheidend für die breite Verwendung von Aluminium als Basismetall wichtiger Konstruktionswerkstoffe sind aber neben einer wirtschaftlichen Verfügbarkeit seine mechanischen Eigenschaften, die durch Legierungsbildung und meist zusätzliche

Wärmebehandlung (**Aushärten**) auf Werte gebracht werden können, die, bei Berücksichtigung der geringen Dichte, mit denen vieler Stahlsorten vergleichbar sind, sie in verschiedenen Fällen sogar übertreffen. Der Schlüssel hierzu liegt in einer Aushärtungsbehandlung, die beträchtliche Festigkeitssteigerungen ermöglicht. Obwohl die Aushärtung (Teilchenverfestigung) mittlerweile als das wohl wichtigste Werkzeug zur Steigerung der Festigkeit metallischer Werkstoffe überhaupt anzusehen ist und auch bei Legierungen praktisch jedes wichtigen Metalls in irgendeiner Weise genutzt wird, spielt die Aushärtung für die technische Anwendung von Al-Legierungen eine herausragende Rolle. Wenn auch andere Legierungssysteme ihre eigenen, speziellen Aushärtungsverläufe aufweisen, sollen die grundsätzlichen metallkundlichen Vorgänge am Beispiel der Al-Legierungen zunächst allgemein, später an dem – aus historischen Gründen – sehr eingehend untersuchten System Al-Cu erörtert werden.

4.2.1 Aushärtung

Einer Aushärtung liegt der Effekt zugrunde, daß bei Legierungen mit spröder Ausscheidungsphase beachtliche Erhöhungen der Festigkeit erreicht werden können, wenn die Ausscheidungsteilchen die zu verfestigende Matrix in einer feindispersen Verteilung durchdringen.

Die Verteilung von Phasenteilchen wird durch die Keimbildungsbedingungen bzw. durch die hiervon abhängige Verteilung wachstumsfähiger Keime festgelegt. Soll eine beispielsweise grobe Verteilung von Ausscheidungen in eine feindisperse geändert werden, so müssen die Ausscheidungsteilchen unter veränderten Keimbildungsbedingungen neu entstehen. Die Aushärtung einer Legierung L (Abb. B.4-32) umfaßt also zwei Phasenumwandlungsvorgänge, zunächst die Auflösung der groben Zweitphasenteilchen β in der Matrix α durch **Lösungsglühen** im Einphasengebiet α bei Temperatur T_2. Anschließend wird die lösungsgeglühte, einphasige Legierung auf Temperatur T_1 durch **Abschrecken** so rasch abgekühlt, daß die diffusionsgesteuerte Bildung der *Ausscheidung β unterdrückt* und die einphasige, feste Lösung auf Temperatur T_1 ohne Umwandlung unterkühlt wird. Hierdurch ergibt sich eine Übersättigung von α an Atomen B um das Maß $x_ü$.

Nun folgt der zweite Umwandlungsschritt, nämlich die Ausscheidung B-reicher Teilchen durch kontrollierte Anregung der bei der Abkühlung unterdrückten Diffusionsvorgänge (sog. **Auslagern**). Da die Bildung der B-reichen Ausscheidungen bei tiefer

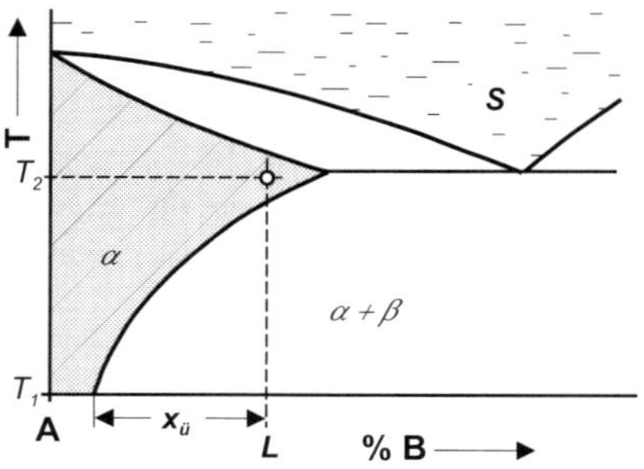

Abb. B.4-32 Phasendiagramm einer aushärtharen Legierung

Temperatur, also hoher *Unterkühlung* und demzufolge mit hoher *Keimdichte* stattfindet, ergeben sich feindisperse Ausscheidungszustände. Diese Ausscheidungen und/oder die von ihnen im Matrixgitter erzeugten Verzerrungsfelder behindern durch direkte *Wechselwirkungen* die Bildung und Wanderung von *Versetzungen*, erhöhen also den Widerstand gegen plastische Deformation und damit die technologische Festigkeit des Werkstoffs. Die erwähnten B-reichen, verfestigenden Ausscheidungen sind meist nicht feindisperse Ausscheidungsteilchen der Gleichgewichtsphase β, sondern metastabile als β' bzw. β'' bezeichnete *kohärente* oder *teilkohärente Übergangsphasen*.

Häufig sogar ist das erste Stadium der Ausscheidung durch die Bildung kohärenter, clusterförmiger Ansammlungen der Legierungsatome gekennzeichnet, die nach ihren Entdeckern *Guinier-Preston-Zonen (GP-Zonen)* genannt werden. Die Ursache für die Bildung von kohärenten oder teilkohärenten Übergangsphasen β' oder kohärenten GP-Zonen anstelle der Gleichgewichtsphase β ist darin zu sehen, daß unter den gegebenen Auslagerungsbedingungen die geringere Keimbildungsarbeit für kohärente und teilkohärente Ausscheidungen wohl geleistet werden kann, nicht aber die wegen der hohen Grenzflächenenergie größere Keimbildungsarbeit der inkohärenten Gleichgewichtsphase. Aus diesem Grunde entstehen GP-Zonen schon bei Raumtemperatur bzw. wenig erhöhten Temperaturen. Die durch sie hervorgerufene Verfestigungswirkung wird daher allgemein als *Kaltaushärtung* bezeichnet, während die Übergangsphasen β' von aushärtbaren Legierungen erst bei deutlich höheren Temperaturen entstehen und eine sog. *Warmaushärtung* hervorrufen. Kalt- und Warmaushärtung unterscheiden sich aber nicht einfach nur durch ihre Temperaturlage, sondern meist auch durch das andersartige thermodynamische Verhalten der sie verursachenden Teilchen. GP-Zonen stellen i. allg. nicht eine Vorstufe zu den Übergangsphasen β' bzw. β'' oder gar zur Gleichgewichtsphase β dar, vielmehr lösen sie sich bei Erwärmen über eine bestimmte Temperatur hinaus wieder auf, und es entsteht wieder der homogene, übersättigte Mischkristall α, der bei weiterer Erwärmung die Übergangs- bzw. Gleichgewichtsphasen, bei Abkühlung wieder GP-Zonen ausscheiden läßt. Diese reversible Auflösung von GP-Zonen wird *Rückbildung* genannt, sie ist vielfach ein charakteristisches Merkmal für eine Kaltaushärtung.

Im Gegensatz hierzu ähneln die kohärenten und teilkohärenten Übergangsphasen in ihrem strukturellen Aufbau bereits der Gleichgewichtsphase und können mitunter auch kontinuierlich in die Gleichgewichtsphase übergehen. Da mit fortschreitender Auslagerung durch Koagulationsprozesse der für eine wirksame Verfestigung erforderliche Dispersionsgrad abnimmt, tritt von einem bestimmten Ausscheidungszustand an eine Abnahme der Festigkeit auf. Ein solcher durch übermäßige Auslagerung hervorgerufener Festigkeitsabfall wird als **Überalterung** bezeichnet. Überalterung kann demnach nur bei Warmaushärtung festgestellt werden, nicht aber bei Kaltaushärtung. Abb. B.4-33 gibt schematisch einen Überblick über die bei vielen Legierungen möglichen Ausscheidungsreaktionen, es bleibt darauf hinzuweisen, daß Verfestigungseffekte bei anderen Legierungen auch ohne Bildung von GP-Zonen oder Übergangsphasen allein durch eine feindisperse Ausscheidung der Gleichgewichtsphase β möglich sind. In diesem Fall wird häufig zur Unterscheidung anstelle von „Aushärtung" von „Ausscheidungshärtung" gesprochen.

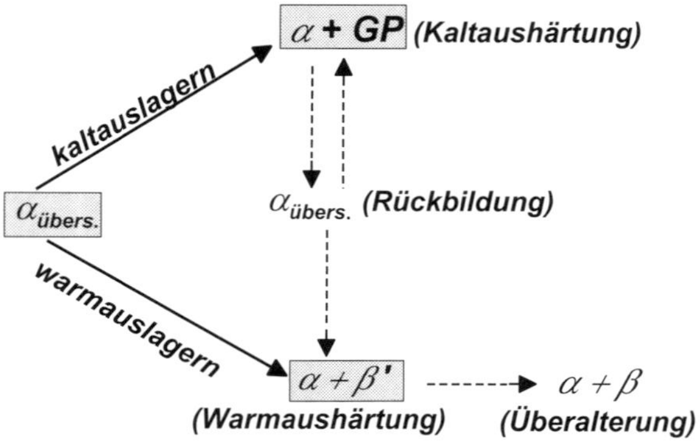

Abb. B.4-33 Ausscheidungszustände kalt- und warmaushärtender Legierungen

Die an dem binären System Al-Cu (Abb. B.4-34) bei der Ausscheidung der Gleichgewichtsphase θ zu beobachtenden Vorgänge können als Beispiel für viele aushärtbare Legierungssysteme gelten. Die intermetallische Verbindung θ weist bezüglich Zusammensetzung und Gitteranordnung relativ große Unterschiede zur Matrixphase ω auf. Die Bildung wachstumsfähiger, überkritischer Keime θ ist nach dem Abschrekken des lösungsgeglühten Zustandes auf Raumtemperatur thermodynamisch gehemmt, es existieren aber je nach Temperaturlage verschiedene metastabile Ausscheidungszustände geringerer Keimbildungsarbeit. Die hohe Unterkühlung hat eine große Keimbildungshäufigkeit und damit eine feindisperse Verteilung der metastabilen Ausscheidungen zur Folge. Diese feinverteilten Ausscheidungen verursachen die erwähnten Aushärtungseffekte. Bei höheren Temperaturen würde die Keimbildung der Gleichgewichtsphase in wesentlich gröberer Verteilung erfolgen und nicht mehr zur Aushärtung führen.

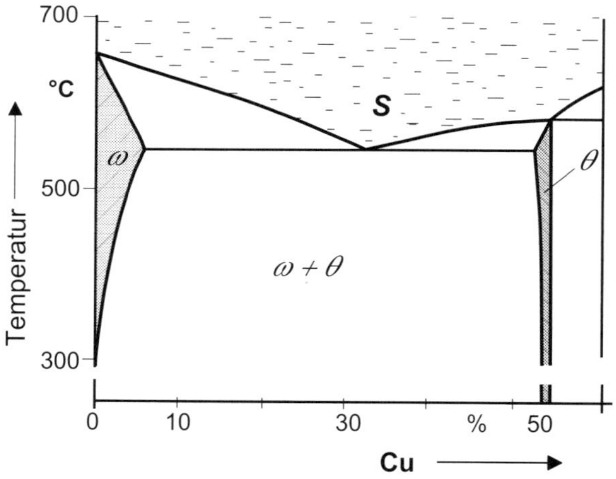

Abb. B.4-34 Gleichgewichtsdiagramm Al – Al_2Cu (Lit. B.2)

In Al-Cu-Legierungen werden folgende Ausscheidungsstufen gefunden :

- *GP-Zonen*: Es handelt sich hierbei um mit dem Matrixgitter kohärente flächenhafte Cluster mit etwa 8 nm Durchmesser und 0,5 nm Dicke, die zu etwa 90 % aus Cu-Atomen bestehen. Diese feinverteilten GP-Zonen bilden sich im übersättigten AlCu-Mischkristall ω bei Raumtemperatur nach mehreren Stunden. Die Kohärenz zwischen GP-Zonen und Matrixgitter wird über beträchtliche Verzerrungsspannungen in der Matrix aufrechterhalten, die verzerrten Gitterbereiche erscheinen in elektronenmikroskopischen Abbildungen als dunkle Zonen. Die Ausscheidung kohärenter GP-Zonen verursacht den als **Kaltaushärtung** bezeichneten Verfestigungseffekt, bei Erwärmung bilden sich die Zonen zurück.

- *θ″-Ausscheidungen*: Obwohl sich auch diese Teilchen noch vollständig kohärent im Matrixgitter bilden, können sie schon eher als eine echte Ausscheidung betrachtet werden, da sie sich in ihrem strukturellen Aufbau von dem des Matrixgitters unterscheiden. Sie entstehen bei Lagerung der übersättigten, festen Lösung im Temperaturbereich von 100 bis 200 °C, wachsen zu Platten von etwa 2 nm Dicke und 30 nm Durchmesser und rufen durch starke Kohärenzspannungen eine Aushärtung, in diesem Fall **Warmaushärtung** hervor. Die von θ″-Teilchen in der Matrix verursachten Spannungsfelder sind in Abb. B.4-35 schematisch dargestellt.

- *θ′-Ausscheidungen*: Die Teilchen der θ′-Phase sind ebenfalls plattenförmig, wegen zu großer Plattendicke aber nur noch in der Platten-Grenzfläche mit dem Matrixgitter kohärent, also teilkohärent. Die θ′-Phase bildet sich vorzugsweise bei Temperaturen um 200 °C und darüber entweder aus θ″-Teilchen oder direkt aus der übersättigten Matrix durch Keimbildung an Versetzungen. Zur Aushärtung tragen die θ′-Teilchen in einem ohnehin geringeren Ausmaß nur dann bei, wenn sie in ausreichend feiner Verteilung vorliegen. Dieser Verteilungsgrad wird aber nur erreicht, wenn sie aus θ″-Ausscheidungen hervorgehen. Bei direkter Ausscheidung aus der Matrix ist der Verteilungsgrad der θ′-Teilchen für einen Aushärtungseffekt nicht mehr gleichmäßig genug. Die Ausscheidungen bilden Plättchen von etwa 20 nm Dicke und mehr als 100 nm Durchmesser und werden mit diesen Teilchenabmessungen erstmals im Lichtmikroskop erkennbar.

- *θ-Ausscheidungen*: Die inkohärente θ-Phase entspricht der thermodynamischen Gleichgewichtsphase mit der stöchiometrischen Zusammensetzung Al_2Cu. θ-Ausscheidungen treten bei Temperaturen oberhalb von 300 °C auf und entstehen durch Vergröberung von θ′-Teilchen oder durch direkte Ausscheidung aus der Matrix, wobei die Keimbildung bevorzugt an Korngrenzen erfolgt.

Abb. B.4-36 zeigt schematisch den Verlauf der Härte einer AlCu-Legierung während ihrer Aushärtung bei den Temperaturen 190 °C (a), 130 °C (b) und bei Raumtemperatur (c). Während die Kurven a und b eine Warmaushärtung vor allem infolge der Bildung von θ″-Ausscheidungen widerspiegeln, stellt die Kurve c eine Kaltaushärtung dar, die durch GP-Zonen hervorgerufen wird. Bei Kurve b tritt der Übergang von Kalt- zur Warmaushärtung infolge Rückbildung anfänglich entstandener GP-Zonen durch einen geringen Härteabfall in Erscheinung.

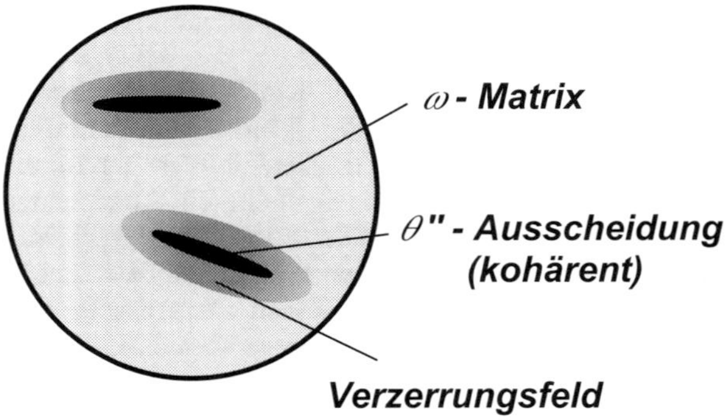

Abb. B.4-35 Verzerrung des Matrixgitters ω durch kohärente Ausscheidungen θ″ bei ausgehärteten AlCu-Legierungen (nach Lit. B.35)

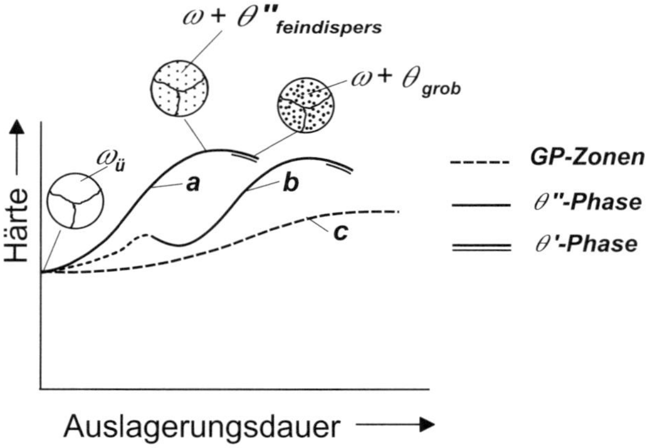

Abb. B.4-36 Änderung der Härte einer bei verschiedenen Temperaturen ausgelagerten AlCu-Legierung (nach Lit. B.37)
a = 190 °C, b = 130 °C, c = 20 °C

Das Auftreten sowohl von GP-Zonen als auch von Übergangsphasen θ′ ist keine Besonderheit des Systems Al – Cu, sondern kann auch bei vielen anderen aushärtbaren Legierungen beobachtet werden, wie z. B. bei AlZnMg-, AlMgSi- oder CuBe-Legierungen.

4.2.2 Al-Legierungen

Technische Bedeutung haben Al-Legierungen folgender Grundzusammensetzungen erhalten:

AlMg, AlCuMg, AlMgSi, AlZnMg, AlZnMgCu.

4.2.2.1 Nicht aushärtbare Legierungen vom Typ AlMg

Das Zustandsdiagramm Al-reicher **AlMg**-Legierungen ist in Abb. B.4-37 wiedergegeben. Bei Raumtemperatur sind im Gleichgewicht weniger als 1% Mg in Aluminium löslich, bei ungefähr 37% Mg bilden Aluminium und Magnesium die Sprödphase ß etwa der Zusammensetzung Al_3Mg_2. Da die Ausscheidung von β aus dem übersättigten α-Mischkristall langsam erfolgt, erscheint die Zweitphase nur bei höheren Mg-Gehalten und häufig erst nach langer Lagerungsdauer vorzugsweise an den Korngrenzen.

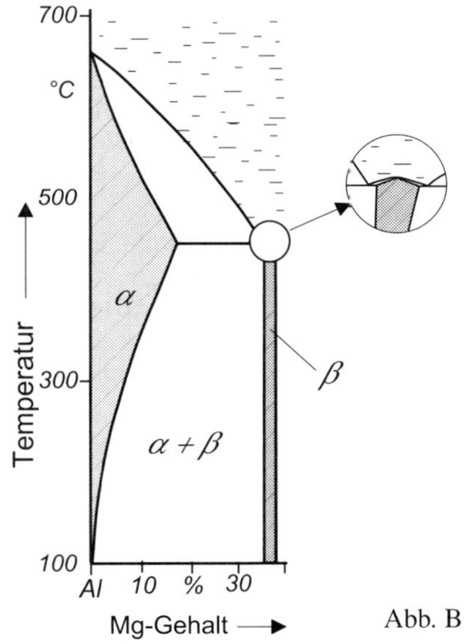

Abb. B.4-37 Gleichgewichtsdiagramm Al-Mg (nach Lit. B.2)

Obwohl vom Zustandsdiagramm her die Möglichkeit zur Aushärtung von Legierungen erhöhten Mg-Gehaltes gegeben ist, sind die bei AlMg-Legierungen erzielbaren Aushärtungseffekte unbedeutend und werden nicht genutzt. AlMg-Legierungen weisen mäßige Festigkeiten auf und erlangen diese überwiegend durch die im Aluminiumgitter gelösten Mg-Atome (MK-Verfestigung). Ihre Anwendung verdanken sie in erster Linie ihrer außerordentlichen Korrosionsbeständigkeit.

4.2.2.2 Aushärtbare Legierungen

Für die Praxis wurden die aushärtbaren binären Legierungen durch weitere Legierungskomponenten in ihrem Eigenschaftsbild verbessert, so daß es sich bei den technischen Legierungstypen ausnahmslos um Mehrstofflegierungssysteme handelt. Bei den ternären bzw. quaternären Legierungen der Typen **AlMgSi, AlCuMg, AlZnMg** und **AlMgZnCu** stellen sich während der Auslagerung grundsätzlich ähnliche Vorgänge wie etwa bei der binären Legierung AlCu ein. Im Bereich von Raumtemperatur bis etwa 150 °C bilden sich zunächst spontan feinstverteilte kohärente GP-Zonen, die

anschließend einem relativ langsamen Wachstumsprozeß unterliegen und erst mit Erreichen einer bestimmten Zonengröße eine Kaltaushärtung bewirken. Eine Temperaturerhöhung hat meist eine vollständige Rückbildung der GP-Zonen zur Folge.
Liegt die Auslagerungstemperatur zwischen 100 und 300 °C, so scheiden sich in der übersättigten Matrix feinverteilte Partikel kohärenter oder teilkohärenter intermetallischer Zwischenphasen aus. Dieser Ausscheidungszustand ruft im allgemeinen eine beachtliche Warmaushärtung hervor. Für die Entstehung teilkohärenter Ausscheidungen spielen Versetzungen eine bedeutsame Rolle. Bei Temperaturen oberhalb 250 °C kann mit dem Erscheinen der inkohärenten Gleichgewichtsphase gerechnet werden, deren Teilchen sich entweder direkt aus der übersättigten Matrix durch Keimbildung an Fehlstellen ausscheiden oder sich als Ergebnis von Vergröberungsprozessen der Zwischenphasen bilden. Der Dispersionsgrad der ausgeschiedenen Gleichgewichtsphase hat sich meist derart verringert, daß dieses Ausscheidungsstadium dann dem Bereich der Überalterung angehört. Die jeweiligen GP-Zonen und metastabilen Zwischenphasen der technischen Mehrstofflegierungen sind in Struktur und chemischer Zusammensetzung normalerweise erheblich komplizierter als die der binären Grundsysteme aufgebaut. Da auch das Mengenverhältnis der Legierungskomponenten zueinander große Veränderungen der Ausscheidungen hinsichtlich Struktur und Zusammensetzung mit sich bringen kann, sind die tatsächlichen Ausscheidungsverhältnisse bei vielen Legierungen nicht genau bekannt.
Ein außergewöhnliches Verhalten zeigen Legierungen des Typs **AlZnMg**. Sie verfügen einerseits über einen sehr großen, von etwa 350 bis 500 °C reichenden Lösungsglühbereich, andererseits werden die in Lösung gegangenen Legierungskomponenten auch bei relativ langsamen Abkühlungen auf Raumtemperatur in übersättigter Lösung gehalten.

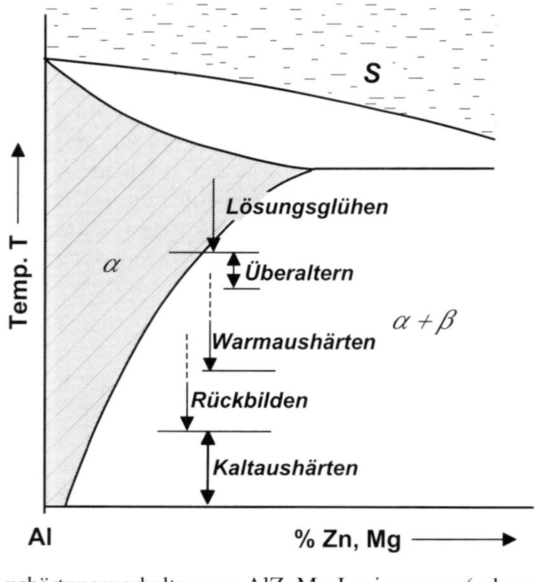

Abb. B.4-38 Zum Aushärtungsverhalten von AlZnMg-Legierungen (schematisch)

Eine Raumtemperaturlagerung der übersättigten Lösung führt – allerdings erst nach Wochen – zu interessanten Festigkeitserhöhungen infolge Kaltaushärtung. Bei Temperaturen oberhalb von 100 °C schließt sich nach Rückbildung von GP-Zonen und ebenfalls ungewöhnlich langen Auslagerungszeiten durch Ausscheidung einer teilkohärenten η'-Phase eine Warmaushärtung an. Da aber selbst Temperatureinwirkungen bis zu 300 °C bei nicht allzu langer Dauer zunächst zu einer vollständigen Rückbildung des ausgehärteten Zustandes führen und der Lösungsglühbereich andererseits bereits bei 350 °C beginnt, findet eine Überalterung nur in einem schmalen Temperaturbereich und nach relativ langer Temperatureinwirkung statt (Abb. B.4-38). Hieraus ergibt sich die für die Anwendung wichtige Folgerung, daß die Legierung AlZnMg im ausgehärteten Zustand z. B. beim *Schweißen* kurzzeitig auf fast beliebige Temperaturen erwärmt werden kann, ohne ihre Aushärtungsfestigkeit auf Dauer zu verlieren.

4.2.2.3 Gußlegierungen vom Typ AlSi

Das in Abb. B.4-39 dargestellte System Al – Si ist das wichtigste Grundsystem für Al-Gußlegierungen, die vorzugsweise Si-Gehalte in der Nähe der eutektischen Zusammensetzung aufweisen. Das gute Formfüllungs- und Fließvermögen dieser Legierungen ermöglicht die einfache Herstellung dünnwandiger und kompliziert geformter Teile.

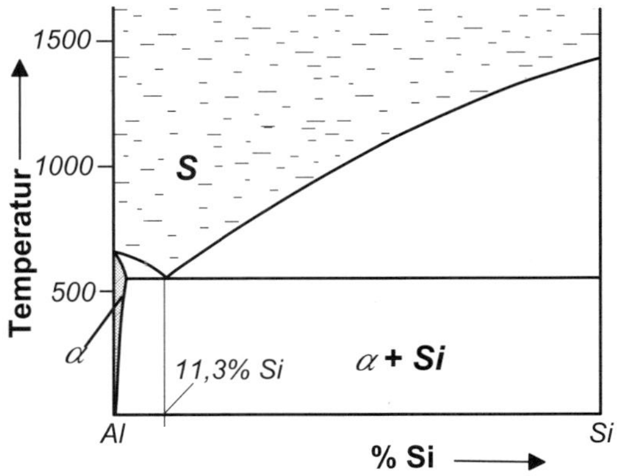

Abb. B.4-39 Gleichgewichtsdiagramm Al – Si (nach Lit. B.2)

Den vorteilhaften Gießeigenschaften stehen aber häufig ungünstige mechanische Eigenschaften gegenüber, da sich das eutektische Silizium, das als nichtmetallische Phase die eutektische Reaktion anführt – außer bei rascher Abkühlung – in Form grober Nadeln, teilweise auch grober Körner ausscheidet. Die sich bei Beanspruchung an den groben Si-Nadeln aufbauenden Spannungsspitzen begünstigen die Bildung von Rissen mit der Folge niedriger Verformbarkeit und Festigkeit. Eine annehmbare Verbesserung der mechanischen Eigenschaften kann indes durch eine Verfeinerung des Gefüges erreicht werden. Hierzu wird der Schmelze direkt vor dem Abgießen eine geringe Menge von Natrium metallisch oder als Salz beigefügt. Das Silizium scheidet sich dann in Form kleiner, feinverteilter Körner aus. Diese Verfeinerung des Gefüges und gleichzeitige Verbesserung der mechanischen Eigenschaften wird als „Veredelung" bezeichnet (Abb. B.4-40). Wird sie anstelle von Na mit Sr als sog. Dauerveredelung vorgenommen, so bleibt die Veredelungswirkung über mehrere Umschmelzungen hinaus erhalten.

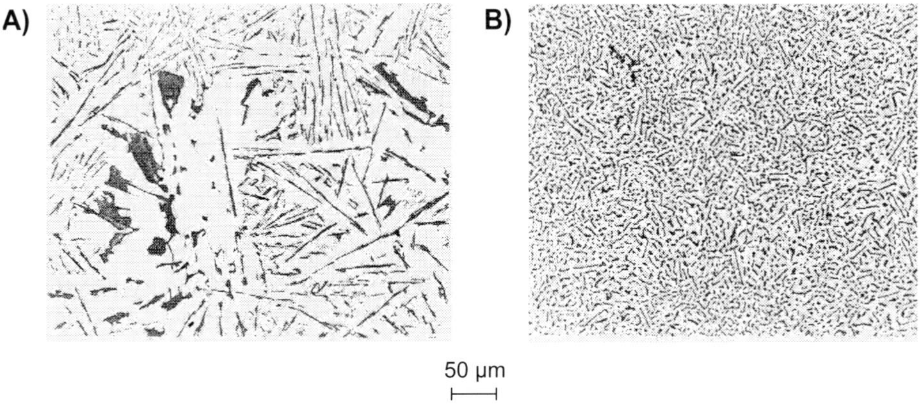

Abb. B.4-40 Gefüge von Silumin (G-AlSi12)
A) Unveredelt B) Sr-veredelt

Als Ursache für die veredelnde Wirkung des Natriums wird die Anreicherung von Natrium an der Grenzfläche sich bildender Si-Keime angesehen. Die adsorbierten Na-Atome behindern den Durchtritt von Si-Atomen aus der Schmelze und verzögern so das Keimwachstum. Die Erstarrung der Schmelze findet dann bei tieferen Temperaturen mit höherer Keimdichte statt. Ein weiterer kornfeinender Einfluß des Natriums besteht wohl darin, daß es die Grenzflächenspannung zwischen Silizium und der Schmelze herabsetzt. Dies wirkt sich vorteilhaft auf die Keimbildungsarbeit aus, die ohnehin bei feineren Ausscheidungen wegen der damit verbundenen Vergrößerung der Grenzfläche erhöht wird. Insofern besteht eine große Ähnlichkeit mit den Vorgängen der „Sphärodisierung" von Grauguß mit Mg.

4.3 Werkstoffe auf Cu-Basis

Obwohl Kupfer in der Erdkruste zu einem recht geringen Anteil vorhanden ist, bildet es mit seinen Legierungen hinsichtlich der technischen Verwendung nach Eisen und neben Aluminium die wichtigste Gruppe metallischer Werkstoffe. Der Grund für die breite Anwendung von Cu-Werkstoffen liegt zunächst in der nach Silber und vor Gold höchsten elektrischen und thermischen Leitfähigkeit des reinen Kupfers, woraus Anwendungen vor allem als Leitwerkstoffe in der Elektrotechnik oder für Kühlelemente (z. B. Kühlkästen für Hochöfen, Kokillen von Stranggußanlagen) resultieren.

Für die übrigen, sehr vielfältigen Anwendungen von – allerdings legiertem Cu – sind in erster Linie seine gute **Korrosionsbeständigkeit** bei gleichzeitig sehr guten **Festigkeitseigenschaften** und seine dennoch vorteilhaften **Verarbeitungseigenschaften** maßgebend, wozu Löt-, Schweiß-, Polier- und Galvanisierbarkeit ebenso zählen wie Gieß-, Verform- oder Zerspanbarkeit.
Die mechanischen Eigenschaften von Kupfer und seinen Legierungen werden wesentlich durch den kfz-Gitteraufbau bestimmt. Die Korrosionsbeständigkeit hat ihren Ursprung in dem relativ *edlen Lösungspotential* des Kupfers sowie in seiner Fähigkeit, in verschiedenen Umgebungen schützende *Deckschichten* auszubilden. Die Stabilität solcher Deckschichten kann durch Legierungselemente (z.B. Ni) deutlich verbessert werden.
Obwohl die Farbe des Kupfers durch Legieren mit z. B. Zink oder Nickel von rot über verschiedene Gelbtöne bis silberweiß vielfältig variiert werden kann, wird die Erzielung einer bestimmten Farbwirkung relativ selten für die Werkstoffwahl entscheidend sein. Komplexere Anforderungen sind an Werkstoffe für Gleitlager zu stellen, auch diese Anforderungen können in vielen Fällen von Kupferlegierungen gut erfüllt werden. Die binären Zustandsdiagramme von Kupfer mit Zink, Zinn, Aluminium, Beryllium und Nickel stellen die Grundsysteme für viele technisch wichtige Kupferlegierungen dar. Hierbei existiert nur zwischen Kupfer und Nickel vollständige Löslichkeit im festen Zustand mit einem entsprechend einfachen Zustandsdiagramm. Zink, Zinn und Aluminium hingegen erfüllen mit Kupfer die Bedingungen zur Bildung intermetallischer Verbindungen vom Typ der Hume-Rothery-Phasen. In den Zustandsdiagrammen Cu-Zn, Cu-Sn und Cu-Al lassen sich dann auch verhältnismäßig große Ähnlichkeiten erkennen. Neben den festen Lösungen (α) von Kupfer mit der jeweiligen Legierungskomponente treten in den Phasendiagrammen die sich jeweils entsprechenden spröden Elektronenverbindungen (β, γ, δ, ε) auf, die sich durch peritektische, eutektische und eutektoide Reaktionen bilden bzw. umwandeln. Hierdurch entstehen relativ komplizierte Zustandssysteme.
Sinnvoll erscheint eine Unterteilung in einphasige oder homogene (α) und zweiphasige oder heterogene ($\alpha+\beta$) Legierungen, die sich in ihren mechanischen und chemischen Eigenschaften deutlich unterscheiden, auch wenn der Unterschied in der chemischen Zusammensetzung oftmals recht gering ist, z. B. CuZn37 (α) und CuZn42 ($\alpha+\beta$). Bereits bei **einphasigen** Cu-Legierungen stellt sich mit der MK-Bildung eine spürbare Festigkeitssteigerung ohne wesentliche Einbuße an Verformbarkeit ein. Kennzeichnend für die einphasigen CuZn-, CuSn-, CuAl- und CuNi-Legierungen (Abb. B.4-41, A) ist daher eine sehr gute Kaltverformbarkeit. Dagegen erweisen sie sich wegen der Bildung von Aufbauschneiden als schlecht zerspanbar und wegen ihres kfz-Gitters als weniger gut warmumformbar.
Die höher legierten **zweiphasigen** Legierungstypen zeigen erwartungsgemäß höhere Festigkeitswerte bis hin zu ausgeprägter Verschleißfestigkeit. Sie eignen sich folglich auch nur noch bedingt für ein Kaltumformen. Vom Prinzip der Aushärtung wird bei Cu-Legierungen im Unterschied zu Al-Werkstoffen fast nur in Einzelfällen Gebrauch gemacht (z. B. CuBe-Legierungen). Diejenigen zweiphasigen Cu-Legierungen, die bei hohen Temperaturen aus der besser warmformbaren krz β-Phase bestehen (CuZn-, CuAl-Legierungen), verfügen über ein besseres Warmverformungsverhalten (Abb. B.4-41, B). Auch hinsichtlich Zerspanbarkeit besitzen die zweiphasigen Legierungen Vorteile,

insbesondere dann, wenn sie einen zwischen 1 und 3 % liegenden Anteil an unlöslichem Pb enthalten. Pb-haltige Cu-Legierungen sind aber wegen des Aufschmelzens der Pb-Einschlüsse schlecht warmformbar, so daß Pb-Zusätze bevorzugt für Gußlegierungen in Betracht kommen, hier allerdings weniger aus Gründen einer besseren Zerspanbarkeit, sondern mehr zur Verbesserung der Gleiteigenschaften.

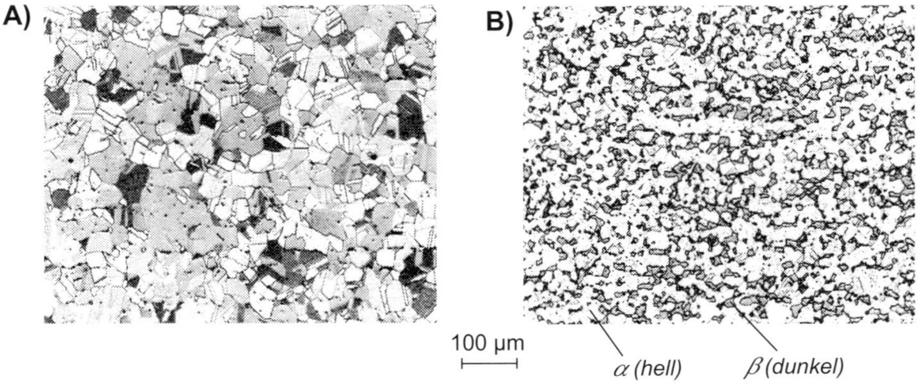

Abb. B.4-41 Gefüge von CuZn-Legierungen
A) Einphasig α, CuZn37 mit Glühzwillingen B) Zweiphasig α + β, CuZn42

Meist wird die Werkstoffwahl aufgrund einer bestimmten Eigenschaftskombination getroffen, so z. B. aufgrund guter Korrosionsbeständigkeit und einfacher Verarbeitbarkeit oder guter Korrosionsbeständigkeit und besonderer mechanischer Eigenschaften wie Festigkeit, Gleit- oder Verschleißverhalten. Somit lassen sich vier große, technisch bedeutsame Anwendungsbereiche von Cu-Legierungen sowohl im verformten als auch im gegossenen Zustand erkennen:

- *korrosionsbeanspruchte* Komponenten wie Rohrleitungen, Armaturen, Kühler, Wärmeaustauscher, Beschläge, Pumpen, Propeller im Apparate-, Anlagen- und Schiffbau (CuZn-, CuSn-, CuAl-, CuNi-Legierungen);

- *gleit- und verschleißbeanspruchte* Maschinenelemente wie Gleitlager, -platten, -leisten, Spindeln und Schneckenräder (CuSn-, CuAl-, CuSnPb-Legierungen);

- *hochbeanspruchte* Konstruktionsteile und Werkzeuge wie Federn, Membranen, Zahnräder, Verbindungselemente, Umformwerkzeuge, funkenfreie Werkzeuge (CuSn-, CuAl-, CuBe-Legierungen);

- Teile *einfacher Herstellbarkeit* wie Hülsen, Rohre, Behälter, Schrauben, Präge- und Stanzteile für optische, feinmechanische, licht- und meßtechnische Geräte (CuZn-, CuZnPb-Legierungen).

4.3.1 Kupfer-Zink-Legierungen

Das Legierungsdiagramm ist in Abb. B.4-42 wiedergegeben. Kupfer weist im festen Zustand eine bemerkenswert große Löslichkeit für das hexagonal aufgebaute Zink auf, das Gebiet der festen Lösung α reicht bis etwa 40 % Zn bei ca. 450 °C. Dagegen beträgt die Lösungsfähigkeit des Zinks für Kupfer nur maximal 3 % (η-Phase). Dazwischen befinden sich die Hume-Rothery-Phasen β bzw. β′, γ und ε. Eine Hochtemperaturphase δ wandelt sich bei etwa 550 °C eutektoid in γ + ε um. In der krz β-Phase stellt sich unterhalb von 450 °C mit β′ eine geordnete Verteilung der Cu- und Zn-Atome ein.
Von technischem Interesse sind vor allem die einphasige α-Legierung CuZn37 und die zweiphasige α + β′-Legierung CuZn42.

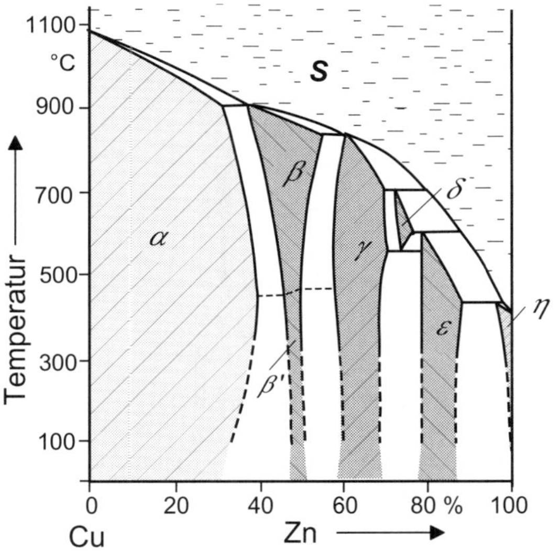

Abb. B.4-42 Gleichgewichtsdiagramm Cu – Zn (nach Lit. B.2)

Durch Zulegieren weiterer Legierungselemente wie Al, Ni, Mn, Fe u. a. können die Eigenschaften von CuZn-Legierungen wie Festigkeit, Korrosionsbeständigkeit oder Bearbeitbarkeit verbessert werden (z. B. CuZn30Al). Der Zusatz von Ni hat einen entfärbenden Einfluß auf die gelben CuZn-Legierungen und verleiht ihnen einen silbrigen weißen Glanz (sog. Neusilber).
CuZn-Legierungen kommen sowohl als Knet- wie auch als Gußlegierungen zur Anwendung. Für die Gußlegierungen (z. B. G-CuZn33Pb) erweist sich das schmale Erstarrungsintervall als vorteilhaft.

4.3.2 Kupfer-Zinn-Legierungen

Die im Phasendiagramm Cu-Sn (Abb. B.4-43) dargestellten Phasen werden in der Praxis auch bei sehr langsamen Abkühlungsgeschwindigkeiten infolge der niedrigen Diffusionsgeschwindigkeit von Sn in Cu nicht erreicht. Eine gleichgewichtsnahe Phasenausbildung im festen Zustand erfordert Glühbehandlungen sehr langer Dauer und eine vorausgehende, intensive plastische Verformung.

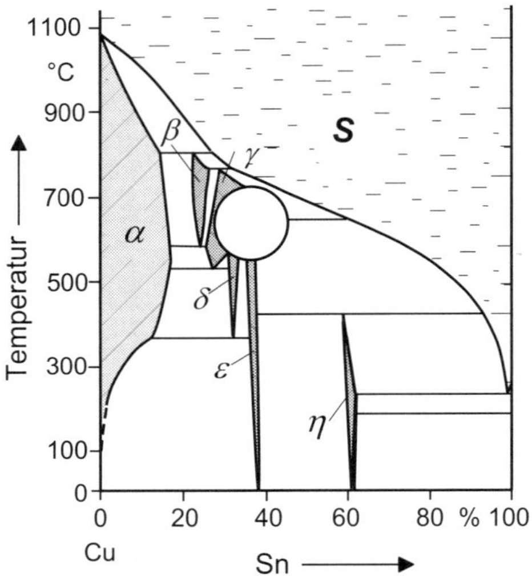

Abb. B.4-43 Gleichgewichtsdiagramm Cu – Sn (nach LitB.2)

So sind, obwohl die Löslichkeit von Sn in Cu bei Raumtemperatur als praktisch null anzusehen ist, in der Praxis Legierungen bis zu etwa 5 % Sn noch einphasig. Auch die bei etwa 350 °C stattfindende eutektoide Umwandlung der δ-Phase wird unter normalen Abkühlbedingungen unterdrückt, so daß Legierungen mit mehr als 5 % Sn dann ein Gefüge aus α und dem bei 520 °C gebildeten (α + δ)-Eutektoid aufweisen. Durch eine nachträgliche Glühbehandlung kann die unterbliebene eutektoide Umwandlung $\delta \rightarrow \alpha + \varepsilon$ nachgeholt werden, so daß die Sprödphase δ zum Teil in die duktile Phase α und in die Sprödphase ε umgewandelt wird. Da hierdurch der Gesamtmengenanteil an Sprödphase verringert wird, führt diese Maßnahme einerseits zu einer Zunahme der Verformbarkeit, andererseits aber zu abnehmender Verschleißfestigkeit.

CuSn-Legierungen weisen gegenüber CuZn-Legierungen höhere Festigkeit, Verschleißfestigkeit und Korrosionsbeständigkeit auf. Sie werden bis zu 8 % Sn als gut verformbare Knetlegierungen verwendet. Mit höheren Sn-Gehalten nimmt der Anteil der Sprödphase δ im Gefüge zu, wodurch Verschleißfestigkeit, aber auch Sprödigkeit ansteigen. Die Formgebung erfolgt dann überwiegend durch Gießen. In solchen CuSn-Gußlegierungen wird mitunter ein gewisser Teil des Zinns durch Zink ersetzt, hierdurch verbessert sich die Gießbarkeit unter geringer Einbuße an Verschleißfestigkeit (sog. Rotguß).

4.3.3 Kupfer-Aluminium-Legierungen

In dem Legierungssystem Cu-Al sind sowohl auf der Cu-Seite mit den Al-haltigen Cu-Legierungen als auch auf der Al-Seite mit den Cu-haltigen aushärtbaren Al-Legierungen (AlCuMg) technisch bedeutsame Werkstoffe zu finden. Abb. B.4-44 gibt die Kupferseite des Phasendiagramms Cu-Al bis zur Verbindungsphase γ wieder.
Die Löslichkeit von Al in Cu beträgt maximal 9,4 %, so daß Legierungen bis ca. 8 % Al bei Raumtemperatur nur aus der duktilen kfz α-Phase bestehen. Legierungen mit höherem Al-Gehalt sind im Gleichgewicht zweiphasig und bestehen bei 12,6 % Al aus einem durch eutektoide Umwandlung der krz β-Phase entstandenen Gefüge von α und γ_2. Die β-Phase mit der stöchiometrischen Zusammensetzung Cu_3Al und einem Verhältnis e/a = 3/2 entspricht strukturell der β-Phase des Systems Cu-Zn.

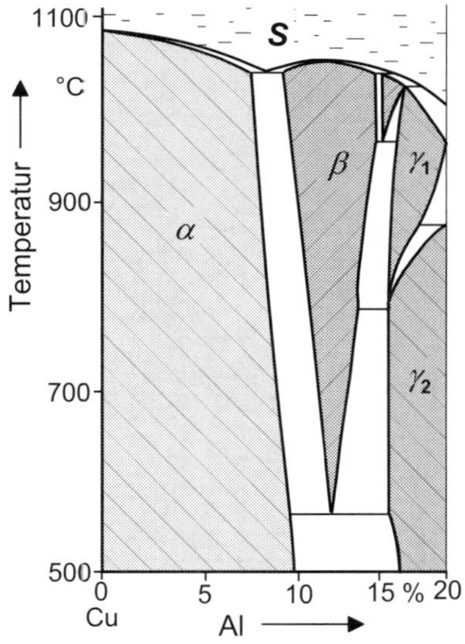

Abb. B.4-44 Gleichgewichtsdiagramm Cu – Al (nach LitB.2)

Ihre bei 565 °C ablaufende eutektoide Umwandlung ist sowohl vom metallkundlichen wie auch vom technologischen Standpunkt interessant. Ähnlich wie die eutektoide Umwandlung des Austenits von Fe-C-Legierungen durch rasche Abkühlung zugunsten einer martensitischen Umwandlung unterdrückt werden kann, findet bei ausreichender Unterkühlung der β-Phase eine martensitische Umwandlung zu β'- Martensit anstelle der eutektoiden Reaktion $\beta \rightarrow \alpha + \gamma_2$ statt. Da es sich in diesem Fall um einen an Substitutionsfremdatomen übersättigten Martensit handelt, sind die erreichbaren Härten allerdings geringer als bei gehärteten Stählen. Das anschließende Anlassen führt im Sinne einer Vergütung zu einem feinverteilten Gefügezustand $\alpha + \gamma_2$ mit beachtlichem Festigkeits- und Verformungsverhalten. Wegen der Analogie der Vorgänge und der strukturellen Ähnlichkeiten werden die von den Stählen bekannten Bezeichnungen übernommen, so nennt man das eutektoide Gefüge „perlitisch“, ein zwischen

eutektoider und martensitischer Umwandlung durch Scherung und Diffusion entstehendes Gefüge „bainitisch“ und das Lösungsglühen eines $(\alpha+\gamma_2)$-Gefüges im β-Gebiet „Austenitisieren“. In der Praxis wird von diesen durch Wärmebehandlung erzielbaren Eigenschaftsverbesserungen nur teilweise Gebrauch gemacht.
CuAl-Legierungen zeichnen sich durch besondere Festigkeits-, Verschleiß- und Korrosionseigenschaften aus. Sie werden in ihren Eigenschaften vielfach durch zusätzliche Legierungselemente vornehmlich Fe und/oder Ni variiert und gelangen als Knet- und auch als Gußlegierungen zur Anwendung.

4.3.4 Kupfer-Beryllium-Legierungen

Die Bedeutung der CuBe-Legierungen besteht darin, daß sie durch Aushärtung in erheblichem Maße verfestigt werden können. Das in Abb. B.4-45 dargestellte Teildiagramm Be-haltiger Cu-Legierungen macht die Möglichkeit zur Aushärtung deutlich.

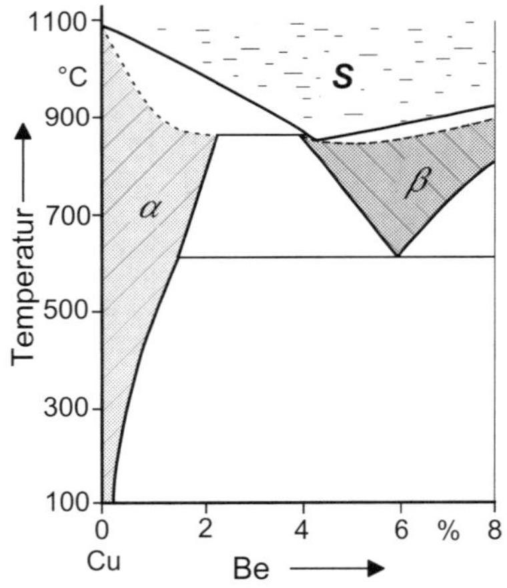

Abb. B.4-45 Gleichgewichtsdiagramm Cu – Be (nach Lit. B.2)

Die Löslichkeit von Be in Cu beträgt bei 866 °C maximal 2,7 % und nimmt bis Raumtemperatur auf sehr geringe Werte ab. Verwendet werden Legierungen mit Be-Gehalten von 1 bis 2 %, die im α-Gebiet lösungsgeglüht und nach Abschrecken ausgelagert werden. Die sich bei tieferen Temperaturen einstellende und bei Erwärmung rückbildende Kaltaushärtung kommt im allgemeinen nicht zur Anwendung, sondern nur die bei etwa 320 °C ablaufende und durch feine, disperse Ausscheidungen von β′ bewirkte Warmaushärtung. Die erreichbaren Härten können mit denen hochfester Stähle verglichen werden, wobei CuBe-Legierungen zusätzlich korrosionsbeständig, unmagnetisch sind und bei der Verwendung als Werkzeug keine Funken erzeugen. Manchmal ist auch die günstige Kombination von Festigkeit und elektrischer bzw. thermischer Leitfähigkeit entscheidend für die Anwendung bestimmter CuBe-Legierungen.

4.3.5 Kupfer-Nickel-Legierungen

Das Zustandsdiagramm Cu-Ni mit vollständiger Löslichkeit im festen Zustand wurde bereits dargestellt (Abb. B.1-26). Die Verteilung der Legierungsatome im festen Zustand erweist sich nur bei höheren Temperaturen als statistisch, mit abnehmender Temperatur werden auf der Nickelseite Entmischungstendenzen erkennbar. Die nur aus der α-Phase (kfz) bestehenden Legierungen verhalten sich über den gesamten Konzentrationsbereich duktil.
Legierungen des Systems Cu-Ni haben aufgrund ihrer Eigenschaften zwei wesentliche technische Anwendungsbereiche. So werden sie mit geringen Zusätzen an Fe und Mn wegen ihrer Korrosionsbeständigkeit, beachtlichen Warmfestigkeit und guten Verformbarkeit für Rohrleitungen im Apparatebau eingesetzt (CuNiFe). Weitere wichtige Anwendungen als Widerstands- und Thermoelementwerkstoffe liegen im Bereich der elektrischen Meßtechnik.

4.4 Werkstoffe auf Ni-Basis

Von dem in der Technik verbrauchten Nickel werden nur etwa 25 % zur Herstellung von Ni-Legierungen aufgewendet, der überwiegende Teil (ca. 55 %) dient als Legierungselement für Stahl, davon etwa 80% für austenitische CrNi-Stähle. Für die Anwendung von Ni-Werkstoffen sind neben bestimmten elektrischen und physikalischen Eigenschaften vor allem deren **Korrosions-** und **Oxidationsbeständigkeit**, auch in Verbindung mit hoher **Warmfestigkeit** ausschlaggebend, wobei die hohe Beständigkeit i. allg. nur durch Hinzulegieren von 15 bis 20 % Cr erreicht wird. Somit gibt es fünf wichtige Anwendungsbereiche für Ni-Werkstoffe:

- *E-Technik*: weich-, hartmagnetische Werkstoffe (NiFe-, AlNiCo-Leg.), Widerstands- (CuNi-, NiCr-Leg.), Thermoelementwerkstoffe (CuNi-, NiCr-Leg.);

- *E-Wärmetechnik*: oxidationsbeständige Heizleiterwerkstoffe (NiCr-Leg.);

- *Verfahrenstechnik*, insbesorndere chemische Verfahrenstechnik: korrosionsbeständige, gegebenenfalls auch oxidationsbeständige und/oder warmfeste Konstruktionswerkstoffe (NiCu-, NiCr-, NiMo-Leg.);

- *Gasturbinenbau*: hochwarmfeste, auch korrosions- und oxidationsbeständige Konstruktionswerkstoffe (NiCr-Leg. + Al, Ti + W, Co, Ti u. a);

- *Sonderanwendungen*: Legierungen mit gezielt eingestelltem Ausdehnungsverhalten (FeNi-Leg.), Werkstoffe mit Memory-Effekt (NiTi-Leg.).

Das mechanische Verhalten wird entscheidend durch den kubisch-flächenzentrierten Gitteraufbau bestimmt und äußert sich vor allem in guter Verformbarkeit und Zähigkeit. Nickel weist für viele Metalle eine relativ große Löslichkeit auf, kann also durch Mischkristallbildung wie auch durch Aushärtung nachhaltig verfestigt werden.

Die Nutzung der mechanischen Eigenschaften nickelreicher Werkstoffe ist wegen des hohen Preises für Nickel nur in Verbindung mit ihrer chemischen Beständigkeit gerechtfertigt.
Obwohl Nickel in der elektrochemischen Potentialreihe eine gegenüber Eisen nur geringfügig edlere Position einnimmt, verhält es sich in der Praxis aufgrund von *Passivierungs*erscheinungen in wäßrigen Lösungen meist deutlich beständiger als Kupfer. Diese Beständigkeit kann durch Legierung mit Cu, Mo oder Cr noch erheblich verbessert werden. Chrom erhöht dabei gleichzeitig die Zunderbeständigkeit, so daß Cr-haltige Ni-Legierungen vor allem auch als hochtemperaturbeständige Werkstoffe eingesetzt werden können.
Diesem sehr günstigen chemischen Verhalten von Nickel steht andererseits eine besondere Empfindlichkeit für *Schwefel* bzw. schwefelhaltige Gase gegenüber. Nickel und das Sulfid Ni_3S_2 bilden ein bei 645 °C schmelzendes Eutektikum, das die Korngrenzen als dünner Film belegt und bei Beanspruchung zu Korngrenzenbrüchigkeit führt. Kommt Nickel bei höheren Temperaturen mit einer schwefelhaltigen Atmosphäre in Kontakt, so besteht durch Eindiffusion von Schwefel in das Nickelgefüge erhöhte Rißgefahr.

4.4.1 Nickel-Chrom-Legierungen

Die Löslichkeit von Ni für Cr beträgt, wie aus Abb. B.4-46 hervorgeht, bei Raumtemperatur etwa 30 %, dennoch enthalten die technischen NiCr-Legierungen aus Gründen ausreichender Verformbarkeit maximal 20 % Cr. Der Zusatz von Cr verstärkt das Passivierungsvermögen und steigert die Zunderbeständigkeit und Warmfestigkeit von Nickel erheblich, so daß NiCr-Legierungen für Heizleiter und NiCrFe-Legierungen für zunder- und hitzebeständige Bauteile Verwendung finden.

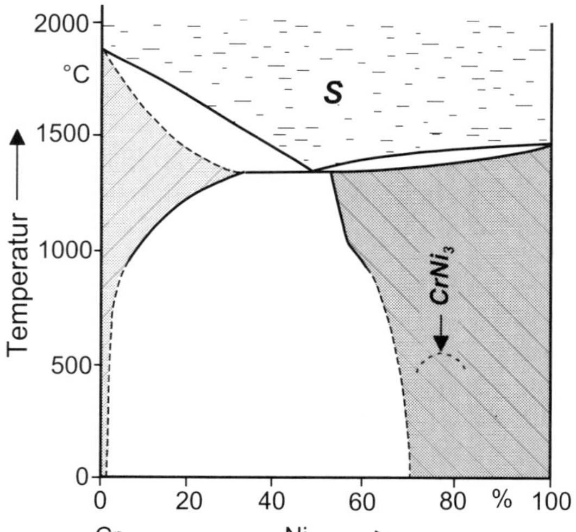

Abb. B.4-46 Gleichgewichtsdiasgramm Cr – Ni (nach Lit. B.2)

Aufgrund einiger metallkundlicher Besonderheiten haben Ni-Legierungen auf NiCr-, NiFeCr- oder NiCoCr-Basis, die durch Al- und Ti-Zusatz ausgehärtet werden, eine ganz außergewöhnliche Bedeutung als **hochwarmfeste Konstruktionswerkstoffe** erlangt. Die sich in diesen Legierungen bildenden Ausscheidungen entsprechen etwa der **γ'-Phase Ni_3Al** des binären Systems Ni-Al und haben eine je nach Legierung unterschiedliche Zusammensetzung der Form $Ni_3(Al,Ti)$. Die γ'-Phase besitzt die gleiche Gitterstruktur (kfz) wie die aus Nickel und Chrom sowie weiteren Zusätzen bestehende Matrix-Phase γ und scheidet sich als geordnete Gleichgewichtsphase wegen der geringen Unterschiede in den Gitterabmessungen **kohärent zur Matrix γ** aus.

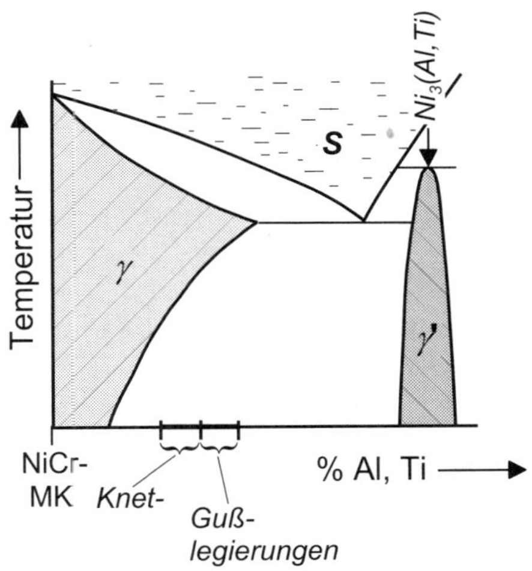

Abb. B.4-47 Schematisches Zustandsdiagramm hochwarmfester NiCr-Legierungen (nach Lit. B.19)

Durch *Lösungsglühen*, *Unterkühlen* und *Auslagern* können die γ'-Teilchen in feiner, gleichmäßiger Verteilung erzeugt werden. Gleitende Versetzungen werden vor ihnen aufgestaut und vermögen sie nur bei erhöhten Spannungen durch Abscheren („Schneiden") zu überwinden (vgl. Abb. B.2-41,-42). Die Teilchen sind von geringer Sprödigkeit und weisen einen mittleren Schneidwiderstand auf, aus diesem Grund können Legierungszusammensetzungen gewählt werden, die abweichend von den üblichen aushärtbaren Legierungen ohne übermäßige Versprödung bei Knetlegierungen bis 45 Vol.-% und bei Gußlegierungen bis zu 60 Vol.-% γ' enthalten können (Abb. B.4-47). Eine weitere *wichtige Besonderheit* besteht darin, daß der Schneidwiderstand der Teilchen mit zunehmender Temperatur bis etwa 800 °C ansteigt und so die bei hoher Temperatur eintretende Festigkeitsabnahme der Matrix mehr als ausgleicht. Diese nach herkömmlichen Erfahrungen zunächst überraschende Beobachtung wird durch folgende Überlegung erklärt. Durchschneidet eine Versetzung V_1 ein geordnetes γ'-Teilchen (Abb. B.4-48) so findet in der Gleitebene eine Verschiebung der Gitterbereiche um den Burgersvektor der Versetzung statt. Hierdurch wird die energiearme, atomare „Ordnung" in den Teilchen gestört, es entsteht eine einem Stapelfehler entsprechende Fehlordnung.

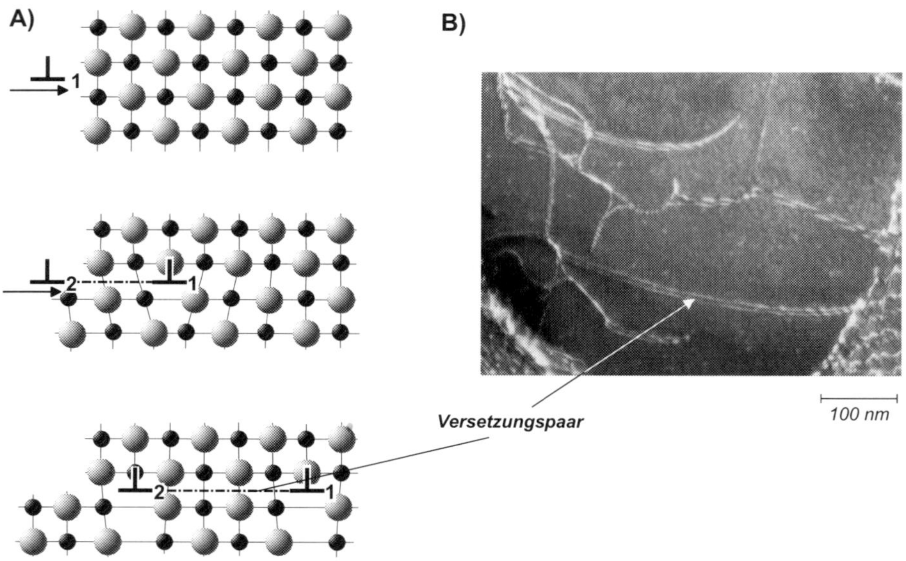

Abb. B.4-48 Schneiden geordneter γ′-Ausscheidungen durch Versetzungspaare (nach Lit. B.19)
A) Schematisch B) Elektronenmikroskopisch (TEM)

Eine nachfolgende Versetzung V_2 hebt diese Fehlordnung auf und stellt den stabileren Ordnungszustand wieder her. Aus diesem Grunde werden die geordneten γ′-Teilchen leichter von **Versetzungspaaren** geschnitten, die miteinander in enger Wechselbeziehung stehen, als von zwei voneinander unabhängigen Einzelversetzungen. Mit steigender Temperatur geht die Verknüpfung einzelner Versetzungen zu Paaren mehr und mehr verloren, so daß sich der Schneidwiderstand der Teilchen erhöht. Das (γ + γ′)-Gefüge weist eine hohe thermische Stabilität auf. Kohärente Teilchen neigen wegen ihrer niedrigen Grenzflächenenergie nur in geringem Maße zum Teilchenwachstum, abgesehen davon kommt der Teilchengröße bei den hier vorliegenden hohen Volumenanteilen ohnehin nur eine untergeordnete Rolle zu. Außerdem vollzieht sich die Umwandlung der kohärenten γ′-Phase in andere teil- bis inkohärente, vergröberte Ti- oder Nb-reiche Ausscheidungen in dem dichtgepackten kubisch-flächenzentrierten Matrixgitter, das noch mit diffusionshemmenden Legierungselementen angereichert ist, außerordentlich langsam.
Ein warmfestes und zugleich kriechfestes Gefüge benötigt aber zusätzlich zu wirksam verfestigten Körnern noch einen Korngrenzenzustand, der Korngrenzgleiten und kriechbedingte Hohlraumbildungen an den Korngrenzen erschwert. Dies läßt sich mit einem an den Korngrenzen angeordneten Netzwerk von Carbidteilchen bestimmter Form und Anordnung erreichen (Abb. B.4-49). Als Carbidbildner wirken Cr, Mo, W, Nb und Hf.
Wichtig dabei ist, daß die Carbidausscheidungen, überwiegend vom Typ $M_{23}C_6$, weder versprödende Korngrenzenfilme noch andere ungünstige Anordnungen (z. B. zellulare Formen) bilden, sondern die Korngrenzen einzeln und von einem γ′-Film umhüllt, aber in sehr dichter Anordnung belegen. Diese Ausbildung entsteht unter bestimmten Auslagerungsbedingungen, bei denen eine Reaktion zwischen Carbiden der Art MC und

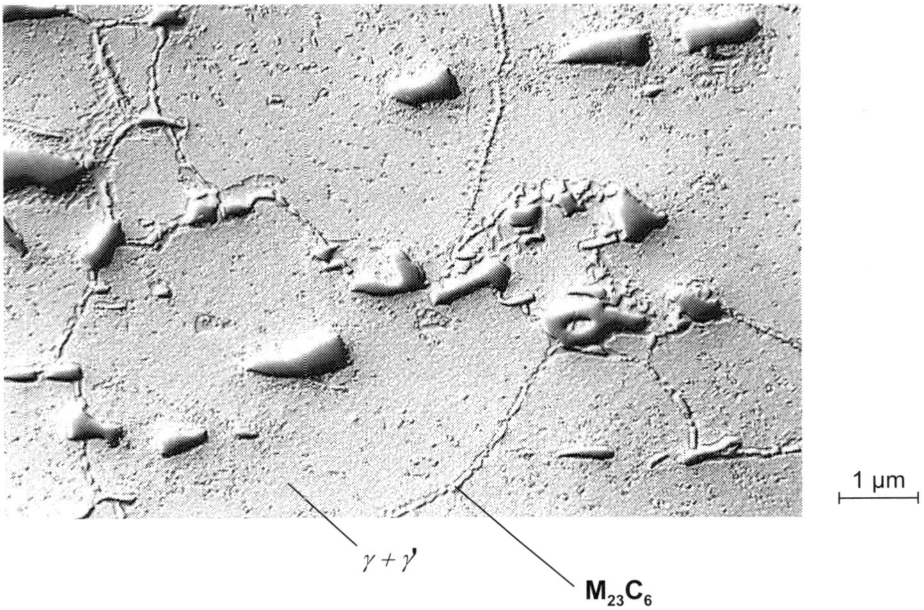

Abb. B.4-49 Gefüge einer hochwarmfesten Ni-Basislegierung (Nimonic 105)
Matrix $\gamma + \gamma'$ (γ' lichtoptisch nicht sichtbar) mit feinen Korngrenzausscheidungen ($M_{23}C_6$) und gröberen Carbiden im Korn (durch Verformung zeilig angeordnet)

der Matrix γ entsprechend $MC + \gamma \rightarrow M_{23}C_6 + \gamma'$ stattfindet. Da auch die γ'-Ausscheidungen für ein gutes Festigkeitsverhalten bei mittleren und bei hohen Temperaturen unterschiedliche Abmessungen aufweisen müssen, werden zur Erzielung eines optimalen Gefüges mehrstufige Auslagerungsbehandlungen erforderlich. Zusätze von Zr, B, Hf und Mg dienen einerseits einer Verbesserung der Carbidmorphologie und -stabilität, andererseits einer Abbindung „korngrenzschwächender" Begleitelemente wie S, Pb, Bi und P. Das Zusammenwirken all dieser durch Legierungszusammensetzung und Wärmebehandlung abgestimmten Einflußgrößen bringt es mit sich, daß die hochwarmfesten Ni-Legierungen auch langzeitig wirkende mechanische Beanspruchungen bis dicht an die Lösungstemperatur der γ'-Phase zu ertragen vermögen.

4.4.2 Nickel-Kupfer-Legierungen

Von den nickelreichen Legierungen des Systems Cu-Ni werden nur solche mit 30 % Cu wegen sehr guter Korrosionsbeständigkeit und gleichzeitig günstigen mechanischen Eigenschaften (Festigkeit, Zähigkeit) verwendet. Zusätzliche Festigkeitserhöhungen sind durch Aushärtung möglich, wofür bei Knetlegierungen Al und Ti, bei Gußlegierungen Fe zugegeben werden. In beiden Fällen erfolgt die Aushärtung wie bei den aushärtenden NiCr-Legierungen durch kohärente bzw. teilkohärente Ausscheidungen der Art $(Ni, Cu)_3Al,Ti$ bzw. $(Ni, Cu)_3Si$.

4.5 Werkstoffe auf Ti-Basis

Das Metall Titan zählt bei einer Dichte von 4,5 g/cm^3 noch zu den Leichtmetallen. Seine äußerst aufwendige Herstellung und teilweise auch problematische Verarbeitung sind der Grund dafür, daß es trotz außergewöhnlicher Eigenschaften erst in den letzten vier Jahrzehnten zu größerer technischer Bedeutung gelangte. Der herstellungsbedingt hohe Preis steht auch heute noch einer allgemeinen, den Aluminiumwerkstoffen vergleichbar breiten Anwendung entgegen.
Zu den sehr vorteilhaften Eigenschaften von Titanwerkstoffen gehören neben der gegenüber Stählen um mehr als 40 % niedrigeren Dichte hohe statische Festigkeitswerte sowohl bei Raumtemperatur als auch im mittleren Temperaturbereich, teils hohe Dauerfestigkeitswerte und eine sich durch Deckschichtbildung ergebende außerordentliche Beständigkeit gegenüber Korrosion in der Atmosphäre, in Wässern, auch Cl^--haltigen, sowie in einer Reihe von Säuren. Einige Ti-Legierungen besitzen bis 550 °C (600 °C) eine beachtliche Warm- und Kriechfestigkeit sowie eine ausreichende Zähigkeit bis -250 °C. Als Hauptanwendungsgebiete für Ti-Werkstoffe ergeben sich demzufolge der *Luft-, Raumfahrzeug-* und *Triebwerkbau* einerseits und der chemische bzw. verfahrenstechnische *Apparatebau* andererseits. Da Körperflüssigkeit im wesentlichen eine Cl^--Lösung darstellt, kommt Titan erfolgreich auch für biomedizintechnische Implantate zum Einsatz.
Als nachteilig müssen der relativ niedrige E-Modul, die vor allem auf die hexagonale Gitterstruktur zurückzuführende eingeschränkte Verformbarkeit und die durch Wasserstoff, Sauerstoff und Stickstoff, die bei hohen Temperaturen aufgenommen werden, ausgelösten Versprödungserscheinungen angesehen werden.
Wie Eisen ändert auch Titan seine Gitterstruktur im festen Zustand, bis zu 882 °C kristallisiert es als α-Titan in einer hexagonalen Struktur und wandelt oberhalb von 882 °C unter Volumenabnahme um 0,55 % in die krz β-Struktur um. Dieser **Allotropie** des Titans ist es zuzuschreiben, daß die bei der Umwandlung von Titanlegierungen möglichen Gefüge- und Phasenausbildungen in ihrer Vielfalt und mitunter auch in ihrem Ablauf mit denen hochlegierter Stähle verglichen werden können. So können die einer Eigenschaftsänderung dienenden Legierungselemente auch hier in solche eingeteilt werden, die die α-Struktur stabilisieren, und andere, die den Beständigkeitsbereich der β-Struktur erweitern. Die Umwandlung der krz ß-Phase in die hexagonale α-Phase findet auch bei Ti-Legierungen im Fall mäßiger Unterkühlungen nach einem diffusionsgesteuerten, bei großen Unterkühlungen nach einem diffusionslosen, martensitischen Mechanismus statt. Eine martensitische Gitterumwandlung ist bei entsprechender Abkühlungsgeschwindigkeit sogar bei reinem Titan möglich.

4.5.1 Titan technischer Reinheit

Da vor allem die mechanischen Eigenschaften von Titan bereits durch geringe Gehalte an Begleitelementen erheblich beeinflußt werden, wird zwischen reinem Titan und Titan technischer Reinheit mit einem gewissen Anteil an Begleitelementen unterschieden. Bei den Begleitelementen handelt es sich vorzugsweise um im Titangitter interstitiell lösliche Atome von H, N, C und O. Von diesen sind vor allem die

Wechselwirkungen zwischen dem Titangitter und Wasserstoff bzw. Sauerstoff bedeutungsvoll. Die Löslichkeit von Wasserstoff in α-Titan beträgt bei Raumtemperatur nur etwa 0,001 Gew.-%, sie nimmt mit steigender Temperatur zu und liegt bei 300 °C etwa um den Faktor 10^2 höher. Wie das in Abb. B.4-49 dargestellte Teildiagramm zeigt, gehört der Wasserstoff zu den β-stabilisierenden Legierungselementen, er zieht bei einem Gehalt von 1,4 Gew.-% (ca. 40 Atom-%) den Existenzbereich der ß-Phase auf 319 °C herunter. Im β-Gitter liegt die Löslichkeit nochmals um den Faktor 10 höher. Durch diese enormen Unterschiede in der Wasserstofflöslichkeit kommt es besonders im α-Gitter sehr leicht zu Übersättigungen an Wasserstoff. Der im Überschuß gelöste Wasserstoff wird ausgeschieden und ruft durch Blockierung von Gleitversetzungen und durch Ausscheidung spröder Titanhydridteilchen so starke Versprödungen hervor, daß die im Titan zulässigen Wasserstoffgehalte auf Werte nur wenig über 0,010 % begrenzt werden müssen.

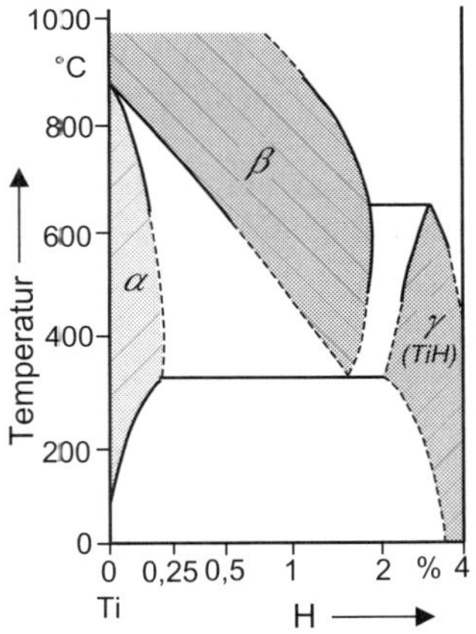

Abb. B.4-50 Gleichgewichtsdiagramm Ti – H (nach Lit.B.2)

Im Gegensatz hierzu sind bei Titan gewisse Gehalte an Sauerstoff, Stickstoff und Eisen zur Erzielung bestimmter Festigkeitswerte durchaus erwünscht. So lassen sich durch die genannten Begleitelemente die Festigkeitswerte gegenüber Reintitan bei einem Gesamtgehalt von etwa 1 % auf den dreifachen Wert steigern. Aus diesem Grunde gilt bereits Titan technischer Reinheit mit Sauerstoffgehalten bis zu 0,3 % als Konstruktionswerkstoff besonders hoher Korrosionsbeständigkeit.

4.5.2 Titanlegierungen

Hinsichtlich seiner Atomgröße nimmt Titan eine mittlere Stellung innerhalb der Metalle ein, die Atomdurchmesserdifferenzen sind also in vielen Fällen klein, so daß eine wesentliche Grundvoraussetzung für eine mögliche Mischkristallbildung mit einer Reihe metallischer Legierungspartner erfüllt ist. Wichtige Legierungselemente sind neben den Begleitelementen vor allem Aluminium und Vanadium, ferner Sn, Mo, Zr, Nb und Cr.

So wie die Legierungselemente des allotropen Eisens in ferrit- und austenitstabilisierende unterschieden wurden, können auch die Legierungselemente des Titans in α-stabilisierende und β-stabilisierende eingruppiert werden. Je nach ihrem Gehalt an entsprechenden Legierungselementen ergaben sich bei den Stählen unter normalen Abkühlungsbedingungen ferritische, ferritisch-austenitische oder austenitische Legierungen, unter Umständen mit Carbid- oder anderen Verbindungsphasen als zusätzlichen Gefügebestandteilen.
In Analogie hierzu werden die Titanlegierungen in α-, (α + β)- und β-Legierungen eingeteilt, die durch unterschiedliche Gebrauchs- und Verarbeitungseigenschaften gekennzeichnet sind. Einphasige α-Legierungen mit hdp-Gitterstruktur besitzen mittlere Festigkeitswerte, erweisen sich aber als erheblich kriechbeständig und zeigen bei tiefen Temperaturen im Gegensatz zu krz β-Legierungen keinen Übergang von duktilem zu sprödem Verhalten. Die Zähigkeit verbessert sich bei niedrigem Gehalt an interstitiell gelösten Fremdatomen wie H, O, N und C noch beträchtlich, so daß für Tieftemperaturanwendungen (z. B. kryotechnische Geräte) auch sog. ELI-Sorten (ELI = extra low interstitial) zur Verfügung stehen. Hinsichtlich Verarbeitbarkeit sind für α-Legierungen eine gute Schweißbarkeit, jedoch nur erschwerte Warm- und Kaltformbarkeit kennzeichnend.
Die verschiedenen, sich in ihrer Festigkeit unterscheidenden Ti-Sorten technischer Reinheit sind im Prinzip bereits den α-Legierungen zuzurechnen.

4.5.2.1 Titanlegierungen mit α-Gefüge

Diese einphasigen Legierungen weisen die hexagonale Gitterstruktur des α-Titans auf. Durch Einlagerung geringer Mengen an Sauerstoff und Stickstoff sowie durch Substitution werden mittels Mischkristallbildung mittlere Festigkeitswerte erreicht.

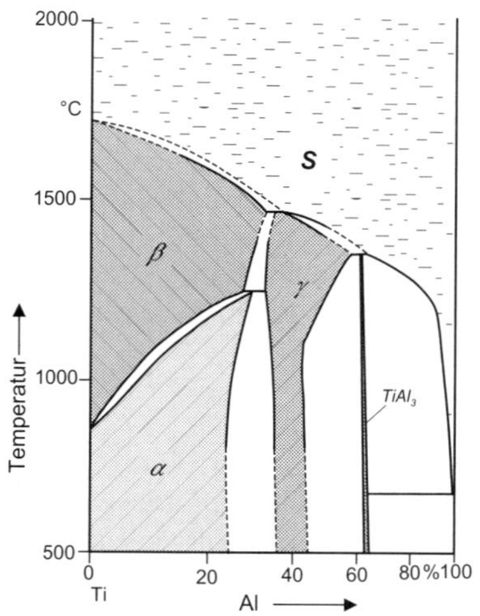

Abb. B.4-51 Gleichgewichtsdiagramm Ti–Al (nach Lit. B.2)

Bedeutsam für die Anwendung ist aber, daß die hexagonalen α-Legierungen höhere Warmfestigkeitswerte als kubisch-raumzentrierte β-Legierungen besitzen und sich auch wegen ihrer Gefügestabilität für Langzeitbeanspruchungen bei Temperaturen oberhalb von 400 °C eignen. Als wichtigstes α-stabilisierendes Legierungselement kommt neben Sauerstoff und Stickstoff Aluminium in Betracht. Das Grundsystem für α-Legierungen ist mit Ti-Al in Abb. B.4-50 wiedergegeben. Mit Rücksicht auf die bei etwa 15 % Aluminium bestehende Überstrukturphase Ti_3Al (α_2) werden die Al-Gehalte auf unter 10 % begrenzt. Für eine weitere Festigkeitssteigerung hat sich neben Aluminium vor allem Zinn als geeignet erwiesen. Die bekannteste α-Legierung enthält z. B. 5 % Al und 2,5 % Sn (TiAl5Sn2,5).
Daneben existieren einige sehr α-reiche Legierungen, die bedingt durch einen geringen β-Anteil im Vergleich zu reinen α-Legierungen wärmebehandelbar werden und nach einer speziellen thermomechanischen Behandlung sogar höhere Kriechfestigkeiten als α-Legierungen aufweisen. Dieser Legierungstyp wird auch als **„nah-α“** oder „Super-α“ bezeichnet. Beispiele sind so komplex aufgebaute Legierungen wie TiAl8Mo1V1, TiAl6Sn2Zr4Mo2 oder TiAl6Sn2Zr1,5Mo1Bi0,35Si0,1.

4.5.2.2 Titanlegierungen mit β-Gefüge

Legierungselemente, die durch Lösung im β-Gitter die Temperatur für die Umwandlung β → α erniedrigen, bewirken eine Stabilisierung der β-Struktur. Je nach Legierungsgehalt und Abkühlgeschwindigkeit kann der bei hohen Temperaturen gebildete β-Mischkristall -wie bei einem legierten Stahl der austenitische γ-Mischkristall- diffusionslos in einen übersättigten α-Mischkristall (*Martensit*) oder in einen übersättigten β-Mischkristall mit instabiler Gitterstruktur (*Restaustenit*) oder in einen übersättigten oder nicht übersättigten β-Mischkristall mit stabiler Gitterstruktur (*Austenit*) umgewandelt werden. Die übersättigten Zustände können bei geeigneten Auslagerungsbedingungen zu einer Aushärtung führen.

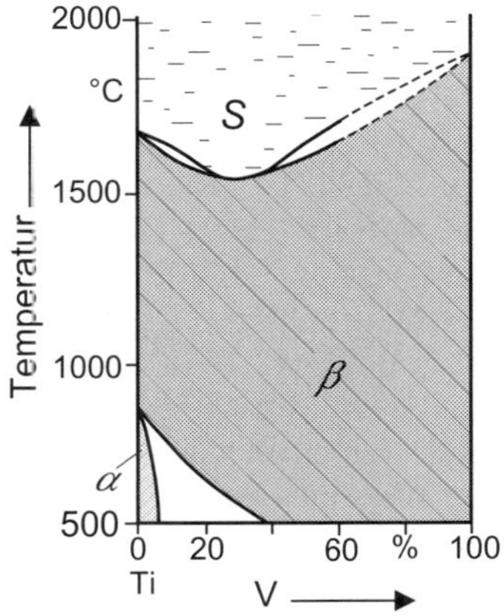

Abb. B.4-52 Gleichgewichtsdiagramm Ti – V (nach Lit. B.2)

Das wichtigste β-stabilisierende Legierungselement ist Vanadium, das binäre Zustandsdiagramm Ti-V zeigt Abb. B.4-51 Die Ähnlichkeit mit dem Legierungssystem Fe-Ni ist unverkennbar. Legierungen mit β-Gefüge weisen gegenüber solchen mit α-Struktur bis ca. 300 °C höhere Festigkeiten und wegen ihres krz-Gitters bessere Verformbarkeiten auf, sie sind aber wegen ihrer relativ hohen Gehalte an V und ähnlichen Legierungselementen (z. B. 13 % V, 11 % Cr) gegenüber den aluminiumhaltigen α-Legierungen in Hinblick auf die Dichte im Nachteil. Der Anteil reiner β-Legierungen ist daher in der technischen Anwendung außerordentlich gering.

4.5.2.3 Titanlegierungen mit (α+β)-Gefüge

Bei diesen Legierungen wird durch eine kontrollierte Zugabe β-stabilisierender Legierungselemente (z. B. V) erreicht, daß sie bei Raumtemperatur ein zweiphasiges (α+β)-Gefüge aufweisen.

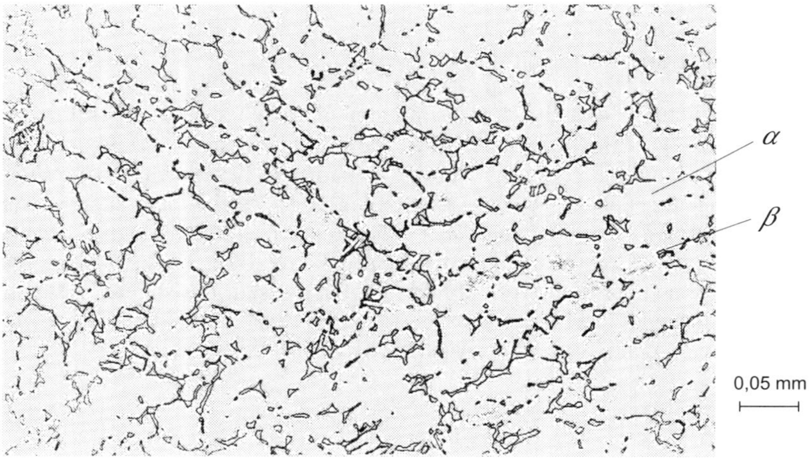

Abb. B.4-53 Gefüge einer zweiphasigen (α + β-) Ti-Legierung TiAl6V4

Die mit großem Abstand **am meisten verwendete Titanlegierung** mit 6% Al und 4 % V ist eine solche (α+β)-Legierung (Abb. B.4-53). Zum Aushärten wird meist bei ca. 950 °C noch im Zweiphasengebiet α+β lösungsgeglüht, um durch die Anwesenheit der α-Körner ein starkes Wachstum der β-Körner zu verhindern. Beim Abschrecken wandelt sich die β-Phase zum Teil martensitisch in übersättigte „α-Mischkristalle" um, die bei der Auslagerung schließlich zu einer feinen Verteilung von α- und β-Teilchen führen. Diese Gefügeeinstellung ruft einen Aushärtungseffekt hervor. Da der erreichbare Härtungsanteil nur etwa 20 % beträgt, wird im Hinblick auf die gleichzeitig verminderte Zähigkeit sowie andere mit einer Aushärtung zusammenhängende Probleme wie z. B. Verzug in sehr viel geringerem Ausmaß von der Aushärtungsmöglichkeit Gebrauch gemacht als beispielsweise bei Aluminiumlegierungen.

C Polymerwerkstoffe

1 Strukturaufbau

1.1 Unvernetzte und vernetzte Polymere (Kunststoffe)

Organische Materialien wie Holz, Kautschuk, Leder und in Faserform Wolle, Sisal oder Seide finden noch heute in beachtlichem Umfang Verwendung. Mit dem Aufkommen von Kunststoffen sind sie in ihrer Bedeutung allerdings merklich in den Hintergrund getreten. Unter Kunststoffen versteht man ebenfalls organische, makromolekulare oder polymere Werkstoffe, die jedoch synthetisch hergestellt werden. Die synthetische Herstellung liefert nicht nur Werkstoffe, die das Eigenschaftsspektrum der natürlichen Materialien in jeder Hinsicht abdecken, sondern erlaubt darüber hinaus durch gezielte Eingriffe in die Mikro- und Makrostruktur die Erzeugung von Werkstoffen mit neuen Eigenschaftskombinationen. Kunststoffe konkurrieren auch mit den sehr viel älteren metallischen und nichtmetallisch-anorganischen Werkstoffen, sie haben sowohl zu einer Ergänzung als auch aufgrund besonderer Vorteile in vielen Fällen zu einer beachtlichen Verdrängung klassischer Werkstoffe geführt. Zu diesen Vorteilen gehört in erster Linie die bei relativ niedrigen Temperaturen mögliche und daher kostengünstige Verarbeitung. Daneben können andere Eigenschaften wie Entropie-Elastizität, Korrosions-, Gleit-, Dämpfungs-, Isolationsverhalten oder die niedrige Dichte eine wichtige Rolle für die Anwendung spielen. Dem Wunsch nach gezielten Eigenschaftsänderungen kann mit Hilfe zahlreicher Methoden entsprochen werden.

Kunststoffe lassen sich nach ihrem Strukturaufbau und nach ihrem bei verschiedenen Temperaturen sehr unterschiedlichen mechanischen Verhalten in die drei Gruppen Thermoplaste, Duroplaste und Elastomere einteilen. **Thermoplaste bestehen aus kovalent und zu langen Molekülen eindimensional gebundenen Atomen.** Der Zusammenhalt der Moleküle erfolgt abgesehen von Molekülverhakungen durch zwischenmolekulare Sekundärbindungen. Bei *unpolaren* Molekülen handelt es sich um Dispersions-, bei *polaren* um Dipolbindungen. Wegen ihrer außerordentlichen Größe werden die Thermoplastmoleküle als Makromoleküle oder Polymere, wegen ihrer Länge auch als Ketten- oder Fadenmoleküle bezeichnet. Die relative Masse solcher Makromoleküle liegt in der Größenordnung von 10^5 bis über 10^6 (Bezug: Masse des Isotops C^{12}), ein typisches Durchmesser-Längen-Verhältnis beträgt etwa $1:10^4$, d. h. ein auf den Durchmesser von 1 cm vergrößertes Kettenmolekül hätte demnach eine Länge von etwa 100 m. Die aus Kettenmolekülen bestehenden Thermoplaste sind durch Erwärmung reversibel plastifizier- und schmelzbar. Hierbei werden die relativ schwachen zwischenmolekularen Bindungen unterhalb der Zersetzungstemperatur T_z, bei der auch die innermolekularen Primärbindungen gebrochen würden, thermisch gelöst. Dieses thermoplastische Verhalten ermöglicht eine **einfache, relativ problemlose Formgebung** (Verarbeitung). Daher stellen die thermoplastischen Kunststoffe mit Abstand die sorten- und mengenmäßig größte Kunststoffgruppe dar. Als Folge ihrer günstigen Verarbeitungseigenschaften muß dagegen eine niedrigere Warmfestigkeit hingenommen werden.

Duroplaste und Elastomere bestehen aus kovalent und zu räumlichen Netzwerken dreidimensional gebundenen Atomen. Der Netzwerkzusammenhalt beruht also auf Primärbindungen, sog. *Vernetzungen*. Spanlose Formgebungen lassen sich an solchen Netzwerken nicht mehr vornehmen, da hierzu ein Aufbrechen von Primärbindungen erforderlich wäre und damit eine Zerstörung des Kunststoffs einträte. Die Formung des Kunststoffteils muß im un- oder nur vorvernetzten Zustand, also vor Entstehen des endgültigen Netzwerkes bzw. vor Entstehen des eigentlichen Kunststoffs durchgeführt werden. Infolge der durchgehend primären Vernetzungen verliert die Bezeichnung „Molekül“ für ein Netzwerk ihren Sinn. Jedes vernetzte Kunststoffteil beliebiger Größe wäre dann als ein einziges Riesenmolekül anzusehen.

1.2 Struktureller Aufbau und räumliche Anordnung von Kettenmolekülen

1.2.1 Konstitution

Eine präzise Beschreibung des chemischen Aufbaus und der räumlichen Anordnung organischer Moleküle erfordert Angaben über deren *Konstitution*, *Konformation* und *Konfiguration*. Mit der Konstitution wird Auskunft über den chemischen Aufbau eines Moleküls gegeben, also über die am Aufbau beteiligten Atome bzw. Atomgruppen sowie über Art und Reihenfolge ihrer Verknüpfungen. Am Aufbau organischer Moleküle, also auch am Aufbau von Kunststoffmolekülen sind in erster Linie die beiden Elemente Kohlenstoff und Wasserstoff beteiligt. Das Rückgrat solcher Moleküle bilden im einfachsten Fall eindimensional gebundene **Kohlenstoffketten**, deren dritte und vierte Wertigkeit wie bei den gesättigten, kettenförmigen Kohlenwasserstoffverbindungen (Alkane) durch seitliche H-Atome abgebunden sind. Eine

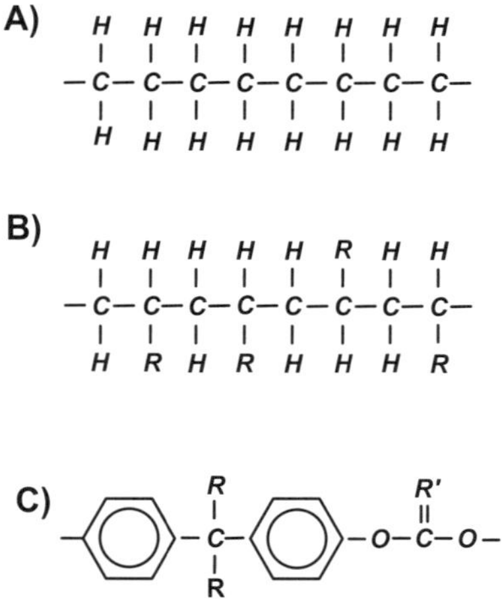

Abb. C.1-1 Konstitution von Makromolekülen
A) Polyolefine B) Polyvinyle C) Heterokette mit zyklischen Segmenten

Erweiterung erfährt dieses Aufbauprinzip dadurch, daß die seitlich angeordneten Wasserstoffatome durch andere Atome oder Atomgruppen R ersetzt werden können, die dann **Seitengruppen** oder **Substituenten** genannt werden. Die Kette kann neben Kohlenstoffatomen auch Sauerstoff-, Stickstoff-, Schwefelatome (Heterokette) oder ringförmige Verbindungen enthalten (Abb. C.1- 1). Abhängig von der Art der in die Kette eingebauten Molekülgruppen oder an die Kette angehängten Substituenten kann die Kette steifer oder flexibler gemacht werden.

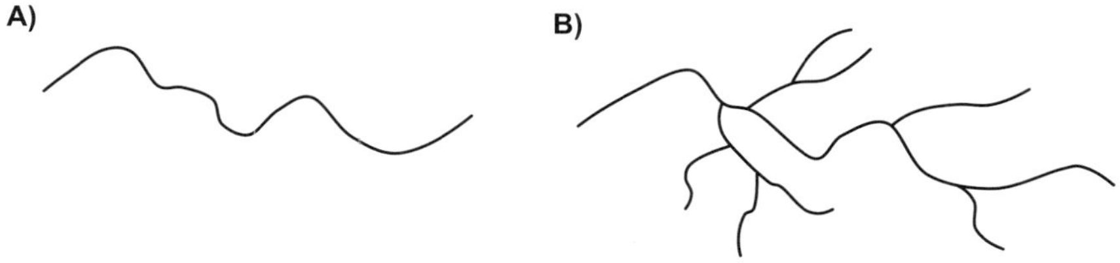

Abb. C.1-2 Kettenausbildungen A) Linear B) Verzweigt

Als linear bezeichnet man ein Kettenmolekül, wenn es sich nur in einer Richtung erstreckt, gehen von der Hauptkette anstelle von Substituenten seitliche Ketten ab, wird das Molekül verzweigt genannt (Abb. C.1-2). Je nach Länge der Seitenketten spricht man von kurz- oder langkettigen Verzweigungen. Weist die Seitenkette eine von der Hauptkette abweichende Zusammensetzung auf, so gilt sie nicht als Seitenkette, sondern als Substituent.

Das kettenförmige Polymer entsteht durch eine als Polyreaktion bezeichnete Verkettungsreaktion reaktionsfähiger Kleinmoleküle, sog. Monomeren, beispielsweise in Form einer Polymerisation. Man spricht von Homopolymeren, wenn das Polymer aus

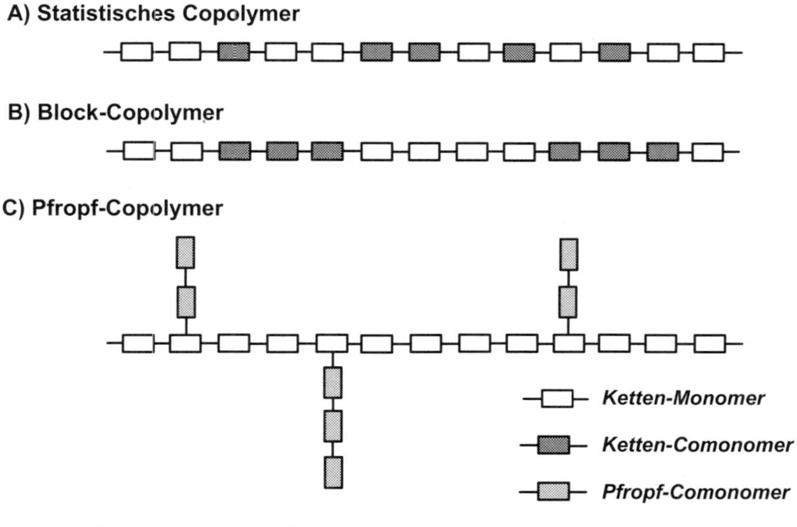

Abb. C.1-3 Ausbildungsformen von Copolymeren (nach Lit. C.1)

einer Sorte Monomere aufgebaut wird, von Copolymeren, wenn diese durch Verknüpfung verschiedener Monomere zustande kommen. Eine unregelmäßige Reihenfolge verschiedener Monomere führt zu einem statistischen Copolymer. Liegen die unterschiedlichen Monomere in jeweils längeren Segmenten vor, so entstehen Blockcopolymere. Wird das andersartige Monomer schließlich als Seitenkette an die Hauptkette angehängt, so erhält man Pfropfcopolymere (Abb. C.1-3). Zu beachten ist ferner, daß die die Molekülketten abschließenden Atomgruppen eine gegenüber den Monomeren abweichende Zusammensetzung aufweisen und daher Endgruppen genannt werden.

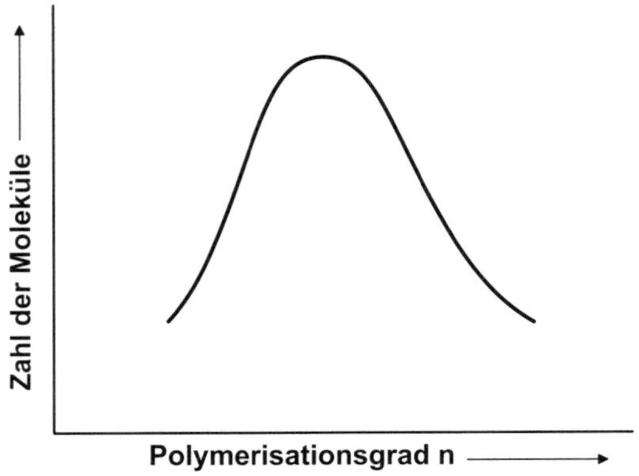

Abb.C.1-4 Verteilung von Molekülgrößen in einer Charge

Im Gegensatz zu niedermolekularen Substanzen besitzen Polymere keine einheitliche Molekülgröße. Da sich die bei der Polymerisation ereignenden Reaktionsprozesse nach statistischen Gesetzmäßigkeiten abspielen, unterliegt die Molekülgröße einer Verteilungsfunktion (Abb. C.1-4). Die Molekülgröße wird im allgemeinen über eine mittlere Molekülmasse oder einen mittleren Polymerisationsgrad angegeben. Da sich der Polymerisationsgrad einer Charge nur als Mittelwert einer Verteilung ergibt, müssen die Eigenschaftswerte dieser Charge ebenfalls als von der Verteilung abhängige Mittelwerte angesehen werden.

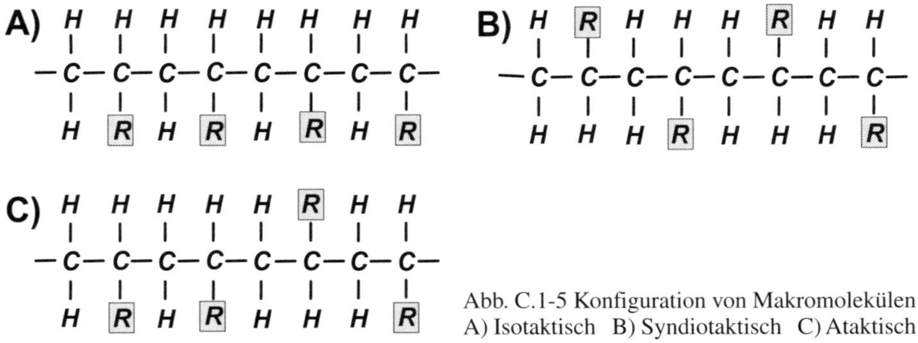

Abb. C.1-5 Konfiguration von Makromolekülen
A) Isotaktisch B) Syndiotaktisch C) Ataktisch

1.2.2 Konfiguration

Die Konfiguration eines Moleküls gibt die sterische, d. h. räumliche Anordnung der Substituenten an der Hauptkette wieder. Besitzen alle Glieder der Kette die gleiche Konfiguration, so befinden sich gleiche Substituenten stets auf der gleichen Seite der Kette. Diese Anordnung nennt man „**isotaktisch**". Wechselt die Konfiguration regelmäßig, so liegt eine „**syndiotaktische**", bei unregelmäßiger Folge der Konfigurationen schließlich eine „**ataktische**" Anordnung vor (Abb. C.1-5).
Der Taktizitätsmodus ist von großer Bedeutung für die strukturellen Anordnungsmöglichkeiten der Makromoleküle und damit für deren Werkstoffeigenschaften. Mit Hilfe besonderer Katalysatoren ist man heute bei einer Reihe von Kunststoffen imstande, Sorten gewünschter Taktizität herzustellen.

1.2.3 Konformation

Neben dem Bindungsabstand r stellt der sich aus dem Molekülorbital ergebende Bindungswinkel Θ eine wichtige Bestimmungsgröße für die Anordnung kovalent gebundener Atome dar. Für einfach miteinander gebundene Kohlenstoffatome betragen der Bindungsabstand *r* etwa 0,154 nm und der Bindungswinkel Θ etwa 109°. Eine gestreckte Kohlenwasserstoffkette nimmt dann nicht die beispielsweise in Abb. C.1 -5,A) dargestellte Form, sondern gemäß Abb. C.1-6 eine **Zickzack-Form** ein. Jede einfache Kohlenstoffbindung (σ-Bindung, vgl. A.1.2.1.2) ist um ihre Bindungsachse um einen Winkel ϕ drehbar. In Abb. C.1-6 liegen alle C-Atome in einer Ebene (ϕ = 0), sie nehmen eine sogenannte *„trans"-Stellung* zueinander oder *Planaranordnung* ein.

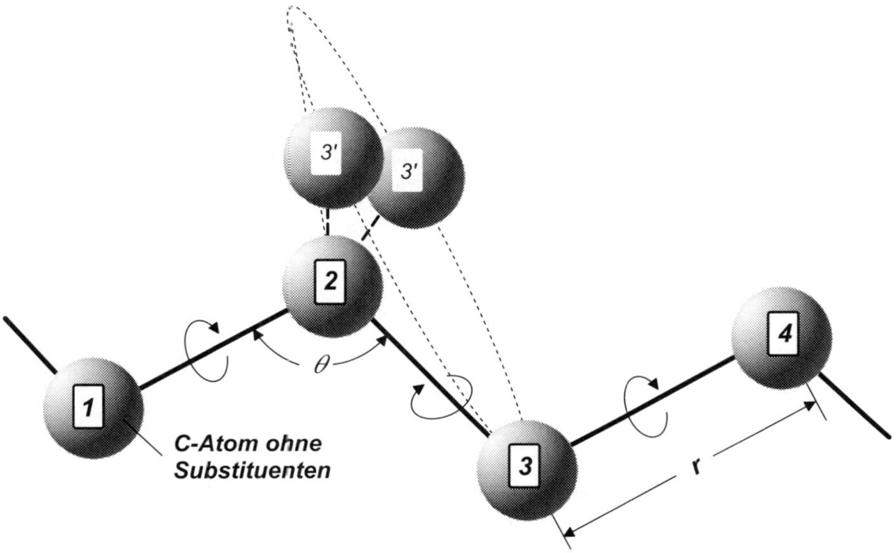

Abb. C.1-6 Konformation von Makromolekülen

Bei einer Drehung der Bindungsachse 1-2 bewegt sich das Atom 3 auf einem Kreisbogen aus der Zeichenebene heraus und findet auf diesem Kreisbogen nach einer Drehung um jeweils $\phi = 120°$ zwei weitere energetisch günstige Positionen 3′ (sog. „gauche"-Stellung). Rotiert auch die Bindungsachse 2-3 bzw. 2-3′, so existieren für das Atom 4 bereits $3^2 = 9$ energetisch gleichwertige Positionen.
Unterschiedliche räumliche Atomanordnungen in einem Molekül gegebener Konstitution und Konfiguration, die sich allein durch Rotation um Bindungsachsen einstellen können, heißen **Molekülkonformationen**. Ein Makromolekül mit n rotationsfähigen Bindungen und 3 energetisch begünstigten Rotationswinkeln ϕ weist, wenn keine Rotationsbehinderung vorliegt, 3^n verschiedene Konformationen auf. Der Umstand, daß es nur einige ausgezeichnete Rotationswinkel gibt, hängt mit den Abstoßungswirkungen benachbarter Substituenten zusammen. Die gleich geladenen Substituenten müssen für eine stabile Lage bestimmte Mindestabstände zueinander einnehmen, die von der Ladung und Geometrie der Substituenten abhängig sind. Die Forderung nach Einhaltung solcher Mindestabstände hat zur Folge, daß nur ganz bestimmte, je nach Art der Substituenten verschiedene Konformationen stabil sind und bei der Drehung aus einer in eine andere stabile Konformation Energie aufgewendet werden muß. Die hieraus erwachsenden Rotationsbarrieren führen zum Begriff der *Kettenbeweglichkeit bzw. -steifigkeit*. Moleküle mit niedriger Aktivierungsenergie für Drehbewegungen um ihre Bindungsachse zeigen eine große Mobilität, Ketten, bei denen die Drehbarkeit vor allem durch sperrige Substituenten hohe Aktivierungsenergien erfordert, verhalten sich sehr steif.

1.2.4 Molekülanordnungen im Schmelzzustand

Mit zunehmender Temperatur werden die Aktivierungsenergien zur Überwindung der von den Substituenten aufgebauten Rotationsbarrieren gesenkt, und die Kette gelangt in einen Zustand zunehmender Beweglichkeit. Hierbei müssen aber nicht nur Bewegungen gegen die Steifigkeit der Kette selbst, sondern auch gegen die von den Nachbarketten und deren Substituenten hervorgerufenen Rotationsbehinderungen erzwungen werden. Oberhalb der Schmelztemperatur hat die Kettenbeweglichkeit ein Ausmaß

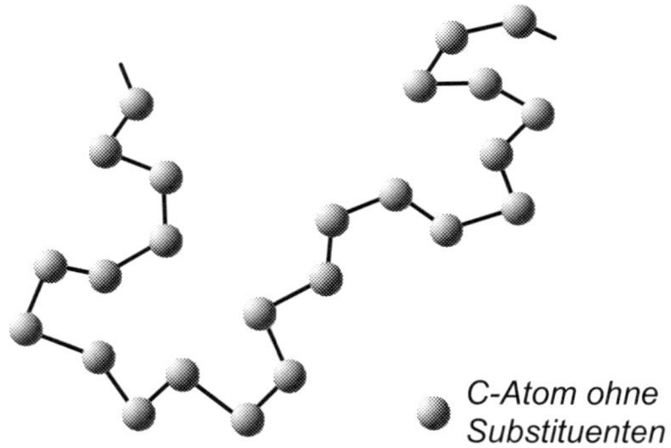

Abb. C.1-7 Geknäultes Kettenmolekül

angenommen, das den Ketten einen kontinuierlichen Wechsel von einer Konformation in die nächste erlaubt. Die Ketten befinden sich nun in einem Zustand ständiger Bewegung und streben bei freier Kettenbeweglichkeit als wahrscheinlichste Form die eines **statistischen Knäuels** an, das in Abb. C. 1-7 schematisch dargestellt ist.
In der Darstellung scheinen die Bindungsabstände und -winkel nur deshalb verändert, weil das sich räumlich ausdehnende Molekülknäuel als Projektion wiedergegeben wird. Von derart geknäuelten Makromolekülen wird als Folge ihrer Beweglichkeit im Schmelzzustand ein beachtliches Leervolumen beansprucht, das erwartungsgemäß von der Molekülkonstitution und -konfiguration abhängig ist.

1.2.5 Kristalline Molekülanordnungen

In Abschnitt A.2.2.1 wurden vier Strukturprinzipien aufgeführt, die bei der Ausbildung kristalliner Strukturen Berücksichtigung finden. Die erste Regel nach elektrischer Neutralität des Kristallverbandes ist bei kovalent gebundenen Strukturen generell erfüllt, weiterhin sind die aus der kovalenten Bindung resultierenden Winkel einzuhalten und eventuelle Abstoßungswirkungen gleichgeladener Atomgruppen zu beachten. Wird diesen Grundsätzen entsprochen, so trachtet das System nach möglichst dichter atomarer Packung. Diese Regeln besitzen Allgemeingültigkeit und sind sowohl für atomare, ionische als auch niedermolekulare und makromolekulare Gitter verbindlich. Entscheidend für die Kristallisationsfähigkeit von Molekülen ist vor allem deren Form und Größe. Kleine, etwa kugelförmige Moleküle wie z. B. CH_4 bilden bei entsprechend niedriger Temperatur eine dichte, in diesem Fall kubisch-flächenzentrierte Anordnung.
Zweifellos ist aber leicht einzusehen, daß die **Kristallisationsfähigkeit von Makromolekülen** bedingt durch ihre Molekülgröße und die Anordnung ihrer Substituenten im Vergleich zu niedermolekularen Substanzen **erheblichen kinetischen Einschränkungen** unterliegt und eine vollständige Kristallisation makromolekularer Schmelzen nicht erwartet werden kann. So weisen Kunststoffe im festen Zustand **allenfalls** eine **teilkristalline Struktur** auf, Kristallisationsgrade von über 80 % werden selbst unter günstigen Bedingungen selten erreicht, während Beschränkungen des Kristallisationsgrades zu niedrigen Werten bis hin zum amorphen Zustand kaum bestehen.
Die Molekülanordnung, die mit den vorgenannten Strukturprinzipien am meisten übereinstimmt, sollte aus eng beieinander und parallel liegenden Ketten in gestreckter Zickzack-Form (trans-Position) bestehen. Bei größeren Substituenten lassen sich deren erforderliche Mindestabstände jedoch nicht in einer dichtpackenden trans-Stellung, sondern nur durch eine bestimmte Verdrehung der einzelnen Bindungen gegeneinander realisieren. Die Seitengruppen befinden sich dann auf einer in Richtung der Molekülachse gewundenen Schraubenlinie, sie erzeugen eine sog. Helix. Die *Helixanordnung* gestattet auch bei sperrigen Substituenten, wenn sie isotaktisch angeordnet sind, eine überaus dichte Packung der Molekülketten. Bei syndiotaktischer Konfiguration ist die gegenseitige sterische Behinderung der Substituenten sehr viel geringer, so daß eine Helix oft entbehrlich wird. *Ataktisch* angeordnete Substituenten, die größer als das Fluoratom sind, lassen aus sterischen Gründen eine Kristallisation nicht mehr zu und führen zu *amorphen Molekülverbänden.*

Die Bildung makromolekularer Gitter durch Parallellagerung von Kettenmolekülen, die mit oder ohne Helixkonformation über ihre ganze Länge gestreckt sind, wurden bisher nur bei unter sehr hohen Drücken erfolgender Kristallisation gefunden. Unter üblichen Bedingungen sind Makromoleküle nur zu einer segmentweisen Zusammenlagerung ihrer Ketten imstande.

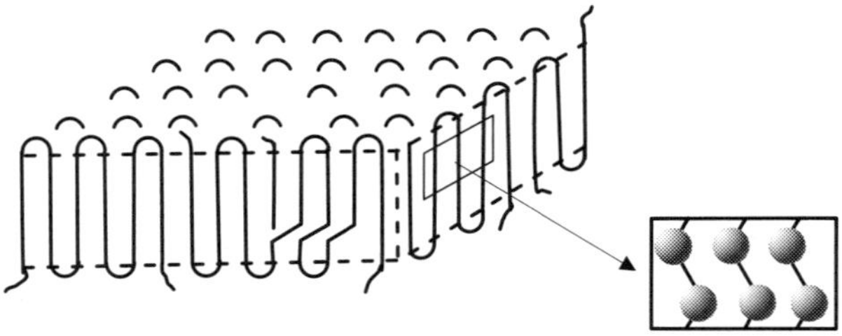

Abb. C.1-8 Makromolekularer Einkristall (nach Lit. C.1)

Diese Art **segmentweiser Kristallisation** ergibt sich selbst dann, wenn die Makromoleküle aus sehr verdünnten Lösungen, in denen eine gegenseitige Beeinflussung und Behinderung der Moleküle weitgehend aufgehoben ist, zu einkristallinen Bereichen wachsen. Diese *Einkristalle* bestehen aus dünnen Plättchen einheitlicher Höhe, die durch lamellenartige Hin- und Herfaltungen der Kettenmoleküle entstehen (Abb. C.1-8). Die Plättchenhöhe ändert sich mit der Kristallisationstemperatur. Die Faltungen haben das erwähnte segmentweise Zusammenlagern der Ketten zur Folge. Offenbar wird bei kettenförmigen Makromolekülen unter den bestehenden Umständen nur auf diese Weise ein Höchstmaß an mikrostruktureller Ordnung erreicht. Für einen solchen lamellenartigen Gitterbereich kann auch wie für ein niedermolekulares Gitter eine kennzeichnende *Elementarzelle* definiert und einem z. B. hexagonalen oder tetragonalen Kristallgittertyp zugeschrieben werden. Da die zwischenmolekularen Atomabstände größer als die innermolekularen sind, kommen kubische Gittertypen jedoch nicht vor.
Auch bei makromolekularen Gittern wird die Kristallstruktur durch zahlreiche **Defekte** gestört. Während Fehler in der chemischen Zusammensetzung relativ selten angetroffen werden, handelt es sich, abgesehen von Endgruppen und Seitenketten, vor allem um Fehler in der Regelmäßigkeit von Konfiguration und von Konformation. Sogenannte Kinken, Jogs oder Reneker-Defekte sind Abweichungen von einer einheitlichen Konformation, die zu Verdrehungen (Reneker-Defekt) oder zu größeren (Jog) bzw. kleineren (Kinke) Parallelverlagerungen der Kette führen. Diese Defekte, vor allem aber die Umkehrbögen der Makromoleküle an der Oberfläche der Plättchen, machen selbst bei Einkristallen bereits einen nichtkristallinen, amorphen Anteil in der Größenordnung von 20 % aus.
Gewöhnlich erfolgt die Kristallisation aus dem Schmelzzustand. Hierbei führen die gegenseitigen zwischenmolekularen Wechselwirkungen wohl zu einer bedeutsamen Beeinflussung des Kristallisationsablaufes, weniger aber zu einer Veränderung des Kristallisationsmechanismus. So entstehen auch bei der Kristallisation einer Schmelze die geordneten Molekülbereiche durch Kettenfaltungen, allerdings nicht in einkristalliner Form, sondern, da eine Kette im allgemeinen in mehr als nur einen kristallinen Bereich eingebaut wird, durch Bildung vieler, relativ kleiner Lamellenbereiche. Diese

lamellenartigen Kristallite sind nicht willkürlich angeordnet, sie weisen jeweils gemeinsame Kristallisationszentren auf und fügen sich in einer Art Überstruktur zu kugelförmigen Gebilden, sog. **Sphärolithen**. In den Sphärolithen, die sich unter extremen Bedingungen zu Größen von einem Millimeter Durchmesser entwickeln können, sind die Kristallite radial verteilt, ihre Lamellen nehmen dabei meist eine tangentiale Orientierung ein (Abb. C.1-9, A). Die Größe der kristallinen Bereiche ist im Vergleich zum Sphärolith außerordentlich klein. Ein Sphärolith ist also kein Einkristall, wenn auch die Keimbildung der in ihm enthaltenen Kristallite nicht unabhängig voneinander und auf einmal erfolgt, sondern erst während des Sphärolithenwachstums nacheinander ausgelöst wird.

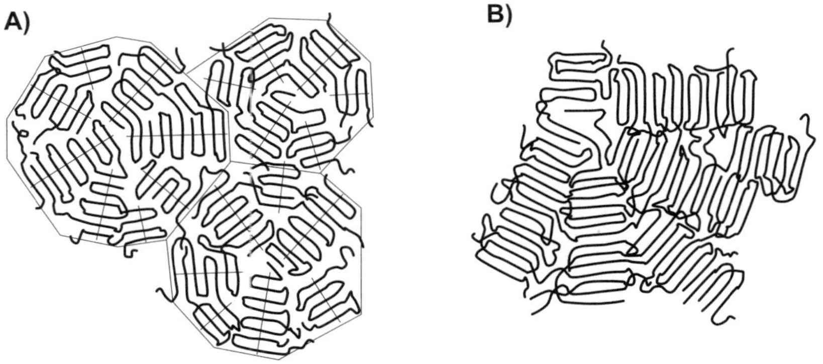

Abb. C.1-9 Struktur teilkristalliner Kunststoffe (nach Lit. C.3)
A) Sphärolithstruktur B) Kristalline und amorphe Bereiche innerhalb eines Sphäroliths

Die Anordnung der Lamellenbereiche wird so von der Ausrichtung des Primärkeims beeinflußt. Verschiedene Bereiche einer Kette können sich durchaus unabhängig voneinander mit anderen Ketten an unterschiedlichen Stellen falten und schließlich mehreren Kristallbereichen angehören. Bereits durch diesen Umstand werden größere Teile der Kette von einer kristallinen Ordnung ausgeschlossen. Auch die weniger kristallisationsfähigen, unregelmäßig strukturierten Kettenbereiche oder Ketten sehr unterschiedlicher Länge werden während des Faltungsvorganges offenbar aussortiert und in amorph einfrierende Molekülbereiche außerhalb der Kristallite abgedrängt. Die Kette tritt dann mit ihren regelmäßigen Segmenten an anderer Stelle wieder in den Kristallit ein und nimmt am Aufbau des Kristallits weiterhin teil (Abb. C.1-9, B). So enthalten Sphärolithe neben einer großen Zahl durch Kettenfaltung gebildeter Kristallite stets einen Restanteil amorpher Substanz. Vielfach werden die Sphärolithe auch durch amorphes Material voneinander getrennt. Bei der Durchstrahlung von Sphärolithen mit polarisiertem Licht werden in den kristallinen Bereichen Interferenz-Effekte hervorgerufen, die den Sphärolithen ein an ein Malteserkreuz erinnerndes Aussehen geben. In Gefügen mit geringem Kristallisationsgrad kommen keine Sphärolithe mehr vor. Hier wird angenommen, daß sich die überwiegend amorph geknäuelten Moleküle punktuell durch Parallellagerung zu kristallinen Bündeln ordnen, die in eine amorphe Matrix eingebettet sind.

Für die Kristallisation von Makromolekülen gelten die gleichen thermodynamischen und kinetischen Gesetzmäßigkeiten wie für anorganische Substanzen. So führt auch hier eine zunehmende Unterkühlung der Schmelze zu höherer Keimdichte und damit zu mehr und kleineren Sphärolithen. Das Erstarrungsgefüge in einem Kunststoffteil zeigt keine grundsätzlichen Unterschiede zu beispielsweise metallischen Gußstücken. Die Randzone makromolekularer Gußstücke weist infolge starker Unterkühlung und heterogener Keimbildung ein mitunter so feinsphärolithisches Gefüge auf, daß sie transparent erscheint. An diese Randzone schließt eine Transkristallisationszone mit stengeligen Sphärolithen an, während die Kernzone grob sphärolithisch ausgebildet ist. Bei in verschiedenen Richtungen unterschiedlichen Abkühlgeschwindigkeiten nehmen Sphärolithe auch dendritische Formen an. Im Unterschied zu einer amorphen Struktur, die in einem größeren, durch eine *Glastemperatur* T_g gekennzeichneten Temperaturbereich erweicht, schmelzen die kristallinen Bereiche in einem engen, durch eine *Schmelztemperatur* T_s gekennzeichneten Temperaturband von wenigen Kelvin auf. Längeres Tempern im Bereich zwischen T_g und T_s löst wie bei polykristallinen Werkstoffen eine *Sphärolithvergröberung* aus, d. h. das weitere Wachsen größerer Sphärolithe auf Kosten kleinerer.
Die beiden Phasenzustände „**kristallin**" und „**amorph**" eines Werkstoffes besitzen – wie nicht anders zu erwarten – auch **unterschiedliche Eigenschaften**. Der kristallin-amorphe Gefügezustand bestimmt in erheblichem Maße die mechanischen Eigenschaften eines Kunststoffs. Die dichtere atomare Packung des kristallinen Zustandes hat nicht nur eine größere Dichte, sondern auch eine Erhöhung von *Festigkeit, Steifigkeit, Warmfestigkeit* und *Abriebfestigkeit* zur Folge.
Ein **grobsphärolithisches** Gefüge wirkt sich ungünstiger auf das **Bruchverhalten** aus als ein feinsphärolithisches. Ein Nachkristallisieren im festen Zustand ist mit behinderten Schrumpfvorgängen verbunden und läßt rißfördernde Eigenspannungen entstehen. Bei großen Sphärolithen entstehen größere Spannungsspitzen, die die Rißgefahr besonders an den Sphärolithgrenzflächen stark erhöhen, da dort ein gegenüber dem Sphärolith-Inneren verminderter Werkstoffzusammenhalt vorliegt. Neben einer Angabe über die Größe, Form und Verteilung der Sphärolithe ist der Kristallisationsgrad der wichtigste einen teilkristallinen Polymerzustand charakterisierende Faktor. Er hängt erwartungsgemäß außerordentlich stark vom Molekülbau ab, kann aber zusätzlich durch die Keimbildungsverhältnisse beeinflußt werden. Als Einflußgrößen, die eine Kristallisation begünstigen, sind zu nennen:

- *ein regelmäßiger Molekülbau,*
- *starke zwischenmolekulare Bindungen,*
- *ausreichende Unterkühlung und Keimbildner.*

Die **Kristallisationsfähigkeit** ist in erster Linie eine Frage, wie leicht sich die Moleküle bei der Erstarrung entknäueln können und so zueinander passen, daß sie leicht eine geordnete Struktur einnehmen können. Daher übt die **Regelmäßigkeit des Molekülbaues** den stärksten Einfluß aus. Unter regelmäßigem Molekülbau sind iso- oder syndiotaktisch angeordnete Substituenten, lineare anstelle verzweigter Moleküle und homo- anstelle von copolymeren Ketten zu verstehen. Selbst Moleküle mit sperrigen Substituenten stehen bei regelmäßiger Anordnung einer durchgreifenden Kristallisation nicht

entgegen, im Fall isotaktischer Anordnung gelangen sie durch Helixbildung in geeignete Positionen. Seitenketten verringern nur bis zu einer bestimmten Länge den Kristallisationsgrad, oberhalb dieser Länge nimmt der Kristallisationsgrad infolge eigenständiger Kristallisation der Seitenketten unter Umständen wieder zu.
Da der kristalline Zustand ganz allgemein eine Folge wirksamer interatomarer Bindungen ist, unterstützen starke Dipolbindungen die Kristallbildung. Maßgebend ist beim Vorliegen von H-Brückenbindungen dann eine regelmäßige Folge der polaren Gruppen. Dagegen erweist sich eine hohe Flexibilität der Kette als abträglich, weil sie einer Stabilisierung des Ordnungszustandes entgegenwirkt und so die Kristallbildung eher stört.
Obwohl Kunststoffe nur über eine sehr niedrige thermische Leitfähigkeit verfügen, spielen die Abkühlgeschwindigkeit und damit die erzielbaren Unterkühlungsgrade der Schmelze eine nicht unerhebliche Rolle bei der Strukturausbildung. Mit zunehmender **Unterkühlung** erhöhen sich die Differenz der freien Enthalpien von Schmelz- und Kristallzustand und demzufolge die *treibende Kristallisationskraft*. Dies führt zu einem geringeren *kritischen Keimradius*, also zur Bildung einer größeren Zahl wachstumsfähiger Keime und eines Gefüges mit feinerer Sphärolith-Struktur. Allerdings weisen derart gebildete Sphärolithe einen geringeren Kristallisationsgrad auf. Hinsichtlich der zu leistenden Keimbildungsarbeit besteht hier im Vergleich zur Kristallisation niedermolekularer Substanzen ein beachtlicher Unterschied. Dort war zur Keimbildung lediglich die in der Keimoberfläche gespeicherte Grenzflächenenergie aufzubringen, bei der Bildung makromolekularer Keime vollzieht sich der Übergang amorph → kristallin aber nicht in einer zweidimensionalen Grenzfläche, sondern in einem weit über die eigentliche Keimoberfläche hinausreichenden Übergangsbereich.
Wie beim Aufwickeln eines Wollknäuels der Faden gegen mancherlei Widerstände aus dem Knäuel gezogen werden muß, setzt auch der Einbau eines Kettenmoleküls in einen Faltungsblock korrespondierende Molekülbewegungen und -umlagerungen im amorphen Bereich voraus, die durch Zugbeanspruchungen der Ketten erzwungen werden. Der dadurch entstehende Spannungszustand muß als ein wesentlicher *umwandlungshemmender Anteil* zusätzlich in die **Keimbildungsarbeit** eingebracht werden. So erfordert der Kristallisationsvorgang neben einer durch Unterkühlung erzielten ausreichenden treibenden Reaktionskraft zur Sicherstellung der Umwandlungskinetik auch eine ausreichende thermische Beweglichkeit der Moleküle, die *nur oberhalb einer kritischen Temperaturlage* (T_g) gegeben ist. Demnach handelt es sich bei der **Kristallisation von Makromolekülen** -wie bei Diffusionsvorgängen- um einen **stark temperatur- und zeitabhängigen Vorgang**, der bei einer Reihe schwerer kristallisierender Kunststoffe durch erhöhte Abkühlgeschwindigkeiten zumindest teilweise unterdrückt wird. Dieser Zwangszustand kann nun auch je nach Temperaturlage im Gebrauch zu **nachträglicher Kristallisation** und entsprechenden Eigenschaftsänderungen führen.
Der zur Keimbildung notwendige Energiebetrag läßt sich auch bei Makromolekülen durch heterogene Keimbildung mindern. In der Schmelze vorhandene fein verteilte Partikel wie Verunreinigungen oder zugesetzte Fremdkeime erweisen sich kristallisationsfördernd. Als sog. *Nukleierungsmittel* finden z. B. bestimmte Oxide oder Salze Verwendung. Ihre Zugabe ermöglicht die Einstellung eines relativ stabilen Kristallisationszustandes auch bei erhöhten Abkühlgeschwindigkeiten und wirkt sich durch Verringerung der notwendigen Abkühlzeit positiv auf die Fertigungskosten aus.

1.2.6 Amorphe Molekülanordnungen

Das im ungebundenen Schmelzzustand durch Kettenrotation in ständiger Bewegung befindliche Molekülknäuel büßt bei Temperaturabsenkung seine Bewegungsfähigkeit immer mehr ein. Bei Molekülen mit ataktisch angeordneten, sperrigen Seitengruppen oder mit Kettenverzweigungen liegen so beträchtliche sterische Behinderungen der Molekülordnungsvorgänge vor, daß solche Polymere unter üblichen Abkühlungsbedingungen zu einem nichtkristallinen, amorphen Festkörper einfrieren.
Über die Struktur amorpher Polymere gibt es zwei ein wenig voneinander abweichende Vorstellungen. Die eine schreibt auch dem festen Zustand eine weitgehend ideale, nur entsprechend dichtere Knäuelstruktur zu, als sie ungebundene Makromoleküle im Schmelzzustand oder in extremer Form in verdünnten Lösungen einnehmen. Diese Knäuelstruktur wird anschaulich auch als „Wattebausch-Struktur" bezeichnet (Abb. C.1-10). Den Molekülzusammenhalt unterhalb der Einfriertemperatur bewirken zwischenmolekulare Bindungen und Molekülverhakungen. Hinsichtlich ihrer Wirkung können solche Verhakungen als thermisch lösbare oder physikalisch gebundene Vernetzungen angesehen werden. Die andere Strukturvorstellung nimmt auch bei nicht kristallisationsfähigen Kunststoffen ein gewisses Maß an Kettenordnung durch Parallellagerung an. Manches spricht durchaus dafür, daß zwischen den Molekülanordnungen im flüssigen und im nichtkristallinen, festen Zustand ein in Richtung „Teilchenordnung" tendierender Unterschied besteht. Diese Vorstellung wird mit dem Begriff „Bündelstruktur" charakterisiert.

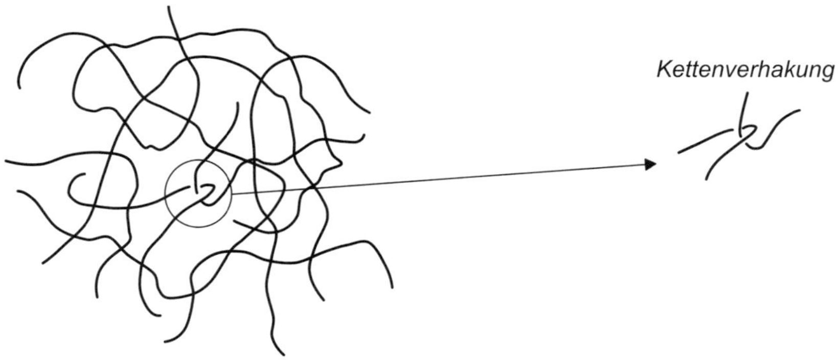

Abb. C.1-10 Struktur amorpher Kunststoffe (Wattebauschstruktur)

Der wichtigste das Verhalten einer amorphen Struktur kennzeichnende Parameter ist die **Glastemperatur T_g**, bei der die Kettenbeweglichkeit einfriert. Die Glastemperatur kann in einem dynamischen oder in einem statischen Prüfverfahren bestimmt werden. Es gilt stets: $T_{g,dyn} > T_{g,stat.}$. Dies liegt daran, daß im Fall dynamischer Prüfweise die Bewegungen einiger Molekülsegmente aufgrund ihrer Trägheit schon bei höheren Temperaturen unterbleiben. Ob bestimmte Bewegungen eingefroren sind oder aus dynamischen Gründen entfallen, macht in der Wirkung keinen Unterschied. Eine statische Bestimmung der Glastemperatur eines Werkstoffs kann in einfacher Weise über eine Ermittlung seines Volumens in Abhängigkeit von der Temperatur vorgenommen werden (Abb. C.1-11).

Mit Erreichen der Glastemperatur T_g wird die temperaturabhängige Volumenabnahme der unterkühlten Schmelze geringer. Dies bedeutet, daß von dem Leervolumen, das die Moleküle in der Schmelze für ihre Bewegungen beanspruchen, ein bestimmter Anteil in der amorphen Struktur eingefroren wird. Dieser Anteil hängt von der Abkühlgeschwindigkeit ab.

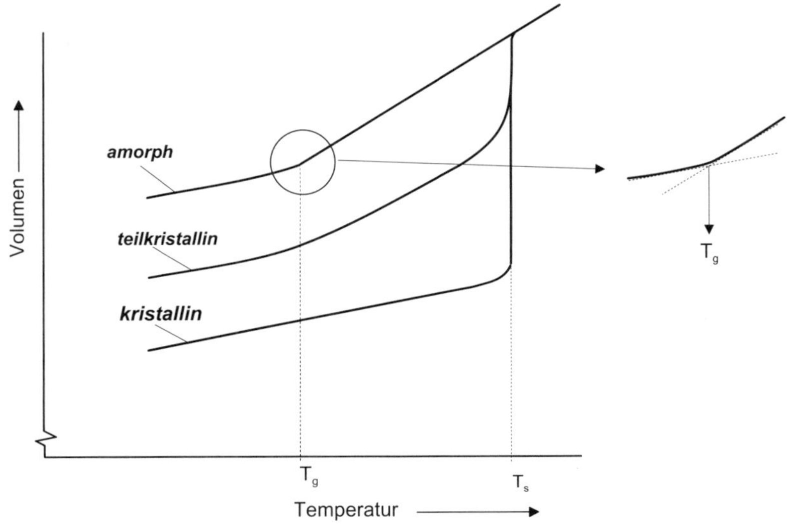

Abb. C.1-11 Verlauf der Volumen-Temperatur-Kurve einer Substanz im amorphen, im teilkristallinen und im kristallinen Zustand

Amorphe Kunststoffe verhalten sich unterhalb der Glastemperatur hart und glasartig spröde, oberhalb der Glastemperatur flexibel bis viskos. Für die Anwendung und die Verarbeitung von Kunststoffen ist daher die Kenntnis der die Höhe der Glastemperatur beeinflussenden Faktoren von großer Bedeutung. Den stärksten Einfluß auf die Glastemperatur übt die Eigenbeweglichkeit der Kette selbst aus. Polymere, deren Ketten **flexible Glieder wie Methylengruppen** ($-CH_2-$ oder $-CH_2-O-CH_2-$) enthalten, haben niedrige Glastemperaturen, andererseits wird die Glastemperatur durch Einbringen **versteifender Elemente wie z. B. Phenylen-Ringe** ($-C_6H_4-$) wirkungsvoll erhöht, da sie die Rotationsfähigkeit der Kette einschränken. In gleicher Weise heben größere sperrige Seitengruppen die Erweichungstemperatur an, polare Gruppen und zunehmende Kettenlängen verschieben die Glastemperatur ebenfalls zu höheren Werten.
Mit steigendem Kristallisationsgrad wird die Glastemperatur nicht direkt verändert, wohl aber fällt die Erweichung mit Erreichen der Glastemperatur geringer aus, und die größere Zahl kristalliner Bereiche behindert auch die Erweichung der amorphen Phase, so daß dies in der Gesamtwirkung einer Erhöhung der Glastemperatur gleichgesetzt werden kann. Einen etwas überraschenden Effekt haben allerdings einzelne Seitenketten, sie lockern das Knäuel durch Vergrößerung der Abstände zwischen den Ketten auf und ziehen so eine höhere Knäuelbeweglichkeit und niedrigere Glastemperatur nach sich.

Amorphe Kunststoffe sind **transparent**, teilkristalline erscheinen meist **opak**, weil bei ihnen das einfallende Licht an den Sphärolithgrenzen gestreut wird. Entstehen bei der Erstarrung eines kristallisierenden Polymers infolge besonderer Erstarrungsbedingungen – z. B. bei der Herstellung von Folien – jedoch keine oder besonders feine Kristallite mit einem Durchmesser unterhalb der Lichtwellenlänge, so verhalten sich auch teilkristalline Kunststoffe transparent.

1.2.7 Orientierte Molekülzustände

Stark gerichtete viskos-plastische Deformationen, die nur oberhalb der Glastemperatur möglich sind, rufen bei geknäuelten Molekülen eine Kettenstreckung hervor. Werden durch sog. Verstreckung derart ausgerichtete Moleküle unter ihre Glastemperatur abgekühlt, so frieren sie im orientierten Zustand ein und bilden ein texturähnliches, anisotropes Gefüge (Abb. C.1-12).

Abb. C.1-12 Orientierung geknäulter Moleküle

Das anisotrope Verhalten äußert sich in beachtlichen Festigkeitssteigerungen in Kettenrichtung, aber auch deutlich reduzierten Festigkeitswerten in Querrichtung, so daß Rißbildungen und Bruch vorzugsweise parallel zu den orientierten Molekülen, also bei Normalbeanspruchung in Querrichtung auftreten (Abb. C.1-13). Das in Längs- und Querrichtung unterschiedliche Festigkeitsverhalten kann so erklärt werden, daß bei Beanspruchung in Längsrichtung vornehmlich Primärbindungen, bei Beanspruchung in Querrichtung vor allem Sekundärbindungen belastet werden.

Wird den orientierten Kettenmolekülen in einem Kunststoffteil eine Rückknäuelung in den energetisch günstigeren Wattebausch-Zustand ermöglicht, so ist dieser Vorgang mit einer so starken Schrumpfung verbunden, daß das Teil durch Verlust seiner Form im allgemeinen unbrauchbar wird.

Die durch Verstreckung und Orientierung erzielten Festigkeitserhöhungen sind also nur in bestimmten Richtungen und bei genügender Sicherheit gegen Rückknäuelung nutzbar. Diese Sicherheit besteht nur bei deutlichem Abstand zur Glastemperatur.

Besonders vorteilhaft lassen sich Orientierungseffekte bei teilkristallinen Kunststoffen anwenden. Es sind bei ihnen Verstreckungsgrade um etwa das 5- bis 10-fache und Festigkeitssteigerungen um einen Faktor 3 bis 4 höher als bei amorphen Thermoplasten

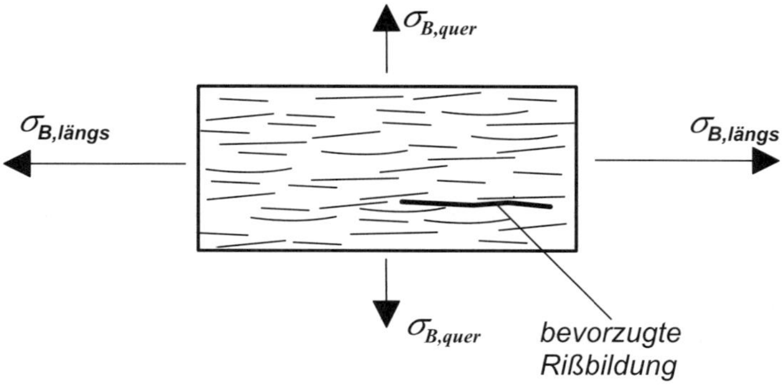

Abb. C.1-13 Anisotropie orientierter Molekülzustände

möglich. Dies erklärt sich aus der Tatsache, daß es während der Verstreckung zu einer Auflösung der Sphärolithstruktur kommt (vgl. Abb. C.2-4). Der Kristallisationsgrad bleibt dennoch hoch, weil die kristallinen Bereiche durch Parallellagerung lediglich eine Art Umordnung erfahren. Wird diese Verstreckungsstruktur mit hohem Orientierungsgrad in gestrecktem Zustand durch Tempern noch stabilisiert, so bleibt sie bis zur Schmelztemperatur erhalten.

1.3 Struktureller Aufbau von Netzwerken

Räumliche Netzwerke können durch chemisches Verknüpfen bestehender linearer oder verzweigter Kettenmoleküle gebildet oder durch dreidimensionale chemische Reaktion niedermolekularer Substanzen aufgebaut werden. Der entscheidende, das Strukturverhalten bestimmende Parameter ist dann der **Vernetzungsgrad**, d. h. eine Maßzahl für die Netzwerkdichte. Bei dichten, engmaschigen Netzwerken (Abb. C.1-14)

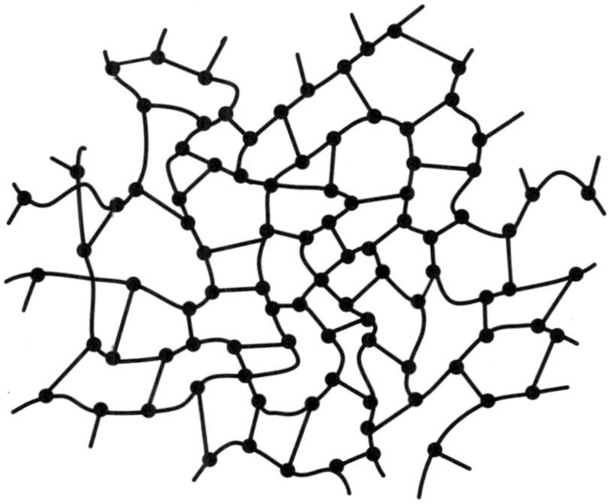

Abb. C.1-14 Struktur duroplastischer Kunststoffe (engmaschiges Netzwerk)

sind die zwischen den Molekülsegmenten wirkenden Sekundärbindungen für die Netzwerkeigenschaften kaum von Bedeutung, maßgebend für die mechanischen Eigenschaften ist vielmehr die große Zahl thermisch nur irreversibel lösbarer Vernetzungsbindungen. **Duroplaste** verfügen über eine derartige Netzwerkstruktur, sie verhalten sich daher bis zur Zersetzungstemperatur T_z hart, steif und spröde.
Für die Struktur von **Elastomeren** ist hingegen ein weitmaschiges Netzwerk charakteristisch, Vernetzungsbindungen treten nur in Entfernungen von mehr als etwa 100 Atomabständen auf (Abb. C.1-15).

Abb. C.1-15 Struktur gummielastischer Kunststoffe (weitmaschiges Netzwerk)

Bei Temperaturen, bei denen das Netzwerk durch Wirksamwerden der Sekundärbindungen einfriert ($T > T_g$), bestimmen die zwischenmolekularen Bindungen das mechanische Verhalten, das sich dann von dem harter Duroplaste oder eingefrorener Thermoplaste nicht wesentlich unterscheidet. Oberhalb dieser Grenztemperatur für die Sekundärbindungen wird das Netzwerk gelöst und nur noch von den wenigen, weit auseinanderliegenden Vernetzungspunkten zusammengehalten. Unter Zugbeanspruchung lassen sich die voneinander gelösten Netzwerksegmente aus ihrem Knäuelzustand bis zur Beanspruchung der Netzpunkte um ein Mehrfaches ihrer Knäuellänge entropie-elastisch dehnen.
Die Netzwerkbildung nennt man bei Duroplasten „Aushärtung“, bei Elastomeren „Vulkanisation“. In beiden Fällen entsteht bedingt durch den statistisch ablaufenden Vernetzungsvorgang im allgemeinen ein ungeordnetes, amorphes Netzwerk, das vor allem dadurch, daß nicht alle Vernetzungsmöglichkeiten ausgeschöpft wurden, ein relativ hohes Maß an Inhomogenität aufweisen kann.

2 Mechanische Eigenschaften

2.1 Verformungsverhalten

2.1.1 Verformungsmechanismen

Polymere Werkstoffe zeigen ein recht komplexes Verformungsverhalten. Der Grund hierfür liegt vor allem in ihrem molekularen Aufbau, für den außerdem ein vergleichsweise geringes Maß an Einheitlichkeit charakteristisch ist. Der Molekülaufbau hat zur Folge, daß eine örtliche Verlagerung einzelner Atome nie isoliert stattfinden kann, sondern stets von kooperativen Bewegungen ihrer Nachbaratome oder gar eines ganzen Molekülsegmentes begleitet werden muß. Die wenig einheitliche Anordnung der molekularen Bausteine führt bei ihrer mechanischen Beanspruchung einerseits zu einer Vielzahl unterschiedlicher, sich überlagernder mikroskopischer Reaktionen, deren statistisches Zusammenwirken das mechanische Werkstoffverhalten ausmacht. Andererseits lassen sich bis zu einem gewissen Grad selbst zwischen unvernetzten und vernetzten Polymeren überraschend ähnliche Verhaltensweisen feststellen.
Als Verformungsmechanismen kommen **energie- und entropie-elastische** sowie **plastische** und **viskose** Vorgänge in Betracht.

2.1.1.1 Energie-Elastizität

Im thermisch eingefrorenen Zustand, also deutlich **unterhalb ihrer Glastemperatur** $\mathbf{T_g}$, reagieren polymere Werkstoffe auf äußere Beanspruchungen generell mit energieelastischen interatomaren bzw. intermolekularen Abstandsänderungen. Ihr Verhalten wird dann – wie bei Metallen – durch ein linear-elastisches Hookesches Gesetz beschrieben. **Linear-Elastizität** bedeutet, daß die jeweilige elastische Konstante (E bzw. G) unabhängig von der Beanspruchungshöhe (σ bzw. τ) ist. Weiterhin besteht keine Abhängigkeit von der Beanspruchungsdauer und der Beanspruchungsgeschwindigkeit.
Da bei molekularen Stoffen vornehmlich zwischenmolekulare Bindungen (Sekundär-) belastet werden, sind ihre elastischen Konstanten E und G in diesem Fall auch um ca. 2 Größenordnungen kleiner als bei durchgehend primär gebundenen Stoffen (Metalle, Keramik).

2.1.1.2 Entropie-Elastizität

Bei amorphen, aus großen makromolekularen Ketten oder Netzwerken bestehenden Stoffen kommt nach thermischer Lösung ihrer zwischenmolekularen Bindungen ($T > T_g$) mit der Entropie- oder Gummi-Elastizität ein weiterer reversibler Verformungsmechanismus ins Spiel.
Dieser Verformungsmechanismus liegt ganz ausgeprägt bei der Verformung gummiartiger Stoffe vor. Bei Überschreiten der Glastemperatur werden die Molekülsegmente zwischen den einzelnen Vernetzungspunkten beweglich. Mit ihrer Knäuelform wird

ein der Temperaturlage entsprechender Gleichgewichtszustand erhöhter Entropie eingenommen. Steigende Temperaturen führen dann auch zu einer Zunahme der die Molekülknäuelung bewirkenden, thermodynamischen Kraft.
Eine an dieses vernetzte Molekülknäuel angelegte äußere Zugkraft *F* (Abb. C.2-1) ruft eine Streckung der geknäulten Molekülsegmente hervor und führt damit zu ganz erheblichen, mitunter mehrere 100 % betragenden Formänderungen. Diese Verformung ist jedoch begrenzt und reversibel, weil erstens die nichtlösbaren Vernetzungen ein Abgleiten der Moleküle verhindern und zweitens die Streckung und parallele Ausrichtung des Molekülverbandes mit einer Entropieverminderung verbunden ist und dadurch eine rückknäuelnde Kraft entsteht.
Diese rückknäuelnde Kraft stellt den Widerstand gegen eine reversible Molekülstreckung dar und bestimmt somit den für diese Verformung gültigen Elastizitätsmodul.

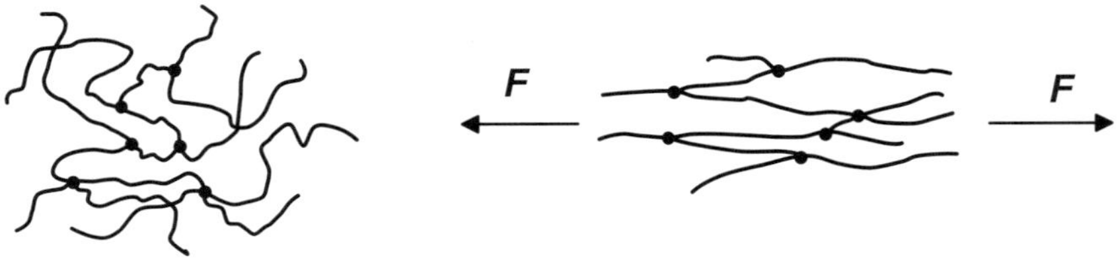

Abb. C.2-1 Mechanismus der entropie-elastischen Formänderung

Entropie-elastische Vorgänge können nur bei kleinen Verformungen als hinreichend linear-elastisch bezeichnet werden, der E-Modul ist bei größeren Verformungen keine Konstante mehr, sondern von der Beanspruchungshöhe abhängig: $\sigma = E(\sigma) \cdot \varepsilon$.
Da die Molekülknäuelung mit steigender Temperatur stärker wird, nimmt im Gegensatz zur Energie-Elastizität der E-Modul bei entropie-elastischer Verformung oberhalb bestimmter Dehnwerte mit der Temperatur sogar leicht zu. Aus gleichem Grunde zieht sich ein entropie-elastisch gedehnter Körper bei Erwärmung wegen der hiermit verbundenen Erhöhung der Rückknäuelkraft zusammen.
Eine entropie-elastische Verformung stellt sich im allgemeinen spontan, ohne erkennbare Verzögerung ein, dennoch ist der Vorgang, da er größere Molekülumlagerungen erfordert, insbesondere in der Nähe der Glastemperatur einer gewissen Zeitabhängigkeit unterworfen. Die die Zeitabhängigkeit der Deformation verursachenden Vorgänge sind mit Energieverlusten verbunden, die sich schwingungsdämpfend und bruchhemmend (erhöhte Zähigkeit) auswirken.

2.1.1.3 Plastizität

In amorphen Molekülverbänden sind plastische Verformungen in begrenztem Umfange durch Bildung lokalisierter Fließzonen möglich. Diese Fließzonen zeigen sich in zwei unterschiedlichen Erscheinungsformen, als sog. Crazes oder als Scherbänder. Das Auftreten der einen oder der anderen Form hängt abgesehen von strukturellen Einflüssen auch von den Beanspruchungsbedingungen wie Spannungszustand, Temperatur und

Zeit ab, so daß Craze- und Scherbandverformung ähnlich wie Versetzungsbewegung und Zwillingsbildung in einer gewissen Konkurrenzposition zueinander stehen. Crazebildung überwiegt bei spröden, Scherbandbildung bei zähen amorphen Kunststoffen.
Während sich Crazes senkrecht zur Hauptzugbeanspruchung ausbilden, geschieht dies bei Scherbändern unter einem Winkel >50° (Abb. C.2-2).

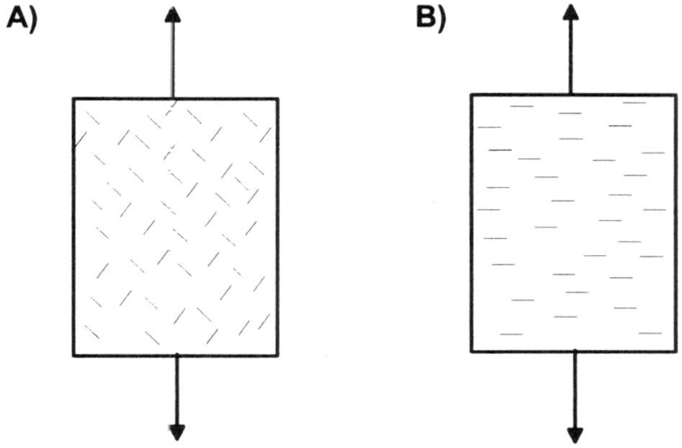

Abb. C.2-2 Fließbandbildung bei der plastischen Verformung von Kunststoffen (nach Lit. C.8)
A) Scherbänder B) Crazes

Die **Mikrostruktur** der linsenförmig ausgebildeten **Crazes** ist eingehend untersucht worden. Obwohl sie wie sehr feine Risse aussehen, sind sie doch nicht als Mikrorisse zu bezeichnen. Ihr Inneres ist von Bündeln hochorientierter Kettenmoleküle durchzogen,

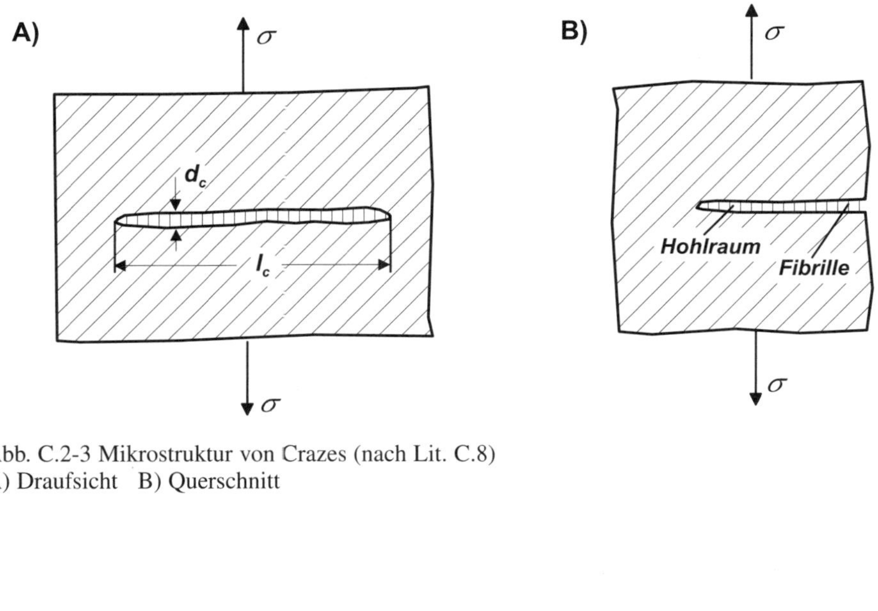

Abb. C.2-3 Mikrostruktur von Crazes (nach Lit. C.8)
A) Draufsicht B) Querschnitt

zwischen den fibrillenartigen Bündeln befinden sich langgestreckte Hohlräume. Dadurch erreicht die Materialdichte im Craze nur etwa den halben Wert des kompakten Materials, dennoch bleibt die statische Belastbarkeit des von Crazes angefüllten Werkstoffs weitgehend erhalten, weil die zu Fibrillen verstreckten Molekülbündel die aufgebrachten Beanspruchungen mittragen. Die Dickenausdehnung d_c von Crazes hängt weniger von der Beanspruchungshöhe σ, sondern vor allem von der Temperatur ab, d_c nimmt mit höheren Temperaturen zu und bewegt sich in Größenordnungen einiger µm (Abb. C.2-3). Die Crazelängen l_c hingegen erreichen Werte im mm-Bereich, so daß Crazes in amorphen transparenten Polymeren infolge der im Craze-Bereich hohen Lichtstreuung und -reflexion mit bloßem Auge als *silbrig weiße Scheinrisse* erkennbar werden. Bei höherer Beanspruchung σ nimmt die Zahl der Crazes zu, ihre Länge dagegen ab.

Crazes entstehen bevorzugt an freien Oberflächen, offenbar durch Spannungsspitzen ausgelöst, die auf **Inhomogenitäten oder Defekte** zurückzuführen sind. Crazes bilden sich immer nur unter der Wirkung von Zugspannungen und erstrecken sich dann senkrecht zur Beanspruchungsrichtung. Da sie nur eben weiterwachsen, behalten sie bei ihrer Ausbreitung auch diese Richtung bei. Dem Craze-Fortschritt gehen – wie bei Metallen eine *plastische Zone* – mikroskopische Einschnürungen an der Craze-Spitze voraus.

Crazes können bei weiterer Verformung Rißbildungen verursachen, sie stellen damit eine gewisse Werkstoffschädigung dar, die sich insbesondere in verminderter Schlagzähigkeit äußert. Bestimmte Medien fördern die Bildung und Ausbreitung von Crazes. Für die meisten Kunststoffe sind spezifische Reagenzien bekannt, deren Einwirken bei unter Zugspannungen stehenden Teilen schon nach kurzer Zeit Craze- und Rißbildung auslöst. Solche Agenzien lassen sich andererseits als geeignete Testmittel zum Nachweis von z. B. verarbeitungsbedingten Eigenspannungen verwenden, wonach ein Fertigteil dann Eigenspannungen in nicht mehr tolerierbarer Höhe enthält, wenn das Tauchen in das jeweilige Testmittel nach einer vereinbarten Tauchdauer zur Crazebildung geführt hat. Die Moleküle der Testmittel dringen zwischen die Kettenmoleküle, lockern die zwischenmolekularen Bindungen und erleichtern so die Craze-Bildung.

Die **zweite Form lokalisierter Fließbereiche**, die sog. **Scherbänder** entstehen unter Druck- und Scherbeanspruchung, aber auch – gemeinsam mit Crazes – unter Zugbeanspruchung. Über ihre Feinstruktur ist noch wenig bekannt. Mit steigender Temperatur und abnehmender Beanspruchungsgeschwindigkeit wird die Scherbandverteilung sehr fein und bewirkt dann ein duktileres Verhalten. Bei grober Scherbandverteilung stellt sich ein wesentlich verformungsärmeres Verhalten ein. Die Lage der Scherbänder mit einem Winkel > 50° zur Richtung der Zugspannung weist darauf hin, daß an der Scherbandbildung neben Schubspannungen offensichtlich auch ein gewisser Normalspannungsanteil beteiligt ist. Kreuzungspunkte von Scherbändern können wie Crazes – oder auch ähnlich wie sich schneidende Gleitbänder bei Metallen – durch Aufbau von Spannungsspitzen eine **Rißbildung** einleiten.

Bei teilkristallinen Molekülverbänden mit Sphärolithstruktur finden im Zuge der plastischen Verformung ein vollständiger Abbau der Sphärolithstruktur und eine Neuordnung der kristallinen Bereiche in Verformungsrichtung statt. Aus den sich in Beanspruchungsrichtung drehenden Lamellenbereichen lösen sich kleinere Kristallblöcke

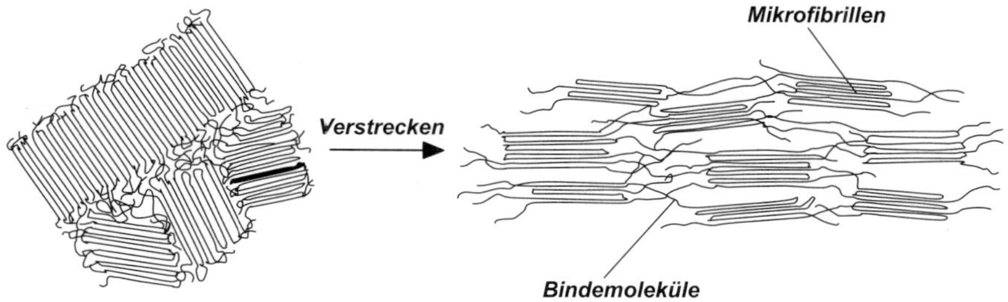

Abb. C.2-4 Verstrecken einer sphärolithischen in eine fibrilläre Kristallstruktur (nach Lit. C.4)

heraus und orientieren sich in Verstreckungsrichtung. Sie bleiben dabei durch gemeinsame „*Binde-Moleküle*" miteinander verbunden. So entsteht eine **mikrofibrilläre Struktur** (Abb. C.2-4), deren kristalline Bereiche mit zunehmender Temperatur nicht nur durch Ausrichtung der aus dem Sphärolith gezogenen Kristallblöckchen, sondern auch durch Neufaltungen der Ketten gebildet werden. Zwischen den Mikrofibrillen wachsen langgezogene Hohlräume in Beanspruchungsrichtung.

Gerade die einleitenden mikroskopischen Vorgänge bei der plastischen Verformung in den kristallinen Bereichen konnten bislang noch nicht ausreichend geklärt werden. Es ist aber mit Sicherheit anzunehmen, daß der plastischen Verformung ebenfalls geordnete Prozesse, wie sie von der Verformung metallischer Werkstoffe bekannt sind, zugrunde liegen. So kommen neben Scherbandbildung auch Kettenverlagerungen z. B. durch das segmentweise Wandern spezieller Defekte (Kinken) zustande. In einigen Fällen werden auch verformungsbedingte Gittertransformationen, also martensitische Umwandlungen, festgestellt. Bestimmte durch Verformung und Temperung herbeigeführte Strukturänderungen können mit Erholungs- und Rekristallisationserscheinungen verglichen werden. Dennoch sollten bei dem Bemühen, möglichst viele Gemeinsamkeiten im grundsätzlichen Verhalten nichtmolekularer und makromolekularer Werkstoffe zu finden, nicht die erheblichen, strukturell bedingten Behinderungen übersehen werden, die geordnete Atombewegungen in Polymeren erschweren.

2.1.1.4 Viskosität

Plastische Vorgänge spielen sich in makromolekularen Werkstoffen in erster Linie nur im Bereich um die Glastemperatur (amorphe Verbände) bzw. zwischen Glas- und Schmelztemperatur (teilkristalline Verbände) ab. Mit Überschreiten dieser Temperaturgrenzen stellen sich bei unvernetzten Molkülen zunehmend viskose Fließvorgänge ein. Die Kenngröße für den Fließwiderstand ist die Viskosität (Fließzähigkeit). Amorphe Stoffe gelten als Festkörper, wenn ihre Viskosität den Wert von 10^{13} Poise oder von 10^5 N · s/m^2 erreicht hat.

Da der viskose Fließvorgang in partiellen Abgleitungen thermisch gelöster Bausteine besteht, erweist sich das viskose Fließen als thermisch aktivierter Prozeß außerordentlich temperatur- und zeitabhängig. Bei deutlich unterhalb der Glastemperatur liegenden Temperaturen ist die Teilchenbeweglichkeit aber so eingefroren, daß viskose Vorgänge trotz Fehlens einer kritischen Fließspannung vernachlässigt werden können.

2.1.2 Visko-Elastizität

Als visko-elastisch wird ein überwiegend reversibles Verformungsverhalten bezeichnet, das sich aus einer zeitunabhängigen und einer zeitabhängigen Komponente zusammensetzt:

$$\varepsilon_{ges} = \varepsilon' + \varepsilon'',\ \varepsilon'\text{: zeitunabhängig},\ \varepsilon''\text{: zeitabhängig}$$

Der jeweilige Anteil von ε' und ε'' an der Gesamtverformung ε_{ges} hängt bei gegebenem Strukturaufbau der Substanz und gegebenem Beanspruchungszustand vor allem von der Temperatur und natürlich von der Zeit ab.
Der zeitabhängigen Dehnungskomponente ε'' liegen Mikroumlagerungen von Molekülsegmenten zugrunde, die in lokalen Entknäuelungs-, Streck- und Entschlaufungsvorgängen bestehen und vom Mechanismus her als entropie-elastisch angesehen werden können. Als Vernetzungspunkte, die einen Übergang zum viskosen Fließen verhindern, dienen in amorphen Thermoplasten die Molekülverhakungen, in teilkristallinen Thermoplasten übernehmen die kristallinen Bereiche die Vernetzungsfunktion. Zum entropie-elastischen Verhalten von gummiartigen Stoffen ergeben sich Unterschiede vor allem dadurch, daß bei Thermoplasten die Molekülbeweglichkeit einerseits aufgrund der Temperaturlage wesentlich geringer ist und hierdurch die visko-elastische Reaktion außerordentlich träge und mit geringen Deformationsbeträgen abläuft, andererseits die nur unvollkommenen „Vernetzungen" einen kontinuierlichen Übergang zu irreversiblen, plastischen oder viskosen Molekülabgleitungen nicht verhindern. Der Anteil irreversibler Verformungen wird mit steigender Spannung, steigender Temperatur und zunehmender Belastungsdauer größer, so daß das Verformungsverhalten wegen der Überlagerung von zeitunabhängigen, linearen mit stark temperatur- und zeitabhängigen, linearen und nichtlinearen sowohl reversiblen als unter Umständen auch irreversiblen Deformationen außerordentlich komplex wird. Soll dieses Verhalten ebenfalls mit Hilfe einer elastischen Kenngröße E beschrieben werden, so ist sie bei Nichtlinearität von der Beanspruchungshöhe σ, zusätzlich von der Beanspruchungsdauer t bzw. –geschwindigkeit und in starkem Maße von der Temperatur T abhängig:

$$\sigma = E(\sigma, t, T) \cdot \varepsilon_{ges} = E' \cdot \varepsilon' + E''(\sigma, t, T) \cdot \varepsilon''$$

Der zeitabhängige Verformungsanteil ε'' kann bei Temperaturen deutlich unterhalb der Glastemperatur wegen der eingefrorenen Bindungen vernachlässigt werden, mit Annäherung oder gar Überschreitung der Glastemperatur wird er bedeutend bzw. dominierend.
Wie bei der Belastung erfolgt bei Entlastung die Rückstellung reversibler Molekülumlagerungen ebenfalls verzögert. Bleibende Verformungen sind bei zu hohen Temperaturen, eventuell auch bei zu langen Belastungsdauern wegen irreversibler Abgleitungen der Moleküle zu erwarten, dies auch bei zu hohen Spannungen, weil dann zum Teil so ausgedehnte Molekülstreckungen erzeugt werden, für deren Rückknäuelung die Molekülbeweglichkeit nicht ausreicht.
Das durch Überlagerung verschiedener Verformungsmechanismen zustande kommende Verformungsverhalten wird häufig mit Hilfe mechanischer Analogiemodelle

veranschaulicht (Abb. C.2-5). Zur Darstellung reversibler Vorgänge dient ein Federelement (1), während irreversible Prozesse durch ein Hydraulikelement (3) wiedergegeben werden. Reversible, jedoch zeitabhängige Verformungen können durch Parallelschaltung von Feder- (2′) und Hydraulikelement (2″) beschrieben werden. Derartige Deformationen (2′/2″) kommen nicht nur in netzwerkartigen Strukturen vor, sondern – wie bereits ausgeführt – auch in Thermoplasten.

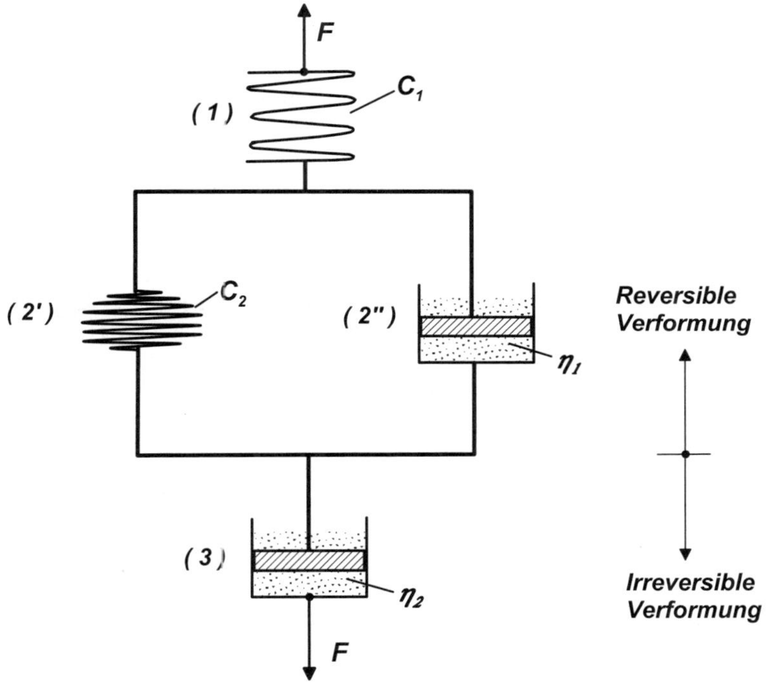

Abb. C.2-5 Mechanisches Analogiemodell für das Verformungsverhalten von Kunststoffen (nach Lit. C.7)

Das in Abb. C.2-5 wiedergegebene Modell enthält somit vier Parameter, denen je nach Werkstoff geeignete Federkonstanten C bzw. Viskositäten η zuzuordnen sind. Die das energie-elastische Hookesche Verhalten repräsentierende Feder (1) stellt mit dem Federkennwert C_1 den inner- und zwischenmolekularen Bindungszustand dar, während die Feder (2′) mit der Konstanten C_2 die Rückknäuelkraft gestreckter Molekülsegmente erfassen soll. Bewegungen der Kolben in den Hydraulikelementen (3) und (2″) werden mit zunehmendem Vernetzungsgrad eingeschränkt. Liegt eine durchgreifende chemische Vernetzung des Polymeren vor, so sind selbst bei weitmaschiger Vernetzung irreversible Deformationen im Werkstoff nur noch außerordentlich lokalisiert möglich. Durch Wahl entsprechender Werte η_1 bzw. η_2 werden der Einfluß der Beanspruchungsgeschwindigkeit und im wesentlichen auch der Temperatureinfluß berücksichtigt.

Wird der Modellkörper durch eine Zugkraft F beansprucht, so reagiert er mit einer Längenänderung, wobei die Deformationsanteile der einzelnen Verformungsmechanismen am Verformungsgesamtbetrag je nach Temperaturlage und Dauer der Belastung sehr unterschiedlich ausfallen können. Bei Temperaturen deutlich unterhalb der jeweiligen Glastemperatur sind die Viskositäten η_1 und η_2 so groß geworden, daß die Hydraulikelemente des Systems eingefroren sind und nur noch eine energie-elastische Deformation der Feder C_1 erfolgt. Der Kunststoff verhält sich spröde. Liegt die Temperatur deutlich oberhalb der jeweiligen Glas- bzw. Schmelztemperatur, so bestimmt bei unvernetzten Polymeren jetzt das Hydraulikelement (3) infolge stark herabgesetzter Viskosität η_2 das Verformungsverhalten. Der Kunststoff verhält sich wie eine viskose Flüssigkeit. Das dargestellte Analogiemodell kann nur zu einer qualitativen Erklärung des Verformungsverhaltens von Polymeren herangezogen werden. Ansätze, das Deformationsverhalten realer Polymere mittels derartiger Modelle quantitativ beschreiben zu wollen, erfordern die Hinzunahme weiterer sowohl parallel als auch in Reihe geschalteter Feder- und Hydraulikelemente.
Das Deformationsverhalten realer Kunststoffe liegt im allgemeinen zwischen den beiden Extremzuständen „Spröder Festkörper“ auf der einen und „Viskose Flüssigkeit“ auf der anderen Seite. So gilt -wie weiter oben bereits angedeutet- das kombinierte Feder-/Hydraulik-Element (2) auch für amorphe und teilkristalline Thermoplaste, da deren Struktur wegen der Kettenverschlaufungen bzw. fester gebundenen kristallinen Bereiche ebenfalls als ein Netzwerk aufgefaßt werden kann, allerdings mit der Einschränkung, daß diese Vernetzungspunkte auch ohne Molekülzerstörung thermisch lösbar sind und mit dem Übergang in den viskosen Zustand an Bedeutung verlieren. Andererseits weisen vernetzte Polymere in den von Netzpunkten eingeschlossenen Bereichen eine den unvernetzten Polymeren vergleichbare Molekülbeweglichkeit und dementsprechendes Verhalten auf.

2.1.3 Spannung-Dehnung-Verhalten

Bei amorphen Thermoplasten erfolgt bis zu einer je nach Werkstoff etwa 0,5% betragenden Dehnung die Verformung linear-elastisch. Da dieser Verformungsbetrag auch einen entropie-elastischen Anteil enthält, ist in entsprechenden Berechnungen trotz Linearität ein zeitabhängiger E-Modul zugrundezulegen.
Bei größeren Verformungen ($\varepsilon > \varepsilon_F$, vgl. Abb. C.2-6) wird das Verhalten zunehmend nichtlinear, gleichzeitig findet die bislang homogene, reversible Verformung im weiteren durch Fließbandbildung, zunächst mehr in Form von Scherbändern, danach mehr als Crazes, stark lokalisiert und irreversibel statt. Durch Fortschreiten dieser und Bildung weiterer Fließbänder können amorphe Thermoplaste auch bei Temperaturen unter ihrer Glastemperatur gewisse, in Einzelfällen nicht unerhebliche plastische Verformungen erreichen. Diese plastischen Deformationen spielen sich aber nur in den Fließbändern ab, das übrige Material bleibt im reversiblen Zustand. Kommt es in größerem Umfange zu Vereinigungen von Fließbändern, so stellt sich in der entsprechenden Spannung-Dehnung-Kurve eine sog. *Streckspannung* σ_s ein.
Die bis zum Probenbruch möglichen plastischen Verformungen sind um so größer, je mehr der Anteil der Scherbänder den der Crazes übertrifft. Die Tendenz zur

Scherbandbildung nimmt generell mit steigender Temperatur, abnehmender Beanspruchungsgeschwindigkeit und mit dem Übergang von Zug- in Druck- oder Scherbeanspruchung zu. So kann eine unter normalen Zugversuchsbedingungen auftretende Streckspannung durch erhöhte Beanspruchungsgeschwindigkeiten unterdrückt oder umgekehrt eine normalerweise nicht vorhandene Streckspannung bei verminderter Beanspruchungsgeschwindigkeit zum Vorschein kommen.

Je näher die Beanspruchungstemperatur an die Glastemperatur heranreicht, desto niedriger wird die Spannung, bei der die geknäuelten Moleküle infolge durchgreifender Konformationsänderungen gestreckt werden können und durch viskoses Abgleiten der gestreckten Moleküle eine homogene bleibende Verformung hervorgerufen wird (Abb. C.2-6). Bei Erreichen der Streckspannung bildet sich dann meist eine Einschnürstelle, die sich teleskopartig über die ganze Probenlänge ausbreitet (vgl. Abb. C.2-7).

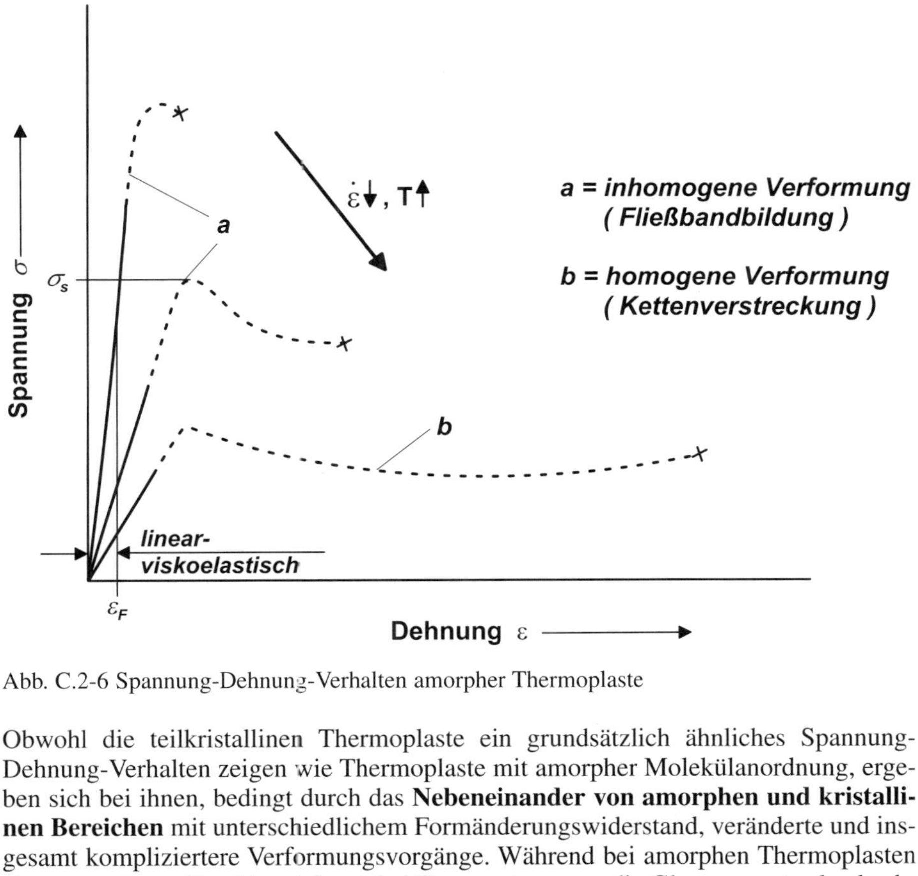

Abb. C.2-6 Spannung-Dehnung-Verhalten amorpher Thermoplaste

Obwohl die teilkristallinen Thermoplaste ein grundsätzlich ähnliches Spannung-Dehnung-Verhalten zeigen wie Thermoplaste mit amorpher Molekülanordnung, ergeben sich bei ihnen, bedingt durch das **Nebeneinander von amorphen und kristallinen Bereichen** mit unterschiedlichem Formänderungswiderstand, veränderte und insgesamt kompliziertere Verformungsvorgänge. Während bei amorphen Thermoplasten ein ausgeprägter Streckbereich nur bei Temperaturen um die Glastemperatur beobachtet werden kann, ist für teilkristalline Thermoplaste das Auftreten einer Streckspannung mit einem sich daran anschließenden und mehrere hundert Prozent betragenden

Streckbereich generell kennzeichnend (Abb. C.2-7). Entscheidend für dieses Verhalten ist, daß in teilkristallinen Thermoplasten der **amorphe Phasenanteil** bei Raumtemperatur bereits eine **mehr oder weniger weit fortgeschrittene Erweichung** aufweist.

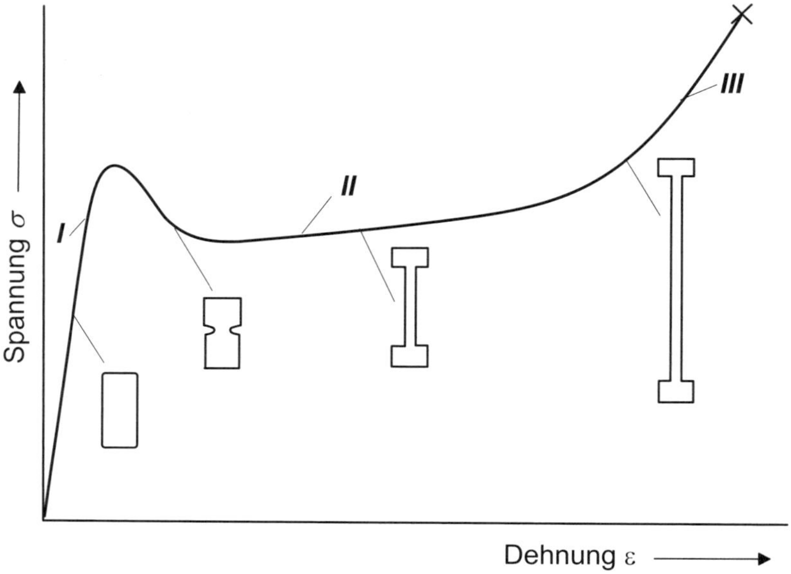

Abb. C.2-7 Spannung-Dehnung-Verhalten teilkristalliner Thermoplaste (nach Lit. C.4)
I = elastisch-plastische Verformung amorpher Bereiche,
II = Verstrecken der Sphärolithstruktur,
III = Verformung verstreckter Fibrillen

Das Zusammenwirken einer harten und steifen kristallinen Struktur mit einer nachgiebigen amorphen Phase wirkt sich erfahrungsgemäß vorteilhaft auf die **mechanischen Eigenschaften** aus, denn teilkristalline Polymere besitzen im allgemeinen höhere Festigkeits-, insbesondere aber auch höhere Zähigkeitswerte gegenüber vergleichbaren Polymeren mit durchgehend amorpher Struktur. Durch stärker variierte Beanspruchungsgeschwindigkeiten und/oder -temperaturen lassen sich aber auch hier merkliche Veränderungen der Spannung-Dehnung-Kurve erzielen.
Bis zur Streckspannung erweist sich die Verformung als reversibel, *linear-viskoelastisch* allerdings nur bis zu weit darunter liegenden Beanspruchungen. Die reversiblen Verformungen werden zum überwiegenden Teil von den amorphen Bereichen getragen, die sich sowohl zwischen den Sphärolithen als auch innerhalb der Sphärolithe zwischen den gefalteten Kristallbereichen befinden. Die recht unterschiedliche Anordnung der Sphärolithe und der kristallinen Lamellenblöcke führt im Werkstoff zu sehr inhomogenen Verteilungen von Spannung und Dehnung, obgleich die makroskopische Deformation des Gesamtvolumens *noch homogen* erfolgt. Erst bei größeren Verformungen kommt es in den amorphen Bereichen zu Kettenstreckungen und insbesondere an den Sphärolithgrenzen zu Crazebildungen. Gleichzeitig werden die mit

ihren Kettenfaltungen senkrecht zur Beanspruchung ausgerichteten kristallinen Bereiche durch Gleit- und Kippverlagerungen in die Beanspruchungsrichtung gedreht. Diese mit Kettenstreckungen, Crazebildungen sowie Kristallitgleiten und -drehen verbundenen, nunmehr *inhomogenen* Deformationen stellen den Beginn der im weiteren irreversibel verlaufenden Formänderungen dar.
Hervorgerufen durch eine geometrische oder strukturelle Unstetigkeit, bildet sich bei nicht zu hohen Temperaturen und nicht zu niedrigen Beanspruchungsgeschwindigkeiten meist eine lokale Einschnürung des belasteten Werkstoffquerschnitts aus, was zu einem die Streckspannung hervorhebenden Spannungsabfall führt. Während der Einschnürung wird die Sphärolithstruktur verstreckt und vollständig aufgelöst.
Die beschriebenen, zur Einschnürung führenden Vorgänge spielen sich bei normalen Temperaturen in einer schmalen Zone ab und erzeugen im Querschnitt einer Zugprobe eine sog. *Schulter*. Als Ursache für die starke Lokalisierung der Einschnürung wird die geringe Wärmeleitfähigkeit der Kunststoffe angesehen. Die als Folge der Einschnürverformung auftretende Erwärmung bleibt dadurch auf diesen Bereich konzentriert und erleichtert die weitere Molekülverstreckung in dieser Zone. Erst nach erfolgter Molekülausrichtung stellt sich infolge der Molekülverstreckung eine derart starke Verfestigung des eingeschnürten Querschnitts ein, daß die Schulter, ungeachtet der eingetretenen erheblichen Querschnittsunterschiede, in den noch nicht verstreckten Querschnitt hinein und nach und nach die gesamte Probe durchwandert (vgl. Abb. C.2-7).
Während des Streckvorganges steigt die Spannung allenfalls unwesentlich an, im letzten Teil der Zerreißkurve jedoch, wenn das gesamte zu verformende Material bereits orientiert ist, erfährt sie einen außerordentlich starken Anstieg. Die weitere Verformung der orientierten Struktur kommt nun durch Abgleitungen der Mikrofibrillen, die zu größeren Strängen gebündelt sind, zustande. Hierbei werden die Stränge auch dichter zusammengezogen, ihre gemeinsame Grenzfläche wird somit vergrößert und der zwischen ihnen existierende Bindungszustand auf diese Weise intensiviert. Außerdem werden die Kettenmoleküle, die die Kristallbereiche miteinander verbinden, straffer gespannt. Beide Effekte erhöhen nachhaltig den Widerstand gegen weitere Formänderungen und haben beachtliche Steigerungen von Festigkeit und E-Modul zur Folge.
Das Verformungsverhalten vernetzter Polymere hängt im wesentlichen vom Vernetzungsgrad und von der Glastemperatur des Netzwerkes ab. Außer den eigentlichen chemischen Vernetzungen können auch die gegenseitigen Verschlaufungen von Kettensegmenten für das Verformungsverhalten von erheblicher Bedeutung sein, da auch sie nach erfolgter Vernetzung -auch oberhalb der Glastemperatur- nicht mehr lösbar sind. Unterhalb der Glastemperatur bestimmen die eingefrorenen Sekundärbindungen das mechanische Verhalten, so daß die Existenz von Vernetzungen und ihre Zahl dann keinen bedeutenden Einfluß ausüben. In diesem Temperaturbereich können nur energie-elastische und gegebenenfalls lokalisierte plastische Verformungen (z. B. Crazebildung) auftreten. Oberhalb der Glastemperatur werden die sekundären Bindungsanteile gelöst und die Kettensegmente zwischen ihren Vernetzungspunkten konformativ beweglich, dies ermöglicht durch Entknäuelung von Kettenabschnitten je nach Vernetzungsgrad mehr oder weniger große entropie-elastische Deformationen. Das Vorhandensein von Vernetzungen unterbindet bleibende Verformungen aber weitgehend.

Von Elastomeren wird im Gebrauchszustand ein ausgeprägtes entropie-elastisches Verhalten erwartet, so daß eine hohe, dem flüssigen Zustand vergleichbare Kettenbeweglichkeit anzustreben ist. Netzwerke mit niedrigem Vernetzungsgrad besitzen dann reversible Verformungsbereiche von einigen Hundert Prozent. Im extrem gedehnten Zustand liegen die Kettensegmente stark orientiert vor, so daß in Einzelfällen eine Kristallisation der parallel angeordneten Ketten einsetzt. Eine weitere Dehnung gestreckter Kettensegmente führt zur Belastung der Bindungen in den Ketten, also zu energie-elastischem Deformationsverhalten und bei Überlastung zum Bruch der am meisten gedehnten Segmente. Mit dem Bruch von Kettensegmenten ist natürlich ein Verlust an rückknäuelnder Spannkraft verbunden.
Abb. C.2-8 gibt das Spannung-Dehnung-Verhalten vernetzter Polymere wieder. Kurve „b" gilt für ein weitmaschig vernetztes Polymer bei $T > T_g$, kennzeichnend ist ein großer entropie-elastischer Deformationsbereich.

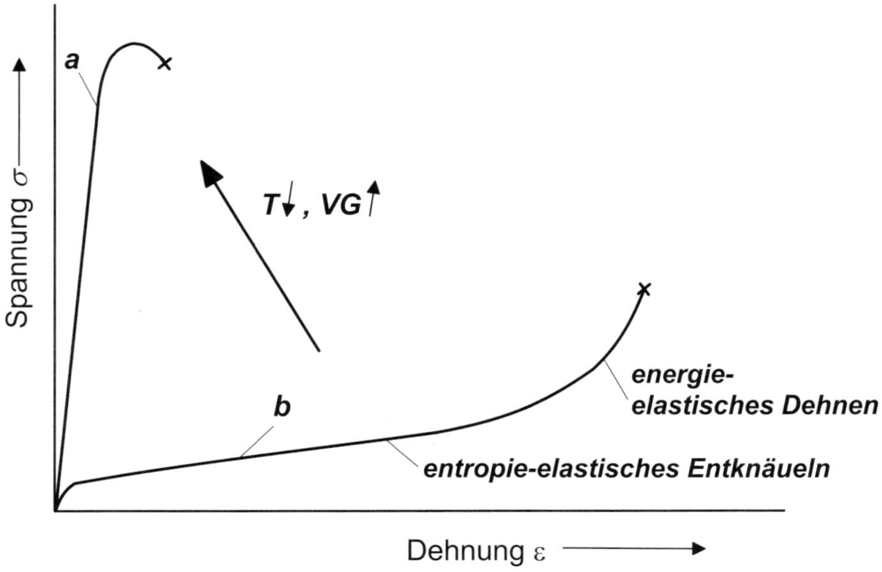

Abb. C.2-8 Spannung-Dehnung-Verhalten vernetzter Kunststoffe
a = engmaschig vernetzt (Duroplaste), b = weitmaschig vernetzt (Elastomere),
T = Temperatur, VG = Vernetzungsgrad

Wird die Temperatur unter T_g abgesenkt, so friert die Bewegungsfähigkeit der Ketten ein, und das Elastomer weist ein ausschließlich energie-elastisches Verformungsverhalten und als Folge davon ein sprödes Bruchverhalten auf (Kurve „a"). Erfolgt die Einschränkung der Molekülbeweglichkeit von vornherein durch strukturelle Maßnahmen, also durch Erhöhung der Netzpunktdichte, so wirkt sich dies in der gleichen Weise aus. Entsprechend dokumentiert Kurve „a" auch das grundsätzliche Spannung-Dehnung-Verhalten von Duroplasten, das aufgrund der bestehenden, hohen Vernetzungsdichte wenig von Temperaturänderungen beeinflußt wird.

2.1.4 Prüfung des Verformungsverhaltens

2.1.4.1 Torsionsschwingversuch

Mit dem genormten Torsionsschwingversuch werden der **mechanische Verlustfaktor *d*** und der **Schubmodul *G*** von Kunststoffen mit Hilfe eines dynamischen Verfahrens in Abhängigkeit von der Temperatur T ermittelt. Die graphische Darstellung von $G = f(T)$ liefert für den jeweiligen Kunststoff einen charakteristischen Kurvenverlauf, aus dem aufschlußreiche Informationen über das mechanisch-thermische Verhalten bei geringen Beanspruchungen und niedrigen Beanspruchungsgeschwindigkeiten über einen breiten Temperaturbereich gewonnen werden können. Da der Schubmodul empfindlich auf Veränderungen des Bindungszustandes reagiert, läßt sein temperaturabhängiger Verlauf nicht nur Unterscheidungen zwischen eng- und weitmaschig vernetzten, zwischen amorphen und teilkristallinen unvernetzten Kunststoffen zu, sondern gibt auch Hinweise auf den Grad der Kristallinität oder der Vernetzung.

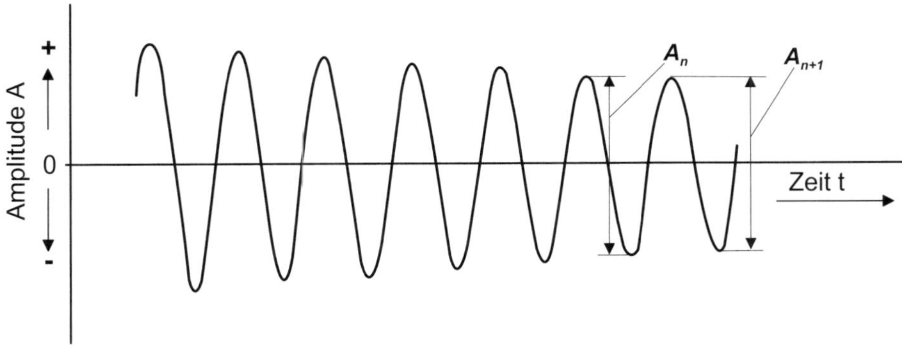

Abb. C.2-9 Auswertung eines Torsionsschwingversuches

Beim Torsionsschwingversuch handelt es sich um ein kunststoffspezifisches Prüfverfahren. Dabei wird der Schwingungsverlauf einer durch leichte Verdrehung zu freien Torsionsschwingungen angeregten Probe aufgezeichnet (Abb. C.2-9) und das logarithmische Dekrement der mechanischen Schwingungsdämpfung Λ bestimmt.

$$\Lambda = \ln A_n / A_{n+1}$$

Mit Hilfe von Λ werden der mechanische Verlustfaktor d und der Schubmodul G wie folgt ermittelt:

$$d = \frac{\Lambda/\pi}{1 + \Lambda^2/4\pi^2}$$

$$G = J \cdot f^2 \cdot F_g \, (1 + \Lambda^2/4\pi^2) - S_E .$$

Hierin bedeuten:

J = Massenträgheitsmoment einer im Schwingversuch benutzten Schwungscheibe,
f = Frequenz der Schwingung,
F_g = Geometriefaktor, der die Probenabmessungen berücksichtigt,
S_E = Korrekturglied, das den Einfluß der Schwerkraft auf das rücktreibende Drehmoment enthält.

Die Schubmodul-Temperatur-Kurven $G = f(T)$ unvernetzter Polymere (Thermoplaste) sind in Abb. C.2-10 dargestellt. Für sie ist kennzeichnend, daß sie noch unterhalb der Zersetzungstemperatur T_z einen gegen Null gehenden Wert des Schubmoduls G

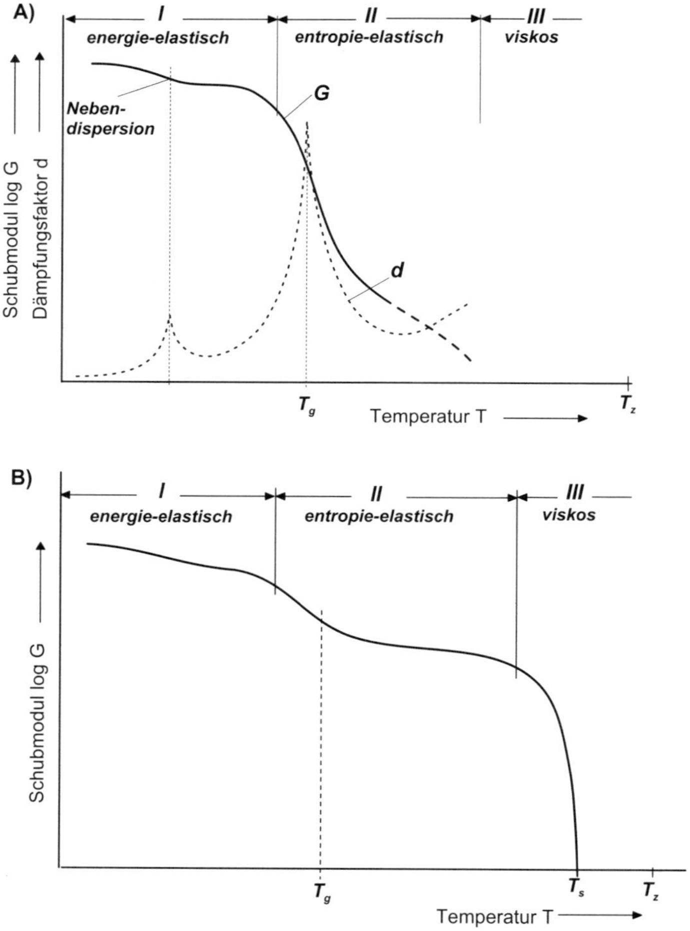

Abb. C.2-10 Schubmodul-Temperatur-Kurven unvernetzter Kunststoffe
A) Amorphe Thermoplaste B) Teilkristalline Thermoplaste

erreichen und damit einen Bereich thermoplastischer Verformbarkeit besitzen. Das unterschiedliche Erweichungsverhalten amorpher und teilkristalliner Thermoplaste ist jedoch deutlich zu erkennen. Während amorphe Thermoplaste mit Erreichen der Glastemperatur durchgreifend erweichen, zeigen teilkristalline Thermoplaste im Bereich der Glastemperatur nur eine die amorphen Bereiche umfassende Erweichung. Die gefalteten Kristallblöcke bleiben bei ihnen oberhalb von T_g in einem gebundenen Zustand und erzeugen, da sie in der erweichten, amorphen Substanz wie Vernetzungsstellen wirken, ein zähes, hartgummiähnliches Verformungsverhalten. Hieraus folgt, daß teilkristalline Thermoplaste im Gegensatz zu amorphen im Bereich der Glastemperatur oder gar darüber durchaus noch als Werkstoffe eingesetzt werden können.

Da die Makromoleküle nur selten vollständig homogen aufgebaut sind, also in der Regel unterschiedliche Monomere oder unterschiedliche Seitengruppen enthalten, zeigen sie meist schon vor der Haupterweichung oder Hauptdispersion eine kleine **Nebendispersion**, bei der weniger stark gebundene oder weniger sperrige Molekülbereiche beweglich werden. Der mechanische Dämpfungsfaktor d zeigt erwartungsgemäß bei den Temperaturen, bei denen einzelne Molekülteile beweglich werden und an einer Deformation beteiligt werden können, Maximalwerte. Unterhalb solcher Temperaturen sind die Molekülteile in ihrer Bewegung eingefroren, oberhalb nehmen sie an der Verformung wohl entropie- oder visko-elastisch teil, verursachen jedoch wegen ihrer nunmehr großen Beweglichkeit relativ geringe Verluste. Abb. C.2-11 gibt die entsprechenden Kurven für vernetzte Polymere wieder. Das typische Kennzeichen dieser Stoffgruppe besteht darin, daß ihr Schubmodul oberhalb T_g nicht gegen Null tendiert, sondern bis zur Zersetzungstemperatur T_z auf einem nahezu konstanten Wert verharrt. Duroplaste und Elastomere unterscheiden sich einerseits in ihrer Glastemperatur, andererseits im bei dieser Temperatur – entsprechend dem sehr verschiedenen Vernetzungsgrad – einsetzenden Verlust an Steifigkeit.

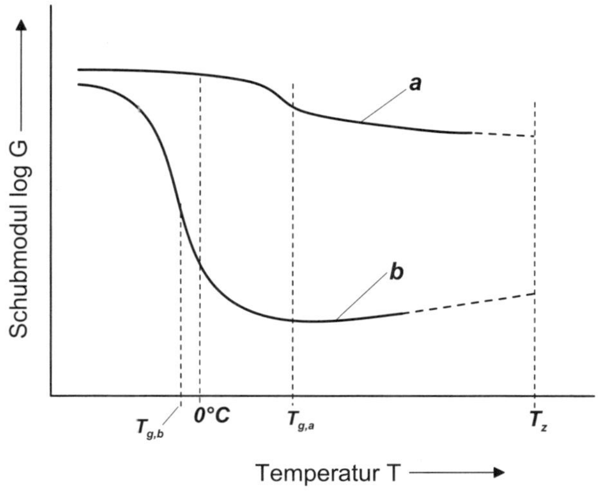

Abb. C.2-11 Schubmodul-Temperatur-Kurven vernetzter Kunststoffe
a = engmaschig vernetzte Duroplaste, b = weitmaschig vernetzte Elastomere

Die Glastemperatur ist in ihrem Zahlenwert von der Beanspruchungsgeschwindigkeit abhängig, also muß eine im Torsionsschwingversuch, d. h. dynamisch ermittelte Glastemperatur stets größer als eine statisch ermittelte sein. Für die Praxis erweist sich eine **Bestimmung der Glastemperatur** über Schubmodul-Temperatur-Messungen vielfach als zu aufwendig, man begnügt sich daher oft mit der Bestimmung einer sog. „**Wärmeformbeständigkeit**" z. B. nach Martens oder Vicat. Hierbei handelt es sich um die Angabe einer Temperatur, bei der der Kunststoff unter definierter Beanspruchung noch ein bestimmtes Maß an Verformungswiderstand besitzt. Für Vergleichszwecke sind solche Einpunktmessungen häufig ausreichend.

2.1.4.2 Zugversuch

Die für die einzelnen Kunststofftypen charakteristischen Zugversuchskurven $\sigma = f(\varepsilon)$ sind in den Abbildungen C.2-6, C.2-7 und C.2-8 wiedergegeben. Abbildung C.2-12 enthält wichtige das Spannung-Dehnung-Verhalten beschreibende Kennwerte, die von geringen Abweichungen abgesehen mit den entsprechenden Kennwerten metallischer Werkstoffe vergleichbar sind. Als Festigkeitskennwerte kommen Streckspannung σ_s bzw. x %-Dehnspannung σ_{Sx}, Zugfestigkeit σ_B, Reißfestigkeit σ_R, als Verformungskennwerte Dehnung bei Streckkraft ε_s, Dehnung bei Höchstkraft ε_B sowie Dehnung bei Reißkraft ε_R in Betracht.

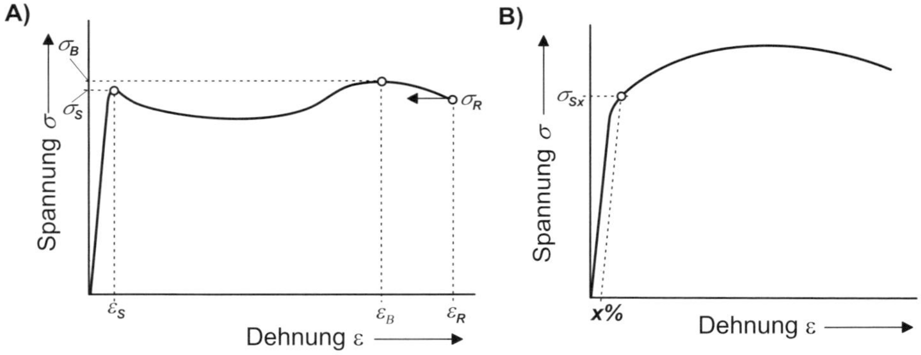

Abb. C.2-12 Kennwerte des Zugversuchs
A) Mit Streckgrenze B) Mit Dehngrenze

Bedingt durch das außerordentlich zeit- und temperaturabhängige Verformungsverhalten der Kunststoffe, das im allgemeinen bereits bei geringen Veränderungen von Beanspruchungsdauer, -geschwindigkeit oder -temperatur stark verändert wird, kommt bei ihnen den Kennwerten des Zugversuchs allerdings nicht die gleiche Bedeutung zu wie denjenigen von metallischen Werkstoffen. Im Zugversuch ermittelte Streck- bzw. Dehnspannungswerte können für die Bemessung von Bauteilen allenfalls bei kurzzeitiger Beanspruchung herangezogen werden, sonst dienen sie in erster Linie zur Qualitätskontrolle wie beispielsweise zum Vergleich verschiedener Chargen oder zur Überprüfung bestimmter Verarbeitungseinflüsse. Ähnliche Einschränkungen gelten auch für die an Kunststoffen festgestellten Härtewerte. Zur Dimensionierung tragender Kunststoffelemente werden daher, wie beim Einsatz metallischer Werkstoffe im oberen Temperaturbereich auch, Kennwerte benötigt, die das Spannung-Verformung-Verhalten über längere Beanspruchungszeiträume sowie bei veränderten Temperaturen quantitativ wiedergeben.

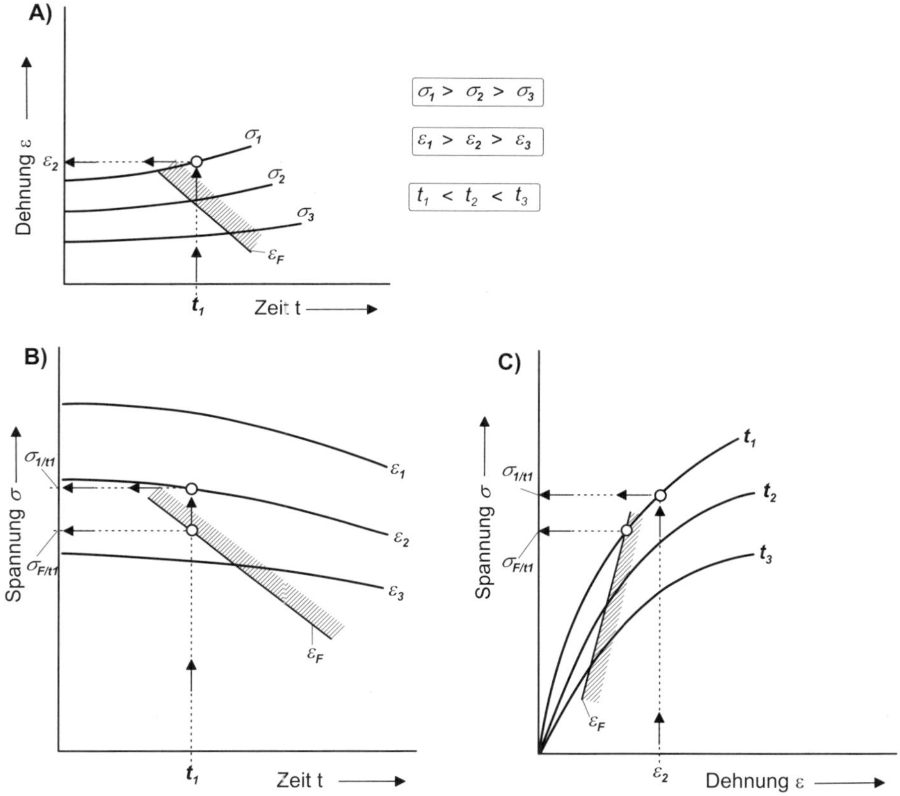

Abb. C.2-13 Spannung-Dehnung-Verhalten bei Langzeitbeanspruchung
A) Kriechkurven B) Zeitstandschaubild C) Isochrone σ-ε-Linien
ε_F = Dehnung bei beginnender Fließbandbildung

2.1.4.3 Langzeitprüfung, isochrone Spannung-Dehnung-Linien

Je nach Beanspruchung im Anwendungsfall wird das **Retardations**- (σ = const., $\varepsilon = f(t)$) oder das **Relaxationsverhalten** (ε = const., $\sigma = f(t)$) einer Prüfung unterzogen (vgl. Abschn. B.2.3.1.2). Da für das Relaxationsverhalten jeweils Entsprechendes gilt, soll im weiteren nur auf das Retardationsverhalten Bezug genommen werden.

Retardationsversuche, also Versuche mit jeweils konstanter Last, liefern als Versuchsergebnisse die zugehörigen, zeitabhängigen Dehnungen in Form sog. *Kriechkurven* (Abb. C.2-13, A). Um dem Konstrukteur die Handhabung solcher Werkstoff-Kennlinien, die die Dehnung in Abhängigkeit von der Zeit für jeweils konstante Belastung ($\varepsilon = f(t)$, σ=const.) wiedergeben, zu erleichtern, werden sie meist in eine andere Darstellung transformiert. Neben ihrer Darstellung als Zeitstand-Schaubild (Abb. C.2-13,B) mit der für eine konstante Verformung zeitabhängigen Beanspruchung ($\sigma = f(t)$, ε=const.) ist vor allem die Darstellung der Versuchsergebnisse als sog. isochrone Spannung-Dehnung-Linien ($\sigma = f(\varepsilon)$, t=const.) üblich (Abb. C.2-13, C).

Einem **isochronen Spannung-Dehnung-Diagramm** kann beispielsweise entnommen werden, daß bei einer zulässigen Dehnung ε_2 und einer Belastungsdauer von t_1 die Beanspruchung höchstens σ_1 betragen darf. Das Wertetripel ε_2, t_1, σ_1 ist in die beiden anderen Diagrammarten ebenfalls eingetragen. Neben der sich aus der Bauteilfunktion ergebenden zulässigen ε_2 kann als Dimensionierungskennwert auch die Verformung $\boldsymbol{\varepsilon_F}$ herangezogen werden, die zur **Crazebildung** führt.

Solange die Beanspruchungen im linear-viskoelastischen Bereich liegen, ist die Verwendung von Berechnungsgrundlagen der Elastizitätstheorie zulässig. Anstelle des zeitunabhängigen energie-elastischen E-Moduls muß aber in die entsprechende Formel ein zeitabhängiger **Kriech-** (E_c) **bzw. Relaxationsmodul** (E_r) eingesetzt werden. Die Moduln werden definitionsgemäß mit $E_c(t) = \sigma/\varepsilon(t)$ bzw. mit $E_r(t) = \sigma(t)/\varepsilon$ bestimmt und in Abhängigkeit von der Zeit aufgetragen. Gehen die Beanspruchungen über den linear-viskoelastischen Bereich hinaus, so hängt der E-Modul nicht nur von der Zeit, sondern zusätzlich von der Spannung bzw. Dehnung ab (Abb. C.2-14). Für eine Zeit t_1 ergeben sich – wie leicht zu ersehen ist – dort verschiedene

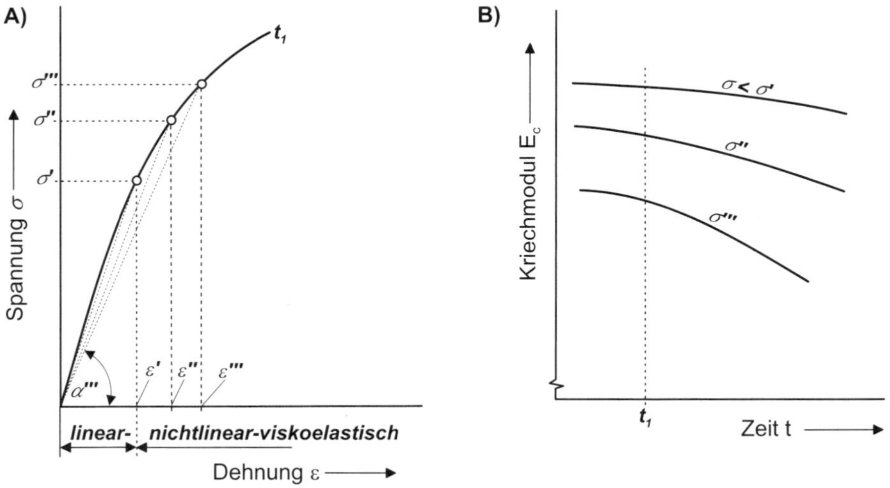

Abb. C.2-14 Einfluß der Beanspruchungshöhe und -dauer auf das elastische Verhalten von Kunststoffen
A) Spannung-Dehnung-Verlauf im weitgehend reversiblen Verformungsbereich B) Kriechmodul

Spannung-/Dehnung-Verhältnisse und damit unterschiedliche Anstiege tan α; das eingetragene tan $\alpha''' = \sigma'''/\varepsilon'''$ ist kleiner als das in der Abbildung nicht markierte tan $\alpha'' = \sigma''/\varepsilon''$.

Die Temperatur als weitere wichtige Variable läßt sich ohne Verlust an Übersichtlichkeit ebenfalls in ein isochrones Spannung-Dehnung-Diagramm einbringen. Hierzu wird das Diagramm um eine Temperaturachse nach links erweitert, und höheren Temperaturen werden höhere fiktive Beanspruchungen zugeordnet. Dies führt in der Darstellung zu einer temperaturbedingten Spreizung der Beanspruchungskoordinate (Abb. C.2-15). Ein Beispiel soll die Handhabung dieses Diagramms deutlich machen: Eine Beanspruchung von σ = 20 N/mm^2 bewirkt nach einer Belastungsdauer t_2 bei 20°C eine Dehnung $\varepsilon_{20,}$ bei einer Temperatur von 60°C hat die gleiche Beanspruchung von 20 N/mm^2 nach der gleichen Beanspruchungszeit von t_2 hingegen eine Dehnung ε_{60} zur Folge.

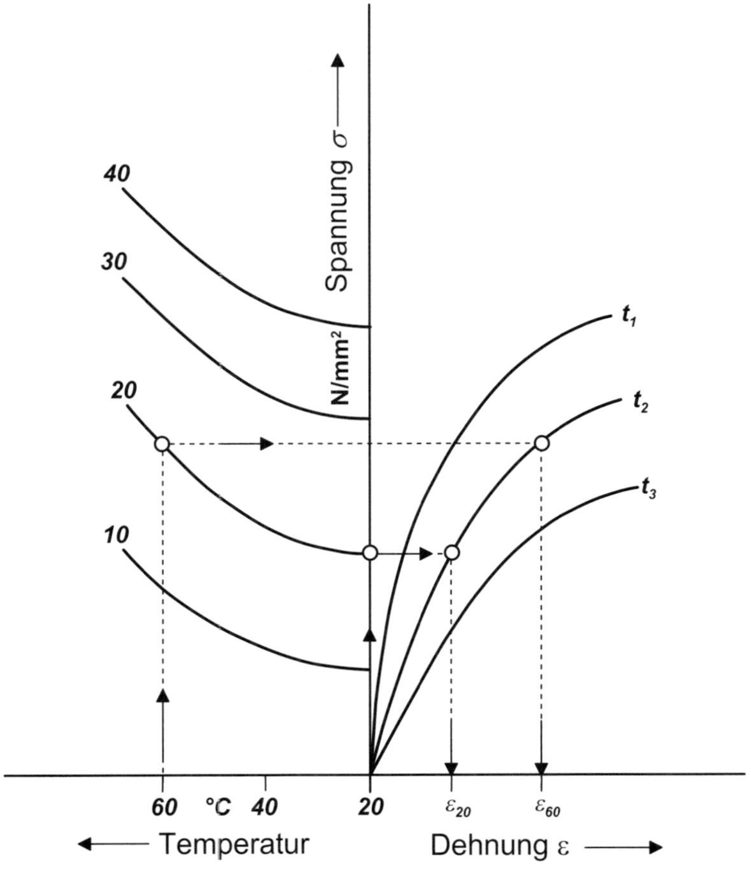

Abb. C.2-15 Darstellung des Temperatureinflusses auf das isochrone Spannung-Dehnung-Verhalten

2.2 Bruchverhalten

2.2.1 Duktil-, Sprödbruch

Auch bei Polymeren kann der Bruchvorgang in die Stadien Rißbildung, Ausbreitung des Risses bis zu einer kritischen Länge und abschließender Gewaltbruch eingeteilt werden. Liegen im Werkstück bereits Defekte einer bestimmten Größe und Form vor, so erübigt sich der Rißbildungsvorgang. Die zum Bruch führenden Elementarprozesse beruhen auch hier entweder auf direkten Zerstörungen von Bindungen in Form von Kettenbrüchen oder auf Deformationsvorgängen. Die Deformationsvorgänge sind mit der Bildung von Mikrohohlräumen verbunden, die sich zu größeren Poren zusammenschließen, bis ein Defekt kritischer Größe entstanden ist. Die für solche Verformungen aufzuwendende Brucharbeit übertrifft die zum Kettenbruch benötigte Arbeit im allgemeinen erheblich, so daß Werkstoffe, deren Bruch Verformungen in größerem Ausmaß vorausgehen, meist ein zähes Werkstoffverhalten aufweisen. Die Prüfung auf Werkstoffzähigkeit bzw. -sprödigkeit erfolgt daher zweckmäßigerweise über eine Bestimmung der **Brucharbeit**, die wie bei zähen metallischen Werkstoffen mit Hilfe eines Schlagbiegeversuches vorgenommen wird.
Hingegen sind Brüche, die nur durch Trennung zwischenmolekularer und innermolekularer Bindungen zustande kommen, energiearme, spröde Brüche. Einem derartigen **Sprödbruch** gehen auch nur energie-elastische Verformungen voraus. In diesem Fall sind die Voraussetzungen zur Anwendbarkeit der linear-elastischen Bruchmechanik erfüllt, und es kann für derart strukturierte Werkstoffe ein Kennwert für ihren Widerstand gegen überkritische Rißausbreitung ermittelt werden, der als sog. **Rißzähigkeit K_{Ic}** nur von der Beanspruchung und der Defektgeometrie abhängig ist (vgl. Abschn. B.2.3.2.3). In diese Werkstoffkategorie gehören **engvernetzte Strukturen**, d. h. Duroplaste, sowie gering- bzw. unvernetzte Strukturen, d. h. Elastomere und Thermoplaste, wenn diese beiden bei tiefen Temperaturen ($T<T_g$) **eingefroren** sind.

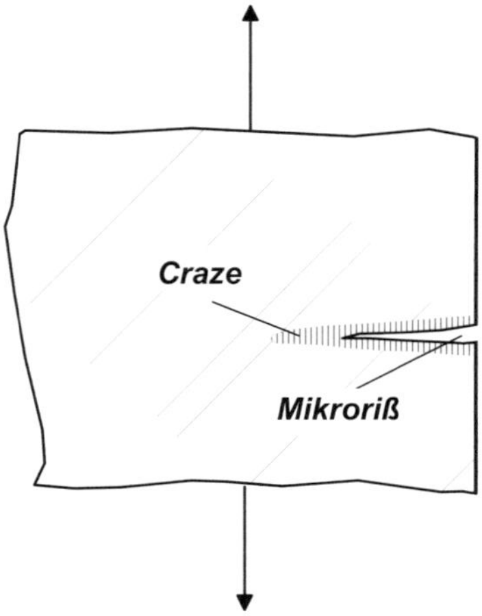

Abb. C.2-16 Crazebildung vor einem sich ausbreitenden Riß (nach Lit.C.8)

Bei den Duroplasten beruht der Bruch auf der Zerstörung von Primärbindungen, bei den eingefrorenen Elastomeren und Thermoplasten hauptsächlich auf der Zerstörung von Sekundärbindungen.
In allen anderen Fällen gehen dem Bruch mehr oder weniger energieverzehrende Verformungen voraus, die ein entsprechend zähes Verhalten hervorrufen. Sofern es in amorphen oder teilkristallinen Thermoplasten nicht zu einem homogenen Verstrecken oder viskosen Fließen der Moleküle kommt, wird die Bruchenergie bei der Erzeugung sowie Ausbreitung von Scherbändern, Crazes oder ähnlichen Verformungsmerkmalen verbraucht. Crazes gehen von spannungserhöhenden Defekten aus, hierzu gehören neben Hohlräumen, Kerben usw. auch die Stellen, an denen sich Scherbänder schneiden. Die Rißbildung erfolgt dann in einem sich ausbreitenden Craze, dem wachsenden Riß eilt ein Craze wie eine plastische Zone voraus (Abb. C.2-16).
Selbst bei sehr spröden Brüchen sind die Bruchflächen noch von dünnen Schichten verstreckter Moleküle, wie sie für Crazes charakteristisch sind, bedeckt. Es kann angenommen werden, daß der Bruchmechanismus in amorphen und teilkristallinen Thermoplasten sehr ähnlich ist, da auch in teilkristallinen Strukturen der Bruch in den amorphen Bereichen stattfindet. Meist verläuft er in den dünnen zwischensphärolithischen Schichten, bei transsphärolithischem Bruch zwischen den kristallinen Lamellenpaketen.

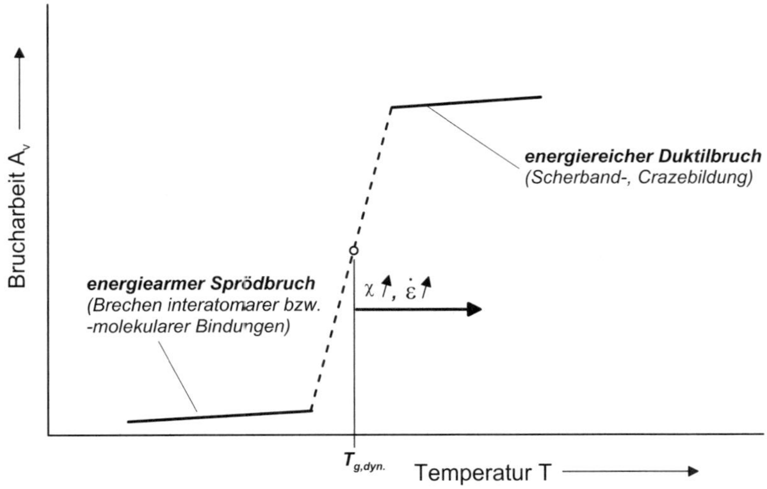

Abb. C.2-17 Einfluß der Temperatur auf das Bruchverhalten von Kunststoffen
χ = Mehrachsigkeitsgrad der Zugspannungen, $\dot{\varepsilon}$ = Beanspruchungsgeschwindigkeit

Wie bei zähen Metallen wird auch bei zähen Kunststoffen das zähe Bruchverhalten von der Temperatur, der Beanspruchungsgeschwindigkeit und dem Spannungszustand beeinflußt. Analog zum Verhalten von Metallen mit krz-Gitterstruktur existiert auch hier eine den Übergang von duktilem zu sprödem Verhalten kennzeichnende Temperatur, die ebenfalls mit zunehmender Mehrachsigkeit der Beanspruchung, zunehmender Beanspruchungsgeschwindigkeit und zunehmender Inhomogenität des Gefüges

(z. B. Sphärolithgröße) zu höheren Temperaturen verschoben wird (Abb. C.2-17). Die verschiedenen Bruchformen sind in Abb. C.2-18 wiedergegeben. Duktile bzw. zähe Kunststoffe zeigen einen infolge von Deformationsvorgängen -mehr oder weniger erkennbar- verformten Bruchquerschnitt, bei spröden Kunststoffen liegt ein typischer Trennbruch vor, und bei verstreckten Molekülzuständen spleißt der Bruchquerschnitt faserig auf.

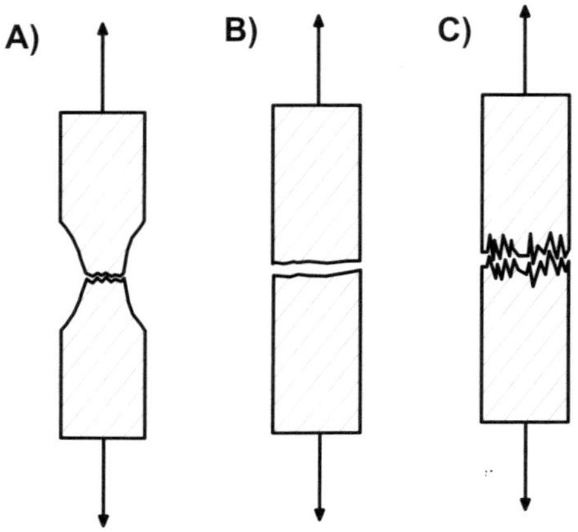

Abb. C.2-18 Bruchformen bei Kunststoffen
A) Duktilbruch B) Sprödbruch C) Faserbruch

Enthält der Kunststoff als zweite Phase Fasern oder Partikel eines Verstärkungs- oder Füllstoffes, so kommen für das Bruchverhalten weitere Einflußgrößen in Betracht. Partikel einer Zweitphase führen wegen der unterschiedlichen mechanischen Eigenschaften, insbesondere der elastischen Eigenschaften, in einer Matrix zu inhomogenen Spannungs- und Dehnungszuständen. Hierbei sind außerdem die Form, Größe, Menge und Verteilung einschließlich Orientierung der Teilchen für das Ausmaß der Spannungsinhomogenität bedeutsam. Die Spannungskonzentrationen können die Bildung von Crazes, Mikrohohlräumen oder das lokalisierte Brechen von Ketten zur Folge haben und so eine vorzeitige Rißbildung begünstigen. Andererseits setzt ein durchgreifendes Reißen der Matrix auch Ablösungen an der Grenzfläche Matrix-Verstärkungsmittel voraus, wozu bei ausreichender, aber nicht zu starker Haftung der beiden Komponenten, vornehmlich bei Faserverstärkungen, zusätzliche Bruchenergie geleistet werden muß.

2.2.2 Dauerbruch

Polymere versagen wie metallische Werkstoffe bei wiederholt aufgebrachten Belastungen, auch wenn diese deutlich unter ihrer statisch zulässigen Beanspruchung liegen. Abhängig von der Beanspruchungshöhe σ_a und der Beanspruchungsfrequenz f kann bei dem jeweiligen Kunststoff die zyklisch bedingte Schädigung in einem **thermischen Versagen** oder einem echten **mechanischen Ermüdungsprozeß** bestehen.

Die Ursache für ein thermisches Versagen liegt im visko-elastischen Verformungsverhalten. Da bei jedem Verformungszyklus ein Teil der Deformationsenergie in thermische Energie dissipiert wird, kommt es zu einer Erwärmung des schwingbeanspruchten Materials. Infolge der Erwärmung nehmen die visko-elastischen Verformungsanteile mit der Konsequenz erhöhter Wärmeerzeugung zu. Es stellt sich eine Gleichgewichtstemperatur ein, wenn Wärmeerzeugung und Wärmeabführung gleich geworden sind. Die niedrige Wärmeleitfähigkeit der Kunststoffe läßt im Fall hoher Beanspruchung und hoher Beanspruchungsfrequenz insbesondere bei Kunststoffen mit großen visko-elastischen Effekten leicht Temperaturen oberhalb der Glas- oder gar Schmelztemperatur auftreten. Daher müssen bei der Prüfung frequenzempfindlicher Kunststoffe überaus **niedrige Prüffrequenzen** eingehalten werden, wenn eine echte Ermüdungsfestigkeit ermittelt werden soll. Der Übergang vom thermisch zum mechanisch diktierten Schwingversagen geschieht entsprechend kontinuierlich.

Der **mechanisch bedingte Ermüdungsprozeß** läßt sich bei Kunststoffen ebenfalls in ein Stadium der *Rißbildung* und ein solches der *Rißausbreitung* unterteilen, wobei das Ausbreitungsstadium in der Regel sehr viel länger dauert. Sofern der Rißbildungsvorgang nicht durch vor allem an der Oberfläche vorhandene Fehler oder Kerben entfällt, liegen ihm lokalisierte plastische Deformationen zugrunde, die an spannungserhöhenden Stellen ausgelöst werden. Bei einer Reihe von Kunststoffen wird noch vor Auftreten mikroplastischer Verformungsmerkmale eine gewisse Form von Entfestigung beobachtet, die sich in einer Abnahme des elastischen Verformungswiderstandes äußert und durch Umordnung molekularer Gruppen und Bruch einzelner Ketten hervorgerufen wird. Als weiterer die Rißbildung vorbereitender Schritt setzt nach einigen Schwingspielen die Bildung eines oder weniger Crazes ein. Die Crazebildung bei statischer Beanspruchung erfolgt erst bei höheren Spannungen und vollzieht sich im Gegensatz zur dynamischen Beanspruchung dann an sehr vielen Stellen. Nach einer gewissen Crazeausbildung geht die Rißbildung in dem Craze durch Reißen der verstreckten Molekülfäden und Vereinigen der zwischen ihnen bestehenden Mikrohohlräume vor sich.

Der Anriß breitet sich durch schrittweises Aufreißen der sich vor dem Riß kontinuierlich bildenden Crazezone aus. Infolge des abwechselnden Rißhaltens und -vorspringens (Abb. C.2-19) entstehen auf der Bruchfläche schwingbeanspruchter Teile als typisches Merkmal eines sukzessiven Rißfortschritts radial angeordnete, bandförmige Schwingungsstreifen.

Im Anfangsstadium der Rißausbreitung entsteht aufgrund der niedrigen Ausbreitungsgeschwindigkeit eine glatte, spiegelähnliche Ausgangsbruchfläche. Die Ausbreitungsgeschwindigkeit kann in den meisten Fällen wie schon bei metallischen Werkstoffen durch eine Gleichung

$$v_R = C \cdot (\Delta K)^m$$

beschrieben werden. Hieraus ergibt sich die nicht überraschende Konsequenz, daß sich die Rißgeschwindigkeit mit zunehmender Spannungsintensität ΔK an der Rißspitze und wegen $\Delta K = \Delta\sigma \cdot \sqrt{\pi \cdot l}$ mit wachsender Rißlänge l erhöht. Als Folge ansteigender Rißgeschwindigkeit stellt sich eine zunehmend rauhere Bruchfläche ein.

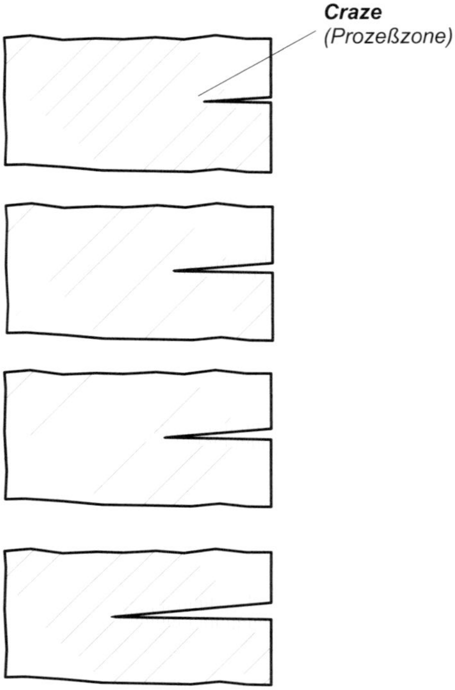

Abb. C.2-19 Ausbreiten eines Ermüdungsrisses (nach Lit. C.8)

Der Schwingfestigkeitskennwert wird mit Hilfe von *Wöhler-Versuchen* ermittelt. Da die Linien gleicher Bruchwahrscheinlichkeit bei niedrigen Beanspruchungen keinen horizontalen Verlauf aufweisen, sind die Versuche bis zu einer *Grenzschwingspielzahl* von mindestens 10^7 durchzuführen und werden wegen der zu beachtenden Einschränkungen hinsichtlich der höchstzulässigen Prüffrequenz außerordentlich zeitaufwendig. Viele Polymere zeigen bei höheren Belastungsfrequenzen eine Lebensdauerzunahme, ein Ergebnis, das nicht überrascht, wenn das geschwindigkeitsabhängige Verformungsverhalten der Polymere in Betracht gezogen wird. Oberflächenfehlern kommt eine ähnlich schwingfestigkeitsmindernde Bedeutung zu, wie sie von den metallischen Werkstoffen her bekannt ist. Die Tatsache, daß sich die Ermüdungsrißbildung zumeist an der Oberfläche zuträgt, bewirkt eine beachtliche Beeinflussung des gesamten Ermüdungsvorganges durch Wechselwirkungen mit der Umgebung. Das Ausmaß dieser Wechselwirkungen wie auch die Schwingfestigkeit hängen selbst bei nicht erkennbarem Umgebungseinfluß deutlich von der Molekülgröße ab. Zunehmende Molekülgröße erhöht im allgemeinen die Lebensdauer, weil hierdurch der Widerstand gegen Crazebildung und -ausbreitung größer und die Zahl von Kettenendstücken, die häufig eine Mikrorißbildung verursachen, kleiner wird.
Für die technische Anwendung ist nun von außerordentlicher Bedeutung, daß teilkristalline Thermoplaste im Vergleich zu amorphen ein sehr viel besseres Schwingfestigkeitsverhalten aufweisen (Abb. C.2-20).

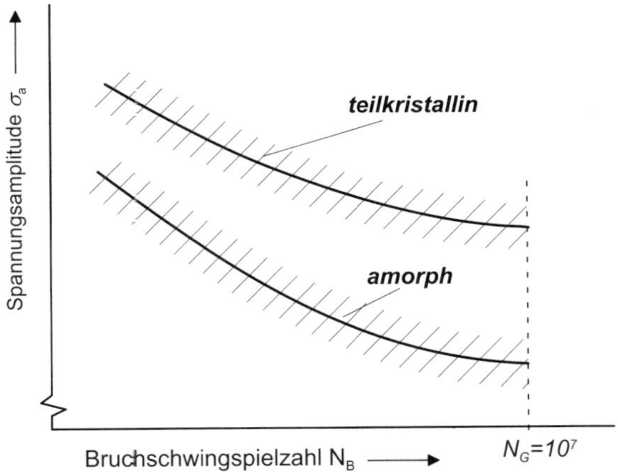

Abb. C.2-20 Schwingverhalten (Wöhlerkurve) von Kunststoffen

Ganz offensichtlich wirkt sich der besondere **strukturelle Aufbau teilkristalliner Thermoplaste, der in der Einbettung einer harten kristallinen Struktur in eine nachgiebige amorphe Phase besteht**, nicht nur auf die statische Festigkeit und die Schlagzähigkeit, sondern auch auf das Ermüdungsverhalten vorteilhaft aus. Schon bei den metallischen Werkstoffen hatte sich für das Schwingverhalten eine Kombination von hoher statischer Festigkeit und hoher Zähigkeit als optimal herausgestellt. Diese Zusammenhänge erweisen sich auch bei amorphen Thermoplasten als zutreffend. So verfügen Polymere, die zusätzlich zur Crazebildung eine ausgeprägte Tendenz zur Scherbandbildung besitzen, über einen erhöhten Widerstand gegen zyklische Rißausbreitung.

Ganz allgemein hängen die an Kunststoffen ermittelten Schwingfestigkeitswerte sehr viel stärker von der Probengeometrie ab als die von metallischen Werkstoffen. Ein wesentlicher Grund hierfür liegt in dem durch die Probenform festgelegten Verhältnis von Probenoberfläche zu -volumen, wodurch die Wärmeabfuhr aus der Probe und damit die thermischen Verhältnisse in der Probe bestimmt werden.

2.3 Möglichkeiten zur Verbesserung der mechanischen Eigenschaften

Ähnlich wie bei den Metallen durch Verformen, Legieren und Wärmebehandeln wird auch bei Kunststoffen in erheblichem Maße von den vielfältigen Möglichkeiten zur Verbesserung der Eigenschaften Gebrauch gemacht. Hierbei stehen im allgemeinen Verbesserungen der mechanischen Eigenschaften wie Steigerung von Festigkeit und Steifigkeit oder Minderung der Sprödbruchempfindlichkeit im Vordergrund. Gleichzeitig können dabei die Verarbeitungseigenschaften vor- oder nachteilig beeinflußt werden. So geht es beim Zumischen eines preiswerten Füllstoffes nicht immer nur um eine Verbilligung des Kunststoffs, sondern gleichzeitig auch um eine Verminderung der Verarbeitungsschrumpfung.

2.3.1 Copolymerisation

Das Aufbauprinzip und die Grundformen statistischer, alternierender Copolymere sowie von Block- und Pfropfcopolymeren wurden bereits in Abschnitt C.1.2 beschrieben. Die Copolymerisation wird häufig zur Erniedrigung der Glastemperatur mit dem Ziel einer Zähigkeitssteigerung bei tieferen Temperaturen herangezogen. Da hierbei die Konstitution des Polymeren verändert wird, nennt man diese Methode auch *„innere" Weichmachung*. Zwei Wege stehen für eine solche innere Weichmachung offen. Entweder werden Segmente mit hoher Kettenbeweglichkeit und schwachen zwischenmolekularen Bindungen *blockweise* in die starrere Kette des Grundpolymers eingebaut, oder es werden einzelne Comonomere mit längeren Seitenketten verwendet, die zu einer Vergrößerung des Abstandes zwischen den Ketten und infolgedessen zu einer Verminderung des zwischenmolekularen Zusammenhaltes führen (Abb. C.2-21). Eine Pfropfcopolymerisation dient im allgemeinen einer gezielten Veränderung der von einem Kettenmolekül ausgeübten Sekundärbindungen.

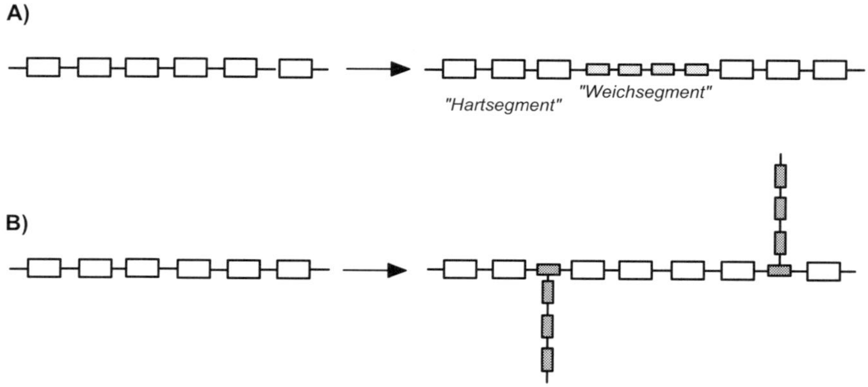

Abb. C.2-21 „Innere" Weichmachung
A) Blockcopolymerisation B) Einbau einzelner Seitenketten

Beispielsweise kann ein Polymer durch geeignete Pfropfung *hydrophile* oder *hydrophobe* Eigenschaften erhalten. Bei der Herstellung von Polymermischungen wird von der Pfropfcopolymerisation ebenfalls Gebrauch gemacht. So läßt sich in einer Mischung von A und B eine bessere Verankerung der B-Ketten in der Matrix A durch Aufpfropfen von A-Monomeren erreichen (s. Polymermischungen).

2.3.2 Weichmachung

Die eigentliche Weichmachung wird durch eine quasi von außen erfolgende Beeinflussung der molekularen Beweglichkeit vorgenommen, indem eine meist *nieder-*, seltener *mittelmolekulare polare Substanz* in das Molekülknäuel eingebracht wird, die durch Einlagerung zwischen die Molekülketten eine Erhöhung der Molekülbeweglichkeit hervorruft.

Hinsichtlich der Wirkungsweise der Weichmachermoleküle lassen sich zwei Effekte unterscheiden (Abb. C.2-22). Zweiseitig polare Weichmachermoleküle treten mit zwei benachbarten Molekülketten in Wechselwirkung und bilden intermolekulare Brücken.

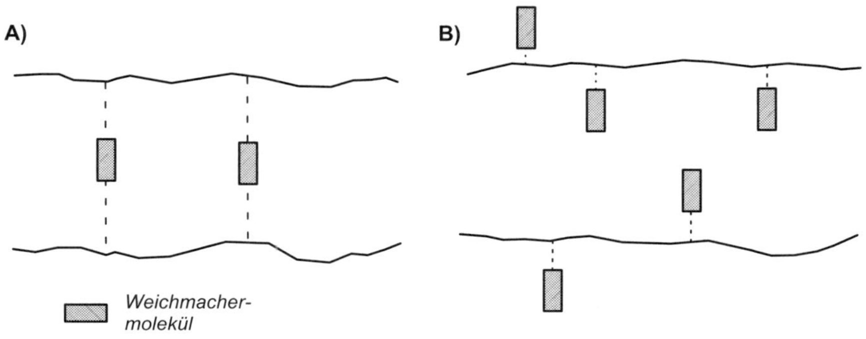

Abb. C.2-22 „Äußere" Weichmachung (nach Lit. C.6)
A) Scharniereffekt B) Abschirmeffekt

Da die Brücken den Kettenabstand über die Reichweite zwischenmolekularer Bindungen hinaus vergrößern, werden die zwischen den scharnierartig wirkenden Weichmachermolekülen befindlichen Kettensegmente beweglich. Einseitig polare Weichmachermoleküle binden sich nur an eine Molekülkette an und „schirmen" sie dadurch von der Nachbarkette ab. Polymer und Weichmacher müssen eine thermodynamisch möglichst stabile Lösung bilden, sonst scheidet sich der bei der Verarbeitung eingemischte Weichmacher zeit- und temperaturabhängig wieder aus, und es kommt zu einem Verlust der Weichmachung, also zu einer Versprödung (Abb. C.2-23).

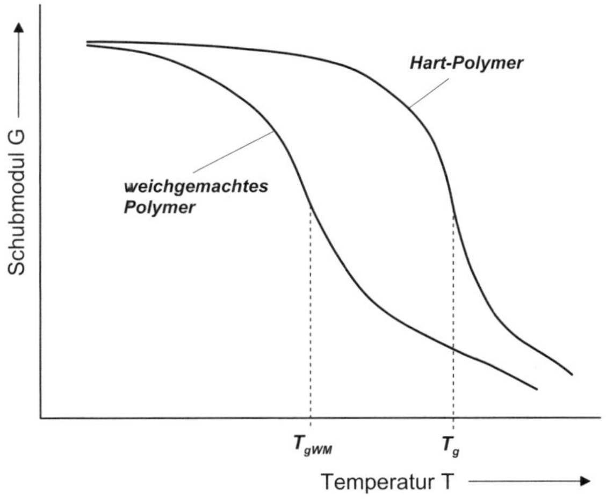

Abb. C.2-23 Einfluß von Weichmachern auf das Verformungsverhalten von Kunststoffen (nach Lit. C.6)

Die Gefahr eines Auswanderns des Weichmachers wird wegen des zunehmenden Dampfdruckes um so größer, je kleiner die Weichmachermoleküle sind, andererseits erhöht sich die Weichmacherwirkung gerade mit abnehmender Molekülgröße. So erfordert die Wahl geeigneter Weichmacher stets einen fein abgestimmten Kompromiß zwischen Weichmacherwirkung und -stabilität.
Die Anwendung der äußeren Weichmachung ermöglicht unter anderem die Herstellung preisgünstig verarbeitbarer Thermoplaste mit kautschukähnlichen Eigenschaften (z. B. Weich-PVC) und damit den Ersatz von Elastomeren, deren Verarbeitung wesentlich aufwendiger ist.

2.3.3 Polymermischungen

Es liegt nahe, die Eigenschaften von Kunststoffen durch Mischen verschiedener Polymere variieren zu wollen. Diese Methode der Eigenschaftsoptimierung mit Hilfe eines polymeren Zusatzes bezeichnet man als *Modifizierung*, Polymermischungen vielfach auch als „*Blends*". Polymermischungen werden einerseits benutzt zur Verbesserung bestimmter Verarbeitungseigenschaften wie Fließ- und Dehnfähigkeit der Schmelze oder Minderung ihrer Haftneigung. Weiterhin haben Polymermischungen aber besondere Bedeutung für die Erzeugung **schlagzäher Kunststoffeinstellungen** erlangt, hier werden weiche, zähelastische Thermoplast- oder Elastomerteilchen in eine harte, steife, aber auch spröde Matrix fein verteilt eingelagert (z. B. ABS).
Voraussetzung für ein günstiges Verarbeitungs- und Gebrauchsverhalten solcher Polymermischungen ist allerdings, daß sie sich nicht durch Entmischungsvorgänge trennen. Die Gefahr solcher Entmischungen existiert bei Polymeren indessen in erheblichem Maße, weil sie aus thermodynamischen Gründen meist keine, allenfalls sehr begrenzte Löslichkeiten im festen Zustand, die hier als Verträglichkeit bezeichnet werden, aufweisen. Um die notwendige Verankerung der Einlagerungsteilchen in der Matrix herbeizuführen, muß zwischen beiden Phasen eine ausreichende Verträglichkeit hergestellt werden. Dies erreicht man im allgemeinen dadurch, daß auf Moleküle der einen Phase Monomere der anderen gepfropft werden und so als dritte Phase ein Pfropfcopolymerisat entsteht, das zu beiden Phasen eine gute Verträglichkeit besitzt (vgl. C.2.3.1). Die zwischen den beiden Hauptphasen weiterhin vorhandene Unverträglichkeit hat eine Phasentrennung mit feiner Verteilung der zähen Einlagerungsphase zur Folge. An ihrer Grenzfläche reichert sich das die Bindung übernehmende Copolymerisat an. Vielfach reicht bereits ein intensives Mischen der beiden Polymerschmelzen bei der Verarbeitung aus, um die Matrix- mit der Einlagerungsphase zu verankern. Dabei treten nämlich an einzelnen Molekülen thermisch und mechanisch bedingte Abbauprozesse auf, die zur Erzeugung reaktionsfähiger Stellen führen. Die Folge sind Verzweigungs- und Pfropfreaktionen, die sich gegebenenfalls durch Zugabe aktivierender Substanzen gezielt beeinflussen lassen. Die auf diese Weise entstandenen Pfropfprodukte übernehmen dann in der Polymermischung die erforderliche haftvermittelnde Funktion.
Die mit Hilfe von Elastomerteilchen vorgenommene Zähigkeitserhöhung beeinflußt weniger die Glastemperatur der Matrix und unterscheidet sich damit von einer Zähigkeitssteigerung durch Weichmachung. Die Wirkung der Einlagerungsteilchen

besteht vielmehr in einer durch ihr unterschiedliches Dehnungs- und Ausdehnungsverhalten hervorgerufenen Veränderung des Mikrospannungszustandes, was unter anderem **bei Schlagbeanspruchung eine vervielfachte Crazebildung** um die Einlagerungsteilchen herum (Energieabsorption) zur Folge hat.

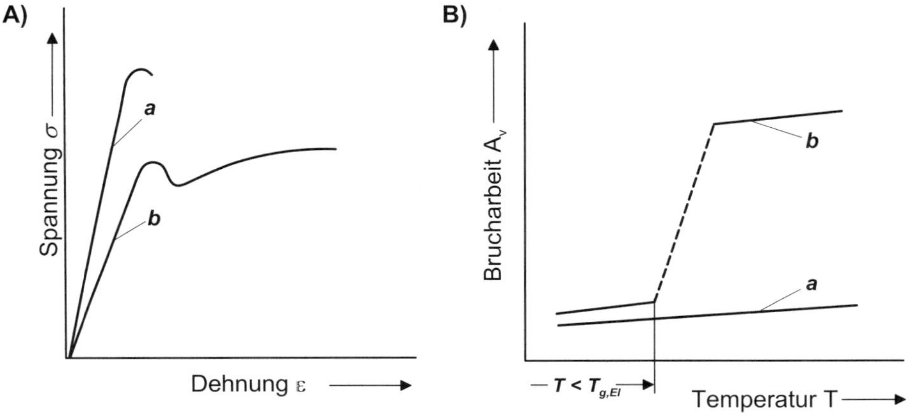

Abb. C.2-24 Einfluß weichelastischer Teilchen auf die mechanischen Eigenschaften einer spröden Matrixphase
A) Spannung-Dehnung-Verhalten B) Bruchverhalten
a = spröde Matrix ohne Teilchen, b = durch Teilchen schlagzäh modifiziert

Auf diese Weise wird die bei zügiger wie bei schlagartiger Beanspruchung aufzuwendende Brucharbeit erhöht, die zur Einleitung von Fließprozessen erforderliche Spannung indes vermindert (Abb. C.2-24). Bei Temperaturen unterhalb der Einfriertemperatur des Elastomeren $T_{g,El}$ wird auch das Gesamtverhalten spröde (Tieflage).
Aus mehreren amorphen Phasen bestehende Gefüge behalten nur dann ihre Transparenz, wenn sie sich in ihrem optischen Brechungsverhalten nur unwesentlich unterscheiden oder die eingelagerten Teilchen eine unterhalb der Lichtwellenlänge liegende Größe aufweisen.

2.3.4 Füll- und Verstärkungsmittel

Hierunter sind faser-, plättchen- oder mehr kugelförmige Zusatzstoffe meist anorganischer Herkunft wie Kreide, Glimmer, Glas oder Talkum zu verstehen. Eine Einteilung in Füll- und in Verstärkungsmittel scheint sinnvoll, obwohl eine eindeutige Trennung nicht immer möglich ist. Von einem **Verstärkungsmittel** werden deutliche Steigerungen der Festigkeit und der Steifigkeit erwartet, die im allgemeinen aber nur mit **faserförmigen Zusätzen** in möglichst ausgeprägter Orientierung erreicht werden können. In großem Umfange kommen Glasfasern als Verstärkungsmittel zur Anwendung, in *Thermoplasten* als **Kurzfasern** von meist unter 0,5 mm Länge und mit einer mehr zufälligen Ausrichtung, in *Duroplasten* überwiegend als **Endlosfasern** in Form von

Geweben, Matten oder *Strängen*. Eine Verstärkung kommt zustande, wenn sich weiche Kunststoffmatrix und steife Glasfasern nicht voneinander lösen und zu etwa gleich großen Verformungen gezwungen werden. Dann tragen die Fasern einen nicht unbeträchtlichen Teil der Beanspruchung mit. Die Lastübertragung auf die Glasfasern wird mit intensiverer Bindung zwischen Matrix und Glasfasern sowie mit zunehmender Faserlänge und Orientierung in Beanspruchungsrichtung verbessert. Polare Kunststoffe zeigen größere Verstärkungseffekte als unpolare. Faserverstärkte Duroplaste, wofür neben Glasfasern zunehmend auch hochfeste bzw. hochsteife Kohlenstoff- oder bestimmte Polymerfasern zum Einsatz gelangen, sind als die wichtigsten Vertreter einer gesonderten Werkstoffklasse, der Verbundwerkstoffe, anzusehen.

Glaskurzfasern dienen also zur Verstärkung von *Formmassen* sowohl auf Duroplast- als auch auf Thermoplastbasis. Die geringe Faserlänge und die unvollkommene Orientierung im späteren Formteil lassen nur mindere Verstärkungen zu. Dennoch liegt in der sich als Folge von Faserorientierungen ergebenden Anisotropie ein bedeutsamer Nachteil dieser Faserverstärkung. Als störend erweist sich weniger eine Anisotropie der mechanischen Eigenschaften als vielmehr das *anisotrope Schwindungsverhalten* beim Abkühlen der Teile nach ihrer Formgebung. Obwohl der Zusatz anorganischer Verstärkungsmittel wegen ihres sehr viel geringeren thermischen Ausdehnungskoeffizienten und ihrer bei der Kunststoffverarbeitung nicht stattfindenen Strukturänderung die Schwindung der Formmasse insgesamt vermindert, wird das Schwindmaß nun deutlich richtungsabhängig. In Richtung der Glasfasern ist die Schwindung stärker behindert als quer dazu, als Folge der Schwindungsunterschiede stellen sich dann Verzugserscheinungen ein. Die Faserlängen werden bei Formmassen so eingestellt, daß sie einerseits noch interessante Verstärkungen und andererseits noch erträgliche Schwindungsanisotropien ergeben.

Das Problem der Schwindungsanisotropie entfällt bei der Verwendung kugelförmiger Zusatzstoffe. Sie bewirken ebenfalls eine Abnahme der Schwindung, aufgrund ihrer Formsymmetrie fällt der Schwindungsrückgang jedoch isotrop aus. In dieser Hinsicht werden die Verarbeitungseigenschaften positiv beeinflußt. Obschon durch die Anwesenheit dieser Teilchen Bewegungen der Moleküle eingeschränkt und infolgedessen Steifigkeit und Glastemperatur angehoben werden, ist die Verstärkungswirkung bei symmetrischen Füllstoffpartikeln relativ unbedeutend. Die Funktion solcher Zusätze besteht also in erster Linie in einer Füllwirkung mit der Absicht, den Kunststoff zu verbilligen. Außer einer Minderung der Verarbeitungsschwindung und der thermischen Ausdehnung unterstützen sie die Kristallitbildung. Diesen Vorteilen steht allerdings ein erhöhter Verschleiß bei der Formgebung gegenüber.

Plättchenförmige Zusätze nehmen in ihrer Wirkung eine Mittelstellung zwischen Verstärkungs- und Füllstoff ein. Bei der Verstärkung bzw. Füllung muß die Oberfläche der einzulagernden Teilchen zwecks besserer Einbindung in die Matrix mit haftvermittelnden Substanzen versehen werden. Diese Haftvermittlung macht sich in einer gesteigerten Verstärkungswirkung bemerkbar. Hinsichtlich der Wirkung von Füllstoffen liegen bei Elastomeren besondere Verhältnisse dadurch vor, daß bei ihnen im entropie-elastischen Zustand die zwischen den Molekülsegmenten wirkenden Sekundärbindungen aufgehoben sind und bleiben müssen. Verstärkungen ohne nachhaltigen Verlust an Entropie-Elastizität werden bei ihnen mit Hilfe feindispers eingelagerter, sog. aktiver Füllstoffe erreicht. Diese Füllstoffe sind oberflächenaktiv und üben Sekundärbindungen auf die Molekülsegmente aus.

2.3.5 Sonstige Möglichkeiten

Mit der gezielten Einstellung der Molekülgröße, des Kristallisations- oder Vernetzungsgrades oder durch eine intensive *Molekülverstreckung* stehen weitere Möglichkeiten für eine Beeinflussung vor allem der mechanischen Eigenschaften zur Verfügung. Sogenannte *ultrahochmolekulare* Einstellungen weisen erhöhte Festigkeits-, Verschleiß- und Zähigkeitseigenschaften sowie verbesserte chemische Beständigkeit auf. Diese Eigenschaftsverbesserungen gehen allerdings zu Lasten der Verarbeitbarkeit. Thermoplastsorten, die aufgrund ihres regelmäßigeren Molekülbaues höhere Kristallisationsgrade einnehmen, zeichnen sich durch gesteigerte Härte und Steifigkeit aus. Die nach der Formgebung vorgenommene Vernetzung von Thermoplasten durch Bestrahlung mit schnellen Elektronen oder durch thermochemische Reaktionen eröffnet vernetzten Thermoplasten infolge höherer Steifigkeit, Verschleiß- und Warmfestigkeit unter Umständen neue Anwendungsbereiche.

Die eindrucksvolle Steigerung von Festigkeit und E-Modul infolge Verstreckung von Thermoplasten wird vornehmlich zur Herstellung hochfester Fasern oder Folien genutzt, teilweise aber auch zur Verfestigung hochbeanspruchter Stellen durch partielles Verstrecken an Formteilen. Teilkristalline Thermoplaste lassen sich -wie bereits erläutert- gegenüber amorphen um den etwa drei- bis vierfachen Wert mit entsprechenden Festigkeitssteigerungen verstrecken. Vorteilhaft für solche Verstreckprozesse ist eine nicht übermäßig komplizierte bzw. verzweigte Molekülstruktur. Weiterhin ist es wichtig, daß die orientierte Molekülanordnung durch intensive zwischenmolekulare Bindungen stabilisiert wird. Bei kristallinen Thermoplasten geschieht dies im allgemeinen über die mikrofibrillären Bereiche (vgl. Abb. C.2-4), bei amorphen im allgemeinen mit Hilfe von Dipolbindungen.

3 Korrosionsverhalten

3.1 Verhalten unter Witterungseinfluß (Alterung)

Unter Witterungsbedingungen ist ein Kunststoff einer Reihe physikalisch-chemisch wirkender Einflüsse ausgesetzt. Diese können bereits bei Temperaturen deutlich unter 100°C Reaktionen hervorrufen, die den Molekül- bzw. Netzwerkzustand verändern. Derartige Vorgänge äußern sich zunächst als Glanz- und Farbänderungen, führen im weiteren Verlauf meist aber auch zu Verschlechterungen der elektrischen und der mechanischen Eigenschaften. Sie sind in der Regel mit einem spürbaren Verlust an Schlagzähigkeit verbunden und werden aufgrund ihrer Zeitabhängigkeit allgemein als „Alterung" bezeichnet. Als die beiden **wichtigsten Alterungsfaktoren** gelten die Einwirkung **elektromagnetischer Strahlen** (Licht-, UV-, γ-Strahlen) und die **Oxidationswirkung** von O_2 bzw. O_3. Ihre Wirkung wird durch erhöhte Temperaturen beschleunigt. Außerdem sind noch H_2O, SO_2, NO_x u.a. von Einfluß.
Durch Bestrahlung und durch Oxidation können sowohl Vernetzungs- als auch Molekülabbauprozesse eintreten. Welcher Prozeß jeweils überwiegt, hängt im wesentlichen von der Konstitution des Kunststoffs, von der Art der Bestrahlung und von der Temperatur ab. Entscheidend für Alterungserscheinungen sind Abbauvorgänge, die in einer Kettenzerlegung bis zu monomeren Bestandteilen oder in statistischen Abspaltungen einzelner Kettenbruchstücke bestehen können. Ähnlich wie thermische Energie vermag die im UV-Bereich von bestimmten Bindungselektronen (C-Doppelbindungen, C=O-Bindungen) absorbierte Strahlungsenergie diese oder andere schwächere Kettenbindungen zu spalten. Die durch Strahlung eingeleiteten Kettenspaltungen erleichtern nachfolgende Oxidationsreaktionen, so daß sich ein kombinierter, als **Fotooxidation** bezeichneter Schädigungsmechanismus einstellt. Hierdurch treten Kunststoffschädigungen bereits bei Raumtemperatur in Erscheinung, die sich bei Abwesenheit des jeweils anderen Reaktionspartners erst bei deutlich höheren Temperaturen ereignen würden. Als *einleitender Oxidationsschritt* wird die Bildung sog. *Hydroperoxide* an Wasserstoff tragenden Kettensegmenten angesehen, die ihrerseits in freie Radikale zerfallen. z. B.:

$$...\text{-}CH_2\text{-}CH_2\text{-}\boldsymbol{CH_2}\text{-}CH_2\text{-}... + \boldsymbol{O_2}$$

$$\rightarrow ...\text{-}CH_2\text{-}CH_2\text{-}\underset{\displaystyle\boldsymbol{OOH}\ \text{(Hydroperoxid)}}{\underset{|}{\boldsymbol{CH}}}\text{-}CH_2\text{-}... \rightarrow ...\text{-}CH_2\text{-}CH_2\text{-}\boldsymbol{CH^\bullet}\text{-}CH_2\text{-}... + \boldsymbol{{}^\bullet OOH}.$$

Die so entstandenen Radikale reagieren unter Kettenspaltung oder Kettenvernetzung weiter.
Wasser wirkt sich beschleunigend auf den Vorgang der Fotooxidation aus. Dies wird i. allg. mit seinem Weichmachereffekt erklärt, der zu einer Begünstigung der Diffusion von O_2 im Molekülverband führt. Dagegen finden *hydrolytische Spaltungen* im Sinne der Umkehrung einer Polykondensation vorzugsweise an Heteroketten (z. B. Amid-, Ester-, Urethan-Ketten) statt, dies aber erst bei höheren Temperaturen (siehe weiter unten).

Die durch Sonnenlicht und Sauerstoff verursachten Reaktionen bringen es mit sich, daß die meisten technischen Kunststoffe im nichtstabilisierten Zustand eine nur recht mäßige Witterungsbeständigkeit besitzen. Entsprechende Anwendungen erfordern daher einen abgestimmten Zusatz von *Antioxidations-* und *Lichtschutzmitteln.* Antioxidationsmittel unterbinden die Bildung von Hydroperoxiden oder binden aus Hydroperoxiden gebildete Radikale ab. Als Lichtschutzmittel eignen sich beispielsweise Substanzen, die in den kritischen Wellenbereichen des Lichts selbst absorbieren und die absorbierte Strahlung in andere, unkritischere Energiezustände umwandeln.

3.2 Verhalten gegenüber flüssigen Medien

Als flüssige Angriffsmedien kommen neben wäßrigen Medien – auch sauren und alkalischen – vor allem organische Lösungsmittel in Betracht. Es ist zweckmäßig, die angreifenden Medien danach einzuteilen, ob ihre Bestandteile nur zwischen die Molekülketten bzw. Netzwerksegmente dringen und hier eine Lockerung von Sekundärbindungen bewirken oder ob sie nach ihrem Eindringen in den Molekülverband durch Lösung von kovalenten Primärbindungen noch chemisch und damit im eigentlichen Sinne „korrodierend“ wirksam werden.

Angriffsmedien, die mit dem Polymer Bindungswechselwirkungen nur auf der Ebene von Sekundärbindungen eingehen, verursachen zunächst einen **Weichmachereffekt**, der in einem Absinken des E-Moduls und der Glastemperatur zum Ausdruck kommt. Gleichzeitig findet eine **Quellung** des Kunststoffs statt. Für die Aufnahmefähigkeit eines Kunststoffs an Lösungsmittelmolekülen gelten ähnliche Regeln, wie sie von Hume-Rothery für die Bildung metallischer Lösungen (Mischkristalle) aufgestellt wurden. So ist auch hier die Löslichkeit abhängig von den geometrischen und den chemischen Verträglichkeiten der Lösungspartner. Je mehr sich beide Komponenten in dieser Hinsicht ähneln, desto größere Löslichkeiten weisen sie für einander auf. *Polare Kunststoffe* nehmen demnach eher *polare Lösungsmittel* auf, *unpolare Kunststoffe* eher *unpolare*. Besteht eine unbeschränkte Aufnahmefähigkeit, so kann der Kunststoff vom Angriffsmedium *gelöst* werden. Eine derartige vollständige Löslichkeit kann aber grundsätzlich nur bei unvernetzten, also thermoplastischen Kunststoffen vorkommen. Bereits in kristalline Bereiche vermögen Lösungsmittelmoleküle nur sehr erschwert und langsam einzudringen, im Fall vernetzter Strukturen nimmt eine etwaig vorhandene Quellfähigkeit erwartungsgemäß mit steigendem Vernetzungsgrad ab. Die von einem Lösungs- bzw. Quellmittel hervorgerufenen Eigenschaftsänderungen haben reversiblen Charakter, die Eigenschaften werden also mit Entfernung des Lösungsmittels wieder rückgebildet.

Irreversible Änderungen resultieren aus Primärbindungs-Wechselwirkungen zwischen den Polymermolekülen und dem eindringenden Angriffsmedium. Hierbei handelt es sich meist um **hydrolytische Kettenspaltungen.** Einem solchen, i. allg. erst bei erhöhten Temperaturen bedeutsam werdenden Angriff unterliegen vor allem Kunststoffe mit heterogenem Kettenaufbau, also durch Polykondensation oder Polyaddition beispielsweise entstandene Polyester, Polyamide oder Polyurethane.

Für eine Reihe von Kunststoffen ist eine bemerkenswerte Rißempfindlichkeit kennzeichnend, wenn sie unter statischer Zugbeanspruchung stehen und gleichzeitig ein bestimmtes Medium auf sie einwirkt. Offenbar wird durch das Angriffsmedium die Bildung von Crazes und deren Übergang in ausbreitungsfähige Risse entscheidend unterstützt. Da bei diesem Vorgang in erster Linie Sekundärbindungen gelöst werden, spricht man im Unterschied zur Spannungsrißkorrosion der metallischen Werkstoffe nur vom Spannungsrißverhalten der Kunststoffe. Damit erklärt sich auch, warum Kunststoffe mit intensiveren Sekundärbindungen oder mit teilkristalliner Struktur eine geringere, solche mit vernetzter Struktur keine **Spannungsrißempfindlichkeit** besitzen.

3.3 Thermische Zersetzung von Kunststoffen

Es ist bekannt, daß sich Makromoleküle im Vergleich zu chemisch ähnlich aufgebauten Kleinmolekülen, die ja über gleiche innermolekulare Bindungen verfügen, schon bei deutlich niedrigeren Temperaturen thermisch zersetzen. Dies liegt in erster Linie daran, daß in Makromolekülen, besonders solchen technischer Kunststoffe, eine Vielzahl von Bindungen mit geringerer Bindungsstärke existiert. Derartige Schwachstellen bestehen beispielsweise in unregelmäßigen Monomeranordnungen, Kettenverzweigungen, Endgruppen, eingebauten Initiatoren und Verunreinigungen.

Ein Typ thermischer Kettenspaltung geht dabei von den Kettenenden aus und baut die Kette *depolymerisierend* nach Art eines Reißverschlußmechanismus, wie bei einer umgekehrten Polymerisation radikalisch oder ionisch gesteuert, Monomer für Monomer ab. In anderen Fällen werden die Makromoleküle oder Netzwerksegmente an ihren schwächsten Bindungsstellen aufgebrochen und in kleinere Moleküleinheiten gespalten. Diese Abbaureaktion, der letztlich alle Polymere bei einer jeweils typischen Temperatur unterliegen, wird in einem entsprechenden Rückgang des Polymerisationsgrades deutlich.

Für die praktische Verwendung der Kunststoffe ist von wesentlicher Bedeutung, daß die Zersetzung bei gleichzeitiger Anwesenheit von O_2 schon auf deutlich niedrigerem Temperaturniveau beginnt. Außerdem entstehen beim *thermo-oxidativen* Abbau auch andere Reaktionsprodukte als bei einem rein thermischen Polymerabbau unter Vakuum bzw. in Schutzgasatmosphäre. Die Geschwindigkeit der durch O_2 beeinflußten Zersetzung hängt unter anderem von der Diffusion des Sauerstoffs ab. Die Zersetzung erweist sich daher als ein ausgeprägt zeitabhängiger Vorgang, so daß bei der Angabe höchstzulässiger Anwendungstemperaturen stets zwischen **Kurzzeit-** und **Langzeitanwendung** unterschieden werden muß.

4 Technisch wichtige Kunststoffe

4.1 Thermoplaste

Die große Typenvielfalt der thermoplastischen Kunststoffe macht -ähnlich wie bei den Stählen- eine Unterteilung nach typischen Anwendungsbereichen bzw. charakteristischen Eigenschaften sinnvoll. Es lassen sich mit den sog. *Massenkunststoffen*, den *Konstruktionskunststoffen*, den Kunststoffen mit *speziellen Eigenschaften* und den Kunststoffen für *erhöhte mechanische und thermische Beanspruchungen* vier Gruppierungen erkennen. Die Grenzen zwischen diesen Gruppen können im Einzelfall unscharf verlaufen.

Zu den billigen **Massenkunststoffen** gehören die Polyolefine, Polyethylen und Polypropylen, das Polyvinylchlorid und das Polystyrol. Allein ihr Anteil an der gesamten Thermoplasterzeugung beträgt etwa 85 %. Das Eigenschaftsspektrum dieser Massenkunststoffe reicht von den zähen Polyolefinen über das härtere, chemisch beständige Polyvinylchlorid bis zum transparenten, steifen, aber spröden Polystyrol. Die mechanischen Eigenschaften können durch Weichmachung, Verstärkung, Modifizierung, Vernetzung usw. noch beträchtlich verändert werden. Außer den mechanischen Eigenschaften spielen bei Polymerwerkstoffen Eigenschaften wie Entflammbarkeit, Brennbarkeit, statische Aufladbarkeit, Gasdurchlässigkeit u. a. m. eine zusätzliche, unter Umständen sehr bedeutende Rolle. Hinreichende mechanische Eigenschaften sind vorrangig von Kunststoffen für konstruktive Anwendungen zu fordern. Besonderer Wert wird neben hohen Zähigkeits-, Langzeit-, Warm- und Dauerfestigkeitswerten auch auf gutes Gleit- und Verschleißverhalten gelegt. In dieser Hinsicht erweisen sich teilkristalline Thermoplaste in der Regel amorphen überlegen. Es überrascht daher nicht, daß die typischen **Konstruktionskunststoffe** Polyamid, Polyoximethylen und Polybutylenterephthalat auch eine teilkristalline Struktur besitzen. Mischungen von sprödem Polystyrol mit entropieelastischem Butadienkautschuk oder von zähen Polyolefinen mit verstärkenden Glasfasern führen mit Butadien-Styrol-Polymerisat (SB) bzw. Acrylnitril-Butadien-Styrol-Polymerisat (ABS) oder glasfaserverstärktem Polypropylen (PP-GF) zu billigen Massenkunststoffen, die aufgrund ihrer veränderten mechanischen Eigenschaften in vielen Fällen teurere Konstruktionswerkstoffe ersetzen können.

Zu den **Kunststoffen mit besonderen Eigenschaften** zählen das relativ spröde, aber optisch brillante und äußerst witterungsbeständige Polymethylmethacrylat und das außerordentlich zähe Polycarbonat, die i. allg. wegen ihrer hohen Lichttransparenz zum Einsatz gelangen. Transparente Thermoplaste sind anorganischen Gläsern hinsichtlich Bruchsicherheit und einfacherer Verarbeitbarkeit überlegen. Dagegen stehen vor allem ihre geringe Kratzfestigkeit und ihr großer thermischer Ausdehnungskoeffizient (Maßhaltigkeit!) einem Einsatz für hochwertige optische Systeme entgegen. Als preiswerte Alternative steht auch Styrol-Acrylnitril-Copolymer (SAN) zur Verfügung. Unter dem Blickwinkel „Sondereigenschaften" soll auch das thermisch und chemisch höchst stabile Polytetrafluorethylen eingeordnet werden, bei dem zusätzlich ein besonderes Gleit- und Antihaftverhalten, aber auch sehr unzureichende mechanische Eigenschaften festzustellen sind.

Die höchsten auf Dauer anwendbaren Temperaturen liegen bei Massenkunststoffen i. allg. unter 100°C, bei Konstruktionskunststoffen nur wenig darüber. Die **thermisch und mechanisch höher beanspruchbaren Kunststoffe** Polyphenylenoxid, Polyphenylensulfid, Polysulfon, Polyethersulfon und Polyimid entstanden aus dem Bemühen, mechanisch belastbaren Thermoplasten auch den Temperaturbereich von 100 bis 250°C zu eröffnen. Hierbei war auf eine annehmbare thermoplastische Verarbeitbarkeit zu achten, da stabile und stark versteifende Molekülbauelemente die Erweichungstemperatur so anheben können, daß die Verarbeitung nicht mehr über den Schmelzzustand, sondern nur noch aus Polymerlösungen zu Folien oder Fasern erfolgen kann.
Um den Zugang zum chemischen Aufbau der technisch wichtigen Polymerwerkstoffe zu erleichtern, sind in Tabelle C.4-1 ohne Anspruch auf Systematik und Vollständigkeit organische Molekülgruppen aufgeführt, die im weiteren Text wiederholt genannt werden.

Tab. C.4-1 Wichtige in Polymerwerkstoffen auftretende Molekülgruppen

Molekülgruppe	**Allgemeine Form**	**Beispiele**
Methyl, Methylen (aliphatisch)	CH_3—R, CH_2 = R	Methylol(-alkohol): CH_3—OH, Methylendiamin: NH_2—CH_2—NH_2
Cyclo (alicyclisch)	—R	Methylcyclohexan: —CH_3
Phenyl, Phenylen (aromatisch)	—R, R——R	Phenol(-alkohol): —OH, Phenylendiamin: NH_2——NH_2
Vinyl, Vinyliden	CH_2 = CH—R, CH_2 = C = R_2	Vinylchlorid: CH_2 = CH—Cl, Vinylidenfluorid: CH_2 = CF_2
Dien (Butadien)	CH_2 = CH—C·R = CH_2	Methylbutadien: CH_2 = CH—C·CH_3 = CH_2
Alkohol, Dialkohol (Diol)	OH—R, OH—R—OH	Ethylol: OH—C_2H_5, Ethandiol: OH—$(CH_2)_2$—OH
Carbonsäure, Dicarbonsäure	COOH—R, COOH—R—COOH	Acrylsäure: CH_2 = CH—COOH, Methacrylsäure: CH_2 = C·CH_3—COOH, Terephthalsäure: COOH——COOH
Aldehyd	CHO—R	Formaldehyd: CHO—H
Ether	R—O—R	Dimethyether: CH_3—O—CH_3
Ester	R—COO—R	Methylmethacrylsäureester: CH_3 = C·CH_3—COO—CH_3
Epoxid	CH_2—CH—R \O/	Epichlorhydrin: CH_2—CH—CH_2—Cl \O/
Cyanid, Nitril	CN—R	Acrylnitril: CH_2 = CH—CN
Cyanat	NCO—R	Hexamethylendiisocyanat: NCO—$(CH_2)_6$—NCO
Amin	NH_2—R	Aminocarbonsäure: NH_2—$(CH_2)_x$—COOH
Amid	NH_2—CO—R	Acetamid (Essigsäure-): NH_2—CO—CH_3
Urethan	R—O—CO—NH—R	Tetramethylenglykol-Hexamethylencyanat-Urethan: OH—$(CH_2)_4$—NH—CO—O—$(CH_2)_6$—NCO
Sulfon	SO_2 = R	Dimethylsulfon: CH_3—SO_2—CH_3

4.1.1 Massenkunststoffe

4.1.1.1 Polyethylen (PE)

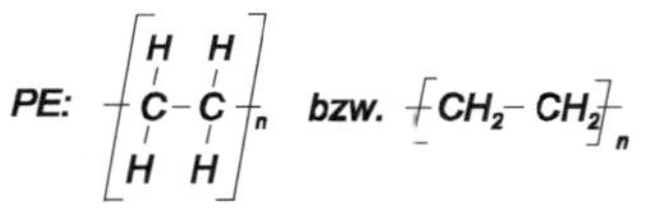

PE besitzt einen sehr einfachen und regelmäßigen Molekülaufbau. Aus diesem Grund erstarrt es *teilkristallin*. Es gehört wegen der übersichtlichen strukturellen Verhältnisse zu den am meisten untersuchten Polymerwerkstoffen. Die seitlich gebundenen, kleinen H-Atome erlauben in den gefalteten Kristallen eine planare, zickzackförmige Kettenanordnung. In dieser Anordnung betragen der Bindungswinkel $\Theta = 112°$ und der Bindungsabstand $r = 0{,}153$ nm. Die PE-Ketten bilden eine rhombische Kristallstruktur mit den Gitterkonstanten $a = 0{,}740$ nm, $b = 0{,}493$ nm und $c = 0{,}253$ nm (Abb. C.4-1). In verstrecktem PE werden auch andere Kristallstrukturen gefunden, so daß während der Verformung offenbar polymorphe Umwandlungen stattfinden können.
In PE mit unverzweigten Ketten stellen sich bei der Erstarrung hohe Kristallisationsgrade von bis zu 80 % ein. In diesem Fall liegt die Dichte mit einem Wert von 0,96 g/cm^3 relativ hoch und man bezeichnet ein derart hochkristallines Material als **PE hoher Dichte** (PE-HD). Trägt die Hauptkette alle 100 C-Atome etwa 3 kurze Seitenketten, so wird die Kristallisationsfähigkeit bereits deutlich eingeschränkt. Dann werden Kristallisationsgrade von höchstens 55 % mit Dichtewerten von etwa 0,92 g/cm^3 erreicht. Es liegt nun ein **PE niedriger Dichte** (PE-LD) vor. Unverzweigte Ketten entstehen bei einem mit Hilfe von Ziegler-Natta-Katalysatoren gesteuerten und bei niedrigen Temperaturen und Drücken ablaufenden Polymerisationsprozeß, während der klassische Hochdruck-Prozeß zu verzweigten Ketten führt.

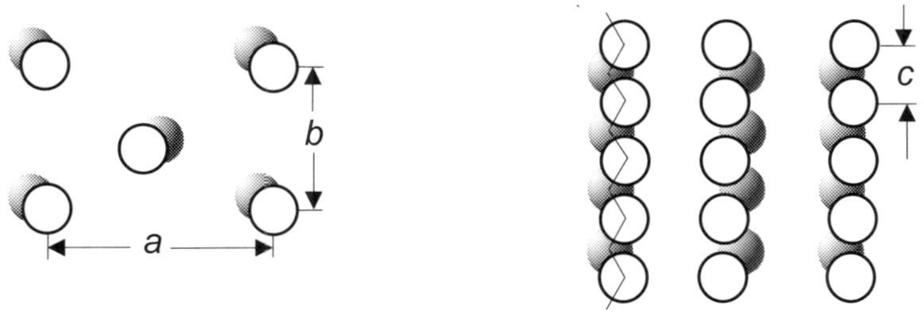

Abb. C.4-1 Elementarzelle von Polyethylen

Die unpolaren PE-Moleküle bilden nur *schwache Dispersionsbindungen* untereinander aus, dies ergibt in Verbindung mit einer hohen Kettenbeweglichkeit eine Glastemperatur von -80 °C. Die Kristallite schmelzen im PE-HD bei etwa 135°C, im PE-LD bei etwa 110 °C auf. Erwartungsgemäß verhält sich PE im Temperaturbereich zwischen Glas- und Schmelztemperatur zäh und flexibel. Die Sorten mit hoher Dichte sind dabei vergleichsweise hart und werden zu Behältern, Rohren, Platten oder Profilen verarbeitet.

PE wird i. allg. wegen seines zähen, flexiblen Verhaltens, seiner niedrigen Dichte, seiner elektrischen Eigenschaften und/oder seiner chemischen Beständigkeit gewählt. In Kontakt mit oberflächenaktiven Substanzen (z. B. Waschmittel) ist eine gewisse Spannungsrißempfindlichkeit nicht auszuschließen.
Durch gezielte Eingriffe in die molekulare Struktur lassen sich bestimmte Eigenschaften verbessern. *Ultrahochmolekulares PE* (UHMW-PE) verfügt über höhere Verschleißfestigkeit, Spannungsrißbeständigkeit, Zähigkeit und besseres Gleitverhalten und eignet sich beispielsweise für verschleißbeanspruchte Teile von Fördereinrichtungen. Für diese Eigenschaftsverbesserung muß allerdings eine Verschlechterung der Verarbeitungseigenschaften hingenommen werden. Durch *Chlorieren* von PE werden Chloratome unter Verdrängung des Wasserstoffs als Substituenten an die PE-Kette angelagert. Es entsteht ein durch die unregelmäßige Chlorsubstitution niederkristallines, gummiartiges Polyethylen-Vinylchlorid-Copolymer. Dies besitzt eine ausreichende Affinität zu Polyvinylchlorid, so daß mit ihm schlagzähe PE/ PVC-Polyblends hergestellt werden können.
Zur Erzielung einer ausreichenden Formbeständigkeit in der Wärme werden PE-Produkte gelegentlich vernetzt (VPE). Entweder werden die *Vernetzungsreaktionen* mit energiereichen Strahlen (beschleunigte Elektronen, γ-Strahlen) oder durch Peroxid-Zusätze mit anschließender Temperbehandlung herbeigeführt. Bei der chemischen Vernetzung werden die PE-Ketten durch Abspaltung von H-Atomen radikalisiert (Abb. C.4-2). Diese Methode kommt beispielsweise bei der Vernetzung von PE-Starkstromisolierungen zur Anwendung.

Abb. C.4-2 Chemische Vernetzung von Polyethylen

4.1.1.2 Polypropylen (PP)

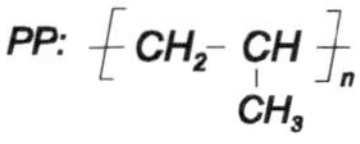

Bei isotaktischer Anordnung der CH_3-Gruppen, die sich bei der Polymerisation mit Ziegler-Natta-Katalysatoren einstellt, erstarrt PP *teilkristallin*, bei vollständig ataktischer Struktur hingegen amorph. Im Kristallgitter gelangen die Molekülketten zu einer dichten Packung, indem sie sich zu einer Helixanordnung verdrehen. Gegenüber PE zeichnet sich teilkristallines PP durch eine *noch geringere Dichte* ($< 0{,}9$ g/cm^3), aber höhere Festigkeit, Steifigkeit und höheren Schmelzpunkt (ca. 170°C) aus. Nachteilig ist im Vergleich zu PE die geringere Zähigkeit, insbesondere die als Folge einer bei -12°C liegenden Glastemperatur geringere Kaltzähigkeit. Chemikalienbeständigkeit und elektrische Eigenschaften von PP und PE unterscheiden sich nur unwesentlich. Der Kristallisationsgrad von PP ist vom Anteil der ataktisch aufgebauten Moleküle abhängig. Amorphem PP kommt keine besondere technische Bedeutung zu. Dagegen empfiehlt sich teilkristallines PP vor allem im gefüllten oder gar verstärkten Zustand als preiswerter *Konstruktionswerkstoff*. Eine verbesserte Kaltzähigkeit läßt sich durch Copolymerisation mit PE und gegebenenfalls mit fein verteiltem Elastomerzusatz erreichen. PP kommt somit nicht nur zur Herstellung von Massenprodukten (z. B. Verpackungsbehälter), sondern auch für technische Anwendungen wie Gerätegehäuse oder Ventilatoren in Betracht.

4.1.1.3 Polyvinylchlorid (PVC)

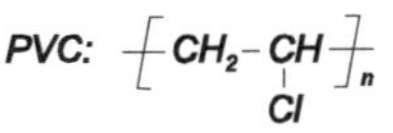

Durch die einseitige Anbindung von stark elektronegativem Chlor ist PVC *polar*. Da die Cl-Atome überwiegend ataktisch angeordnet sind und die Ketten auch zu Verzweigungen neigen, erstarrt PVC weitgehend amorph. Syndiotaktisch konfigurierte Molekülsegmente ordnen sich in planarer Zickzackform zu kristallinen Bereichen, deren geringer Anteil (ca. 10 bis 15 %) nicht zur Sphärolithenbildung ausreicht. Die großen Cl-Atome bewirken eine beträchtliche Kettenversteifung. Dies und die zwischenmolekularen Dipolbindungen führen zu einem harten und steifen Verhalten bei relativ hoher Glastemperatur (80°C). Der Umstand, daß PVC bei überkritischer Zugbeanspruchung neben Crazes in geringem Umfang auch Scherbänder ausbildet, verleiht ihm doch eine für viele Anwendungen ausreichende Zähigkeit. Typische Anwendungen von PVC sind z. B. Behälter, Rohrleitungen und Armaturen des chemischen Apparatebaues.

Der Anwendungsbereich des chemisch beständigen und mit akzeptablen mechanischen Eigenschaften ausgestatteten Werkstoffs PVC kann durch *Copolymerisation* bzw. *Modifizierung* zu höheren oder zu tieferen Temperaturen erweitert werden. Eine Steigerung der Wärmebeständigkeit (T_{dauer} = 100°C) läßt sich durch Copolymerisation mit kettenversteifenden Komponenten (unpolares Vinylidenchlorid oder polares Acrylnitril) oder bei gleichzeitiger Verbesserung der chemischen Beständigkeit mit Hilfe einer zusätzlichen Chlorierbehandlung erreichen. Die Chlorierung führt zu einer Erhöhung der Anzahl der Chlorsubstituenten:

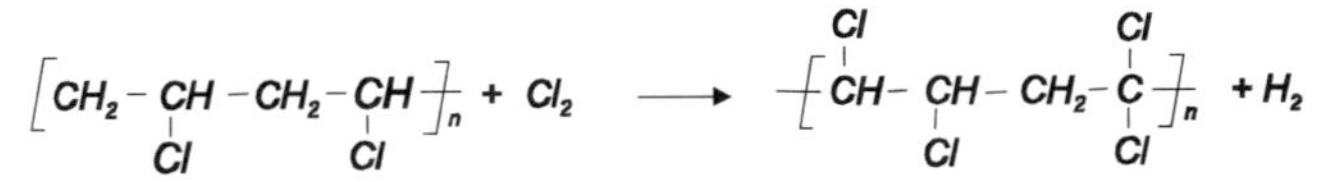

Andererseits kann die Kaltzähigkeit von PVC angehoben und der Anwendungsbereich auf unter -20°C ausgedehnt werden, indem feine Elastomer-(Nitrilkautschuk) oder flexible Thermoplastteilchen (PE) in das PVC eingemischt werden. Zur Haftvermittlung zwischen PVC-Matrix und PE-Teilchen dient – wie bereits erwähnt – chloriertes PE, während im Fall des eingemischten Elastomers die bei der thermoplastischen Verarbeitung auftretenden Pfropfreaktionen ausgenutzt werden.

Ein erheblicher Teil von PVC wird mit Hilfe polarer Lösungsmittel weichgemacht. Der Effekt einer solchen äußeren Weichmachung kann so weit gehen, daß **Weich-PVC** gummiartige Eigenschaften erhält und dann als ein einfach thermoplastisch zu verarbeitender, somit außerordentlich preiswerter Quasi-Elastomer zur Anwendung gelangt. Um die Glastemperatur unter 0°C abzusenken, sind Weichmachergehalte von über 20% erforderlich. Ein viskoses Fließen des weichgemachten Molekülverbandes verhindern Molekülverschlaufungen und vor allem die in geringer Zahl vorhandenen kristallinen Bereiche, in die die Weichmachermoleküle nicht einzudringen vermögen. Die sich aus der Aufnahme von Weichmachermolekülen ergebenden Änderungen der mechanischen Eigenschaften von Hart-PVC sind in Abb. C.4-3 wiedergegeben.

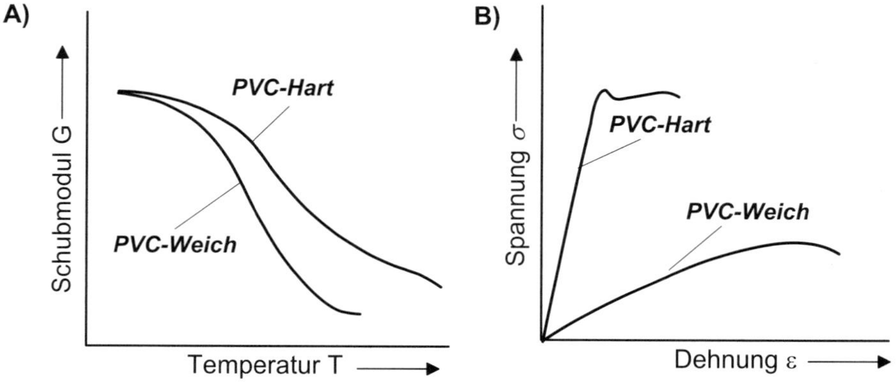

Abb.C-4-3 Änderung der mechanischen Eigenschaften von Polyvinylchlorid durch Weichmachung
A) Schubmodul-Temperatur-Verlauf B) Spannung-Dehnung-Diagramm

Trotz sorgsamer Auswahl geeigneter Weichmachersubstanzen ist nicht immer sichergestellt, daß der Weichmacher unter allen Umständen und auf Dauer im PVC gelöst bleibt. Vielmehr muß vor allem bei erhöhten Temperaturen damit gerechnet werden, daß der Weichmacher zeitabhängig auswandert und als Folge dieses Weichmacherverlustes eine Versprödung eintritt. Als Alternative kommt dann ein weichmacherfreies PVC in Betracht, bei dem die Glastemperatur durch einzelne, den Kettenabstand vergrößernde Seitenketten aus Vinylacetat gesenkt wird (vgl. Abb. C.4-20, B).
Bei Temperaturen oberhalb von 120°C stellt sich ein thermischer Molekülabbau ein, der zu unerwünschten Verfärbungen des im reinen Zustand transparenten PVC führt. Als Spaltprodukt entsteht HCl:

$$\left[CH_2 - \underset{Cl}{CH} \right]_n \longrightarrow \left[CH = CH \right]_n + n\,HCl$$

HCl wirkt nicht nur stark korrodierend, sondern beschleunigt gleichzeitig katalytisch die weitere PVC-Zersetzung. Auch bei Lichteinwirkung spielen sich ähnliche Abbauprozesse, allerdings sehr viel langsamer, ab. Bei entsprechenden Anwendungen ist also eine ausreichende Stabilisierung unumgänglich.

4.1.1.4 Polystyrol (PS)

PS:

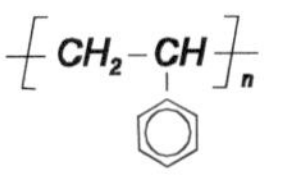

PS ist ein *unpolares*, verhältnismäßig hartes und steifes Material. Die Steifigkeit rührt vom sperrigen *Benzolring* des Styrolmoleküls her, der die Kettenbeweglichkeit beträchtlich einschränkt. Die Folge sind eine recht hohe Glastemperatur und eine erhebliche *Sprödigkeit*. PS reagiert bei überkritischer Zugbeanspruchung mit Crazebildung. Außerdem neigt es zur *Spannungsrißbildung*. Da die seitlichen Benzolringe üblicherweise ataktisch angeordnet sind, erstarren PS-Schmelzen amorph. Bei isotaktischer Anordnung ergibt sich immerhin ein Kristallisationsgrad von max. 50 %. Teilkristallines PS hat jedoch keine praktische Bedeutung, weil es sich im eingefrorenen Zustand noch spröder als amorphes PS verhält.
Die Sprödigkeit von PS hat jedoch zur Folge, daß es in reinem Zustand (Standard-PS) nur relativ wenig verwendet wird. Dann sind für seine Anwendung vor allem die problemlose Spritzgießbarkeit (einfache Verpackungsbehälter) und/oder seine guten dielektrischen Eigenschaften (HF-Isolierungen) maßgebend. Ein beachtlicher Teil von PS wird allerdings geschäumt (Styropor) und für Verpackungen sowie verschiedenartige Isolationszwecke eingesetzt.
Eine große Bedeutung haben dagegen Copolymere bzw. Polymermischungen von PS. So werden einige der unzureichenden Eigenschaften durch Einbau von 20 bis 35 % polarer Acrylnitrilgruppen in die PS-Kette verbessert. Das dabei entstehende **Styrol-Acrylnitril-Copolymerisat (SAN)** zeichnet sich infolge der intensiveren zwischenmolekularen Bindungen durch höhere Beständigkeit gegen unpolare, organische Lösungsmittel sowie gegen Spannungsrißbildung aus, außerdem durch höhere Steifigkeit und Härte, aber auch höhere Zähigkeit.

SAN:

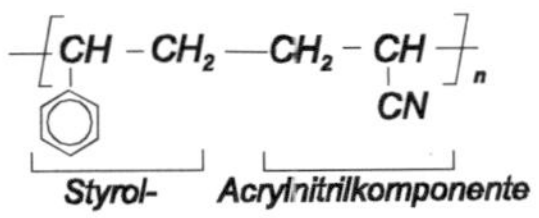

SAN kommt für die wirtschaftliche Herstellung transparenter Teile dann in Betracht, wenn von diesen ein Mindestmaß an Kratz- und Bruchfestigkeit erwartet werden muß. Sollen die vorteilhaften Grundeigenschaften von PS wie Steifigkeit und wirtschaftliche Verarbeitbarkeit auch für mechanisch beanspruchbare Kunststoffteile genutzt werden, so setzt dies eine deutliche Minderung seiner Sprödigkeit voraus. Für eine Erhöhung der Schlagzähigkeit stehen bei Polymeren die drei Möglichkeiten Weichmachung (äußere), Copolymerisation (innere Weichmachung) und Polymermischung zur Verfügung. Nur im Fall der Polymermischung bleiben bei gleichzeitigem Gewinn an Zähigkeit auch die Steifigkeit und Härte des Ausgangsmaterials weitgehend erhalten. Daher stellen schlagfeste PS-Sorten in erster Linie zweiphasige Mischungen von PS bzw. PS-Copolymeren mit Elastomeren dar. Die zähigkeitssteigernde Wirkung des Elastomeren wird bekanntlich darin gesehen, daß sich bei einer äußeren Beanspruchung um die

Kautschukeinlagerungen herum örtliche Spannungsfelder aufbauen, die eine große Zahl lokaler Fließbänder in Form von Crazes, gegebenenfalls auch Scherbändern, auslösen. Hierdurch wird die zum Bruch des Werkstoffs erforderliche Arbeit erhöht (vgl. C.2.3.3). Dieser Mechanismus wird natürlich unterhalb der Glastemperatur des Elastomeren unwirksam. Als Elastomerkomponente kommt in der Regel Polybutadien (BR) in Frage, als Matrixphase neben PS auch das vorteilhaftere SAN. Mit BR modifiziertes PS wird SB (Styrol-Butadien) genannt, ebenso modifiziertes **Styrol-Acrylnitril-Copolymerisat ABS** (Arcylnitril-Butadien-Styrol). Die sowohl für eine erhöhte Schlagzähigkeit als auch für eine günstigere Verarbeitbarkeit erforderliche partielle Löslichkeit zwischen Matrix und Einlagerungsphase wird durch Pfropfung von BR mit Styrol (SB) bzw. mit Styrol-Acrylnitril (ABS) erreicht. Aufgrund ihrer gegenseitigen Unlöslichkeit entmischen sich die styrolhaltige Matrix und die BR-haltigen Einlagerungen, während die zwischen Matrix und entsprechend gepfropften Einlagerungsmolekülen bestehende partielle Löslichkeit eine Anreicherung dieser Moleküle an der Phasengrenzfläche zur Folge hat und eine effektive Verankerung beider Phasen bewirkt.
Der Herstellung von SB und von ABS liegen i. allg. unterschiedliche Vorgehensweisen zugrunde. Bei SB wird unvernetztes Polybutadien zunächst in monomerem Styrol gelöst und diese Lösung anschließend polymerisiert. Während der Polymerisation des Styrols finden auch eine Pfropfung des Polybutadiens mit Styrol und die Polybutadien-Vernetzung statt, so daß die Phasen PS, gepfropftes und vernetztes Polybutadien in einem Reaktionsschritt gebildet werden. Dieser als „in situ"-Polymerisation bezeichnete Vorgang hat zur Folge, daß die Kautschukteilchen relativ groß werden und in ihnen auch Polystyrolsubstanz eingeschlossen wird. Das eingeschlossene PS versteift die Kautschukteilchen und mindert dadurch die zähigkeitssteigernde Wirkung der Elastomerkomponente BR (Abb. C.4-4, A).

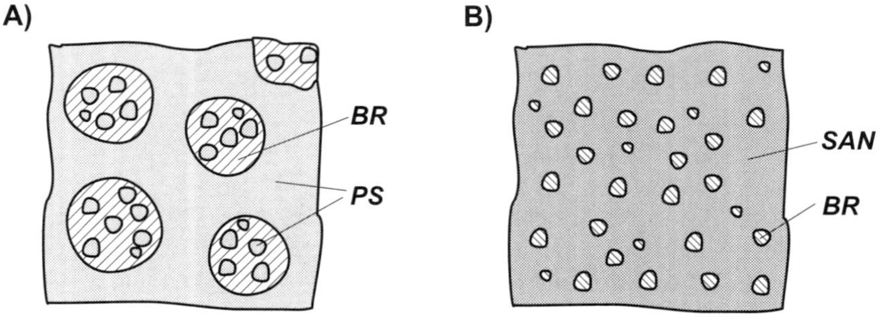

Abb. C.4-4 Gefüge schlagzäher PS-Sorten
A) SB B) ABS
PS = Polystyrol, BR = Butadienkautschuk, SAN = Styrol-Acrylnitril

Bei der Herstellung von ABS beschreitet man daher einen anderen, allerdings auch aufwendigeren Weg. Hier werden SAN-Segmente separat auf Polybutadienketten aufgepfropft und dann dieses SAN-gepfropfte Polybutadien mit SAN gemischt und verarbeitet. Auf diese Weise erhält man feinere Verteilungen zwischen SAN-Matrix und

eingelagerten Kautschukteilchen, außerdem läßt sich im Vergleich zu SB eine wesentlich größere Kautschukmenge einbringen, ohne einen übermäßigen Abfall an Steifigkeit hinnehmen zu müssen (Abb. C.4-4. B). Es entsteht so ein Kunststoff mit einem bezüglich mechanischer Eigenschaften und Verarbeitungseigenschaften sehr ausgewogenen Eigenschaftsbild. Aus diesen Gründen stellt ABS derzeit einen für technische Teile sehr oft gewählten, thermoplastischen Kunststoff dar. In dieser Position steht es allerdings in Konkurrenz mit dem zäheren und billigeren, aber auch weniger steifen und verarbeitungsmäßig weniger günstigen PP.
Der durch Kautschukmodifizierung erzielbare Gewinn an Zähigkeit hängt außer von der Menge des Kautschuks noch von seinem Verteilungs-, Vernetzungs- und Pfropfungsgrad ab, so daß eine ganze Palette styrolhaltiger Kunststoffe von „halb- bis hochschlagfesten" zur Verfügung steht. Schlagfestes PS (SB) und schlagfestes SAN (ABS) unterscheiden sich bei gleichem Steifigkeitswert vor allem in ihrer Zähigkeit. ABS verhält sich wegen der i. allg. größeren Elastomermenge, ihrer feineren Verteilung und der geringeren Sprödigkeit der SAN-Matrix deutlich zäher.
Da die Elastomer-Komponente BR ungesättigte C-Doppelbindungen enthält, weist sie eine erhöhte Licht- bzw. Alterungsempfindlichkeit auf. Wird BR durch eine beständigere, keine Doppelbindungen enthaltende Elastomerphase, z. B. Acrylesterelastomer, ersetzt, so erhält man mit ASA (Acrylester-modifiziertes Styrol-Acrylnitril-Copolymer) einen schlagfesten und erhöht witterungsbeständigen Styrolkunststoff.
Neben diesen kautschukmodifizierten PS-Typen haben Blockcopolymere, deren Ketten aus Blöcken harter Styrol- und flexibler Butadiensegmente bestehen, eine gewisse Bedeutung erlangt. Die hierbei realisierte innere Weichmachung führt je nach Butadienanteil zu einer Erhöhung der Schlagfestigkeit oder auch zu einer erheblichen Erweichung. Während die kautschuktmodifizierten PS-Sorten ihre Transparenz durch die eingelagerten Butadienteilchen i. allg. verlieren, bleibt ein schlagfestes Blockcopolymer unabhängig vom Butadiengehalt transparent.

4.1.2 Thermoplastische Konstruktions-Kunststoffe

4.1.2.1 Polyamid (PA)

$$PA: \left[(CH_2)_x - CO - NH \right]_n$$

Kennzeichnend für PA-Kunststoffe sind sich in regelmäßigen Abständen wiederholende polare Carbonamidgruppen, deren stark elektronegative Elemente O und N **Dipole der Art -$CO^{\delta-}$-$NH^{\delta+}$-** erzeugen. Diese bilden zwischen den Molekülketten starke **H-Brückenbindungen** aus. Bei den üblichen Polyamiden handelt es sich um sog. aliphatische Polyamide, d. h. die zwischen den polaren Gruppen befindlichen Kettenglieder bestehen aus CH_2-Segmenten (Abb. C.4-5), somit stellt PA ein Polyethylen mit polaren, H-Brücken bildenden Carbonamidgruppen dar.
Die Länge der CH_2-Segmente bestimmt den Abstand zwischen zwei polaren Gruppen und damit bei konstanter Kettenlänge die Zahl der H-Brückenbindungen, die von dieser Kette ausgebildet werden können. Daher wird zur Unterscheidung der verschiedenen

PA-Sorten die Zahl der C-Atome angegeben, die zwei NH-Gruppen verbinden, wobei das C-Atom der Carbonylgruppe mitgezählt wird, z. B.:

$$\textit{PA 6:}\ \left[NH-(CH_2)_5-CO \right]_n$$

Dieses PA 6 entsteht meist durch *Polymerisation* von Monomeren, die durch Öffnung einer CONH-haltigen Ringverbindung (ε-Caprolactam) gebildet werden. Es kann aber auch durch *Polykondensation* einer entsprechenden Aminocarbonsäure aufgebaut werden.

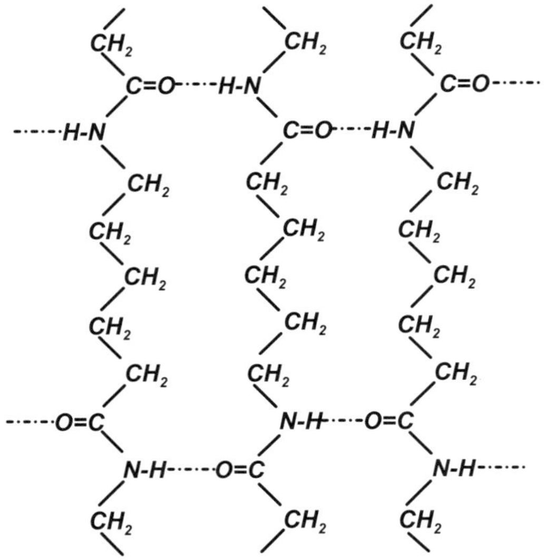

Abb. C.4-5 Wasserstoff-Brückenbindungen in PA6

Wird PA durch Polykondensation ungleicher Komponenten hergestellt, nämlich durch Reaktion von Diaminen ($H_2N-R_1-NH_2$) mit Dicarbonsäuren ($HOOC-R_2-COOH$), so werden in der Bezeichnung erst die C-Atome der Amin-Komponente und danach die C-Atome der Carboxyl-Komponente geführt, z.B.:

$$\textit{PA 66:}\ \left[NH-(CH_2)_6-NH-CO-(CH_2)_4-CO \right]_n$$

Polymerisierendes Caprolactam eignet sich auch zur Herstellung großer Formteile durch druckloses Gießen (*Guß-PA*). Neben PA 6 und PA 66 haben noch die Polyamide PA 11, PA 12 sowie PA 610 und PA 612 eine gewisse Bedeutung erlangt. PA-Moleküle sind unverzweigt und bilden bei der Abkühlung aus dem Schmelzzustand durch Kettenfaltung kristalline Bereiche, die sich zu sphärolithischen Überstrukturen anordnen. Der Anteil *kristalliner Bereiche* erreicht bei PA maximal 60 %, liegt in der Regel

aber unter 50 % und kann bei rascher Abkühlung der Schmelze ganz verschwinden. Im letzten Fall entsteht ein amorphes und transparentes PA, das durch Tempern oberhalb der Glastemperatur nachkristallisiert. Interessanterweise bleibt das PA dabei transparent, weil die sich nachträglich bildenden Kristallite in der Matrix isoliert entstehen, also keine Sphärolith-Struktur annehmen und aufgrund ihrer geringen Größe keine Streuung von Lichtwellen bewirken. Nachkristallisationen sind mit Dichteänderungen verbunden, die zu Spannungen, Verzug oder gar Rißbildungen führen können. Daher werden PA-Schmelzen, die bei der Herstellung dünnwandiger Teile in ihrer Metallform rasch abkühlen, für eine ausreichende Struktur- bzw. Dimensionsstabilität i. allg. mit Fremdkeimen geimpft.
Während der Abkühlung frieren die relativ starken H-Brückenbindungen bei sehr viel höheren Temperaturen ein als die schwachen Dispersionsbindungen der aliphatischen Zwischenglieder, so daß sich die H-Brücken sowohl in den kristallinen als auch in den amorphen Bereichen bei nicht zu schnell erfolgender Abkühlung vollständig ausbilden können.
Eine überaus wichtige Konsequenz der zwischenmolekularen H-Brückenbindungen ist die Fähigkeit von PA, an den polarisierten Stellen niedermolekulare Substanzen, die ebenfalls H-Brückenbindungen ausbilden können, wie z. B. H_2O, einlagern zu können. Die maximal aufnehmbare Wassermenge hängt entscheidend von der Dichte der H-Brückenbindungen ab, sie nimmt bei *PA 6 bzw. PA 66* nach ausreichend langer Lagerung in Wasser Werte von bis zu 10 % an, PA 12 hingegen löst maximal nur 1,5 % Wasser. Der Wassergehalt von PA 6 beträgt bei normaler Luftfeuchte etwa 2 bis 3 %. Das Wasser wird nur in den amorphen Bereichen aufgenommen, so daß die **Wasserlöslichkeit** auch vom Kristallisationsgrad beeinflußt wird.
Die Aufnahme von H_2O-Dipolen in den amorphen Molekülbereichen hat eine Änderung wichtiger Eigenschaften zur Folge. Zunächst ist hiermit eine Volumenzunahme verbunden, so daß PA-Teile je nach Klimabedingungen (Luftfeuchte) ihre Abmessungen verändern können. Die Änderungen vollziehen sich wegen der niedrigen Diffusionsgeschwindigkeit von H_2O in PA bei dicken Querschnitten über Zeiträume von Wochen bis Monaten. Sie treten bei PA 6 bzw. PA 66, die relativ viele H-Brückenbindungen enthalten, sehr viel mehr in Erscheinung als z. B. bei PA 12. Bei der *Quellung* durch Wasseraufnahme tritt eine Dichteerhöhung auf, das wasserhaltige PA nimmt nämlich ein geringeres Volumen ein als Wasser und das entsprechende wasserfreie PA zusammen. Dies überrascht, denn Wasser besitzt eine niedrigere Dichte als PA. Offenbar ermöglicht die mit dem Einbinden der Wasserdipole verknüpfte Lockerung der H-Brückenbindungen eine nachträgliche Umordnung der PA-Moleküle, die sogar zu einer gewissen Nachkristallisation führt. Einen entscheidenden Einfluß übt der Wassergehalt auf die mechanischen und elektrischen Eigenschaften von PA aus. Das Wasser ruft einen ausgeprägten *Weichmachereffekt* hervor, der sich in einer beachtlichen Senkung von Glastemperatur und E-Modul zeigt. Während die Glastemperatur von trockenem, dadurch sprödem PA 6 bei etwa 60°C liegt, findet bei wasserhaltigem, damit zähem PA 6 bereits eine partielle Erweichung weit unter 0°C statt. Mit dem sich unter Normalbedingungen einstellenden Wassergehalt von etwa 2 % erlangen PA 6 und PA 66 ausgezeichnete Zähigkeitseigenschaften. Hinsichtlich der elektrischen Eigenschaften wirkt sich der Wassergehalt im hochfrequenten Wechselfeld durch erhöhte dielektrische Verluste aus.

Mit einem Gefügezustand, der aus harten, abriebfesten Kristallbereichen in einer durch geringen Wassergehalt flexiblen, amorphen Matrix besteht, verfügt PA mit Verschleißfestigkeit, Zähigkeit, dynamischer Festigkeit bei gleichzeitig hervorragendem Gleitverhalten über mechanische Eigenschaften, die ihm im Maschinen- und Gerätebau eine Vielzahl von Anwendungen eröffnen. Hierbei ist eine gute Beständigkeit gegen Witterungseinflüsse sowie gegen Schmierstoffe, Treibstoffe und viele andere Chemikalien von zusätzlichem Wert. Der Anwendungsbereich erstreckt sich von unter 0°C bis etwa 100°C. Da PA bei höheren Temperaturen einem durch O_2 herbeigeführten oxidativen Molekülabbau unterliegt, sollte die obere Temperaturgrenze auch bei stabilisierten Sorten nicht wesentlich überschritten werden.
Von der Verstärkungsmöglichkeit mit Kurzglasfasern wird gerade bei PA oft Gebrauch gemacht, zum einen, weil unverstärktes PA keine besonders hohe statische Festigkeit besitzt, zum anderen, weil es aufgrund seiner H-Brücken eine gute Haftung zu Glasfasern aufweist. Das Einarbeiten von Glasfasern wirkt sich auf das Eigenschaftsbild insgesamt recht vorteilhaft aus. Neben einer Erhöhung von Steifigkeit, statischer Kurzzeit-, Kriech- und Dauerfestigkeit werden auch Verminderungen der Verarbeitungsschrumpfung und der Wasserlöslichkeit erreicht. Beides führt zu größerer Maßstabilität. Gelegentlich wird PA zwecks Erzielung ausreichender Zähigkeitseigenschaften auch bei niedrigen Temperaturen oder im wasserfreien Zustand durch Einmischen weicher Polymere modifiziert. Hierfür kommen Polyethylen oder Elastomere in Betracht, die ihre Verträglichkeit mit der PA-Matrix durch Pfropfung vor oder während der Verarbeitung erreichen.
Den weitaus größten Anteil (>90%) an der gesamten PA-Anwendung machen *PA 6 und PA 66* aus, von diesen wiederum wird der überwiegende Teil zu textilen Fasern, der geringere zu Spritzgußteilen verarbeitet. Bei der Faserherstellung überwiegt das etwas festere PA 66, bei der Teilefertigung das etwas niedriger schmelzende und infolgedessen besser verarbeitbare PA 6. Die PA-Sorten PA 11, PA 12 bzw. PA 610, PA 612 gelangen bevorzugt für Teile mit hoher Maßstabilität zur Anwendung. Dafür müssen aber Abstriche bei den mechanischen Eigenschaften gemacht werden.
Werden in den PA-Ketten die flexiblen CH_2-Zwischenglieder zunehmend durch *ringförmige Elemente* ersetzt, so führt dies zu einer höheren Steifigkeit der Ketten. Als Folge verminderter Kettenbeweglichkeit sinkt zwar die Kristallisationsfähigkeit, steigt aber andererseits die Temperaturstandfestigkeit. Auf diese Weise gelangt man entweder zu amorphen und damit transparenten Polyamidsorten, die neben einer akzeptablen Zähigkeit eine hohe Steifigkeit besitzen oder zu sehr festen und steifen, hochkristallinen faserförmigen Materialien. Letztere werden als Polyarylamide (aromatische Polyamide) oder als *Aramidfasern* bezeichnet, sie eignen sich wegen ihrer mit Stahl- und Glasfasern vergleichbaren Festigkeits- und Steifigkeitswerte besonders als Verstärkungskomponente in Verbundwerkstoffen. Auch werden sie wegen ihrer hohen thermischen Beständigkeit als Ersatz für Asbestfasern in Bremsbelägen erprobt. Aramidfasern haben im einfachsten Fall folgenden molekularen Aufbau:

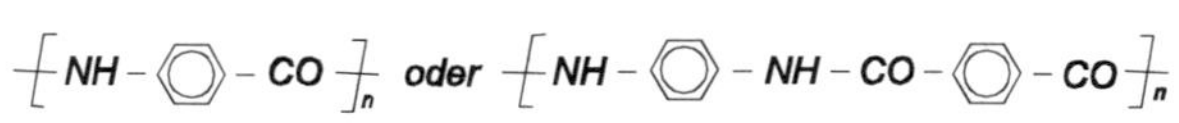

4.1.2.2 Polyoximethylen (POM)

$$\textit{POM:}\ \left[CH_2-O \right]_n$$

POM, auch als Polyacetal bezeichnet, ist ein thermoplastisches Polymer des Formaldehyds bzw. chemisch ähnlicher Verbindungen. Die regelmäßig aufgebauten, unverzweigten Ketten zeigen eine mit Polyethylen vergleichbar hohe Kristallisationsneigung. Die Moleküle drehen sich dabei in eine passende Helixanordnung und erreichen je nach Abkühlgeschwindigkeit *Kristallisationsgrade von 70 %* und mehr. Bei der Erstarrung aus dem Schmelzzustand ordnen sich die durch Kettenfaltungen entstehenden kristallinen Bereiche zu Sphärolithen. Der relativ geringe amorphe Substanzanteil zeigt bereits *bei -70° C eine Nebenerweichung* und erweicht noch unter 0°C vollständig. Diese teilkristalline Struktur besitzt daher mechanische Eigenschaften, die die von PA in verschiedenen Punkten noch übertreffen. Hierzu gehören vor allem eine ohne Wasseraufnahme bis -40° C fast konstant bleibend hohe Zähigkeit, Steifigkeit, Kriechfestigkeit, Dauerfestigkeit und eine von anderen Thermoplasten nicht erreichte Abriebfestigkeit. Dieses Eigenschaftsbild, verbunden mit hoher Maßstabilität und guten Gleiteigenschaften, machen POM zu einem **Konstruktionskunststoff** par excellence.
Ein leider sehr ausgeprägtes Problem, das der frühzeitigen Einführung von POM im Wege stand und erst verhältnismäßig spät zufriedenstellend gelöst werden konnte, liegt in der *geringen thermischen und oxidativen Stabilität* der POM-Ketten. Die Ketten werden bei höheren Temperaturen (z. B. bei thermoplastischer Verarbeitung) von ihren OH-Enden her abgebaut, so daß die Kettenendgruppen durch eine Veresterung in thermisch stabilere umgewandelt werden müssen.
Eine homopolymere POM-Kette mit durch Veresterung „versiegelten" Kettenenden hat dann folgenden Aufbau:

$$R-C(=O)-O-CH_2-O-\ldots\ \left[CH_2-O \right]_x \ldots-CH_2-O-C(=O)-R$$

Die Esterendgruppen bringen jedoch eine gewisse *Hydrolyseempfindlichkeit* mit sich und schränken die Anwendung in Heißwasser ein.
Eine andere Möglichkeit zur Erzielung einer für die Verarbeitung ausreichenden thermischen Stabilität besteht darin, die POM-Kette mit geringen Mengen eines thermisch stabileren Monomeren „A" zu copolymerisieren:

$$\ldots -CH_2-O-A-CH_2-O-\ldots-CH_2-O-A-CH_2-O-\ldots$$

An diesen Comonomer-Bausteinen A, für die sich z. B. ringförmige Verbindungen eignen, wird ein von den Kettenenden ausgehender Molekülabbau gestoppt. Während bei einem homopolymeren Material im Fall einer thermisch bedingten Kettenspaltung ein Abbau trotz Endgruppenverschlusses an dieser Kettenbruchstelle erneut beginnen kann, schreitet bei einem copolymeren Material der Abbau nur bis zum ersten Comonomer A fort. *Copolymere* POM-Sorten weisen also einen höheren Widerstand gegen thermischen wie auch hydrolytischen Kettenabbau auf als *Homopolymerisate*. Andererseits wird durch die Comonomere die regelmäßige Kettenstruktur gestört, so daß Copolymere von geringerer Kristallinität sind und demzufolge etwas niedrigere Festigkeits- und Steifigkeitswerte besitzen. Sofern keine die Kettenstabilität in Frage stellenden Beanspruchungen (Temperatur max. 80°C, in Wasser 65°C) vorliegen, ist POM wie kaum ein zweiter Kunststoff zur Herstellung schlagzäher, dauerfester oder verschleißfester, auch maßgenauer Teile geeignet. Festigkeit und Steifigkeit können durch Glasfaserzusatz weiter gesteigert werden.

4.1.2.3 Polyethylen- und -butylenterephthalat (PETB, PBTP)

$$\text{PETP } (x = 2), \text{ PBTP } (x = 4): \left[O - (CH_2)_x - O - CO - C_6H_4 - CO \right]_n$$

PETP und PBTP gehören zur Gruppe **gesättigter Polyester**, sie stellen Polyester der Terephthalsäure, die eine *kettenversteifende Benzolkomponente* in das Molekül einbringt, und der entsprechenden zweiwertigen Alkohole Ethandiol bzw. Butandiol dar. Die Moleküle bilden unverzweigte Ketten und können bei Erstarrung bis zu etwa 40% in sphärolithischer Form kristallisieren. PETP enthält in der Kette je Grundelement nur zwei, PBTP dagegen vier *flexible CH_2-Glieder*. PETP verfügt daher über eine größere Härte und Steifigkeit sowie eine höhere Glastemperatur als PBTP, sein Kristallisationsablauf ist aber so erschwert, daß bei der Herstellung von Formteilen eine amorphe Erstarrung nur bei langsamer Abkühlung und ausreichender Zugabe wirksamer Keimhilfen umgangen werden kann. Diese für eine wirtschaftliche Fertigung hinderlichen Randbedingungen bestehen beim flexibleren und rascher kristallisierenden, aber auch etwas weicheren PBTP kaum. PBTP hat aus diesem Grund als Werkstoff eine größere Bedeutung erlangt als PETP. Während *PBTP* in der Regel *teilkristallin* erstarrt, weisen Copolymerisate des PETP stets, also auch bei langsamer Abkühlung, eine amorphe Struktur auf. Mit derartigen Copolymeren ist es möglich, auch dickwandigere Teile aus einem Kunststoff mit dem Eigenschaftsbild eines PETP in transparenter Ausführung herzustellen.

PETP ist als Faserwerkstoff (Trevira, Diolen u. a.) bereits seit längerem im Gebrauch, als Werkstoff erst in jüngerer Zeit. In ihren Eigenschaften lassen sich PETP und PBTP mit PA und POM vergleichen. Hierzu gehören Härte, Steifigkeit, Dauerfestigkeit, Verschleißfestigkeit, eine bis -20°C reichende Zähigkeit sowie besonders günstiges Gleitverhalten bei hoher Oberflächenqualität. Es kommen ein vergleichsweise niedriger thermischer Ausdehnungskoeffizient und eine geringe Wasserlöslichkeit hinzu, die eine hohe Maßhaltigkeit zur Folge haben. Alle diese Merkmale führen bei Beachtung einer erhöhten Kerbempfindlichkeit bevorzugt zu Anwendungen im Maschinen- und Gerätebau, die auch für PA und POM typisch sind. Beispiele sind Zahnräder, Hebel, Rollen, Steuerelemente, Gleitlager usw. Gegenüber PA besteht bei genügender Strukturstabilität (Kristallisationsgrad) eine besondere Eignung zur Fertigung hochbeanspruchter, maßhaltiger Feinwerkelemente.

4.1.3 Thermoplastische Kunststoffe mit speziellen Eigenschaften

4.1.3.1 Polymethylmethacrylat (PMMA)

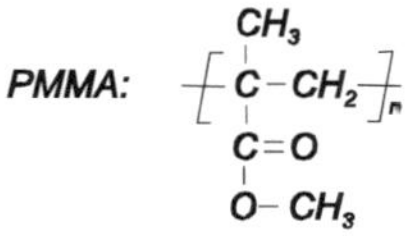

Das *amorph* aufgebaute PMMA mit einer bei 110°C liegenden Glastemperatur verfügt über eine hohe *Lichttransparenz*, die die anorganischer Gläser noch übertrifft. Weiterhin ist für PMMA, wie für alle Acrylpolymere, eine hohe *Witterungs- und Lichtbeständigkeit* charakteristisch.
Das günstige optische Verhalten verbindet sich bei PMMA infolge geringer Kettenbeweglichkeit mit hoher Steifigkeit und Härte, allerdings auch mit beträchtlicher Sprödigkeit, da bei PMMA unter Zugbeanspruchung ausschließlich Crazes und keine Scherbanddeformationen auftreten. Dieser Sprödigkeit kann in gewissen Grenzen durch *Copolymerisation* mit Acrylnitril oder durch Elastomermodifizierung begegnet werden. Für erhöhte Anforderungen an die Beständigkeit, Festigkeit und Oberflächenhärte, wie dies z. B. bei Anwendungen im Sanitärbereich der Fall ist, wird PMMA auch durch *Vernetzen* verfestigt. Die Formgebung von PMMA erfolgt durch Spritzgießen oder Extrudieren, vielfach auch durch *Gießen* und „in situ"-Polymerisation in der Form.

4.1.3.2 Polycarbonat (PC)

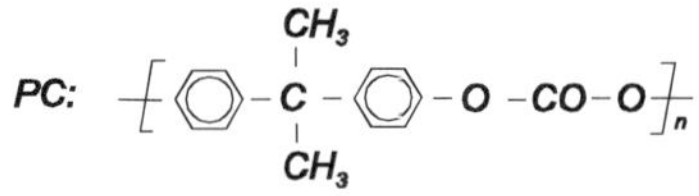

Bei PC handelt es sich formal um einen polymeren Ester der Kohlensäure und eines zweiwertigen, ringförmigen Alkohols. Die durch die beiden *Benzolringe* und CH_3-Substituenten relativ sperrig aufgebauten und versteiften Moleküle ergeben einen Thermoplast mit geringer Kristallisationsneigung und *hoher Glastemperatur* (140°C). Die hohe Viskosität der Schmelze erfordert bei der thermoplastischen Verarbeitung entsprechend hohe Massetemperaturen. Die *Lichttransparenz* des weitgehend amorph erstarrenden PC erreicht nicht ganz die hohen Werte von PMMA.
Als herausragende Eigenschaft weist PC eine bei beachtlicher Steifigkeit und Härte ungewöhnlich *hohe Zähigkeit* auf, die bei Raumtemperatur sogar eine Art Kaltschmieden erlaubt. Diese Zähigkeit zeigt PC bis zu Temperaturen von *-100°C* herab, sie ist wohl auf eine bis zu dieser Temperatur verbleibende Beweglichkeit der -O-CO-O-Molekülsegmente zurückzuführen. In der Schubmodul-Temperaturkurve von Polycarbonat zeigt sich bei etwa -100°C eine schwache *Nebenerweichung* (Abb. C.4-6), dann verharrt der Schubmodul bis zur Glastemperatur auf hohem Niveau. PC behält also sein hartes, steifes, gleichzeitig aber zähes Verhalten von einer Temperatur -100°C bis etwa 130°C fast unverändert bei. Hieraus folgt als weitere kennzeichnende Eigenschaft eine

hohe *Wärmeformbeständigkeit*. Im Zugversuch bildet PC mit Erreichen der Streckspannung neben Crazes in starkem Maß auch Scherbänder aus. Diese bewirken einen erst nach über 50 % Verformung eintretenden zähen Bruch.

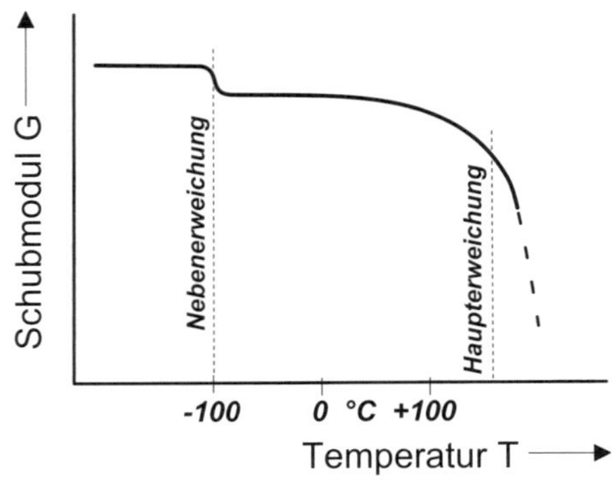

Abb. C.4-6 Schubmodul-Temperatur-Kurve von Polycarbonat

Dem ausgezeichneten Zähigkeitsverhalten stehen leider nur mäßige Werte für Verschleißwiderstand und Schwingfestigkeit gegenüber. Da PC nur wenig Wasser aufnimmt und darüber hinaus im Vergleich zu anderen thermoplastischen Kunststoffen einen niedrigen thermischen Ausdehnungskoeffizient aufweist, ist es in erster Linie zur Herstellung maßstabiler, **transparenter** Teile geeignet, die bis zu tiefen Temperaturen **bruchsicher** sind, jedoch nicht übermäßig durch Verschleiß oder schwingend beansprucht werden dürfen. Auch die Witterungsbeständigkeit von PC kann nur als zufriedenstellend bezeichnet werden, bei intensiver UV-Einstrahlung ist eine wirksame Stabilisierung erforderlich.
Typische Anwendungsbeispiele für PC sind Sicherheitsverglasungen, Lampenkörper, Schutzhelme (bruchsicher), medizinische Geräte (sterilisierbar) sowie feinwerktechnische Elemente (maßgenau).

4.1.3.3 Polytetrafluorethylen (PTFE)

$$PTFE: \left[CF_2 - CF_2 \right]_n$$

Folgende außergewöhnliche Eigenschaften sind für PTFE-Werkstoffe charakteristisch:

- *thermische Beständigkeit* bis 260°C, aber auch Gebrauchsfähigkeit bis unter -200°C;
- *extreme* chemische *Beständigkeit* und Alterungsbeständigkeit;
- äußerst *geringe Haftneigung*, sehr niedrige Reibungsbeiwerte, sehr gute *Gleiteigenschaften*;
- sehr gute elektrische *Isoliereigenschaften* bis in den GHz-Bereich.

Von diesem Verhalten wird bei der Herstellung von korrosiv, thermisch, elektrisch oder gleitreibend beanspruchten Teilen im Apparatebau, in der E-Technik und im Maschinenbau vielfältig Gebrauch gemacht. Anwendungsbeispiele sind Auskleidungen von Chemieapparaturen, Gleitlagerungen, Trockenschmiermittel, antiadhäsive Beschichtungen, Kolbenringe, Dichtungen, elektrische Isolierungen.
Den vorteilhaften Eigenschaften stehen jedoch ein sehr niedriger Kriechwiderstand bereits bei Raumtemperatur, ein geringer Verschleißwiderstand, ein hoher Ausdehnungskoeffizient, eine niedrige Wärmeleitfähigkeit sowie erschwerte Verarbeitbarkeit und hohe Herstellkosten gegenüber. Kriech- und Verschleißwiderstand können mit Glasfaser- oder CuSn-Füllungen verbessert werden.
Für die Eigenschaften von PTFE sind vor allem zwei Faktoren maßgebend. Zum einen bilden C und F eine überaus *stabile Bindung* aus, zum anderen besitzt das F-Atom gerade eine solche Größe, daß es die H-Atome einer PE-Kette noch vollständig ersetzen kann. Dabei ordnen sich die F-Atome um die kettenbildenden C-Atome helixförmig in so dichter Packung an, daß sie die C-Kette außerordentlich versteifen und nach außen hin vollkommen abdecken (Abb. C.4-7). Diese geometrische Anordnung der Bindungspartner führt im PTFE zu einem sehr ausgeglichenen innermolekularen Bindungszustand und geringen nach außen wirkenden Sekundärbindungen.

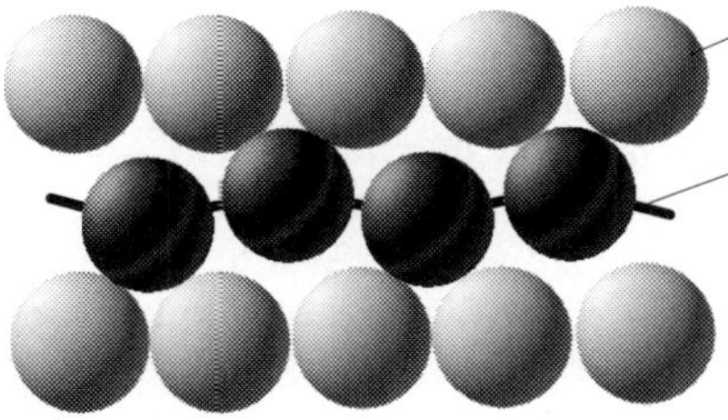

Abb. C.4-7 Abschirmung der C-Kette durch Fluor-Substituenten in PTFE (schematisch)

Die sich damit ergebenden *schwachen Bindungskräfte zwischen den Molekülen und an der Oberfläche* erklären den niedrigen Reibungskoeffizienten, die geringe Haftneigung und die ungenügenden mechanischen Eigenschaften des PTFE. Andererseits bewirkt der sehr intensive innermolekulare Bindungszustand die große chemische und thermische Stabilität. Die unverzweigten, symmetrischen -CF_2-CF_2-Ketten sind unter günstigen Bedingungen in der Lage, sich zu mehr als *90 % kristallin* anzuordnen. Die unter normalen Verarbeitungsbedingungen vorherrschenden Abkühlgeschwindigkeiten lassen derart hohe Kristallisationsgrade aber selten zu.
Die übliche thermoplastische Formgebung beispielsweise durch Spritzgießen ist bei PTFE wegen der im Vergleich zu anderen Thermoplastschmelzen mehrfach höheren Viskosität der PTFE-Schmelze nicht möglich. Die Herstellung von Formteilen und von Halbzeug erfolgt daher durch einen *Sinterprozeß*, wobei ein Teil aus *PTFE-Pulver* gepreßt oder als PTFE-Paste extrudiert und anschließend bei 380°C zu einem kompakten Werkstoffgefüge gesintert wird. Diese für Thermoplaste recht unwirtschaftliche Fertigung hat zur Entwicklung anderer fluorhaltiger Kunststoffe geführt, die für eine thermoplastische Formgebung geeignet sind und z. T. durch Copolymerisation von

Tetrafluorethylen hergestellt werden. Als Beispiele seien die Copolymerisate mit Hexafluorpropylen (FEP), mit Ethylen (ETFE) und mit Perfluor-Propylvinylether (PFA) sowie das Homopolymerisat Polyvinylidenfluorid (PVDF) genannt.

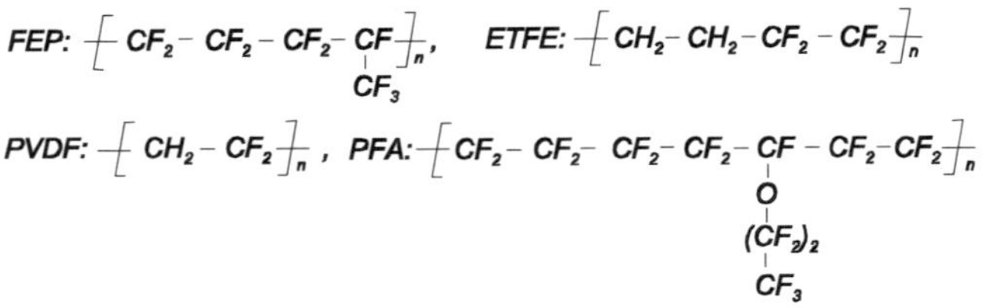

Das amorph erstarrende PFA unterscheidet sich in seinen Eigenschaften kaum von denen des PTFE, während dies für die drei anderen Sorten nur bedingt zutrifft.

4.1.4 Thermoplaste mit erhöhter Temperaturbeständigkeit

Eine Anhebung der Anwendungstemperatur von Kunststoffen setzt neben einer **Erhöhung der Erweichungstemperatur T_g und der thermischen Beständigkeitstemperatur T_z** vor allem **auch eine erhöhte Beständigkeit gegen thermisch-oxidativen Molekülabbau**, d. h. gegen einen thermisch beeinflußten Angriff von Luftsauerstoff, voraus. Während die Glastemperatur durch die Verwendung sehr steifer, wenig beweglicher Ketten angehoben werden kann, läßt sich der Widerstaud gegen thermische Zersetzung dadurch verbessern, daß weniger stabile innermolekulare Bindungen durch stabilere ersetzt werden. Der Widerstand gegen Oxidation nimmt mit geringer werdendem Wasserstoffanteil im Molekül zu.
Ringförmig-aromatische Kohlenstoffverbindungen stellen Molekülbauelemente dar, die die Forderung sowohl nach *hoher Kettensteifigkeit* als auch nach *stabilen Bindungen* recht gut erfüllen. Neben einer starken Behinderung der Kettenbeweglichkeit wird durch die Ringstrukturen der innermolekulare Bindungszustand verstärkt, weil ringförmig-aromatisch angeordnete C-Atome mit einer um etwa 50 % höheren Energie als kettenförmig angeordnete C-Atome gebunden sind. So enthalten mit Ausnahme der fluor- und siliziumhaltigen Polymere *alle* technisch bedeutsamen *temperaturbeständigen Thermoplaste* in ihren Ketten *aromatische oder heterocyclische Verbindungen*. Die Reihe solcher Thermoplaste wurde bereits mit den technischen Kunststoffen PETP und PC eröffnet, die sich bekanntlich durch erhöhte Härte und Steifigkeit bzw. Temperaturbeständigkeit auszeichnen.
Demnach wäre ein Thermoplast, dessen Ketten ausschließlich durch Verknüpfung von Benzolringen gebildet werden, der ideale Hochtemperatur-Kunststoff. Die Molekülkette eines solchen als Polyphenylen zu bezeichnenden Polymers ist aber so steif und unbeweglich, daß das Polymer weder in einem Lösungsmittel gelöst noch in einen thermoplastisch verarbeitbaren Zustand gebracht werden kann.
Dieser Mangel an Verarbeitbarkeit kann jedoch durch *Einbau flexibler*, die thermische Stabilität aber nicht beeinträchtigender *Zwischenglieder* wie -O-, -S- oder $-SO_2-$ weitgehend behoben werden. Die entsprechenden Polymere heißen dann Polyphenylenoxid

(PPO), Polyphenylensulfid (PPS) bzw. Poly(phenylen)sulfone (PSO), Polyethersulfon (PES) oder Polyaryletherketone (PAEK) mit dem dem wohl bekanntesten Vertreter Polyetheretherketon (PEEK).

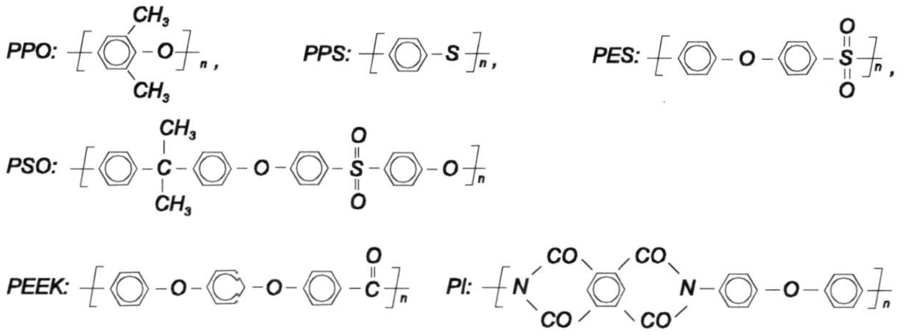

Neben diesen haben noch Polyimide (PI) und die schon erwähnten aromatischen Polyamide technische Bedeutung erlangt.
Die verschiedenen warmfesten Thermoplaste unterscheiden sich weniger in ihrem mechanischen Verhalten, sondern haben ihre speziellen Anwendungsbereiche mehr aufgrund unterschiedlicher physikalischer (z. B. Transparenz), elektrischer (z. B. dielektrische Verluste) oder chemischer (z. B. Spannungsrißempfindlichkeit, UV-, Hydrolysebeständigkeit) Eigenschaften.
Bei *PPO* handelt es sich um einen amorphen, formstabilen und steifen, aber auch zähen Thermoplast. Offenbar durch Abbau der CH_3-Substituenten besteht aber bei höheren Temperaturen eine nicht unbedeutende Licht- und Oxidationsempfindlichkeit, wodurch einer Nutzung der hohen Wärmebeständigkeit meist Grenzen gesetzt sind.
Mit *PPS* steht ein thermisch und chemisch beständiger Thermoplast hoher Härte und Steifigkeit zur Verfügung. Aufgrund seines symmetrischen, linearen Molekülaufbaus neigt PPS zu Teilkristallinität, wobei hohe Kristallisationsgrade nur bei langsamer Abkühlung der Schmelze oder durch ein Nachtempern erreicht werden. Temperbehandlungen können auch zu Kettenvernetzungen führen.
Von Polysulfonen mit der charakteristischen Diphenylsulfongruppe ($-C_6H_4-SO_2-C_6H_4-$) kann eine höhere Oxidationsbeständigkeit als von PPS erwartet werden, weil sich hier das kettenverbindende Schwefelatom bereits in einem höheren Oxidationszustand befindet. Allerdings wird die reine Polysulfonkette durch die beiden seitlichen Sauerstoffatome wieder so starr, daß eine thermoplastische Verarbeitung dieses Polymers nicht mehr möglich ist und eine technische Anwendung damit entfällt. Aber auch in diesem Fall läßt sich durch Einbau beweglicher Zwischenglieder eine akzeptable thermoplastische Verarbeitbarkeit erreichen. Der neben Sauerstoff noch eine aliphatische Dimethylgruppe enthaltende, allgemein als Polysulfon *(PSO)* bezeichnete Thermoplast ist amorph, zäh und von hoher Warmfestigkeit.
Wird beim Kettenaufbau auf die aliphatischen Methylgruppen verzichtet, so entsteht das ebenfalls amorphe und transparente sog. Polyethersulfon *PES* mit weiter angehobener Oxidationsbeständigkeit und Warmfestigkeit. Die Glastemperatur von PES liegt mit 230°C um 40°C über der von PSO, PES läßt damit Anwendungstemperaturen von 200°C auf Dauer zu.

Polyaryletherketone (PAEK) und *Polyimide (PI)* bilden gegenwärtig das Ende dieser Entwicklungsreihe technisch angewendeter Thermoplaste mit hoher Temperaturbeständigkeit. Bei PEEK, einem teilkristallinen Thermoplast hoher Temperatur- und Dauerfestigkeit, wird z. B. an die Verwendung als thermoplastische Matrix in hochwertigen Faserverbundwerkstoffen anstelle von duroplastischem Epoxidharz gedacht. Bei PI existieren je nach weiterer Verknüpfung der PI-Grundkomponente eine Reihe verschiedener PI-Sorten, z. B. bei Verknüpfung mit **-**NH-CO**-**Gliedern als Polyamidimide.
Im Unterschied zu PEEK lassen sich Polyimide zwar nicht mehr durch Spritzgießen, meist aber doch durch Pressen oder Sintern zu Formteilen verarbeiten. Es können sowohl lineare als auch vernetzte Polyimide hergestellt werden. Wegen ihrer guten Verschleiß- und Gleiteigenschaften kommen sie u. a. zur Herstellung ungeschmierter, bis z. T. über 270°C thermisch beanspruchter Maschinenelemente wie Zahnräder, Lagerungen in Betracht. Weitere Anwendungsformen sind Isolationsfolien und -lacke.
Die Entwicklung temperaturbeständiger Kunststoffe geht im wesentlichen auf Anforderungen aus dem Bereich der Luft- und Raumfahrt zurück, dort finden sie auch vor allem wegen ihrer im Vergleich zu Metallen geringen Dichte vielfältige Anwendungen. In der Zwischenzeit gelangen sie in der allgemeinen Technik auch überall dort zum Einsatz, wo höhere thermische Beanspruchungen vorliegen, z. B. in elektrisch hochbelasteten Geräten und Elementen, Heiz-, Koch- und Beleuchtungseinrichtungen, Heißwasser- und Dampfanlagen, wegen guter Sterilisierbarkeit auch für medizinische Geräte. Als besonderer Vorteil kann sich im Einzelfall die gute Transparenz einiger Sorten herausstellen.

4.2 Duroplaste

Duroplaste werden aus flüssigen oder festen Vorprodukten (Harze) durch chemische Reaktionen zu räumlichen Netzwerken hoher Vernetzungsdichte aufgebaut. Dies führt zu vergleichsweise **harten**, **warmfesten und chemisch sehr beständigen** Produkten. Die Vernetzungsreaktionen werden bei hohen Temperaturen (Warmaushärten) *thermisch aktiviert* oder bei Raumtemperatur (Kaltaushärten) mit Hilfe von Katalysatoren *chemisch aktiviert* in Gang gesetzt.
Möglichkeiten zu einer gezielten Beeinflussung der Eigenschaften von Duroplasten bestehen in einer *Variation des Vernetzungsgrades* sowie in einer geeigneten *Wahl der das Netzwerk bildenden molekularen Bausteine*. Da ein sehr hoher Aushärtungsgrad i. allg. zu einem übermäßig spröden Verhalten führt, sucht man eine Erhöhung von Festigkeit und Wärmebeständigkeit eher durch Verwendung cyclischer Molekülkomponenten zu erreichen, die eine Versteifung des Netzwerkes bewirken. Hingegen hat die Existenz überwiegend aliphatischer Segmente zwischen den Vernetzungspunkten ein flexibleres Verhalten zur Folge. Mit einer *Veränderung des Füll- bzw. Verstärkungsmittels* hinsichtlich Art, Menge, Form und Verteilung seiner Partikel bis hin zu zähigkeitssteigernden *Elastomermodifizierungen* steht ein weiteres Mittel für Eigenschaftsvariationen zur Verfügung. Technisch bedeutsam sind die mit Formaldehyd vernetzenden Phenol- und Aminoharze sowie die ungesättigten Polyesterharze und die Epoxidharze.

4.2.1 Phenol- und Aminoharze (PF, UF, MF)

Die Phenolharzsubstanz wird durch stufenweise Reaktion von Phenol- mit Formaldehydmolekülen aufgebaut. Die Hydroxylgruppe eines Phenolringes macht die zu ihr in ortho- und para-Position gebundenen H-Atome reaktionsfähig und ermöglicht dort die Anbindung von Formaldehydmolekülen, die mit dem Wasserstoff reaktionsfähige Methylolgruppen (—CH_2OH) bilden (Abb. C.4-8). Wie und in welchem Umfang Phenolringe durch diese Methylolgruppen bei der Herstellung von Phenolharz-Vorprodukten miteinander verknüpft werden, hängt in erster Linie vom Formaldehydangebot ab.

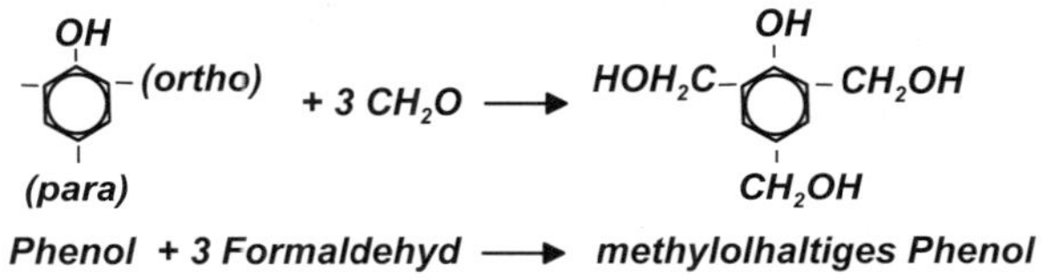

Abb. C.4-8 Bildung reaktionsfähiger Methylolgruppen an Phenol durch Reaktion mit Formaldehyd

Als Vorprodukte werden sog. Novolake auf der einen Seite und Resol (auch Zustand A), Resolit (auch Zustand B) auf der anderen Seite unterschieden, während das ausgehärtete PF-Netzwerk als Resit (auch Zustand C) bezeichnet wird. Bei Formaldehydmangel werden wenige Methylenverknüpfungen (—CH_2—) zwischen den Phenolringen gebildet (Abb. C.4-9,A), bei Formaldehydüberschuß dagegen gemäß Abb. C. 4-9, B) viele Dimethylenetherbrücken (—CH_2-O-CH_2—). Im ersten Fall entstehen, da nur wenige der reaktionsfähigen H-Atome durch Methylengruppen ersetzt werden, linear verknüpfte, damit schmelzbare und lösliche Vorprodukte (Novolake), für deren Vernetzung (Aushärtung) die Zugabe weiteren Formaldehyds erforderlich ist.

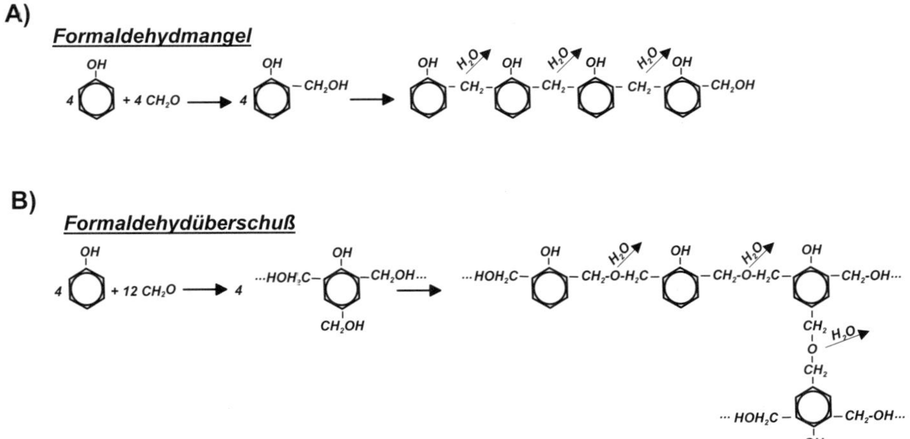

Abb. C.4-9 Vernetzung von Phenolharz
A) Methylen-Vernetzung B) Dimethylenether-Vernetzung

Steht jedoch genügend Formaldehyd zur Verfügung, so werden viele der je Phenolring anlagerungsfähigen Stellen mit Methylolgruppen belegt. Dies führt im weiteren Verlauf der Phenol-Formaldehyd-Reaktion unter Bildung von Dimethyletherbindungen zunächst zu verzweigten Anordnungen (schmelzbarer, löslicher Resolzustand A) mit fortschreitender Reaktion unter Inanspruchnahme weiterer Methylolgruppen zu einem erst wenig verknüpften (bedingt schmelzbarer Resolitzustand B) und schließlich engverknüpften Netzwerk (Zustand C).

Der über diese Zustände stattfindende Aufbau des Duroplast-Netzwerkes läßt sich kontrolliert unterbrechen und im Bedarfsfall wieder fortsetzen. Da je Verknüpfungsreaktion ein Wassermolekül abgespalten wird, versucht man das Netzwerk bei der Herstellung der Vorprodukte so weit wie möglich vorzubilden, damit bei der endgültigen Vernetzung nur noch wenig Reaktionswasser (Kondensat) anfällt.

Die Vernetzung von Resol- und Resolit-Vorprodukten wird entweder bei etwa 160°C durchgeführt oder bei Raumtemperatur durch katalytische Wirkung einer Säure. Bei der Warmaushärtung gehen die Dimethylethervernetzungen mit zunehmender Härtetemperatur in die stabileren Methylenbindungen über und spalten dabei Formaldehyd ab, wodurch eine Dunkelbraunfärbung der Masse eintritt. Die Vernetzungsreaktion von Resol- und Resolit-Vorprodukten läuft wegen ihres Gehaltes an reaktionsfähigen Methylolgruppen auch bei Raumtemperatur – wenn auch äußerst langsam – weiter, so daß diese Vorprodukte eine begrenzte Lagerfähigkeit von Wochen bis Monaten aufweisen.

Bei Produkten auf Novolake-Basis ist die Lagerfähigkeit hingegen nicht begrenzt, weil sie keine härtungsfähigen Methylolbindungen enthalten. Die Lagerfähigkeit bleibt erhalten, wenn als Härtungsmittel nicht Formaldehyd, sondern Hexamethylentetramin ($(CH_2)_6N_4$) bereits beigemischt ist. Die Verwendung von „Hexa" hat weiterhin den Vorteil, daß es durch Bildung von —CH_2-NH-CH_2—Verknüpfungen fast vollständig zur Vernetzung herangezogen wird. Bei der Aushärtung entsteht also kein Wasser, sondern allenfalls ein wenig Ammoniak NH_3.

Man gelangt zu Harzsubstanzen, die den Phenolharzen sehr ähnlich sind, wenn Formaldehyd nicht mit Phenol, sondern mit aminohaltigen Stoffen wie Harnstoff oder Melamin reagiert.

Harnstoff:

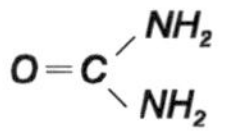

, Melamin:

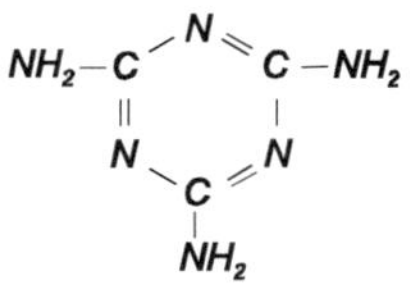

Auch hier lagert sich der Formaldehyd zunächst an die NH_2-Gruppen an und bildet reaktionsfähige Methylolgruppen. Diese verknüpfen die Harnstoff- bzw. Melaminmoleküle unter Abspaltung von Wasser je nach Formaldehydangebot mittels Dimethylether- oder Methylenbindungen. Es entstehen entsprechend den Vorgängen bei der Phenolharzbildung Harnstoff-(UF-) bzw. Melaminharz-(MF-) Vorprodukte, die nach der Verarbeitung bei Temperaturen um 150°C zu räumlichen Netzwerken ausgehärtet werden. Die teureren Aminoharze sind im Vergleich zu Phenolharzen farblos und dunkeln nicht nach, eignen sich also zur Herstellung hellfarbiger Preßteile. Sie sind aber spröder als PF-Harze und müssen daher immer mit Füllstoffen versehen werden. Das gegenüber UF- teurere MF-Harz vereinigt mit seinen Eigenschaften die Farbbeständigkeit von UF mit der Temperaturbeständigkeit von PF. Außerdem gilt MF als physiologisch unbedenklich.

4.2.2 Ungesättigte Polyesterharze (UP)

Das Netzwerk duroplastischer Polyesterharze wird durch **Vernetzung ungesättigter**, d. h. Kohlenstoffdoppelbindungen tragender **linearer Polyestermoleküle** mit einem ungesättigten Monomeren erzeugt. Beide Substanzen sind im unvernetzten Verarbeitungszustand homogen vermischt. Im allgemeinen ist das vernetzende Monomer **Styrol**, in dem die zu vernetzenden Polyestermoleküle gelöst sind.
Die durch Öffnen der C-Doppelbindungen erfolgende Vernetzungsreaktion zwischen den Polyestermolekülen und Styrol muß durch Reaktions-Initiatoren (Härter) eingeleitet werden. Hierfür werden i. allg. instabile Peroxidverbindungen verwendet, die oberhalb von 60°C mit ausreichender Geschwindigkeit zerfallen, dabei freie Radikale bilden, die ihrerseits eine Radikalisierung der C-Doppelbindungen im Styrol und im ungesättigten Polyester nach sich ziehen. An den radikalisierten Stellen kommen Vernetzungen zustande. Bei Raumtemperatur ist die Zerfallsgeschwindigkeit der Peroxide niedrig, für eine Aushärtung bei Raumtemperatur muß der Peroxidzerfall durch Beschleuniger aktiviert werden.
In Harzlösungen, die beide zur Netzwerkbildung erforderlichen Komponenten bereits enthalten, können sich Kettenbildungs- und Vernetzungsreaktionen in geringem Ausmaß auch ohne Härterzugabe einstellen. Um die Lagerfähigkeit solcher Lösungen zu verlängern, werden ihnen Inhibitoren zugesetzt, die reaktionsfähig werdende Molekülbereiche abbinden. Die Härtersubstanz wird der Harzlösung erst vor der beabsichtigten Verarbeitung zugemischt. Die durch Peroxidzerfall entstehenden Radikale werden, bevor die eigentliche Radikalbildung und als deren Folge die Netzwerkbildung einsetzen kann, zunächst zum Abbinden noch wirksamer Inhibitormoleküle verbraucht.

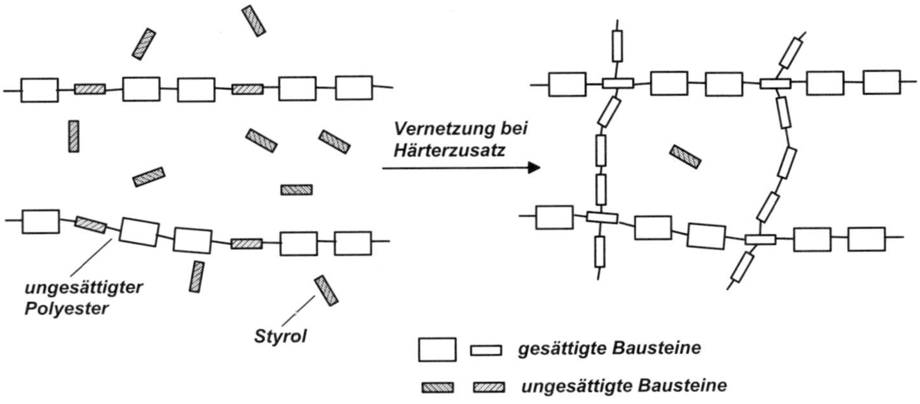

Abb. C.4-10 Vernetzung von Polyesterharz

Für den Aufbau der Polyestermoleküle kommen Dicarbonsäuren bzw. deren Anhydride und Dialkohole in Betracht. Von ihrer Wahl werden die späteren Netzwerkeigenschaften wie Härte, E-Modul, Temperaturverhalten entscheidend beeinflußt. Um aus Gründen einer zu hohen Sprödigkeit die Vernetzungsdichte zu begrenzen, wird meist eine Mischung ungesättigter und gesättigter Dicarbonsäuren mit einem gesättigten Dialkohol zu linearen oder schwach verzweigten Ketten verestert. Beispiele für derartige Komponenten stellen die ungesättigte Maleinsäure (HOOC·CH = CH·COOH), die gesättigte Phthalsäure (HOOC·(C_6H_4)·COOH) und das gesättigte Ethylenglykol (HO·$(CH_2)_2$·OH) dar. Die in die Kette eingebauten Benzolringe der Phthalsäure begünstigen die Löslichkeit des Polyesters in Styrol (Abb. C.4-10).
Bedeutung haben UP-Harze als Gießharz, als Grundmaterial für Lacke und Preßmassen und vor allem als Laminierharz für faserverstärkte Verbundwerkstoffe erlangt.

4.2.3 Epoxidharze (EP)

Als Epoxidgruppe bezeichnet man die ringförmige Verbindung zweier Kohlenwasserstoffgruppen über ein Sauerstoffatom. Die Epoxidgruppe lagert unter Bildung einer Hydroxidgruppe leicht Wasserstoff an, wodurch am CH_2-Teil eine zur Ketten- oder Netzwerkbildung freie Bindung entsteht:

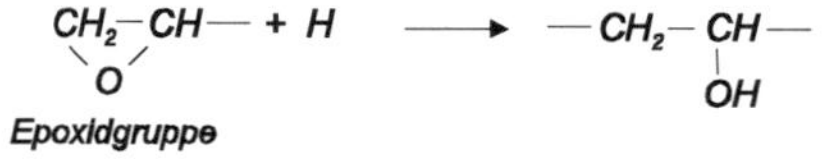

Epoxidharz-Vorprodukte sind kettenförmige Moleküle, die seitlich reaktionsfähige Hydroxid- und an ihren Enden reaktionsfähige Epoxidgruppen tragen. Zum Aufbau solcher Molekülketten werden fast ausschließlich die Substanzen Epichlorhydrin als Epoxidgruppenträger und Bisphenol A als Wasserstoffspender verwendet. In einem ersten Reaktionsschritt verbinden sich ein Epichlorhydrin- und ein Bisphenol-Molekül und bilden durch Wasserstoffumlagerung an der Epoxidgruppe eine OH-Gruppe:

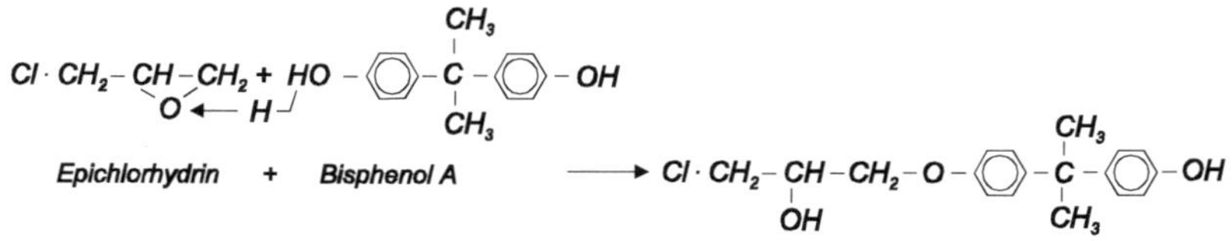

In Gegenwart von Natriumhydroxid werden aus dieser Verbindung ein Cl- und ein H-Atom abgespalten und die Epoxidgruppe wieder rückgebildet:

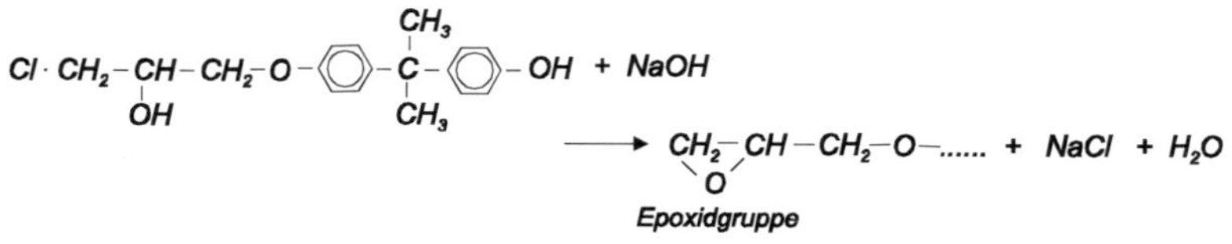

Dieses neue Reaktionsprodukt kann durch Anlagerung von Epichlorhydrin nach rechts und durch Anlagerung von Bisphenol A nach links und dann unter Abspaltung von NaCl und H_2O entsprechend weiter verlängert werden. Es entstehen zähflüssige oder feste Vorprodukte, die im flüssigen Zustand als Lack-Rohstoffe, als Gieß- und Laminierharz, im festen Zustand als Klebstoff und als Preßmassenmaterial Verwendung finden. Eine Vernetzung der Vorprodukte erfolgt in erster Linie über die an den Molekülenden vorhandenen Epoxidgruppen, daher führen kurzkettige Vorprodukte zu höherer Dichte an Vernetzungspunkten und infolgedessen zu härteren Erzeugnissen. Als Härtungsmittel kommen vor allem mehrwertige Amine oder Carbonsäuren, insbesondere deren Anhydride in Betracht. Diese Härter müssen, da sie nicht als Katalysator, sondern als Vernetzungsmittel dienen, bei der Zugabe in ihrer Menge genau dosiert werden. Für die Kaltaushärtung werden vorzugsweise mehrwertige Amine eingesetzt, für die zwischen 100 und 200°C durchzuführende Warmhärtung Anhydride mehrwertiger Carbonsäuren. Bei Preßmassen z. B. können Harz und Härtungsmittel auch bereits gemischt vorliegen, meist werden sie jedoch getrennt angeliefert und erst unmittelbar vor der Verarbeitung gemischt.
Die im Preis i. allg. höher liegenden **EP-Harze** zeichnen sich bei guten mechanischen, elektrischen und chemischen Eigenschaften gegenüber ungesättigten Polyersterharzen besonders in zwei Punkten aus:

- die bei ihrer Vernetzung auftretende **Volumenschrumpfung** ist deutlich *geringer*,
- sie weisen ein hervorragendes **Haftvermögen** auf Metall-, Keramik- und Glasoberflächen auf.

Außer den mit Bisphenol A aufgebauten aromatischen Epoxidharzen werden für besondere Anwendungen, überwiegend im Bereich der E-Technik, cycloaliphatische EP-Harze eingesetzt. Sie enthalten neben reaktiven EP-Gruppen nur noch aliphatische Ketten- und Ringelemente. Da aromatische Bindungsanteile fehlen, treten geringere Wechselwirkungen mit dem UV-Anteil des Sonnenlichts auf, außerdem entstehen bei thermischer Überbeanspruchung gasförmige Zersetzungsprodukte anstelle fester Kohlenstoffabscheidungen bei phenolhaltigen Verbindungen. Hieraus resultieren eine höhere Beständigkeit gegen Witterungseinflüsse und gegen die Bildung leitender Kriechströme. Bei geringeren Anteilen an polaren Molekülen sind auch niedrigere dielektrische Verluste zu erreichen.

4.3 Elastomere

Strukturell bestehen Elastomere aus *verknäuelten Kettenmolekülen*, die durch relativ *weit auseinander liegende Vernetzungen* miteinander verknüpft sind. Da die *Glastemperatur* der Molekülknäuel unterhalb ihrer Gebrauchstemperatur liegt, sind die verknäuelten Moleküle gegen ihre entropiebestimmte Knäuelkraft beweglich und unter Zug- bzw. Scherbeanspruchung leicht streckbar, dabei verhindern die Vernetzungen ein irreversibles Abgleiten der reversibel gestreckten Ketten. Diese Entropie- oder Gummielastizität ist das wesentliche Merkmal der Elastomere, sie läßt die Herstellung hochflexibler Werkstücke bzw. Erzeugnisse zu. Die als Vulkanisieren bezeichnete

Elastomervernetzung muß während bzw. unmittelbar nach der Formgebung stattfinden. Als Vernetzungsmittel kommen bei C-Doppelbindungen enthaltenden ungesättigten Molekülen (**Dien-Elastomere**) Schwefel, bei gesättigten Bindungen Peroxide oder Amine in Frage.
Je nach Anwendungsfall werden neben der Elementarforderung nach Gummielastizität auch Eigenschaften wie Festigkeit, Abriebfestigkeit, Alterungs-, Chemikalien- oder Wärmebeständigkeit benötigt. Hieraus ergibt sich eine Vielzahl verschiedener Elastomertypen. Deren mechanische Grundeigenschaften lassen sich mit Hilfe verstärkender Füllstoffe, Weichmacher oder durch Modifizierungen variieren. Als Verstärkungsmittel für dunkle Elastomererzeugnisse wird vor allem *Ruß* verwendet, bei hellfarbigen Elastomeren meist *feindisperses Siliziumdioxid.* Die Verstärkungswirkung beruht hierbei auf der Ausbildung von Sekundärbindungen zwischen den überaus feinen Teilchen und dem Molekülknäuel. Der Verstärkungseffekt ist bei amorphen Elastomeren ausgeprägter als bei solchen, die unter Dehnung zur Kristallisation neigen. Zusätzlich zu derart aktiven Verstärkungsmitteln kommen kostensenkende Füllstoffe mit größeren Teilchenabmessungen in Betracht. Da die Hauptgruppe der Elastomere aus chemisch ähnlichen Komponenten aufgebaut ist, besteht zwischen vielen Elastomersorten Mischbarkeit, so daß das Elastomerverhalten den Praxisanforderungen häufig durch Herstellung von *Elastomermischungen* angepaßt wird. Die Mehrzahl der eingesetzten Elastomere sind Elastomerblends.
Gemäß Abschn. C.3.1 beruhen Alterungsprozesse bei Polymeren zumeist auf Oxidationsvorgängen, die vom O_2-Gehalt der Atmosphäre in Verbindung mit Licht- und/oder Wärmeeinwirkung verursacht werden. Hierbei kommt es zu Kettenabbau oder weiterer Vernetzung. In beiden Fällen stellt sich ein Verlust an Flexibilität ein. Der Lichteinfluß ist allerdings auf die Elastomeroberfläche beschränkt und kann bei rußgefüllten Sorten vernachlässigt werden. Nicht selten kommen Elastomere bei ihrer Verwendung als Dichtungen, Membranen oder flexible Leitungen mit Schmier- oder Hydraulikölen, mit Treibstoffen oder chemisch aggressiven Medien, unter Umständen auch bei erhöhten Temperaturen, in Kontakt.
Demnach kann eine Einteilung der Elastomere in folgende Gruppierungen vorgenommen werden:

- ***Dien-Elastomere geringer bis mäßiger Alterungs- und Ölbeständigkeit*** (z. B. BR, SBR, NR),
- ***Dien-Elastomere erhöhter Alterungs- und/oder Ölbeständigkeit*** (z. B. IIR, EPDM, NBR, CR),
- ***dienfreie, thermisch, alterungs- und/oder öl- bzw. chemisch beständige*** Spezial-Elastomere (z. B. CSM, FPM, AU, SI).

4.3.1 Dien-Elastomere normaler Beständigkeit

Unter Dienen versteht man kettenförmige Kohlenwasserstoffe, deren Moleküle zwei C-Doppelbindungen enthalten,

z. B. Butadien: $CH_2 = CH\text{-}CH = CH_2$.

Eine dieser Doppelbindungen wird zur Polymerbildung (Polymerisation) benötigt,

z. B. Polybutadien: $—[CH_2\text{-}CH = CH\text{-}CH_2]_n—$,

so daß an der verbleibenden Doppelbindung eine Vernetzungsreaktion erfolgen kann. Bei der Vernetzung mit Schwefel werden zwischenmolekulare Brücken gebildet:

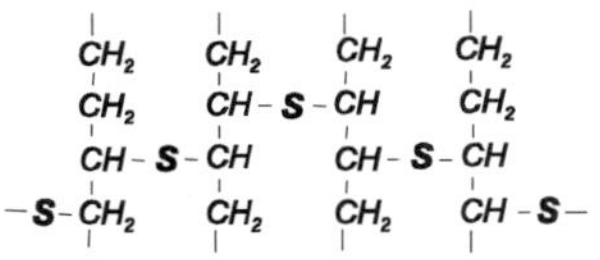

Da nur ein Teil der vorhandenen Doppelbindungen vernetzt wird, bleibt in Dien-Elastomeren je nach Vernetzungsgrad und damit Elastomerhärte eine nicht unbeträchtliche Zahl ungesättigter C-Bindungen übrig. Je mehr solcher reaktionssensiblen Bindungen vorhanden sind, desto geringere Alterungsbeständigkeit liegt vor. Durch Einbau gesättigter Comonomere in die Butadienkette wird eine Verminderung der ungesättigten Bindungen, folglich auch eine gewisse Erhöhung der Beständigkeit erreicht. Aus diesem Grund wird Butadien-Kautschuk (BR, R = rubber) vielfach als Copolymer verwendet.
Ein bedeutendes Beispiel für solche Copolymere ist Styrol-Butadien-Kautschuk (SBR) mit etwa 25 % statistisch verteiltem Styrolanteil, der auch wegen seiner Eignung für Kraftfahrzeugreifen den mengenmäßig am meisten produzierten Synthesekautschuk darstellt.

SBR:

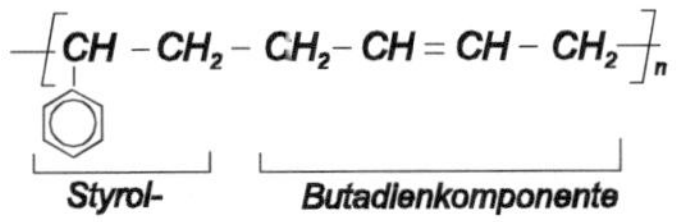

Bei Zusatz geeigneter Füllstoffe kann SBR mit einer hoher Abriebfestigkeit versehen werden.
Naturkautschuk (NR), der chemisch Polyisopren oder Polymethylbutadien darstellt, ist nach wie vor von großer Bedeutung.

NR:

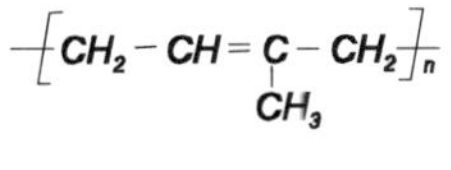

NR verfügt über *bemerkenswerte mechanische Eigenschaften*, die mit seinem außerordentlich regelmäßigen Molekülbau zusammenhängen. Bei großen Dehnungen kommt es nämlich durch dichte Parallellagerung von Molekülsegmenten zur spontanen Ausbildung kristalliner Bereiche. Da die Schmelztemperatur dieser Kristallite unter Raumtemperatur liegt, lösen sie sich bei Entlastung wieder auf. Die deformationsbedingte Kristallisation von NR bewirkt eine Versteifung und Verfestigung, so daß sich NR bei hoher und schnell erfolgender Verformung weniger erwärmt als andere Elastomere. NR eignet sich daher besonders zur Herstellung hochbeanspruchter Elastomer-Erzeugnisse. Mit Hilfe von NR-SBR-Blends lassen sich Anpassungen an den jeweiligen Einsatzfall vornehmen.

Das synthetische Polyisopren (IR) besitzt normalerweise nicht die gleiche regelmäßige Struktur wie NR und erreicht trotz höherer Reinheit und Chargenhomogenität auch nicht dessen mechanische Eigenschaften.

4.3.2 Dien-Elastomere erhöhter Beständigkeit

Zu solchen Elastomeren gelangt man durch *weitere Verringerung ungesättigter Bindungen*. Beispiele sind Isopren-Isopropylen-Copolymer (IIR, Butylkautschuk) und Ethylen-Propylen-Dien-Copolymer (EPDM), die u. a. als Dichtelemente in Waschmaschinen oder in hydraulischen Bremssystemen eingesetzt werden können. Beim IIR überwiegt die gesättigte Isobutylen-Komponente, während die flexiblere Dien-Komponente Isopren die zur Vulkanisation benötigten Doppelbindungen bereitstellt.

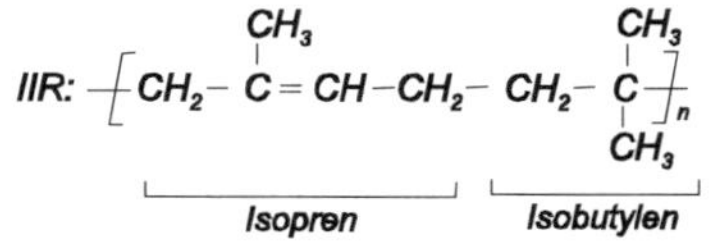

Im ataktischen Ethylen-Propylen-Copolymer wird als dritte Komponente ein geringer Dien-Anteil so einpolymerisiert, daß sich die verbleibenden, mit Schwefel vulkanisierbaren Doppelbindungen nur in Seitenketten befinden und ein oxidativer Angriff auf die Hauptketten nicht erfolgen kann. Dienfreie Ethylen-Propylen-Copolymere (EPM) benötigen jedoch Peroxide zum Vulkanisieren.
Alle bislang erwähnten Elastomere nehmen flüssige Kohlenwasserstoffe wie Treib- und Schmierstoffe in so erheblichem Umfang auf, daß sie bei längerem Kontakt mit derartigen Lösungsmitteln durch Weichmachung und Quellung unbrauchbar werden.
Ölbeständige Dien-Elastomere weisen polare Gruppen im Molekül auf. Wichtige Beispiele sind Acrylnitril-Butadien-Copolymer (NBR, Nitrilkautschuk) und Chlorbutadienkautschuk (CR, Chloropren):
Mit steigendem Acrylnitril-Gehalt nimmt zwar die Beständigkeit von NBR zu, es vermindert sich aber gleichzeitig die Flexibilität. So ist der Anteil an polaren CN-Gruppen dem jeweiligen Anwendungsfall anzupassen.

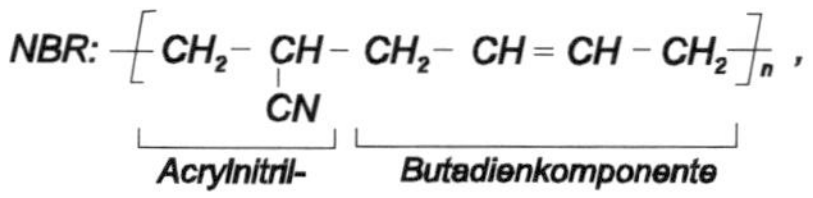

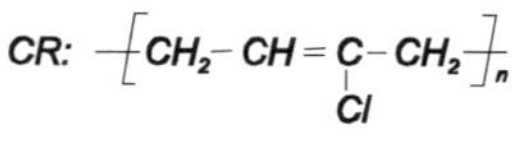

CR neigt wie NR beim Dehnen zur Kristallbildung. Der Kristallitschmelzpunkt liegt jedoch höher, so daß die damit verbundene Versprödung durch kontrollierte Weichmacherzugabe ausgeglichen werden muß. CR verbindet also Öl-, Witterungs- und relative Chemikalienbeständigkeit mit den vorteilhaften mechanischen Eigenschaften des Naturkautschuks. Als Folge ihres polaren Charakters besitzen NBR und CR gute gegenseitige Mischbarkeit und eröffnen damit die Möglichkeit, durch Modifizierung gezielte Eigenschaftseinstellungen vornehmen zu können.

4.3.3 Dienfreie Spezial-Elastomere

Dienfreie Elastomere sind relativ *temperaturbeständig* und, da sie keine ungesättigten C-Doppelbindungen enthalten, auch *alterungsbeständig*. Der *fehlenden Doppelbindungen* wegen benötigt man für ihre Vulkanisation Peroxide oder Amine. Zur Temperatur- und Alterungsbeständigkeit kommt bei halogenhaltigen Elastomeren noch ein bemerkenswerter Widerstand gegen Chemikalienangriff hinzu. Beispiele für derartige Spezial-Elastomere sind chlorsulfonisiertes Polyethylen (CSM), Vinylidenfluorid-Hexafluorpropylen-Copolymer (FPM), Polyester-Urethan- (AU) und Silicon-Kautschuk (SI).
CSM enthält zwischen 30 und 40 % Chlor und etwas über 1 % Schwefel:

$$\text{CSM:}\ \left[(CH_2)_x - \underset{\underset{Cl}{|}}{(CH)_y} - \underset{\underset{SO_2Cl}{|}}{CH} \right]_n$$

Die Vernetzungsreaktionen erfolgen über die Chlorsulfonsubstituenten. Neben guten mechanischen Eigenschaften ist die Witterungsbeständigkeit besonders hervorzuheben.
Das zu etwa 65 % aus Fluor bestehende Copolymer FPM zeichnet sich entsprechend dem thermoplastischen Homopolymer PTFE besonders durch hohe Anwendungstemperaturen und außerordentliche Korrosionsbeständigkeit aus.

$$\text{FPM:}\ \left[CF_2 - CH_2 - \underset{\underset{CF_3}{|}}{CF} - CF_2 \right]_n$$

Elastomeres Polyurethan (PUR), das überwiegend zu Schaumstoffen verarbeitet wird, kann auch zur Herstellung von Elastomeren mit ungewöhnlichem Zähigkeits-, Festigkeits- und Verschleißverhalten dienen. PUR-Elastomere entstehen durch Polyaddition von Diisocyanaten mit H-aktiven Polyestern. Ihre Eigenschaften resultieren aus einer stark segmentierten Netzwerkstruktur, in der engvernetzte und sehr steife Urethan-Blöcke (Hartsegmente) durch leicht bewegliche, nicht vernetzte Polyesterketten (Weichsegmente) verknüpft sind (Abb. C.4-11). Da die beweglichen Polyestersegmente die Entropie-Elastizität, die vernetzten Polyurethanblöcke die Härte des Elastomers

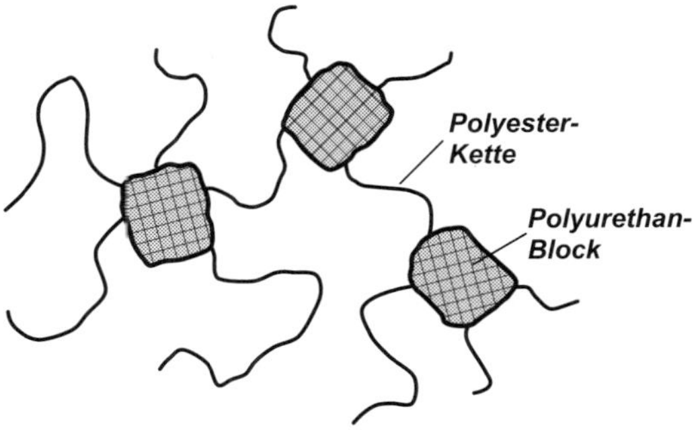

Abb. C.4-11 Segment-Struktur in PUR-Elastomeren

verursachen, lassen sich durch Wahl der Mengenverhältnisse der Reaktionskomponenten Elastomere mit recht unterschiedlichen Eigenschaften herstellen. Die aus Polyestermolekülen aufgebauten PUR-Elastomere tragen das Kurzzeichen AU, solche mit dem Ziel einer besseren Heißwasserbeständigkeit mit Polyethern hergestellten das Kurzzeichen EU.
Silicone (SI) sind mit organischen Substituenten R belegte makromolekulare Si–O (Siloxan-) Verbindungen.

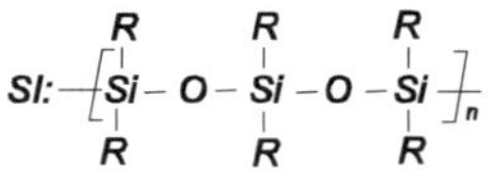

Als Substituent R kommt meist die Methylgruppe CH_3 (Dimethylpolysiloxan), teilweise auch die Phenylgruppe C_6H_5 in Betracht. Eine Vernetzung wird i. allg. mit Hilfe von Peroxiden über die organischen Seitengruppen vorgenommen (vgl. Abb. C.4-2). Als kennzeichnende Eigenschaften besitzt SI hohe thermische Beständigkeit, weitgehende Temperaturunabhängigkeit seiner Eigenschaften im Bereich von -50 bis +180 °C sowie ein Wasser und andere Substanzen abweisendes Oberflächenverhalten. Die hohe thermische Beständigkeit von SI wird auf die stabile Si-O-Bindung der Siloxangruppe zurückgeführt, das hydrophobe und antiadhäsive Verhalten auf die schwachen zwischenmolekularen Bindungen. Außerdem liegt eine beachtliche Witterungs- und Korrosionsbeständigkeit vor. Die begrenzte Beständigkeit gegenüber flüssigen Kohlenwasserstoffen und Ölen kann durch Substitution der Methyl- gegen Nitrilgruppen (CN-) oder F-Atome verbessert werden. Erfolgt eine Substitution mit Phenylgruppen, so entstehen thermisch, mechanisch und elektrisch höher belastbare SI-Sorten, deren Einfriertemperatur zusätzlich von -50 auf -100 °C gesenkt wird. Da SI sehr gute elektrische Isolationseigenschaften zeigt, liegt ein wichtiger Anwendungsschwerpunkt im Bereich der E-Technik, wo SI zur Isolation thermisch hoch belasteter Aggregate herangezogen wird. Je nach Vernetzungsgrad handelt es sich um weitmaschig vernetzte SI-Elastomer- oder engmaschig vernetzte SI-Harz-Substanzen.
Unvernetzte, ölartige SI-Substanzen dienen wegen ihrer besonderen Oberflächeneigenschaften z. B. als Trenn- oder Imprägniermittel.

D Nichtmetallisch-anorganische Werkstoffe

Unter diese Rubrik entfallen alle Werkstoffe, die weder metallisch noch organisch sind. Es handelt sich bei ihnen um **nichtmolekulare** Verbände mit **kristalliner Gitter-** oder **amorpher Netzwerkstruktur.** Diese Verbände werden hauptsächlich entweder von **reinen Nichtmetallen** wie C, Si und Ge aufgebaut oder von **Verbindungen** der Elemente B, C, Si, N, O (Boride, Carbide, Silizide, Nitride, Oxide, Silikate). Die oxidischen Systeme überwiegen bei weitem.
Der Bindungsmechanismus ist in den Elementwerkstoffen und in den *nichtoxidischen* Verbindungen bei geringer Differenz der Elektronegativität der Bindungspartner (z. B. Si_3N_4) eindeutig **kovalent**, in den *oxidischen* Verbindungen bei großer Differenz der Elektronegativität (z. B. MgO) hingegen eindeutig **ionisch**. Entsprechend weisen auch viele Verbindungen eine *Mischung* von kovalentem und ionischem Bindungstyp auf (z. B. SiO_2).
Das Element **Silizium** spielt bei den nichtmetallisch-anorganischen Werkstoffen eine ähnlich dominierende Rolle wie der Kohlenstoff bei den organischen Verbindungen, und zwar sowohl als reines Element Silizium als auch in Verbindung mit Kohlenstoff (SiC), Stickstoff (Si_3N_4) oder Sauerstoff (SiO_2). Verbindungen von SiO_2, mit anderen Oxiden stellen als **Silikate** ein Hauptkontingent der nichtmetallisch-anorganischen Werkstoffe.
Die Bedeutung der silikatischen Systeme liegt neben ihrer großen Verfügbarkeit vor allem in ihrer vergleichsweise einfachen Verarbeitbarkeit sowohl hinsichtlich des Formgebungs- als auch des Brennverhaltens. Aus diesem Grunde stellen die *silikatische Tonkeramik* und die silikatischen Gläser Werkstoffe dar, deren Gebrauch bereits vor Jahrhunderten begann. Im Gegensatz zu diesen klassischen Materialien setzten Entwicklung und Anwendung bei den meisten der nichtsilikatischen Werkstoffe erst in den letzten Jahrzehnten ein. Diese *neuzeitlichen Keramikwerkstoffe* verdanken ihre Existenz ihren besonderen mechanischen, thermischen oder elektrischen Eigenschaften. Neuartige *Glaswerkstoffe* dagegen sind bis auf wenige Ausnahmen weiterhin silikatischer Natur, weil die Neigung oder besser Fähigkeit zu amorpher Erstarrung (Glasbildung) eine ganz besondere Eigenschaft silikatisch zusammengesetzter Schmelzen darstellt.
Kennzeichnend für das mechanische Verhalten der nichtmetallisch-anorganischen Werkstoffe sind hohe *Härte, hohe Verschleiß- und Druckfestigkeit*, während Zug- und Biegefestigkeitswerte bedingt durch die große *Sprödigkeit* im allgemeinen äußerst unbefriedigend ausfallen. Ein wichtiges Anwendungsgebiet keramischer Werkstoffe liegt als Folge ihrer Verschleißfestigkeit in ihrer Nutzung als Werkzeugwerkstoffe in der Fertigungstechnik.
Ein weiteres Merkmal keramischer Werkstoffe ist ihre hohe thermische Beständigkeit, die in hohen Schmelz- bzw. Zersetzungstemperaturen zum Ausdruck kommt. Diese Eigenschaft ermöglicht in Verbindung mit hoher chemischer Beständigkeit ihre Anwendung als feuerfeste Werkstoffe, z. B. im Ofenbau, bei der Glasherstellung oder

in der Metallurgie. Lassen sich gute mechanische und thermische Eigenschaften miteinander kombinieren, so können Werkstoffe mit hoher Warm- und hinreichender Temperaturwechselfestigkeit entstehen, die für Bauteile von Wärmekraftmaschinen oder in der Energieerzeugung benötigt werden.
Eine außergewöhnliche Bedeutung besitzen keramische Werkstoffe auch für Anwendungen in der Elektrotechnik bzw. Elektronik. Sie kommen als Isolations- oder Kondensatorwerkstoffe in Betracht sowie als Werkstoffe außergewöhnlicher Piezo- und Ferroelektrizität. Ferrite mit weich- und hartmagnetischem Verhalten ergänzen und ersetzen in vielen Fällen teure metallische Magnetwerkstoffe. Schließlich ist das elementare Silizium der wichtigste Werkstoff zur Herstellung von Halbleiterbauelementen.
Abgesehen von Gläsern werden nichtmetallisch-anorganische Werkstoffe nur in Ausnahmefällen, wie bei der Herstellung großer feuerfester Bausteine oder bei der Herstellung von Einkristallen (Silizium), über den Schmelzzustand verarbeitet. Gewöhnlich geschieht die Formgebung aus einem körnigen Pulverzustand heraus mit einem sich anschließenden gefüge-kompaktierenden Brennprozeß.

1 Struktureller Aufbau

1.1 Keramik

Es gibt keine allgemeinverbindliche Definition darüber, welche der nichtmetallisch-anorganischen Werkstoffe als keramisch anzusehen sind und welche nicht. Argumenten, die für eine sehr umfassende Begriffsbestimmung sprechen und unter Keramik alle nichtmetallisch-anorganischen Werkstoffe verstehen wollen, stehen ebenfalls begründete Argumente gegenüber, die eine Dreiteilung der nichtmetallisch-anorganischen Werkstoffe in Keramik, anorganische Gläser und anorganische Bindemittel befürworten. Hier soll der zweiten Auffassung gefolgt werden, danach werden unter Keramik solche nichtmetallisch-anorganischen Werkstoffe mit kristalliner oder zumindest teilkristalliner Struktur verstanden, deren keramisches Gefüge in der Regel durch einen Sinterprozeß -nur in Ausnahmefällen durch einen Erstarrungsprozeß- entsteht. Viele keramische Substanzen tragen historisch begründete Namen, von denen einige, wie Quarz, Talk, Diamant, Glimmer oder Korund, auch dem Laien geläufig sind.

1.1.1 Reine Nichtmetalle und nichtoxidische Verbindungen

Atome, die mit Hilfe kovalenter, also gerichteter Primärbindungen ein räumliches Gitter aufbauen, benötigen hierzu -mit Ausnahme des Nichtmetalls Bor, das eine spezielle Art von „Elektronenmangelbindung“ ausbildet- mindestens vier solcher Bindungen. Diese Bedingung erfüllen dann nur die drei Nichtmetalle der vierten Hauptgruppe Kohlenstoff, Silizium und Germanium. Sie kristallisieren in der sog. **Diamantstruktur** (Abb. D. 1-1), in der jedes C-, Si- oder Ge-Atom durch vier kovalente σ-Bindungen an seine vier nächsten Nachbarn, die es tetraedrisch umgeben, gebunden ist. Das

Diamantgitter kann auch als kfz-Anordnung von C-Atomen aufgefaßt werden, in der die Hälfte der verfügbaren tetraedrischen Gitterlücken ebenfalls von C-Atomen besetzt ist. Allerdings verbietet die kovalente Bindung eine dichte Atompackung mit einer höheren Koordinationszahl als vier.

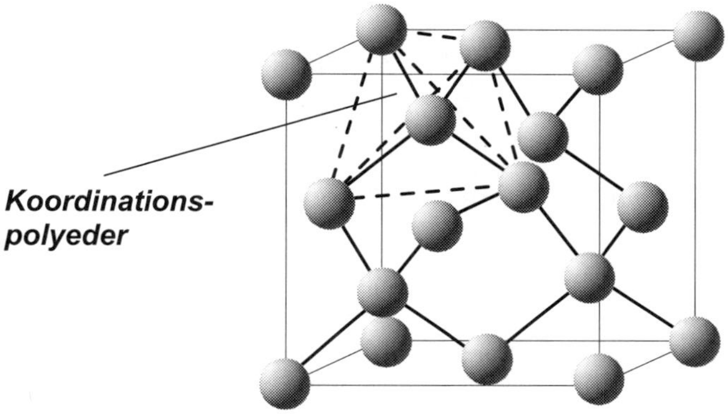

Abb. D.1-1 Kubische Elementarzelle von Diamant (nach Lit. D.3)

Ein wichtiger Unterschied zwischen Silizium und Germanium auf der einen und Kohlenstoff auf der anderen Seite besteht darin, daß Silizium und Germanium nur eine relativ schmale Energielücke zwischen dem Energieniveau ihrer Bindungselektronen und dem nächsten darüber liegenden Elektronenniveau aufweisen. Sie eignen sich daher im Gegensatz zu Diamant sehr gut für Halbleiteranwendungen sowohl im reinen als auch im dotierten Zustand. Außerdem existiert bei Kohlenstoff aufgrund seiner Fähigkeit zur Ausbildung von Doppelbindungen mit **Graphit** eine andere Kristallstruktur, die bei Normalbedingungen thermodynamisch stabiler als die Diamantstruktur ist. Im Graphitgitter bildet jedes C-Atom nur *drei σ-Bindungen* aus, so daß kein primär gebundenes Raumgitter entstehen kann, sondern nur ein *ebenes Schichtgitter* mit einer dem Benzolring ähnlichen *hexagonalen Anordnung* der C-Atome (Abb. D.1-2). Die verbleibenden vierten Bindungselektronen der C-Atome ordnen sich zu einem delokalisierten, parallel zu den Schichtebenen beweglichen *π-Elektronen-System.* Diese Elektronenbeweglichkeit bewirkt beim Graphit parallel zu den Kohlenstoffebenen eine mit Metallen vergleichbare *elektrische Leitfähigkeit.*
War im Benzolmolekül jeder Bindung eine halbe Doppelbindung zuzurechnen, so ist dies im Graphit wegen der unendlichen Ausdehnung der Schicht nur jeweils eine drittel Doppelbindung. Die Schichten sind -wie Abb. D.1-2 zu entnehmen ist- gegeneinander versetzt und weisen meist eine Stapelfolge ... ABAB ... auf. Das Achsenverhältnis c/a beträgt 2,50 und ist damit deutlich größer als bei den hexagonal-dichtgepackten Metallen. Zwischen den *Graphitschichten* wirken Sekundärbindungen, so daß jede Schicht als ein zweidimensionales, unendlich ausgedehntes Kohlenstoffmolekül aufgefaßt werden kann. Die innerhalb und zwischen den Schichten sehr unterschiedlichen Bindungszustände haben ein stark *anisotropes Verhalten* des Graphits zur Folge, das in polykristallinem Material aber nur bei Vorliegen einer *Textur* zum Ausdruck kommt.

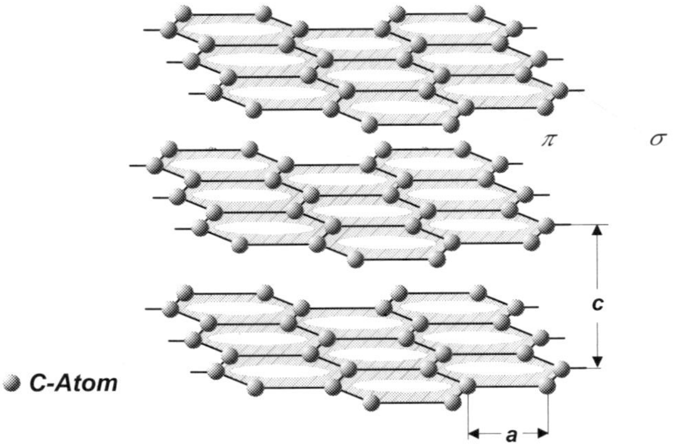

Abb. D.1-2 Hexagonales Schichtgitter von Graphit

Die schwachen Zwischenschichtbindungen lassen gegenseitige Verschiebungen und Verdrehungen von Graphitplättchen leicht zu, die bei natürlichen Kohlenstoffvorkommen und auch bei künstlich hergestelltem Graphit im allgemeinen so willkürlich erfolgen, daß eine graphitisch-kristalline Fernordnung meist nur in mikroskopisch kleinen Bereichen besteht.
Obwohl Diamant eine nur bei sehr hohen Drücken stabile Struktur des Kohlenstoffs darstellt, verläuft die Reaktion *Diamant* → *Graphit* bei Raumtemperatur und atmosphärischem Druck infolge einer geringen Differenz der freien Enthalpien beider Phasen so langsam, daß ihr Ablauf unbeachtet bleiben kann. Andererseits müssen jedoch zur synthetischen Herstellung von Diamant Reaktionsbedingungen eingestellt werden, unter denen die Diamantmodifikation stabil ist. Wie das in Abb. D.1-3 wiedergegebene Phasengleichgewichtsdiagramm von Kohlenstoff erkennen läßt, sind hierzu extrem hohe Drücke erforderlich.

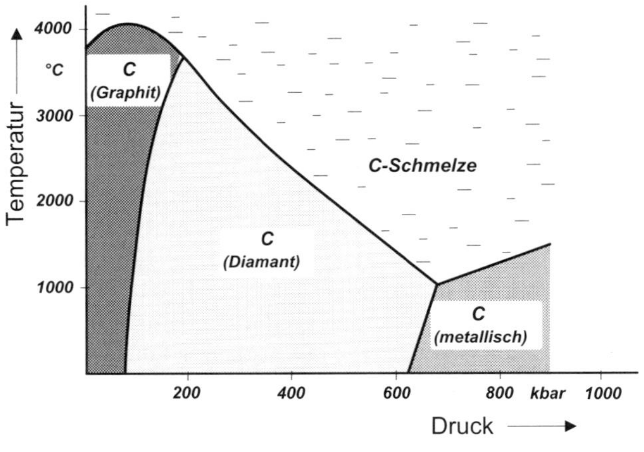

Abb. D.1-3 Zustandsdiagramm von Kohlenstoff (nach Lit. D.4)

Bei der Suche nach neuen Materialien für extrem harte und verschleißfeste Beschichtungen wurden auch Dünnschichten hoher Härte aus kristallinem und aus amorphem Kohlenstoff erzeugt. Da die Schichten nicht aus Diamant bestehen, wird in diesem Fall von **diamantähnlichem Kohlenstoff** gesprochen.
Mit den sog. **Fullerenen** wurde 1985 eine völlig neue Kohlenstoffmodifikation gefunden. Hierbei handelt es sich um käfigförmige, molekulare Hohlkugeln, die z. B. aus 60 C-Atomen bestehen (Abb. D.1-4). In der Kugeloberfläche sind die C-Atome in 5-er Ringen kovalent gebunden, zwischen den entsprechend harten und steifen C_{60}-Kugeln herrschen dagegen schwache van der Waals-Bindungen, mit deren Hilfe die kugelförmigen Moleküle zu einer dichten kfz-Anordnung kristallisieren.

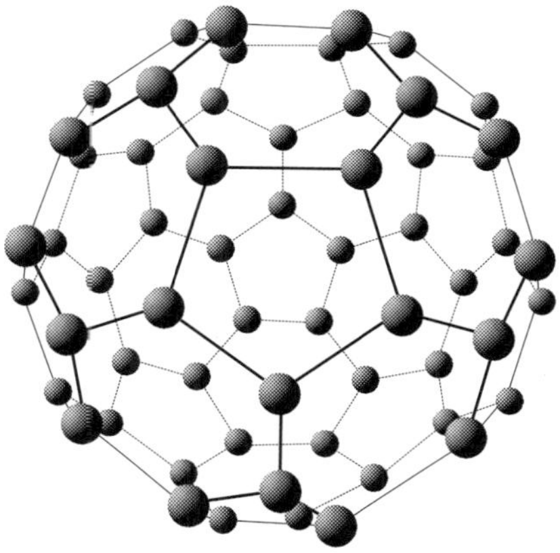

Abb. D.1-4 Kugelförmige C_{60}-Moleküle, sog. Fullerene

Die Bezeichnung „Fullerene" wurde von deren Entdeckern nach einem Architekten namens R. Buckminster Fuller gewählt, der bei seinen Arbeiten domartige, den C_{60}-Molekülen ähnliche Bauweisen bevorzugte. Von Bedeutung ist nun, daß Fullerene ganz ungewöhnliche mechanische, elektronische, optische, magnetische und auch chemische Eigenschaften besitzen und nicht nur von C_{60} abweichende Zusammensetzungen aufweisen, sondern auch untereinander polymerisieren oder mit zahlreichen anderen Stoffen Verbindungen eingehen können. Die weitere, derzeit noch am Anfang stehende Erforschung der Fullerenchemie und -physik ist sowohl aus wissenschaftlichem als auch aus anwendungstechnischem Blickwinkel von höchstem Interesse.
Wichtige **nichtoxidische Verbindungen** sind Siliciumcarbid SiC, Siliciumnitrid Si_3N_4 und Bornitrid BN. Beim **SiC** sind zwei Gittermodifikationen zu unterscheiden, die stabile *Hochtemperaturphase* α mit einer hexagonalen und die stabile *Tieftemperaturphase* β mit einer kubischen Struktur. Die Umwandlungen verlaufen so langsam, daß eine Umwandlung $\beta \rightarrow \alpha$ recht lange dauert und andererseits eine direkte Umwandlung von $\alpha \rightarrow \beta$ unterbleibt. Bei der Verwendung von α-SiC findet also bei Erwärmung und Abkühlung keine Strukturänderung statt. Allerdings existieren beim hexagonalen α-SiC eine Vielzahl von Strukturabweichungen, die durch *unterschiedliche Stapelfolgen* kennzeichnender Gitterebenen in Erscheinung treten. Liegt eine

hexagonale Symmetrie zugrunde und treten identische Ebenen jeweils nach vier Schichten auf, so wird dies eine *4H-Struktur* genannt. 4H- und 6H-Anordnungen sind zwei häufig vorkommende Strukturen von α-SiC.
Wie bei SiC existieren auch bei $\mathbf{Si_3N_4}$ eine Hochtemperatur- (β) und eine Tieftemperaturmodifikation (α), deren gegenseitige Umwandlung ebenfalls durch starke Hemmungen erschwert wird. Beide Strukturen besitzen *hexagonale* Symmetrie, unterscheiden sich jedoch in der Stapelfolge.
Zwischen **BN** und Kohlenstoff bestehen hinsichtlich des strukturellen Aufbaues und der mechanischen Eigenschaften bemerkenswerte Ähnlichkeiten. So gibt es ein *hexagonales BN* mit graphitähnlicher Schichtstruktur und entsprechend unbefriedigender Härte. Andererseits kann mit einem der Diamantsynthese ähnlichen Verfahren ein *kubisches BN* – allgemein mit CBN bezeichnet – hergestellt werden, das die nach Diamant zweithärteste bekannte Substanz darstellt (Abb. D.1-5).

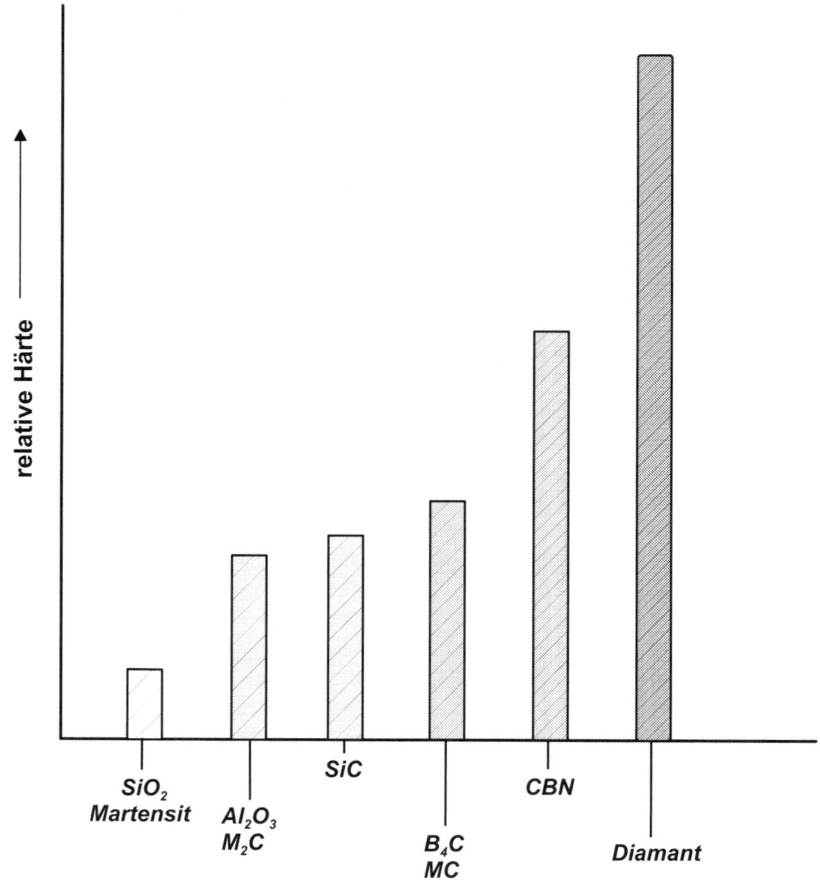

Abb. D.1-5 Relative Härteskala verschiedener Hartstoff-Phasen

1.1.2 Reine Oxide und oxidische Verbindungen

1.1.2.1 Ionische Gitterstrukturen

Ionenkristalle bestehen aus ungerichtet gebundenen Bausteinen, die sich nicht nur in ihrer Ladung (positive *Kationen*, negative *Anionen*), sondern in vielen Fällen auch in ihrer Größe deutlich unterscheiden. Die Möglichkeiten zur Bildung dichtester Packungen mit hoher Koordinationszahl werden durch diese Gegebenheiten -unterschiedliche Ladung und Größe der Ionen- eingeschränkt. Jedes Ion umgibt sich mit entgegengesetzt geladenen NN-Ionen (NN= nächste Nachbar-), um auf diese Weise einen größeren Abstand zum nächsten gleichgeladenen Ion herzustellen und sich gegen dessen Abstoßungskräfte abzuschirmen. Die Abstoßungskräfte sind bei gleicher Ladung zwischen den i. allg. kleineren Kationen größer als zwischen den größeren Anionen, weil im Fall kleinerer Kationen die gleiche Ladung in einem kleineren Volumen konzentriert ist. Zunehmende Ladung der Kationen und zunehmende Größendifferenz der Ionen lassen die Packungsdichte der Struktur abnehmen. Da beide Einflußgrößen erheblich variieren können, besteht bei ionischen Verbindungen eine *große Vielfalt möglicher Kristallstrukturen.*

Im allgemeinen werden die ionischen Verbindungen nach ihrer chemischen Zusammensetzung in **AX-, AX_2- und $A_mB_nX_z$-Verbindungen** eingeteilt. Hierbei stellen A und B Kationen dar, X dagegen Anionen wie Halogen- oder Chalkogen-Ionen. Innerhalb dieser Verbindungsklassen existieren jeweils einige unterschiedliche Gitterstrukturen, die nach ihrem typischsten Vertreter benannt werden. Zur AX-Klasse gehört u.a. das sog. **Steinsalz-Gitter** des NaCl mit einer kubischen Elementarzelle und einer 6-fachen Koordination der größeren Cl-Anionen um die kleineren Na-Kationen (Abb. D.1-6). Steinsalzstruktur weisen eine Reihe von Halogeniden wie AgBr, LiF, KJ, von Oxiden wie CaO, MgO, NiO oder Sulfiden wie MnS, CaS auf. In der AX_2-Klasse ist neben anderen das **Rutil-Gitter** des TiO_2 Prototyp für die Struktur anderer Oxide wie CrO_2 oder PbO_2. Als wichtige Beispiele für $A_mB_nX_z$-Verbindungen seien das **Perowskit-Gitter** des $CaTiO_3$ oder das **Spinell-Gitter** des $MgAl_2O_4$ genannt.

Ionengitter können auch als aus zwei Teilgittern -einem Anionen- und einem Kationen-Teilgitter- aufgebaut betrachtet werden. Hierbei streben die *Anionen* eine *dichte kubische* oder *hexagonale Packung* an, deren *Zwischengitterplätze* von den kleineren *Kationen* gefüllt werden. So stellt das in Abb. D.1-6 wiedergegebene NaCl-Gitter eine kfz-Anordnung der Cl^--Ionen mit einer vollständigen Besetzung der Oktaederlücken durch Na^+-Ionen dar.

Beide Teilgitter stellen die elektrische *Ladungsneutralität* im Gesamtgitter her, bei z. B. zweifach geladenen Anionen und vierfach geladenen Kationen ($Ti^{4+}O^{2-}{}_2$) wird dann nur die Hälfte der Zwischengitterplätze besetzt. Wird dieses Ladungsgleichgewicht durch Einbau anders geladener Ionen, z. B. $Ca^{2+}O^{2-}$ in $Zr^{4+}O^{2-}{}_2$, oder durch Wertigkeitswechsel von Kationen, z. B. $Fe^{3+} \rightarrow Fe^{2+}$, gestört, so werden die fehlenden positiven Ladungen durch Anionen-Leerstellen ausgeglichen.

Besonders komplexe Strukturen bilden sich bei den **Silikaten** aus. Sie werden im wesentlichen von **SiO_4-Tetraedern** aufgebaut. Ein SiO_4-Tetraeder stellt hier nicht wie ein normales Koordinationspolyeder ein fiktives, geometrisches Gebilde dar, das eine einfache Kennzeichnung der Nahordnungsverhältnisse erlaubt, sondern es entsteht infolge besonders enger Bindungen innerhalb des SiO_4-Tetraeders ein *echter Strukturbaustein*. Die SiO_4-Tetraeder bauen als Anionenkomplex ein eigenes Anionengitter auf, in das Kationen unterschiedlicher Art eingelagert werden können.

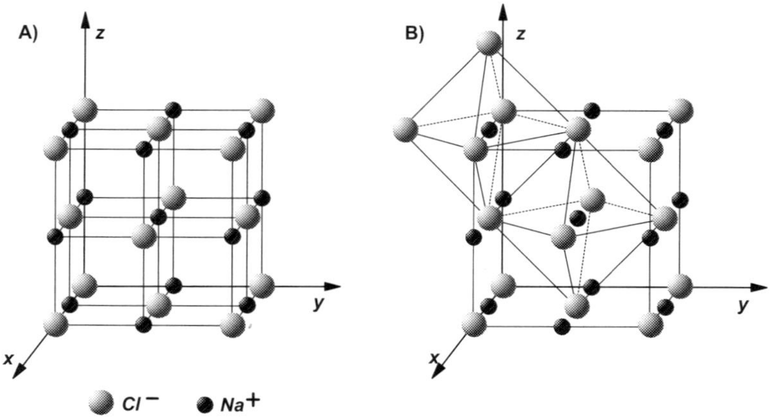

Abb. D.1-6 Struktur von NaCl (Steinsalz)
A) Elementarzelle B) Anordnung der Koordinationspolyeder

1.1.2.2 Siliziumdioxid SiO_2

Silizium, nach Sauerstoff das zweithäufigste Element der Erdrinde, ist reaktionsfähiger als Kohlenstoff und kommt daher in elementarer Form in der Natur nicht vor, sondern nur gebunden, meist an Sauerstoff als Siliziumdioxid oder mit anderen Oxiden als Silikat. Die Bindung zwischen Silizium und Sauerstoff ist zum überwiegenden

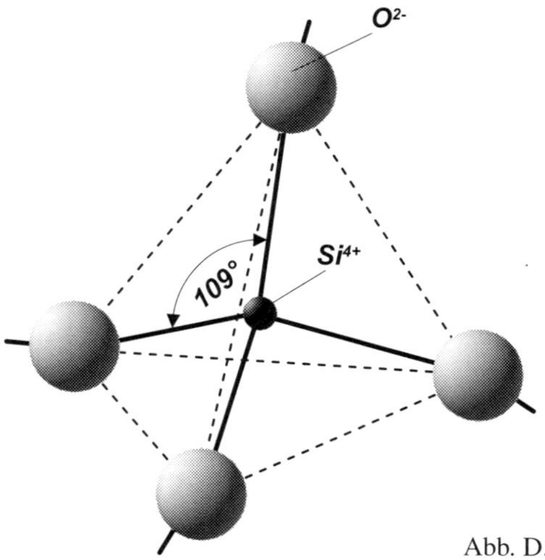

Abb. D.1-7 SiO_4-Tetraeder (nach Lit. A.5)

Teil kovalent, trägt aber auch so starken ionischen Charakter, daß die Bindungspartner allgemein als Si^{4+}- bzw. O^{2-}-Ionen angesprochen werden. Unabhängig davon, ob die Betrachtung von einer kovalenten oder einer ionischen Bindungsform ausgeht, lassen die Valenzverhältnisse wie auch das Verhältnis der Ionenradien die schon erwähnte tetraedrische Koordination des Siliziumatoms bzw. -ions von vier Sauerstoffatomen bzw. -ionen bereits erwarten. Tatsächlich ist ein solches SiO_4-Tetraeder (Abb. D.1-7) als nahgeordneter Grundbaustein in allen *kristallinen und amorphen Erscheinungsformen* des SiO_2 wiederzufinden.

Die vier O^{2-}-Ionen eines solchen Tetraeders repräsentieren insgesamt 8 negative Ladungen, von denen das im Tetraeder-Schwerpunkt angeordnete Si^{4+}-Ion nur vier auszugleichen vermag. Die restlichen vier Ladungen werden von den Si-Ionen der jeweiligen Nachbartetraeder ausgeglichen, so daß jedes O^{2-}-Ion nur zur Hälfte einem SiO_4-Tetraeder angehört. Hieraus ergibt sich für einen räumlichen Verband von SiO_4-Tetraedern eine stöchiometrische Zusammensetzung von SiO_2. Die Verknüpfung von SiO_4-Tetraedern erfolgt nur über die Tetraeder-Ecken, um so einen größtmöglichen Abstand der hochgeladenen Si^{4+}-Ionen zu erreichen.

Die bereits beim Kohlenstoff angetroffene *Polymorphie* ist eine bei keramischen Substanzen sehr häufig vorkommende Erscheinung. Das SiO_2 bildet allein bei Normaldruck drei verschiedene Grundstrukturen aus, die für sich bei tieferen Temperaturen noch durch Gitterverzerrung abgewandelte Modifikationen aufweisen. Die Grundstrukturen sind *Cristobalit*, *Tridymit* und *Quarz*. Sie unterscheiden sich durch eine jeweils andersartige Fernordnung der SiO_4-Tetraeder, wobei Cristobalit durch eine kubische, Tridymit durch eine hexagonale und Quarz durch eine rhomboedrische Elementarzelle

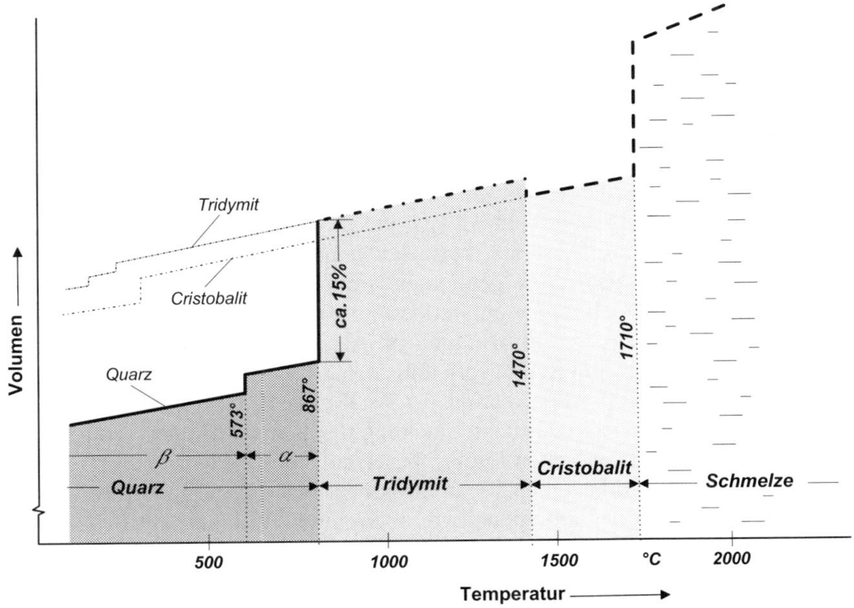

Abb. D.1-8 Temperaturabhängige Volumenänderungen von kristallinem SiO_2 (nach Lit.D.4)

gekennzeichnet sind. **Quarz** ist die häufigste Form des in der Natur vorkommenden Siliziumdioxids. Die Temperaturbereiche, in denen die jeweilige Struktur stabil ist, und die bei Umwandlungen einer Kristallstruktur in die andere auftretenden Volumenänderungen sind in Abb. D.1-8 wiedergegeben. Volumenänderungen von ca. 15% sind Ausdruck erheblicher Umordnungen der SiO_4-Tetraeder.
Der Ablauf dieser Umwandlungen erfordert die Lösung und Neubildung von Primärbindungen mit überwiegend kovalentem Anteil und ist deshalb außerordentlich erschwert. Die Phasenumwandlungen spielen sich daher nur bei langzeitigem Halten auf der jeweiligen Temperatur ab und werden bei Abkühlungen bzw. Erwärmungen mit üblichen Geschwindigkeiten meist unterdrückt. So treten die beiden Hochtemperaturstrukturen Cristobalit und Tridymit als metastabile Phasen durchaus auch bei Raumtemperatur auf. Die Umwandlung von Quarz in Tridymit und Cristobalit läßt sich bei entsprechenden Temperaturen durch Zusatz von etwas CaO in einigermaßen annehmbaren Zeiten herbeiführen. Es bildet sich dann eine flüssige Phase in geringer Menge aus, die die metastabile SiO_2-Phase Quarz löst und als stabile SiO_2-Phase Tridymit bzw. Cristobalit wieder ausscheidet.
Neben diesen ausgeprägt strukturellen Änderungen ergeben sich in jeder Gittermodifikation bei tieferen Temperaturen noch Umwandlungen, die durch geringe Änderungen der Atomanordnung gekennzeichnet sind und eine verzerrte Struktur höherer Dichte, aber niedrigerer Symmetrie entstehen lassen. Da bei diesen Umwandlungen keine Bindungen gelöst werden müssen, verlaufen die Umwandlungen infolge geringer Aktivierungsenergie schnell und sind nicht unterkühlbar. Zu beachten sind insbesondere die bei der Umwandlung von α- in β-*Quarz* auftretenden Volumenänderungen, die bei rascher Abkühlung in quarzhaltigen Teilen so hohe Spannungen verursachen können, daß diese zu Bruch gehen bzw. Mikrorisse ausbilden. Die im Cristobalit bei 270 °C und im Tridymit bei 160 °C und 105 °C möglichen Umwandlungen sind in Abb. D. 1-8 nur angedeutet.

1.1.2.3 Aluminiumoxid Al_2O_3

Während SiO_2 im allgemeinen nur ein wichtiger Bestandteil vieler keramischer Systeme ist, gelangt weitgehend reines Al_2O_3 aufgrund seiner nach Diamant höchsten Härte aller natürlichen Stoffe, seiner thermischen Beständigkeit und günstigen elektrischen Eigenschaften auch als eigentlicher keramischer Werkstoff z. B. für Zerspanungszwecke, als Hochtemperaturwerkstoff oder Hochspannungs- bzw. Hochfrequenzisolator zum Einsatz. Die Bindung im Al_2O_3 kann als überwiegend *ionisch* angesehen werden. Nach dem Radienverhältnis der Al^{3+}- und der O^{2-}-Ionen ergibt sich eine sechsfache Sauerstoff-Koordination der Al-Kationen. Diese Koordination wird durch eine annähernd hexagonal-dichte Packung der Sauerstoffionen erreicht, in der die Al-Ionen 2/3 der oktaedrischen Lücken besetzen.
Neben dieser als **Korund** bezeichneten α-Struktur des Al_2O_3 existieren weitere meta- bis instabile Modifikationen, von denen vor allem die γ-Form größere Bedeutung besitzt. γ-Al_2O_3 entsteht bei der Erhitzung von $Al(OH)_3$, so z. B. bei der Gewinnung von Al_2O_3 aus dem Erz Bauxit. Bei hohen Temperaturen geht γ-Al_2O_3 in das stabilere α-Al_2O_3 über. Der bei 2050°C schmelzende Korund behält seine α-Struktur auch bei Abkühlung bei, verhält sich also nicht polymorph.

1.1.2.4 Titandioxid TiO_2

Von den drei verschiedenen Modifikationen des Titandioxids kommt die mit **Rutil** bezeichnete bei weitem am häufigsten vor. Die Größen- und Ladungsverhältnisse zwischen den O^{2-}-Ionen und den Ti^{4+}-Ionen haben eine verzerrte hexagonale Anordnung der Sauerstoffionen zur Folge, in der die Titan-Ionen nur die Hälfte der vorhandenen Oktaederlücken besetzen. Diese verzerrte Struktur läßt unter der Wirkung eines elektrischen Feldes reversible Verlagerungen der vierfach geladenen Ti-Ionen besonders leicht zu, so daß Titandioxid mit Rutilstruktur aufgrund eines besonderen Ionenpolarisationseffektes eine Permittivitätszahl von $\varepsilon_r > 100$ aufweist. Im Vergleich hierzu beträgt die relative Permittivität ε_r von Al_2O_3 etwa 10.

1.1.2.5 Eisenoxide

Eisen bildet je nach Sauerstoffangebot und Temperatur drei verschiedene Oxide aus, wobei die Eisenionen von einem zweiwertigen in einen dreiwertigen Oxidationszustand wechseln. Das in Abb. D.1-9 schematisch wiedergegebene Phasensystem Fe-O enthält die Oxidphasen *Wüstit* $Fe_{1-x}O$, **Magnetit** Fe_3O_4 und *Hämatit* Fe_2O_3. Vom Hämatit existiert neben einer stabilen α-Modifikation noch ein metastabiles γ- Fe_2O_3.

Wüstit weist eine nichtstöchiometrische Zusammensetzung $Fe_{1-x}O$ auf, wenn einige der Fe^{2+}-Ionen in Fe^{3+}-Ionen übergegangen sind. Er ist nur oberhalb von 570°C im stabilen Zustand und wandelt unterhalb von 570°C eutektoid in α-Fe und Magnetit um. Im Magnetit Fe_3O_4 sind 2/3 der Fe-Ionen in den dreiwertigen Zustand Fe^{3+} übergegangen, im rotbraunen Hämatit sind alle Fe-Ionen dreiwertig.

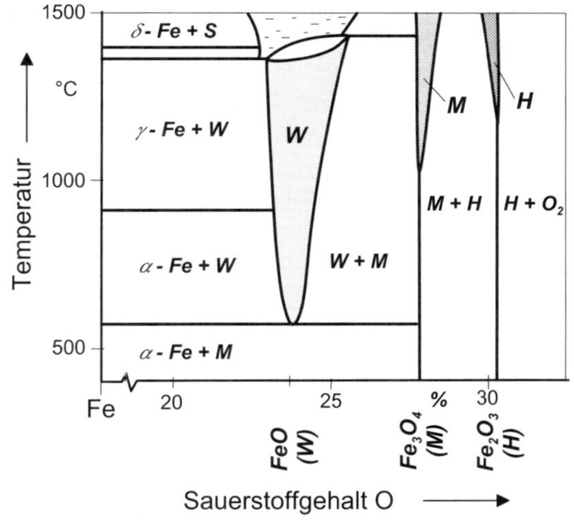

Abb. D.1-9 Phasendiagramm Fe-O (nach Lit. B.2)
W = Wüstit, M = Magnetit, H = Hämatit

Zwischen den drei Oxidphasen bestehen strukturelle Ähnlichkeiten, so bilden die Sauerstoffionen ein dichtes kubisches Gitter mit Fe^{2+}-Ionen in den oktaedrischen Lücken (*Steinsalzstruktur des Wüstits*) bzw. mit 1/3 Fe^{2+}- und 1/3 Fe^{3+}-Ionen in Oktaederlücken und einem weiteren Drittel Fe^{3+}-Ionen in Tetraederlücken (*Spinellstruktur des Magnetits*) bzw. mit einer statistischen Verteilung der Fe-Ionen in Oktaeder- und Tetraederlücken (*spinellähnliche Struktur des γ-Hämatits*). Das bei Raumtemperatur stabile α-Fe_2O_3 hat eine Struktur wie α-Al_2O_3 mit hexagonal-dichter Packung der O^{2-}-Ionen und Fe^{3+}-Ionen auf 2/3 der Oktaederplätze.

1.1.2.6 Hochschmelzende Oxide

Während die Schmelzpunkte von SiO_2 (1723°C), TiO_2 (1870°C) und Al_2O_3 (2050°C) deutlich unter bzw. um 2000°C liegen, schmelzen die Oxide des Zirkons ZrO_2 (2690°C), des Thoriums ThO_2 (3300°C), des Berylliums BeO (2585°C), des Calciums CaO (2560°C) und des Magnesiums MgO (2800°C) erst bei erheblich höheren Temperaturen.
Zirkonoxid wandelt im festen Zustand zweimal seine Struktur, bei 2350°C von einer kubischen in eine *tetragonale* und dann bei 1150°C *martensitisch* in eine *monokline* Struktur. Die Umwandlung vom tetragonalen in das monokline Gitter ist mit einer *Volumenvergrößerung um ca. 3%* verbunden. Daher ist die Herstellung kompakter Teile aus reinem ZrO_2 nicht möglich, sie würden durch die bei einer derartigen Umwandlung in einem spröden Material auftretenden Spannungen zerstört. Zusätze von CaO erweitern durch Mischkristallbildung den Existenzbereich der kubischen Hochtemperaturphase erheblich. Das binäre Phasendiagramm von ZrO_2-CaO (Abb. D.1-10) zeigt bei knapp 20% CaO und 1140°C eine eutektoide Umwandlung des kubischen Mischkristalls in einen tetragonalen Mischkristall und die Verbindung $CaZr_4O_9$. Da Umwandlungen im festen ZrO_2 jedoch unterhalb von 1400°C außerordentlich langsam verlaufen, bleibt die kubische Struktur des ZrO_2 bei Gehalten von 20% CaO bei Abkühlung auf Raumtemperatur im allgemeinen ohne Ablauf der eutektoiden Reaktion erhalten. Dieses dann *umwandlungsfreie* ZrO_2 wird als *vollständig stabilisiert* bezeichnet. Ähnliche Wirkungen werden auch mit dem Zusatz von MgO erreicht. Bei untereutektoiden CaO- oder MgO-Gehalten führt eine Temperung im Zweiphasengebiet MK(t) + MK(k) zu tetragonalen Ausscheidungen in der kubischen Matrix (s. Punkt T in Abb. D.1-10). Da die tetragonalen Ausscheidungen durch Unterkühlen unter die M_s-Temperatur oder spannungsinduziert in ein monoklines Gitter umgewandelt werden können, wird ein solches ZrO_2-Gefüge als *teilstabilisiert* bezeichnet. Von Bedeutung ist, daß die mit den Umwandlungen von ZrO_2 verbundenen Effekte bei der Entwicklung festerer und rißzäherer Keramiken genutzt werden können (sog. **Umwandlungsverstärkung**).
Die Substitution vierwertiger Zr^{4+}-Ionen durch zweiwertige Ca^{2+}-Ionen zieht wegen der Einhaltung der elektrischen Neutralität eine entsprechende Zahl von Sauerstoff-Leerstellen im Gitter nach sich, die eine erhöhte Platzwechselfähigkeit der O^{2-}-Ionen bewirken. Als Folge dieser Ionenbeweglichkeit tritt in stabilisiertem ZrO_2 eine gewisse elektrische Leitfähigkeit auf. Da die Leitfähigkeit nur auf der Bewegung von Sauerstoffionen und kaum auf elektronischen Effekten beruht, kann stabilisiertes ZrO_2 bei

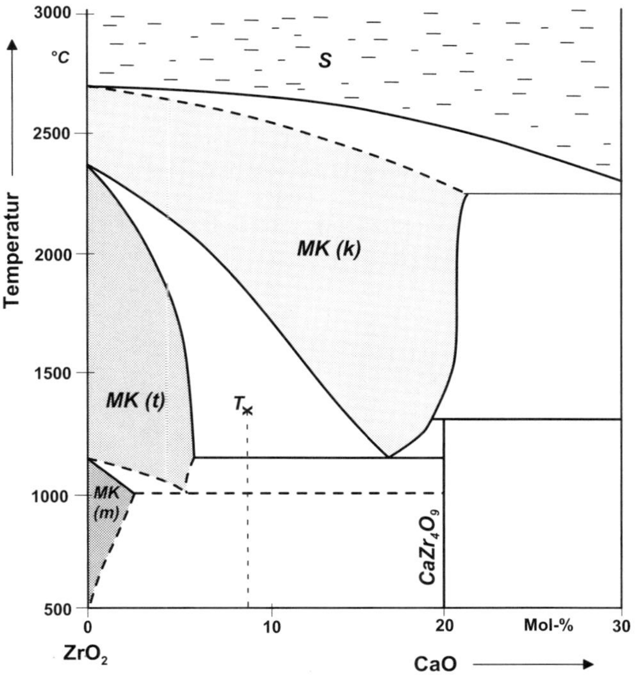

Abb. D.1-10 Phasendiagramm ZrO_2-CaO (nach Lit. D.9)
MK (k), MK (t),
MK (m) = ZrO_2-CaO-Mischkristall mit kubischer, tetragonaler und monokliner Struktur

hohen Temperaturen als Feststoffelektrolyt zur Bestimmung von Sauerstoffgehalten verwendet werden.
Thoriumoxid ThO_2 ist durch einen sehr hohen Schmelzpunkt gekennzeichnet. Es existiert nur in einer einzigen Struktur mit kubischer Symmetrie, so daß eine Ausnutzung seiner hohen thermischen Stabilität ohne Beschränkung möglich ist. *Berylliumoxid BeO*, dessen Sauerstoffionen eine hexagonal-dichte Packung bilden mit Berylliumionen in der Hälfte ihrer Tetraederlücken (Wurtzitstruktur), unterliegt hingegen bei 2050°C einer Strukturänderung mit beträchtlicher Volumenvergrößerung. Hervorzuheben sind einerseits die für eine Keramik ungewöhnlich hohe thermische Leitfähigkeit von BeO, die bei Raumtemperatur mit der von Aluminium verglichen werden kann, andererseits die starke Toxizität von Beryllium und seinen Verbindungen. *Calcium- CaO* und *Magnesiumoxid MgO* behalten ihre Steinsalzstruktur bis zum Schmelzpunkt bei.

1.1.3 Oxidische Verbindungen

1.1.3.1 Oxide mit Perowskit-Struktur

Es handelt sich um Oxide oder Fluoride der allgemeinen Form ABX_3 mit großen Kationen A und kleinen Kationen B. Die Kationen A (z. B. K, Ca, Sr, Ba) sind von ähnlicher Größe wie die Anionen X. Sie bauen gemeinsam mit den Anionen eine dichte kfz-Struktur auf, in der die kleinen Kationen B (z. B. Ti, Zr, Sn, Nb) die Oktaederlücken besetzen (Abb. D.1-11).

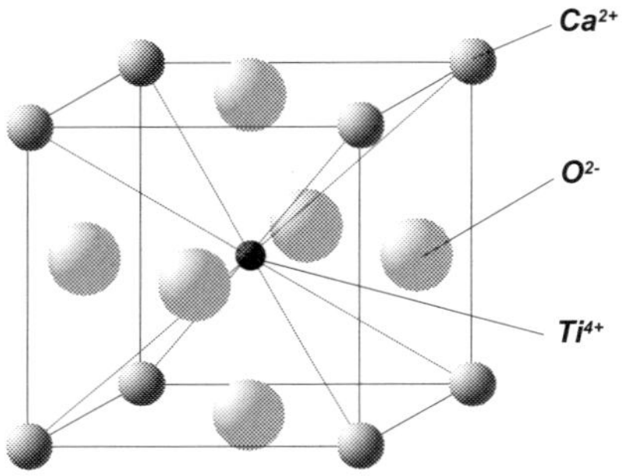

Abb. D.1-11 Struktur von Perowskit (nach Lit. A.4)

Die Strukturbezeichnung leitet sich vom Mineral *Perowskit* $CaTiO_3$ ab, die oxidischen Verbindungen selbst werden Titanate, Zirkonate, Stannate oder Niobate genannt. Sofern im Gitter die elektrische Neutralität gewahrt bleibt, sind vielfältige Substitutionen der Kationen A und B möglich, z. B. *Bleizirkonattitanat* $Pb(Zr,Ti)O_3$. Oft ist die kubische Elementarzelle aufgrund unzureichender Passung der Bindungspartner ein wenig verzerrt. Aus der Verzerrung resultieren dann besondere Polarisierungseffekte, so daß Oxide mit Perowskit-Struktur bei *ferro-* und *piezoelektrischen* Werkstoffen eine wichtige Rolle spielen.

1.1.3.2 Oxide mit Spinell-Struktur

Das als Spinell bezeichnete Mineral $MgAl_2O_4$ gilt als strukturelles Vorbild vieler Oxide, Sulfide, Fluoride und anderer Verbindungen mit der allgemeinen Formel AB_2X_4. Die Kationenkombination AB_2 muß dabei die negativen Ladungen der Anionen X_4 ausgleichen.
Bei den oxidischen Spinellen überwiegt die Kombination zweiwertiger A- und dreiwertiger B-Kationen, also $A^{2+}B^{3+}{}_2O^{2-}{}_4$. In dieser Struktur bilden die O^{2-}-Ionen eine kfz-Packung. Die vorhandenen 8 tetraedrischen Lücken werden zu einem achten Teil von dem einen A^{2+}-Ion und die vorhandenen 4 oktaedrischen Lücken zur Hälfte von den beiden B^{3+}-Ionen belegt. Die Elementarzelle eines Spinells besteht aus 32 O^{2-}-, 8 tetraedrischen A^{2+}-Ionen und 16 oktaedrischen B^{3+}-Ionen, eine solche Belegung wird

als *normal* bezeichnet und mit $A^{2+}(B^{3+}B^{3+})O^{2-}_4$ beschrieben. Bei vielen, und zwar sehr wichtigen Spinellen werden die oktaedrischen Lücken von den A^{2+}-Ionen besetzt, während sich die B^{3+}-Ionen zu gleichen Teilen in die oktaedrischen und tetraedrischen Lücken einlagern. Diese mit $B^{3+}(A^{2+}B^{3+})O^{2-}_4$ zu kennzeichnenden Spinelle werden *„invers"* genannt. Die inversen Spinelle sind als ferrimagnetische Werkstoffe von technischer Bedeutung.
Als Beispiele für Oxide mit Spinellstruktur seien das bereits erwähnte Eisenoxid *Magnetit* Fe_3O_4, das Bleioxid Mennige Pb_3O_4 und der Chromit $FeCr_2O_4$ genannt, wobei der ferrimagnetische Magnetit mit seiner $Fe^{3+}(Fe^{2+}Fe^{3+})$-Kationenverteilung eine inverse Spinellform darstellt. Zwischen den auf Oktaederplätzen befindlichen Fe^{2+}- und Fe^{3+}-Ionen können durch Wertigkeitswechsel rasch Elektronenladungen ausgetauscht werden, als Folge solcher Ladungswechsel tritt beim Magnetit eine beachtliche elektrische Leitfähigkeit auf.

1.1.3.3 Silikate

Silikate sind Verbindungen von SiO_2 mit anderen Oxiden. Obwohl in allen silikatischen Verbindungen das SiO_4-Tetraeder als wesentlicher Grundbaustein erhalten bleibt, sind doch die Zahl und die Strukturvielfalt dieser Verbindungen beeindruckend. Dies hängt in erster Linie damit zusammen, daß zwischen Si und O eine besonders große Bindungsaffinität besteht und sich daher jedes Si-Ion stets mit vier O-Ionen umgibt. Je nachdem, wieviel Sauerstoff in der Struktur für die SiO_4-Tetraederausbildung zur Verfügung gestellt wird, entstehen einzelne Tetraeder, sog. Inselsilikate, oder zwei- bis vierfach miteinander direkt verknüpfte -quasi „vernetzte" oder „polymerisierte"- Ring-, Ketten-, Band-, Schicht- oder Raumstrukturen.
Abb. D.1-12 zeigt die Anordnung von SiO_4-Tetraedern in **Insel-, Ketten-** und **Schichtsilikaten** in schematischer Weise. Hierbei sind jeweils das zentrale Si-Atom und das vierte vor oder hinter der Zeichenebene liegende O-Atom eines Tetraeders nicht dargestellt. Ein räumliches Gitter bzw. Netzwerk liegt dann vor, wenn die Tetraedervernetzung nicht nur in einer Ebene über drei Sauerstoffbrücken (Abb. D.1-12, C), sondern auch senkrecht dazu über die vierte Sauerstoffbrücke erfolgt.
Inselsilikate mit eigenständigen SiO^{4-}_4-Tetraedern als Komplexanionen, die über Kationen miteinander verbunden ein ionisches Gitter aufbauen, ergeben sich bei einem *Silizium-Sauerstoff-Verhältnis* von 1:4. Bei geringerem Sauerstoffgehalt erlangen die Si-Atome ihre tetraedrische Sauerstoffkoordination nur über eine Bindung an gemeinsame Sauerstoffatome, so daß direkte „Vernetzungen" der Tetraeder über Sauerstoffbrücken der Form -Si-O-Si- entstehen. Liegen solche Verknüpfungen nur an einer Tetraederecke vor, werden Doppeltetraeder gebildet. Ring- oder kettenförmige Silikate gehen aus einer zweifachen Verknüpfung der Tetraeder hervor, bandförmige aus teils zwei- und teils dreifachen Vernetzungen. Bei *schichtförmigen Silikatstrukturen* sind die SiO_4-Tetraeder bereits an drei Ecken miteinander verbunden. Silikate, die infolge vierfacher Vernetzung der Tetraeder ein räumliches Gitter aufbauen, weisen nur noch ein *Si-O-Verhältnis von 1:2* auf.
Alle unvernetzten Tetraederecken werden durch Einbau von Kationen abgebunden. Dies bedeutet, daß vollständig, also vierfach vernetzte SiO_4-Raumstrukturen nur zu

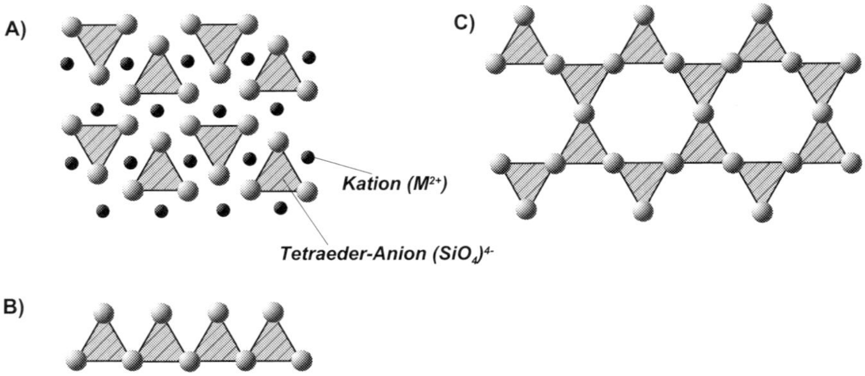

Abb. D.1-12 Anordnung von SiO_4-Tetraedern in Silikaten (nach Lit. A.5)
A) Inselsilikat (unvernetzt)
B) Kettensilikat (zweifach vernetzt)
C) Schichtsilikat (dreifach vernetzt)

einer Substanz der chemischen Zusammensetzung SiO_2 führen können. Da jedoch die vierwertigen Si-Ionen aufgrund ähnlicher Abmessungen durch dreiwertige Ionen von Al und B in den Tetraedern zumindest teilweise ersetzt werden können und in diesem Fall zur Wahrung der elektrischen Ladungsneutralität zusätzliche Kationen in das Netzwerk aufgenommen werden müssen, gibt es doch eine größere Zahl von Silikaten mit dreidimensionaler Raumstruktur. Für die Keramik sind über die reinen SiO_2-Modifikationen wie Quarz, Cristobalit usw. hinaus Silikate mit Insel-, Ring-, Ketten-, Schicht- und räumlicher Gitter- bzw. Netzwerkstruktur von Bedeutung.
Typische Vertreter für Inselsilikate sind die als *Olivine* $(Mg, Fe)_2(SiO_4)$ bekannten Mischkristalle (vgl. Abb. B.1-26). Die eine der beiden Olivin-Komponenten ist *Forsterit* (Mg_2SiO_4). Forsterit ist ein wichtiger Bestandteil in Tonkeramiken mit niedrigen dielektrischen Verlusten. Inselsilikate können noch wie die ionischen Gitter als eine annähernd dichte Packung von Sauerstoffionen beschrieben werden, in der die Kationen teils oktaedrische (Fe^{2+}, Mg^{2+}) und teils tetraedrische (Si^{4+}) Zwischengitterplätze einnehmen. Bei den recht komplizierten Strukturen der vernetzten Silikate ist diese einfache, von den rein ionischen Gittern herrührende Beschreibungsweise nicht mehr möglich, hier begnügt man sich zunächst damit, die Silikate nach der Anordnung ihrer Tetraeder in Ketten-, Schichtsilikate u. a. einzuordnen.
Wichtige Silikate mit Kettenstruktur sind die Aluminiumsilikate *Sillimanit* $Al_2O_3{\cdot}SiO_2$ und *Mullit*, dessen Zusammensetzung innerhalb eines Lösungsbereiches von $2 \cdot Al_2O_3{\cdot}SiO_2$ bis $3 \cdot Al_2O_3{\cdot}SiO_2$ schwanken kann. In beiden Fällen wird ein Teil der Si^{4+}-Ionen von Al^{3+}-Ionen ersetzt. Während Sillimanit ein häufig vorkommendes, metastabiles Mineral darstellt, ist Mullit das einzige stabile Al-Silikat.
Silikate mit Schichtstruktur zeigen wie alle schichtartig aufgebauten Substanzen (z. B. Graphit) unterschiedliche Festigkeitswerte in Schichtrichtung und senkrecht dazu. Dies führt zu einer leichten Spalt- oder Abscherbarkeit der Schichten. Ursache für dieses Verhalten sind hier starke Si-O-Bindungen in der Schichtebene und schwächere Ionen- oder gar Sekundärbindungen zwischen den Schichten. Bekannte **Schichtsilikate** sind der

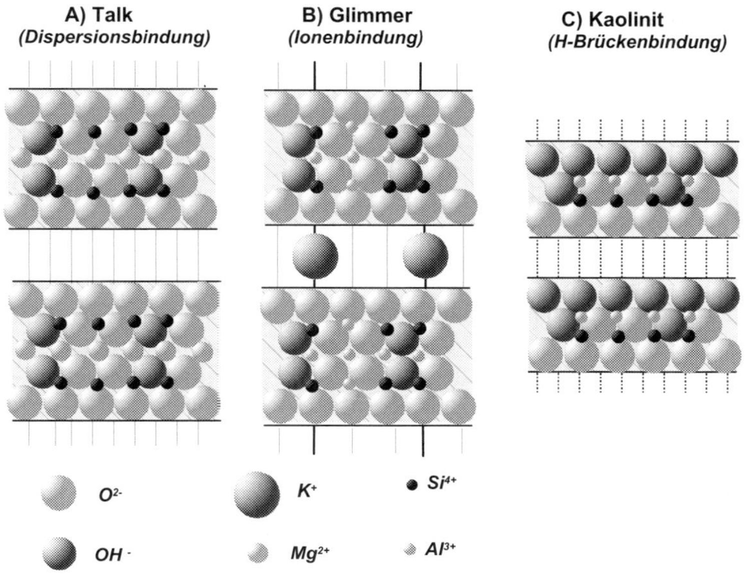

Abb. D.1-13 Bindungsverhältnisse in Schichtsilikaten

Talk sowie die *Glimmer-* und die *Tonminerale*. Die Schichten dieser Silikate bestehen aus einer oder zwei von vernetzten SiO_4-Tetraedern gebildeten Ebenen, an die eine weitere Ebene, die Al- oder Mg-Ionen sowie O- und OH-Ionen enthält, angebunden ist. Beim Talk ergibt sich eine dreilagige Schicht, bei der die beiden Si-O-Lagen nach außen gerichtet sind, so daß sich zwischen den von O-Ionen begrenzten Talkschichten nur sehr schwache Dispersionsbindungen entwickeln können (Abb. D.1-13, A). Als Folge dieses Bindungszustandes lassen sich die Talkplättchen bekanntlich leicht gegeneinander abscheren.
Der wesentliche Unterschied zwischen Talk und Glimmer besteht darin, daß beim Glimmer in den SiO_4-Lagen ein Teil der Si^{4+}-Ionen durch Al^{3+}-Ionen ersetzt ist und nun die fehlende Ladung durch ein K^+-Ion ausgeglichen wird. Es bilden sich also zusätzlich zu den schwachen Dispersionsbindungen starke Ionenbindungen zwischen den Glimmerschichten aus (Abb. D. 1-13, B). Dies erklärt die im Vergleich zum Talk hohe Scherfestigkeit und Härte von Glimmer, gleichzeitig aber auch seine einfache Spaltbarkeit.
Der strukturelle Aufbau und die daraus resultierenden Eigenschaften von Tonmineralien haben für die Keramik eine zentrale Bedeutung. Im Gegensatz zu Talk und Glimmer weist das wichtigste Tonmineral, **Kaolinit**, nur eine Lage SiO_4-Tetraeder und eine weitere Lage von Al-, O- und OH-Ionen auf (Abb. D.1-13, C). Die Schichten schließen dann auf einer Seite mit O-Ionen, auf der anderen mit OH-Ionen ab. Zwischen diesen ungleichen Seiten benachbarter Schichten entstehen mit **Wasserstoffbrückenbindungen** stärkere Sekundärbindungen. Die beachtliche Härte von trockenem Ton ist auf solche H-Brückenbindungen zurückzuführen. Gleichzeitig verursacht dieser polare Bindungszustand eine hohe Affinität zu den ebenfalls polaren

Wassermolekülen, die zwischen den Schichten in großer Menge eingelagert werden können und eine weitgehende Trennung des Schichtverbandes bewirken. Infolgedessen wird feuchter Ton in hohem Maße plastisch verformbar und mit einfachen Mitteln verarbeitbar. Die geformte Tonmasse läßt sich bereits durch Trocknen reversibel härten.
Die wichtigsten Silikate mit Raumstruktur sind die sog. **Feldspate**. Sie stellen noch vor Quarz und Glimmer die wichtigsten in Gestein vorkommenden Mineralien dar. In Aufbau und Eigenschaften ähneln sie erwartungsgemäß den reinen SiO_2-Strukturen wie z. B. Cristobalit. Bei den Feldspaten ersetzen dreiwertige Al-Ionen zu einem Teil vierwertige Si-Ionen, so daß das räumliche Gitter von $(Si,Al)O_4$-Tetraedern gebildet wird. Der erforderliche Ladungsausgleich findet durch Aufnahme großer Kationen (K, Na, Ca, Ba) in die Struktur statt. Als weitere technisch wichtige Silikatsubstanz muß der *Cordierit* erwähnt werden. Es handelt sich um ein Aluminium-Magnesium-Silikat der Zusammensetzung $Mg_2(Si_5\ Al_4)O_{18}$, also mit einem Teil von Al-Ionen an der Stelle von Si-Ionen und entsprechenden Mg-Ionen zum Ladungsausgleich. Die besondere Eigenschaft des Cordierits besteht in seinem niedrigen Wärmeausdehnungskoeffizienten mit der Konsequenz einer sehr günstigen Temperaturwechselbeständigkeit.

1.1.4 Entstehung keramischer Gefüge

Von wenigen Ausnahmen abgesehen entsteht ein polykristallines Keramik-Gefüge durch einen sog. Sinterprozeß. Unter Sintern versteht man einen Vorgang, bei dem ein aus pulverigem oder körnigem Material gepreßter, stark poriger Körper unter dem Einfluß hoher Temperaturen in einen festen und kompakten Körper umgewandelt wird. Im Verlauf der Sinterung geht das ursprüngliche Porenvolumen von ca. 40 % auf etwa 5 bis 10 % zurück. Diese „normale" Restporosität kann je nach Material, Sinterbedingungen und -verfahren weiter vermindert, in Einzelfällen sogar vollständig beseitigt werden, so daß die sog. *theoretische Dichte,* also die Dichte des porenfreien Festkörpers erreicht wird. Als Folge dieser mit dem Sintern verbundenen „Hohlraumvernichtung" stellt sich eine beachtliche Schrumpfung des Sinterkörpers ein.

1.1.4.1 Sintern fester Phasen

Im Fall einphasiger Substanzen liegen die Sintertemperaturen üblicherweise bei etwa $0{,}8 \cdot T_s$. Der dann im festen Zustand ablaufende Sinterprozeß kann in *drei Stadien* untergliedert werden.
Im *Anfangsstadium* bilden die Pulverkörner an ihren Kontaktstellen durch Diffusion sowie Verdampfungs- und Kondensationsvorgänge Werkstoffbrücken aus, was auch als **Halsbildung** bezeichnet wird. Mit dem Entstehen und weiteren Wachsen dieser Teilchenbrücken wird der zwischen den Körnern befindliche, ursprünglich kanalartig verbundene Zwischenraum eingehüllt und in mehr **porenartige Hohlräume** übergeführt. Es finden im wesentlichen nur Materialverlagerungen statt, so daß in diesem Sinterstadium auch nur unwesentliche Verdichtungen mit geringer Schrumpfung zu beobachten sind.

Im sich anschließenden Sinterabschnitt kommt es bei entsprechend hoher **Volumenschrumpfung** zu einer massiven und raschen **Poreneliminierung**. Das Porenvolumen wird in einzelne abgeschlossene Poren unterteilt und vor allem durch **Leerstellendiffusion** so weit vermindert, bis ein dichtes keramisches Gefüge entstanden ist, das nur noch zu etwa 5 % runde und isolierte Poren enthält. Mit Erreichen dieses Gefügezustandes verringert sich die Sintergeschwindigkeit beträchtlich, meist kommt der Sinterprozeß sogar zum Stillstand, auch eine Erhöhung der Sintertemperatur vermag dann den Fortgang der Sinterreaktionen im Sinne einer weiteren Materialverdichtung nicht zu bewirken (Abb. D.1-14).
Der Sinterstillstand kann verschiedene Gründe haben. Sind in den Poren beispielsweise Gase eingeschlossen, die von der sinternden Matrixphase nicht durch Lösung aufgenommen werden können, so stoppen die Poren den Sintervorgang, sobald ein Entweichen der Gase aus den nun abgeschlossenen Poren nicht mehr möglich ist. Abhilfe ließe sich durch Sintern im Vakuum schaffen.

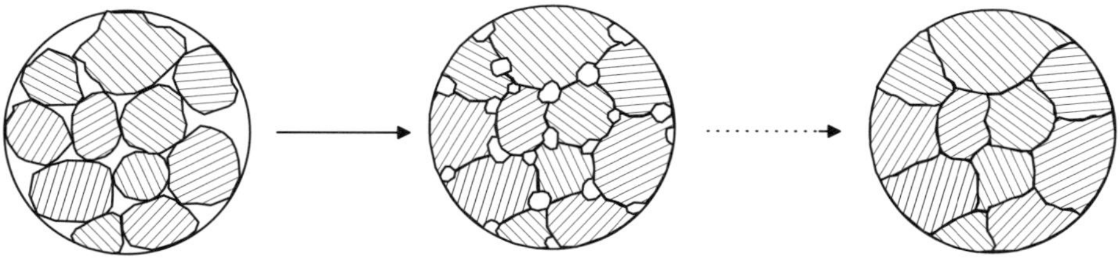

Abb. D.1-14 Stadien des Festphasensinterns

Der *Sintervorgang* besteht vor allem in einer *Verminderung des Porenvolumens*. Dies kann in einem Festkörper nur vonstatten gehen, indem sich Porenvolumen über Materienachtransport sukzessiv vermindert, was mit *Leerstellenwanderung* an die Oberfläche des Sinterkörpers verbunden ist. Als geeigneter Mechanismus erweist sich hierfür *Korngrenzendiffusion*, so daß der Korngröße und im Fall von Kornwachstum der Wanderungsgeschwindigkeit der Korngrenzen eine entscheidende Bedeutung für Ablauf und Ergebnis des Sintervorganges zukommt. Findet während des Sinterns ein Kornwachstum statt, so hat die Bewegung der Korngrenzen so langsam zu erfolgen, daß für den Prozeß der *Porenvernichtung* genügend Zeit bereitgestellt wird. Im Fall rascher Kornvergröberung bleiben nämlich Poren hinter den wandernden Korngrenzen zurück, sie liegen dann im Korninnern fest und sind weder durch lange Glühdauer noch durch hohe Glühtemperaturen zu beseitigen. Auch in diesem Fall ist der Sinterprozeß vorzeitig beendet. Um möglichst geringe Restporositäten zu erreichen, muß das Kornwachstum sorgsam kontrolliert werden. Dazu ist eine optimale Temperatureinstellung erforderlich. Weiterhin bedient man sich mit großem Erfolg geringer, als **Sinterhilfsmittel** bezeichneter Zusätze. Der Wirkungsmechanismus solcher Sinteradditive ist auch im konkreten Einzelfall nicht immer zweifelsfrei geklärt, bei vielen Systemen bilden sich an den Korngrenzen geringe Mengen einer *flüssigen Phase*. Flüssige Korngrenzfilme können sowohl auf das Kornwachstum als auch auf den Transport von Leerstellen an

den Korngrenzen günstig Einfluß nehmen. Liegt eine flüssige Phase nicht vor, so kann eine Kontrolle der *Korngrenzbewegungen* direkt durch Anreicherung der Atome des Sinterhilfsmittels an den Korngrenzen oder auch indirekt durch Lösung dieser Fremdatome bzw. -ionen ausgeübt werden. Im Fall der Lösung erzeugen die Fremdionen im Korngitter eine spezielle Defektstruktur, die zu veränderten Diffusionsbedingungen und damit Korngrenzbeweglichkeiten führt.
Wie jeder Phasenänderung liegt auch dem Sinterprozeß als *treibende Reaktionskraft* eine Verringerung der freien Enthalpie des Phasensystems zugrunde. Die Enthalpieminderung besteht vor allem in einer Reduzierung der für den Pulverzustand charakteristischen übergroßen Oberfläche der Phasenteilchen. Da sich die in der Oberfläche gebundenen Atome bzw. Ionen in einem instabilen Bindungszustand befinden, versucht jedes Phasensystem die Zahl der Oberflächenatome zu minimieren. Es werden also bei Temperaturen, die eine ausreichende Atombeweglichkeit gewährleisten, solche Abläufe bevorzugt, die einen Abbau der freien Oberflächen herbeiführen. Dazu gehören die Vergrößerung der Kontaktstellen zwischen den Körnern bei Sinterbeginn, die Isolierung, Abrundung und Verkleinerung der Poren im zweiten und dritten Sinterabschnitt. Die Sinterfähigkeit keramischer Pulver nimmt allerdings mit steigendem Anteil gerichteter kovalenter Bindungen ab.

1.1.4.2 Sintern mit flüssiger Phase

Auch wenn ein Sinterhilfsmittel eine geringe Menge Flüssigphase bildet, gilt dies als Festphasensintern. Sehr oft dagegen entsteht beim Sintern eine flüssige Phase mit beträchtlichem Mengenanteil. Die flüssige Phase – vielfach silikatischer Natur – entsteht dabei seltener durch *Schmelzen einer Komponente*, sondern meist durch eine *Phasenreaktion*. In diesem Fall können gute Benetzbarkeit und zumindest teilweise Löslichkeit zwischen flüssiger und fester Phase unterstellt werden. Das Auftreten einer solchen flüssigen Phase verändert den Sintervorgang in so charakteristischer Weise, daß die Mechanismen der Festkörpersinterung in den Hintergrund treten. Beim Flüssigphasensintern wird der Sinterprozeß durch viskose Teilchenumlagerungen, Lösungs- und Wiederausscheidungsvorgänge an der Grenzfläche flüssig/fest sowie durch Eindringen der flüssigen Phase in den Porenraum infolge Kapillarwirkung außerordentlich beschleunigt und erleichtert. Das Ergebnis sind *kürzere Sinterdauern* oder *niedrigere Sintertemperaturen* sowie *porenärmere Gefüge*, besonders wenn der Anteil der flüssigen Phase relativ groß ist und die Festteilchen sehr feinkörnig sind. Solche Sinterbedingungen -relativ großer Flüssigphasenanteil und feinkörnige Pulverteilchen- liegen vor allem bei den tonhaltigen **Silikatkeramiken** vor. Vielfach erstarrt die flüssige Phase *amorph* und erzeugt *glasige* Gefügebestandteile. Die Menge und die Viskosität der flüssigen Phase müssen aber so abgestimmt werden, daß die Sinterteile beim Brennen nicht durch Fließvorgänge ihre Form verlieren. Sehr engtolerierte Brenntemperaturen werden besonders dann unumgänglich, wenn der Mengenanteil einer dünnflüssigen Schmelze mit steigender Temperatur rasch zunimmt. Flüssigphasenanteile mit niedriger Schmelz- bzw. Erweichungstemperatur schränken aber eine spätere Anwendung des Sinterproduktes bei hohen Temperaturen naturgemäß ein.

Zur Erzielung *günstiger mechanischer Eigenschaften* sollte ein möglichst *gleichmäßiges, feinkörniges* und *porenarmes Gefüge* hergestellt werden. Porengehalte unter 5% lassen sich nur unter Anwendung spezieller Maßnahmen, die eine weitere Verdichtung fördern, erhalten. Zu diesen Maßnahmen gehören das *Sintern unter Vakuum*, die Verwendung von *Sinterhilfsmitteln*, die Wahl sehr *feinkörniger Rohstoffe* (Teilchengrößen von 1 – 5 μm), das *Flüssigphasensintern* sowie *Heißpreßverfahren*. Das Heißpressen wird in der Praxis heute überwiegend als kapselloses heißisostatisches Nachpressen (HIP) zur Herstellung absolut porenfreier Teile angewendet, die zuvor aber so weit vorgesintert werden mußten, daß sie keine offene Porosität mehr aufweisen. Dies ist etwa von Dichten >90% der theoretischen Dichte der Fall.

1.1.4.3 Reaktionssintern

Keramiksysteme, die unter normalen Sinterbedingungen nur schwer ein dichtes Gefüge liefern, können vielfach durch ein sog. Reaktionssintern verdichtet werden. Hierbei wird die eigentliche keramische Substanz erst während des Sinterns durch eine chemische Reaktion erzeugt. Wichtige Beispiele für Keramiksubstanzen, bei denen ein solches Reaktionssintern vorgenommen wird, sind SiC und Si_3N_4. Im Fall von SiC-Keramiken werden entweder Mischungen von SiC mit Si oder Mischungen von SiC mit C gepreßt und anschließend in einer „carbidisierenden“ CO-Atmosphäre bzw. in „silizidisierendem“ Si-Dampf gesintert. Si_3N_4-Teile werden zunächst als Si-Preßteile geformt, nach der Formgebung in N_2- oder NH_3-Atmosphäre bei ca. 1500 °C gesintert. Das gleichzeitige Sintern und chemische Reagieren hat als weiteren Vorteil so geringe Sinterschrumpfungen zur Folge, daß hiermit relativ maßgenaue Produkte hergestellt werden können.

1.2 Gläser

Unter einem Glas versteht man im weitesten Sinne einen amorph erstarrten Festkörper, bei engerer Begriffsauslegung einen **amorph erstarrten nichtmetallisch-anorganischen Festkörper**. Die anorganischen Gläser sind überwiegend oxidischen, und hier meist silikatischen Ursprungs. Diese enthalten -wie die kristallinen Silikate- **SiO_4-Tetraeder** als strukturbestimmende Bausteine. Die Ursache für die Glasbildung von SiO_2-Schmelzen besteht darin, daß die SiO_4-Tetraeder bereits oberhalb der Erstarrungstemperatur über Sauerstoffbrücken verknüpfte, molekülähnliche Verbände bilden, die in einem dynamischen Gleichgewicht entstehen und sich wieder auflösen. Mit Annäherung an die Erstarrungstemperatur werden diese Verbände zusehends stabiler und wachsen zu immer *größeren Komplexen*, die sich noch im Schmelzzustand zu einem unregelmäßigen räumlichen Netzwerk fügen. Hieraus folgt ein beträchtlicher Anstieg der *Viskosität der Schmelze*.

Da die Bewegungs- und die Ordnungsfähigkeit der SiO_4-Tetraeder bei Erstarrungstemperatur bereits stark reduziert sind, erfordert eine Kristallisation, d. h. die Einstellung des für den festen Zustand charakteristischen Strukturgleichgewichts, eine langsame Abkühlung. SiO_2-Schmelzen, die mit „normaler“ Geschwindigkeit abgekühlt werden, kristallisieren deshalb bei Unterschreiten der Erstarrungstemperatur nicht zur

Gleichgewichtsphase Cristobalit, sondern erstarren durch Einfrieren der im Netzwerk wirksamen Bindungen bei Unterschreiten der Glastemperatur zum sog. **Kieselglas**.
Die Temperatur- und Zeitabhängigkeit des Erstarrungsprozesses von Glasschmelzen ist in Abb. D.1-15 schematisch dargestellt, die Kinetik dieses Vorganges entspricht der thermisch aktivierter Umwandlungsvorgänge. Eine Kristallisation, die bei der Glasherstellung im allgemeinen unerwünscht ist, wird hier „*Entglasung*" genannt.
Bei speziellen Anwendungen kann jedoch eine Kristallisation der Schmelze oder eine gezielte Nachkristallisation im festen Zustand durchaus nützlich sein. Für diesen Fall gelten wiederum die allgemeinen thermodynamischen Gesetzmäßigkeiten der homogenen Keimbildung, wonach hohe Schmelzenunterkühlungen hohe Keimdichten und damit geringe Kristallitgrößen zur Folge haben. Heterogene Keime unterstützen die Keimbildung wirkungsvoll. Als geeignete Keimförderer haben sich vor allem Oxide wie TiO_2 oder ZrO_2 herausgestellt. Ebenso wie eine durch überkritische Abkühlgeschwindigkeit unterdrückte Kristallisation kann auch eine unterdrückte Entmischung bzw. Ausscheidung durch eine zweckmäßige Temperbehandlung des dann übersättigten Glaszustandes nachgeholt werden.
Zur Beschreibung des strukturellen Aufbaus oxidischer Gläser bedient man sich meist der sog. **Netzwerkhypothese**. Hiernach stellt das aus SiO_2 bestehende Kieselglas ein über Sauerstoff geknüpftes, unregelmäßiges räumliches Netzwerk von Silizium dar.
Außer Silizium sind noch die Elemente Bor, Phosphor und Germanium in der Lage, solche amorphen Netzwerke über *Sauerstoffbrücken* aufzubauen. Zu den oxidischen Gläsern zählen also amorph erstarrte Schmelzen silikatischer, boratischer, phosphatischer oder germanatischer Zusammensetzung. Von diesen sind die Germanatgläser

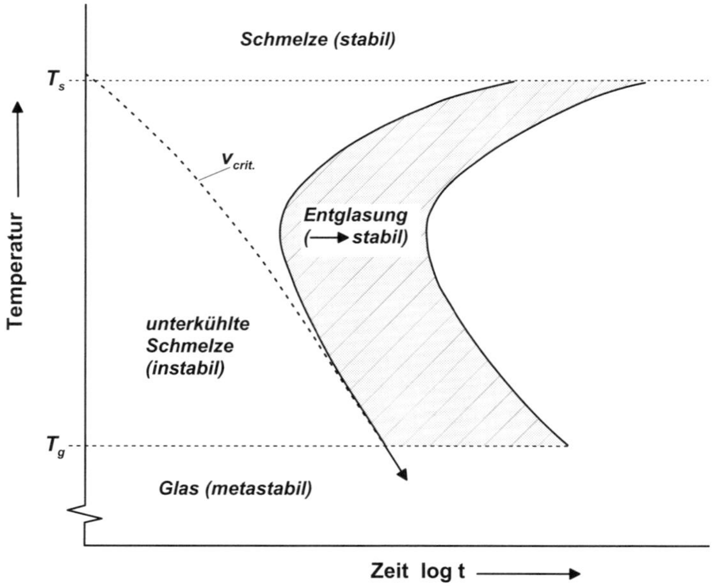

Abb. D.1-15 Erstarrungskinetik glasbildender Schmelzen

derzeit ohne, die Phosphatgläser nur von spezieller technischer Bedeutung. Die Elemente Si, B, P und Ge bezeichnet man als **Netzwerkbildner**.
Werden einer SiO_2-Schmelze Oxide von Alkali- oder Erdalkalimetallen zugegeben, so entziehen die Si-Atome diesen Oxiden den Sauerstoff und binden ihn an sich. Dadurch „verbessert" sich das Si:O-Verhältnis von 1:2 in Richtung 1:4, was – wie bei den kristallinen Silikaten – zu einem Abbau von Sauerstoffvernetzungen führt. Der Zusatz von z. B. Na_2O läßt im Netzwerk anstelle einer Sauerstoffbrücke eine sog. *Trennstelle* entstehen (Abb. D.1-16). Auch der Zusatz von z. B. CaO hat mit der Aufnahme von Ca^{2+}-Ionen in das Netzwerk einen Abbau von Sauerstoffbrücken zur Folge. Die Verminderung der Sauerstoffbrücken kommt einer Schwächung und Auflockerung des Netzwerkes gleich, so daß die zur thermischen Lösung des Netzwerkes erforderlichen Temperaturen T_g und T_s deutlich erniedrigt werden :

SiO_2-Glas: $T_s \approx 1700$ °C, $T_g \approx 1200$ °C
Na_2O-CaO-SiO_2-Glas: $T_s \approx 900$ °C, $T_g \approx 550$ °C

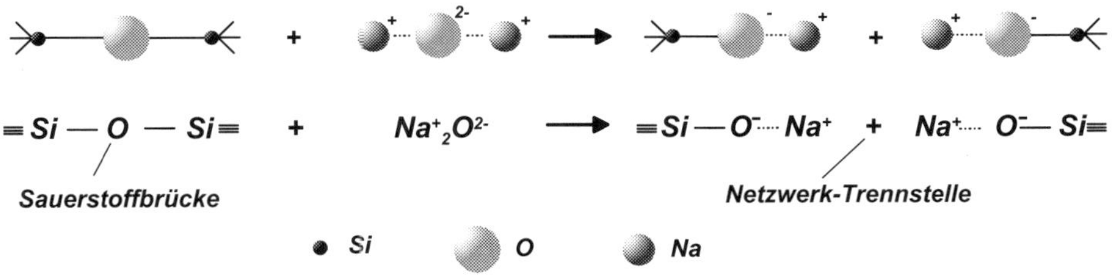

Abb. D.1-16 Bildung von Trennstellen in einem SiO_2-Netzwerk durch Zusatz netzwerkwandelnder Alkalioxide (nach Lit. D.4)

Abb. D.1-17 zeigt ein SiO_2-Netzwerk mit durch Na gebildeten Trennstellen. Die Elemente, die eine Änderung der Netzwerkbindungen und damit eine Änderung der Netzwerkeigenschaften bewirken, werden **Netzwerkwandler** genannt.
Neben netzwerkbildenden und -wandelnden Elementen gibt es andere Elemente, die sich in dieser Hinsicht *amphoter* verhalten. Je nach dem im Netzwerk bereits vorliegenden Bindungszustand erzeugen sie Trennstellen und wirken *netzwerkwandelnd*, oder sie schließen vorhandene Trennstellen und wirken damit *netzwerkbildend*. Aluminium ist ein wichtiges Beispiel für solche amphoteren Elemente. In einem reinen SiO_2-Glas entstehen durch Al_2O_3 Trennstellen, die Al^{3+}-Ionen werden als Kationen in das Netzwerk eingelagert. Sind dagegen z. B. durch Natrium gebildete Trennstellen bereits vorhanden, so bauen sich die Al^{3+}-Ionen an diesen Trennstellen wie Si^{4+}-Ionen in Form von AlO_4-Tetraedern in das Netzwerk ein, wobei die 4 Ecken der AlO_4-Tetraeder mit den Ecken der SiO_4-Tetraeder vernetzen. Die je Al-Atom fehlende positive Ladung liefert das im Netzwerk verbleibende Na^+-Ion. Dies bedeutet, daß ein Zusatz von Al_2O_3 bis zum Molverhältnis $Al_2O_3 : Na_2O = 1$ netzwerkbildend bzw. -verfestigend wirkt, bei überschüssigem Zusatz jedoch wieder netzwerklockernd.

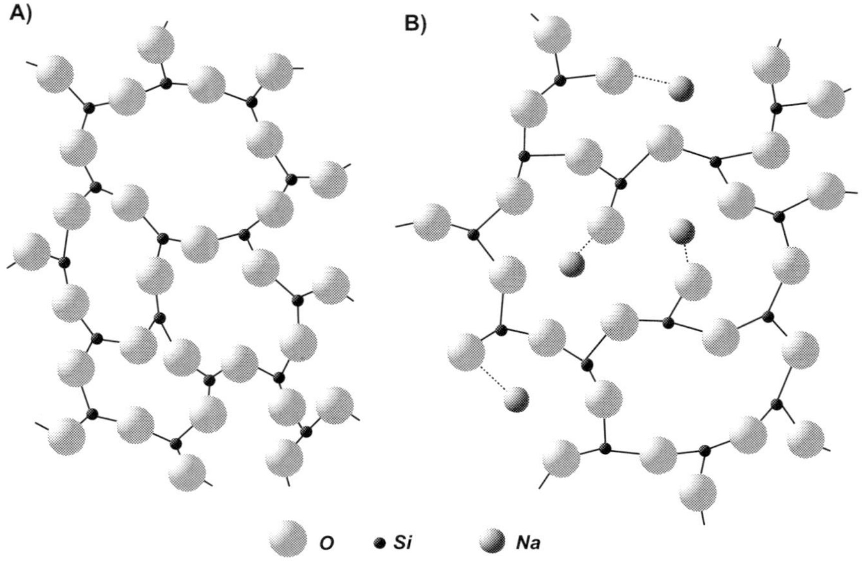

Abb. D.1-17 Struktureller Aufbau von Silikatgläsern (nach Lit. D.6)
A) Reines SiO_2-Glas B) Na_2O-SiO_2-Glas

Die netzwerkwandelnden Ionen liegen im Netzwerk wie die Legierungsatome in Mischkristallen keineswegs immer in einer statistischen Verteilung, sondern mehr oder weniger in Clustern vor. Wie dort stellt auch hier die Clusterbildung eine beginnende Ausscheidung dar, was sich besonders darin äußert, daß die Cluster eine bestimmte chemische Zusammensetzung anstreben. Solche Entmischungen finden häufig schon im flüssigen Zustand statt, sie sind dann im Glas als tröpfchenförmige Entmischungsbereiche elektronenoptisch erkennbar. Clusterbildung, Entmischungen in verschiedene Glasphasen oder kristalline Ausscheidungen kommen in vielen Glassystemen vor und können durch geeignete Keimbildungs- und Temperbehandlungen gezielt herbeigeführt werden.

Nichtoxidische Gläser, die für spezielle elektronische und infrarot-optische Anwendungen eine gewisse Bedeutung erlangt haben, sind die sog. Chalkogenidgläser. Es handelt sich um glasig erstarrende Schmelzen der Verbindungen As_2S_3, As_2Se_3, As_2Te_3 oder GeS_2. Arsen und Germanium fungieren hierbei als netzwerkbildende Elemente, deren Atome über S-, Te- oder Se-Brücken zu räumlichen Netzwerken verknüpft werden.

1.3 Glaskeramik

Mit der sog. Glaskeramik wurde eine Stoffgruppe entwickelt, die die wesentlichen Vorteile von Glas mit denen von Keramik verbindet. Der Glascharakter besteht darin, daß die Schmelze eines glaskeramischen Stoffsystems unter normalen Abkühlbedingungen amorph und damit zu einem porenfreien und homogenen Glaskörper erstarrt. Zuvor wird sie im unterkühlten Zustand wie ein Glas in einfacher Weise „thermoplastisch", besser „thermoviskos", geformt. Dem glastypischen **Erstarrungs- und Formungsprozeß** folgt dann eine „**keramisierende**" Wärmebehandlung. Diese Wärmebehandlung wird entsprechend Abb. D.1-18 auf zwei verschiedenen Temperaturebenen vorgenommen. Auf dem Temperniveau I soll bei entsprechend großer Unterkühlung der Schmelze eine möglichst hohe Dichte kristallisierender Keime erzielt werden. Nach erfolgter Keimbildung wird die Temperatur auf das Niveau II gehoben, um im Bereich einer optimalen Keimwachstumsgeschwindigkeit zu kurzen Behandlungsdauern zu gelangen.

Zur Erzielung vorteilhafter mechanischer Eigenschaften sind sehr kleine Kristallite erwünscht. Diese Feinkristallinität läßt sich mit Hilfe keimfördernder Zusätze wie TiO_2, ZrO_2 oder auch Fluoride und Sulfide erreichen. Je nach Art der Schmelze, der Kristallisationszusätze und der Wärmebehandlung liegen die Kristallisationsanteile im Endgefüge zwischen 50 und 98 %. Die kristallinen Ausscheidungen sind in ihrer Zusammensetzung so gewählt, daß sie über spezielle mechanische, thermische, optische oder elektrische Eigenschaften verfügen.

So ist für technische Glaskeramiksorten zusätzlich zu ihren günstigen Verarbeitungseigenschaften und ihrem porenfreien, feinkristallinen Gefüge noch ein ganz bestimmtes Eigenschaftsbild charakteristisch. Das am meisten angewendete Glaskeramiksystem besteht aus den Komponenten Li_2O-Al_2O_3-SiO_2 mit TiO_2 als Keimzusatz. Produkte dieser Zusammensetzung besitzen sehr niedrige thermische Ausdehnungskoeffizienten und demzufolge eine sehr hohe **Temperaturwechselbeständigkeit**.

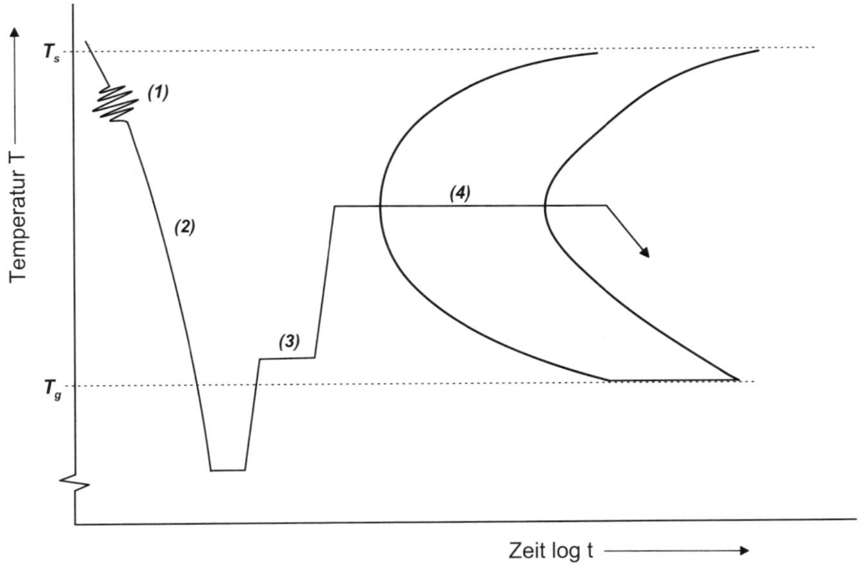

Abb. D.1-18 Herstellungsgang eines glaskeramischen Gefüges
(1) = Formgebung, (2) = Abkühlen in den Glaszustand,
(3) Tempern auf Temperaturniveau I, (4) = Tempern auf Temperaturniveau II

1.4 Metallische Gläser

Reine und legierte Metalle erstarren in der Regel kristallin, steigende Abkühlgeschwindigkeiten haben dabei feinkörnigere Gefügeausbildungen zur Folge. Bei *speziell zusammengesetzten Metallschmelzen* ist es jedoch möglich, die kristalline Erstarrung durch Anwendung von *Abkühlgeschwindigkeiten* der Größenordnung *10^4 K/s* und höher zu unterdrücken. Die bei silikatischen Glasschmelzen für eine Glasbildung erforderlichen Mindestabkühlgeschwindigkeiten liegen vergleichsweise bei einigen 10^{-2} K/s. Glasig erstarrte Metalle können nur bedingt als Gläser bezeichnet werden, sie weisen zwar wie Gläser eine nichtkristalline, amorphe Struktur auf, sind aber andererseits aufgrund ihres noch überwiegenden metallischen Bindungszustandes wie Metalle nicht transparent. Obwohl für praktisch alle Metalle eine bestimmte Legierungszusammensetzung gefunden werden kann, die sich unter den genannten Bedingungen zu einer glasigen Erstarrung bringen läßt, konzentriert sich die Anwendung auf einen besonderen Legierungstyp der allgemeinen Zusammensetzung etwa $M_{80}X_{20}$. „M“ steht hierbei für ein Übergangsmetall, vorzugsweise Fe, Ni, Co oder Mo, und „X“ für ein Halb- oder Nichtmetall wie B, Si, C oder P. Die Gehalte an X liegen sehr eng in den Grenzen 15 bis 25 Atom-%. Als Realbeispiel seien $Fe_{80}B_{20}$, $Fe_{40}Ni_{40}B_{20}$, $Fe_{82}B_{12}Si_6$ oder $Fe_{12}Ni_{65}B_{13}Si_{10}$ genannt. Auffallend ist, daß bei den für eine Glasbildung günstigen Zusammensetzungen in dem jeweiligen System M-X ein sehr tief liegendes *Eutektikum* existiert und die Komponenten zur Bildung von Verbindungen M_3X, M_2X, M_2X_3 oder MX neigen (Abb. D.l-19). Das Auftreten eines Eutektikums bei diesen Zusammensetzungen überrascht eigentlich nicht, schließlich kennzeichnet ein Eutektikum ganz allgemein das Vorliegen erschwerter Kristallisation.

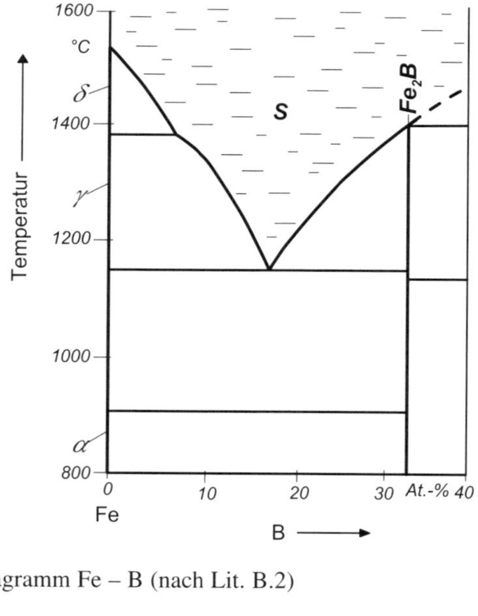

Abb. D.1-19 Phasendiagramm Fe – B (nach Lit. B.2)

Über die strukturellen Anordnungen der Atome M und X im Glaszustand bestehen noch voneinander abweichende Vorstellungen. In einem der propagierten Modelle nehmen die großen M-Atome eine statistische, dichte Anordnung von Kugeln ein, deren größere Zwischenräume von den kleinen X-Atomen so ausgefüllt werden, daß sie die zufällige Kugelanordnung relativ stabil machen. Ein weiteres Modell unterstellt eine röntgenographisch nicht erfaßbare mikrokristalline Struktur, während andere Vorstellungen aufgrund der starken Bindungswechselwirkungen zwischen M und X die teilweise Bildung von molekül- oder clusterähnlichen Komplexen annehmen, die zu einer Viskositätserhöhung und einer Einschränkung der Ordnungsfähigkeit der Schmelze führen.
Die eingefrorene Glasstruktur bleibt naturgemäß nur in einem bestimmten Temperaturbereich metastabil, mit Erreichen einer als *Glastemperatur* zu bezeichnenden Temperaturschwelle werden Relaxationsvorgänge bemerkbar, und wenig darüber setzt bei $T_{krist.}$ eine Entglasung meist in mehrere kristalline Phasen ein. Diese *Kristallisationstemperatur* liegt bei 40 bis 60 % der Schmelz- bzw. eutektischen Temperatur. Mit der Kristallisation finden starke, meist unerwünschte Änderungen der Eigenschaften statt. Auch Temperaturen unterhalb der Kristallisationstemperatur lösen bereits eigenschaftsändernde Entmischungs- bis Ausscheidungsvorgänge aus, so daß eine langzeitige Nutzung der Glaseigenschaften nur bei Temperaturen deutlich unterhalb der Glastemperatur möglich ist. Für Metallgläser auf Fe- und Ni-Basis mit einer Kristallisationstemperatur von 300 bis 500 °C bedeutet dies eine maximale Daueranwendungstemperatur von etwa 150°C. Mo-haltige Gläser weisen jedoch Kristallisationstemperaturen bis 900 °C auf. Zu den ungewöhnlichen Eigenschaften, die die Werkstoffklasse der metallischen Gläser so interessant machen, gehören:

- Auch im Vergleich zu hochfesten Stählen hohe Festigkeits-, Härte-, Verschleiß- und Dauerfestigkeitswerte gekoppelt mit einer gewissen glasuntypischen Duktilität. Plastische Verformung, wofür ein Versetzungsmechanismus angenommen wird, tritt ohne Verfestigungserscheinungen in stark lokalisierten Scherbändern auf.
- Elektrische und thermische Leitfähigkeitswerte, die mit denen metallischer Schmelzen verglichen werden können. Zudem zeigen die Glassorten auf Fe-, Ni- und Co-Basis ein weich-ferromagnetisches Verhalten mit sehr geringen Hystereseverlusten.
- Cr-Gehalte von 10% verleihen metallischen Gläsern auf Fe-Basis eine Korrosionsbeständigkeit, die die nichtrostender Stähle übertrifft. Vorteilhaft für das Korrosionsverhalten wirkt sich die sehr gleichmäßige chemische Zusammensetzung der Glasstruktur wie auch das Fehlen von Korngrenzen aus, so daß der Aufbau der Passivschicht nicht gestört wird.

Aus diesem Eigenschaftsbild resultieren mögliche Anwendungen vor allem in der Energie- und Elektrotechnik.

2 Mechanische Eigenschaften

2.1 Verformungsverhalten

2.1.1 Verformungsverhalten bei tiefen Temperaturen

2.1.1.1 Keramik

Das entscheidende Merkmal keramischer Materialien ist ihre extreme Sprödigkeit. Besäßen sie eine den Metallen vergleichbare Zähigkeit, so würden sie aufgrund ihrer sehr günstigen Eigenschaften, wie hohe Festigkeit, Härte, Verschleißfestigkeit, Warmfestigkeit, Korrosionsbeständigkeit und niedrige Dichte, die metallischen Werkstoffe weitgehend ersetzen und diesen die Rolle von Sonderwerkstoffen zuweisen, wenn man Fragen der Verarbeitbarkeit nicht in diese Betrachtung einbezieht. Die Sprödigkeit hat ihre Ursache in dem Fehlen einer ausreichenden Mikroplastizität, die erforderlich wäre, um die an Gefügefehlstellen bei Beanspruchung auftretenden Spannungsspitzen durch Kerbausrundung und Spannungsumlagerung abzubauen.
Dieser entscheidende Unterschied im mechanischen Verhalten von Keramik und Metallen liegt aber nicht an den im allgemeinen festeren Bindungen keramischer Gitter, sondern ist in unterschiedlichen strukturellen Gegebenheiten begründet. Dabei sind die Ähnlichkeiten im Strukturaufbau zunächst größer als die Abweichungen. So enthalten die kristallinen Gefügeanteile einer Keramik ebenfalls Gitterdefekte wie Versetzungen und Versetzungsquellen, die Gitterbausteine streben auch hier möglichst dichte Packungen an, so daß in vielen Fällen gleichfalls dicht besetzte Gitterrichtungen und -ebenen entstehen. Der fundamentale Strukturunterschied zu den Metallen besteht vielmehr darin, daß die Gitterbausteine der Keramik meist Ionen sind, die sich jeweils mit Ionen entgegengesetzter Ladung umgeben. Die am dichtesten besetzten Ebenen werden also von Ionen ungleicher elektrischer Ladung gebildet. Eine *Verschiebung von Versetzungen* in solchen geometrisch zwar günstigen Gleitebenen würde jedoch zu einer Annäherung gleichgeladener Ionen führen. Die dabei entstehenden *Abstoßungskräfte* erschweren die Versetzungsbewegung in einem Maße, daß diese Ebenen für Gleitvorgänge aus *energetischen Gründen* dann nicht geeignet sind. Zu diesen kristallographischen Gleithemmnissen kommt die meist recht unterschiedliche Größe von Kationen und Anionen erschwerend hinzu. Daher existieren bei Keramiken nur in Ausnahmefällen (z. B. MgO) wenige aktive Gleitsysteme, so daß ihre Einkristalle unter Druckbeanspruchung eine gewisse Plastizität von einigen Prozent Bruchdehnung bereits bei Raumtemperatur zeigen. Unter Zugbeanspruchung und in polykristalliner Form sind aber auch diese Keramikwerkstoffe spröde. Bei überwiegend kovalent gebundener Keramik kommen plastische Gleitprozesse wegen deren sehr starrer, gerichteter Elektronenpaarbindung ohnehin nicht in Betracht.
Damit ist das **Verformungsverhalten** von Keramik bei tiefen Temperaturen durch **energie-elastische** Formänderungen, die mit einem **spröden Bruch** enden, gekennzeichnet. Beschrieben wird dieses Verhalten mit Hilfe der elastischen Kenngrößen E-, G-Modul und Kontraktionszahl μ sowie mit der Bruchspannung σ_B als

Festigkeitskennwert. Im Gefüge enthaltene Poren beeinflussen das elastische Verhalten, sie rufen eine im wesentlichen vom Porengehalt abhängige Verminderung der Modulwerte hervor.

2.1.1.2 Glas

Die in Netzwerken fehlende strukturelle Fernordnung schließt sowohl die Existenz von Gleitsystemen als auch von speziellen Fehlordnungen wie Versetzungen aus. Im eingefrorenen Zustand, d. h. bei $T < T_g$, sind irreversible Verformungsvorgänge nicht möglich, folglich deckt sich das Verformungsverhalten von Glas trotz unterschiedlichen Strukturaufbaues mit dem von Keramik.
Das *energie-elastische* Verhalten eines Verbandes bestimmen die in ihm wirkenden Bindungen und deren Anordnung. In einem „aufgelockerten" Netzwerk, das ein ausgeprägtes Leervolumen enthält, werden die zu energie-elastischen Formänderungen führenden Verzerrungen der Atomabstände zusätzlich von einer reversiblen Verzerrung des Netzwerkes begleitet. Die Einlagerung netzwerkwandelnder Ionen ruft einerseits eine Lockerung des Bindungszustandes hervor, andererseits wird durch die Ionen das Leervolumen aufgefüllt, die Netzwerkdichte und damit der Widerstand gegen eine Netzwerkverzerrung erhöht. Je nachdem, welcher dieser beiden gegensätzlichen Effekte überwiegt, nimmt der E-Modul durch Einbau von Alkali-, Erdalkali- oder anderer Ionen ab oder zu. So gibt es Silikatgläser, die je nach Zusammensetzung einen höheren oder niedrigeren E-Modul als reines Kieselglas aufweisen. Die *Verzerrung des Netzwerkes* entspricht einem mehr *entropie-elastischen* Mechanismus. Der spontan einsetzenden Netzwerkverzerrung überlagern sich zeitabhängig lokale strukturelle Umlagerungen, die bei Entlastung weitgehend relaxieren. Das Ausmaß dieser verzögerten strukturellen Umlagerungen hängt bei gegebener Struktur von der Beanspruchungshöhe und -temperatur ab.

2.1.2 Verformungsverhalten bei hohen Temperaturen

2.1.2.1 Keramik

Als Folge zunehmender thermischer Beweglichkeit der Gitterbausteine werden bei hohen Temperaturen auch in polykristallinen Keramikwerkstoffen *bleibende Formänderungen* möglich. Diese äußern sich vor allem in einem zeitabhängigen **Kriechen**, das auf plastischen und viskosen Vorgängen beruht. Die plastischen Prozesse können in einem sehr *begrenzten Ausmaß* durch thermisch bedingte Erleichterungen von *Versetzungsbewegungen* zustande kommen, sei es durch Aktivierung zusätzlicher Gleitebenen oder durch Versetzungsklettern. Hierbei sind Versetzungen in mehr kovalent gebundenen Gittern erheblich unbeweglicher als in mehr ionischen Strukturen.
Viskoses Kriechen kann durch *Korngrenzgleiten* hervorgerufen werden oder durch *viskoses Fließen* einer amorph erstarrten Zweitphase. Da *Glasphasen* bei vergleichsweise niedrigen Temperaturen (T_g) erweichen, bestimmen sie weitgehend das

Hochtemperaturverhalten einer solchen Keramik. Für Hochtemperaturanwendungen sollte demzufolge der Glasphasenanteil so niedrig wie möglich sein.
Ein späterer Kriechbruch kommt ähnlich wie bei Metallen durch Bildung mikroskopischer Hohlräume und deren Vereinigung zu einem wachstumsfähigen Mikroriß zustande, wobei sich diese Vorgänge einer Kriechschädigung vor allem auf den Korngrenzbereich konzentrieren.

2.1.2.2 Glas

Eine Glasstruktur erweicht mit Erreichen bzw. Überschreiten der für sie charakteristischen Glastemperatur. Sie geht in einen quasi „thermoplastischen" Zustand über. In diesem Temperaturbereich wird das Verformungsverhalten besonders stark von der Zeit beeinflußt, niedrige Verformungsgeschwindigkeiten bewirken ein viskoses Verhalten, hohe Verformungsgeschwindigkeiten ein sprödes. Das Erweichen amorpher Phasen schon bei relativ niedrigen Temperaturen ist wohl für Hochtemperaturanwendungen von Nachteil, es erlaubt aber andererseits die Anwendung einfacher und kostengünstiger Verarbeitungsverfahren, die bei Keramik – mit Ausnahme von glas- oder tonkeramischen Systemen – im allgemeinen nicht angewendet werden können.

2.2 Bruchverhalten

2.2.1 Keramik

Da keramische Werkstoffe wegen ihres Mangels an Plastizität nicht durch unzulässig große Formänderungen, sondern durch **Sprödbruch** versagen, ist bei ihnen die Werkstoff-Festigkeit mit dem Widerstand gegen zum Bruch führende, **instabile Rißausbreitung** gleichzusetzen. Gemessen an der theoretischen Bruchfestigkeit, die über die Höhe der Bindungskräfte abgeschätzt wird, liegen die in der Praxis normalerweise feststellbaren realen Bruchspannungen bei Zugbeanspruchung um einen Faktor von etwa 10^2 niedriger.
Als Ursache für diese niedrigen Zug- bzw. Biegefestigkeiten kommen rißauslösende, lokale Spannungsspitzen im Gefüge in Frage. Diese Feststellung stimmt auch mit der Beobachtung überein, daß einerseits normale Keramiken um mindestens eine Größenordnung höhere Druckfestigkeiten aufweisen und andererseits mit defektfreien Keramik-Whiskern Zugfestigkeiten im Bereich der theoretischen Festigkeit erzielt werden können:

$$\sigma_{zB,real} \approx 10^{-2} \cdot \sigma_{zB,theor.}$$

$$\sigma_{dB,real} \approx 10^{-1} \cdot \sigma_{zB,theor.}$$

$$\sigma_{zB,whisker} \approx \sigma_{zB,theor.}$$

Das Mißverhältnis zwischen $\sigma_{zB,real}$ und $\sigma_{zB,theor}$ läßt sich im Prinzip auf ähnliche Weise erklären wie der eklatante Unterschied zwischen theoretischer und realer kritischer Abgleitspannung $\tau_{crit.}$ bei der plastischen Verformung von Metallen. Während

bei der plastischen Verformung der im Bereich einer Versetzung existierende Spannungszustand hierfür verantwortlich ist, treten bei Keramikteilen, die keine äußeren Kerben aufweisen, die rißauslösenden Spannungsspitzen vor allem an Poren oder Mikrorissen auf. In Gefügen, die solche Defekte nur in vernachlässigbarem Umfang enthalten, werden grob ausgebildete Gefügebestandteile wie Einschlüsse, Zweitphasenteilchen oder auch grobe Körner der Matrixphase für die Rißbildung bedeutsam. Die Spannungsspitzen entstehen an den Grenzflächen dieser Teilchen, bei einphasigen grobkörnigen Gefügen infolge ihrer unterschiedlichen elastischen Formänderungen, die sich bei der Beanspruchung polykristalliner Verbände mit statistischer Verteilung der Kornorientierungen ergeben. Bei Teilchen verschiedener Zusammensetzung entstehen zusätzlich Spannungsspitzen wegen deren unterschiedlicher thermischer Kontraktion beim Abkühlen. Eine weitgehende Eliminierung der inneren Defekte hat zur Folge, daß zunehmend der Kerbzustand und der Eigenspannungszustand der Oberfläche bzw. des Randbereiches für eine Rißbildung bestimmend werden.
Neben dem bei Überlastung ($K_I \geq K_{Ic}$) spontan eintretenden Sprödbruch stellt sich bei Keramiken mit einer die Korngrenzen bedeckenden Bindephase, vorzugsweise bei silikatischen Keramiken, häufig auch ein zeitabhängiges, **stabiles Rißwachstum** ein. Diese mit niedriger Geschwindigkeit voranschreitende Rißausbreitung ist in erster Linie auf äußerst lokalisierte Korrosionsprozesse zurückzuführen, die sich an der unter Zugspannung stehenden Rißspitze ergeben. Als wichtiger Einflußfaktor bei diesen synergistischen Reaktionen wurde der Feuchtigkeitsgehalt der Umgebungsluft erkannt. Demzufolge nimmt der stabil wachsende Riß auch bei niedrigen Temperaturen meist einen interkristallinen Verlauf. Nur bei höheren Rißwachstumsgeschwindigkeiten können transkristalline Rißanteile dazukommen. Wegen der Zeitabhängigkeit des Festigkeitsverhaltens vieler Keramiken wurde dieser Schädigungsvorgang oftmals irreführenderweise als „statische Ermüdung" bezeichnet.
Dagegen wurde in letzter Zeit bei einer Reihe von Keramiken, besonders solchen sog. verstärkten oder schadenstoleranten Keramiken erhöhten Bruchwiderstandes, auch ein „echtes" **Ermüdungsverhalten** beobachtet, das bekanntlich durch einen infolge wiederholter Beanspruchung verursachten *Dauerbruch* gekennzeichnet ist. Dies konnte durch Vergleich der Lebensdauern statisch und entsprechend zyklisch beanspruchter Proben, die bei zyklischer Beanspruchung signifikant kürzer ausfielen, nachgewiesen werden. Die hierfür verantwortlichen mikroskopischen Vorgänge sind offenbar recht vielfältiger Natur und eindeutig keramik-spezifisch, jedenfalls mit den für die Ermüdung metallischer Werkstoffe erforderlichen Mikrogleitungen nicht zu vergleichen. Keramiken zeigen auch keineswegs den von Metallen her bekannten Unterschied im Aussehen der Bruchfläche bei vorausgegangener statischer und zyklischer Beanspruchung.
Der bei der Ermüdung von Metallen so entscheidende Vorgang der Rißbildung scheint bei Keramiken nicht erforderlich zu sein, da ohnehin rißähnliche Defekte in jeder Keramik existieren. Überhaupt wird angenommen, daß sich in Keramiken die rißausbreitenden Ermüdungsprozesse von denen bei statischer Rißausbreitung nur relativ wenig unterscheiden. Allenfalls lassen sich Hinweise darauf finden, daß die Ermüdungsbruchflächen während der zyklischen Beanspruchung oft in einem intensiven Reibkontakt mit zunehmenden Kornausbrüchen, -fehlpassungen und entsprechenden Keilwirkungen der Körner sowie Rißöffnungs- und Rißschließeffekten stehen, so

daß die Bruchfläche dann von einer dünnen Schicht mikroskopischer Verschleißpartikel und Gefügetrümmer bedeckt wird. Diese Vorgänge gehen von spannungserhöhenden Gefügeinhomogenitäten aus, wozu neben vorhandenen Mikrorissen, Poren usw. auch verstärkende Gefügemerkmale wie plättchen- oder faserförmige Zusätze zählen. Ein wichtiger Aspekt hierbei besteht darin, daß die genannten verstärkenden Gefügeelemente, die eine Rißausbreitung bei statischer Beanspruchung hemmen und damit den K_{Ic}-Wert verbessern sollen, durch die Ermüdungsvorgänge geschädigt werden und an Wirksamkeit verlieren.
Da die Bruchfestigkeit von Keramikteilen wegen ihrer Sprödigkeit in hohem Maße von zufällig angeordneten und ausgebildeten Defekten abhängig ist, zeigen die statischen Festigkeitskennwerte eine ungewöhnlich große, etwa den Ergebnissen von Wöhlerversuchen vergleichbare Streuung. Selbst bei hochwertigen Erzeugnissen müssen Streuungen von ±25 % als normal hingenommen werden. Dies zwingt zu einer statistischen Auswertung einer größeren Zahl von Versuchswerten mit dem Ziel, dem jeweiligen Festigkeitskennwert auch eine bestimmte, statistisch belegte Bruchwahrscheinlichkeit zuordnen zu können. Eine solche Betrachtungsweise des Festigkeitsverhaltens wird in dem Maße notwendig, in dem keramische Werkstoffe für konstruktive Anwendungen in Betracht gezogen werden sollen. So bedeutet bereits eine spürbare Einengung der Kennwertstreuungen eine merkliche Verbesserung der mechanischen Eigenschaften.
Die Einspannung von keramischen Zugproben bereitet Schwierigkeiten, daher bestimmt man die Bruchfestigkeit im allgemeinen mit Hilfe von Biegeversuchen. Aufgrund des überwiegend spröden, linear-elastischen Verhaltens von Keramik lassen sich bruchmechanische Prüfmethoden besonders erfolgreich anwenden. Sofern korrosiv wirkende Umgebungseinflüsse nicht vorliegen, kann ergänzend zur Bruchfestigkeit ein kritischer Rißzähigkeitswert K_{Ic} angegeben werden, der eine Abschätzung der zulässigen Belastbarkeit solcher Bauteile erlaubt, die Risse bekannter Abmessungen aufweisen. Wegen der niedrigen Rißzähigkeiten keramischer Werkstoffe sind dann auch die kritischen Fehlergrößen sehr klein und von daher nur mit erhöhtem Aufwand zu ermitteln. Sind jedoch die den möglichen Sprödbruch verursachenden Defekte nach Größe und Lage hinreichend gut bekannt, unterliegen die dann anwendbaren bruchmechanischen Festigkeitskennwerte auch viel geringeren Streuungen.
Für den Fall der Mitwirkung einer korrosiven Atmosphäre kann bei Anwendung der Bruchmechanik in Abhängigkeit vom Spannungsintensitätsfaktor K_I Auskunft darüber erlangt werden, ob und mit welcher Geschwindigkeit ein stabiles Rißwachstum stattfindet (vgl. Abb. B.2-72, B.3-17,B).

2.2.2 Glas

Das trotz unterschiedlichen strukturellen Aufbaus gleichartige Verformungsverhalten von Keramik und von Glas läßt auch ein sehr ähnliches Bruchverhalten erwarten. Die amorphe Glasstruktur erlaubt daher im eingefrorenen Zustand ($T<T_g$) nur spröde Brüche. Da kristallographische Zuordnungen fehlen, zeigt die Bruchfläche stets ein muschelartiges Aussehen. Glaskörper entstehen im allgemeinen aus dem Schmelzzustand, so daß bei ihnen die für Sintergefüge charakteristischen Poren i. allg. fehlen.

Als Folge dieser weitgehenden Fehlerfreiheit im Innern kommt dann der Existenz von Oberflächenfehlern eine entscheidende Bedeutung für die Bruchfestigkeit zu. Glasteile, die keine spezielle Behandlung erfahren haben, besitzen in der Regel genügend Oberflächenkerben in Form von Mikroanrissen, um gleichfalls stark streuende Bruchfestigkeitswerte aufzuweisen, die im Mittel auch hier um den Faktor 10^{-2} unter dem theoretischen Bruchwert liegen. Eine mit der Beanspruchungsdauer abnehmende Zugfestigkeit hat ihre Ursache wie bei silikatischer Keramik in an der Rißspitze ablaufenden, lokalen Korrosionsprozessen. Mit Überschreiten der Glastemperatur stellt sich ein zunehmend viskoses Verhalten ein, das mit einem ausgeprägten Duktilbruch endet.

2.3 Möglichkeiten zur Verbesserung der mechanischen Eigenschaften

2.3.1 Keramik

Die Bemühungen um eine Verbesserung der mechanischen Eigenschaften richten sich zunächst auf eine Steigerung der **Festigkeit**, d. h. auf eine Erhöhung der zur Auslösung eines Sprödbruches erforderlichen Spannung. Dies bedeutet, daß rißauslösende Spannungsspitzen, die durch Gefügeinhomogenitäten und -defekte aufgebaut werden, möglichst zu beseitigen sind. Als rißfördernde Gefügeelemente kommen zunächst Poren, grobe Körner oder Teilchen anderer Phasen in Betracht. Für höherfeste Keramiken *wären* also möglichst porenfreie, feinkörnige und möglichst einphasige Gefüge zu fordern.
Mit derartigen defektarmen (wichtig auch: geringe Defektgröße!) monolithischen Keramiken lassen sich in der Tat hohe Bruchfestigkeitswerte erzielen (Abb. D.2-1). Abgesehen von dem erheblichen Aufwand bei der Herstellung und Prüfung solcher hochfesten Keramiken sind sie auch von extremer Sprödigkeit (sehr niedriger K_{Ic}-Wert) und können bereits bei geringer Überschreitung der zulässigen Fehlergröße dramatische Festigkeitseinbußen erleiden. Die hierdurch gegebene Streuung der Festigkeitswerte macht eine sichere Anwendung solcher hochfesten monolithischen Keramiken sehr problematisch. Zu beachten ist ferner, daß kritische Defekte nicht nur bei der Bauteilherstellung vermieden werden müßten, sondern auch im späteren Betrieb unter keinen Umständen entstehen dürften.
Um diesem gravierenden Mangel abzuhelfen, wurden Keramikgefüge durch Einbau rißhemmender Gefügeelemente mit dem Ziel deutlich erhöhter Rißzähigkeit oder besser *Defektunempfindlichkeit* bzw. **Schadenstoleranz** optimiert („Verstärkung").

Zur sog. Verstärkung werden vor allem zwei Phänomene herangezogen:

- zum einen die vom *Spannungsfeld* des sich ausbreitenden Risses induzierte Umwandlung stabilisierter tetragonaler ZrO_2-Teilchen;
- zum anderen die Hemmung der weiteren Rißausbreitung durch spezielle *innere Grenzflächen*, die beim Einbringen faseriger, plättchenförmiger Partikel oder langgestreckter Körner entstehen.

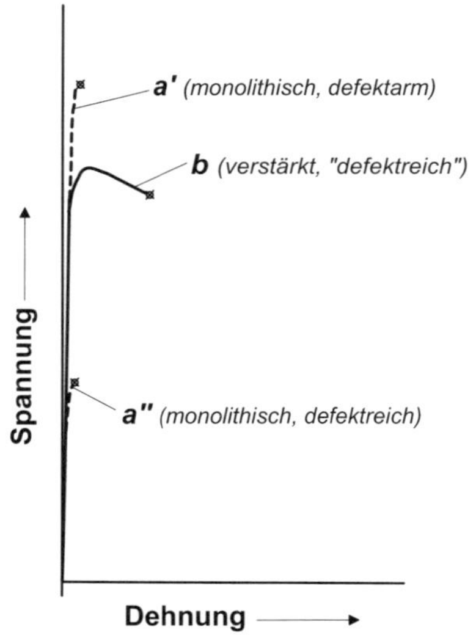

Abb. D.2-1 Spannung-Dehnung-Verhalten keramischer Konstruktionswerkstoffe
a = monolithische Keramik, b = „verstärkte" Keramik

Umwandlungsfähige tetragonale ZrO_2-Teilchen (vgl. Abb. D.1-10) spielen in diesem Verstärkungskonzept eine wichtige Rolle. Sie ändern im Spannungsfeld der Rißspitze spannungsinduziert ihre Struktur von *tetragonal* → *monoklin* und nehmen hierbei Verzerrungsenergie auf (**Prozeßzone**). Eine rißhemmende Wirkung kann auch darin bestehen, daß der Riß von den lokalen Mikrospannungsfeldern, die um bereits transformierte ZrO_2-Teilchen bestehen, in seiner Ausbreitungsrichtung umgelenkt wird oder die Rißspitzenenergie durch Mikrorißbildung und -ausbreitung an den Teilchen dissipiert (Abb. D.2-2,A-C). Die umwandlungsfähigen tetragonalen ZrO_2-Ausscheidungen werden wie bei der Aushärtung metallischer Legierungen durch Lösungsglühen, Abkühlen und anschließendes Tempern erzeugt.
Die spätere Umwandlung der in einer festen Keramik-Matrix ausgeschiedenen ZrO_2-Teilchen ist wegen der großen Umwandlungsspannungen kinetisch stark behindert, so daß die entsprechenden Umwandlungstemperaturen M_s, M_f (Martensitstart-, -finish-Temperatur) durch Variation der Zusammensetzung, der Teilchengrößen und der Behandlungsparameter auf Werte oberhalb, bei oder unterhalb von Raumtemperatur eingestellt werden können. Da es sich hier um eine **Mikroriß/Partikel-Wechselwirkung** handelt, gelten hinsichtlich einer Optimierung aber andere Gesichtspunkte als für die von Metallgefügen her bekannten *Versetzung/ Partikel-Wechselwirkungen.* So erweisen sich keineswegs feindisperse Teilchenverteilungen als optimal, sondern eher nur feine.
Weiterhin kann der Widerstand gegen Rißausbreitung bei Keramiken auch dadurch angehoben werden, daß im keramischen Matrixgefüge durch Einbringen faseriger oder plättchenförmiger, gegebenenfalls auch rundlicher Partikel innere Grenzflächen geschaffen werden, an denen im Spannungsfeld eines sich ausbreitenden Risses energiedissipierende oder andere rißhemmende Prozesse initiiert werden (Abb. D.2-2, D). Auch bei diesen „verstärkenden" Gefügekomponenten kommt es sehr auf eine spezielle

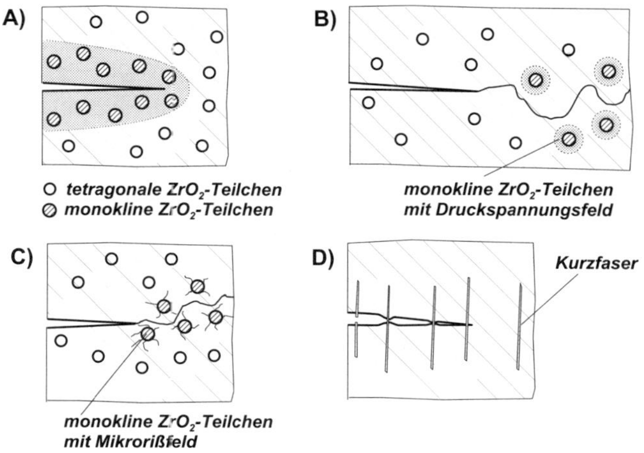

Abb. D.2-2 „Verstärkung" keramischer Werkstoffe
A) Energiedissipation durch Umwandlung tetragonaler ZrO_2-Teilchen in monokline
B) Rißumlenkung durch Druckspannungen umgewandelter ZrO_2-Teilchen
C) Energiedissipation durch Mikrorißerzeugung an umgewandelten ZrO_2-Teilchen
D) „Verstärkung" durch rißüberbrückende Kurzfasern

Ausbildung in Bezug auf ihre Menge, Größe, Verteilung und Ausrichtung an. So ist es z. B. wichtig, daß keine zu starke *Bindung zwischen Matrix und Partikel* besteht, damit es während der Rißausbreitung zu möglichst intensiven Ablösungs- und Reibungsvorgängen kommt. Von Bedeutung ist auch, daß die faserigen oder plättchenförmigen Partikel nicht parallel zur Rißausbreitung liegen, sondern den Riß überbrücken und, da sie bei Rißöffnung unter Zug stehen, Rißschließkräfte erzeugen. Sogar in einphasigen Gefügen können einzelne längliche oder auch grobe Körner die Funktion einer Rißbarriere ausüben, indem sie infolge ihrer Anisotropie andere Deformationen als die umgebenden Matrixkörner erleiden und hierdurch Reibungsverluste, Mikroeigenspannungen und Mikrorißverzweigungen erzwingen (vgl. Abb. D.3-5).
Die Erzielung einer gewissen Rißzähigkeit beruht bei keramischen Werkstoffen also überwiegend auf der Einbringung von Partikeln, um bei Rißausbreitung an der Matrix/Partikel-Grenzfläche energieabsorbierende oder rißablenkende Prozesse zu induzieren. Dies wirkt natürlich den eingangs geschilderten, ausschließlich einer Festigkeitssteigerung dienenden Maßnahmen (möglichst defektfreie Keramikmatrix) im Grunde entgegen. Dennoch ist dieser Sachverhalt nicht widersprüchlich, wenn man bedenkt, daß auch bei metallischen Werkstoffen Bruchunempfindlichkeit, d. h. Zähigkeit, durch Plastizität, also auf Kosten von Festigkeit erlangt werden kann. Ein weiterer positiver Effekt der zähigkeitssteigernden Maßnahmen liegt in der deutlichen Verminderung der Streuung der Festigkeitskennwerte.
Die bei Kunststoffen häufig angewandte Verstärkung mit hochfesten und hochsteifen Endlosfasern, wodurch allerdings ein neuer Verbundwerkstoff entsteht, ist grundsätzlich auch bei keramischen Werkstoffen möglich. Neben einer Erhöhung von Steifigkeit und Festigkeit stellt sich als besonderer Vorteil auch ein höherer Bruchwiderstand ein. Die Gründe hierfür sind etwa die gleichen wie die bei der Verstärkung mit Kurzfasern.

2.3.2 Glas

Sofern bei Glas die Lichttransparenz erhalten bleiben soll, sind Maßnahmen wie das Partikelverstärken einschließlich Umwandlungsverstärken nicht anwendbar. Geeignet sind dagegen Verfahren, mit denen die bruchauslösende Wirkung mikroskopischer Oberflächenanrisse durch Aufbau von Druckeigenspannungen im Randbereich eliminiert werden kann. Bewährt haben sich das sog. thermische und das chemische Härten. Beim sog. *thermischen Härten* erzielt man sowohl bei Glas als auch bei Keramik Druckspannungen in der Randschicht durch rasche Abkühlung eines auf geeignet hohe Temperaturen erwärmten Teils. Im Bereich der „Härtetemperatur" muß das Material ein wenig viskos verformbar sein. Die rasche Abkühlung führt im Querschnitt des zu verstärkenden Glasteils zu stark unterschiedlichen Abkühlgeschwindigkeiten. Der Randbereich kontrahiert zuerst, die damit verbundenen Formänderungen baut der noch weiche Kern durch viskoses Nachgeben ab. Die Kontraktion des später abkühlenden Kerns kann im nun erkalteten, nicht mehr nachgiebigen Rand nur noch in Druckspannungen umgesetzt werden, die mit entsprechenden Zugspannungen im Kern im Gleichgewicht stehen. Das bei einfach geformten Teilen leicht durchführbare thermische Härten erweist sich als außerordentlich effektiv, denn Festigkeitssteigerungen auf den doppelten Wert und merklich darüber lassen sich im allgemeinen unschwer erreichen. Von diesem Verfahren kann verständlicherweise nur bei niedrigen, allenfalls mittleren Anwendungstemperaturen Gebrauch gemacht werden.
Das sog. *chemische Härten*, das zwar vorzugsweise bei Gläsern angewendet wird, bei entsprechend glasierten Keramiken aber ebenfalls vorgenommen werden kann, macht von einem ähnlichen Effekt Gebrauch. Hierbei wird der zu härtende Glaskörper unterhalb von T_g gewöhnlich in eine Salzschmelze von z. B. KNO_3 getaucht, so daß die im Glasnetzwerk befindlichen kleineren Na-Ionen gegen größere K-Ionen ausgetauscht werden. Dieser gezielte Ionenaustausch führt bereits bei der Einlagerung der K-Ionen zu einer Expansion der Randschicht mit entsprechenden Druckspannungen, die beim Abkühlen von Salzbadtemperatur wegen der auch unterschiedlichen Kontraktion von Rand und Kern noch gesteigert werden.

3 Nichtmetallisch-anorganische Werkstoffe

3.1 Keramische Werkstoffe

Die keramischen Werkstoffe werden heute in drei Hauptgruppen, nämlich:

Silikat-, Oxid- und Nichtoxidkeramik

unterteilt. Als ein wesentliches Unterscheidungsmerkmal gilt dabei, daß silikatkeramische Werkstoffe im Gefüge (sog. Scherben) einen bedeutenden Anteil einer silikatischen Glasphase enthalten, während die beiden anderen Werkstoffgruppen nur relativ wenig Glasphase enthalten und bei ihnen die kristallinen Anteile dominieren, sowohl als Gefügekomponente als auch hinsichtlich ihres Einflusses auf die Eigenschaften.

3.1.1 Silikatkeramische Werkstoffe

Alle silikatkeramischen Rohmassen enthalten als wesentliche Bestandteile Ton bzw. Kaolin, Feldspat und Quarz. Wird von den jeweiligen, teils recht erheblichen Begleitsubstanzen abgesehen, lassen sich die verschiedenen Rohmassen einem schematischen Dreistoffsystem **„Ton/Kaolin — Quarz — Feldspat“** zuordnen (Abb. D.3-1).

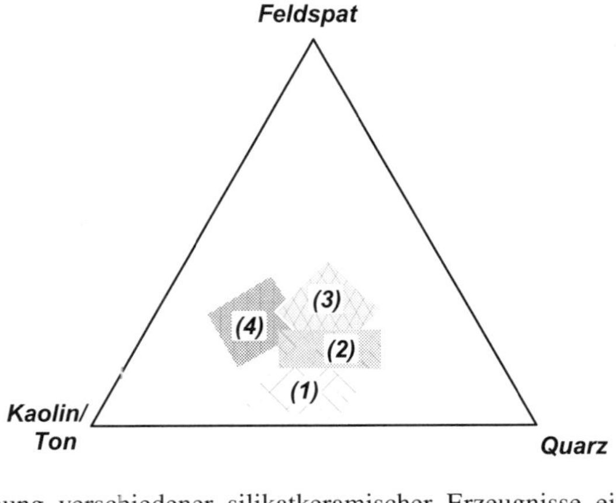

Abb. D.3-1 Zuordnung verschiedener silikatkeramischer Erzeugnisse einem schematischen Dreistoffsystem Ton/Kaolin – Quarz – Feldspat (nach Lit. D.4)
(1): Steingut, (2): Steinzeug, (3): Weichporzellan, (4): Hartporzellan

Das gegebrannte Silikatkeramikgefüge besteht aus -je nach Zusammensetzung und Korngröße der Rohmasse sowie Brenntemperatur und Brenndauer- unterschiedlichen Mengen Mullit, Glasphase und unvollständig gelöstem Quarz und/oder zu Cristobalit bzw. Tridymit umgewandeltem Quarz. Bei Mullit handelt es sich um das einzige stabile Al-Silikat, sein Existenzbereich liegt zwischen 72 und 78 % Al_2O_3 (Abb. D.3-2).

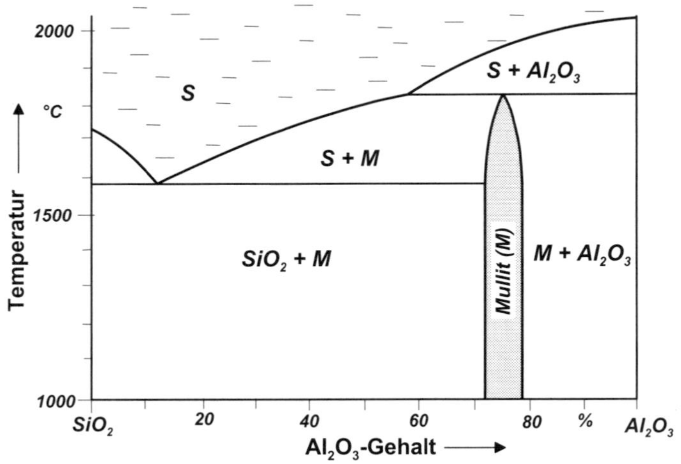

Abb. D.3-2 Zustandsdiagramm SiO_2 – Al_2O_3 (nach Lit. D.4)

Die einzelnen Silikatkeramiksorten werden i. allg. nach ihren Eigenschaften im gebrannten Zustand, insbesondere nach ihrer Porosität unterschieden. Die Gruppe der porösen Silikatkeramiken weist ein Porenvolumen von etwa 10 bis 40 % auf, das überwiegend nach außen hin geöffnet ist. Bei einer dichten Silikatkeramik liegt eine gegebenenfalls vorhandene offene Porosität in jedem Fall unter 2 %. Man gelangt von einem porösen zu einem dichten Produkt, indem beim Sintern ein höherer Schmelzanteil eingestellt wird. Dies wiederum kann über eine höhere Brenntemperatur und/oder einen höheren Flußmittelanteil (Feldspat, Kalk u. a.) erreicht werden.
Weitere Unterscheidungsmerkmale sind das farbige oder weiße Aussehen des Scherbens sowie die grob- oder feinkeramische Rohstoffaufbereitung. Die Färbung des Scherbens geht auf Verunreinigungen der Rohmasse, insbesondere auf Eisenoxide, zurück. Zur Herstellung weißer Produkte sind daher sehr reine, vor allem Fe-freie Rohstoffe erforderlich. Ein Scherben wird als grobkeramisch bezeichnet, wenn seine einzelnen Gefügebestandteile noch mit bloßem Auge erkennbar sind, also eine Größe von $\geq 0{,}2$ mm aufweisen, anderenfalls liegt ein feinkeramisches Erzeugnis vor.
Bedeutende silikatkeramische Werkstoffe sind Ziegel, Steingut, Steinzeug und Porzellan, die sich nach den vorgenannten Kennzeichen wie folgt gliedern lassen:

Silikatkeramische Werkstoffe

- ***grobkeramisch***
  - ***Ziegel (porös)***
  - ***Klinker (dicht)***
- ***feinkeramisch***
  - ***Steingut (porös)***
  - ***Steinzeug (dicht)***
  - ***Porzellan (dicht, weiß)***

Ziegel stellen relativ billige Massenprodukte dar, zu deren Herstellung Tone minderer Qualität herangezogen werden, die neben einem hohen Anteil an Verunreinigungen auch erhebliche Mengen an nichtplastischen Substanzen wie Quarz, Feldspat und Kalk aufweisen. Diese Ziegeltone werden i. allg. ohne weitere Zusätze verarbeitet, ihre Zusammensetzung hängt daher stark von der jeweiligen Fundstelle ab und kann folglich in weiten Grenzen schwanken.
Das Gefüge zeigt im gebrannten Zustand eine aus feinen Mullitkristallen und Glasphase bestehende Matrix, in die relativ grobe Partikel der Ausgangsstoffe eingelagert sind. Die üblichen Brenntemperaturen liegen bei oder unter 1000 °C. Sie können so niedrig gewählt werden, weil Ziegeltone meist genügend niedrigschmelzende Verunreinigungen besitzen, um beim Brennen eine Schmelzphase in ausreichender Menge zu bilden. Bei Ziegeln ist aus mehreren Gründen, z. B. Wärmeisolation, Gewichtseinsparung, ein größerer Porositätsgrad erwünscht, wozu die niedrige Brenntemperatur dient und, sofern dies nicht ausreicht, der Rohmasse spezielle Porenbildungsmittel wie Holzmehl, Styropor u. a. zugegeben werden. Mit ihrer offenen Porosität werden Ziegelsteine aber frostempfindlich. Eine höhere Brenntemperatur, die zu einem geringeren Porenvolumen führt, bietet daher nicht nur den Vorteil einer höheren Festigkeit, sondern auch erhöhten Frostwiderstandes.
Dichte Ziegelprodukte, sog. *Klinker*, entstehen bei noch höheren Brenntemperaturen, es wird dabei so viel Schmelzphase erzeugt, daß es zu einem Verschluß der offenen Poren kommt. Die Eisenoxide ändern unter diesen Brennbedingungen ihre Farbe von gelb und rot in dunkelbraun und dunkelrot mit einem blauen Farbschimmer.
Steingut-Erzeugnisse sind ebenfalls durch einen porösen Scherben gekennzeichnet, sie unterscheiden sich von Ziegelerzeugnissen durch ihr feineres Gefüge und ihre meist glasierte Oberfläche. Zum elfenbeinfarbenen Steingut gelangt man durch Einsatz eisenarmer Tonsubstanzen. Der poröse Scherben resultiert aus einer mit 1100 bis 1250 °C für feinkeramische Erzeugnisse recht niedrigen Brenntemperatur und einem niedrigen Flußmittelgehalt. Üblicherweise liegen die Flußmittelgehalte unter 10 %, neben Feldspat wird hierfür auch Kalk, seltener Talk, eingesetzt. Wegen der beim Brennen nur in geringer Menge entstehenden Schmelze gestaltet sich der Brennprozeß wenig problematisch.
Nach Auftrag einer Glasur erfolgt bei einer um ca. 100 °C niedrigeren Temperatur der Glasurglattbrand. Die Glasur dichtet den porösen Scherben nach außen hin ab. Sie muß zur Vermeidung von Zugeigenspannungen, die -oftmals erst nach längerer Zeit- zur Bildung von Haarrissen führen, einen kleineren Ausdehnungskoeffizienten als der Scherben besitzen. Geeignet sind PbO- und B_2O_3-haltige Glasuren. Als typische Steinguterzeugnisse seien Geschirr, Kacheln und Fliesen genannt.
Steinzeug weist im Vergleich zu Steingut aufgrund höherer Flußmittelgehalte und höherer Brenntemperaturen einen dichteren Scherben auf. Es wird beim Steinzeug aber aus Verarbeitungsgründen noch immer eine geringe offene Porosität (<2 %) zugelassen. Steinzeug nimmt somit eine Mittelstellung zwischen dem kostengünstigen Steingut und dem dichten, weißen Porzellan ein. Es findet beispielsweise Anwendung bei der Herstellung von einfacherem Haushaltsgeschirr oder Sanitärkeramik.
Die entscheidende Voraussetzung für die Herstellung von **Porzellan** ist der Einsatz von hochwertigem Kaolin. Neben der weißen Farbe und dem dichten Brand mit einer meist deutlich unter 10% liegenden geschlossenen Porosität ist für Porzellan eine bestimmte

durchscheinende Transparenz des Scherbens kennzeichnend. Da Licht beim Durchgang durch Porzellan vor allem an inneren Grenzflächen gestreut wird, hängt die Transparenz von Porzellan vom Anteil an Glasphase, von der Differenz der Brechungsindices der das Gefüge bildenden Phasen und der Größe der kristallinen Bestandteile ab. Ein hoher Glasphasenanteil, eine geringe Differenz der Brechungsindices und große Kristalle haben eine hohe Transparenz zur Folge. Einen sehr ungünstigen Einfluß üben in dieser Hinsicht Poren aus, weil sie Grenzflächen mit großer Änderung im Brechungsverhalten und daher starker Lichtstreuung bilden.
Quarz wirkt sich grundsätzlich günstig auf das Festigkeitsverhalten von Porzellan aus, jedoch resultieren beim Abkühlen aus dem großen Unterschied im Ausdehnungskoeffizienten zwischen Glasphase und Quarz sowie zusätzlich aus der Quarzumwandlung bei 573 °C (vgl. Abb. D.1-8) erhebliche Spannungen, die sich in groben Quarzkörnern und an deren Grenzflächen in feinen Rissen entladen können. Bei einem Quarzgehalt von etwa 25% nimmt die Festigkeit von Porzellan einen besonders niedrigen Wert an. Höhere Quarzgehalte bewirken eine Reduzierung der thermischen Kontraktionsspannungen und somit einen Festigkeitsanstieg. Von dieser Möglichkeit wird in der Praxis wegen der hierfür erforderlichen hohen Brenntemperaturen kein Gebrauch gemacht, vielmehr wird das gleiche Ziel besser dadurch erreicht, daß der Quarz weitgehend durch Al_2O_3 ersetzt und der Mengenanteil der Glasphase vermindert wird. Hochfestem Porzellan, wie es beispielsweise für Hochspannungsisolatoren benötigt wird, setzt man bis zu 30% Al_2O_3 in calcinierter Form zu. Auf diese Weise läßt sich die Festigkeit gegenüber Normalporzellan auf den zwei- bis dreifachen Wert steigern.
Abgesehen von einigen Spezialsorten sind zwei verschiedene Porzellanarten zu unterscheiden, nämlich das Weich- und das Hartporzellan. Weichporzellan wird unter Verwendung eines relativ großen Flußmittelanteils bei relativ niedrigen Temperaturen (1200 bis 1300°C) gebrannt. Es enthält im Scherben einen großen Anteil (bis 70%) einer alkalireichen, niedrigschmelzenden Glasphase, was ihm eine hohe Transparenz, jedoch ungünstige mechanische und elektrische Eigenschaften verleiht. Verwendung findet es vornehmlich für künstlerische und dekorative Gegenstände.
Hartporzellan wird überwiegend in der klassischen Zusammensetzung 50 % Kaolin, 25 % Feldspat und 25 % Quarz angemischt, es muß dann zur Erlangung eines dichten Scherbens um etwa 100 bis 200 °C höher als Weichporzellan gebrannt werden. In großen Mengen wird Hartporzellan zu Geschirr verarbeitet. Für technische Anwendungen wird der Kaolinanteil meist noch weiter erhöht, so daß bei verringertem Quarz- und Feldspatgehalt Porzellane entstehen, die aufgrund eines verminderten Alkaligehaltes sowie eines höheren Al_2O_3-Gehaltes verbesserte elektrische und mechanische Eigenschaften aufweisen.
Spezielle Porzellansorten sind das *Dental-* und das sog. *Knochenporzellan*. Beim Dentalporzellan kommt es in erster Linie auf eine hohe Transparenz an, während die Ansprüche an die Formbarkeit relativ gering sind. Diese Anforderungen werden mit einer niedrigbrennenden, sehr flußmittelreichen (bis 80 % Feldspat) sowie kaolinarmen (ca. 5 %) Mischung verwirklicht. Als Knochenporzellan wird ein aus Knochenasche (50 %), Kaolin und Feldspat gebranntes Porzellan bezeichnet, das aufgrund seiner hohen Transparenz, strahlend weißen Farbe und hohen Festigkeit zur Herstellung von hochwertigem Geschirr dient. Mit der Knochenasche gelangen Calciumphosphat-Verbindungen in die Porzellanmasse, die zur Ausbildung einer phosphorhaltigen

Glasphase sowie zu den kristallinen Phasen Anorthit ($CaO \cdot Al_2O_3 \cdot 2\,SiO_2$) und Calciumphosphat ($Ca_3(PO_4)_2$) führen. Förderlich für eine hohe Transparenz sind die wenig unterschiedlichen Brechungswerte der drei Phasen.
Über diese Silikatkeramikmassen hinaus existieren mit Schamotte, Silica, Sillimanit und Mullit (vgl. D.3.1.2.5) sowie Steatit und Cordierit weitere wichtige Keramikwerkstoffe silikatischen Ursprungs.
Silikatkeramische Produkte stellen durch ihre meist kostengünstige Rohstoffbasis (natürliche Rohstoffe), einfache Formbarkeit (plastifizierbare Schichtsilikate) und relativ unproblematische Brennbarkeit (viskose silikatische Flüssigphase) in der Regel preiswerte Keramikerzeugnisse dar. In ihrem mechanischen Verhalten sind sie jedoch den mehr oder weniger silikatfreien Oxid- und insbesondere Nichtoxidkeramiken eindeutig unterlegen (Abb. D.3-3). Für die Herstellung mechanisch und/oder thermisch beanspruchter Bauteile werden daher -wenn überhaupt- nur weitgehend silikatfreie oxidische bzw. nichtoxidische Keramikwerkstoffe (sog. **Ingenieurkeramik**) wegen deren höherer Härte, Festigkeit, Warmfestigkeit, gegebenenfalls auch Temperaturwechselbeständigkeit herangezogen.

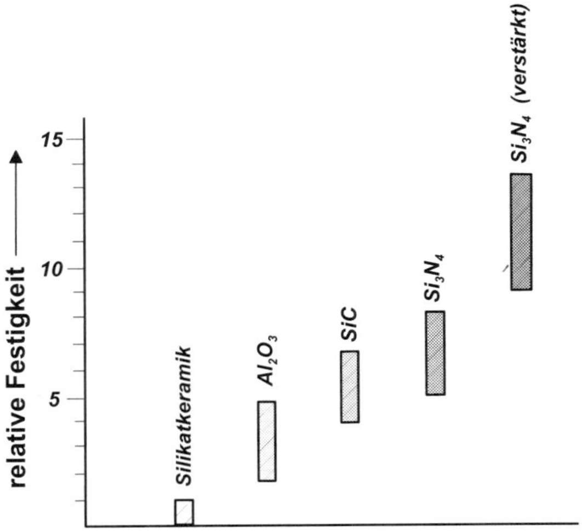

Abb. D.3-3 Festigkeitsverhalten verschiedener Keramikwerkstoffe (schematisch)

3.1.2 Oxidkeramik

Oxidkeramische Werkstoffe bestehen überwiegend, mitunter sogar vollständig, aus einem einzigen Oxid. Der Aufbau des polykristallinen Gefüges erfolgt durch Sintern. Das synthetisch hergestellte Oxidpulver wird in der Regel durch Pressen, oftmals isostatisch, seltener auch durch Schlickergießen, geformt. Neben plastizierenden und bindenden Zusätzen werden dem Pulver auch sinterbeschleunigende Hilfsmittel beigefügt. Die beiden wichtigsten Oxidkeramiken sind Aluminium- und Zirkoniumoxid. Von ihnen kommt Al_2O_3 schon sehr viel länger und auch sehr viel häufiger zur Anwendung.

3.1.2.1 Aluminiumoxid Al_2O_3

Im Normalfall handelt es sich um die hexagonale α-Struktur des Korunds (vgl. D.1.1.1.3). Die breite Anwendung von α-Al_2O_3 rührt von seinen besonderen mechanischen, thermischen, chemischen und elektrischen Eigenschaften her. Im einzelnen verfügt α-Al_2O_3 über:

– hohe Härte, Verschleißfestigkeit, Druckfestigkeit und einen hohen E-Modul;
– eine hohe Temperaturbeständigkeit und relativ hohe thermische Leitfähigkeit;
– eine hohe chemische und oxidative Beständigkeit;
– einen hohen elektrischen Widerstand und relativ niedrige dielektrische Verluste.

Diese vorteilhaften Eigenschaften, denen allerdings eine beachtliche *Empfindlichkeit gegen Schlagbeanspruchung* und *Temperaturwechsel* gegenübersteht, ändern sich bis etwa 1000 °C verhältnismäßig wenig. Auch Anwendungen über 1500 °C hinaus sind möglich. Die besten Eigenschaftswerte sind bei einer einphasigen und unverstärkten, also monolithischen Al_2O_3-Keramik im möglichst reinen, feinkörnigen und dichten Zustand zu erwarten. Ein feinkörniges und möglichst porenarmes, dichtes Gefüge ist in diesem Fall zur Erzielung guter mechanischer Eigenschaften unabdingbar, für gute elektrische Eigenschaften und hohe Temperaturbeständigkeit muß die Keramik zusätzlich sehr rein sein.
Demzufolge existieren vor allem zwei Gruppen von Al_2O_3 -Keramiken:

– erstens relativ preiswerte, die sinterfördernde, d. h. flüssigphasenbildende und kornwachstumshemmende Zusätze (z. B. Kaolin, Talk, Kalk) von einigen Prozent enthalten und gegenüber reinem Al_2O_3 nur unwesentlich verschlechterte mechanische Eigenschaften aufweisen (Abb. D. 3-4,A),
– zweitens äußerst reine, daher elektrisch, thermisch, chemisch und optisch hochwertige, die mit höherem Aufwand, d. h. ohne Mithilfe einer flüssigen Phase dichtgesintert werden müssen und zur Behinderung des Kornwachstums als Sinteradditiv nur einige Hundertstel bis Zehntel Prozent MgO enthalten (Abb. D.3-4,B).

Eine andere Methode zur Herstellung reiner, feinkörniger und dichter Oxidkeramiken ist das – allerdings recht teure – Heißpressen. Beide Methoden erlauben auch die Herstellung von transparentem Al_2O_3. Das Flüssigphasensintern kann bei 1400 bis 1600 °C, das Festphasensintern oberhalb 1600 °C und das Heißpressen bei 1100 bis 1500 °C vorgenommen werden.
Das eingangs beschriebene Eigenschaftsbild eröffnet der Al_2O_3-Keramik eine Reihe bedeutsamer Anwendungsmöglichkeiten im Maschinenbau, in der Hochtemperaturtechnik, in der Biotechnik und in der Elektrotechnik bzw. Elektronik. Maßgebend für den Einsatz im Maschinenbau sind in erster Linie die hohe Verschleißfestigkeit und Härte sowie die außerordentlich geringe Reibung geschliffener und polierter Al_2O_3-Oberflächen im geschmierten Gleitkontakt. Als Schmiermittel kann neben Öl mit praktisch gleicher Wirkung auch Wasser dienen. In vielen Anwendungsfällen stellt die hohe thermische und chemische Beständigkeit eine wichtige Zusatzeigenschaft dar. Der erheblichen Bruchempfindlichkeit ist konstruktiv dadurch Rechnung zu tragen,

A) B)

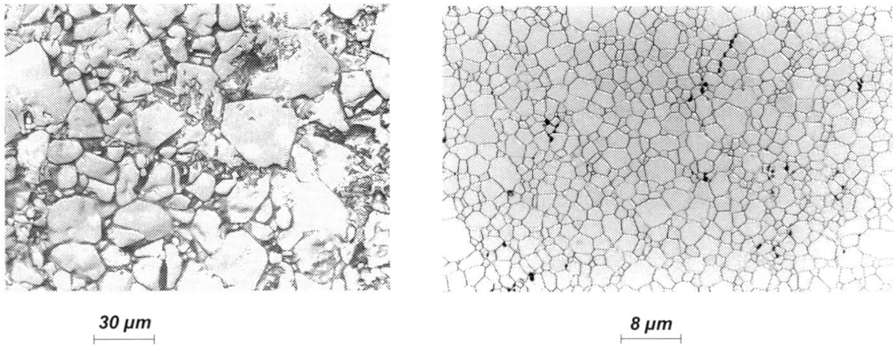

Abb. D.3-4 Gefüge von Al_2O_3
A) Al_2O_3 mit silikatischer Bindephase (Oberflächenansicht einer Fadenführung)
B) Hochreines Al_2O_3

daß Bauteile aus Al_2O_3 möglichst nur auf Druck beansprucht werden und beim Vorliegen von Schlagbeanspruchungen eine Verstärkung zur Erhöhung der Rißzähigkeit (vgl. D.2.3.1) vorgenommen wird. Als typische Bauteile aus Al_2O_3 seien genannt:

- Ziehsteine bei der Drahtherstellung, Schneidkeramik zur Zerspanung von Gußeisen;
- Faden- bzw. Bandführungen und -lenkrollen in der Textilverarbeitung oder Videotechnik;
- Gehäuse, Kolben, Schnecken, Lagerungen und Gleitringdichtungen bei der Dosierung und Förderung verschleißender und/oder korrosiver Medien;
- Schmelztiegel und Schutzrohre, z. B. für Thermoelemente, in Metallurgie und Hochtemperaturtechnik;
- wegen guter elektrischer Isolationsfähigkeit, relativ geringer dielektrischer Verluste, hoher thermischer Beständigkeit z. B. Zündkerzen, Substrat von Schaltkreisen, Widerstandsträger oder in transparenter Ausführung Gehäuse von Hochdruck-Entladungslampen.

In der biomedizinischen Technik dient hochreines Al_2O_3 zunehmend als Material für Implantate und künstliche Gelenkteile. Die gute Gewebeverträglichkeit von Al_2O_3 beruht einerseits auf seinem vollständig inerten Verhalten, andererseits auch darauf, daß offenbar bedingt durch den ionischen Bindungscharakter das Gewebe fest haftend auf der Al_2O_3-Grenzfläche aufwächst. Bei künstlichen Gelenken sind darüber hinaus die geringe Reibung und damit das günstige Verschleißverhalten von Al_2O_3-Teilen von entscheidender Bedeutung.

3.1.2.2 Zirkoniumdioxid ZrO_2

Zirkoniumdioxid – auch Zirkonoxid genannt – kommt wegen seiner zweimaligen Strukturänderungen nicht im reinen Zustand, sondern durch Zusatz von CaO, MgO oder Y_2O_3 im *einphasigen, vollstabilisierten* oder im *mehrphasigen, teilstabilisierten* Zustand zur Anwendung (vgl. D.1.1.6), wobei der teilstabilisierte Zustand zur Erhöhung der **Rißzähigkeit** und damit zu beachtlichen Festigkeitssteigerungen von Zirkonoxid und zahlreichen anderen Keramikwerkstoffen genutzt werden kann (vgl. D.2.3.1). Der Austausch vierwertiger Zr^{4+}-Kationen gegen Kationen geringerer Wertigkeit wie Ca^{2+}-, Mg^{2+}- oder Y^{3+}-Ionen hat die Bildung entsprechender Anionen-, d. h. Sauerstoffionenleerstellen zur Folge. Diese Leerstellen lassen bei erhöhten Temperaturen merkliche Platzwechsel der O^{2-}-Ionen zu, die unter dem Einfluß eines elektrischen Potentials gerichtet erfolgen und einen entsprechenden Stromfluß ergeben. Für die Ausnutzung dieser Leitfähigkeit hat sich Yttriumoxid Y_2O_3 als am besten geeignet herausgestellt, die Leitfähigkeit erreicht bei etwa 10 mol-% Y_2O_3 einen Maximalwert. Grundsätzlich kann eine derartige **O^{2-}-Leitfähigkeit** durch Mischkristallbildung auch bei anderen Oxiden, z. B. ThO_2, herbeigeführt werden.
Weitere wichtige Eigenschaften von ZrO_2 sind der hohe Schmelzpunkt und eine hohe chemische Beständigkeit. In den mechanischen Eigenschaften erweist sich ZrO_2 hinsichtlich Bruchunempfindlichkeit und damit Festigkeit dem Aluminiumoxid überlegen. Aus der niedrigen Wärmeleitfähigkeit resultiert eine auch nur mäßige Temperaturwechselbeständigkeit, die sich jedoch mit einem bestimmten Anteil an monoklin/tetragonal umwandelndem ZrO_2 unter Ausnutzung der dabei stattfindenden Volumenänderungen, die den thermisch bedingten Volumenänderungen entgegengerichtet sind, verbessern läßt.
Mit diesem Eigenschaftsbild erschließen sich ZrO_2-Keramiken im wesentlichen drei Anwendungsgebiete. Sie werden beispielsweise an den am meisten auf Verschleiß beanspruchten Stellen von Umformwerkzeugen wie Ziehringen für die Drahtherstellung, Matrizen von Strangpreßwerkzeugen oder für Führungselemente in der Textiltechnik eingesetzt. Trotz geringerer Härte erreichen ZrO_2-Werkzeuge wegen ihrer höheren Zähigkeit und besseren Oberfläche höhere Standzeiten als solche aus Aluminiumoxid. In der Metallurgie dient Zirkonoxid zur Herstellung wichtiger Teile hochbeanspruchter Schmelz- und Gießeinrichtungen wie Auslaufdüsen oder Verschlüssen von Stahl-Gießpfannen. Es sind bei vollstabilisiertem ZrO_2 Temperaturen bis 2400 °C in oxidierender, aber auch leicht reduzierender Atmosphäre zulässig.
Die bei höheren Temperaturen einsetzende O^{2-}-Ionenleitfähigkeit ermöglicht die kontinuierliche Messung des Sauerstoffgehaltes in Verbrennungsgasen von Motoren oder Öfen. Mit dem Meßwert einer solchen *ZrO_2-Sauerstoffsonde* (sog. λ-Sonde) läßt sich das Brennstoff/Luft-Gemisch jederzeit auf ein vorgegebenes Verhältnis regeln. Auch der Sauerstoffgehalt einer Stahlschmelze und damit ihr Oxidationsgrad kann mit einer eintauchenden ZrO_2-Sonde schnell bestimmt werden.

3.1.2.3 Nichtoxidkeramik

Zur Gruppe der nichtoxidischen Keramikwerkstoffe gehören neben einigen weniger bedeutenden Boriden und Siliziden vor allem Carbide, Nitride und Kohlenstoffwerkstoffe. Während die oxidischen Werkstoffe überwiegend ionisch gebunden sind, herrscht in nichtmetallischen Carbiden und Nitriden der kovalente Bindungstyp vor. Dies verleiht ihnen in besonderem Maße mechanische und thermische Stabilität, die in hohen Härtewerten und hohen Schmelztemperaturen zum Ausdruck kommt. So weisen z. B. die Carbide des Hafniums und des Tantals HfC, TaC mit etwa 3900 °C den höchsten Schmelzpunkt und das kubische Bornitrid CBN mit etwa 4000 HV nach Diamant die höchste Härte aller bekannten Substanzen auf (vgl. Abb. D.1-5). Mit diesen Eigenschaften sind Carbide und Nitride besonders für eine Anwendung als Schneidstoff oder als feuerfestes Material geeignet. Eine breitere Anwendung in diesen Bereichen wird jedoch durch die erhebliche Sprödigkeit, die im Vergleich zu Oxiden naturgemäß verminderte Oxidationsbeständigkeit und Probleme beim Dichtsintern eingeschränkt.

Eine Verwendung bei hohen Temperaturen setzt außerdem eine ausreichende **Temperaturwechselbeständigkeit** voraus, die zunächst von den thermischen Materialkennwerten bestimmt wird. Vom thermischen Ausdehnungskoeffizienten und der thermischen Leitfähigkeit hängt ganz wesentlich das Ausmaß der bei schroffen Temperaturwechseln in Bauteilen entstehenden, thermisch bedingten Eigenspannungen ab, die bei nichtplastischen Werkstoffen einen Sprödbruch, bei plastischen Werkstoffen Verzug herbeiführen können. Die Temperaturwechselbeständigkeit steigt mit niedriger werdendem Ausdehnungskoeffizienten α_{th} und zunehmender Leitfähigkeit λ_{th}, sie wird darüber hinaus aber noch von einer Reihe weiterer Faktoren beeinflußt, so von der Festigkeit, dem E-Modul, der „Nachgiebigkeit" (z. B. Plastizität) des Werkstoffes und der Geometrie des Bauteils.

Die Anwendungsgrenze thermisch und gleichzeitig mechanisch beanspruchter metallischer Werkstoffe liegt hinsichtlich maximaler Werkstofftemperaturen bei etwa 1000 bis 1100°C. Die Suche nach Werkstoffen, die unter oxidierenden Bedingungen höhere Anwendungstemperaturen zulassen und damit höhere thermische Wirkungsgrade ermöglichen, hat zur Entwicklung einer neuen Generation von keramischen Werkstoffen geführt. Im Mittelpunkt des Interesses stehen Werkstoffe auf **SiC-** und **Si_3N_4-Basis**, die sich gegenüber anderen keramischen Werkstoffen vor allem durch eine geringere Bruchempfindlichkeit auszeichnen. Für derartige Anwendungen kommen beispielsweise Al_2O_3 oder ZrO_2 wegen ihrer Schlagempfindlichkeit und geringen Temperaturwechselbeständigkeit, wobei letztere beim Al_2O_3 durch einen hohen thermischen Ausdehnungskoeffizienten, beim ZrO_2 zusätzlich durch eine niedrige thermische Leitfähigkeit verursacht wird, nicht in Betracht.

Eine Zähigkeitssteigerung durch fein verteilte, martensitisch umwandelnde ZrO_2-Teilchen kann bekanntlich nur unterhalb des Stabilitätsbereiches der tetragonalen ZrO_2-Phase (vgl. Abb. D.1-10, D.2-2), also unterhalb von 1000 °C, genutzt werden, wie überhaupt die unter D.2.3.1 beschriebenen gefügeoptimierenden Maßnahmen zur Erhöhung der Rißzähigkeit K_{Ic} mehr für den unteren Temperaturbereich gelten. Bei Temperaturen $T > 1000°C$ kommt dafür dem Kriechwiderstand des Werkstoffes eine größere Bedeutung zu.

Si_3N_4 (SN) zeichnet sich gegenüber anderen Keramikwerkstoffen vor allem durch eine geringere Bruchanfälligkeit und eine höhere Temperaturwechselbeständigkeit aus. Es ist in besonderem Maße für konstruktive Anwendungen bei hohen und niedrigen Temperaturen geeignet, so für Motorteile, Turbolader, Wälzlager, Schneidstoffe.
Ein *Dichtsintern* von reinem SN-Pulver ist wegen des des kovalenten Bindungscharakters im SN-Gitter kaum möglich, es gelingt jedoch bei sehr feinem Pulver mit Hilfe von MgO-, Al_2O_3- und Y_2O_3-Zusätzen, die durch Reaktion mit den auf den Pulverkornflächen immer vorhandenen SiO_2-Filmen bei Sintertemperatur eine silikatische Flüssigphase bilden. Diese Bindephase erstarrt i. allg. amorph. Da SN bei hohen Temperaturen zur Zersetzung neigt, muß der Sintervorgang in einem Pulverbett aus Si_3N_4 + BN oder unter erhöhtem N_2-Druck und von ca. 1700 °C bis 1825 °C in Stufen steigend vorgenommen werden. Durch eine Optimierung des Sinterablaufs kann eine in Hinblick auf erhöhte K_{Ic}-Werte besonders vorteilhafte Gefügeausbildung in der Weise erreicht werden, daß eine Umwandlung von SN-Körnern mit α-Struktur in solche mit stabilerer β-Struktur stattfindet und dabei auch unter Mitwirkung der *Y_2O_3-haltigen Flüssigphase* (Lösen und Wiederausscheiden) *langgestreckte β-Körner* entstehen, die die Ausbreitung stabil wachsender Risse erschweren (Abb. D.3-5). Allerdings setzt ab ca. 1100°C wegen Erweichens der glasigen Bindephase ein starker Festigkeitsabfall ein.

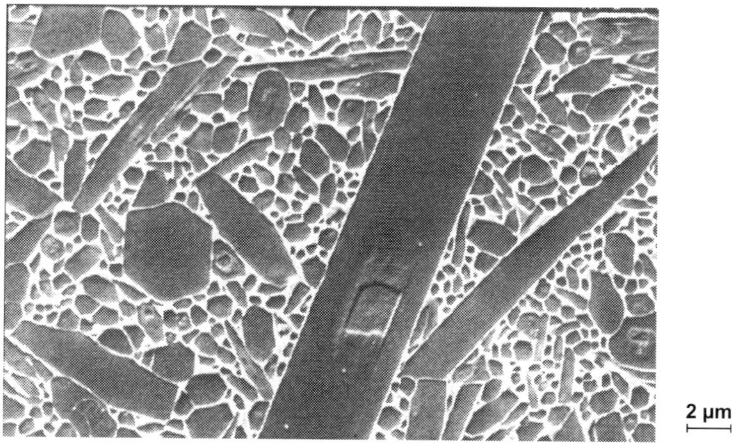

Abb. D.3-5 Gefüge von Si_3N_4 (Lit. D.11)
Feinkörnige β-Si_3N_4-Matrix mit glasiger Bindephase von langgestreckten β-Si_3N_4-Körnern durchwachsen

SN kann durch gezielte Zusätze von Al_2O_3, wobei ein teilweiser Ersatz von Si- durch Al- und von N- durch O-Atome erfolgt, quasi durch Mischkristallbildung zu neuen Keramiktypen, sog. Sialonen weiterentwickelt werden. Die Bezeichnung „**Sialone**“ stammt von den beteiligten Elementen Si-Al-O-N her. Von einem bestimmten Y_2O_3-Gehalt an entstehen auch bei diesen Keramiken Gefüge mit langgestreckten β-Körnern und entsprechend günstigem Festigkeitsverhalten. Ein besonderer Vorteil der Sialone besteht darin, daß bei einer speziellen Abstimmung der Zusätze und der

Sinterbedingungen die entstehende Flüssigphase bei der Abkühlung weitgehend nachkristallisiert bzw. in der kristallinen gelöst und so ein deutlich verbessertes Hochtemperaturverhalten mit Anwendungstemperaturen bis 1450 °C erzielt werden kann (Abb. D.3-6).

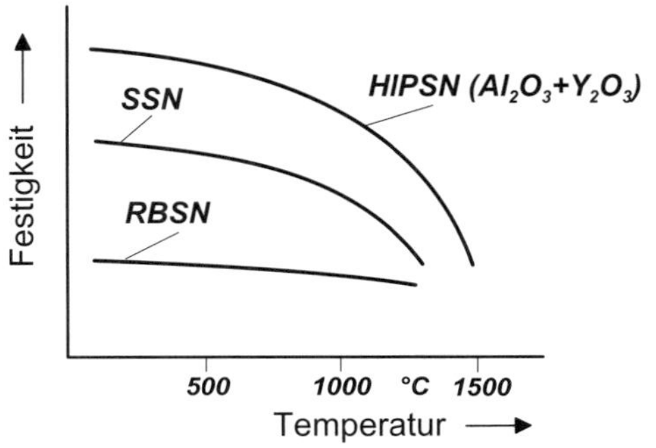

Abb. D.3-6 Warmfestigkeit verschiedener Si_3N_4 (SN)-Qualitäten (schematisch)
RBSN = SN reaktionsgesintert, SSN = SN drucklos gesintert,
HIPSN = SN gesintert und heißisostatisch nachgepreßt

Mit dem *Reaktionssintern* (RB) steht ein weiteres Sinterverfahren zur Verfügung, mit dem relativ einfach maßgenaue Teile hergestellt werden können. Eine offene Porosität von 15 – 20 % führt zwar zu niedrigen Festigkeiten, hat aber neben niedriger Dichte auch eine hohe Temperaturwechselbeständigkeit zur Folge, insbesondere wenn der Sintervorgang so eingestellt wird, daß auch hier ein komplexes Geflecht länglicher und rundlicher β-Körner entsteht.

Eine Dichtesteigerung ist durch Nachsintern möglich, auf die weitere Möglichkeit, ausreichend vorgesinterte Produkte ohne offene Porosität durch ein kapselloses *heißisostatisches Nachpressen (HIP)* bis zur absoluten Porenfreiheit verdichten zu können, wurde bereits hingewiesen. Wegen seiner besonderen mechanischen Eigenschaften nimmt die Anwendung von SN ständig zu. Einer breiten Anwendung steht jedoch entgegen, daß die Herstellung von Keramikteilen mit hohen Sicherheitsanforderungen in großen Serien zu konkurrenzfähigen Preisen derzeit nicht möglich ist.

Siliziumcarbid SiC ist nicht nur aus Kostengründen, sondern auch wegen eines speziellen Eigenschaftsprofils (Härte, Verschleißwiderstand, E-Modul, Temperatur-, Oxidations-, Korrosionsbeständigkeit) das mit Abstand am meisten angewendete nichtoxidische Keramikmaterial. Hinzu kommen spezielle Anwendungen in der E-Technik, wie elektrische Heizleiter, Varistoren, LE-Dioden.

SiC wird in verschiedenen, auf den Verwendungszweck abgestimmten Qualitäten angeboten. Für Anwendungen mit geringerer mechanischer Beanspruchung (z. B. Schleifscheiben, Heizleiter) werden die SiC-Formkörper in einfacher Weise durch „keramische“ Bindung (z. B. 10% Tonzusatz) oder durch sog. (!) Rekristallisieren (Brennen oberhalb 2000°C, ca. 20% Porosität) hergestellt. Mechanisch beanspruchbare Teile aus SiC werden entweder durch Reaktionssintern mit Si-Überschuß, Sintern oder Heißpressen gefertigt.

Beim *Reaktionssintern* wird in variierender Zusammensetzung ein Pulvergemisch aus SiC, Silizium und Kohlenstoff durch Pressen oder Schlickergießen zum Werkstück geformt und bei 1400 bis 1500 °C gesintert. Die sich bei Sintertemperatur aus Si und C bildenden β-SiC-Körner verbinden die primären α-SiC-Körner miteinander, es entsteht ein Sinterkörper mit erheblicher Restporosität und entsprechend herabgesetzter Festigkeit. Zur Erlangung eines dichteren Gefüges wird das Reaktionssintern mit Si-Überschuß durchgeführt. Der Formkörper wird dazu in flüssigem oder gasförmigem Silizium gesintert, wobei sich der vorhandene Porenraum mit neu entstehendem β-SiC und reinem Silizium weitgehend füllt. Das so gebildete, dichtere und festere SiC-Material wird als SiSiC, mitunter auch als Si-infiltriertes SiC, bezeichnet. Ein Werkstück aus SiSiC beginnt natürlich mit Annäherung an den bei 1410 °C liegenden Schmelzpunkt von Si zu erweichen.
Mit *speziellen Sinterhilfsmitteln* (z. B. Bor und Kohlenstoff) sowie Sintertemperaturen um 2000 °C gelingt es, ein ultrafeines SiC-Pulver drucklos zu einem Gefüge hoher Dichte ($\rho > 0{,}95\,\rho_{th}$) zu sintern. Daneben werden dichte Keramikkörper auch durch *Flüssigphasen-Sintertechniken* hergestellt. Als Sinterhilfen dienen dann Y_2O_3-Al_2O_3 oder Y_2O_3-AlN, wobei die Flüssigphase bei der Abkühlung weitgehend in einen kristallinen Zustand erstarrt.

Zu den kennzeichnenden Eigenschaften von SiC gehören:

- ein niedriger thermischer Ausdehnungskoeffizient und eine nur von wenigen Metallen erreichte thermische Leitfähigkeit, beides bewirkt eine hohe Temperaturwechselbeständigkeit;
- hohe Härte, Verschleißfestigkeit, Steifigkeit und Festigkeit bis 1350 °C;
- außerordentliche Beständigkeit gegen Chemikalien und NE-Schmelzen;
- auf Störstellenhalbleitung (N-, Al-, B-Dotierung) beruhende elektrische Leitfähigkeit.

Mit diesen Eigenschaften ist SiC -neben seiner Verwendung als Schleifmittel- allgemein geeignet zur Herstellung von thermisch (bis zu 1500 °C), chemisch und mechanisch, auch verschleißend beanspruchten, gegebenenfalls halbleitenden Bauteilen. Typische Anwendungsbeispiele sind:

- elektrische Heizleiter für Temperaturen bis zu 1500 °C;
- Bauteile der Hochtemperaturtechnik und Pyrometallurgie wie Brenner, Brennkammern, Wärmetauscher;
- Lagerungen und Gleitringdichtungen thermisch und/oder chemisch hochbeanspruchter Pumpen, Ventile.

Im Vergleich zu anderen nichtoxidischen Keramiken besitzen SiC und Si_3N_4 eine erhöhte Oxidationsbeständigkeit, die darauf beruht, daß sich auf ihnen unter oxidierenden Bedingungen eine dünne, gegen weitere Oxidation schützende SiO_2-Schicht bildet. Da hierbei keine kristalline, sondern durch Aufnahme von Verunreinigungen und Bestandteilen von Sinterhilfsmitteln eine niedriger schmelzende, glasige Schutzschicht entsteht, kann eine hinlängliche Oxidationsbeständigkeit aber nur bis max. 1500 °C angenommen werden.

3.1.2.4 Kohlenstoff

Diamant zeichnet sich durch besondere Eigenschaften aus, wozu die höchste *Härte*, Steifigkeit, Festigkeit und *Verschleißfestigkeit* aller bekannten Stoffe sowie ein sehr niedriger thermischer Ausdehnungskoeffizient, eine außerordentlich *hohe Wärmeleitfähigkeit*, i. allg. ein sehr *hoher elektrischer Widerstand, hohe Lichttransparenz* und *-brechung* zählen. Ab etwa 600 °C beginnt sich Diamant in die stabilere Graphitstruktur umzuwandeln, seine Anwendung erfährt hierdurch eine starke Einschränkung. Die thermische Leitfähigkeit bestimmter Diamanttypen übersteigt die von Kupfer um ein Mehrfaches.
Die meisten Diamanten enthalten neben Wasserstoff (bis zu 1 Atom-%) noch Bor und Stickstoff (bis 0,2 Atom-%). Hinsichtlich ihrer optischen Eigenschaften werden Diamanten in zwei Haupttypen (I und II) und zwei Untergruppen (a und b) eingeteilt. Diamanten des Typs I enthalten Stickstoff. Im Typ Ia, dem die überwiegende Mehrzahl (etwa 98%) aller Naturdiamanten angehört, sind die Stickstoffatome in schichtförmigen Ansammlungen konzentriert; im Typ Ib, dem alle Synthesediamanten angehören, sind sie dagegen gleichmäßig verteilt. Diamanten des Typs II sind stickstofffrei, sie zeigen im Vergleich zum Typ I weder dessen Spannungsdoppelbrechung noch dessen Lichtabsorption im UV- und UR-Bereich, sie besitzen weiterhin eine zwei- bis dreimal höhere thermische Leitfähigkeit. Diamanten des Typs IIa sind elektrische Isolatoren, sie sind unter den Naturdiamanten zu etwa 2 % vertreten, während Diamanten des Typs IIb äußerst selten sind, sie weisen einen geringen Borgehalt auf, was ihnen neben einer blauen Farbe halbleitende und phosphoreszierende Eigenschaften verleiht.
Die **technische Nutzung** von Diamant erfolgt überwiegend als ideal verschleißfestes Schneid- und Schleifmittel, das zur Bearbeitung sehr harter Stoffe wie auch zur Präzisionsbearbeitung unentbehrlich ist. So wird mit ihm das Trennen, Bohren, Drehen, Fräsen und Schleifen von Gestein, Beton, Keramik, Glas, verstärkten Kunststoffen, Hartmetall und harten Metallen möglich. Präzisionsbearbeitungen sind beispielsweise erforderlich:

- im *Maschinenbau* zur Präzisionsfertigung von Zylindern, Kolben, Ventilen, Hydraulikteilen;
- in der *Umformtechnik* zum Ziehen von Präzisionsdrähten;
- in der *Feinwerktechnik* zum Bearbeiten von Teilen für Uhren, Meßgeräte, optische Geräte usw.;
- in der *Elektronik* beim Bearbeiten von Halbleitermaterialien wie Silizium, GaAs, GaP, InAs, von Elektro- und Magnetokeramik wie Oxidkeramik, Titanaten, Ferriten;
- in der *Optik* beim Bearbeiten von optischen Gläsern, Lichtleitfasern, Gläsern für Laser sowie
- in der *Medizin* für mikrochirurgische Operationen.

Das Diamantmaterial kommt dabei entweder als loses Schleif- und Poliermittel in Pulver-, Pasten-, Spray- oder aufgeschlämmter Form, als Schleifkörper in Kunstharz-, Metall- oder Galvanikbindung sowie als Schneidkörper in monokristalliner Naturdiamant- oder hochdruckgesinterter polykristalliner (PKD-) Ausführung zum Einsatz.

Weitere Anwendungen, bei denen die extreme Härte und Verschleißfestigkeit des Diamanten ausgenutzt werden, sind hochpräzise Lagerungen, Abtast- und Härteprüfkörper. Die hohe Wärmeleitfähigkeit bei gleichzeitig hohem elektrischem Widerstand macht man sich zur Kühlung spezieller Halbleiterkomponenten (Hochleistungstransistoren, IC-Schaltkreise, Lawinendioden u.a.) zunutze, indem die Bauelemente auf eine als Wärmesenke wirkende Diamantscheibe des Typs IIa gesetzt werden.

Die bemerkenswerten Eigenschaften von **Kohlenstoff** bzw. **Graphit** bestehen in einer Kombination von relativ hoher elektrischer und thermischer Leitfähigkeit, hoher Hochtemperaturfestigkeit und Temperaturwechselbeständigkeit, chemischer Beständigkeit und leichter Spaltbarkeit. Diese Eigenschaften lassen sich zudem über eine Variation von Größe, Form und Verteilung der Körner und Poren, insbesondere auch der strukturellen Fehlordnung, d. h. des Graphitierungsgrades in die eine oder andere Richtung optimieren. So verbessern sich mit steigendem Graphitierungsgrad die graphittypischen Eigenschaften wie *Leitfähigkeit* und *Gleit-* bzw. *Schmierverhalten*, während Festigkeit, Härte und Abriebfestigkeit zurückgehen.

Ungewöhnlich ist, daß die Festigkeit mit Erhöhung der Temperatur zunimmt und bei 2500 °C gegenüber Raumtemperatur einen auf das Doppelte gestiegenen Maximalwert erreicht. Dieses Verhalten wird mit einem Abbau von rißauslösenden Spannungsspitzen erklärt, der durch nunmehr mögliche mikroplatische Verformungen zustande kommt. Die hohe Temperaturwechselbeständigkeit resultiert aus dem niedrigen thermischen Ausdehnungskoeffizienten, der hohen Wärmeleitfähigkeit und einer Gefügeporosität von 20 bis 30 %. Die Porosität läßt sich durch wiederholtes Imprägnieren – quasi Infiltrieren – oder durch pyrolytische oder PVD-Abscheidung dichter Kohlenstoffschichten zumindest nach außen hin verschließen. Mit solchen Beschichtungen, die aufgrund ihrer Dichte, Struktur und Textur besondere Festigkeits- und Leiteigenschaften besitzen, können Teile aus Kohlenstoff oder Graphit auch besondere Einsatzgebiete erhalten, z. B. als elektrisch leitendes, bioinertes Implantat für Reizelektroden von Herzschrittmachern.

Kohlenstoff verfügt bis auf die bei etwa 500 °C beginnende Oxidationsempfindlichkeit und die Tendenz, oberhalb dieser Temperatur mit vielen Metallen Carbide zu bilden, über eine gute Beständigkeit gegenüber wäßrigen Lösungen aller Art. Die Oxidation an Luft verläuft auch oberhalb 500 °C relativ langsam, so daß, wenn ein entsprechender Oxidationsverlust in Kauf genommen werden kann, durchaus Anwendungen auch bei höheren Temperaturen in schwach oxidierender Umgebung möglich sind. Überdies können Graphitprodukte durch eine Glasur oder Carbid- bzw. Silizidbeschichtung gegen Oxidation geschützt werden. In neutraler oder reduzierender Atmosphäre kann Graphit bis über 3000 °C verwendet werden, da er erst bei etwa 3700 °C zu sublimieren beginnt.

Aufgrund des beschriebenen Eigenschaftsbildes kommen Kohlenstoff und Graphit für Anwendungen in Betracht, bei denen thermische bzw. elektrische Leitfähigkeit, Korrosionsbeständigkeit, gutes Gleit- und Trennverhalten sowie Hochtemperaturfestigkeit in i. allg. kombinierter Form benötigt werden. Naturgraphit dient zur Herstellung von Tiegeln und Kokillen für metallische Schmelzen, für Schlichten, Aufkohlungs- und Gleitmittel, so auch für Bleistiftminen.

Wo bestimmte und reproduzierbare mechanische, thermische oder elektrische Eigenschaften erforderlich sind, gelangen synthetische Kohlenstoff- und Graphitwerkstoffe zum Einsatz. Die mit Abstand größte Menge wird für Elektroden zur Herstellung von

Stahl in Lichtbogenöfen oder zur Schmelzflußelektrolyse von Aluminium benötigt. Die hohe Temperaturbeständigkeit macht sie weiterhin geeignet für Gieß- und Heißpreßformen, als flexibles Graphitnetz oder -band für Heizleiter von Öfen mit nichtoxidierender Atmosphäre (Schutzgas-, Vakuumöfen) und – unter Sauerstoffabschluß – besonders als feuerfeste Steine für Auskleidungen von Hochöfen (Boden, Gestell und Rast). Durch Imprägnieren abgedichtete und verfestigte Bauteile finden wegen ihrer Korrosionsbeständigkeit Anwendung im Apparatebau für Wärmetauscher, Pumpen, Ventile. Die guten Gleiteigenschaften von Graphit werden bei der Herstellung von Schleifkontakten, Gleitringen und Kolbenringen genutzt.

3.1.2.5 Feuerfeste Werkstoffe (Steine)

Feuerfeste Werkstoffe stellen eine Sondergruppe keramischer Werkstoffe dar, die von ihrem Einsatz her über ein sehr spezielles Eigenschaftsbild verfügen müssen. Sie werden in großen Mengen zur feuerfesten Auskleidung von Öfen, Pfannen, Kokillen und Tiegeln z. B. in der Metallurgie, der Keramik sowie bei der Glas- und Zementherstellung benötigt.
Feuerfeste Werkstoffe haben folgenden Anforderungen zu genügen:

- ihre Erweichungstemperatur soll über 1500 °C liegen, die Erweichungstemperatur hängt einerseits vom Mengenanteil und von der Viskosität der gebildeten Schmelzphase, andererseits auch von der Morphologie der kristallinen Gefügebestandteile ab, die kugelig oder -günstiger- nadelig und eng miteinander verwachsen sein können;
- sie müssen ausreichende mechanische Eigenschaften besitzen, hierzu gehören neben hinlänglichem Widerstand gegen Kriechen und Temperaturwechsel je nach Einsatzbedingungen auch eine zufriedenstellende Verschleißfestigkeit;
- außerdem ist eine hinreichende chemische Beständigkeit unerläßlich, da feuerfestes Material bei den hohen Einsatztemperaturen durch Reaktion mit gasförmigen (Verbrennungsgase, Verdampfungsprodukte) oder flüssigen (Metall-, Glasschmelzen, Schlacken) Medien angegriffen werden kann. Auch können zerstörende Reaktionen zwischen chemisch verschiedenen feuerfesten Steinen auftreten.

Wegen der meist oxidierend wirkenden Umgebungsatmosphäre sind feuerfeste Steine überwiegend oxidischer Natur, obwohl eigentlich carbidische und nitridische Verbindungen aufgrund ihrer hohen Schmelztemperaturen die „feuerfesten" Substanzen schlechthin sind. Abgesehen von ihrer Oxidationsempfindlichkeit stehen die nichtoxidischen Verbindungen selten als kostengünstige natürliche Rohstoffe zur Verfügung. Eine Ausnahme bildet der, z. B. als Petrolkoks, in genügender Menge verfügbare Kohlenstoff. Wegen seiner hohen thermischen und chemischen Beständigkeit, je nach Struktur erhöhten mechanischen Festigkeit oder thermischen Leitfähigkeit zählt er zu den klassischen – allerdings nur in nichtoxidierender Umgebung einsetzbaren – Feuerfestmaterialien. Die wichtigsten Oxide, aus denen die üblichen feuerfesten Steine bestehen, sind SiO_2, Al_2O_3 und MgO.

Je nach der Art ihrer Reaktionen mit anderen ionischen Verbindungen wie Schlacken, Glasschmelzen und anderen feuerfesten Steinen werden die feuerfesten Materialien als sauer, neutral oder basisch wirkend bezeichnet. Es dürfen mit „sauer" wirkenden Substanzen wie sauren Schlacken, Glasschmelzen und sauren Steinen bei hohen Temperaturen nur saure oder neutrale Steine in Kontakt gebracht werden; basische Schlakken und basische Steine benötigen umgekehrt basische oder neutrale Kontaktsteine. Saure und basische Steine können ebenfalls nur dann kombiniert werden, wenn sie durch eine Schicht neutraler Steine voneinander getrennt sind.
SiO_2-reiche Steine (Silica-, Schamotte-) wirken in diesem Sinne sauer, Al_2O_3-reiche Steine (Sillimanit-, Bauxit-, Mullit-, Korund-) neutral und MgO-reiche (Magnesia-, Magnesia-Chrom-) Steine basisch. In der Stahlindustrie geht die Anwendung saurer Silica-Steine wegen des Überganges zu basischen Schlackenreaktionen zugunsten basischer Steine beträchtlich zurück.
Auf die Anwendung sog. feuerfester Sondererzeugnisse, wozu vor allem Kohlenstoff bzw. Graphit (C), Siliziumcarbid (SiC), Zirkonoxid (ZrO_2) und Zirkon ($ZrSiO_4$) zu zählen sind, sei hingewiesen.
Als eine spezielle Gruppe feuerfester Steine seien noch wärmedämmende Werkstoffe erwähnt. Für diese Anwendung sind natürlich Materialien mit geringer thermischer Leitfähigkeit besonders gut geeignet, dennoch beziehen sie ihre Isolationseigenschaften in erster Linie aus einer hohen Gefügeporosität. Die i. allg. über 50 Vol.-% betragende Porosität sollte sich dabei auf eine möglichst große Zahl von Poren verteilen, d. h. die Wärmedämmwirkung ist um so ausgeprägter, je kleinere Poren bei einer gegebenen Gesamtporosität vorliegen. Bei hohen Anwendungstemperaturen besteht allerdings die Gefahr, daß besonders kleine Poren im Laufe der Zeit durch Sintervorgänge verschwinden.

3.2 Gläser

3.2.1 Technisch wichtige Glassorten

Reines **Kieselglas** SiO_2 – häufig auch Quarzglas genannt – zeichnet sich durch eine Reihe bemerkenswerter Eigenschaften aus. Hierzu gehören:

- eine außerordentliche Temperaturwechselbeständigkeit, hervorgerufen durch einen extrem niedrigen thermischen Ausdehnungskoeffizienten α_{th};
- eine ohne Beeinträchtigung der Transparenz bis an 1000 °C reichende thermische Stabilität;
- eine hohe Durchlässigkeit für UV-Strahlung;
- sehr gute elektrische Isolationseigenschalten, vor allem auch bei hohen Temperaturen;
- gute chemische Beständigkeit.

Wenn sich die Anwendung von Kieselglas trotz eines beeindruckenden Eigenschaftsbildes auf relativ wenige Bereiche (z. B. UV-Optik, Halogen-Entladungslampen) beschränkt, liegt dies an seiner sehr aufwendigen Herstellung und Verarbeitung. Die hohe

Viskosität der SiO_2-Schmelze erfordert zur Herstellung eines blasenfreien (geläuterten) Kieselglases Erschmelzungstemperaturen oberhalb 2000 °C.
Aus diesem Grund werden dem SiO_2 netzwerkwandelnde Alkali- und Erdalkalioxide zugesetzt, die das Verarbeitungsverhalten durch Senkung der Schmelz- und Glastemperatur entscheidend verbessern. Es entstehen die einfach und kostengünstig herstell- und verarbeitbaren **Kalknatrongläser**, die im wesentlichen dem System Na_2O-CaO-SiO_2 angehören. Mit einer derartigen Netzwerkmodifizierung haben sich aber auch die anderen Eigenschaften des Kieselglases verändert, so besitzen Kalknatrongläser nicht mehr die für Kieselglas charakteristische Temperaturwechselbeständigkeit, elektrische Isolationsfähigkeit, chemische Beständigkeit und Durchlässigkeit für UV-Strahlen. Die UV-Durchlässigkeit geht verloren, weil diese Strahlung an den Netzwerktrennstellen durch Elektronenanregung absorbiert wird. Durch gezielte Wahl der Zusätze lassen sich die Temperaturwechselbeständigkeit, die chemische Beständigkeit und das elektrische Isolationsverhalten -zwar stets zu Lasten der Verarbeitbarkeit- weitgehend wiederherstellen. Temperaturwechselbeständige Gläser mit niedrigem Ausdehnungskoeffizienten und chemisch beständige Gläser erhält man mit höherem B_2O_3- und Al_2O_3-Gehalten (**alkaliarme Borosilicatgläser**); elektrisch gut isolierende Gläser, wenn die Alkalioxide durch Erdalkalioxide oder PbO ersetzt werden (**alkalifreie Gläser**). Eine vierte technisch wichtige Glasgruppe sind die optischen Gläser, bei denen es vor allem um die Erreichung bestimmter und genau einzuhaltender Werte für die Lichtbrechung und -dispersion geht.

3.2.2 Kalknatron-Gläser

Kennzeichen dieser Gläser ist ihre kostengünstige Herstell- und Verarbeitbarkeit. Sie werden in großen Mengen als Hohlglas zu Flaschen, Behältern oder Trinkgläsern, als Flachglas zu Scheiben und Spiegeln sowie als Glaswolle zu thermisch und akustisch isolierenden Matten verarbeitet. Eine typische chemische Zusammensetzung beträgt 72 % SiO_2, 14 % Na_2O, 9 % CaO, 3 % MgO, 1 % Al_2O_3,1 % K_2O. Diese Zusammensetzung sichert bei guter Verarbeitbarkeit eine für alkalireiche Gläser noch relativ geringe Kristallisationsneigung. Der geringe Anteil an K_2O dient einer Verbesserung von Farbfreiheit und Transparenz. Kalknatron-Gläser können immer dann gewählt werden, wenn es nicht auf erhöhte thermische und chemische Beständigkeit oder auf bestimmte elektrische oder optische Eigenschaften ankommt.

3.2.3 Borosilikat-Gläser

Borosilikat-Gläser, die sich von Kalknatron-Gläsern durch einen höheren Gehalt an den netzwerkaufbauenden bzw. -versteifenden Komponenten SiO_2, B_2O_3, Al_2O_3 und durch einen niedrigeren Gehalt an netzwerktrennenden bzw. -lockernden Alkali- und Erdalkali-Komponenten unterscheiden, verfügen im Vergleich zu jenen über ein sehr viel steiferes und stabileres Netzwerk mit hohem Anteil an Si–O-Bindungen. Dies hat einen niedrigeren thermischen Ausdehnungskoeffizienten α_{th}, demnach auch eine höhere Temperaturwechselbeständigkeit und eine höhere chemische Beständigkeit zur

Folge. Sie eignen sich damit für Teile, die einer erhöhten thermischen oder einer erhöhten *thermischen* und *chemischen* Beanspruchung unterliegen. Zur Gruppe überwiegend thermisch beanspruchter Glasprodukte gehören beispielsweise bestimmte Lampenkolben, Sichtscheiben in Elektroherden oder transparentes Backgeschirr, während zu den kombiniert thermisch-chemisch beanspruchten Produkten vor allem Geräte in chemischen Labors, Apparaturen in der chemischen Industrie oder wegen der notwendigen Sterilisierbarkeit (mindestens 120 °C) und chemischen Neutralität im pharmazeutischen und medizinischen Bereich verwendete Gläser zu zählen sind. Viele dieser Glasprodukte werden thermisch oder chemisch verfestigt.
Da die Borosilikat-Gläser mit zunehmender Netzwerkversteifung deutlich schwieriger zu erschmelzen und zu verarbeiten sind, existiert eine größere Anzahl verschiedener Sorten, die in ihrer thermischen und chemischen Beständigkeit auf den jeweiligen Anwendungsbereich abgestimmt sind.
Die am häufigsten verwendete Sorte (Duran, Pyrex) enthält ca. 80 % SiO_2, 12 % B_2O_3, Rest Al_2O_3, Na_2O, CaO, MgO. Ein spezielles Anwendungsgebiet borhaltiger Gläser resultiert aus dem Umstand, daß sie bei langzeitigem Tempern über ihrer Glastemperatur zur Entmischung in eine SiO_2-reiche und eine Na_2O-B_2O_3-reiche Phase neigen. Durch Herauslösen der weniger beständigen Alkaliborat-Phase entsteht ein von einer großen Zahl von Mikroporen und -kanälen durchsetztes SiO_2-Gerüst, das auf diese Weise eine innere Oberfläche von mehr als 100 m^2/g besitzen kann. Da die Größe und Verteilung der Entmischungszonen über die Glaszusammensetzung und die Temperbedingungen beeinflußbar sind, ergeben sich Anwendungsmöglichkeiten derart mikroporöser Produkte z. B. als Mikrofilter für Viren oder Moleküle bestimmter Größe, als Träger für Katalysator- oder Absorptionssubstanzen.

3.2.4 Gläser mit speziellen optischen Eigenschaften

3.2.4.1 Kristallglas

Kristallglas ist ein klares, farbfreies und stark brechendes Glas mit hoher Transparenz. Diese Eigenschaften erlangt es durch einen höheren Gehalt (> 10 %) an PbO, BaO und K_2O, wodurch das CaO und teils auch das Na_2O von Kalknatron-Gläsern weitgehend ersetzt werden. Voraussetzung für einen hohen Glanz sind weiterhin extrem niedrige Verunreinigungsgehalte, insbesondere an Fe_2O_3, und eine zusätzliche sorgfältige Entfärbung beim Erschmelzen. Durch einen entsprechenden Schliff erhält Kristallglas ein brillantes, geschliffenen Edelsteinen ähnliches Aussehen. Gläser mit PbO-Gehalten von 24 % und mehr werden als Bleikristall bezeichnet. Zur Anwendung gelangt Kristallglas vor allem aus dekorativen Gründen z. B. für Trinkgläser, Schalen, Lüster oder Straß.

3.2.4.2 Optische Gläser

Optische Gläser werden überwiegend für Abbildungszwecke benötigt. Hierzu müssen die von einem Punkt des abzubildenden Gegenstandes ausgehenden Lichtstrahlen in dem Linsensystem des Abbildungsgerätes (Fernrohr, Kamera, Mikroskop) so geführt werden, daß sie in einern Bildpunkt wieder zusammentreffen. Abbildungsfehler, die die Abbildungsgüte beeinträchtigen, rühren hauptsächlich von der Linsengeometrie (monochromatische Fehler) und von der Glaszusammensetzung (chromatische Fehler) her. Die Ursache der chromatischen Fehler ist darin zu sehen, daß die verschiedenen Wellenlängenanteile des Lichtes bei seinem Durchgang durch Materie voneinander abweichende Geschwindigkeiten aufweisen. Dies hat zur Folge, daß die einzelnen Wellenlängen entsprechend unterschiedliche Brechungsindizes besitzen und beim Durchgang durch eine Linse ähnlich wie bei einem Prisma voneinander getrennt, also spektral zerlegt werden (Abb. D.3-7, A). Die Bildpunkte des blauen und des roten Lichtanteils (B_b, B_r) stimmen nicht überein. Es entsteht eine Abbildung, die nur für eine Farbe scharf ist und von einem unscharfen Saum anderer Farben umgeben wird (chromatische Aberration). Diese Erscheinung der Farbstreuung wird Dispersion genannt. Als Maß für die Dispersion dient die sog. Abbezahl ν_d:

$\nu_d = n_d - 1 / n_f - n_c$, hierin sind:
n_d = Brechungsindex im mittleren gelben,
n_f = Brechungsindex im blauen,
n_c = Brechungsindex im roten Spektralbereich.

Demnach bedeutet eine niedrige Abbezahl eine hohe Dispersion und umgekehrt. Insgesamt werden die optischen Abbildungseigenschaften eines Glases durch den Brechungsindex n und die Abbezahl ν_d gekennzeichnet. Entscheidend ist nun, daß sich die chromatische Aberration einer Sammellinse zwischen zwei Farben, z. B. rot und blau, durch Kombination mit einer Zerstreuungslinse aus einem Glas größerer Dispersion beseitigen läßt (Abb. D.3-7, B).

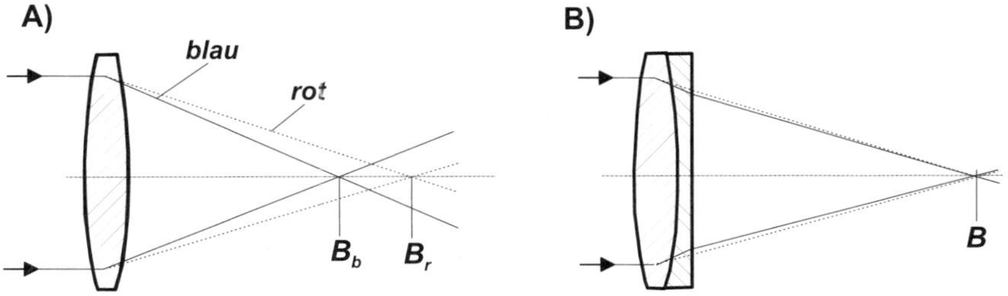

Abb. D.3-7 Dispersion von Licht
A) Chromatische Abberation B) Achromat

Kompliziertere Linsensysteme ermöglichen es, neben der Korrektion anderer Abbildungsfehler solche chromatischen Korrekturen auch für mehrere Farben durchzuführen. Farbkorrigierte Linsensysteme werden Achromate und Apochromate genannt. Es ist wegen der vielfältigen und mitunter äußerst diffizilen Abbildungsaufgaben verständlich, daß ein großer Bedarf an Gläsern besteht, die eine unterschiedliche optische Lage, d. h. unterschiedliche Brech- und Dispersionswerte aufweisen. So existieren heute mehr als 200 verschiedene Glassorten, die sich in ihrer optischen Lage signifikant unterscheiden.

Alle optischen Gläser werden bezüglich ihrer Dispersion in zwei Hauptgruppen eingeordnet, und zwar werden werden Gläser mit $\nu_d < 50$, also höherer Dispersion, als **Flintgläser** und solche mit $\nu_d > 50$, also geringerer Dispersion, als **Krongläser** bezeichnet (Abb. D.3-8). Gläser mit hohem Brechwert erhalten den Zusatz „Schwer-“, mit niedrigem Brechwert den Zusatz „Leicht-“. Das in Abb. D.3-7, B) dargestellte Linsensystem setzt sich also aus einer Sammellinse aus Kronglas und einer Zerstreuungslinse aus Flintglas zusammen. Wie beim Kristallglas erweisen sich die Oxide von Blei PbO und von Kalium K_2O auch bei den optischen Gläsern als wichtige Komponenten. So stammen die einfachen Krongläser von dem Grundsystem Na_2O-K_2O-SiO_2 und die einfachen Flintgläser von dem Grundsystem K_2O-PbO-SiO_2 her. Durch Verwendung von Ba, B, P, F und Seltenen Erden (insbesondere Lanthan) konnte das Eigenschaftsbild der optischen „Normalgläser“ beachtlich erweitert werden.

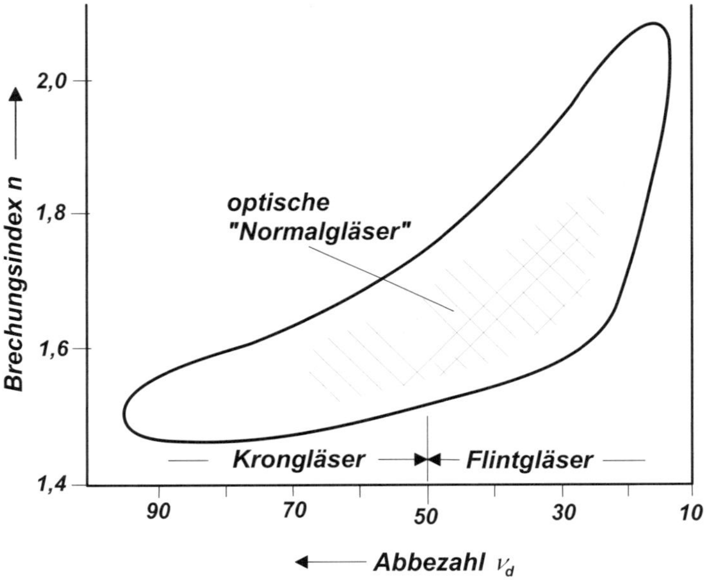

Abb. D.3-8 Brechungsindex und Abbezahl optischer Gläser (nach Lit. D.14)

Teils wegen der extremen Forderungen bezüglich Reinheit und Homogenität, teils auch wegen der manchmal hohen Aggressivität ihrer Schmelzen werden optische Gläser i. allg. in Platintiegeln mit Platinrührwerken erschmolzen. Leicht flüchtige Komponenten wie P oder F können dabei erhebliche Probleme bereiten.

Silikatische Gläser mit Si-O-Bindungen absorbieren elektromagnetische Strahlung im Ultrarot-Bereich, so daß sie für langwellige Wärmestrahlung praktisch undurchlässig sind. Dagegen können Gläser, deren Netzwerk nicht aus Si–O-Bindungen besteht, im Ultrarot-Bereich durchaus hohe Strahlungsdurchlässigkeit besitzen. Solche sog. Chalkogenid-Gläser, z. B. aus As_2S_3, eignen sich dann zur Herstellung von Ultrarot-Optiken, die beispielsweise in Nachtsichtgeräten zum Einsatz gelangen.

3.2.4.3 Gläser mit veränderter Strahlungsdurchlässigkeit

Eine Veränderung der Strahlungsdurchlässigkeit zielt meist auf die Herstellung von Farbgläsern oder von Schutzgläsern ab. Hierfür stehen zwei grundsätzlich verschiedene Wege offen, entweder werden die unerwünschten bzw. schädlichen Strahlenanteile im Glas absorbiert, oder sie werden an einer speziell beschichteten Glasoberfläche reflektiert.
Farbgläser sind meist Absorptionsgläser, die Ionen von Übergangsmetallen wie Fe, Cu, Ni, Co, Cr, Mn u. a. oder aber feinst verteilte Partikel farbiger Metalle wie Au, Cu oder Ag enthalten. So ergeben in Kalknatron-Gläsern Fe^{3+}-Ionen eine gelb-braune, Fe^{3+}- und Fe^{2+}-Ionen eine blau-grüne, Cu^{2+}-Ionen eine blaue, Ni^{2+}-Ionen eine gelbe, Co^{2+}-Ionen eine blaue, Cr^{3+}-Ionen eine grüne und Mn^{3+}-Ionen eine violette Farbe.
Zur Ausscheidung von Metallpartikeln werden dem Glasgemenge entsprechende Metallverbindungen zugesetzt, beim Schmelzen gelöst und beim Abkühlen in übersättigter Lösung gehalten. Ein nachfolgendes Tempern bringt feinst verteilte Metallkristalle zur Ausscheidung, wobei die Ausscheidung durch fein verteilte Fremdkeime gefördert wird. Goldrubin-Glas enthält z. B. etwa 10^{-2} % Au in Teilchengrößen zwischen 10 und 50 nm. Haben nichttransparente Teilchen Größen von über 100 nm, so setzt eine Trübung des Glases ein (Opalglas), bei Teilchengrößen über 10^3 nm wird das Glas undurchsichtig (Opakglas). Zur Erzeugung von Opalglas genügen auch Entmischungszonen mit unterschiedlichem Brechungswert. Opal- und Opak-Gläser stellen bereits spezielle Formen von Schutzgläsern dar.
Bei Gebäuden mit großen Glasfassaden geht es vor allem um eine Reduzierung der Sonneneinstrahlung, teils zur Erzeugung einer blendarmen Raumbeleuchtung, teils zur Verminderung des Kühlaufwandes bei der Raumklimatisierung. Zunächst kam hierfür sog. wärmedämmendes Glas zum Einsatz. Dies enthält zweiwertiges FeO, wodurch eine starke Absorption von Wärmestrahlen schon im sichtbaren Spektralbereich bewirkt wird. Dieses Absorptionsglas besitzt jedoch den entscheidenden Nachteil, die absorbierte Strahlungsenergie in Wärme umzusetzen und diese -sofern von außen z. B. keine Kühlung durch Luftzug erfolgt- in den Innenraum abzugeben. Etwas günstiger in dieser Hinsicht verhalten sich mit einer dünnen Edelmetallschicht bedampfte Scheiben, die den nicht durchgehenden Lichtanteil teils absorbieren und teils reflektieren.
Heute werden für diesen Anwendungsbereich Verglasungen bevorzugt, die mit außerordentlich dünnen oxidischen Schichten versehen sind, an denen ein erheblicher Teil des einstrahlenden Sonnenlichts bedingt durch große Unterschiede im Brechungswert der Schichten reflektiert wird. Beispielsweise besitzt SiO_2 einen Brechungsindex von n = 1,445 und TiO_2 einen solchen von n = 2,4. Da die Schichten in einer Dicke von etwa ¼ der Lichtwellenlänge ausgeführt werden, wird das Reflexionsverhalten durch vielfältige Interferenzerscheinungen unterstützt. Neben ihren optischen Eigenschaften verfügen die Interferenzschichten, die z. B. durch Tauchen in eine entsprechende Lösung und anschließendes oxidierendes Einbrennen aufgetragen werden, über hohe Kratzfestigkeit und chemische Beständigkeit. Gegenüber absorbierenden Gläsern liegen die Vorteile von Gläsern mit Interferenzschichten nicht nur in ihrer geringen Erwärmung, sondern auch in ihrer Farbneutralität, so daß sie ein natürliches Tageslicht hindurchlassen.

Bei Sonnenschutzgläsern handelt es sich um vor allem im UV- und UR-Bereich absorbierende Gläser, sie enthalten neben anderen in erster Linie Fe-Oxide. Gläser für Fernsehröhren müssen Röntgenstrahlen absorbieren, diese Funktion übernehmen Schwermetalloxide wie PbO, BaO und SrO. Röntgentransparente Gläser hingegen sind aus leichten Elementen mit einer Ordnungszahl < 20 aufgebaut.

3.2.4.4 Phototrope Gläser

Mit Phototropie bezeichnet man einen reversiblen Vorgang, der bei Bestrahlung eines Glases mit kurzwelligem Licht eine deutliche Abnahme der Lichtdurchlässigkeit bewirkt, die sich nach Beendigung der Bestrahlung jedoch innerhalb weniger Minuten auf den anfänglichen Transmissionswert wieder rückbildet (Abb. D.3-9). Ein phototropes Glas paßt sich also in seiner Transparenz den momentanen Lichtverhältnissen an.

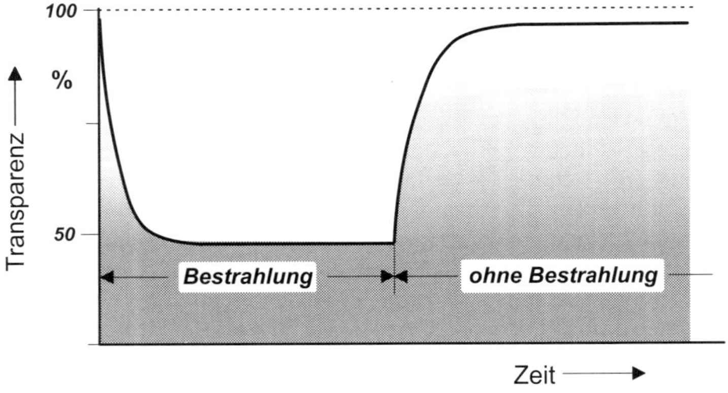

Abb. D.3-9 Phototropie

Ursache dieses interessanten Effektes sind submikroskopische glasige oder kristalline Ausscheidungen von Silberchlorid, in denen sich bei Bestrahlung ein reversibler Elektronenübergang vom Cl^--Ion zum Ag^+-Ion vollzieht:

$$Ag^+Cl^- \rightarrow Ag^\circ Cl^\circ.$$

Durch diesen Vorgang werden metallische Silberatome Ag° und damit Absorptionszentren gebildet, die den Dunklungseffekt hervorrufen. Hört die Bestrahlung auf, so entsteht durch Elektronenrücksprung wieder transparentes AgCl.

Entscheidend für das phototrope Verhalten sind die submikroskopischen Abmessungen der Ausscheidungen. Sie werden durch eine dem Aushärten von Metall-Legierungen ähnliche Wärmebehandlung erzeugt. Bei hohen Temperaturen findet das Lösen der AgCl-Ausscheidungen in der Glasmatrix statt, ihre Bildung wird beim Abkühlen von Lösungsglühtemperatur unterdrückt und erst durch eine Temperbehandlung bei 500 bis 650 °C herbeigeführt.

Quellenverzeichnis und weiterführende Literatur

A Struktureller Aufbau von Werkstoffen

A.1 *Stieger, A.:* Atom – Bindung – Reaktion; Otto Salle Verlag, Frankfurt a. M., 1963

A.2 *Christen, H. R., Meyer, G.:* Grundlagen der allgemeinen und anorganischen Chemie; Sauerländer-Salle Verlag, Frankfurt a. M., 1994

A.3 *Hauffe, K., Morrison, S. R.:* Adsorption; Walter de Gruyter, Berlin/New York, 1974

A.4 *Evans, R. C.:* Einführung in die Kristallchemie; Walter de Gruyter. Berlin / New York, 1976

A.5 *Petzold, A., Hinz, W.:* Silikatchemie; F. Enke Verlag, Stuttgart, 1979

A.6 *Schatt, W. (Hrsg.):* Einführung in die Werkstoffwissenschaft; Deutscher Verlag für Grundstoffindustrie, Leipzig, 1996

A.7 *Troost, A.:* Einführung in die allgemeine Werkstoffkunde metallischer Werkstoffe I; Bibliographisches Institut, Mannheim, B.I.-Wissenschaftsverlag, 1980

A.8 *Moffatt, W. G., Pearsall, G. W., Wulff, J.:* The structure and properties of materials, Vol. I -Structure-; John Wiley & Sons Inc. New York, 1967

A.9 *Brophy, H. J., Rose, M. R., Wulff, J.:* The structure and properties of materials, Vol. II -Thermodynamics of structure-; John Wiley & Sons Inc. New York, 1967

A.10 *Vollertsen, F., Vogler, S.:* Werkstoffeigenschaften und Mikrostruktur; Carl Hanser Verlag, München, 1989

A.11 *Chalmers, B.:* Principles of Solidification; John Wiley & Sons Inc. New York, 1964

A.12 *Cahn, R. W., Haasen, P. (Hrsg.):* Physical Metallurgy; Vol. I, II, III, Elsevier Science, Amsterdam, 1996

A.13 *Hayden, H. W., Moffatt, W. G., Wulff, J.:* The structure and properties of materials, Vol. III -Mechanical behavior-; John Wiley & Sons Inc., New York, 1967

A.14 *Verhoeven, J. D.:* Fundamentals of physical metallurgy; John Wiley & Sons Inc., New York, 1975

B Metallische Werkstoffe

B.1 *Predel, B.:* Heterogene Gleichgewichte; Steinkopff Verlag, Darmstadt, 1982

B.2 *Hansen, M., Anderko, K.:* Constitution of binary alloys; Mc Graw-Hill Book Comp., New York, 1958

B.3 *Di Benedetto, A. T.:* The structure and properties of materials; Mc Graw-Hill Book Comp., New York, 1967

B.4 *Ralls, K. M., Courtney, H. T., Wulff, J.:* Introduction to materials science and engineering; John Wiley & Sons Inc., New York, 1976

B.5 *Van Vlack, L. H.:* Materials science for engineers; Addison-Wesley Publ. Comp., Reading/Mass., 1970

B.6 *Guy, A. G.:* Introduction to materials science; TechBooks, 1990

B.7 *Hayden, H. W., Moffatt, W. G., Wulff, J.:* The structure and properties of materials, Vol. III -Mechanical behavior-; John Wiley & Sons Inc., New York, 1967

B.8 *Minkoff, I.:* The physical Metallurgy of Cast Iron; John Wiley & Sons Ltd., Chichester, 1983

B.9 *Humphreys, F. J., Hatherly, M.:* Recrystallization and Related Annealing Phenomena; Elsevier Science Ltd., Oxford, 1995

B.10 *Kelly, A.:* Werkstoffe hoher Festigkeit; F. Vieweg und Sohn GmbH Verlag, Braunschweig, 1973
B.11 *Aurich, D.:* Bruchvorgänge in metallischen Werkstoffen; Werkstofftechnische Verlagsgesellschaft mbH, Karlsruhe, 1978
B.12 *Tetelman, A. S., McEvily, A. J.:* Bruchverhalten technischer Werkstoffe; Verlag Stahleisen mbH, Düsseldorf, 1971
B.13 *Blumenauer, H. (Hrsg.):* Werkstoffprüfung; Deutscher Verlag für Grundstoffindustrie, Leipzig, 1994
B.14 *Blumenauer, H., Pusch, G.:* Technische Bruchmechanik; Deutscher Verlag für Grundstoffindustrie, Leipzig, 1993
B.15 *–:* ASM Handbook, Vol. 8: Mechanical Testing; American Technical Publishers Ltd., Hitchin/Herts., 1990
B.16 *Dahl, W. (Hrsg.):* Grundlagen des Festigkeits- und des Bruchverhaltens; Verlag Stahleisen mbH, Düsseldorf, 1974
B.17 *Macherauch, E.:* Praktikum in Werkstoffkunde; 10. Aufl., F. Vieweg und Sohn GmbH Verlag, Braunschweig, 1992
B.18 *Schwalbe, K.-H.:* Bruchmechanik metallischer Werkstoffe; Carl Hanser Verlag, München, 1980
B.19 *Dahl, W., Pitsch, W. (Hrsg):* Festigkeits- und Bruchverhalten bei höheren Temperaturen; Verlag Stahleisen mbH, Düsseldorf, 1980
B.20 *Ilschner, B.:* Hochtemperatur-Plastizität; Springer-Verlag, Berlin, 1973
B.21 *Barsom, J. M., Rolfe, S. T.:* Fracture and Fatigue Control in Structures; ASTM, Hitchin/Herts., 1999
B.22 *Fong, J. T. (Hrsg.):* Fatigue mechanisms, STP 675; American Society for Testing and Materials (ASTM), 1978
B.23 *Mansson, S. S. (Hrsg.):* Metal fatigue damage, STP 495; American Society for Testing and Materials(ASTM), 1971
B.24 *–:* Achievement of high fatigue resistance in metals and alloys, STP 467; American Society for Testing and Materials (ASTM), 1969
B.25 *Munz, D., Schwalbe, K.-H., Mayr, P.:* Dauerschwingverhalten metallischer Werkstoffe; F. Vieweg und Sohn GmbH Verlag, Braunschweig, 1971
B.26 *Dahl, W. (Hrsg.):* Verhalten von Stahl bei Schwingbeanspruchung; Verlag Stahleisen mbH, Düsseldorf, 1978
B.27 *Suresh, S.:* Fatigue of materials; Cambridge Univ. Press, 1998
B.28 *Christ, H. J. (Hrsg.):* Ermüdungsverhalten metallischer Werkstoffe; Wiley-CVH, Weinheim, 1998
B.29 *Haasen, P.:* Physikalische Metallkunde; Springer-Verlag, Berlin, Heidelberg 1994
B.30 *Honeycombe, R. W. K.:* Steels; Edward Arnold Ltd., London, 1981
B.31 *Kirk, W. W. (Hrsg.):* Atmospheric Corrosion, STP 1239; American Society for Testing and Materials (ASTM), Philadelphia/Pa.,1995
B.32 *Forker, W.:* Elektrochemische Kinetik; Akademie-Verlag, Berlin, 1966
B.33 *Klas, H., Steinrath, H.:* Die Korrosion des Eisens und ihre Verhütung; Verlag Stahleisen mbH, Düsseldorf, 1974
B.34 *Newman, R. C.:* Corrosion; The Institute of Metals, London, 1992
B.35 *Verhoeven, J. D.:* Fundamentals of physical metallurgy; John Wiley & Sons Inc., New York, 1975
B.36 *–:* ASM Handbook, Vol. 13, Corrosion; American Technical Publishers Ltd., Hitchin/Herts., 1990
B.37 *Altenpohl, D.:* Aluminium und Aluminium-Legierungen; Springer-Verlag, Berlin, Heidelberg 1965

B.38 *Dies, K.:* Kupfer und Kupfer-Legierungen in der Technik; Springer-Verlag, Berlin, Heidelberg, 1967
B.39 *Volk, K. E.:* Nickel und Nickel-Legierungen; Springer-Verlag, Berlin, Heidelberg,1970
B.40 *Cahn, R. W. u. a. (Hrsg.):* Materials Science and Technology Series; Wiley-VCH, Weinheim, 1993-2000
B.41 *Masing, G.:* Grundlagen der Metallkunde; Springer-Verlag, Berlin, Heidelberg, 1955
B.42 *Zwicker, U.:* Titan und Titan-Legierungen; Springer-Verlag, Berlin, Heidelberg, 1974
B.43 *Peters, M., Leyens, C., Kumpfert, J. (Hrsg.):* Titan und Titanlegierungen; Wiley-VCH, Weinheim, 1998
B.44 *Bhadeshia, H. K. D. H.:* Bainite in Steels; The Institute of Metals, London, 1992
B.45 *Bloor, D., u.a. (Hrsg.):* The Encyclopedia of Advanced Materials; Elsevier Science Ltd., 1994

C Polymerwerkstoffe

C.1 *Carlowitz, B. (Hrsg.):* Die Kunststoffe; Carl Hanser Verlag, München, 1990
C.2 *Strobl, G. R.:* The Physics of Polymers; Springer Verlag, Berlin, Heidelberg, 1996
C.3 *Elias, H.-G.:* Makromoleküle; Hüthig & Wepf Verlag, Basel, 1981
C.4 *Schultz, J.:* Polymer materials science; Prentice Hall Inc., London, 1974
C.5 *Cowie, J. M. G.:* Chemie und Physik der synthetischen Polymere; Vieweg Verlag, Braunschweig, 1997
C.6 *Ehrenstein, G. W.:* Polymer-Werkstoffe; 2. Aufl., Carl Hanser Verlag, München, 1999
C.7 *Schreyer, G.:* Konstruieren mit Kunststoffen; Carl Hanser Verlag, München, 1972
C.8 *–:* Polymeric materials: Relationships between structure and mechanical behavior; American Society of Metals, Metals Park/Ohio, 1975
C.9 *Ward, I. M.:* Mechanical properties of solid polymers; John Wiley & Sons Inc., New York, 1971
C.10 *Schlimmer, M.:* Zeitabhängiges mechanisches Werkstoffverhalten; Springer Verlag, Berlin, Heidelberg, 1984
C.11 *Kausch, H.-H.:* Polymer fracture; Springer Verlag, Berlin, Heidelberg, 1987
C.12 *Grellmann, W., Seidler, S. (Hrsg.):* Deformation und Bruchverhalten von Kunststoffen; Springer Verlag, Berlin, Heidelberg, 1998
C.13 *Saechtling, H.:* Kunststoff-Taschenbuch; 27. Aufl., Carl Hanser Verlag, München, 1998
C.14 *Mills, N. J.:* Plastics. Microstructure and Engineering Applications; Edward Arnold Ltd., London, 1993
C.15 *Fakirov, S. (Hrsg.):* Oriented Polymer Materials; Hüthig & Wepf Verlag, Zug, Heidelberg, 1996
C.16 *Menges, G.:* Werkstoffkunde Kunststoffe; Carl Hanser Verlag, München, 1998
C.17 *Hellerich, W., Harsch, G., Haenle, S.:* Werkstoff-Führer Kunststoffe; Carl Hanser Verlag, München, 1996
C.18 *Michler, G. H.:* Kunststoff-Mikromechanik; Carl Hanser Verlag, München, 1992
C.19 *Gnauck, B., Fründt, P.:* Einstieg in die Kunststoffchemie; Carl Hanser Verlag, München, 1991
C.20 *Elias, H.-G.:* An introduction to polymer science; VCH, Weinheim, 1997
C.21 *Stevens, M. P.:* Polymer chemistry; Oxford Univ. Press, New York, 1999
C.22 *MacCrum, N. G., Buckley, C. P., Bucknall, C. B.:* Principles of polymer engineering; Oxford Univ. Press, New York, 1997

C.23 *David, D. J., Misra, A.:* Relating materials properties to structure; Technomic Publ. Co., Lancaster/Penns., 1999

C.24 *Hertzberg, R. W., Mansson, J. A.:* Fatigue of Engineering Plastics; Academic Press, New York, 1980

C.25 *Bloor, D., u.a. (Hrsg.):* The Encyclopedia of Advanced Materials; Elsevier Science Ltd., 1994

C.26 *Rudin, A.:* The Elements of Polymer Science and Engineering; Academic Press, London, 1998

D Nichtmetallisch-anorganische Werkstoffe

D.1 *Kingery, W. D., Bowen, H. K., Uhlmann, D. R.:* Introduction to ceramics; John Wiley & Sons Inc., New York, 1976

D.2 *Pampuch, R.:* Ceramic materials; Elsevier Scientific Publ. Comp., Amsterdam, 1976

D.3 *Van Vlack, L. H.:* Physical ceramics for engineers; Addison-Wesley Publ. Comp. Inc., Reading/Mass., 1964

D.4 *Salmang, H., Scholze, H., Teile, R. (Hrsg.):* Keramik; Springer Verlag, Berlin, Heidelberg, 2000

D.5 *Vogel, W.:* Glaschemie; Springer Verlag, Berlin, 1992

D.6 *Eklund, P. C., Rao, A. M.:* Fullerene Polymers and Fullerene Polymer Composites; Springer Series in Material Science, Vol. 38, Heidelberg, 2000

D.7 *Saito, S. (Hrsg.):* Fine Ceramics; Elsevier, New York, 1985

D.8 *Koller, A. (Hrsg.):* Structure and Properties of Ceramics; Materials Science Monographs, Vol. 80, Elsevier, Amsterdam, 1994

D.9 *Heuer, A. H., Hobbs, L. W. (Hrsg.):* Advances in ceramics, Vol. 3, -Science and technology of zirconia-; The American Ceramic Society Inc., Columbus/Ohio, 1981

D.10 *Yanagida, H., Koumoto, K., Miyayama, M.:* The Chemistry of Ceramics; John Wiley & Sons, New York, 1996

D.11 *Neidhardt, U.:* Partialdrucksintern von Siliziumnitrid; Diss. Universität Stuttgart, 1993 (mit freundlicher Genehmigung von Prof. Dr. H. Schubert)

D.12 *Wachtman, J., B.:* Mechanical Properties of Ceramics; John Wiley & Sons Inc., New York, 1996

D.13 *Munz, D., Fett, T.:* Ceramics, mechanical properties, failure behaviour, materials selection; Springer-Verlag, Berlin, Heidelberg, 1999

D.14 *Hoffmann, M. J., Petzow, G. (Hrsg.):* Tailoring of Mechanical Properties of Si_3N_4 Ceramics; Kluwer Academic Publishers Group, London, 1993

D.15 *Kirchner, H. P.:* Strengthening of ceramics; M. Dekker Inc., New York, 1979

D.16 *Davidge, R. W.:* Mechanical behaviour of ceramics; TechBooks, 1988

D.17 *Tressler, R. E., Bradt, R. C.:* Deformation of Ceramic Materials II; Materials Research Society, Vol. 18, Plenum Press, New York, 1984

D.18 *Ryshkewitch, E., Richerson, D. W.:* Oxide Ceramics; Academic Press, Orlando/Florida, 1985

D.19 *Rawson, H.:* Glasses and their Applications; The Institute of Metals, London, 1991

D.20 *Bloor, D., u.a. (Hrsg.):* The Encyclopedia of Advanced Materials; Elsevier Science Ltd., 1994

D.21 *Becher, P. F., Swain, M. V., Sömiya, S. (Hrsg.):* Advanced Structural Ceramics; Materials Research Society, Vol. 78, 1987, Pittsburgh

Stichwortverzeichnis

D

E

F

L

Q

R

S